Springer-Verlag Berlin Heidelberg GmbH

Kurt Stüwe

Einführung in die Geodynamik der Lithosphäre

Quantitative Behandlung geowissenschaftlicher Probleme

Mit 210 Abbildungen und 31 Tabellen

 Springer

Autor:

Univ. Doz. Dr. Kurt Stüwe
Institut für Geologie
Universität Graz
Heinrichstr. 26
A-8010 Graz, Österreich

ISBN 978-3-540-67516-7

Die Deutsche Bibliothek - CIP-Einheitsaufnahme
Stüwe, Kurt: Einführung in die Geodynamik der Lithosphäre:
Quantitative Behandlung geowissenschaftlicher Probleme. Berlin; Heidelberg; New York; Barcelona;
Hongkong; London; Mailand; Paris; Singapur; Tokio: Springer 2000
ISBN 978-3-540-67516-7   ISBN 978-3-642-57286-9 (eBook)
DOI 10.1007/978-3-642-57286-9

© Springer-Verlag Berlin Heidelberg 2000
Originally published by Springer-Verlag Berlin Heidelberg New York in 2000

Umschlaggestaltung: *design & production*, Heidelberg
Datenkonvertierung: Büro Stasch, Bayreuth

SPIN: 10575780   32/3130xz - 5 4 3 2 1 0 - Gedruckt auf säurefreiem Papier

I dislike very much to consider any quantita-
-tive problem set by a geologist. In nearly eve-
ry case, the conditions given are much too
vague for the matter to be in any sense satis-
factory, and a geologist does not seem to mind
a few millions of years in matters relating to
time...

John Perry, 1895
(In dem Artikel, in dem er das von Lord Kelvin
auf etwa 90 my geschätzte Alter der Erde auf den
noch heute akzeptierten Wert korrigierte.)

Vorwort

Klassische Geologie ist eine interdisziplinäre, großteils dokumentierende Wissenschaft. Seit dem Advent der Plattentektonik in der Mitte der sechziger Jahre, hat sich das geändert. Es ist zunehmend wichtig geworden, Geländedaten im Rahmen unseres tektonischen Verständnisses der Erde zu interpretieren und mit Hilfe von vereinfachten Beschreibungen zu erklären. Allerdings bleiben die plattentektonischen Modelle des Geländegeologen oft ungeprüft: Ein Gedankenmodell mag die Gelände und Labordaten gut beschreiben, aber ist es physikalisch möglich? Gibt es noch andere Modelle, welche die selben Beobachtungen besser erklären? Reichen tektonische Kräfte, um die im Gelände beobachtete Verformung eines Gesteins mit dem vermuteten Modell zu erklären? Reicht die Wärmeenergie der Kruste, um den im Gelände beobachteten Metamorphosegrad mit dem vermuteten Modell zu erklären? Um solche Fragen zu beantworten (und damit ein tektonisches Modell zu untermauern), ist es nötig, die Größenordnung der involvierten dynamischen Prozesse abzuschätzen. Unter den Büchern, die geodynamische Probleme quantitativ behandeln, setzen die meisten ein gewisses Maß an mathematischer Bewandtnis voraus. Andererseits fehlt Einführungsbüchern in die Mathematik zumeist jeder Bezug zur Geologie.

Dieses Buch versucht, diese Lücke zu überbrücken. Es ist als Anfängerlehrbuch gedacht. Es ist das Ziel, Erdwissenschaftlern, die noch wenig mit Mathematik und Physik in Berührung gekommen sind, die Macht der numerischen Behandlung geologischer Probleme nahezulegen. Aus diesem Grunde liegt besondere Betonung auf der quantitativen Interpretation von Daten, die klassischerweise von Strukturgeologen, Petrologen und Geochronologen gesammelt werden. Es soll dem *geländeorientierten Erdwissenschaftler* das Handwerkszeug und der Mut gegeben werden, um mit Bleistift und Papier die Größenordnung geologischer Prozesse abzuschätzen.

Aufbau dieses Buches

Nach dem Einführungskapitel und einem kurzen Überblick über die Plattentektonik (Kap. 2) werden in den darauffolgenden drei Kapiteln geologische Erscheinungen behandelt, die in Joule bzw. °Celsius (Kap. 3), in Metern (Kap. 4) und in Newton (Kap. 5) gemessen werden. Trotz der didaktischen

Vorteile, die ich in dieser Aufteilung sehe, ist es unmöglich, sie strikt durchzu-
halten. So findet sich z. B. ein Abschnitt zur Isostasie (eigentlich ein Kräftegleichgewicht) in Kap. 4, weil es darin um die Höhe von Gebirgen und die
Tiefe von Ozeanen (beides in Metern gemessen) geht. In jedem dieser drei
Kapitel werden zunächst die erforderlichen physikalischen Grundlagen und
Methoden besprochen. Die Anwendung dieser Methoden auf geowissenschaftliche Probleme folgt jeweils in einem späteren Abschnitt des Kapitels. Die
beiden anschließenden Kapitel über dynamische Prozesse (Kap. 6) und P-T-
t-Pfade (Kap. 7) behandeln eine Reihe integrierter geodynamischer Probleme.
In Kap. 6 werden Modelle orogener Prozesse, die das eigentliche Kernstück
der Geodynamik darstellen, vorgestellt und aktuelle Probleme der Geodyna-
mikforschung angesprochen. Kapitel 7 befaßt sich mit der Interpretation der
Daten, die wir dazu im Gelände sammeln. Mit Kap. 7 schließt sich somit der
Kreis zwischen der *Vorwärtsmodellierung* unter der Annahme physikalischer
Prozesse und Konstanten und der *Rückwärtsmodellierung* aus Geländedaten. Im Anhang werden die mathematischen Methoden besprochen, die zum
Lösen der Gleichungen in diesem Buch notwendig sind. Der Anhang enthält
eine Reihe von Regeln der Differentialrechnung und Trigonometrie, kurzum
alle mathematischen Beziehungen, die irgendwo im Buch gebraucht werden
könnten. Sie sollen jenen als Hilfe dienen, die selbst mit der Berechnung geodynamischer Probleme beginnen wollen. Ausführliche Übungsaufgaben finden
sich am Ende jedes Kapitels; ihre Lösungen sind in Anhang D zusammengefaßt. Manche dieser Übungsaufgaben sind sicher schwer als alleinstehende
Fragen lösbar. Sie sind als Arbeitsaufgaben gedacht, die direkt in Verbindung
mit dem zugehörigen Text zu erarbeiten sind. Aus diesem Grund ist auch bei
jeder Aufgabe angeführt auf welches Teilkapitel sie sich bezieht.

Als Einführung setzt dieses Buch bei der Beschreibung der Geodynamik
nur geringe mathematische Kenntnisse voraus. Prinzipiell sind daher alle Berechnungen, ohne Zwischenschritte auszulassen, ausführlich dokumentiert.
Bei abgeleiteten Gleichungen wird jeweils angeführt, ob die Ableitung aus
dem Vorhergehenden nachvollziehbar sein sollte oder ob vorherige Schritte
ausgelassen und die Gleichung direkt aus der Literatur übernommen wurde.

Alle Computerprogramme, die zur Erstellung der Abbildungen verwendet
wurden, sind vom Autor frei erhältlich. Sie sind auch im Internet unter der
Adresse http://bgeolm20.kfunigraz.ac.at zu finden.

Inhaltsverzeichnis

Danksagung

Ich danke allen Freunden und Kollegen, die mir beim Schreiben dieses Buches geholfen haben. Insbesondere gilt mein Dank W. Piller, E. Wallbrecher, G. Hoinkes und allen Kollegen der grazer Geologie- und Mineralogie-Institute für die Gastfreundschaft, die ich während meines Forschungsaufenthaltes Ende 1997 genoß. In dieser Zeit ist aus einem Vorlesungsskriptum dieses Lehrbuch entstanden. Ebenso gilt mein Dank P. Faupl, B. Grasemann und den Kollegen des Geologie-Institutes der Universität Wien, wo ich Anfang 1998 dieses Buch im Rahmen einer Gastprofessur großteils vollenden konnte.

Vor allem gilt mein Dank jedoch meinen Lehrern R. Powell und M. Sandiford. Roger und Mike haben mich erst im Anschluß an meine Doktorarbeit in die quantitative Abschätzung geodynamischer Probleme eingeführt. Sie haben mir geholfen, die Metamorphose meines Denkens von einer rein dokumentierenden in eine kritisch beschreibende Denkweise zu vollziehen, ohne allzuviel Schaden (arguably) anzurichten. Ich bin daher selber erst relativ spät in den Bereich des geodynamischen Modellierens eingeführt worden und dieses Buch ist zum Teil aus meiner Begeisterung für diesen jungen Teilbereich der Erdwissenschaften entstanden. G. Houseman, T. Barr und D. Coblentz haben mir in meinen Jahren an der Monash Universität bei diesem Neueinstieg sehr geholfen. Auch ihnen gebührt mein tiefster Dank.

Eine Anzahl von Kollegen hat mir geholfen, die Kapitel dieses Buches teilweise oder zur Gänze zu korrigieren. Ihnen danke ich sehr herzlich für die Geduld, mit der sie teils noch sehr dürftige Rohfassungen mit Kritik übersät und mich trotzdem ermutigt haben, weiterzumachen. Insbesondere zählen dazu C. Biermeier, D. Fabel, B. Grasemann, K. Ehlers, N. Mancktelow, A. Pfiffner, V. Tenczer, H. Fritz, K. Millahn, A. Kuehni, L. Ratschbacher, S. Hunze, L. Hoke, H. Peresson, M. Messner, R. Abart, F. Neubauer, M. Bregar und B. Regelsberger. Das vollständige Manuskript haben B. Grasemann (auf fachliches) und S. Hunze sowie B. Regelsberger (auf sprachliches) überprüft. Beim Setzen des Manuskriptes haben mir C. Hauzenberger, M. Sammer, F. Holzwarth und K. Ettinger immer wieder mit verschiedenen TeX-Finessen geholfen. Ich danke Euch allen für die große Mühe die Ihr Euch damit gemacht habt.

Nach diesem langwierigen Korrektur und Reviewprozess war ich ein stolzer und begeisterter junger Lehrbuchautor. Dann zeigte mir mein Betreuer und

Planer bei Springer W. Engel, dem ich für seine wertvolle und konstruktive Hilfe ganz besonders danken möchte, was nun wirklich dazugehört ein gutes Fachbuch bei einem international renommierten Verlag zu veröffentlichen. Daraufhin haben mir B. Regelsberger, B. Grasemann und insbesondere der Verlagsservice Büro Stasch und seine Mitarbeiter in den weiteren Monaten in phantastischer Sorgfalt noch so viele mir unsichtbare Fehler und Unklarheiten gezeigt und beseitigt, daß ich inzwischen überzeugt bin, daß das Buch ohne Sie nie fertiggeworden wäre. Herzlichen Dank!

Die Anzahl der Fehler F im Manuskript eines Lehrbuches ist leider nie Null. Sie folgt der Beziehung: $F = F_0 e^{-xt}$. Nach Beendigung des 1. Entwurfes dieses Buches betrug die Zahl F_0 sicher mehrere tausend. Die Schreib- und Korrekturdauer t des Manuskriptes beträgt nunmehr etwa 3 Jahre. Die Größe der Unbekannten x kann ich nur raten. Ich hoffe, daß es mindestens in der Größenordnung von $5 \times 10^{-8} \mathrm{s}^{-1}$ ist. Die kleine Zahl der sich daraus ergebenden verbleibenden Fehler ist natürlich rein meine Schuld. Einige davon werden mir sicher selber kurz nach der Drucklegung auffallen; über andere bitte ich den aufmerksamen Leser, mich zu informieren. Als Entschuldigung kann ich nur vorbringen, daß ich dieses Buch als Geländegeologe und nicht als theoretischer Geophysiker geschrieben habe. Ich hoffe daher, daß die Vorteile eines Lehrbuches, das mit Geländebeobachtungen im Kopf geschrieben wurde, die Nachteile etwaiger mathematischer Unzulänglichkeiten aufwiegen. Viel Spaß!

24.1.2000 Kurt Stüwe

Kapitel 1
Einführung

Bei den Prozessen, die Geologen zu beschreiben versuchen, handelt es sich um *dynamische* Prozesse. Das heißt, es sind kinematische und thermische Prozesse, die sich zeitlich ändern und die letztlich durch *Kräfte* verursacht werden. Die thermischen und kinematischen *Konsequenzen* solcher Prozesse werden von Geländegeologen im Feld dokumentiert. Die *Ursachen* solcher Prozesse sind viel schwerer erfaßbar und wir sind auf Modellbeschreibungen angewiesen, um sie zu verstehen und zu interpretieren. Modellbeschreibungen sind also notwendig, um die tektonischen Prozesse zu verstehen, die das geologische Bild unserer Erde bestimmen. Dieses Buch befaßt sich mit solchen Modellbeschreibungen. Dazu sind weiterhin Geländebeobachtungen die Grundlage, auf der der gesamte Inhalt dieses Buches aufbaut. Nachdem zumeist großtektonische Fragestellungen behandelt werden, müssen auch die Beobachtungen im entsprechenden Maßstab gemacht werden: Höhen und Wärmefluß von Gebirgen, Mächtigkeit von Kontinenten oder Wassertiefe von Ozeanen. Gleichungen ermöglichen es, solche Beobachtungen einfach und oft sogar quantitativ zu erklären. Daß es sich dabei oft um Differentialgleichungen handelt, ist bei der Beschreibung veränderlicher Prozesse nicht zu vermeiden (s. Anhang A). Deshalb wird hier versucht, die verwendeten Gleichungen so detailliert zu erläutern, daß ein intuitives Verständnis ihrer Bedeutung möglich wird. Sie sind Instrumente, mit deren Hilfe ein auf Geländebefunden beruhendes schematisches Modell überprüft werden kann. Zunächst jedoch soll der Bedeutung des Begriffes „*Modell*" auf den Grund gegangen werden.

1.1
Die Idee des Modellierens

Modelle sind Hilfsmittel, durch die wir die Erde vereinfacht beschreiben und dadurch besser verstehen lernen. Leider wird unter Geologen der Begriff „*Modell*" oft mißverstanden, so daß mit „*Modellieren*" häufig nur geländeferne Rechnereien und mathematische Transaktionen verbunden werden (s. Greenwood 1989). Dabei wird übersehen, daß auch Geländearbeit eigentlich nichts anderes ist als Modellieren. Zeigen wir das am Beispiel einer geologischen Kartierung! Um die geologischen Verhältnisse in einer Karte so *exakt* festzuhalten, wie sie sich uns in der Natur darstellen, müßten wir ein riesiges Transparentpapier über das entsprechende Gebiet legen und darauf unsere Beobachtungen im Maßstab 1:1 eintragen. Das ist ebenso unmöglich wie unnütz. Schließlich ist es das Ziel einer jeden guten Karte, die zu betrachtenden Informationen über ein Gebiet klar und übersichtlich darzustellen. Ein interessierter Außenseiter soll aus der Karte etwas über das Gebiet erfahren können, ohne den gleichen Aufwand betreiben zu müssen, wie er zur Herstellung der Karte notwendig war. Um dieses Ziel zu erreichen, muß die geologische Karte die natürlichen Verhältnisse vereinfacht wiedergeben. Der Geländegeologe ist deshalb ständig gezwungen, diesbezügliche Entscheidungen zu treffen. Zunächst muß entschieden werden, was kartiert wird: die Topographie, stratigraphische Strukturen, metamorphe Isograde oder etwa Gesteinstypen? Was kartiert werden soll, hängt natürlich von der Fragestellung ab und bestimmt den Maßstab! Aber auch danach sind ständig Entscheidungen notwendig: Welche Geländebefunde sind zu kleinräumig und können vernachlässigt werden? Welche sollen kartiert werden? Welche werden durch Linien betont? All das bedeutet: Der Geologe modelliert!

Ist die Karte gut gelungen, versetzt sie – wie jedes andere Modell auch – den Betrachter in die Lage, zum einen die geologischen Verhältnisse eines Gebietes schnell und einfach zu erfassen und zum anderen Vorhersagen zu machen, wie diese in anderen, nicht kartierten Gebieten aussehen könnten. Beispielsweise kann man mit konstruierten Profilen bis zu einem gewissen Grad voraussagen, wie die Lagerungsverhältnisse unter der Geländeoberfläche aussehen. Bei numerischen, analogen, gedanklichen oder digitalen Modellen verhält es sich nicht anders. Quantitative Modelle befolgen – ähnlich wie die Arbeit des Geländegeologen – eine Reihe von Regeln, durch die wir festlegen, welche in der Natur gemachten Beobachtungen vernachlässigt und welche betont werden und daher mit einem Parameter in unsere Berechnungen eingehen. Jedes Modell kann also als Werkzeug betrachtet werden, das für bestimmte Vorhersagen geeignet ist. Ähnlich wie eine geologische Karte zur Konstruktion von Profilen benutzt werden kann, läßt sich ein numerisches Modell dazu verwenden, quantitative Vorhersagen über solche Kräfte, Temperaturen oder Bewegungen anzustellen, die unserer direkten Beobachtung wegen zu großer Tiefen oder zu langer Zeiträume entzogen sind.

Haben wir unser Regelwerk über die zu betrachtenden und zu vernachlässigenden Parameter richtig zusammengestellt, so funktioniert unser Modell gut und erlaubt Vorhersagen, die sich bei erneuter Beobachtung als richtig herausstellen. Haben wir unsere Regeln schlecht gewählt, so beschreibt unser Modell vielleicht die eine oder andere Geländeerscheinung zufriedenstellend, sagt aber auch andere Dinge vorher, die sich nach einer Überprüfung als falsch herausstellen. Modellieren erfordert also ein ständiges Hin und Her zwischen durch gewisse Parameter zu beschreibenden und zu vernachlässigenden Beobachtungen, erneuten Beobachtungen und anschließenden Modellverbesserungen.

Der Unterschied zwischen „einzigartig" und „zutreffend". Bei Modellen, deren Ergebnisse den Beobachtungen entsprechen, muß unbedingt zwischen „einzigartig" und „zutreffend" unterschieden werden. Diese Begriffe (engl.: *unique* vs. *consistent*) werden häufig durcheinandergebracht. Ein Modell ist einzigartig wenn schlüssig gezeigt werden kann, daß kein anderes Modell die Beobachtungen erklären kann. In den meisten Fällen ist ein Modell nur „zutreffend", d. h. trotz seiner guten Übereinstimmung mit den Beobachtungen kann es durchaus noch andere Modelle geben, die diese ebenfalls erklären können!

Der Unterschied zwischen „gut" und „richtig". Der Unterschied zwischen „zutreffend" und „einzigartig" ist verwandt mit dem zwischen dem „besten" und dem „richtigsten" Modell. Das „beste" Modell muß dabei nicht immer das „richtigste" sein. Ein gutes Beispiel dafür ist ein Vergleich des Newtonschen und des Einsteinschen Modells zur Beschreibung der Planetenbahnen (s. a. Hawkins 1988). Das Newtonsche Modell der Gravitation besagt, daß zwischen Körpern eine gravitative Anziehungskraft F besteht, die direkt proportional zur Masse der zwei Körper m_1 und m_2 und indirekt proportional zum Quadrat ihres Abstands r ist. Dieses Modell ist bestechend einfach und läßt sich kurz und prägnant durch folgende Beziehung beschreiben:

$$F = G\frac{m_1 m_2}{r^2} \quad . \tag{1.1}$$

Die Proportionalitätskonstante G wird als Gravitationskonstante bezeichnet. Das Modell von Gl. 1.1 beschreibt die Ellipsenbahnen der Planeten, die Kepler zur Verbesserung der Kopernikanischen Kreisbahnen vorschlug, recht gut. In diesem Jahrhundert haben jedoch Präzisionsmessungen gezeigt, daß manche Planeten geringfügig von diesen Bahnen abweichen. Diese Abweichungen von perfekten Ellipsenbahnen lassen sich mit den Prinzipien der allgemeinen Relativitätstheorie erklären. Diese beschreibt die beobachteten Bahnen exakter als das Newtonsche Modell! Man könnte also der Meinung sein, daß das Newtonsche Modell durch die Einsteinsche Relativitätstheorie überholt ist und nur noch diese zur Beschreibung der Planetenbahnen verwendet werden sollte. Allerdings sind die quantitativen Beziehungen der Relativitätstheorie für physikalische Laien sehr viel schwerer nachvollziehbar als Gl. 1.1, so daß letztere oft praktikabler ist. Darüber hinaus ist der Unterschied zwischen den Keplerschen Ellipsenbahnen und jenen der Relativitätstheorie sehr klein. Für die meisten Zwecke – z. B. um einen Planeten mit dem Fernrohr zu finden oder das Schwerefeld der Erde zu beschreiben – ist das Newtonsche Modell hinreichend genau. Kurzum, das Newtonsche Modell ist für viele Zwecke das „beste" Modell, wenn auch nicht das „richtigste". Ein gutes Modell muß also die Balance zwischen zutreffender Beschreibung und Einfachheit halten und drei Eigenschaften aufweisen:

– Es muß eine große Anzahl von Beobachtungen durch eine vergleichsweise kleine Anzahl von Parametern vereinfachend beschreiben.

- Es muß als „Werkzeug" verwendbar sein, um Vorhersagen über noch nicht gemachte Beobachtungen anstellen zu können.
- Es muß durch Beobachtungen nachprüfbar (oder gegebenenfalls widerlegbar) sein.

Aus keinem dieser Punkte läßt sich jedoch ein Anspruch auf „absolute Richtigkeit" ableiten! Vielmehr kommt es auf ein ausgeglichenes Verhältnis zwischen Richtigkeit und Einfachheit an! Eine „absolut richtige" Naturbeschreibung bleibt zusammenhanglos gesammelten Listen von Meßdaten vorbehalten.

Die Geodynamik beschreibt die dynamische Entwicklung der äußeren Erdschalen in Raum und Zeit. Geodynamische Prozesse erstrecken sich über Tausende von Kilometern und dauern Hunderte von Millionen Jahren. Vorgänge dieser Größenordnung lassen sich kaum jemals direkt beobachten. Die Geodynamik ist daher auf Modelle angewiesen, für deren Erstellung Kartierungen im Gelände und Programmieren am Computer gleichermaßen wichtig sind. Der integrierte Gebrauch beider Methoden ist einer der elegantesten Wege, um geologische Modelle zu testen und zu einer verläßlichen Beschreibung der in der Natur ablaufenden Prozesse zu gelangen.

1.2
Dimension geologischer Probleme

Eine der wichtigsten Entscheidungen, die bei der quantitativen Abschätzung geologischer Fragestellungen zu treffen ist, ist die Festlegung der räumlichen Dimension des zu behandelnden Problems. Im Sinne der Modellidee wollen wir dabei versuchen die drei Dimensionen unserer Erde zu reduzieren und unser Problem mit möglichst wenigen Raumdimensionen zu charakterisieren. Glücklicherweise läßt sich die Mehrheit der geologischen Probleme ein-, oder gar nulldimensional beschreiben. Die Zahl der nur mit zweidimensionalen Modellen beschreibbaren Probleme ist weitaus kleiner, und nur sehr wenige müssen dreidimensional beschrieben werden.

Wir wollen das etwas näher betrachten. Was bedeutet der Begriff „Dimension"? In diesem Buch wird Dimension oft im Sinne von *Raumdimension* verwendet. Für plattentektonische Fragestellungen ist das zwar eine sinnvolle, aber nicht die einzig mögliche Festlegung. Wir können ebenso die Zeit oder jede andere unabhängige Variable als „Dimension" ansprechen, die auf einer Diagrammachse aufgetragen werden kann. Im allgemeinen ist jedoch die *räumliche* Dimension gemeint, wenn wir von einem geometrischen Modell sprechen, und die SI-*Einheiten*, wenn wir von anderen Variablen sprechen. Im folgenden wird kurz besprochen, wie viele Dimensionen des Raumes zur Beschreibung verschiedener geologischer Probleme nötig sind.

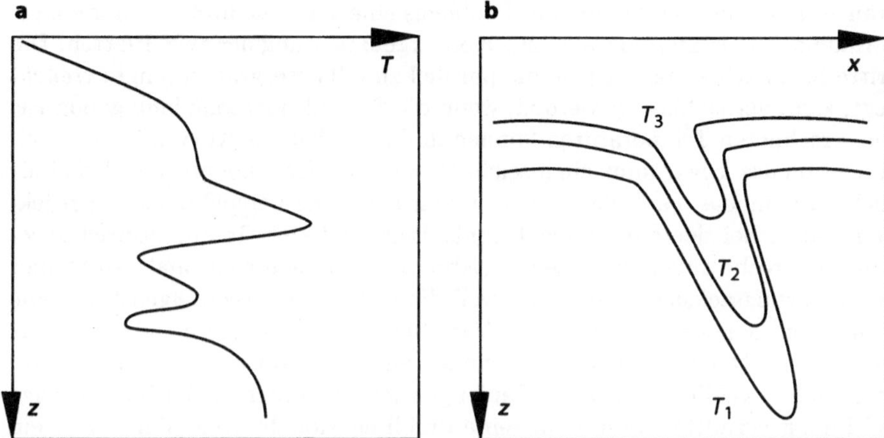

Abb. 1.1. Beispiele für die graphische Darstellung ein- und zweidimensionaler Modelle. **a** zeigt die Darstellung eines eindimensionalen Modells, bei dem die Temperatur T gegen die einzige Raumkoordinate z aufgetragen ist. Für die Dimension und die erhobene Variable reichen die zwei Achsen der Papierebene aus. Die merkwürdig verlaufende Geotherme braucht nicht beschriftet zu werden: jeder Tiefe ist eindeutig eine Temperatur zugeordnet. **b** zeigt ein zweidimensionales Modell, z. B. Temperaturen in einer Subduktionszone. Die Papierebene ist für die zwei Raumdimensionen des Modells „aufgebraucht", weshalb die erhobene Variable T durch beschriftete Kurven dargestellt werden muß

Eindimensionale Probleme. Ein simples eindimensionales Problem ist die Darstellung eines Temperaturprofils durch die Lithosphäre (Abb. 1.1a). Für dieses Problem reicht meist eine eindimensionale Darstellung aus, da die Flächenausdehnung kontinentaler Platten (d. h. die zwei *nicht* betrachteten Richtungen des Raumes) im Vergleich zur dargestellten Raumrichtung, nämlich ihrer Mächtigkeit von ca. 100 km, groß genug ist. Das Temperaturprofil kann daher in einem Diagramm dargestellt werden, in dem die Temperatur gegen die Tiefe aufgetragen wird. Eine Achse eines solchen Diagramms ist demnach die Dimension, die andere die erhobene Variable. Ähnliches gilt für die Darstellung der Temperaturen um magmatische Gänge. Eindimensionale Probleme müssen nicht immer in kartesischen Koordinatensystemen mit geraden Achsen dargestellt werden. Kugelförmige Probleme lassen sich ebenfalls eindimensional, aber mit sphärischen Koordinaten darstellen (s. Abschn. 3.6.2). Einzige Bedingung für die Verwendung eindimensionaler Modelle ist, daß alle benachbarten eindimensionalen Profile (benachbart in *nicht* vom Modell dargestellten Raumrichtungen) gleich aussehen würden.

Zweidimensionale Probleme. Ein Beispiel für ein typisches zweidimensionales Problem ist die Temperaturverteilung in Subduktionszonen (vgl. Abb. 1.1b). Dabei sind für die Form der Isothermen sowohl der Subduktionswinkel als auch die Subduktionsgeschwindigkeit von Bedeutung. Daher braucht man zur Darstellung des Problems eine vertikale und eine horizontale Raumachse, letztere parallel zur Konvergenzrichtung der zwei Platten. Die dritte Raumachse, das ist jene die parallel zum Tiefseegraben (engl.: *trench*) liegt, kann vernachlässigt werden, wenn die Subduktionszone lang genug ist. Die errechneten Temperaturen können in diesem Fall als Kurven in ein zweidimensionales Diagramm eingezeichnet werden. Man könnte das Ergebnis auch „dreidimensional" darstellen, indem man eine perspektivische Projektion wählt, bei der die beiden Raumachsen und eine Temperaturachse jeweils senkrecht aufeinanderstehen (Abb. 1.2). „Dreidimensional" steht hier in Anführungszeichen, zum einen weil die dritte Dimension eigentlich keine Dimension, sondern die erhobene Variable ist, zum anderen weil eine perspektivische Darstellung (außer wenn sie aus Draht oder Gips gebaut wäre) trotz allem zweidimensional auf Papier gezeichnet werden muß. Eine derartige Zeichnung vermittelt bestenfalls eine dreidimensionale Vorstellung. Für ein Temperaturprofil bietet sich eine „dreidimensionale" Darstellung also nicht an, wohl aber für viele geomorphologische und geophysikalische Fragestellungen. Dort können sie sehr anschaulich z. B. in Form eines dreidimensionalen Gitternetzes in einem Koordinatensystem mit zwei Raumachsen Verwendung finden.

Dadurch darf man sich aber nicht täuschen lassen! Was wir oft nachlässig als „dreidimensionale Modelle" bezeichnen, sind in Wahrheit meist nur dreidimensionale Darstellungen zweidimensionaler Modelle, denn die dritte Dimension ist die Variable. Bei Landschaftsmodellen ist das besonders verwirrend, weil zwei Raumrichtungen wie auch die erhobene Variable in derselben Einheit, nämlich in Metern, gemessen werden. Streng genommen handelt es sich bei topographischen Modellen also um zweidimensionale Modelle, in denen die Höhe über dem Meeresspiegel jeweils als Variable an durch zwei Raumkoordinaten definierten Punkten gemessen oder berechnet wird. Um unnötige Verwirrung zu vermeiden, sollte man besser den Ausdruck *Potentialoberfläche* (engl.: *potential surface*) verwenden. Genauso wie Geophysiker das Gravitationspotential oder elektromagnetische Potential für zwei Raumkoordinaten berechnen, kann die Meereshöhe oder Temperatur als Potentialoberfläche angesehen werden, die für zwei Raumdimensionen berechnet wurde. Abbildung 1.3 verdeutlicht dies anhand der eher abstrakten Funktion $f(x, y) = \sin(x)\sin(y)$. Auch diese Abbildung ist eine „dreidimensionale" Darstellung einer zweidimensionalen Funktion.

Dreidimensionale Probleme. Dreidimensionale Modelle sind nicht nur schwer beschreib-, sondern auch graphisch schwer darstellbar. Bei den meisten geologischen Problemen – z. B. allen, bei denen Spannungen oder Verformungen modelliert werden – erfordern sie Tensorenrechnung. Die Ergebnisse solcher Modelle sind daher intuitiv kaum nachvollziehbar. Dreidimensionale Modelle entsprechen daher nur dann der Modellidee (s. Abschn. 1.1), wenn sie auf echte dreidimensionale Probleme angewendet werden, die nicht weiter vereinfacht werden können ohne an der Natur des Problems vorbei-

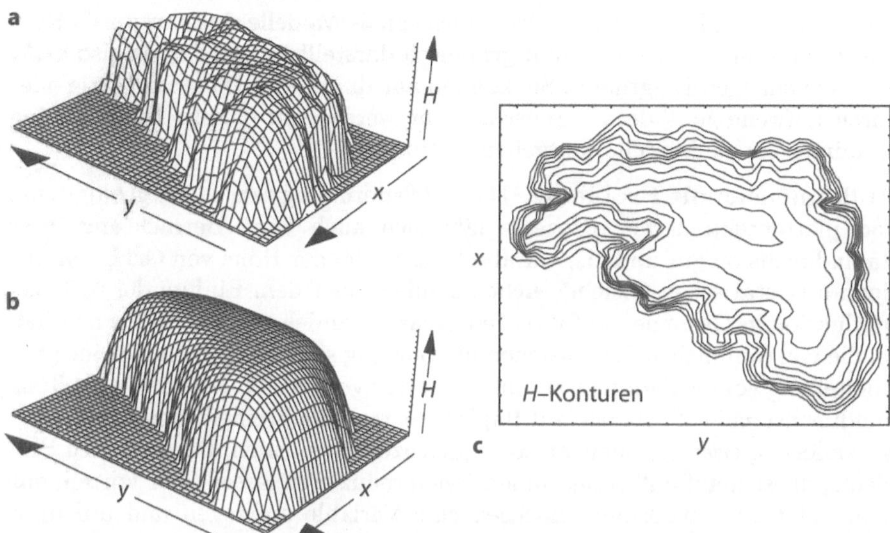

Abb. 1.2. a, b „Dreidimensionale" Darstellung eines zweidimensionalen Modells, abgebildet auf dem zweidimensionalen Papier dieser Seite; **c** zweidimensionale Darstellung desselben Modells. x- und y-Achse sind die Raumkoordinaten des Modells, H ist die erhobene Variable bzw. Potentialoberfläche. Die Vertikalachse könnte z. B. ein gravimetrisches Potential in $\mathrm{m\,s}^{-2}$, die Temperatur eines Gebietes oder die Konzentration eines Elements in einem Kristall darstellen. Im gezeigten Fall hat H allerdings dieselbe Einheit wie die Raumkoordinaten, denn das Modell ist ein Landschaftsmodell. **a** und **c** sind Darstellungen von Geländedaten von der Form der Oberfläche des Ayers Rock in Australien; **b** ist das modellierte Relief (nach Stüwe 1994)

Abb. 1.3. „Dreidimensionale" Darstellung der zweidimensionalen Funktion $p = \sin(x)\sin(y)$ in Form einer perspektivisch dargestellten Potentialoberfläche auf dem zweidimensionalen Papier dieser Buchseite

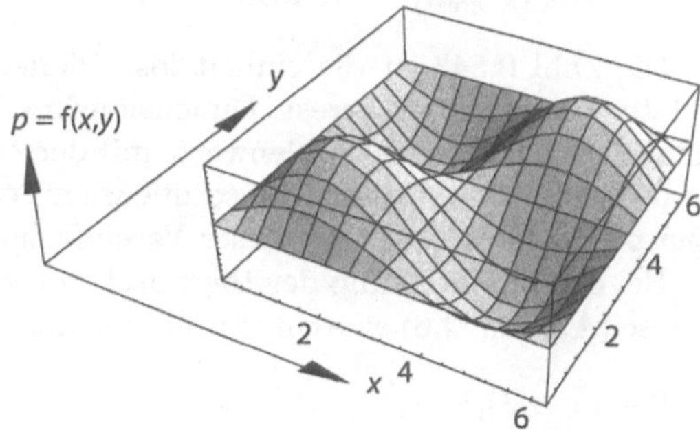

zugehen. Geowissenschaftlich wichtige dreidimensionale Fragestellungen sind z. B. Konvektionsströmungen im Erdmantel oder Subduktion in einem Winkel zur Plattengrenze. Solche Aufgabenstellungen können nur unter Berücksichtigung aller drei Raumdimensionen beschrieben werden. Mutige Geowissenschaftler nutzen heute moderne Berechnungs- und Darstellungsmethoden, um diese schwierigen Probleme in den Griff zu bekommen (z. B. Braun und

Beaumont 1995; Platt 1993a). Dreidimensionale Modelle sind nur durch Kurven im dreidimensionalen Raum graphisch darstellbar, auf Papier also nicht in einem einzigen Diagramm. Sie können nur durch eine Diagrammserie oder durch aufwendige Videos veranschaulicht werden. In diesem Buch werden dreidimensionale Modelle weitgehend vermieden.

Nulldimensionale Probleme. Die Größenordnung sehr vieler geologischer und plattentektonischer Prozesse läßt sich auch ohne Betrachtung ihrer Raumdimension gut und elegant abschätzen. Bei der Höhe von Gebirgen, die sich im isostatischen Gleichgewicht befinden, oder dem Einfluß der Wärmeproduktion in Gesteinen auf ihre Temperatur handelt es sich um Sachverhalte, die von räumlichen Dimensionen unabhängig sind, aber dennoch eine gute Vorstellung vom Ablauf tektonischer Prozesse vermitteln. Bei der Darstellung nulldimensionaler Probleme auf Papier hat man die Freiheit, den Einfluß der Veränderung *zweier* Modellvariablen gleichzeitig zu testen. Damit haben Probleme, die sich auf null Raumdimensionen reduzieren lassen, den Vorteil, daß man auf beiden Koordinatenachsen eine Variable auftragen und auf diese Weise den Einfluß mehrerer Parameter gleichzeitig erfassen kann.

Nulldimensionale Probleme dürfen nicht mit „dimensionslosen" Variablen (engl.: *dimensionless variables*) verwechselt werden. In diesem Buch werden wir vielerorts auf Variablen stoßen, die der Einfachheit halber *normalisiert* worden sind und daher ohne Einheiten verwendet werden. Zum Beispiel könnten wir die Höhe des Montblanc $H_{\text{(MtBlanc)}}$ nicht nur mit 4 807 Metern, sondern auch als dimensionslose (also einheitslose) Höhe h in % oder als Bruchteil der Höhe des Mount Everest angeben:

$$h = \frac{H_{\text{(MtBlanc)}}}{H_{\text{(MtEverest)}}} = \frac{4\,807\,\text{m}}{8\,848\,\text{m}} = 0{,}543 \quad . \tag{1.2}$$

Die Zahl 0,543 ist die einheitslose (dimensionslose) Höhe des Montblanc relativ zum Mount Everest. Dimensionslose Werte errechnen sich immer aus dem Verhältnis zweier Zahlenwerte mit derselben Einheit. Bei Gl. 1.2 mag der sich ergebende Nutzen nicht so offensichtlich sein, aber bereits das nächste Beispiel wird die Vorzüge dieser Vereinfachung verdeutlichen.

Bei der Beschreibung der thermischen Geschichte einer Kontaktmetamorphose (Abschn. 3.6) werden wir oft eine dimensionslose Temperatur der Form

$$\theta = (T - T_{\text{b}})/(T_{\text{i}} - T_{\text{b}}) \tag{1.3}$$

verwenden. Dabei sind T_{i} und T_{b} die Temperatur der Intrusion und die Ausgangstemperatur des Muttergesteins (z. B. $T_{\text{i}} = 900\,°\text{C}$ und $T_{\text{b}} = 300\,°\text{C}$) und T ist die Variable. Wenn T im Muttergestein den Wert 600 °C erreicht, sagt uns das noch nicht viel. Als $\theta = 0{,}5$ ausgedrückt, erkennen wir jedoch, daß diese Temperatur genau auf halbem Weg zwischen der Temperatur der Intrusion und der des Muttergesteins liegt. Damit ist unser Informationsgewinn schon sehr viel größer.

In der Literatur findet man oft viel kompliziertere dimensionslose Variablen. Bei Diffusionsproblemen z. B. wird die Temperatur oft als Funktion der dimensionslosen Variablen

$$T = f\left(\frac{\kappa t}{l^2}\right) \tag{1.4}$$

angegeben. Das mag verwirrend erscheinen, dient aber einem ähnlichen Zweck wie die in Gl. 1.3 vorgestellte Vereinfachung. Gleichung 1.4 zeigt, daß die Variablen κ (Diffusivität), t (Zeit) und l (Größe) auf bestimmte Weise miteinander verknüpft sind. $f()$ steht in Gl. 1.4 für „Funktion von". Die „Entdimensionalisierung" von Variablen erleichtert uns nicht nur eine intuitive Vorstellung bestimmter Parameter, sondern ist auch bei Differentialrechnungen eine große Hilfe.

1.2.1
Annäherungen bei der Dimensionsreduzierung

Die Verformung von Lithosphärenplatten ist im allgemeinen ein dreidimensionales Problem (s. aber Abschn. 2.2.2). Spannung, Verformung und Verformungsrate werden in einem dreidimensionalen Modell durch Tensoren beschrieben, d. h. eine exakte Beschreibung der Verformung kontinentaler Platten erfordert Tensorrechnung (s. Abschn. 5.1 und A.3). Um solch komplizierte Berechnungen zu vermeiden, müssen wir prüfen, ob wir mit weniger als drei Dimensionen auskommen können (im Sinne der Modellidee: s. Abschn. 1.1). Bei der Beschreibung der kontinentalen Verformung bieten sich einige Vereinfachungen an, die es erlauben, einige (oder sogar alle) Komponenten dieser Tensoren zu vernachlässigen. Auf diesem Wege läßt sich die Dimension zahlreicher dreidimensionaler Probleme reduzieren. Wie und ob das geschehen kann oder soll, hängt natürlich von der Art des Problems ab. Grundsätzlich unterscheidet man zwei Methoden der Vereinfachung, die für viele plattentektonische Fragestellungen von so großer Bedeutung sind, daß sie schon in diesem frühen Kapitel erwähnt werden sollen.

Annäherung durch ebene Verformung. Ebene Verformung (engl.: *plane strain*) bedeutet, daß strikte Zweidimensionalität angenommen wird. Wir betrachten dazu nur den Fall einer Verformung ohne Volumenverlust oder -zunahme (engl.: *isochoric*). In diesem Fall der ebenen Verformung muß die gesamte Verkürzung in einer Raumrichtung durch eine Dehnung in eine zweite ausgeglichen werden (Abb. 1.4b; Abb. 1.5). Ebene Verformung ist also flächenkonservativ. Ein bekanntes Beispiel sind Schiebepuzzles, die nur in einer Ebene gelöst werden können (oder zumindest gelöst werden sollten). Tapponier (z. B. 1982) erzielte bei der Beschreibung kontinentaler Verformungen unter Annahme ebener Verformung große Erfolge.

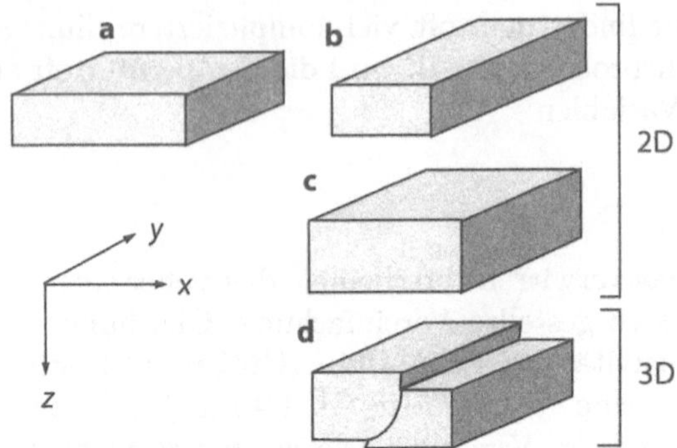

Abb. 1.4. Zwei- und dreidimensionaler Verformungsmodelle. Die Verkürzung des Blocks **a** in x-Richtung wird in **b** *nur* durch Streckung in y-Richtung kompensiert. Die Blockmächtigkeit bleibt konstant. Dies entspricht dem zweidimensionalen Modell der ebenen Verformung (engl.: *plane strain*). In **c** wird die Verkürzung sowohl durch Streckung in y- als auch durch Verdickung in z-Richtung kompensiert. Letztere ist homogen. Dies entspricht einer zweidimensionalen Beschreibung mit der „Thin sheet"-Annäherung. In **d** wird die Verkürzung sowohl durch Streckung in y-Richtung als auch durch inhomogene Verdickung kompensiert. Diese Art der Verformung ist nur dreidimensional beschreibbar. In **b** und **c** ist die Verdickung und/oder Streckung in z- bzw. y-Richtung *keine* Funktion von x. Dies ist jedoch keine Bedingung für die „Plane strain"- bzw. „Thin sheet"-Annäherung. Die dargestellten Spezialfälle sind daher (im Gegensatz zu Abb. 1.5) sogar eindimensional beschreibbar! Streckung und Verdickung könnten als Variablen bzw. als Funktionen der Verkürzung erhoben werden

Die Thin sheet-Annäherung. Wird die Verformung einer Platte teilweise durch Mächtigkeitsänderungen (Verdickung oder Dehnung) kompensiert, kann auch dieser eigentlich dreidimensionale Prozeß mit Hilfe der Thin sheet-Annäherung auf ein zweidimensionales Modell vereinfacht werden, solange die Verdickung (oder Dehnung) im wesentlichen homogen ist (s. z. B. Houseman und England 1986a; vgl. aber auch: Braun 1992). Dieses Modell beruht auf der Annahme, daß die an der Plattenoberfläche anliegenden Normalspannungen überall konstant sind. Das heißt, die Thin sheet-Annäherung entspricht der Annahme „ebener Spannung" (engl.: *plane stress*). So gibt es keine Änderung der Verformungsrate in Vertikalrichtung (Abb. 1.4; 1.5) (England und McKenzie 1982; England und Jackson 1989). Führen wir die Variablen z für die Vertikalrichtung und $\dot{\epsilon}$ für die Verformungsrate (engl.: *strain rate*) ein, können wir die Thin sheet-Annäherung wie folgt schreiben:

$$\frac{d\dot{\epsilon}}{dz} = 0 \quad . \tag{1.5}$$

Die Thin sheet-Annäherung ist zur vereinfachten Beschreibung der Verformung von Lithosphärenplatten gut geeignet, falls

1. die Scherspannungen an Erdoberfläche und Lithosphärenbasis sowie
2. das Gefälle an der Erdoberfläche vernachlässigbar sind.

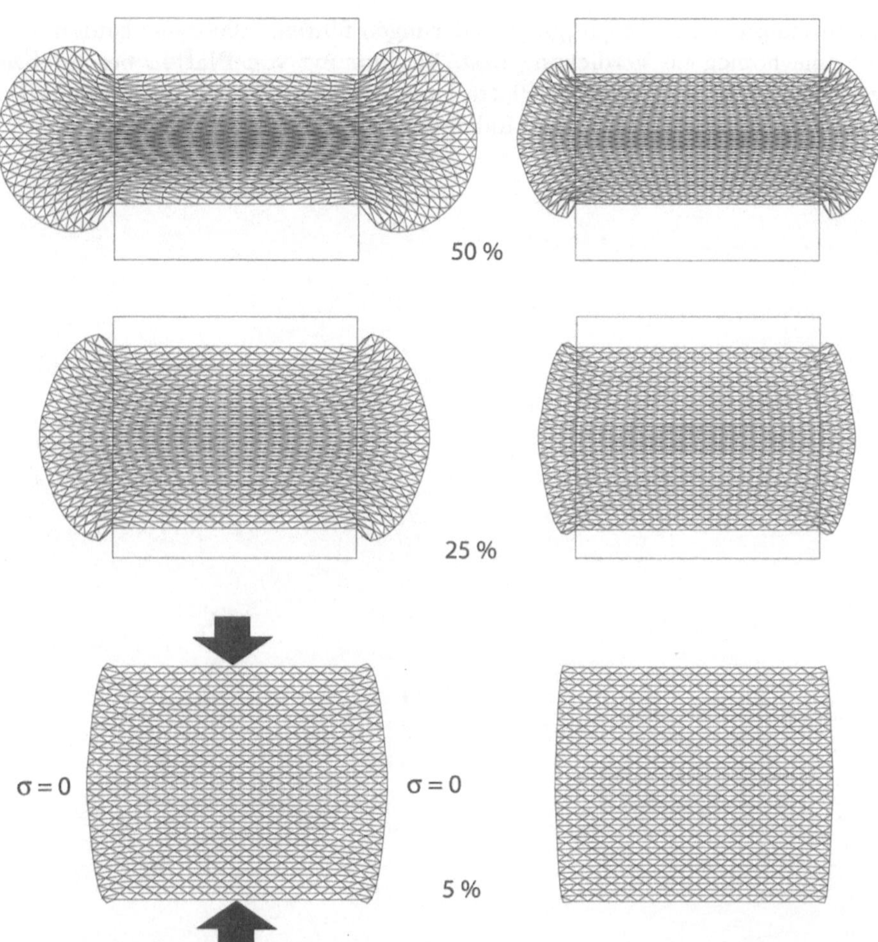

Abb. 1.5. Vergleich der Verformung einer quadratischen Platte, die von oben und unten zusammengedrückt wird, unter der Annahme von Plane strain- (*linke Reihe*) bzw. Thin sheet-Annäherungen (*rechte Reihe*). Die Randbedingungen der Verformung werden präzise wie folgt ausgedrückt: Keine Normal- oder Scherspannung entlang der Seiten und konstante Geschwindigkeiten des oberen und unteren Randes aufeinander zu (s. Abschn. 5.3.1 und A.1.1). Diese Randbedingungen werden links unten durch Pfeile illustriert. Die zeitliche Abfolge der Verformung ist jeweils nach 5%iger, 25%iger und 50%iger Verkürzung dargestellt. Die hier gezeigten Sonderfälle führen zu sehr heterogener Verformung und sind relativ kompliziert. In der linken Reihe bleibt die Fläche konstant. In der rechten Reihe wird die scheinbar verlorene Fläche durch eine Verdickung der Platte kompensiert. Die Abbildung wurde mit dem Computerprogramm BASIL von Houseman und Barr berechnet

Beides trifft in erster Annäherung bei der Verformung großer Lithosphärenplatten in der Regel zu (s. ausführliche Diskussion in Abschn. 5.3.1, 5.3 und 6.3). Bei einer Verformung entsprechend dem Thin sheet-Modell kann eine

Verkürzung auch zu Mächtigkeitsänderungen führen. Allerdings kann damit nur eine homogene Verdickung bzw. Verdünnung von Platten beschrieben werden. Die Mächtigkeit der Platte kann an jedem Punkt des Modells als Variable erhoben werden. Das Modell bleibt also stets zweidimensional.

Kapitel 2
Plattentektonik

In diesem Kapitel wird das Konzept der modernen Plattentektonik vorgestellt, das die Grundlage für alle in den weiteren Kapiteln angestellten Überlegungen bildet. Im ersten Teil wird die Geschichte der Plattentektonik kurz dargelegt, und es werden einige grundlegende Prinzipien geodynamischer Beschreibungsmethoden besprochen. Im zweiten Teil wird der Schalenbau der Erde und die geographische Verteilung einzelner Platten beschrieben. Dabei wird auch die geologische Nomenklatur der weiteren Kapitel festgelegt.

2.1
Historische Entwicklung

Erste Ansätze zur Plattentektonik gab es schon vor 400 Jahren: Sir Francis Bacon (1561–1621) beobachtete, daß die Küstenlinien Südamerikas und Afrikas zueinander passende Umrißformen aufweisen. Zur Zeit Darwins waren die meisten Gemeinsamkeiten der beiden Kontinente bereits bekannt und beschrieben. Darauf aufbauend, erkannte der Meteorologe und Klimatologe Alfred Wegener Anfang des 20. Jahrhunderts weitere Parallelen und publizierte schließlich seine Theorie der Kontintalverschiebung, die noch heute als Grundlage für die Plattentektonik gilt, zunächst in Originalarbeiten (Wegener 1912a,b) und später in Buchform (Wegener 1915). Die Theorien Wegeners und anderer Geowissenschaftler seiner Zeit (z. B. Taylor 1910) wurden lange vor den ersten detaillierten Echolotungen der Meere publiziert. Wichtige Großformen des Meeresbodens, wie Mittelozeanische Rücken und Subduktionszonen, waren noch nicht bekannt. Immerhin war bereits 1875 bei der Expedition mit der HMS Challenger der tiefste Punkt des Meeresbodens (11,5 km unter dem Meeresspiegel im Marianengraben), wie auch der Ostpazifische Rücken entdeckt worden. Wegener glaubte jedoch, daß die Kontinente, ähnlich wie Eisbrecher im Packeis, durch die Meere pflügen und hatte keine präzisen Vorstellungen vom Relief der Meeresböden. Dennoch haben noch heute gebräuchliche Bezeichnungen der Urkontinente, wie „Gondwana" und „*Laurasia*", ihren Ursprung in dieser Zeit (du Toit 1937), und Konvektionsströmungen im Erdmantel wurden bereits vor der Mitte dieses Jahrhunderts als Ursache der Plattenbewegungen erkannt (Holmes 1929; Griggs 1939).

Der entscheidende Durchbruch zum Verständnis der Plattenbewegungen
gelang zwischen 1950 und 1965, als die ersten systematischen Echolotungen
des Atlantiks durchgeführt wurden (Heezen 1962, Menard 1964). Im Rahmen
dieser Messungen wurden erstmals die riesigen Täler und hohen Bergketten
auf dem Meeresboden entdeckt, die heute als Subduktionszonen und Mittelozeanische Rücken bekannt sind. Die Genese der Mittelozeanischen Rücken
wurde verschiedentlich durch gewagte Hypothesen erklärt (z. B. durch die Expansion der Erde; Carey 1976, King 1983). Seit Beginn der sechziger Jahre
wird aber weitgehend akzeptiert, daß es sich bei ihnen um Lithosphäre produ-
zierende Vulkane handelt, die mit den Lithosphäre konsumierenden Subduktionszonen volumetrisch im Gleichgewicht stehen (Hess 1961; Vine und Mathews 1963). Die Erkenntnis, daß ozeanische Lithosphäre subduziert und neu
gebildet wird (Abschn. 2.4.3; z. B. Morgan 1968), bildet ab den späten sechziger Jahren die Grundlage der modernen Plattentektonik. Heute ist bekannt,
daß die Gesamtlänge der krustenproduzierenden Rücken etwa 60 000 km beträgt, wovon sich der weitaus größte Teil natürlich auf dem Boden der Meere
befindet (s. Abschn. 2.4.3). Bei einer durchschnittlichen Riftgeschwindigkeit
von 4 cm pro Jahr (Tabelle 2.3) entstehen etwa 2 km^2 neue Ozeankruste pro
Jahr. Auf die Gesamtfläche der Ozeane ($A_0 = 3,1 \cdot 10^8$ km^2) bezogen, ergibt das alle 155 my eine Erneuerung der gesamten ozeanischen Lithopshäre.
Geologisch gesehen ist das eine relativ kurze Zeitspanne, und deshalb zählt
die ozeanische Lithosphäre zu den jüngsten Erscheinungen unseres Planeten.

Ein phantastischer Beweis der Theorie der Plattentektonik wurde dann
durch die ersten Fotos der bereits vorhergesagten, aber bis dahin nicht
beobachteten schwarzen Schlote (engl.: *black smokers*) erbracht, die das
Forschungs-U-Boot Alvin mit an die Oberfläche brachte (gute Zusammenfassung hiervon z. B. in Edmond und Damm 1983). Ironischerweise findet die
Plattentektonik, so wie wir sie heute kennen, ihre Bestätigung also nicht auf
den bereits bis ins Detail bekannten Kontinenten, sondern an den tiefsten
Stellen der Meere! Cox faßte die plattentektonische Revolution 1972 zusammen. Er war der Meinung, daß die Theorie der Plattentektonik auf vier voneinander unabhängigen Datensätzen aufbaut, die sich durch ein einheitliches
Modell erklären lassen. Diese sind:

- topographische Karten des Ozeanbodens,
- magnetische Meßdaten des Ozeanbodens,
- Altersdaten der magnetischen Signaturen des Ozeanbodens,
- genaue Karten der Verteilung von Erdbebenepizentren.

Seit dem fundamentalen Durchbruch in den sechziger Jahren hat sich
die Theorie der Plattentektonik rasant weiterentwickelt. Man erkannte, daß
sich viele Prozesse mit sehr einfachen physikalischen Modellen beschreiben
und erklären lassen. So ist z. B. die quadratische Beziehung zwischen *Größe*
und *Dauer* thermischer und anderer diffusiver Prozesse (Abschn. 3.1.4) mit
großem Erfolg auf die unterschiedlichsten Probleme angewendet worden. Mit

diesem sehr einfachen Modell wird die Wassertiefe der Ozeane als Funktion des Abstands von Mittelozeanischen Rücken (Abschn. 4.2.1) wie auch die Dauer metamorpher Ereignisse, die Form von chemischen Zonierungsprofilen in Mineralen und die Mächtigkeit von Kontaktaureolen (Abschn. 3.6.2) gut beschrieben!

Solche Triumphe sehr einfacher physikalischer Modelle führten in den siebziger und achtziger Jahren zu einer Entwicklung der Plattentektonik, die durch eine einfache analytische Beschreibung der verschiedensten Beobachtungen gekennzeichnet war. Zahlreiche offene Fragen konnten in dieser Zeit beantwortet werden. Viele der in diesem Zusammenhang verwendeten Modelle werden in diesem Buch behandelt.

Jüngste Entwicklung und Zukunft. Die globale Verteilung von Erdbeben zeigt, daß sich ozeanische Lithosphäre so verhält, wie es die Prinzipien der Plattentektonik fordern, nämlich als starre Platte. Ozeanische Platten sind meist groß und von relativ geringer, aber konstanter Mächtigkeit. Sie besitzen scharf abgegrenzte Ränder, an denen seismische Ereignisse konzentriert auftreten. Die Mächtigkeit kontinentaler Platten variiert hingegen stark. An deren diffusen Rändern befinden sich breite Verformungszonen, die weit in die Kontinente hineinreichen. Erdbeben treten auf den Kontinenten an vielen Stellen auf, auch außerhalb von Plattengrenzen. Deshalb ist der etwas groteske Begriff „Käsetektonik" zur Ablösung der Plattentektonik vorgeschlagen worden, da sich die Kontinente eher wie zähflüssiger Käse denn als steife Platten verhalten. Daß sich Teile der Erde nach physikalischen Maßstäben wie eine hochviskose Flüssigkeit verhalten, ist eigentlich seit der Jahrhundertwende bekannt (s. Zusammenfassung von Gordon 1965). Trotzdem haben sich dynamische Beschreibungen von Platten als viskose oder visko-elastische Materialien erst in den letzten Jahren wirklich durchgesetzt (England und McKenzie 1982; England und Jackson 1989). Dabei haben die Studien von Brace und Goetze den Ausschlag gegeben, die zu Beginn der achtziger Jahre ein einfaches Modell des rheologischen Verhaltens der Lithosphäre vorschlugen (z. B. Goetze 1978, Brace und Kohlstedt 1980). Dynamische Beschreibungen großtektonischer Prozesse sind durch einfache Modelle möglich und in den letzten Jahren zunehmend publiziert worden. Sogar gekoppelte thermomechanische Modelle wurden als Folge solch einfacher Methoden möglich (Sonder und England 1986) und finden zunehmend auch ihren Weg in die nichtgeophysikalische Literatur (z. B. Zhou und Stüwe 1994).

Als Folge der rasant zunehmenden Leichtigkeit mit der numerische Modelle heute benutzt oder implementiert werden können, hat man sich immer mehr von einfachen analytischen Modellen entfernt. Die numerische Behandlung geodynamischer Probleme hat sich zunehmend durchgesetzt. Daneben erlauben es globale Datensätze heute, die Aufmerksamkeit, weg von Einzelbeobachtungen, immer mehr solchen Problemen zuzuwenden, die nur unter Zuhilfenahme großer Datenmengen lösbar sind. Die Zukunft der Geodyna-

mik wird sicherlich in zunehmendem Maße durch die Verwendung globaler
Datensätze geprägt sein.

2.2
Arbeiten auf der Kugeloberfläche

Die Erde ist annähernd kugelförmig (genauere Beschreibung s. Abschn. 4.0.1).
Trotz oder gerade wegen des in Abschn. 1.2 gehaltenen Plädoyers für die
Benutzung möglichst weniger Dimensionen, ist es für viele Fragestellungen
unverzichtbar, die Erde als Kugel zu betrachten. In diesem Abschnitt werden
die wichtigsten Kriterien genannt, die für die Entscheidung relevant sind,
ob man die Berechnungen für eine bestimmte Fragestellung auch auf einer
„flachen Erde" vornehmen kann.

2.2.1
...oder ist die Erde doch flach?

Die meisten geodynamischen Probleme lassen sich hinreichend genau auf einer nicht gewölbten Erdoberfläche lösen. So zeigt z. B. Abb. 2.1, daß bei
geologischen Strukturen von 1 000 km Länge die Erdkrümmung weniger als
20 km (d. h. weniger als 2 % der Längserstreckung der Struktur) von einer „flachen Erde" abweicht. Für die meisten geologischen Probleme ist das ein vernachlässigbar kleiner Betrag. Bei Strukturen im Zehnkilometerbereich liegt
die Abweichung nur im Zehnmeterbereich, beträgt also nur etwa 0,1 %. Somit
muß die Kugelform der Erde tatsächlich nur bei Fragestellungen berücksichtigt werden, die große Ausschnitte der Erdoberfläche betreffen.

Ein klassisches Beispiel für ein Problem, das *nicht* auf einer Ebene gelöst
werden sollte, ist die Form sehr langer Subduktionszonen. Auf einer nicht
gewölbten Erde müßte eine Subduktionszone im wesentlichen geradlinig verlaufen. Dies ist mit einem von der Tischkante hängenden Blatt Papier vergleichbar, dessen Knick im wesentlichen eine gerade Linie bildet. Nun ist

Abb. 2.1. Unterschied zwischen nicht gekrümmter und gekrümmter Erdoberfläche. Die
maximale Abweichung H der gekrümmten Erdoberfläche von einer „flachen Erde" ergibt sich
aus $H = R - \sqrt{R^2 - (1\,000/2)^2} = 19{,}6$ km

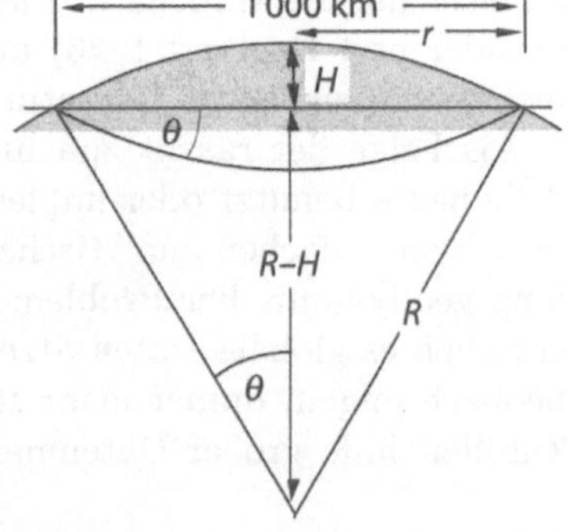

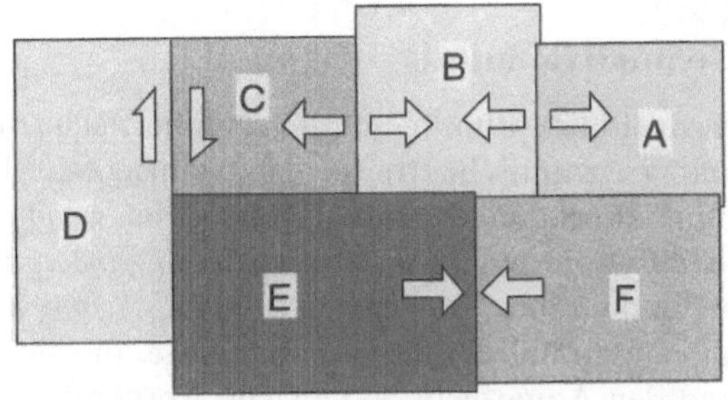

Abb. 2.2. Sechs Platten auf einer ebenen Oberfläche. Die Relativbewegungen zwischen den einzelnen Platten sind durch Pfeile symbolisiert. Die Relativbewegungen zwischen den Platten C und E, D und E, B und E, B und F sowie zwischen A und F sind nicht bekannt, obwohl die anderen Relativbewegungen bekannt sind

es aber so, daß viele Subduktionszonen auf der Erdoberfläche bogenförmig verlaufen. Eine Erklärung bietet das „Pingpongball"-Modell, demzufolge die Krümmung von Subduktionszonen mit jener Krümmung vergleichbar ist, die die Kante der Eindellung eines Tischtennisballs aufweist. Wenn der eingedrückte Teil nicht in sich selbst verformt ist, ist diese Kante kreisförmig. Dies gilt auch für Subduktionszonen. Der Subduktionswinkel ($2\,\theta$) sollte sich daher nach Abb. 2.1 aus der Beziehung

$$\sin\theta = \frac{r}{R} \tag{2.1}$$

ergeben. Im großen und ganzen stimmt der Kleinkreisradius r von Subduktionszonen mit dem Subduktionswinkel aus Gl. 2.1 überein (s. Isacks und Barazangi 1977). Der Subduktionswinkel von Platten hängt jedoch von vielen weiteren Parametern ab, z. B. davon, ob die Platte in- oder entgegengesetzt zur Hauptrichtung der Mantelkonvektion verläuft (Doglioni 1993).

Auf einer nicht gewölbten Erde lassen sich *geometrische* Probleme mit kartesischen Koordinaten beschreiben. Im gesamten vorliegenden Buch werden x und y für horizontale kartesische Koordinaten und z für die vertikale Koordinate verwendet. In Abschn. 2.3 wird die Beziehung zwischen sphärischen und kartesischen Koordinaten besprochen und in Abschn. 4.0.1 detailliert auf die Verwirrung eingegangen, die aus dem Gebrauch verschiedener Bezugsrahmen entstehen kann.

Kinematische Probleme können auf einer nicht gewölbten Erde einfach durch horizontale und vertikale Bewegungen und Geschwindigkeiten beschrieben werden. Geschwindigkeiten werden durch Vektoren mit bestimmter Richtung und Größe repräsentiert. Für zusammengesetzte kinematische Abläufe gelten die Regeln der Vektoraddition. Zu beachten ist, daß alle Bewegungen immer nur relativ sind. Das ist von großer Bedeutung, will man nicht falsche Rückschlüsse von den an einem Ort beobachteten Bewegungen auf die Bewegungen an einem anderen Ort ziehen (Abb. 2.2). Die qualitativen Unterschiede zwischen der Kinematik auf einer nicht gekrümmten und einer gekrümmten Erde werden in Abschn. 2.2.3 erläutert.

An der Dynamik einer flachen Erde sind Kräfte beteiligt, die ebenso wie Bewegungen durch Vektoren repräsentiert werden können. Alle Vektoren können ihrerseits in Teilvektoren zerlegt werden, die parallel zu den Achsen eines kartesischen Koordinatensystems liegen.

2.2.2
Geometrie auf der Kugel

Es ist üblich, Punkte auf der Erdoberfläche durch ihre geographische Länge ϕ und geographische Breite λ zu lokalisieren (Abb. 2.3). Ebenso wie die Zeitmessung ist die Kugelgeometrie einer der wenigen Bereiche in den Naturwissenschaften, in dem sich das Duodezimalsystem gegenüber dem Dezimalsystem behauptet hat. Auf der Erdkugel werden 360 Längengrade (oder Meridiane) durch 360 Großkreise festgelegt, die sich in den beiden Polen schneiden und den Äquator in 360 gleiche Abschnitte unterteilen. Großkreise sind jene Kreislinien, die sich aus dem Schnitt der Erdoberfläche mit durch den Erdmittelpunkt verlaufenden Ebenen ergeben. Die 360 Längenkreise werden in jeweils 180 Längenkreise westlich und östlich von Greenwich durchnumeriert. Kleinkreise sind die Schnittlinien der Erdoberfläche mit allen Ebenen, die *nicht* durch den Erdmittelpunkt gehen. Rumpflinien (oder Loxodrome) sind Linien auf der Kugeloberfläche, die Längen- und Breitengrade unter konstantem Winkel schneiden. Rumpflinien, die ein Vielfaches von 360° ausmachen, erscheinen daher als Spiralen um die Erdachse (Abb. 2.3). Die 180 Breitengrade bilden jeweils 90 parallele Kleinkreise nördlich und südlich des Äquators, deren Ebenen senkrecht zur Verbindungslinie der beiden Pole stehen. Sie schneiden die Längengroßkreise so, daß sie diese in gleich lange Abschnitte unterteilen. Daraus folgt, daß der Abstand zwischen zwei Breitengraden überall auf der Erdkugel gleich groß ist, wogegen der Abstand zwischen zwei Längengraden am Äquator am größten und an den Polen Null ist. Zur feineren Unterteilung wird jeder Winkelgrad in 60 Winkelminuten und jede Minute in 60 Winkelsekunden unterteilt. Geometrische Berechnungen werden zusätzlich dadurch kompliziert, daß das Duodezimalsystem oft mit dem Dezimalsystem vermischt wird: dezimale Winkelwerte (also Angaben in Zehntel und Hundertstel Grad anstatt in Minuten und Sekunden) sind durchaus gebräuchlich. Eine Unterteilung des Kreises in 400 „Neugrad" , so daß ein rechter Winkel 100 Grad hat, konnte sich allerdings nicht durchsetzen. Geologen, die mit dem Kompaß arbeiten haben sich oft mit dem Zusammenhang zwischen magnetischen und geographischen Richtungen auseinanderzusetzen. Der Winkel zwischen magnetisch.Nord und den Längengraden (geographisch Nord) wird als *Deklination* bezeichnet . Der Winkel in vertikaler Richtung zwischen der Geoidoberfläche und den magnetischen Feldlinien wird als *Inklination* bezeichnet.

Bei einem Erdradius R von 6 360 km (Äquatorialradius = 6 378,139 km; Polarradius = 6 356,75 km) beträgt der Erdumfang $2R\pi \approx 40\,000$ km. In der Tat war ein Meter lange Zeit als der 40 000 000ste Teil des Erdumfangs definiert. Am Äquator beträgt der Abstand zwischen zwei Längengraden daher ca. 40 000/360 $\approx$ 110 km. Auf Kleinkreisen nördlich und südlich des Äquators nimmt der Abstand zwischen den Längengraden l mit dem Cosinus der geographischen Breite ab:

$$l = \cos(\lambda) \cdot 110 \quad , \tag{2.2}$$

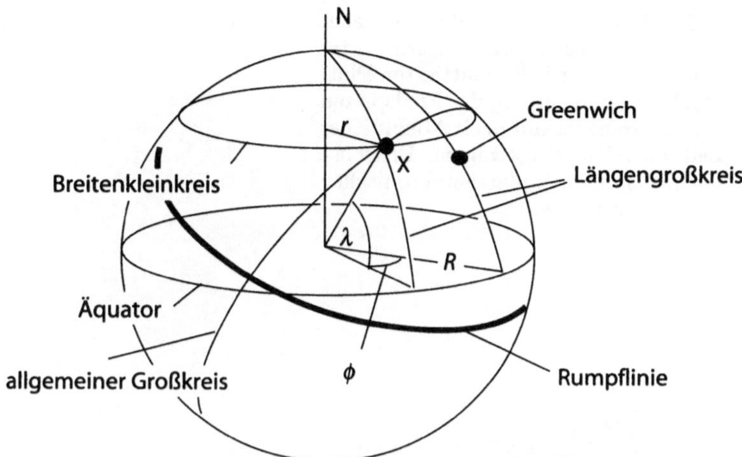

Abb. 2.3. Definition verschiedener Linien und Winkel auf der Erdoberfläche. Punkt X hat eine geographische Länge ϕ *westlich* von Greenwich

wenn wir den ungefähren Abstandswert pro Längengrad am Äquator verwenden. Eine nautische Meile ist als eine Winkelminute entlang eines Breitengrades definiert. Eine nautische Meile ist ungefähr 1,8 km lang, ein Breitengrad entspricht daher etwa 110 km. Am Äquator sind somit die Abstände zwischen Längen- und Breitengraden gleich groß.

Alle Entfernungen und Winkel auf der Erdoberfläche können mit Hilfe dieses einfachen Gitternetzes aus Längen- und Breitengraden und der Winkelfunktionen hergeleitet werden. Kenntnisse der Winkelfunktionen und des Satzes von Pythagoras sowie räumliches Vorstellungsvermögen werden hier vorausgesetzt. Die zur Lösung der Übungsaufgaben notwendigen Beziehungen sind in Anhang B, Tabelle B.4, B.7, B.6 und Abb. B.1 zusammengefaßt.

2.2.3
Kinematik auf der Kugel

Bewegungen auf einer nicht gekrümmten Erde werden durch die Geschwindigkeit v (in $m\,s^{-1}$, engl.: *velocity*), auf der Erdkugel durch die Winkelgeschwindigkeit w, (engl.: *angular velocity*) beschrieben. Die Winkelgeschwindigkeit hat die Einheit Radiant pro Zeiteinheit, also s^{-1}. Die Achse, die senkrecht zur durchschwenkten Drehwinkelfläche steht, d. h. die Linie, um die eine Drehbewegung stattfindet, wird als Rotationsachse bezeichnet. Wie groß die Geschwindigkeit einer Bewegung auf der Erdoberfläche ist, hängt vom Kleinkreisradius ab. Häufig werden in der Literatur die Einheiten von Geschwindigkeit und Winkelgeschwindigkeit bei der Beschreibung von Geschwindigkeiten falsch verwendet. Ähnliche Mißverständnisse und Fehler treten bei den Einheiten von Kräften und Drehmomenten auf (z. B. Abschn. 2.2.4). Da-

Abb. 2.4. Zur Illustration von Rotationsachsen. Die Pfeile zeigen Richtung und Geschwindigkeit der Bewegung der hell schattierten Platte an. Die stärkere Linie entlang der Pfeilspitzen stellt den Plattengrenzverlauf nach Ablauf einer gewissen Zeit dar. Die eingetragene Erdachse soll einer Verwechslung mit plattentektonischen Rotationsachsen vorbeugen

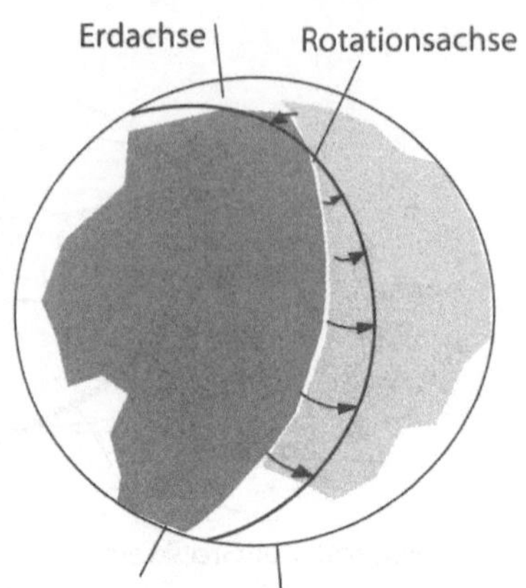

her sei festgehalten: Bei *geradlinigen* Bewegungen ist die Beschleunigung als Geschwindigkeitsänderung pro Zeiteinheit definiert und hat daher die Einheit $\mathrm{m\,s^{-2}}$. In Analogie dazu ist die Einheit der Winkelbeschleunigung $\mathrm{s^{-2}}$.

Plattenbewegungen auf der gekrümmten Erdoberfläche unterscheiden sich von Bewegungen auf einer „flachen Erde" vor allem darin, daß die Geschwindigkeit bei einer relativen Lageveränderung zweier Platten davon abhängt, entlang welchen Kleinkreises der Vektor der Bewegung liegt (Abb. 2.4). So kann es entlang einer Plattengrenze sogar zu einer Bewegungsumkehr, d. h. ein Wechsel von Divergenz zu Konvergenz, kommen (Abb. 2.4). Dergleichen ist bei geradliniger Kinematik auf einer ebenen Fläche nicht möglich (vgl. Abb. 2.2 und 2.4).

2.2.4
Dynamik auf der Kugel

Plattentektonische Kräfte werden in der Literatur auch als Drehmoment beschrieben. So ist z. B. „Ridge push" eine Kraft, „Ridge torque" hingegen ein Drehmoment. Korrekterweise müßte man immer von Drehmomenten sprechen, da auf der Erdoberfläche keine geradlinigen Kräfte auftreten, sondern nur solche, die entlang einer Kugeloberfläche und daher *um* eine Rotationsachse wirken. Da sowohl Drehmoment und Kraft als auch Impuls, Drehimpuls und Trägheitsmoment verschiedene Einheiten haben, führt dies leider oft zu Verwirrung und Mißbrauch. Darüber hinaus kommt es leicht zu rein sprachlichen Verwechslungen weil z. B. im Englischen das Wort „momentum" für Impuls (s. Abschn. 5.3.3) und nicht für Drehmoment verwendet wird. Desgleichen gibt es viele Beispiele. Für ein korrektes Verständnis geodynamischer Prozesse scheint es also unbedingt notwendig, die verwendeten Größen begrifflich klar zu trennen. Tabelle 2.1 liefert den dafür notwendigen Überblick. Der Leser sei angehalten, die Betrachtung geodynamischer Gleichungen immer mit einer sorgfältigen Analyse der Einheiten zu beginnen.

Tabelle 2.1. Wichtige Größen der Kinematik und Dynamik und ihre englischen Bezeichnungen. Jeder Größe der linearen Dynamik entspricht ein kreis- bzw. kugeldynamisches Äquivalent. Die Beziehungen zwischen den Parametern werden im Text erläutert

Bezeichnung	englische Bezeichnung	Einheit
Geschwindigkeit	velocity	$m\,s^{-1}$
Winkelgeschwindigkeit	angular velocity	s^{-1}
Beschleunigung	acceleration	$m\,s^{-2}$
Winkelbeschleunigung	angular acceleration	s^{-2}
Kraft	force	$kg\,m\,s^{-2}$
Drehmoment	torque	$kg\,m^{2}\,s^{-2}$
Masse	mass	kg
Massenträgheitsmoment	moment of inertia	$kg\,m^{2}$
Impuls	(linear) momentum	$kg\,m\,s^{-1}$
Drehimpuls	(angular) momentum	$kg\,m^{2}\,s^{-1}$

Die Kraft F wird in Newton [N] angegeben und errechnet sich aus dem Produkt von Masse m und Beschleunigung g; also gilt: $1\,N = 1\,kg\,m\,s^{-2}$. In diesem Buch entspricht g praktisch immer der Erdbeschleunigung, da alle anderen geologischen Beschleunigungen vernachlässigbar klein sind (z. B. die Beschleunigung bei der Abbremsung kollidierender Platten). Die Kraft ist eine Vektorgröße und wird *immer* in eine bestimmte Richtung ausgeübt. *Horizontale* Kräfte können auf einer Kugel nur tangential wirken. Ein direktes Äquivalent entlang der Kugeloberfläche existiert nicht. Das Drehmoment (nicht zu verwechseln mit dem englischen *angular momentum!*) ist der Dreheffekt, den eine Kraft auf einen Punkt ausübt. Es ist durch das Produkt aus Kraft und Abstand von dem Punkt definiert, um den die Drehung stattfindet. Das Drehmoment hat die Einheit Nm bzw. $kg\,m^{2}\,s^{-2}$. Auf der Erdoberfläche entspricht, falls die Kraft entlang eines Großkreises wirkt, eine tangential an die Erde angelegte Kraft von 10^{12} Newton einem auf die Rotationsachse bezogenen Drehmoment von $6,37 \cdot 10^{18}$ Nm. Das Drehmoment ändert sich entlang einer Plattengrenze, da sich auch der Normalabstand zur Rotationsachse ändert. Die Einheit des Drehmoments kann als „Newton mal Meter Hebelarm" gelesen werden. Der Hebelarm ist der Abstand zur Rotationsachse. Wenn in der Literatur „Kräfte" in Newton mal Meter angegeben werden, handelt es sich allerdings oft um „Meter Orogenlänge", also um Meter in horizontaler Richtung. Derartige Ungereimtheiten sind in Veröffentlichungen leider häufig zu finden und können den geodynamischen Anfänger, der sich mit einer Dimensionsanalyse zu helfen versucht, in Verwirrung stürzen.

Neben Kraft und Drehmoment sind einige weitere dynamische Größen zu erwähnen, die für Bewegungen auf ebenen bzw. gekrümmten Flächen relevant sind. Dazu zählen vor allem Parameter, die mit „Schwung" zu tun haben.

Der Impuls I ist als Produkt aus Masse und Geschwindigkeit definiert: $I = mv = \mathrm{kg\,m\,s^{-1}}$. Im Gegensatz zu Kräften und Geschwindigkeiten bleibt der Impuls in einem geschlossenen System immer erhalten. Bei der Aufstellung mechanischer Gleichgewichtsbeziehungen ist der Impuls daher eine wichtige Größe. Da der Impuls $I = mv$ ist, ist die Impulsänderung $\Delta I = m\Delta v$. Weil Kraft das Produkt aus Masse und Geschwindigkeitsänderung ist ($F = mdv/dt$), ist $\Delta I = Ft$. Dieses Produkt aus Kraft und Zeit wird als Kraftantrieb oder Stoß bezeichnet. Auf der Kugeloberfläche ist der Drehimpuls oder Drall D das Äquivalent zum Impuls. Der Drehimpuls ist als Produkt aus Massenträgheitsmoment J und Winkelgeschwindigkeit w definiert: $D = Jw$. Das Massenträgheitsmoment ist der Quotient aus Drehmoment und Winkelbeschleunigung und hat die Einheit $J = \mathrm{kg\,m^2}$. Der Drehimpuls hat daher die Einheit $D = \mathrm{kg\,m^2\,s^{-1}}$. Genauso wie der Impuls in einer Ebene erhalten bleibt, bleibt in einem geschlossenen rotierenden System auch der Drehimpuls erhalten.

Impuls und Stoß sind in der Plattentektonik kaum direkt relevant (wie in Abschn. 5.3.3 im Detail besprochen wird). Sie sind allerdings für das Verständnis wichtig, warum sowohl konstante Kräfte als auch konstante Geschwindigkeiten die Randbedingungen für die Modellierung eines Orogens sein können.

2.3
Kartenprojektionen

Kartenprojektionen dienen dazu, bestimmte Elemente der dreidimensionalen Oberfläche der Erdkugel in einer zweidimensionalen Karte abzubilden. Mit anderen Worten: Es geht darum, Punkte, die auf der Erdoberfläche durch ihre geographische Länge λ und Breite ϕ festgelegt sind, durch kartesische Koordinaten x, y zu lokalisieren (Standardwerk: Robinson et al. 1984). Kartenprojektionen haben im Zeitalter Geographischer Informationssysteme (GIS) und der verbreiteten Verwendung globaler Datensätze (engl.: *data sets*) an Bedeutung gewonnen. Die Projektion in eine Ebene kann geometrischer Art oder ohne geometrisches Äquivalent durch eine mathematische Beziehung gegeben sein. Bei Projektionen *mit* geometrischem Äquivalent wird der Form der Projektionsfläche entsprechend zwischen drei Projektionsarten unterschieden (Abb. 2.5):

– Zylinderprojektionen (zylindrische Abbildungen),
– Kegelprojektionen (konische Abbildungen),
– Azimutalprojektionen (azimutale Abbildungen).

Bei all diesen Projektionen wird ein Punkt einer imaginären Lichtquelle (oft der Erdmittelpunkt) mit einem Punkt der Erdoberfläche verbunden und auf eine Hüllfläche projiziert. Bis heute wurden mehrere hundert verschiedene Projektionen beschrieben und benannt, die für verschiedene Zwecke nützlich sind. Die meisten bedienen sich einer abbildenden Funktion, die eine Beziehung zwischen polaren und kartesischen Koordinaten herstellt. Fast alle Projektionen gehören zu einer der zwei folgenden Gruppen:

– winkeltreue Projektionen,
– flächentreue Projektionen.

Wie ihr Name schon besagt, geben erstere Winkel auf der Kugeloberfläche in ihrer wirklichen Größe wieder und letztere Flächen. Auch dem nicht mit GIS vertrauten Geologen sind sowohl flächentreue als auch winkeltreue Projektionen und ihr jeweiliger Nutzen geläufig, wenn er das Schmidtsche und das Wulffsche Netz kennt (Abb. 2.6). Diese werden in der Mineralogie zur winkeltreuen Darstellung von Kristallflächenbeziehungen bzw. in der Strukturgeologie zur flächentreuen Darstellung planarer Strukturen verwendet.

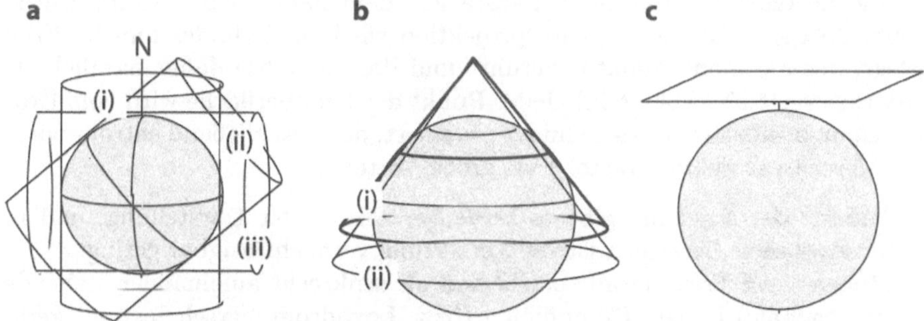

Abb. 2.5. Schematische Darstellung gebräuchlicher geometrischer Projektionen: **a** Zylinderprojektionen, **b** Kegelprojektionen, **c** polare Azimutalprojektion

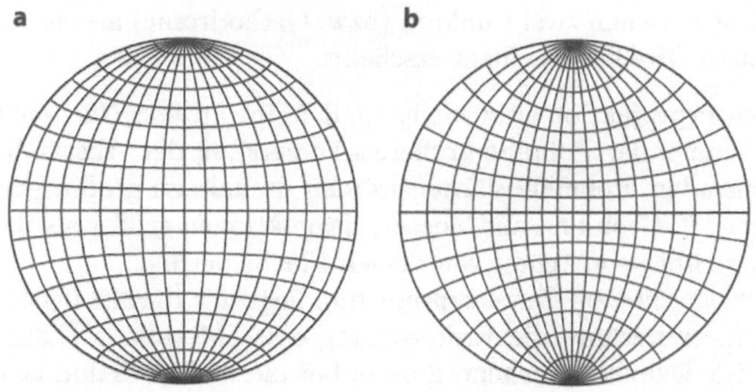

Abb. 2.6. a Das flächentreue Schmidtsche Netz und **b** das winkeltreue Wulffsche Netz

Beim Schmidtschen und Wulffschen Netz handelt es sich um Azimutalprojektionen. Diese und andere häufig verwendete Projektionen werden im
folgenden kurz besprochen. Dabei beschränken wir uns auf einige Projektionen, die mit der GMT-Software erstellt werden können und in der Literatur detailliert beschrieben sind (Wessel und Smith 1995a,b). Zahlreiche
weitere Projektionen werden von Snyder (1987) sowie Snyder und Voxland
(1989) beschrieben und sind mit der von Evenden (1990) entwickelten Soft-
ware „PROJ" anwendbar.

Zylindrische Projektionen. Allen Zylinderprojektionen ist gemeinsam,
daß die Projektionsfläche ein um die Erde gelegter Zylinder ist, der nach
Beendigung der Projektion aufgeschnitten und flach ausgebreitet wird. Bei
pseudozylindrischen Projektionen existiert an sich kein direktes geometrisches
Äquivalent zu Zylinderprojektionen. Allerdings haben sie mit ihnen gemeinsam, daß Breitenkreise (bei äquatorständiger Lage) als parallele, gerade Linien und Längenkreise als Kurven erscheinen.

Mercatorprojektion. Die *Mercatorprojektion* ist eine der am häufigsten an-
gewendeten Projektionen zur Kartenerstellung. Sie wurde von dem flämi-
schen Geographen Gerhard Mercator entwickelt, der vor allem durch seine
für die Seefahrt bestimmte Weltkarte aus dem Jahr 1569 bekannt wurde
(Abb. 2.8a(i)). Für die Mercatorprojektion wird ein Zylinder um die Erde
gelegt, der diese am Äquator berührt und dessen Achse daher parallel zur
Erdachse verläuft (Abb. 2.5a). Jeder Punkt der Erdoberfläche wird vom Erdmittelpunkt aus auf diesen Zylinder projiziert, der anschließend entrollt wird.
Die Mercatorprojektion bietet zwei große Vorteile:

1. Entlang des Äquators gibt es *keine* Verzerrung der Darstellung, und in
   äquatornahen Bereichen ist die Verzerrung vernachlässigbar gering.
2. Längen- und Breitengrade erscheinen als senkrecht aufeinander stehende
   (orthogonale) Linien; Rumpflinien (bzw. Loxodrome) erscheinen als gerade Linien. Die Loxodrome haben einen konstanten Kompaßkurs, so daß
   man auf ihnen leicht navigieren kann. Aus diesem Grund werden Mercatorprojektionen häufig in der Seefahrt verwendet, obwohl die kürzeste
   Entfernung zwischen zwei Punkten (bzw. Orthodrome) als ein zum Pol hin
   gekrümmtes Großkreissegment erscheint.

Die Mercatorprojektion ist winkeltreu, d. h. ihr größter Nachteil besteht in
der mit zunehmender Polnähe größeren Verzerrung der Abstände zwischen
den Breitengraden. Polnahe Flächen werden deshalb zu groß wiedergegeben.
So erscheint z. B. Grönland auf Mercatorprojektionen größer als Südamerika,
obwohl es nur über ein Achtel von dessen Fläche verfügt.

Bei der *transversalen Mercatorprojektion* liegt der Berührungszylinder horizontal, d. h. er berührt die Erde entlang eines Meridians (Lambert 1772;
Abb. 2.8a(ii)). Dementsprechend gibt es bei dieser Projektion keine Verzerrung entlang dieses Meridians. Bei Meridianen, die 90° vom Berührungsme-
ridian entfernt sind, steigert sich die Verzerrung ins Unendliche. Breiten- und

Längengrade erscheinen bei dieser Projektion nicht mehr orthogonal, sondern gekrümmt.

Bei der *universalen transversalen Mercatorprojektion (UTM)* sind 60 Meridiane (mit jeweils 6° Abstand) als Berührungsmeridiane definiert. Die UTM-Projetion besteht also aus 60 transversalen Mercatorprojektionen, die jeweils für einen Bereich von 3° östlich und westlich des Berührungsmeridians gelten. Dadurch wird vermieden, daß Teile der Erdoberfläche zu stark verzerrt abgebildet werden.

Die *Cassini-Projektion* (oder Cassini-Soldner-Projektion) ist ebenfalls eine Zylinderprojektion. Sie ist weder flächen- noch winkeltreu, sondern stellt einen guten Kompromiß dar. Wie bei der transversalen Mercatorprojektion gibt es entlang eines zentralen Meridians keine Verzerrung. Meridiane, die um 90° gegenüber dem Zentralmeridian versetzt sind, erscheinen ebenso wie der Äquator als gerade Linien. Diese Projektion ist für die Darstellung von Flächen mit großer Nord-Süd-Ausdehnung nützlich.

Die *Plate-Carree-Projektion* entspricht einer Mercatorprojektion, bei der sich die Abstände zwischen den Breitengraden nicht in Richtung der Pole vergrößern, sondern einfach gleichmäßig aufgetragen werden. Die Flächenverzerrung, die bei der normalen Mercatorprojektion in polnahen Gebieten entsteht, wird also vermieden. Die einfache Skalierung führt in polnahen Gebieten allerdings zu einer Reihe anderer Verzerrungen.

Konische Projektionen. Bei konischen Projektionen wird die Erdoberfläche auf eine Kegelmantelfläche projiziert (Abb. 2.5b). Diese Kegelfläche kann, ebenso wie ein Zylinder, aufgeschnitten und entrollt werden. Die meisten konischen Projektionen erfolgen auf einem Kegel, dessen Achse parallel zur Erdachse liegt. Der Kegel kann die Erdoberfläche tangential berühren (Abb. 2.5b(i)) oder sie durchdringen (Abb. 2.5b(ii)). Die Projektion kann daher durch Angabe von ein oder zwei Berührungsbreitengraden definiert werden. Bei Schnittkegeln ist die Abbildung entlang der Eintritts- und Austrittsbreitengrade exakt, dazwischen zu klein und außerhalb zu groß. Bei konischen Projektionen, die auf einen den Erdball berührenden Kegel erfolgen, werden Flächen überall „zu groß" wiedergegeben (außer entlang des Berührungsbreitengrades).

Die beiden wichtigsten konischen Projektionen sind Albers flächentreue Schnittkegelprojektion (nach Albers 1805) und Lamberts winkeltreue Schnittkegelprojektion (nach Lambert 1772). Daneben gibt es die perspektivisch-konische Projektion sowie eine Reihe von „polykonischen" Projektionen. All diesen ist gemeinsam, daß mehrere Kegel an verschiedenen Berührungsbreitengraden um die Erde gelegt werden oder daß nach der Kegelprojektion eine Skalierung erfolgt. Polykonische Projektionen der ganzen Erde haben einen herzförmigen Umriß.

Azimutalprojektionen. Azimutalprojektionen sind solche, die direkt auf eine ebene Fläche erfolgen.Diese Fläche kann die Erde tangential berühren

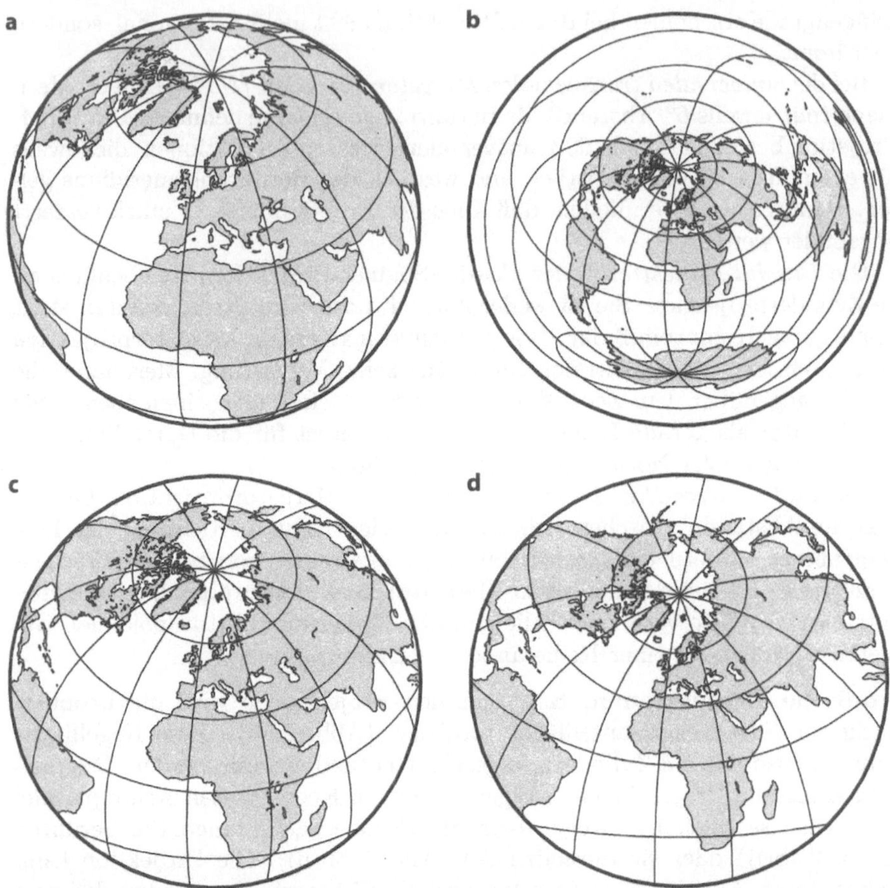

Abb. 2.7. Vier kreisförmige Kartenprojektionen. **a** orthographische Projektion,
b äquidistante Azimutalprojektion, **c** Lamberts flächentreue Projektion und **d** stereographische Projektion. Alle Beispiele sind schiefachsig. Wenn die Projektionen **c**
und **d** parallel zur Erdachse vorgenommen werden, dann entsprechen die Längen-
und Breitengrade in **c** jenen in Abb. 2.6a und die Längen- und Breitengrade in **d**
jenen in Abb. 2.6b

oder diese durchdringen (wie z. B. das Schmidtsche Netz). Für die polnahen
Gebiete sind Azimutalprojektionen als Ergänzung zur Mercatorprojektion
gut geeignet.

Abbildung 2.7 zeigt vier Beispiele für Azimutalprojektionen auf kreisförmi-
gen Umrissen. Dabei ist nur die *äquidistante Azimutalprojektion* (Abb. 2.7b)
für Darstellungen der gesamten Erde geeignet. Mit den anderen drei Projektionen kann höchstens eine Erdhalbkugel abgebildet werden. *Lamberts
flächentreue Projektion* (Abb. 2.7c) ist uns bereits vom Schmidtschen Netz
her vertraut (Abb. 2.6a). Allerdings sind die Längen- und Breitenkreise

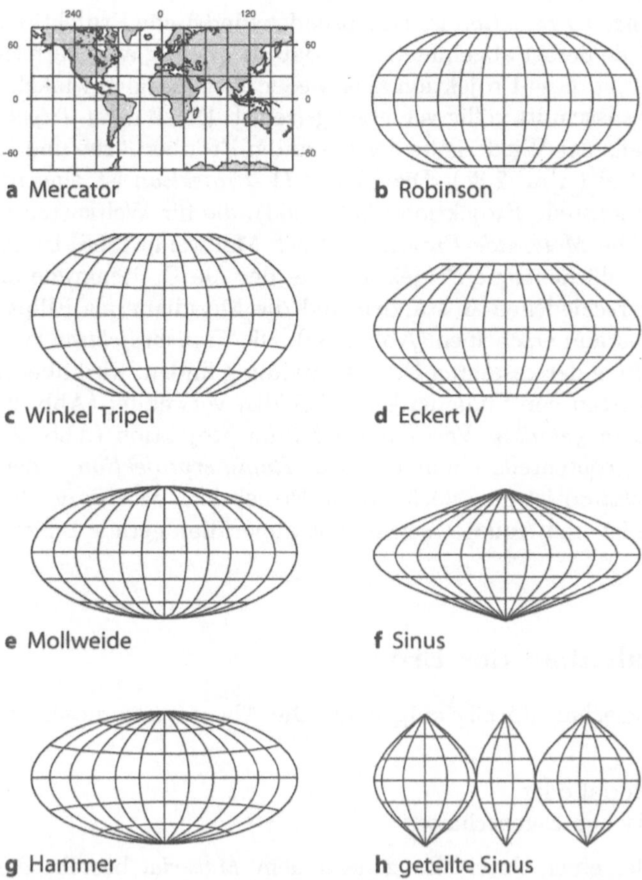

Abb. 2.8. Acht Beispiele häufig verwendeter Projektionen der gesamten Erdoberfläche

aufgrund der schiefachsigen Lage verzerrt. Die *stereographische Projektion* (Abb. 2.7d) entspricht dem Wulffschen Netz. Der scheinbare Unterschied zum Wulffschen Netz entsteht in Abb. 2.6 ebenfalls deshalb, weil die Abbildung schiefachsig ist und die Längen- und Breitenkreise daher seltsam gekrümmt erscheinen. Die *orthographische Projektion* (Abb. 2.7a) ist weder flächen- noch winkeltreu.

Andere Kartenprojektionen. In vielen Reisebüros hängen Weltkarten an der Wand, auf denen der ganze Erdball schön in eine Ellipse, ein Rechteck, einen Kreis oder sogar in seltsam geschlitzte Umrißformen paßt (Abb. 2.7, 2.8). Die meisten dieser Karten sind Projektionen *ohne* geometrisches Äquivalent, bei denen die gekrümmte Erdoberfläche mit Hilfe einer abbildenden Funktion auf eine ebene Fläche projiziert wird. Abbildung 2.8 zeigt einige häufig verwendete Projektionen.

Die *Robinson-Projektion* ist eine pseudozylindrische Projektion, durch die
die ganze Erde derart abgebildet wird, daß sie „richtig aussieht" (Abb. 2.8b).
In Wahrheit ist diese Projektion aber weder flächen- noch winkeltreu, so daß
kein Kartenausschnitt völlig verzerrungsfrei ist. Die *Winkel-Tripel-Projektion*
dient ebenfalls der Wiedergabe der gesamten Erdoberfläche und ist nirgends
verzerrungsfrei (Abb. 2.8c). Die *Eckert-IV-Projektion* ist eine pseudozylindrische, flächentreue Projektion (Abb. 2.8d), die für Weltkarten in Atlanten
beliebt ist. Die *Mollweide-Projektion* (nach Mollweide 1805) ist eine pseudozylindrische, flächentreue Projektion, bei der die Breitengrade als parallele
Linien in verschiedenen Abständen und die Meridiane als Ellipsenbögen in
gleichem Abstand erscheinen (Abb. 2.8e). Die *Sinusprojektion* kann ebenfalls
zur Darstellung der gesamten Erde Anwendung finden, wird aber in Atlanten
meist für Karten von Südamerika und Afrika verwendet (Abb. 2.8f); sie ist
flächentreu. In *geteilten Versionen* der Sinusprojektion (Abb. 2.8h) ist die
Verzerrung größtenteils eliminiert. Die *Hammerprojektion* (oder *Hammer-
Aitoff-Projektion*) ist eine flächentreue Projektion, bei der der Kartenumriß
eine Ellipse ist und Äquator sowie Zentralmeridian gerade Linien sind.

2.4
Der Schalenbau der Erde

Die Erde ist schalenförmig aufgebaut. Die Abgrenzung dieser Schalen kann
auf

- dem Material oder
- physikalischen Eigenschaften

beruhen. Bei einer Unterteilung nach dem *Material* besteht die Erde aus
drei Teilen: Kruste, Mantel und Kern (Abb. 2.9). Die Kruste ist die oberste
Schicht, die – je nachdem, ob es sich um ozeanische oder kontinentale Platten
handelt – durchschnittlich etwa 7 bzw. 30 km mächtig ist. In verdickten Bereichen der Kontinente, wie z. B. unter dem Tibetischen Hochland, kann sie
allerdings bis zu 80 km mächtig werden. Die Kruste ist chemisch hochdifferenziert und meist sehr heterogen, aber viele ihrer thermischen und mechanischen Eigenschaften (z. B. Dichte, Leitfähigkeit und Rheologie) entsprechen
annähernd jenen von Quarz. Der Mantel besteht im wesentlichen aus Olivin.
Die seismisch deutlich erfaßbare Trennlinie zwischen Mantel und Kruste wird
als Mohorovičić-Diskontinuität (kurz: Moho) bezeichnet. Von der Moho erstreckt sich der Mantel bis in eine Tiefe von ungefähr 2 900 km. Der Kern
besteht im wesentlichen aus Eisen und Nickel.

Nach *physikalischen Eigenschaften* unterteilt, ergibt sich ein etwas anderer
Schalenbau. Danach gliedern sich die äußeren Erdschalen in *Lithosphäre* und
Asthenosphäre. Bei der Lithosphäre handelt es sich um den gesteinsförmi-
gen und nach geologischen Maßstäben *festen* Teil der Erde. Die Lithosphäre
umfaßt die Kruste und den obersten Teil des Mantels. Die Asthenosphäre

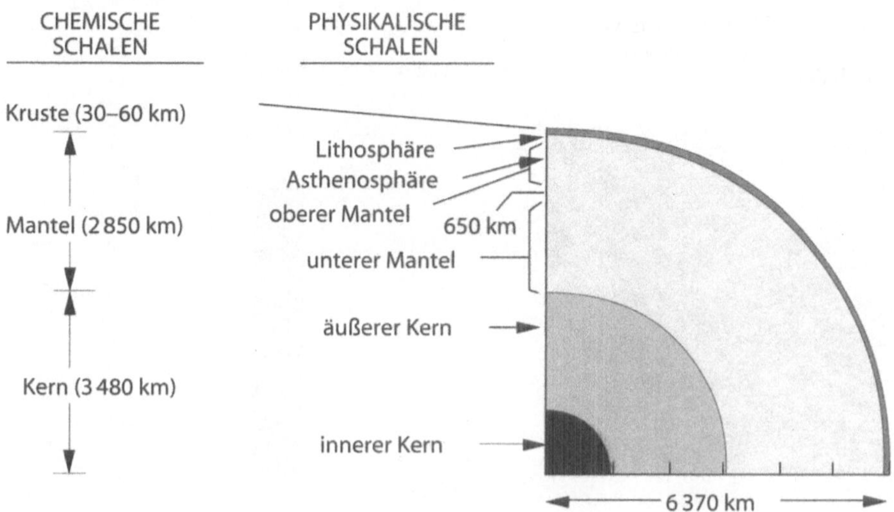

Abb. 2.9. Der Schalenbau der Erde

besteht aus dem darunter liegenden *weichen* Teil des Mantels. Manche Autoren bezeichnen den gesamten unterhalb der Lithosphäre gelegenen oberen Mantel als Asthenosphäre. Andere verstehen unter „Asthenosphäre" nur jenen Teil des Mantels, der oberhalb des Punktes liegt,, an dem die adiabatische Schmelzkurve dem Temperaturprofil am nächsten kommt (s. Abb. 3.8). Nach Ringwood (1988) kann der Mantel aufgrund seiner physikalischen Eigenschaften in drei Zonen unterteilt werden:

1. den oberen Erdmantel, der bis in eine Tiefe von ca. 400 km reicht und durch eine p-Wellengeschwindigkeit von ca. 8,1 km s^{-1} gekennzeichnet ist,
2. eine Übergangszone von 400 km Tiefe bis zur 650-km-Diskontinuität,
3. den unteren Erdmantel, der von einer deutlich erfaßbaren Diskontinuität in 650 km Tiefe bis 2 900 km Tiefe reicht.

Darunter liegt der Erdkern. Der äußere Erdkern ist flüssig, der innere Erdkern fest.

2.4.1
Kruste und Lithosphäre

Die Lithosphäre ist die äußere, feste Schale der Erde (s. auch Abschn. 3.4). Ihre Mächtigkeit im unverformten, stabilen Zustand, d. h. der Abstand von ihrer Basis bis zur Erdoberfläche, wird in diesem Buch mit z_l bezeichnet. Wie beim Schalenbau der Erde kann innerhalb der Lithosphäre eine Aufteilung nach physikalischen Eigenschaften oder nach dem Material getroffen werden (Abb. 2.10). Für viele großtektonische Prozesse ist eine Einteilung nach *physikalischen Eigenschaften* nicht nötig, da die Lithosphäre als Ganzes agiert.

Abb. 2.10. Nomenklatur verschiedener Teile der äußeren Erdschalen

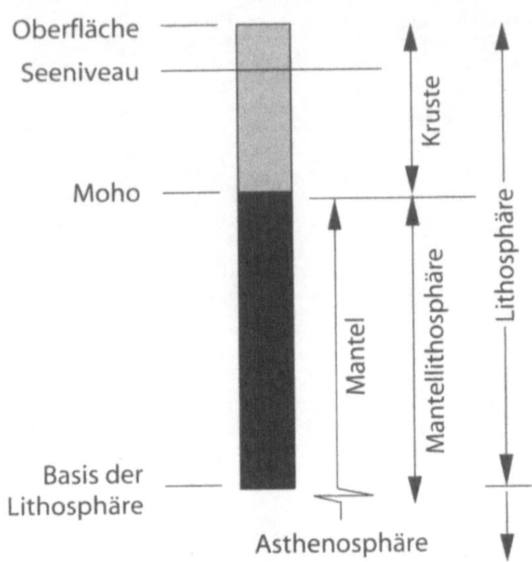

Bei einer Einteilung nach dem *Material* gliedert sich die Lithosphäre in Kruste und Mantel (engl.: *crust, mantle*). Die Kruste besteht aus hochdifferenzierten Teilschmelzen des Mantels. Ihre Mächtigkeit wird in diesem Buch mit z_c bezeichnet. Der zum Mantel gehörende Teil der Lithosphäre (engl.: *mantle lithosphere*) besteht aus dem gleichen Material wie der restliche Mantel und liegt nur wegen seiner relativ niedrigen Temperatur in festem Zustand vor.

Aufgrund von Materialunterschieden hat die Lithosphäre ein typisches Temperatur- und Dichteprofil (Abb. 2.11). Eine große Anzahl geodynamischer Prozesse sind die direkte Funktion der qualitativen Form der zwei Kurven in dieser Abbildung.

Innerhalb der Kruste ist die Temperaturkurve gekrümmt, weil dort durch Radioaktivität Wärme produziert wird. In der Mantellithosphäre verläuft die Temperaturkurve geradlinig. Die Basis der Lithosphäre ist durch den Punkt definiert an dem die Temperaturkurve 1200°C oder 1300°C erreicht (Abschn. 3.4). Bei höheren Temperaturen beginnt Mantelmaterial mit geologisch schnellen Geschwindigkeiten zu fließen und Temperaturen werden durch Fließbewegungen ausgeglichen. In Abb. 2.11. sind daher Temperatur und Dichte unterhalb der Tiefe z_l konstant. Die beiden Kurven in Abb. 2.11 werden uns an vielen Stellen dieses Buches noch nützlich sein..

Definition der Lithosphäre. Der Begriff „Lithosphäre" wurde bereits von Barrell (1914) eingeführt und von Isacks et al. (1968) als eine „*near surface layer of strength*" definiert. Trotzdem ist auch heute noch schwierig, eine präzise Definition der Lithosphäre (engl.: *lithosphere*, griechisch: *lithos* = Stein) abzugeben. Die meisten physikalischen Parameter (z. B. Temperatur, Dichte) ändern sich unterhalb der Moho kontinuierlich. Der Übergang

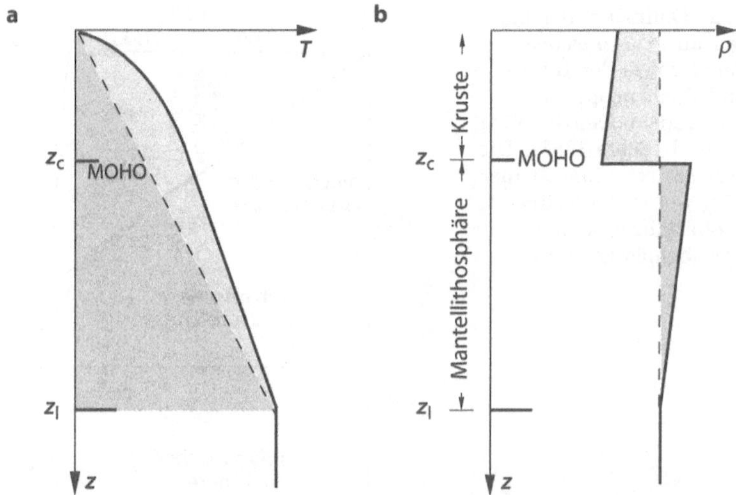

Abb. 2.11. a Temperatur und **b** Dichte der kontinentalen Lithosphäre als Funktion der Tiefe. **a** Die Krümmung der Geotherme innerhalb der kontinentalen Kruste wird durch radioaktive Wärmeproduktion verursacht. Die hell schattierte Fläche entspricht dem durch radioaktiven Zerfall verursachten Wärmeinhalt der Lithosphäre, die dunkel schattierte Fläche dem aus dem Mantel stammenden Wärmeinhalt. Die relativen Beiträge des radioaktiven Zerfalls und des Wärmeflusses aus dem Mantel werden in Abschn. 3.4.1 und 6.3.1 näher besprochen. Es ist erkennbar, daß der Wärmeinhalt der Kruste zu etwa gleichen Teilen aus dem Mantel und aus dem Zerfall radioaktiver Elemente besteht. **b** Die Neigung der Dichtekurve in der Kruste und der Mantellithosphäre ist eine Funktion der thermischen Ausdehnung. Ein Vergleich der schattierten Flächen zeigt, daß das Dichtedefizit der Kruste in der gleichen Größenordnung liegt wie der Dichteüberschuß der Mantellithosphäre. In der Asthenosphäre gleicht die Konvektion alle Heterogenitäten aus, so daß sowohl die Dichtekurve als auch die Temperaturkurve vertikal verlaufen

von der starren, relativ kalten Schale der Erde (= mechanische Grenzschicht) in die viskose, warme Asthenosphäre (engl.: *asthenosphere*, griechisch: *asthenia* = weich) ist daher ebenfalls kontinuierlich. Diese Übergangszone wird als thermische Rand- oder Grenzschicht (engl.: *thermal boundary layer*) bezeichnet (Abb. 2.12; Abschn. 6.3.4; Parsons und McKenzie 1978; McKenzie und Bickle 1988). Die jeweilige Definition der Lithosphäre hängt von der Fragestellung ab. *Mechanisch* kann die Lithosphäre als jener Teil der äußeren Erde definiert werden, der Spannungen in geologischen Zeiträumen statisch übertragen kann (s. auch McKenzie 1967). Nach einer anderen mechanischen Definition ist die Lithosphäre durch jene Mächtigkeit eines Kontinents gegeben, die im isostatischen Gleichgewicht mit den Mittelozeanischen Rücken steht (Cochran 1982). Mittelozeanische Rücken können als Manometer des oberen Mantels betrachtet werden (Turcotte et al. 1977).

Da viele mechanische Eigenschaften von Gesteinen hauptsächlich von der Temperatur in Relation zur Schmelztemperatur abhängen, ist die *thermische Definition* der Lithosphäre (Abschn. 3.4) eine der gebräuchlichsten. Die

Abb. 2.12. Definition der mechanischen und thermischen Grenzschicht sowie der Lithosphäre und Asthenosphäre (s. Parsons und McKenzie 1978; McKenzie und Bickle 1988). Die kräftig gezeichnete Linie ist die Geotherme, wobei die Krümmung im oberflächennahen Bereich vernachlässigt wurde

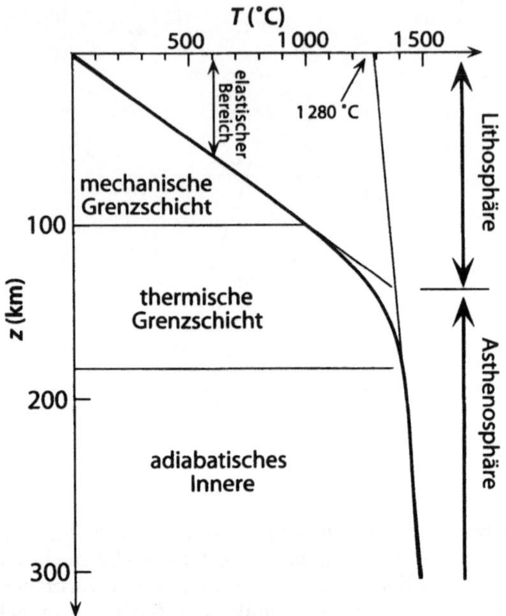

Mächtigkeit der Lithosphäre ist, ebenso wie das elastische oder viskose Verhalten von Gesteinen, eine Funktion des Beobachtungszeitraumes. Messungen der Seismik, der isostatischen Hebung und der kontinentalen Deformation basieren auf Beobachtungszeiträumen in unterschiedlichen Größenordnungen (Sekundenbruchteile in der Seismik, 10^4 y bei der Isostasie, $> 10^6$ y bei der kontinentalen Deformation). Je größer die betrachtete Zeitspanne ist, desto geringere Werte ergeben sich für die Lithosphärenmächtigkeit. Elastische Mächtigkeiten sind kaum größer als 50 km, seismische befinden sich in der Größenordnung von 200 km. Für stabile kontinentale Lithosphäre ergeben mechanische und thermische Definitionen Mächtigkeiten von 100–150 km. Die Mächtigkeit der Kruste und ihr Gehalt an radioaktiven Elementen wirken sich ebenfalls auf die Mächtigkeit der Lithosphäre aus, weil sie für die Temperatur der Moho maßgeblich sind (s. Abb. 3.17). In vielen Studien, die sich mit der Rheologie der Lithosphäre befassen, wird eine Mächtigkeitsangabe vermieden. Statt dessen wird die Lithosphäre anhand der Moho-Temperatur definiert (s. auch Abschn. 6.3.2).

Arten der Lithosphäre. Grundsätzlich unterscheidet man zwei verschiedene Arten von Lithosphäre: die *ozeanische* und die *kontinentale*. Eine Zuordnung von ozeanischer und kontinentaler Lithosphäre zu den Wasser- und Landmassen der Erde ist jedoch nur sehr grob möglich.

Ozeanische Lithosphäre wird an den Mittelozeanischen Rücken gebildet und besteht aus einer wenige Kilometer (ca. 7 km) mächtigen Kruste, die aus kristallisierter Teilschmelze des oberen Mantels besteht. Die Mächtigkeit der ozeanischen Lithosphäre beschränkt sich an den Mittelozeanischen Rücken auf die Mächtigkeit der Kruste (d. h. die Mächtigkeit der Mantellithosphäre ist gleich null) und nimmt mit zunehmendem Alter (d. h. mit zunehmendem Abstand vom Rücken) zu. In ihren ältesten bekannten Teilen erreicht die ozeanische Lithosphäre Mächtigkeiten, die mit jenen der kontinentalen Lithosphäre vergleichbar sind. Sie wird allerdings über geologische Zeiträume hinweg in großem Ausmaß neu gebildet und wieder eingeschmolzen. Es gibt daher kaum ozeanische Lithosphäre, die älter als ungefähr 100 my ist.

Die Flächenausdehnung der *kontinentalen* Lithosphäre ist während des gesamten Phanerozoikum im wesentlichen unverändert geblieben. Damit bestehen die heutigen Landmassen der Erde zum überwiegenden Teil aus proterozoischer kontinentaler Lithosphäre. Kontinentale Kruste ist hochdifferenziert, hat einen hohen Gehalt an radioaktiven Elementen und ist im stabilen Zustand etwa 30–50 km mächtig. Die Mantellithosphäre ist (gemäß den thermischen und mechanischen Definitionen) 70–100 km stark, so daß die Mächtigkeit der gesamten kontinentalen Lithosphäre im stabilen Zustand 100–150 km beträgt. In alten Schildbereichen kontinentaler Lithosphäre wird diese Mächtigkeit jedoch zum Teil weit überstiegen.

2.4.2
Die Platten

Die Erdoberfläche läßt sich in sieben Hauptplatten und eine Reihe kleinerer Platten unterteilen (Abb. 2.13, Tabelle 2.2). Nicht alle Hauptplatten stimmen mit den aus der Geographie bekannten sieben Kontinenten überein. Die meisten Platten bestehen sowohl aus kontinentaler als auch aus ozeanischer Lithosphäre. Außerdem ist zu beachten, daß die Plattengrenzen innerhalb von Kontinenten oft nur sehr diffus sind (s. Abschn. 2.1).

Unter den sieben Hauptplatten nehmen die Antarktische und die Afrikanische eine Sonderstellung ein, weil sie (beinahe) an allen Seiten von ozeanischer Lithosphäre umgeben sind und diese fast überall an Mittelozeanischen Rücken endet. Beide Platten werden daher ständig größer und bilden ein schönes Beispiel für den Übergang von Kompressions- zu Dehnungstektonik als Funktion des Plattenalters (Sandiford und Coblentz 1994; Abschn. 5.3.1).

2.4.3
Die Plattengrenzen

Die meisten geodynamisch relevanten Prozesse finden an Plattengrenzen statt. Plattengrenzen lassen sich unterteilen nach:

- der Kinematik,
- nach angrenzenden Plattenarten.

Bei einer Unterteilung nach angrenzenden Plattenarten gibt es Plattengrenzen zwischen

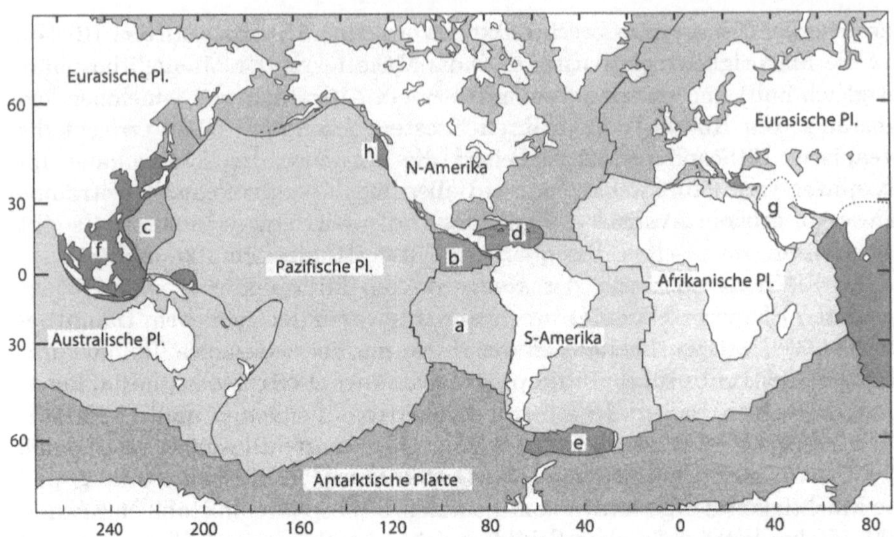

Abb. 2.13. Plattentektonische Gliederung der Erdoberfläche. Kontinente sind weiß, Ozeane schattiert dargestellt. Der Unterschied zwischen kontinentaler und ozeanischer Lithosphäre wird allerdings nicht angezeigt. Man beachte, daß Plattengrenzen nur in wenigen Fällen mit Kontinenträndern übereinstimmen (s. Tabelle 2.2). Die sieben Hauptplatten sind beschriftet. Die wichtigen Nebenplatten sind: *a* Nazca-Platte; *b* Cocos-Platte; *c* Philippinen-Platte; *d* Karibische Platte; *e* Scotia-Platte; *f* Chinesische Subplatte; *g* Arabische Platte; *h* Juan-de-Fuca-Platte

– zwei kontinentalen Platten,
– zwei ozeanischen Platten,
– einer ozeanischen und einer kontinentalen Platte.

Bei einer Unterteilung nach der Kinematik, also nach den relativen Bewegungen der Platten zueinander (s. a. Tabellen 2.3 u. 2.4), lassen sich *konvergente, divergente* und *transforme* Plattengrenzen unterscheiden. Passive Kontinentalränder sind ehemalige (zumeist divergente) Plattengrenzen, an denen sich ozeanische und kontinentale Lithosphäre gegenüberliegen. Oft werden sie ebenfalls als Plattengrenzen bezeichnet.

Divergente Plattengrenzen. Divergente Plattengrenzen sind Bereiche, an denen sich zwei Platten auseinanderbewegen oder aus einer Platte zwei neue entstehen. Es gibt sie nur zwischen zwei kontinentalen (z. B. Zentralafrikanischer Graben) oder zwei ozeanischen Platten (z. B. Mittelatlantischer Rücken). Die Nahtstellen, die es entlang passiver Kontinentalränder zwischen kontinentaler und ozeanischer Lithosphäre gibt, sind mechanisch sehr stabil. Es wäre ein ausgesprochener Zufall, wenn sich eine divergente Plattengrenze genau entlang einer solchen Naht bilden würde. Es gibt allerdings Stellen, wo eine divergente Plattengrenze von kontinentaler in ozeanische Lithosphäre übergeht und daher einen passiven Kontinentalrand kreuzt. Der

Tabelle 2.2. Ungefähre Flächenanteile der Platten. Die meisten Platten bestehen sowohl aus ozeanischer als auch aus kontinentaler Lithosphäre

Platte	% ozean. Lithosphäre	% kont. Lithosphäre
Hauptplatten		
Pazifische Platte	100	0
Nordamerikanische Platte	30	70
Südamerikanische Platte	50	50
Eurasische Platte	30	70
Antarktische Platte	50	50
Afrikanische Platte	50	50
Indisch-Australische Platte	40	60
wichtige kleinere Platten		
Nazca-Platte	100	0
Cocos-Platte	100	0
Juan-de-Fuca-Platte	100	0
Scotia-Platte	100	0
Philippinen-Platte	100	0
Karibische Platte	100	0
Arabische Platte	10	90

Tabelle 2.3. Die zwölf wichtigsten Relativbewegungen zwischen Platten (nach DeMets et al. 1990). 1° entspricht etwa 110 km

Plattengrenze	Rotationspol Länge	Breite	Winkelgeschwindigkeit $\cdot 10^{-7\circ}/y$
Afrika – Antarktis	5,6°N	39,2°W	1,3
Afrika – Eurasien	21,0°N	20,6°W	1,3
Afrika – Nordamerika	78,8°N	38,3°E	2,5
Afrika – Südamerika	62,5°N	39,4°W	3,2
Australien – Antarktis	13,2°N	38,2°E	6,8
Pazifik – Antarktis	64,3°S	96,0°E	9,1
Südamerika – Antarktis	86,4°S	139,3°E	2,7
Indien – Eurasien	24,4°N	17,7°E	5,3
Eurasien – Nordamerika	62,4°N	135,8°E	2,2
Eurasien – Pazifik	61,1°N	85,8°W	9,0
Pazifik – Australien	60,1°S	178,3°W	11,2
Nordamerika – Pazifik	48,7°N	78,2°W	7,8

Sheba-Rücken im Golf von Aden und der Carlsberg-Rücken im Indischen Ozean sind Beispiele dafür. Divergente Plattengrenzen auf Kontinenten werden als „Rifts" bezeichnet. Die bekanntesten Beispiele (in der Reihenfolge fortschreitender Entwicklung) sind der Oberrheingraben, das Zentralafrikanische Riftsystem und das Rote Meer. Divergente Plattengrenzen zwischen zwei

Abb. 2.14. Bezeichnung einiger wichtiger Bestandteile ozeanischer Platten

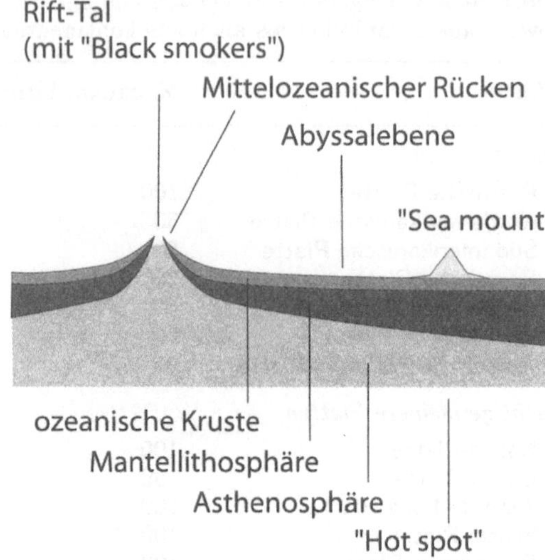

ozeanischen Platten (Mittelozeanische Rücken) können auch als ein weiteres Entwicklungsstadium der Rifts angesehen werden (Abschn. 2.4.4, Abb. 2.14).

Konvergente Plattengrenzen. Konvergente Plattengrenzen gibt es zwischen zwei kontinentalen (Abb. 2.15), zwei ozeanischen sowie zwischen kontinentalen und ozeanischen Platten. Bei der Kollision kontinentaler mit ozeanischer Lithosphäre taucht die ozeanische Platte aufgrund ihrer geringeren Mächtigkeit und höheren durchschnittlichen Dichte meist unter die kontinentale Platte ab. Es kommt zur Subduktion, und es bildet sich ein Tiefseegraben (engl.: *trench*) (Abb. 2.16). Das bekannteste Beispiel hierfür ist die Subduktion der Nazca-Platte unter den südamerikanischen Kontinent, entlang des Peru-Chile-Grabens. Die Subduktion führt zu einer Hochdruckmetamorphose der subduzierten Platte. Dabei kommt es zu Dehydratation der wasserhaltigen ozeanischen Platte. In noch größerer Tiefe, in der *Benioff-Zone*, kommt es dann zur teilweisen Aufschmelzung der Platte. Fluide, die durch die Dehydratation der Platte entstehen, reagieren mit dem darüberliegenden Mantelkeil in endothermer Reaktion. Infolge zusätzlicher Wärmezufuhr durch die Konvektion innerhalb des Mantelkeils kommt es zur Aufschmelzung (Hoke et al. 1994) und zur Ausbildung von Vulkanbögen (engl.: *volcanic arcs*), die auf der landwärtigen Seite von Subduktionszonen entstehen.

Die Kinematik von Subduktionszonen ist durchaus nicht trivial. Kraft und Geschwindigkeit, mit der eine subduzierte Platte nach unten gedrückt wird, sind etwa gleich groß wie die Kraft und Geschwindigkeit, mit der ein Mittelozeanischer Rücken die ozeanische Platte voranschiebt. Subduktionszonen können daher zurückweichen (z. B. Südgeorgien, Scotia-Platte), sich vorschieben (z. B. Pazifische Platte/Alaska) oder stagnieren, d. h. der Abstand zwischen dem Kontinent und der Knickstelle der ozeanischen Platte vergrößert sich, verkleinert sich oder bleibt gleich. In Abhängigkeit von den kinema-

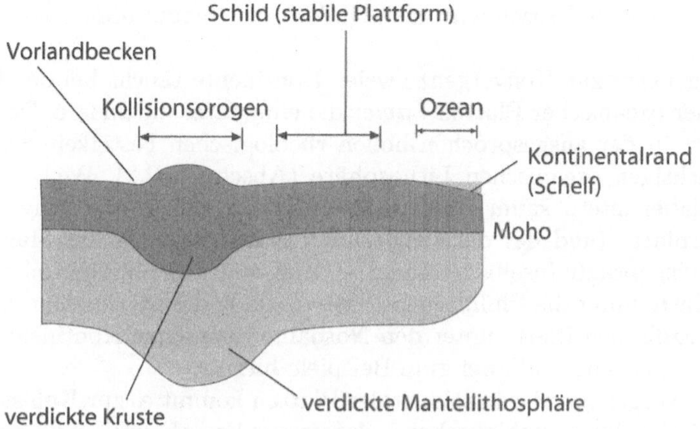

Abb. 2.15. Bezeichnung einiger wichtiger Bestandteile kontinentaler Platten

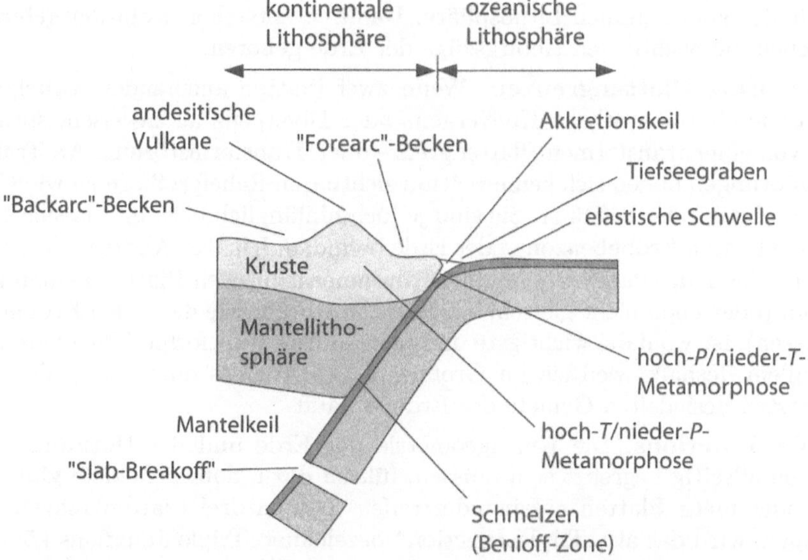

Abb. 2.16. Bezeichnung wichtiger Bestandteile von Subduktionszonen, am Beispiel der Subduktion unter eine kontinentale Platte. Forearc- und Backarc-Becken sind deutlicher ausgeprägt, wenn zwei ozeanische Platten aufeinandertreffen. Gute Beschreibungen der verschiedenen Phänomene finden sich über „Slab breakoff" bei: Blanckenburg und Davies (1995); über Mantelkeile bei: Spiegelman und McKenzie (1987) und in Abschn. 3.5.2; über Metamorphosebeziehungen bei: Miyashiro (1973); über Akkretionskeile in: Abschn. 6.3.3; über elastische Schwellen in: Abschn. 4.2.2

tischen Verhältnissen kommt es zur Ausbildung eines „Forearc"- oder eines „Backarc"-Beckens. In Ausnahmefällen kann es auch zum direkten Andocken oder zur Überschiebung einer ozeanischen Platte über eine kontinentale Platte kommen. Dieser Prozeß wird als „Obduktion" (engl.: *obduction*) bezeichnet.

Im Gegensatz zur Konvergenz zweier Kontinente taucht bei der Konvergenz zweier ozeanischer Platten *immer* die eine unter die andere. Der Grund dafür liegt in der ausgesprochen hohen rheologischen Festigkeit der relativ geringmächtigen ozeanischen Lithosphäre (Abschn. 5.2.2). Weil sich beide Platten dabei intern kaum verformen, entstehen infolge der Dehydratation der Unterplatte (und der darauffolgenden Aufschmelzung des Mantelkeils) deutlich ausgeprägte Inselbögen (engl.: *island arc*). Die Subduktion der Pazifischen Platte unter die Philippinen-Platte entlang des Marianengrabens und die der Pazifischen Platte unter den Nordamerikanischen Kontinent entlang des Aleutengrabens sind zwei gute Beispiele hierfür.

Bei Konvergenz zweier kontinentaler Platten kommt es zur Kollision. Drei Gründe sind dafür ausschlaggebend, daß es zur Verzahnung und – anders als bei ozeanischer Lithosphäre – nicht zum Abtauchen einer Platte kommt: die große Mächtigkeit, die geringe Dichte und die relativ geringe rheologische Stabilität der kontinentalen Lithosphäre. Dadurch entstehen Kollisionsgebirge, zu denen die wichtigsten Gebirgszüge der Erde gehören.

Transforme Plattengrenzen. Wenn zwei Platten aneinander vorbeigleiten, ohne eine wesentliche Konvergenz oder Divergenz aufzuweisen, spricht man von einer transformen Plattengrenze oder Transformstörung. An Transformstörungen bilden sich keine weithin sichtbaren Reliefgroßformen wie Kollisionsgebirge oder Rifttäler. Sie sind jedoch hinlänglich bekannt, da sich hier die wichtigsten Erdbebenzonen der Erde befinden. Die San-Andreas-Störung, entlang derer die Pazifische und die Nordamerikanischen Platte aneinandergleiten (oder eben nicht gleiten, sondern „stottern", wie die vielen Erdbeben beweisen), ist wohl die wichtigste und bekannteste transforme Plattengrenze; vor allem deshalb, weil sie im Großraum Los Angeles durch eines der am dichtesten besiedelten Gebiete der Erde verläuft.

Triple Junctions. Die Kugelgeometrie der Erde und der Umstand, daß Platten allseitig begrenzt sein müssen, führen dazu, daß es Gebiete gibt, wo drei oder mehr Platten aufeinandertreffen. Laufen drei Plattengrenzen zusammen, wird das als „Triple Junction" bezeichnet. Triple Junctions können als *stabil* angesehen werden, wenn sie so geformt sind, daß die angrenzenden Platten ihre Relativbewegungen beibehalten können. Punkte, an denen vier (oder mehr) Platten aufeinandertreffen, sind kinematisch immer instabil und werden sich schnell in zwei (oder mehr) Berührungspunkte dreier Platten auflösen. Ein solches Gebiet ist gegenwärtig nur westlich von Neuguinea bekannt, wo Philippinen-, Australische, Eurasische und Pazifische Platte aufeinandertreffen. Eine detaillierte Kartierung zeigt jedoch, daß sich dieses Gebiet in eine Reihe von Mikroplatten unterteilen läßt, die untereinander nur Triple Junctions aufweisen. Je nach Kinematik der Plattengrenze wird zwischen RRR-, TTT-, FFF-, RTF-Triple Junctions usw. unterschieden. Dabei steht „R" für divergente Grenzen („R" von engl.: „ridge"), „T" für konvergente

Tabelle 2.4. Verschiedene Plattengrenzen, unterteilt nach der Art ihrer Kinematik und dem Plattentyp (O = ozeanische Lithosphäre, K = kontinentale Lithosphäre)

Bewegung	Typ	tektonische Bezeichnung	Beispiel
konvergent	O-O	Inselbogen (engl.: *arc*)	Philippinen
	O-K	Subduktionszone (engl.: *subduction zone*) Tiefseegraben (engl.: *trench*)	westlich von Südamerika
	K-K	Kollisionsgebirge (engl.: *collisional mountain belt*)	Himalaya
divergent	O-O	Mittelozeanische Rücken (engl.: *mid oceanic ridge*)	Atlantik
	K-K	kontinentales Rift (engl.: *rift*)	Ostafrika
passiv	O-K	passive Plattengrenze (engl.: *passive margin*)	Ostaustralien

Grenzen („T" von engl.: „trench") und „F" für transforme Grenzen („F" für engl.: „transform fault") (McKenzie und Morgan 1969).

2.4.4
Der Wilson-Zyklus

Der Wilson-Zyklus bringt die im vorhergehenden Abschnitt im einzelnen besprochenen Ereignisse in eine schematische, typisierende Abfolge (Abb. 2.17). Dieser Zyklus wurde von Wilson (1972) vorgeschlagen und löst die vor der Durchsetzung der modernen Plattentektonik gebräuchlichen Begriffe verschiedener „Geosynklinalstadien" ab.

Der Wilson-Zyklus beginnt mit der Dehnung eines Kontinents. Dieses Stadium kann gegenwärtig im Oberrheingraben und im ostafrikanischen Riftsystem beobachtet werden. Im zweiten Stadium des Zyklus kommt es zum Auseinanderbrechen des Kontinents und zur Ausbildung eines „spreading center". Zwischen den nunmehr voneinander getrennten Kontinenten beginnt sich ozeanische Lithosphäre zu bilden. In diesem Stadium befindet sich zur Zeit das Rote Meer. Das dritte Stadium umfaßt die Ausbildung eines klassischen Ozeans mit passiven Kontinentalrändern und einem Mittelozeanischen Rücken, wie es im Atlantik beobachtet werden kann. Bis zu diesem Stadium beschreibt der Wilson-Zyklus eine natürliche Entwicklung. Die folgenden Stadien beschreiben Phänomene bei umgekehrter relativer Bewegungsrichtung und diese Stadien können daher von den ersten drei zeitlich und genetisch unabhängig vorkommen. Das vierte Stadium beschreibt die beginnende Subduktion einer ozeanischen Platte unter eine kontinentale. Das fünfte beinhaltet die Subduktion eines Mittelozeanischen Rückens unter einen Kontinent. Im sechsten und letzten Stadium schließlich findet die Kollision zweier Kontinente statt.

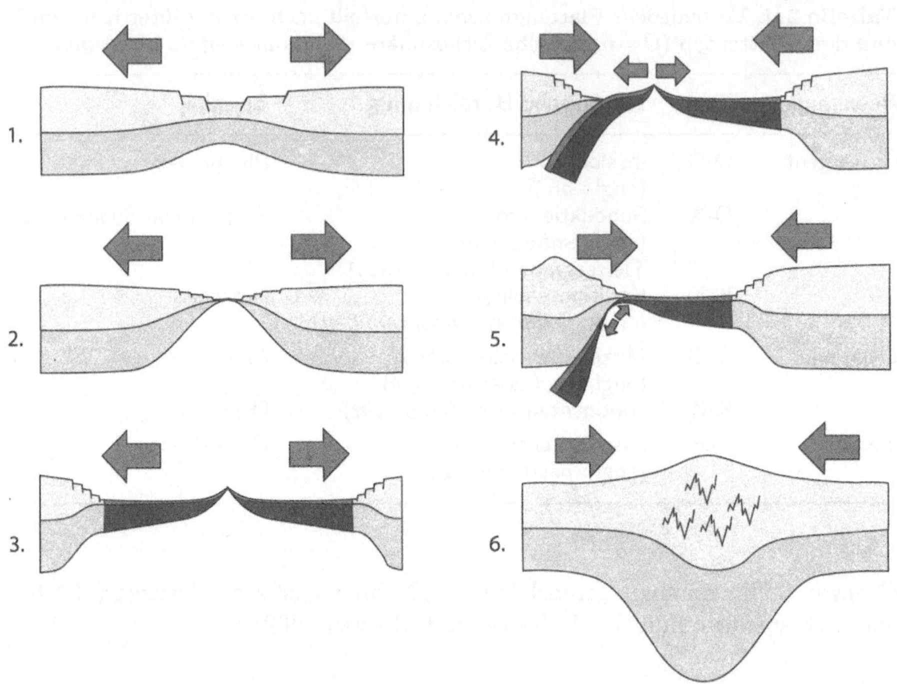

Abb. 2.17. Der Wilson-Zyklus. Die Pfeile zeigen Relativbewegungen an

2.5
Übungsaufgaben

Aufgabe 2.1. *Zum Verständnis der Form von Längen- und Breitenkreisen (Abschn. 2.2.2):* Finden Sie mit den bekannten Definitionen von geographischer Länge und Breite einen Punkt auf der Kugeloberfläche (außerhalb des Nordpols), an dem folgendes Experiment möglich ist: Sie gehen 1 km nach Süden, 1 km nach Westen und 1 km nach Norden und sind wieder am Ausgangspunkt. (Diese Frage wurde angeblich von Sir Ernest Shackleton 1908 an Bewerber für seine Südpolexpedition gestellt.)

Aufgabe 2.2. *Zur Umrechnung von Länge und Breite (Abschn. 2.2.2):* Wien liegt in etwa auf 16° Ost 48° Nord, München auf ungefähr 11° Ost und derselben nördlichen Breite. Wie groß ist die Zeitverschiebung zwischen den zwei Städten?

Aufgabe 2.3. *Zur Umrechnung von Winkelminuten in Dezimalwerte (Abschn. 2.2.2):* Verbessern Sie das Ergebnis von Frage 2.2 mit folgenden Zahlenangaben: Wien: 16°21' Ost, 48°11' Nord; München: 11°39' Ost und dieselbe nördliche Breite.

Aufgabe 2.4. *Zum Verständnis der Mercatorprojektion und zur funktionalen Beziehung von Projektionen im allgemeinen (Abschn. 2.3):* Leiten Sie die funktionale Beziehung her, die bei der Mercatorprojektion für die Umrechnung $(\lambda,\phi) \rightarrow (x,y)$ gilt. λ und ϕ sind die geographische Länge und Breite, x und y die entsprechenden kartesischen Koordinaten der Projektion. Das Studium von Abb. 2.5 dürfte dabei hilfreich sein.

Aufgabe 2.5. *Zur Abschätzung der Erdkrümmung (Abschn. 2.2.1):* a) Wie groß ist die Entfernung zwischen Wien und München (bei einem Erdradius von 6 730 km), wenn man den direkten West-Ost-Kurs wählt? b) Wie groß ist die Entfernung entlang der kürzesten Strecke auf der Erdoberfläche, d. h. entlang eines Großkreises? c) Wie groß ist die Entfernung auf der direkten Verbindungslinie, also durch die Erde hindurch? d) Wie hoch ist der „Erdberg" zwischen Wien und München? Verwenden Sie die Längen- und Breitenangaben aus Frage 2.2. (Für diese Aufgabe muß man die Winkelfunktionen kennen, aber mehr als die Beziehung Sinus = Gegenkathete/Hypothenuse und der Satz des Pythagoras wird nicht benötigt; s. Anhang B.)

Aufgabe 2.6. *Zum Verständnis von Triple Junctions (Abschn. 2.4.3):* Wie viele verschiedene Arten von Triple Junctions gibt es, wenn drei Arten der kinematischen Bewegung an Plattengrenzen (R,T,F) möglich sind? Nicht alle Kombinationen sind stabil. Zeichnen Sie ein stabiles und ein instabiles Beispiel für eine Triple Junction.

Aufgabe 2.7. *Zum Verständnis des Drehmoments (Abschn. 2.2.4):* Ein in Nord-Süd-Richtung streichender Mittelozeanischer Rücken übt eine Kraft von 10^{12} N nach Westen aus. Auf welchem Breitengrad beträgt das Drehmoment des Mittelozeanischen Rückens um die Erdachse $4 \cdot 10^{18}$ Nm? (Erdradius $R = 6\,370$ km)

Aufgabe 2.8. *Zum Verständnis der Kugelgeometrie (Abschn. 2.2.1):* Messen Sie den Kleinkreisradius des Aleutenbogens in einem Atlas und schätzen Sie den Subduktionswinkel, mit der die Pazifische Platte unter Alaska abtaucht, mit dem Pingpongball-Modell ab. Der Abtauchwinkel dieser Subduktionszone ist bekannt; er beträgt $\approx 45°$. Diskutieren Sie mögliche Unterschiede zu Ihrer Schätzung und vergleichen Sie die Werte mit einer Schätzung für die Subduktionszone des Javagrabens (Indisch-Australische Platte unter Eurasische Platte).

Kapitel 3
Temperatur und Wärme

Das Materialverhalten von Gesteinen wird in erster Linie durch ihre Temperatur bestimmt. Das betrifft die Äquilibrierung von Mineralparagenesen, die Festigkeit von Gesteinen, aber auch viele andere Parameter, die die Entwicklung von Orogenen mitbestimmen. Zum Verständnis der dynamischen Prozesse des Erdinneren sind Kenntnisse über die thermische Struktur der Lithosphäre daher unerläßlich. Es bietet sich daher als natürlicher Ausgangspunkt für dieses erste von drei Kapiteln über die Grundlagen der Geodynamik an, die thermische Energie der Lithosphäre zu diskutieren.

Die Entstehung und Verteilung der thermischen Energie in der Lithosphäre findet durch drei fundamental unterschiedliche Prozesse statt:

- Wärmeleitung,
- Wärmeadvektion (Konvektion) und
- Wärmeproduktion.

Im ersten Teil dieses Kapitels soll abgeschätzt werden, welche Bedeutung jeder dieser Prozesse für den Energiehaushalt der Lithosphäre hat oder haben kann. Zu diesem Zweck werden auch die mathematischen Grundlagen ihrer Beschreibung diskutiert. Daß Abschätzungen dieser Art wichtig sind, ist offensichtlich. Viele tektonische Modelle, die für gebirgsbildende Prozesse entworfen werden, basieren auf Beobachtungen über den Metamorphosegrad der Gesteine. Beim Entwurf solcher Modelle wird in der Regel leider vernachlässigt, zu welchem Anteil die Metamorphose auf Wärmeleitung (z. B. Überlagerung), Wärmeproduktion (z. B. Reibungswärme oder Radioaktivität) und aktiven Wärmetransport (z. B. durch Fluide oder Magmen) zurückzuführen ist. Wie bedeutend die genannten Mechanismen für den Wärmehaushalt von Orogenen sein können, wird in den Abschnitten 3.1 bis 3.3 erläutert.

3.1
Grundlagen der Wärmeleitung

3.1.1
Die Wärmeleitungsgleichung

Die Wärmeleitungs- oder Diffusionsgleichung ist grundlegend zum Verständnis der Transportvorgänge thermischer Energie sämtlicher Formen in der Erde. Wir werden in anderen Kapiteln noch zeigen, daß die Diffusionsgleichung nicht nur auf die Diffusion von Energie, sondern auch auf die Diffusion von Masse angewendet werden kann und daher in vielen anderen Bereichen der Geodynamik ebenfalls nützliche Anwendung findet (z. B. Kap. 4.3). Die Wärmeleitungsgleichung ist daher in diesem Buch die erste Gleichung, die im Detail besprochen wird. Die Tatsache, daß es sich dabei um eine partielle Differentialgleichung 2. Ordnung handelt, soll uns dabei nicht abschrecken. Vielmehr wollen wir im folgenden die Diffusionsgleichung so verständlich wie möglich erklären. Einige Details zum Lesen von Differentialgleichungen finden sich in Abschn. A.1.

Fouriers Gesetz der Wärmeleitung. Fouriers 1. Gesetz bildet den ersten Teil der Wärmediffusionsgleichung.Dieses Gesetz besagt, daß sich der Wärmefluß q proportional zum Temperaturgradienten verhält (Fourier 1816). Diese Aussage läßt sich leicht durch eine Gleichung beschreiben:

$$q = -k\frac{\mathrm{d}T}{\mathrm{d}z} \quad . \tag{3.1}$$

Neben der Abkürzung q für den Wärmefluß steht darin nun T für die Temperatur und z für eine Raumkoordinate, z. B. Tiefe. Der Faktor k ist eine Proportionalitätskonstante. Der Bruch $\mathrm{d}T/\mathrm{d}z$ ist die Änderung der Temperatur entlang der Strecke z. Dieser Bruch wird auch als der Temperaturgradient bezeichnet. Zum besseren Verständnis dieses Gesetzes (und den Einheiten von k) bedienen wir uns einer Analogie, nämlich dem Beispiel des Wasserflusses in einem Bach. Auch hier findet das Gesetz Anwendung. In einem Bach kann der Wasserfluß in Volumen pro Zeit und Fläche (hier Bachquerschnittsfläche) angegeben werden (in SI-Einheiten: $\mathrm{m}^3\,\mathrm{s}^{-1}\,\mathrm{m}^{-2} = \mathrm{m}\,\mathrm{s}^{-1}$). Man bezeichnet dies als den *volumetrischen Fluß*. Dieser wird oft auch nur auf die Bachbreite in m anstatt auf die Querschnittsfläche in m^2 normalisiert (Abschn. 4.3). In diesem Fall hat der volumetrische Fluß die Einheit $\mathrm{m}^2\,\mathrm{s}^{-1}$. Im Unterschied dazu besitzt der *Massefluß* die Einheit $\mathrm{kg}\,\mathrm{s}^{-1}\,\mathrm{m}^{-2}$. Fouriers Gesetz besagt, daß sich der Durchfluß proportional zum Gefälle, also dem topographischen Gradienten des Baches, verhält. Das entspricht auch unseren Beobachtungen in der Natur: Je größer das Gefälle eines Baches, desto größer ist der Durchfluß bezogen auf die Querschnittsfläche. Fouriers Gesetz scheint hier eine gute Beschreibung zu liefern. Dieses einfache Beispiel für die Anwendung von Gl. 3.1 verdeutlicht auch die Notwendigkeit des negativen

Vorzeichens. Der Fluß wird positiv für abfallende und negativ für ansteigende Gradienten.

In der Wärmelehre wird der Fluß nicht in Volumen pro Zeit und Fläche, sondern in Energie pro Zeit und Fläche (in SI Einheiten: $J\,s^{-1}\,m^{-2} = W\,m^{-2}$) angegeben; dem Gefälle entspricht der Temperaturgradient. Aus historischen Gründen wird der Wärmefluß nicht immer in $W\,m^{-2}$, sondern oft in hfu (engl.: *heat flow units*) angegeben. Eine hfu entspricht 10^{-6} $cal\,s^{-1}\,cm^{-2}$ (s. Aufgabe 3.17). Die Einheiten der Proportionalitätskonstante k, in Gl. 3.1, folgt nun leicht aus den Einheiten der anderen Komponenten der Gleichung. Nachdem Temperatur in K (oder °C) und z in m angegeben wird, muß, damit die Gleichung aufgehen kann, k die Einheit $J\,s^{-1}\,m^{-1}\,K^{-1}$ besitzen. Die Konstante k wird als *Wärmeleitfähigkeit* (engl.: *thermal conductivity*) bezeichnet. Wir können Gl. 3.1 ansehen, daß der Wärmefluß gegen null geht, wenn die Leitfähigkeit sehr gering ist, egal wie groß der thermische Gradient ist. Umgekehrt, wenn die Leitfähigkeit sehr groß ist, ist auch der Wärmefluß sehr hoch, auch wenn der thermische Grdient klein ist. Die Gleichung ist daher intuitiv durchaus nachvollziehbar.

Wäre der Temperaturgradient konstant, könnte er auch als $\Delta T/\Delta z$ ausgedrückt werden. Im Rahmen geologischer Fragestellungen ist dieser Gradient allerdings zumeist nicht konstant. Daher benutzen wir das Differential dT/dz, das nichts anderes aussagt, als daß wir zur Vorsicht den Gradienten nur auf einem unendlich kleinen Abschnitt des Temperaturprofils als konstant ansehen. Wird der Gradient entlang einer Strecke in Richtung z größer oder kleiner, wird nach Gl. 3.1 auch der Fluß größer oder kleiner.

Energiegleichgewicht. Der zweite Teil der Wärmeleitungsgleichung (oft auch als Fouriers 2. Gesetz bezeichnet) beschreibt ein Energiegleichgewicht. Dieses Energiegleichgewicht stellt den Zusammenhang zwischen Wärme und Temperatur oder zwischen Wärmefluß und Temperaturänderung her. Diese Beziehung kann unabhängig von Gl. 3.1 aufgestellt werden (Gl. 3.2). Im Gleichgewicht muß die Rate, mit der sich die Temperatur ändert, proportional zur Änderungsrate des Wärmeinhalts eines Körpers sein. Die räumliche Rate, mit der sich der Wärmeinhalt eines Körpers ändert, ist dabei durch die Differenz zwischen dem Wärmefluß in den Körper hinein und dem Wärmefluß aus dem Körper heraus gegeben (Abb. 3.1). Diese Differenz ist bezogen auf das (unendlich kleine) Einheitsvolumen dV des Körpers und auf die Einheitsfläche dA, durch die der Fluß stattfindet. Man kann also formulieren:

$$\frac{dq}{\frac{dV}{dA}} = \frac{dq}{\frac{dxdydz}{dxdy}} = \frac{dq}{dz} \ . \tag{3.2}$$

Der Umweg, den wir bei dieser Ableitung über den Bezug auf Volumen und Fläche gemacht haben, ist hier sinnvoll, da wir uns in einem allgemeinen Rahmen bewegen wollen. Das erleichtert es nachzuvollziehen, wie vorgegangen werden muß, wenn der Wärmefluß auch in anderen, von z abweichenden Richtungen betrachtet werden soll. Bei der Behandlung numerischer Probleme hat man es oft nicht mit kleinsten Elementen in Würfelform zu tun (wie in

Abb. 3.1. Wärmefluß durch einen Einheitsgesteinswürfel. Der Wärmeproduktion S innerhalb des Würfels begegnen wir erst in Gl. 3.21

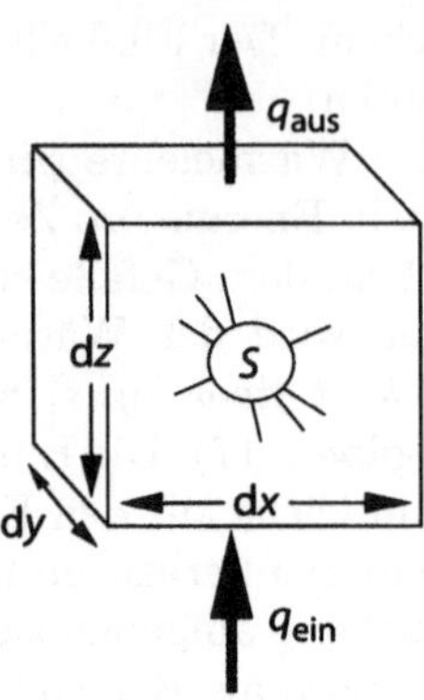

Abb. 3.1), sondern auch mit Tetraedern, bzw. in zweidimensionalen Beschreibungen mit Dreiecken anstatt von Quadraten. Eine entsprechende Ableitung führt dann zu Ausdrücken, die wesentlich weniger offensichtlich sind als jener, den die rechte Seite von Gl. 3.2 darstellt. Übersteigt der Wärme*zufluß* eines Einheitswürfels den Wärme*abfluß*, erhöht sich also der Wärmeinhalt des Würfels. Die Temperatur steigt an. Halten sich Zu- und Abfluß die Waage, bleibt die Temperatur konstant. Fließt mehr Wärme hinaus als hinein, nimmt sie ab. Die *Rate*, also die Geschwindigkeit, mit der sich die Temperatur ändert, ist dabei nicht nur von der Änderung des Wärmeinhalts, sondern auch von einer weiteren materialeigenen Proportionalitätskonstante, der Wärmekapazität c_p, abhängig. Die Wärmekapazität, auch als spezifische Wärme bezeichnet, wird in $J\,kg^{-1}\,K^{-1}$ angegeben und beschreibt, wie viele Joule notwendig sind, um ein Kilogramm eines Gesteins um ein Grad zu erwärmen. Die allgemein verwendete Abkürzung für die Wärmekapazität ist c. Das tiefgestellte p symbolisiert die Bedingung eines konstanten Druckes (s. Abschn. 3.2.2). Wird eine größere Joulezahl benötigt, um ein Gestein zu erwärmen (c_p ist groß), führt auch eine schnelle Erhöhung des Wärmeinhalts nur zu einem langsamen Temperaturanstieg und umgekehrt. Wir dürfen Wärme nicht mit Temperatur verwechseln! Die Beziehung zwischen Wärme und Temperatur wird in Abschn. 3.6.4 noch einmal diskutiert. Weil die Wärmekapazität im allgemeinen auf eine Masse und nicht auf ein Volumen bezogen wird, müssen wir c_p noch mit der Dichte ρ multiplizieren damit die Beziehung zwischen der räumlichen Änderung des Wärmeflusses und der zeitlichen Änderung der Temperatur die richtigen Einheiten erhält. Auf diese Weise gelangen wir zu

$$\rho c_p \frac{\partial T}{\partial t} = -\frac{\partial q}{\partial z} \quad . \tag{3.3}$$

Gleichung 3.3 sollte anhand von Abb. 3.1 leicht nachvollziehbar sein. Das negative Vorzeichen ergibt sich diesmal, weil die Temperatur *ansteigt*, wenn $\partial q = q_{aus} - q_{ein}$ negativ ist, also mehr Wärme hinein als hinaus fließt. Beim Schritt von Gl. 3.2 zu Gl. 3.3 sind wir von ganzen auf partielle Differentia le umgestiegen. Das ist notwendig, da wir nun in verschiedenen Teilen der Gleichung nach verschiedenen Größen differenzieren (s. Abschn. A.1.1).

Die Wärmeleitungsgleichung. Setzen wir Fouriers Gesetz der Wärmeleitung in Form von Gl. 3.1 in das Energiegleichgewicht von Gl. 3.3 ein, erhalten wir mit Gl. 3.4 die allgemeine Form der 1-dimensionalen Diffusions- oder Wärmeleitungsgleichung:

$$\rho c_p \frac{\partial T}{\partial t} = \frac{\partial \left(k \frac{\partial T}{\partial z} \right)}{\partial z} \ . \tag{3.4}$$

Ist k unabhängig von z (z. B. wenn wir die Wärmeleitung innerhalb eines Bereichs ohne lithologische Kontraste betrachten), kann Gl. 3.4 noch vereinfacht werden. Als Konstante kann k dann aus dem Differtial herausgenommen werden und es ergibt sich:

$$\rho c_p \frac{\partial T}{\partial t} = k \frac{\partial \partial T}{\partial z \partial z} \qquad \text{oder} \qquad \frac{\partial T}{\partial t} = \kappa \frac{\partial^2 T}{\partial z^2} \ . \tag{3.5}$$

Die Konstanten k, ρ und c_p sind in der zweiten Fassung zu $\kappa = k/(\rho c_p)$ zusammengefaßt. Dies stellt die Diffusionsgleichung in ihrer einfachsten Form dar. Die Größe κ wird als *thermische Diffusivität* (engl.: *thermal diffusivity*) bezeichnet. Man kann Gl. 3.5 auch, ohne die obige Ableitung durchzuführen, intuitiv verstehen. Das 1. Differential beschreibt die Steigung einer Funktion, das 2. Differential deren Krümmung (s. Abschn. A.1, Abb. A.3, A.2). So läßt sich Gl. 3.5 auch wie folgt in Worte fassen: *„Die Geschwindigkeit der Temperaturänderung ist proportional zur räumlichen Krümmung des Temperaturprofils"*.

Abbildung 3.2 verdeutlicht dies graphisch. Im täglichen Leben begegnen uns viele Anwendungsbeispiele dieser Gleichung. Denken wir zum Beispiel daran, daß ein Frühstückstoast an seinen Ecken und Kanten schneller abkühlt als in der Mitte, weil an diesen Stellen die Krümmung des Temperaturprofils am höchsten ist. Dasselbe gilt für die schnelle Abkühlung der Spitze einer

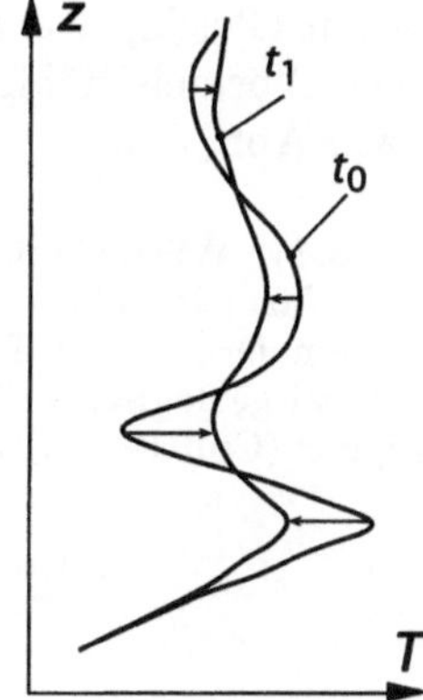

Abb. 3.2. Thermische Angleichung eines willkürlichen Temperaturprofils. Dargestellt wird das Temperaturprofil an zwei unterschiedlichen Zeitpunkten t_0 und t_1. Die größten Temperaturänderungen zwischen t_0 und t_1 finden an den der größten Krümmung der Kurven statt (s. Gl. 3.3). An Punkten ohne Krümmung (den Wendepunkten) ändert sich die Temperatur nicht

Nadel, die schnellere Erosion von spitzen Berggipfeln als von sanften Hügeln und unzählige andere Beispiele, die wir oft beobachten.

Wollen wir Gl. 3.5 verwenden, müssen wir sie selbstverständlich zuerst lösen. Dazu benötigen wir Rand- und Anfangsbedingungen (engl.: *boundary conditions, initial conditions*). Außerdem müssen wir etwas mathematische Kenntnis besitzen, um die Gleichung zu integrieren (verschiedene Lösungsmethoden werden in Abschn. A.1.1 diskutiert). Ein großer Teil dieses Kapitels wird sich mit verschiedenen Lösungen dieser Gleichung befassen. Auch die Begriffe „Rand-" und „Anfangsbedingung" werden uns in diesem Buch noch oft begegnen (s. Abschn. A.1.1). Es wäre sinnvoll, sich schon jetzt mit ihnen vertraut zu machen!

Die Größe von κ. Eine quantitative Anwendung von Gl. 3.5 setzt die Kenntnis der Größe κ und daher der Größen von k, ρ und c_p voraus. Die Wärmekapazität von Gesteinen beträgt etwa $c_p = 1\,000\text{--}1\,200 \text{ J kg}^{-1}\,\text{K}^{-1}$ (Oxburgh 1980). Für die meisten Gesteine schwankt c_p um nicht mehr als 20 % um diesen Betrag. Daher ist ein Wert von $c_p = 1\,000 \text{ J kg}^{-1}\,\text{K}^{-1}$ eine verläßliche Angabe, die für die Beschreibung vieler Probleme verwendet werden kann. Die Dichte von Krustengesteinen beträgt etwa $2\,750 \text{ kg m}^{-3}$ und schwankt ebenfalls für viele Gesteinsarten nicht mehr als 10–20 % um diesen Wert. Anders verhält es sich bei der Wärmeleitfähigkeit k, die in verschiedenen Gesteinen leicht um den Faktor 2 oder 3 schwanken kann (Tabelle 3.1). Gewöhnlich liegt sie allerdings zwischen 2 und 3 $\text{J s}^{-1}\,\text{m}^{-1}\,\text{K}^{-1}$. Für $k = 2{,}75 \text{ J s}^{-1}\,\text{m}^{-1}\,\text{K}^{-1}$ ergibt sich mit den oben genannten Werten für Dichte und Wärmekapazität der Wert $\kappa = 10^{-6}\,\text{m}^2\,\text{s}^{-1}$. Da sich dieser runde Wert leicht merken läßt hat dieser Wert häufig Eingang in die Literatur gefunden. Es sei jedoch darauf hingewiesen, daß κ in Abhängigkeit von der Leitfähigkeit auch mehr als doppelt oder auch nur halb so große Beträge annehmen kann.

Wärmebrechung. Tabelle 3.1 zeigt, daß Gesteine recht variable Leitfähigkeiten zwischen etwa $k = 1{,}5$ und $k = 7{,}2 \text{ J s}^{-1}\,\text{m}^{-1}\,\text{K}^{-1}$ aufweisen. Wenn Gesteine verschiedener Leitfähigkeit miteinander im Kontakt liegen, dann bedingt das thermische Gleichgewicht das Phänomen der Wärmebrechung (engl.: *heat refraction*). Was das ist, läßt sich leicht anhand Gl. 3.1 zeigen. Im thermischen Gleichgewicht ist der Wärmefluß durch zwei Gesteine mit verschiedener Wärmeleitfähigkeit gleich groß. In stabilem Zustand ergibt sich daher nach Abb. 3.3:

Tabelle 3.1. Wärmeleitfähigkeiten einiger Gesteine. Wärmeleitfähigkeitsänderungen als Funktion von Druck und Temperatur sind in Gesteinen bei geologischen Temperaturen vernachlässigbar (Cull 1976; Schatz und Simmons 1972)

Gestein	k ($\text{J s}^{-1}\,\text{m}^{-1}\,\text{K}^{-1}$)
Sandstein	1,5–4,2
Gneis	2,1–4,2
Amphibolit	2,5–3,8
Granit	2,4–3,8
Eis	2,2
Salz	5,4–7,2

Abb. 3.3. Illustration zur Wärmebrechung. Der Wärmefluß durch den dunkel- und den hellschattierten Körper ist der gleiche. Der Temperaturgradient ist allerdings im dunkelschattierten Körper größer, weil dessen Wärmeleitfähigkeit k_1 kleiner ist. Die Indizes „1" und „2" bezeichnen den dunkel-, bzw. den hellschattierten Körper

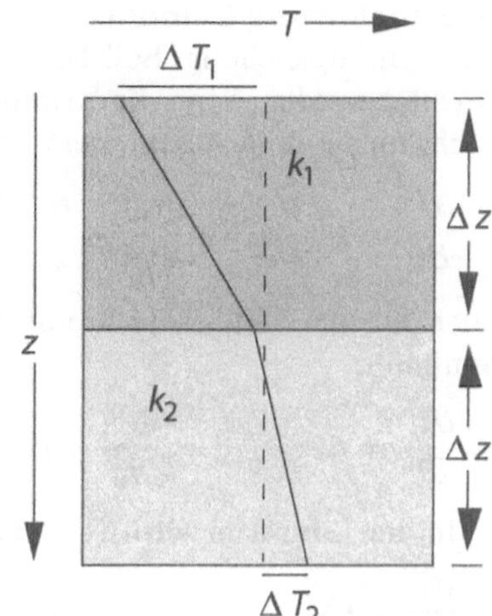

$$-q = k_1 \frac{\Delta T_1}{\Delta z} = k_2 \frac{\Delta T_2}{\Delta z} \; . \tag{3.6}$$

Wir können an dieser Gleichung erkennen, daß, wenn die Leitfähigkeiten k_1 und k_2 verschieden sind, der Temperaturgradient im Gestein mit der höheren Leitfähigkeit entsprechend niedriger sein und umgekehrt (Abb. 3.3). Dies wird als Wärmebrechung bezeichnet. Gleichung 3.6 kann auch in Differentialform, also für unendlich kleine dz und dT, geschrieben werden. Das heißt, der Temperaturgradient muß sich nicht sprunghaft ändern, sondern kann sich auch kontinuierlich ändern, wenn kontinuierliche Leitfähigkeitsänderungen vorliegen.

Ein Beispiel soll das Phänomen illustrieren. Ein Gestein hoher Leitfähigkeit, z. B. ein Eisenerzkörper, wird praktisch isotherm sein, auch wenn er sich über mehrere vertikale Krustenkilometer erstreckt. In hohen Krustenstockwerken ist der Körper daher wesentlich wärmer als seine Umgebung. Es ist vorstellbar, daß dieser Umstand sogar zu einer Kontaktmetamorphose führen kann (s. Aufgabe 3.2).

Jaupart und Provost (1985) haben große Unterschiede in der Wärmeleitfähigkeit zwischen den Sedimenten der Tethyszone und des Hohen Himalaya für das Aufschmelzen der Leucogranite im Himalaya verantwortlich gemacht. Sollen Vorgänge in Gesteinen mit unterschiedlicher Leitfähigkeit quantitativ beschrieben werden, darf Gl. 3.4 nicht zu Gl. 3.5 vereinfacht werden. Sie muß in ihrer urspünglichen Form gelöst werden.

Differenzieren wir Gl. 3.4 mit Hilfe der Produktregel (s. Abschn. B, Tabelle B.1), erhalten wir:

$$\rho c_p \frac{\partial T}{\partial t} = \frac{\partial \left(k \frac{\partial T}{\partial z} \right)}{\partial z} = \frac{\partial k}{\partial z} \frac{\partial T}{\partial z} + k \frac{\partial^2 T}{\partial z^2} \; . \tag{3.7}$$

In dieser Form läßt sich die Wärmeleitungsgleichung zur Beschreibung von Problemstellungen mit veränderlicher Leitfähigkeit von Gesteinen verwenden.

Wärmeleitung in mehreren Dimensionen. Gleichung 3.5 ist eine lineare Differentialgleichung. Soll Diffusion in mehr als nur einer Raumrichtung betrachtet werden, kann die Krümmung des Temperaturprofils in verschiedenen Richtungen einfach summiert werden. Es ergibt sich allgemein:

$$\frac{\partial T}{\partial t} = \kappa \left(\frac{\partial^2 T}{\partial x^2} + \frac{\partial^2 T}{\partial y^2} + \frac{\partial^2 T}{\partial z^2} \right) \tag{3.8}$$

oder, für den Fall, daß κ in unterschiedlichen Richtungen verschiedene Werte annimmt:

$$\frac{\partial T}{\partial t} = \kappa_x \frac{\partial^2 T}{\partial x^2} + \kappa_y \frac{\partial^2 T}{\partial y^2} + \kappa_z \frac{\partial^2 T}{\partial z^2} \quad . \tag{3.9}$$

In der Literatur wird Gl. 3.8 auch oft als

$$\frac{\partial T}{\partial t} = \kappa \nabla^2 T \tag{3.10}$$

vorgestellt. Das Symbol ∇ wird „Nabla-Operator" genannt und bedeutet nichts anderes als: „Das partielle Differential, in wie viele Raumrichtungen auch immer das Problem betrachtet werden soll". ∇^2 bezeichnet das gleiche für das 2. partielle Differential (s. Abschn. A.3). Partielle Differentiale werden in Abschn. A.1.1 erklärt. Eine wichtige Eigenschaft der Diffusionsgleichung ist, daß sie ein Energiegleichgewicht beschreibt. Das bedeutet, daß keine Energie durch Diffusion gewonnen werden oder verlorengehen kann. Wenn ein Gestein abkühlt, geschieht das aufgrund von Wärmeverlust an den Modellrändern.

Wärmeleitung in Polarkoordinaten. Viele Wärmeleitungsprobleme werden vernünftigerweise nicht in kartesischen, sondern in zylindrischen oder sphärischen Koordinatensystemen betrachtet. Für zylindrische Koordinatensysteme nimmt Gl. 3.5 folgende Form an:

$$\frac{\partial T}{\partial t} = \kappa \left(\frac{\partial^2 T}{\partial r^2} + \frac{1}{r} \frac{\partial T}{\partial r} \right) \quad . \tag{3.11}$$

Betrachten wir Wärmeleitung in Polarkoordinatensystemen (sphärische Geometrie) und beschränken wir uns auf den Fall, daß die einzige Richtung des Wärmeflusses radial ist, nimmt die Wärmeleitungsgleichung folgende Form an:

$$\frac{\partial T}{\partial t} = \kappa \left(\frac{\partial^2 T}{\partial r^2} + \frac{2}{r} \frac{\partial T}{\partial r} \right) \quad . \tag{3.12}$$

In den Gleichungen 3.11 und 3.12 steht r für den Radius oder den Abstand vom Koordinatenursprung. Mit der detaillierten Ableitung dieser Beziehungen wollen wir uns hier nicht befassen (s. dazu z. B. Carslaw und Jaeger 1959; Crank 1975; Smith 1985). Viele kugelförmige Probleme (z. B. das Kelvin-Modell der Erde, Diffusionsprobleme in Kristallen und andere) lassen sich mit Hilfe dieser Gleichung beschreiben. Die beiden Gleichungen sind 1-dimensional. Folglich lassen sich ihre Lösungen mit jenen von Gl. 3.5 direkt vergleichen (z. B. Abb. 3.28 und 3.34).

Das Kelvin-Modell des Erdalters. Das klassische Beispiel für die Anwendung der Wärmeleitungstheorie ist die Abschätzung des Erdalters durch Lord Kelvin (1864). Es sei jedoch darauf hingewiesen, daß ähnliche Versuche zuvor bereits von Fourier (1820) unternommen wurden. Kelvins Überlegung war es, daß man das Erdalter vom derzeitigen thermischen Gradienten an der Oberfläche abschätzen können sollte (Abb. 3.4), wenn folgende Annahmen Gültigkeit besäßen: 1. Die Erde hatte ursprünglich eine homogene Temperatur (für die er 4000°C annahm) und 2. die Oberflächentemperatur zu allen späteren Zeitpunkten ist konstant geblieben. Er kam mit einer entsprechenden Lösung von Gl. 3.12 zu dem Schluß, daß die Erde knapp 100 my alt sein müsse (er verwendete eine ähnliche Lösung wie jene, die in Abschn. 3.6.1 vorgestellt wird). Heute wissen wir, daß seine Berechnung aus zwei Gründen falsch war. Der erste (und am häufigsten angeführte) ist die Anwesenheit von radioaktiven wärmeproduzierenden Elementen in der Erdkruste. Radioaktivität war zu Kelvins Zeit noch unbekannt. Der zweite sind die Konvektionsprozesse im Erdmantel. Beide Prozesse verursachen in der Lithosphäre einen Temperaturgradienten, der steiler ist, als er es bei einem Vorgang reiner Abkühlung wäre. Das führte zu einer massiven Unterschätzung des Erdalters. Interessanterweise ist der Einfluß der Mantelkonvektion auf den oberflächennahen

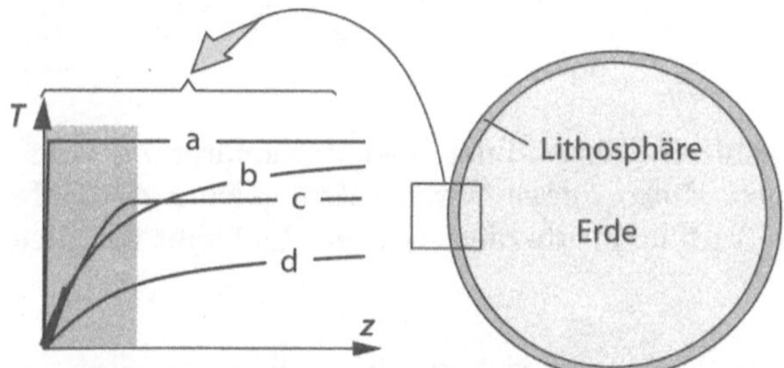

Abb. 3.4. Schematische Darstellung des Modells von Lord Kelvin zur Ermittlung des Erdalters. Das T-z-Diagramm ist eine vergrößerte Darstellung der äußeren etwa 300 km der Erde. Der schattierte Bereich ist die Lithosphäre. a ist das von Lord Kelvin (wahrscheinlich etwa richtig) angenommene Anfangstemperaturprofil der Erde. b ist das von Kelvin vermutete derzeitige Temperaturprofil, das sich aus dem gemessenen Oberflächenwärmefluß q_s (stärker gezeichneter Abschnitt des Temperaturprofils) und einem einfachen sphärischen Wärmeleitungsmodell zusammensetzt. c ist das tatsächliche Temperaturprofil der Erde. Es weist im oberflächennahen Bereich den gleichen Wärmefluß auf. Aufgrund der Lord Kelvin nicht bekannten Radioaktivität ist die untere Lithosphäre jedoch wärmer als von ihm vermutet. In der Asthenosphäre ist das Temperaturprofil aufgrund der Konvektion im Mantel (die Lord Kelvin hätte bekannt sein sollen) praktisch isotherm. d ist das Temperaturprofil, das heute gemessen werden müßte, wenn die Erde seit ihrer Entstehung ($\approx 4{,}5 \cdot 10^9$ y) nur durch Wärmeleitung abgekühlt wäre. Der Oberflächenwärmefluß wäre dementsprechend viel niedriger als der tatsächlich gemessene

Temperaturgradienten *viel größer* als jener der radioaktiven Elemente. John Perry (1895) gelang durch die Annahme einer „Convective mantle conductivity", die um den Faktor 10 größer ist als die Wärmeleitfähigkeit der Kruste, eine sehr viel bessere Abschätzung des Erdalters in Höhe von $5{,}5 \cdot 10^9$ y.

Bemerkenswerterweise wurde schon zu Kelvins Lebzeiten eine mögliche Konvektion im Erdinneren diskutiert, von ihm aber ignoriert. Zu seiner Rechtfertigung sei erwähnt, daß er in seiner Diskussion darauf hinwies, daß Wärmeproduktion, z.B. durch chemische Reaktion, in seiner Abschätzung *nicht* berücksichtigt sei. Die Abschätzung des Erdalters durch Kelvin ist ein gutes Beispiel für ein Wärmeleitungsmodell, das aufgrund der Vernachlässigung anderer Wärmeprozesse – radioaktive *Wärmeproduktion* und Mantel*konvektion* – scheitert.

3.1.2
Die Laplace-Gleichung

Die Gleichungen 3.5 und 3.10 beschreiben die Temperatur als Funktion der Zeit. Sie können also verwendet werden, um Abkühlungs- und Erwärmungskurven zu berechnen. Im Rahmen vieler Fragestellungen interessiert uns allerdings nicht die *zeitliche* Temperaturgeschichte, sondern die zeitlich unveränderte Form eines Temperaturprofils, z.B. die Form einer stabilen Geotherme. Für alle Probleme, in denen die Annahme gilt, daß es *keine* zeitliche Veränderung des Temperaturprofils gibt, können wir schreiben:

$$\frac{\partial T}{\partial t} = 0 \ . \tag{3.13}$$

Dieser Zustand wird als stabiler oder stationärer Zustand (engl.: *steady state*) bezeichnet. Unter dieser Voraussetzung kann die Diffusivität κ aus Gl. 3.5 und Gl. 3.10 herausdividiert werden. Es bleibt die Gleichung

$$\nabla^2 T = 0 \ . \tag{3.14}$$

Gleichung 3.14 wird als Laplace-Gleichung bezeichnet. Ebenso wie die Diffusionsgleichung, ist sie in vielen Bereichen der Geologie von Bedeutung. Wir werden sie noch zur Berechnung von stabilen Geothermen und anderen Betrachtungen benötigen.

3.1.3
Die Fehlerfunktion

Um Gl. 3.5 anwenden zu können, muß sie für die richtigen Rand- und Anfangsbedingungen gelöst werden. Versucht man diese Gleichung zu lösen, d.h. auszuintegrieren, merkt man schnell, daß das nur für sehr wenige Rand- und Anfangsbedingungen möglich ist. Periodische Probleme gehören zu den wenigen lösbaren (die einzige „echte" analytische Lösung der Diffusionsgleichung,

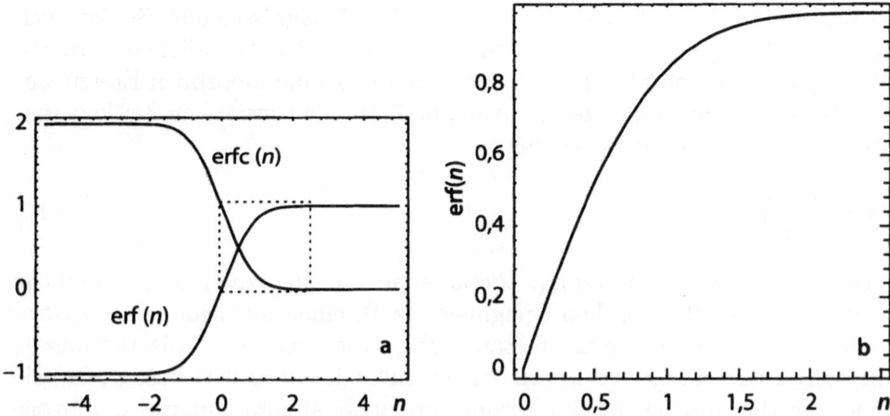

Abb. 3.5. Fehlerfunktion und komplementäre Fehlerfunktion. Der gestrichelte Rahmen in **a** zeigt den in **b** vergrößert dargestellten Ausschnitt von erf(n)

die in diesem Buch diskutiert wird, findet sich in Abschn. 3.7.1). In den meisten Fällen, besonders jenen, bei denen eine oder beide Randbedingungen im Unendlichen liegen, bleibt auch nach dem Integrieren noch ein Ausdruck der Form

$$\frac{2}{\sqrt{\pi}} \int_0^n e^{-n^2} dn = \mathrm{erf}\,(n) \tag{3.15}$$

übrig. Dieses Integral ist nicht lösbar. Da dieser Ausdruck jedoch häufig in Lösungen vorkommt, hat er einen eigenen Namen. Er heißt *Fehlerfunktion* (engl.: *error function*). Die Werte der Fehlerfunktion kann man in tabellarischer Form nachschlagen oder mittels einer numerischen Annäherung berechnen (Tabelle B.9). Abbildung 3.5 gibt die Form der Fehlerfunktion wieder. In zahlreichen analytischen Lösungen der Gl. 3.5 nimmt die Variable n aus Gl. 3.15 die Form $n = z/\sqrt{4\kappa t}$ an. Sowohl Zeit t, als auch Strecke z sind daher innerhalb der Fehlerfunktion enthalten und stehen in einer quadratischen Beziehung zueinander. Hierzu zählen z. B. die meisten Lösungen, die zur Beschreibung von Kontaktmetamorphose benötigt werden (Abschn. 3.6). Den Ausdruck $n = z/\sqrt{4\kappa t}$ werden wir noch in den Abschn. 3.1.4, 4.2.1 und anderen benötigen. Die komplementäre Fehlerfunktion erfc ist durch

$$\mathrm{erfc}\,(n) = 1 - \mathrm{erf}\,(n) \tag{3.16}$$

definiert. Wir werden die Fehlerfunktion im folgenden häufig verwenden.

3.1.4
Thermische Zeitkonstanten

Die thermische Zeitkonstante (engl.: *thermal time constant* oder *characteristic time scale of thermal equilibration*) stellt eine Art Skalierungswert für

die Beschreibung der Dauer eines thermischen Ereignisses dar. Sie ist auch
für den Geländegeologen ein nützliches Hilfsmittel, das dazu dienen kann, die
Mächtigkeit von Kontaktaureolen, die Dauer eines metamorphen Ereignisses
und vieles mehr abzuschätzen (s. Aufgabe 7.3). Die thermische Zeitkonstante τ ergibt sich aus der Beziehung

$$\tau \propto \left(\frac{l^2}{\kappa}\right) \quad . \tag{3.17}$$

Darin ist l die Größe (engl.: *characteristic length scale*) oder räumliche
Ausdehnung des thermischen Ereignisses (z. B. einer Intrusion, eines hydrothermalen Ganges oder eines metamorphen Terrains). κ ist die thermische
Diffusivität und $\propto$ steht für „proportional zu". Gleichung 3.17 besagt, daß die
Dauer der thermischen Äquilibrierung proportional zum Quadrat der Größe
des äquilibrierenden Körpers wächst. Das bedeutet z. B., daß die Abkühlphase eines Granitplutons, der doppelt so groß ist wie ein anderer, eine *vier*mal
längere Abkühlphase durchläuft. Die proportionale Beziehung aus Gl. 3.17
findet sich in der Literatur verschiedentlich in Form der Gleichungen

$$\tau = \left(\frac{l^2}{2\kappa}\right) \quad \text{oder} \quad \tau = \left(\frac{l^2}{(2,32)^2\kappa}\right) \quad \text{oder} \quad \tau = \left(\frac{l^2}{\pi^2\kappa}\right) \quad . \tag{3.18}$$

Die unterschiedlichen Formulierungen gründen auf verschiedene Annahmen zur Dauer des Skalierungswertes τ. Mit Gl. 3.20 gehen wir darauf noch
im Detail ein. Tabelle 3.2 stellt einige Zahlenwerte für unterschiedlich große
abkühlende Körper vor.

Der Wert τ dient einerseits dazu, die Dauer eines Wärmeleitungsprozesses
abzuschätzen und andererseits, die Mächtigkeit eines thermisch beeinflußten Bereichs nach Ablauf einer gewissen Zeit abzuschätzen. Wir sollten uns
einprägen, daß die typische Dauer der thermischen Angleichung von 10 m,
100 m, 1 km, 10 km und 100 km großen Körpern, in der Größenordnung von
1 y, 100 y, 10 000 y, 1 my und 100 my liegt. Tabelle 3.2 zeigt eine Reihe von
Beispielen, wie lange thermische Angleichung für verschieden große Körper
dauert.

Tabelle 3.2. Werte der thermischen Zeitkonstante τ für eine Reihe geologisch
relevanter Beträge von l, berechnet mit zwei der oben angeführten Formeln

l	$\tau = l^2/2\kappa$	$\tau = l^2/\pi^2\kappa$
10 m	$5 \cdot 10^7$ s $\approx 1{,}58$ y	$1{,}01 \cdot 10^7$ s ≈ 16 Wochen
100 m	$5 \cdot 10^9$ s ≈ 158 y	$1{,}01 \cdot 10^9$ s ≈ 32 y
1 km	$5 \cdot 10^{11}$ s $\approx 15\,000$ y	$1{,}01 \cdot 10^{11}$ s $\approx 3\,200$ y
10 km	$5 \cdot 10^{13}$ s $\approx 1{,}5$ my	$1{,}01 \cdot 10^{13}$ s $\approx 320\,000$ y
100 km	$5 \cdot 10^{15}$ s ≈ 158 my	$1{,}01 \cdot 10^{15}$ s ≈ 32 my

Herkunft der thermischen Zeitkonstanten. Was bedeutet „Größenordnung" im Zusammenhang mit Diffusionsdauer nun konkret? Die thermische Zeitkonstante ergibt sich aus dem Umstand, daß viele Lösungen der Wärmeleitungsgleichung eine Fehlerfunktion der Form erf $\left(l/\sqrt{4\kappa t}\right)$ enthalten. Zum Beispiel

$$T(t) = a + b\left(\text{erf}\left(\frac{l}{\sqrt{4\kappa t}}\right)\right) \quad . \tag{3.19}$$

Dabei sind a und b Konstanten oder vertreten andere Teile der Gleichung. In Gl. 3.19 steht der Ausdruck $(l/\sqrt{4\kappa t})$ für die Variable n aus Gl. 3.15. Die Größe l (bzw. z oder eine andere Raumkoordinate) und die Zeit t sind beide in der Fehlerfunktion enthalten und kommen ansonsten nicht in der Lösung vor. Die Form der Fehlerfunktion in Abb. 3.5 zeigt, daß die Temperatur als Funktion der Zeit, wie sie sich aus Gl. 3.19 ergibt, asymptotisch einem Gleichgewicht zustrebt. Das thermische Gleichgewicht wird also streng genommen erst nach unendlich langer Zeit erreicht. Daher muß, um die Äquilibrierungsdauer zu bestimmen, ein Punkt gewählt werden, ab dessen Erreichen wir von einem Gleichgewicht sprechen. Die bis dahin verstrichene Zeit bezeichnen wir dann einfach als die charakteristische Dauer des Prozesses. Was unterscheidet die Formulierungen in Gl. 3.18? Die erste Formulierung der Zeitkonstanten in Gl. 3.18 ist so gewählt, daß das Argument der Fehlerfunktion gleich 1 ist. Das heißt

$$\left(\frac{l}{\sqrt{4\kappa t}}\right) = 1 \quad \text{oder} \quad t = \frac{l^2}{2\kappa} = \tau \quad . \tag{3.20}$$

Abbildung 3.5 verdeutlicht, daß bei $n = 1$, also $t = l^2/(2\kappa)$, 84,3 % des Maximalwertes, d. h. 84,3 % der thermischen Angleichung zu diesem Zeitpunkt bereits erreicht sind. Der Einfachheit halber wird dieser Wert als die charakteristische Zeitspanne angesehen und τ genannt. Wir können τ als Größenordnung der Wärmeleitungsdauer oder zumindest als Skalierungswert des Wärmeleitungsprozesses ansprechen.

Die zweite Formulierung resultiert aus einer umgekehrten Überlegung: Wie mächtig ist die Schicht, die nach einer gewählten Zeitspanne bereits zu 90 % thermisch äquilibriert ist? Wir können Abb. 3.5 entnehmen, daß erf$(n = 0,9)$, bei $n \approx 1,16$ oder $l = 2,32\sqrt{\kappa t}$ gegeben ist. Dieser Ausdruck für die Mächtigkeit ist eine wichtige Größe. In der thermischen Definition der Lithosphäre (Abschn. 3.4) wird sie auch als *„Thermal boundary layer"* bezeichnet. Es wird oft die Frage gestellt, ob l in der horizontalen oder vertikalen Richtung gemessen wird und ob l^3 anstatt l^2 bei 3-dimensionalen Problemen eingesetzt werden soll. Die Antwort auf letztere Frage lautet: Natürlich nicht! Wie wir Gl. 3.8 entnehmen können, addieren sich die Anteile der Wärmeleitung in unterschiedlichen Richtungen. Die Beziehung zwischen Abkühldauer und Größe des abkühlenden Körpers bleibt daher quadratisch! Die Richtung, in der l gemessen wird, hängt von der Fragestellung ab. Die Größe τ ist ein

Skalierungswert. Zusammenfassend genügt es, sich die Beziehung in Gl. 3.17
und deren Grundaussage einzuprägen:

- Bei Wärmeleitungsprozessen wächst die Dauer der Äquilibrierungszeit
  quadratisch mit der räumlichen Größe des thermischen Ungleichgewichts.
- Für geologisch realistische thermische Diffusivitäten ist die charakteristische Äquilibrierungsdauer bei einer 10^3 m großen Perturbation in der
  Größenordnung von 10^4 Jahren anzusetzen. Auf den Maßstab der Lithosphäre bezogen (10^8 m) liegt die Dauer in der Größenordnung von
  10^8 y.

3.2
Grundlagen der Wärmeproduktion

Wir unterscheiden drei Mechanismen der Wärmeproduktion:

- radioaktive Wärmeproduktion,
- chemische Wärmeproduktion,
- mechanische Wärmeproduktion.

Alle drei Mechanismen werden im folgenden besprochen. In der Regel
interessiert uns vor allem die volumetrische Rate, mit der Wärme produziert wird und ihre Zeitabhängigkeit. Die Wärmeproduktion S wird daher
gewöhnlich in der Einheit Joule pro Sekunde und pro Kubikmeter angegeben: $J\,s^{-1}\,m^{-3} = W\,m^3$.

Aus Abschn. 3.1 wissen wir, daß sich die Geschwindigkeit der Temperaturänderung (also der Erwärmungs- oder Abkühlrate) proportional zur
Differenz $q_{ein} - q_{aus}$ verhält. Die Temperaturänderungsrate verhält sich jedoch ebenfalls zur Wärme*produktions*rate innerhalb des Einheitswürfels proportional (Abb. 3.1). Der Wert der produzierten Wärme S muß der Differenz $q_{ein} - q_{aus}$ hinzuaddiert werden. Mit Berücksichtigung der Wärmeproduktion nimmt Gleichung 3.5 folgende Form an:

$$\frac{\partial T}{\partial t} = \kappa \frac{\partial^2 T}{\partial x^2} + \left(\frac{S}{\rho c_p}\right) \ . \tag{3.21}$$

Entsprechend Abschn. 3.1.1 muß der Wert der produzierten Wärme durch
ρ und c_p dividiert werden, um ihn in eine Temperaturänderung umzurechnen.
Ein Vergleich der beiden rechten Glieder von Gl. 3.21 kann dabei helfen abzuschätzen, ob eines der Glieder bedeutend kleiner und daher vernachlässigbar ist. Folgende Vorgehensweisen bieten sich an:

1. *Vergleich.* Die thermische Zeitkonstante τ kann mit der Dauer der Wärmeproduktion verglichen werden. Ist τ bedeutend größer als die Wärmeproduktionsdauer, kann die Wärmeleitung vernachlässigt werden. Ist τ hingegen bedeutend kleiner, wird die Wärme viel schneller abgeleitet als sie

produziert wird. Auch relativ große Mengen produzierter Wärme haben dann geringen Einfluß auf die Temperatur, so daß auf den *letzten* Teil der Gleichung verzichtet werden kann. Weisen Wärmeproduktion und -leitung vergleichbare Größenordnungen auf, können aus dem folgenden Vergleich hilfreiche Schlüsse gezogen werden.

2. Vergleich. Betrachten wir den Fall stabiler Temperatur, also $dT/dt = 0$. Aus Gl. 3.21 und 3.5 ergibt sich dann $-S/k = d^2T/dx^2$. In Worten ausgedrückt: Entspricht das Verhältnis S/k der Krümmung des Temperaturprofils, halten sich Wärmeleitung und Wärmeproduktion die Waage. Die Krümmung des Temperaturprofils kann analytisch oder numerisch bestimmt werden. Ein wichtiges Beispiel für dieses Gleichgewicht betrifft die Form von Geländeprofilen im Zusammenhang mit dem ebenfalls durch die Diffusionsgleichung beschriebenen Massetransport, der uns in Abschn. 4.3 begegnen wird.

Ist die Wärmeproduktionsrate bedeutend größer als jene der Wärmeleitung, kann letztere vernachlässigt werden. Es gilt dann:

$$\frac{\partial T}{\partial t} = \frac{S}{\rho c_p} \ . \tag{3.22}$$

Die Gesamtwärmeproduktion S kann sich aus radioaktiver, chemischer und mechanischer Wärmeproduktion zusammensetzen:

$$S = S_{\mathrm{rad}} + S_{\mathrm{chem}} + S_{\mathrm{mec}} \ . \tag{3.23}$$

Sowohl radioaktive, als auch chemische und mechanische Wärmeproduktion können unter Umständen wichtige Beiträge zum Wärmehaushalt der Lithosphäre liefern. Die drei Beiträge werden daher im folgenden einzeln besprochen.

3.2.1
Radioaktive Wärmeproduktion

Um ein Gefühl für die Größenordnung der radioaktiven (engl.: *radiogenic, radioactive*) Wärmeproduktion in der Erdkruste zu bekommen, sind in Tabelle 3.3 die mittleren Konzentrationen der drei wichtigsten wärmeproduzierenden Elemente in der kontinentalen Kruste zusammengefaßt. Die Summe

Tabelle 3.3. Mittlere Konzentration wärmeproduzierender Elemente in kontinentaler Kruste. In Graniten beträgt die Wärmeproduktion das 2–3fache hier genannten Werte. In ozeanischer Kruste betragen sie maximal die Hälfte und im Mantel weniger als ein Zehntel

Element	Konzentration (ppm)	Wärmeproduktion (10^{-10} W kg^{-1})
U	1,6	1,6
Th	5,8	1,6
K	20 000	0,7

der in dieser Tabelle aufgelisteten Werte beträgt etwa $4 \cdot 10^{-10}$ W kg^{-1} oder etwa 1 μW m^{-3}. In der kontinentalen Erdkruste ist eine radiogene Wärmeproduktion von einigen μW m^{-3} für die Hälfte des geothermischen Gradienten und damit die Hälfte des Wärmeflusses, den wir an der Erdoberfläche messen können, verantwortlich (Kap. 2, Abb. 2.11). Die radioaktiv erzeugte Wärme ist folglich ein wichtiger Beitrag zum Wärmehaushalt der Erdkruste!

Wir wissen, daß sich der Großteil der radioaktiven Elemente der Erde in der oberen Erdkruste konzentriert. Das liegt zum Teil daran, daß Kalium – ein wichtiges radioaktives Element – sehr leicht ist und daß Elemente wie Uran und Thorium in granitischen Schmelzen enthalten sind. Granite transportieren sie in oberflächennahe Bereiche. Die Verteilung der radioaktiven Elemente innerhalb der Kruste ist allerdings sehr variabel (z. B. Haack 1983; Lachenbruch und Bunker 1971). Im Kapitel zur Berechnung stabiler Geothermen werden wir Überlegungen zur lithosphärischen Verteilung dieser Elemente anstellen (Abschn. 3.4.1).

3.2.2
Mechanische Wärmeproduktion

Gesteinsverformende Kräfte führen dem Gestein mechanische Energie zu. Diese Energie entspricht dem Produkt aus der Kraft, mit der deformiert und der Strecke, über die verformt wird (Arbeit = Energie = Kraft × Weg). Ein Teil der auf diese Weise zugeführten Energie wird in potentielle Energie und andere Energieformen umgewandelt. Ein Großteil dieser mechanisch produzierten Energie wird jedoch in Reibungswärme umgewandelt. Die Produktion von Reibungswärme (engl.: *shear heating* oder *viscous dissipation*) ist eine direkte Funktion der deviatorischen Spannung bei der Gesteinsverformung. Spannung hat die Einheit eines Druckes, also Pascal. Ein Pascal entspricht einem Joule pro Kubikmeter (1 Pa = 1 J m^{-3}). Spannung kann folglich auch in der Einheit von Energie pro Volumen ausgedrückt werden. Die Umformulierung der Einheiten kann man leicht aus den Beziehungen

$$\text{Kraft} = \text{Masse} \times \text{Beschleunigung} \quad \text{und} \quad \text{Druck} = \frac{\text{Kraft}}{\text{Fläche}}$$

herleiten. Die Einheit von Beschleunigung ist m s^{-2} und der Kraft folglich kg m s^{-2}. Druck wird daher in kg m s^{-2} m^{-2} oder Pa = kg m^{-1} s^{-2} angegeben. Energie hat daher die Einheit J = kg m^2 s^{-2}. Gesteine, die sich bei hohen Differentialspannungen verformen, verfügen folglich über einen hohen Energieinhalt und solche, die bei niedrigen Differentialspannungen verformbar sind, über einen geringen. Liegt keine Spannung an, enthält das Gestein keine mechanische Energie. Die mechanische Wärmeproduktionsrate S_{mec} ist durch das Produkt aus deviatorischer Spannung und Verformungsrate $\dot{\epsilon}$ (engl.: *strain rate*) gegeben. Beides sind Tensoren. Für den eindimensionalen Fall lassen sich die Tensoren zu einfachen Skalarwerten vereinfachen. Wir können schreiben:

$$S_{\mathrm{mec}} = \tau \dot{\epsilon} \qquad (3.24)$$

und daher mit Gl. 3.22:

$$\frac{\mathrm{d}T}{\mathrm{d}t} = \frac{\tau \dot{\epsilon}}{\rho c_p} \ . \qquad (3.25)$$

Dabei ist τ jene deviatorische Spannung, die bei der Verformung anliegt (s. S. 186). Die Vereinfachungen des allgemeinen dreidimensionalen Verformungsfeldes, die nötig sind, um die Spannungs- und Verformungstensoren durch die Skalarwerte $\dot{\epsilon}$ und τ ersetzen zu dürfen, werden ausführlich in Abschn. 5.1.1 und 6.3.2 behandelt.

Ähnlich wie bei der radioaktiven Wärmeproduktion, müssen hohe mechanische Wärmeproduktionsraten nicht unbedingt einen Einfluß auf die Temperatur haben, wenn die Wärmeleitung wesentlich schneller als die Wärmeproduktion ist. Die Überlegungen des vorangegangenen Abschnitts zur relativen Bedeutung von Wärmeproduktion und -leitung gelten auch hier. Durch Reibungswärme verursachte geologische Erscheinungen sind uns aus Pseudotachyliten und Harnischflächen bekannt. Bei der Bildung von Pseudotachyliten reicht die Reibungswärme aus, um das Gestein zu schmelzen und glasige, meist schwarze Äderchen zu hinterlassen. In Harnischen ist die freigewordenen Wärme groß genug, um Quarzkristalle zu rekristallisieren. Beide Phänomene sind auf Mechanismen zurückzuführen, die bei sehr schnellen Verformungsraten katastrophenartig auf lokaler Ebene stattfinden. Sie eignen sich folglich nicht als Beispiel zur Abschätzung des Einflusses der Reibungswärme auf die Temperatur der gesamten Kruste. Zu diesem Zweck müssen wir die mittleren Spannungen und Verformungsraten abschätzen, mit denen sich Kontinente verformen (z. B. Kincaid und Silver 1996; Stüwe 1998a). Jede Art von Verformung setzt Energie frei, unabhängig davon, ob sie bei duktilen oder spröden Mechanismen stattfindet. Das beste Beispiel für die duktile Entstehung von Reibungswärme ist das Erwärmen eines Drahtes beim Biegen. Auch Faltung setzt Wärme frei; das Gesetz: „Energie = Kraft mal Weg" gilt auch hier.

Die Beträge der Parameter aus Gl. 3.24 sind nicht so hinreichend bekannt, als daß mit ihnen bequem quantitativ gerechnet werden könnte. Es ist relativ unklar, ob die mechanisch freigewordene Wärmeenergie in eine Temperaturerhöhung mündet, in eine andere Energieform umgewandelt oder schlichtweg abgeleitet wird, bevor sie einen meßbaren Einfluß auf die umgebenden Gesteine ausüben kann (s. Gl. 3.22). Zu den anderen Energieformen, in die Reibungswärme möglicherweise umgewandelt werden kann (engl.: *mechanical energy sinks*) zählen a) Schallenergie, b) potentielle Energie (s. Abschn. (5.3.1)) und c) Dislokationsenergie. Viele Autoren sind sich jedoch darin einig, daß S_{mec} großteils in thermische Energie umgewandelt wird.

Problematischer als die Frage, in *welche* Energieform sich mechanisch produzierte Energie bei der Verformung umwandelt, ist die Frage nach der

Größenordnung dieser Wärmeproduktion. Gl. 3.25 zeigt, daß diese von $\dot{\epsilon}$ und τ abhängt.

Viele verschiedene Methoden zur Messung geologischer Verformungsraten ergeben im Maßstab der Lithosphäre eine typische Obergrenze in der Größenordnung von $\dot{\epsilon} = 10^{-12}$ bis 10^{-14} s^{-1}. Das heißt, daß die Verformung einen Dehnungsbetrag (Endmächtigkeit/Ausgangsmächtigkeit, s. Gl. 5.1) von 2 innerhalb von 1–10 my aufweist.

Über die Beträge deviatorischer Gesteinsspannungen – der „Festigkeit" – wissen wir nur wenig (s. Abschn. 5.1.1). Zudem sind sie stark temperaturabhängig. Die Größenordnung der Kräfte, die in der Plattentektonik eine Rolle spielen, reicht von 10^{12} bis 10^{13} N m^{-1} (s. Abschn. 5.3). Wir werden später zeigen, daß daraus eine mittlere Festigkeit von etwa 50–100 MPa folgt (s. S. 269). Es ist jedoch unklar wie sich diese Festigkeit auf die Lithosphäre verteilt. Im Kapitel Mechanik (Abschn. 5.3.3 und 5.2.1) werden wir sehen, daß die Spannungen in der mittleren Kruste 100 MPa möglicherweise weit übersteigen. Sehen wir zunächst von der Temperaturabhängigkeit der Festigkeit ab, ergibt sich aus Gl. 3.25 für eine Verformung der Längung 1 ($\dot{\epsilon} \cdot t = \epsilon = 1$) ein $T = \tau/(\rho c_p)$ (Längung = 1 entspricht einer Dehnung = 2; s. Gl. 5.1). Für Standardwerte von $\rho = 2\,700$ kg m^{-3} und $c_p = 1\,000$ J kg^{-1} K^{-1} ergibt sich aus einer Festigkeit $\tau = 100$ MPa eine Temperatur von etwa 37 °C. Doppelt so hohe Festigkeiten ergeben doppelt so hohe Temperaturen. Da Festigkeiten von mehreren Hundert MPa in der Literatur als durchaus realistisch diskutiert werden, können wir annehmen, daß Reibungswärme einen wichtigen Beitrag zum Wärmehaushalt der Lithosphäre darstellen kann. Eine Betrachtung des Größenbereichs, über den Reibungswärme produziert wird, und der Wärmeproduktionsdauer (s. Abschn. 3.1.4) kann uns helfen, die Bedeutung der Reibungswärme abzuschätzen.

Dimensionslose Betrachtungen. Wenn wir den Deformationsmechanismus kennen und Wärmeleitung zunächst vernachlässigen, lassen sich die thermischen Konsequenzen von Reibungswärmeproduktion quantifizieren. Duktile Verformung kann mit einer etwa kubischen Proportionalität zwischen Spannung und Verformungsrate und einer exponentiellen Abhängigkeit von der Temperatur beschrieben werden (das Potenzgesetz (engl.: *power law*), s. Abschn. 5.1.2, z. B. Gl. 5.41). Reibungswärme kann dann als

$$s = \frac{\mathrm{d}T}{\mathrm{d}t} = \frac{\tau\dot{\epsilon}}{\rho c_p} = \frac{\Delta\sigma\dot{\epsilon}}{2\rho c_p} = \frac{\dot{\epsilon}}{2\rho c_p}\left(\frac{\dot{\epsilon}}{A}\right)^{1/n} \mathrm{e}^{\left(\frac{Q}{nRT}\right)} \tag{3.26}$$

ausgedrückt werden. Hierbei steht s für Kühlrate (negative s für Kühlrate, positive s für Erwärmungsrate). Die Variablen A und Q sind Materialkonstanten, n ist der Kriechgesetzexponent, R die Gaskonstante und $\Delta\sigma = (\sigma_1 - \sigma_3)$. Temperaturen lassen sich mit Hilfe dieser Gleichung einfacher abschätzen, wenn man die Kehrwerte der beiden Seiten verwendet:

$$\frac{\mathrm{d}t}{\mathrm{d}T} = \frac{2\rho c_p}{\dot{\epsilon}}\left(\frac{\dot{\epsilon}}{A}\right)^{-1/n} \mathrm{e}^{\left(-\frac{Q}{nRT}\right)} . \tag{3.27}$$

Gleichung 3.27 kann über den Bereich zwischen der Temperatur am Anfang T_A und der Temperatur am Ende der Verformung T_E integriert werden. Das Ergebnis dieser nicht einfachen Integration lautet:

$$T_E e^{\left(-\frac{a}{T_E}\right)} + a\mathrm{Ei}\left(-\frac{a}{T_E}\right) = \frac{\epsilon}{2\rho c_p}\left(\frac{\dot{\epsilon}}{A}\right)^{1/n}$$
$$+ T_A e^{\left(-\frac{a}{T_A}\right)} + a\mathrm{Ei}\left(-\frac{a}{T_A}\right) \quad . \tag{3.28}$$

Hierbei ist $a = Q/(nR)$ und die Zeit t wurde durch $\epsilon/\dot{\epsilon}$ ersetzt. Der Ausdruck Ei steht für das unlösbare Exponentialintegral. Die Gleichung kann auf numerischem Wege für die Endtemperatur T_E eines Deformationsereignisses gelöst werden (Abschn. A.5.3). Sie kann zur Abschätzung von durch Reibungswärme im duktilen Bereich erhöhte Temperaturen verwendet werden (Abb. 3.6). Dabei ist zu beachten, daß diese Beziehung nur dann gilt, wenn Wärmeleitung vernachlässigt werden kann. Die thermische Zeitkonstante der Lithosphäre liegt bei einer Größenordnung von 100 my. Die Dauer vieler kontinentaler Deformationsprozesse beträgt 1–10 my. Somit liegt die Dauer der

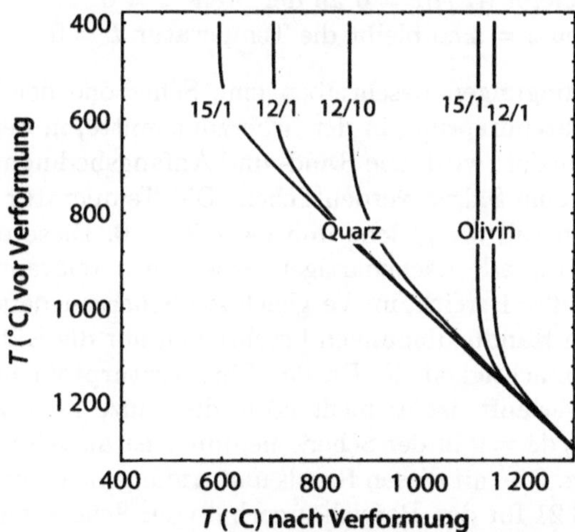

Abb. 3.6. Temperatur vor Beginn einer Deformationsphase (T_A), aufgetragen gegen die Endtemperatur einer Deformationsphase (T_E). Mechanische Wärmeproduktion ist der einzige Erwärmungsprozeß und Wärmeableitung wird vernachlässigt. Die Kurvenbeschriftung richtet sich nach folgender Syntax: vor dem Schrägstrich: $_{10}$Log(Verformungsrate) von $\dot{\epsilon} = 10^{-12}$ und 10^{-15} s^{-1}; nach dem Schrägstrich: Längungsbetrag von 1–10. Wir sehen, daß die Temperaturerhöhung umso größer wird, je mehr Verformung stattfindet. Da bei Überschiebungen die Verformung einen vertikalen Längungsbetrag von 2–3 selten überschreitet, folgt, daß in Seitenverschiebungszonen, in denen viel größere Längungen möglich sind, die Reibungswärme bedeutend stärkere Wirkung haben kann, als in Überschiebungen. Das Diagramm wurde mit Gl. 3.28 berechnet. Annahmen für Quarz: $Q = 1.9 \cdot 10^5$ J mol^{-1}, $A = 5 \cdot 10^{-6}$ MPa^{-3} s^{-1}, $n = 3$. Annahmen für Olivin: $Q = 5.2 \cdot 10^5$ J mol^{-1}, $A = 7 \cdot 10^4$ MPa^{-3} s^{-1}, $n = 3$ (nach Stüwe 1998a)

Reibungswärmeproduktion mindestens um eine Größenordnung über jener
der Wärmeleitung. Auf den Maßstab der Lithosphäre bezogen, kann diese
Vereinfachung daher durchaus zulässig sein. Der auf Seite 56 erwähnte erste
Vergleich kann bei der Beurteilung von Gl. 3.28 und von Abb. 3.6 bezüglich
deren Anwendbarkeit auf ein bestimmtes Problem helfen.

Scherzonen endlicher Breite. Bei Betrachtungen lokalen Maßstabs, z. B.
über den Einfluß von Reibungswärme auf die direkte Umgebung einer Scherzone, darf man die Wärmeleitung oft *nicht* vernachlässigen. Gleichung 3.25
muß um ein die Diffusion beschreibendes Glied ergänzt werden. Die zu lösende Gleichung ist nach wie vor Gl. 3.21. Carslaw und Jaeger (1959) fassen
eine große Zahl an Lösungen für unterschiedliche Geometrien der wärmeproduzierenden Zone und für unterschiedliche Wärmeproduktionsraten als
Funktion von Temperatur und Zeit zusammen. Ein geologisch wichtiges Beispiel ist durch folgende einfache Bedingungen gegeben:

- $T = 0$ zum Zeitpunkt $t = 0$ im Halbraum $z > 0$.
- Für alle $t > 0$ wird im Bereich $0 < z < l$ Wärme mit konstanter Rate S
  produziert.
- Für alle $t > 0$ bleibt $dT/dz = 0$ an der Stelle $z = 0$.
- An den Punkten $z = \pm\infty$ bleibt die Temperatur $T = 0$.

Diese Randbedingungen beschreiben eine Scherzone der Mächtigkeit $2l$
mit dem Koordinatenursprung in der Scherzonenmitte, in der auch die Reibungswärme produziert wird. Die Rand- und Anfangsbedingungen kann man
sich leicht durch eine Skizze verdeutlichen. Die Temperatur zu Beginn der
Verformung ist überall die gleiche und zwar $T = 0$. Diese eindimensionale
Beschreibung ist für alle flächenartigen Scherzonen relevant, in denen der
thermisch beeinflußte Bereich, im Vergleich zur Scherzonenerstreckung, klein
ist. Die gewählten Randbedingungen beschreiben nur die Hälfte einer Scherzone der Gesamtmächtigkeit $2l$. Da das Temperaturprofil um die Scherzone symmetrisch verläuft, ist es nicht nötig die ganze Zone zu beschreiben.
Die Annahme $dT/dz = 0$ in der Scherzonenmitte ist ausreichend und vereinfacht das Problem. Die mit diesen Rand- und Anfangsbedingungen gefundene
Lösung von Gl. 3.21 für den Bereich innerhalb der Scherzone lautet:

$$T_{(0<z<l)} = \frac{\kappa St}{k} \left(1 - 2\mathrm{i}^2\mathrm{erfc}\left(\frac{l-z}{\sqrt{4\kappa t}} \right) - 2\mathrm{i}^2\mathrm{erfc}\left(\frac{l+z}{\sqrt{4\kappa t}} \right) \right) \ . \tag{3.29}$$

Für den Bereich außerhalb der Zone lautet sie:

$$T_{(z>l)} = \frac{2\kappa St}{k} \left(\mathrm{i}^2\mathrm{erfc}\left(\frac{z-l}{\sqrt{4\kappa t}} \right) - \mathrm{i}^2\mathrm{erfc}\left(\frac{z+l}{\sqrt{4\kappa t}} \right) \right) \ . \tag{3.30}$$

Die Funktion „$\mathrm{i}^2\mathrm{erfc}$" in der obigen Gleichung ist wie folgt definiert:

$$\mathrm{i}^2\mathrm{erfc}(a) = \frac{1}{4} \left((1 + 2a^2)\mathrm{erfc}(a) - \left(\frac{2}{\sqrt{\pi}} \right) a e^{-a^2} \right) \ . \tag{3.31}$$

In Gl. 3.31 steht a jeweils für jenen Ausdruck, der innerhalb der Funktion „i^{2}erfc" steht. Wir brauchen weder zu verstehen, wie diese Funktion hergeleitet wird, noch, was sie im Detail bedeutet. Die Werte von i^{2}erfc für bestimmte a kann man in mathematischen Tabellenwerken nachschlagen. Gleichung 3.30 wurde direkt aus Carslaw und Jaeger (1959) übernommen und läßt sich zur Darstellung von Temperaturprofilen über Scherzonen leicht implementieren (Abb. 3.7). In Abb. 3.7 wird die größte Abweichung der Kurven von realistischen Temperaturprofilen dadurch verursacht, daß wir als Randbedingung eine konstante Wärmeproduktion angenommen haben. In der Realität wird durch die Rückkopplung von Erwärmung und Festigkeit die Wärmeproduktionsrate mit steigender Temperatur abnehmen. Carslaw und Jaeger (1959) führen einige Lösungen an, in denen die Wärmeproduktion als Funktion der Zeit variieren kann. Zum Zwecke einer realistischen Beschreibung, in der die Reibungswärme die Rheologie beeinflußt (z. B. in Abb. 3.6), muß wohl zur Lösung von Gl. 3.21 ein numerisches Programm entwickelt werden.

Diskussion der Reibungswärme. Die Bedeutung, die der Reibungswärme in geologischem Maßstab mitunter zukommt, ist von einer Reihe von Autoren betont worden (z. B. Brun und Cobbold 1980; Lachenbruch 1980; Scholz 1980; Barton und England 1979; Graham 1976). Trotzdem bleibt der Einfluß der Reibungswärme auf Prozesse der Tektonik und Metamorphose umstritten. Ebenso wie im Falle tektonischen Überdrucks (Abschn. 5.3.3) ist die Bedeutung der Reibungswärme eine direkte Funktion der Gesteinsfestigkeit. Jede Argumentation für oder gegen die Relevanz der Reibungswärme sollte daher auf eine Diskussion folgender drei Punkte zurückgeführt werden:

— Wie groß ist die Festigkeit der in Frage stehenden Gesteine?
— Wie groß ist die Verformungsrate?

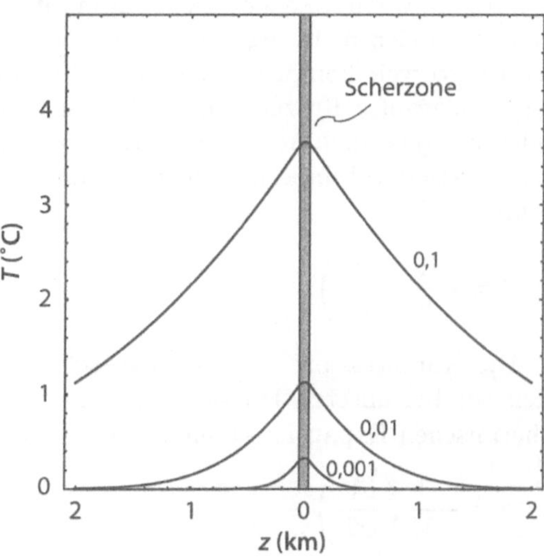

Abb. 3.7. Temperaturprofile über eine Scherzone mit einer Mächtigkeit von $2l = 50$ m zu drei Zeitpunkten in my. Die Wärmeproduktionsrate S in der Scherzone beträgt 10^{-4} W m^{-3}, die Leitfähigkeit k beträgt $2,7$ J s^{-1} m^{-1} K^{-1}. Die Abbildung wurde mit Gl. 3.29 und Gl. 3.30 berechnet

– Was ist die Beziehung zwischen *Dauer* der Verformung und *Größe* des sich
verformenden Körpers?

Experimente zur Bestimmung von Festigkeiten werden mit Verformungsraten von $\dot{\epsilon} = 10^{-6}\ \mathrm{s}^{-1}$ durchgeführt. Für die Anwendung der gewonnenen Daten auf geologische Probleme müssen sie über sechs bis acht Größenordnungen hinweg auf geologische Verformungsraten extrapoliert werden. Die Relevanz solcher experimenteller Methoden ist daher umstritten. In den letzten Jahren ist daher zunehmend versucht worden, sich bei der Ermittlung der Festigkeit und damit der Bedeutung der Reibungswärme in geologischen Maßstäben auf Geländebeobachtungen zu stützen. Der Beitrag der Reibungswärme zum metamorphen Wärmebudget bleibt jedoch umstritten. Die in der Literatur geführte aktive Diskussion zeigt jedoch, daß die Möglichkeit eines Beitrags von Reibungswärme zum Wärmehaushalt der Kruste in jedem Einzelfall kritisch zu hinterfragen ist.

Adiabatische Prozesse. Adiabatisch (engl.: *adiabatic*) bedeutet „ohne Änderung des Wärmeinhalts", der Enthalpie. Wird ein Gestein versenkt, steigt der ihm aufgelegte Druck durch das zunehmende Gewicht der darüberliegenden Gesteinssäule an. Ist das Gestein komprimierbar, wird bei der Verringerung des Gesteinsvolumens Arbeit verrichtet. Die Energie, die dem Gestein dabei zugeführt wurde, entspricht dem Produkt aus Kraft und Weg und ist daher eine Art „mechanisch produzierte Wärme". Darf das Gestein bei diesem Prozeß keine Wärme verlieren, d. h. es befindet sich in einem abgeschlossenen System, muß eine Erwärmung stattfinden. Das Gestein erwärmt sich *adiabatisch*. Dementsprechend wird ein adiabatisch erwärmtes Gestein bei Expansion abkühlen. Wir können adiabatische Erwärmung und Abkühlung an Gasflaschen beobachten, die an der Oberfläche bereifen, wenn man sie öffnet. Adiabatische Erwärmung beobachten wir an Fahrradreifen die sich erwärmen, wenn man sie rasch aufpumpt. Nicht komprimierbare Materialien erwärmen sich nicht, egal wie stark der auferlegte Druck ist. Gesteine sind jedoch so weit komprimierbar, daß die adiabatische Erwärmung als geologisch relevanter Prozeß einzustufen ist. Die isothermale *Komprimierbarkeit* oder *Kompressibilität* ist als relative Volumenänderung pro Druckänderung bei konstanter Temperatur definiert und verfügt über die Einheit Pa^{-1} (Abschn. 5.1.2):

$$\beta = -\frac{1}{V}\left(\frac{\partial V}{\partial P}\right)_T . \tag{3.32}$$

Die Kompressibilität wird in Abschn. 5.1.2 diskutiert. Viel häufiger werden wir bei unseren Überlegungen das Gegenteil der Kompressibilität, den thermischen Expansionskoeffizienten α, benötigen. Dieser wird durch

$$\alpha = -\frac{1}{V}\left(\frac{\partial V}{\partial T}\right)_P \tag{3.33}$$

gegeben. Gesteine weisen typischerweise Werte von $\alpha = 3 \cdot 10^{-5}$ K^{-1} und $\beta = 10^{-11}$ Pa^{-1} auf. Für die Abschätzung der adiabatischen Erwärmung benötigen wir nicht die Komprimierbarkeit bei konstanter *Temperatur*, sondern die *adiabatische Komprimierbarkeit*. Diese ist durch die Änderung der Dichte mit dem Druck bei konstanter Entropie gegeben und nicht mit Gl. 3.32 zu verwechseln. Die adiabatische Komprimierbarkeit ist kleiner als die isothermale. Im Erdmantel läuft die Konvektion in geologischen Maßstäben schnell genug ab, so daß Temperaturgradienten schnell ausgeglichen werden können. Geothermen folgen daher im wesentlichen dem adiabatischen Temperaturgradienten. Dieser kann durch Integration, der in jedem Gestein durch Kompression verrichteten Arbeit, über die Tiefe ermittelt werden. Ohne auf die entsprechende Ableitung genauer einzugehen, ist der adiabatische Temperaturgradient durch die Beziehung

$$\left(\frac{\mathrm{d}T}{\mathrm{d}z}\right)_S = \frac{\alpha g T}{c_p} \tag{3.34}$$

gegeben. Darin bedeutet der Index S, daß der Gradient für konstante Entropie gilt. Die Konstante g ist die Erdbeschleunigung und c_p ist die Wärmekapazität. Ausführliche Ableitungen von Gl. 3.34 sind in Turcotte und Schubert (1982) sowie vielen anderen Geophysikbüchern zu finden. Einsetzen realistischer Zahlenwerte ergibt, daß $\mathrm{d}T/\mathrm{d}z = 0{,}3\text{–}0{,}5\,°\mathrm{C}\,\mathrm{km}^{-1}$ beträgt. Der adia-

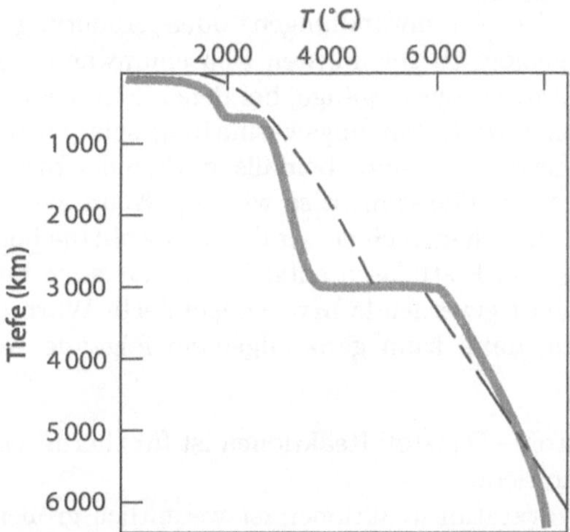

Abb. 3.8. Temperaturprofil (*starke Linie*) und Schmelzkurve (*unterbrochene Linie*) zwischen Erdoberfläche und Erdmittelpunkt in 6 300 km Tiefe. Im Mantel ist der Temperaturanstieg im wesentlichen durch den adiabatischen Gradienten (Gl. 3.34) gegeben. Stufen im Temperaturprofil entstehen durch exo- bzw. endotherme Reaktionen bei Phasenänderungen. Man kann sehen, daß die Schmelzkurve bei adiabatischer Dekompression von Mantelmaterial (z. B. unter Mittelozeanischen Rücken oder bei kontinentaler Extension) im oberen Mantel überschritten wird. Es ist ebenfalls nachvollziehbar, weshalb der äußere Kern flüssig und der innere fest ist (Jeanloz und Richter 1979; Jeanloz 1988)

batische Temperaturgradient zwischen Basis und Oberfläche einer 100 km mächtigen Lithosphäre macht also nur etwa 50 °C aus und ist daher für die meisten Prozesse innerhalb der Kruste unwichtig. Für Vorgänge entlang großer vertikaler Strecken innerhalb des Mantels sind adiabatische Prozesse jedoch sehr bedeutend. Insbesondere gilt dies für die Möglichkeit einer Teilaufschmelzung des oberen Mantels (Abb. 3.8).

3.2.3
Chemische Wärmeproduktion

Unterschiedliche Verbindungen oder Stoffe verfügen über verschiedene innere Energieinhalte. Bei chemischen Reaktionen wird die Differenz der Energieinhalte der Ausgangs- und Endprodukte als Reaktionswärme frei, oder konsumiert. Für die meisten Beispiele sind Reaktionen bei ansteigender Temperatur endotherm und bei abfallender Temperatur exotherm. Die meisten metamorphen Reaktionen haben in P-T-Diagrammen eine positive Neigung. Das bedeutet, daß exotherme Prozesse nicht nur durch Temperaturanstieg, sondern auch durch Druckabfall und endotherme Prozesse durch Druckanstieg (bei konstanter Temperatur) ausgelöst werden können. Wir behandeln in diesem Abschnitt nicht nur chemische Reaktionen zwischen zwei Festphasen, sondern auch physikalische Zustandsänderungen, bei denen Stoffe ihren Aggregatzustand ändern. In diesem Zusammenhang sprechen wir auch von „Phasenumwandlungen" oder „Änderung des Aggregatzustandes". Zu den geologisch geläufigsten Phasenumwandlungen gehören die Schmelz- und Kristallisationsvorgänge, bei denen Schmelzwärme verbraucht und Kristallisations- bzw. Erstarrungswärme freigesetzt wird. Verdampfungs- bzw. Kondensationsvorgänge sind ebenfalls stark endo- bzw. exotherm, aber in der Kristallingeologie längst nicht so wichtig. Wenn wir im folgenden von „Reaktionswärme" sprechen, meinen wir damit sowohl die bei chemischen Reaktionen zwischen zwei Festphasen entstehende, als auch bei physikalischen Zustandsänderungen freiwerdende bzw. konsumierte Wärme. Wenn wir das so zusammenfassen, dann kann ganz allgemein folgende Aussage getroffen werden:

- S_{chem} von Feststoff – Feststoff Reaktionen ist für thermische Überlegungen vernachlässigbar klein,
- S_{chem} von Dehydratationsreaktionen ist wesentlich größer, aber noch immer geologisch irrelevant,
- S_{chem} von Phasenumwandlungsreaktionen ist wesentlich und muß unbedingt mitbetrachtet werden, wenn der Wärmehaushalt von Migmatiten oder abkühlenden Intrusionen berechnet wird!

Die Rate der Reaktionswärmeproduktion S_{chem} hat, wie die Wärme bei anderen volumetrischen Wärmeproduktionsraten auch, die Einheit $W\,m^{-3}$. Sie kann wie folgt beschrieben werden:

Abb. 3.9. Der Zusammenhang zwischen Wärmeinhalt und Temperatur eines zwischen der Temperatur der Erstschmelze (Solidus T_s) und des Letztschmelze (Liquidus T_l) schmelzenden Gesteins. Die Steigungen der Kurven innerhalb des Schmelzbereichs gelten für fünf verschiedene Modellannahmen im Schmelzmodell der Gl. 3.41 (Abb. 3.10; nach Stüwe 1995)

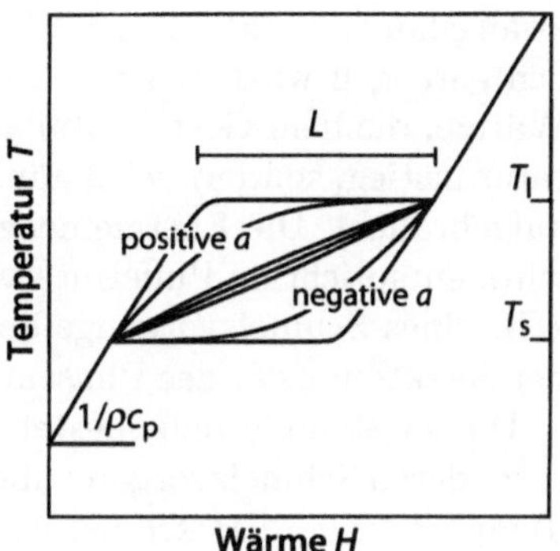

$$S_{\text{chem}} = L\rho \frac{dV}{dt} \ . \tag{3.35}$$

Hierbei ist L die Reaktionswärme in $J\,kg^{-1}$. Da L gewöhnlich auf Kilogramm Masse bezogen wird, muß, um eine volumetrische Rate zu erhalten, mit ρ multipliziert werden. Der Ausdruck dV/dt ist der volumetrische Anteil der Reaktion, der pro Zeiteinheit (in s^{-1}) stattfindet. Dadurch wird der Anteil von L festlegt, der bei jedem Reaktionsschritt frei wird. Die Wärmeleitungsgleichung erhält unter Berücksichtigung der Reaktionswärme, aber unter Vernachlässigung anderer Wärmequellen, die Form:

$$\frac{\partial T}{\partial t} = \kappa \frac{\partial^2 T}{\partial x^2} + \frac{L}{c_p}\frac{\partial V}{\partial t} \ . \tag{3.36}$$

In dieser Form werden Dichteunterschiede zwischen Reaktanten und Produkten, bzw. zwischen zwei unterschiedlichen Aggregatzuständen (gemeint sind *fest* und *flüssig*) eines Stoffes oder Materials, ebenfalls vernachlässigt. Die Verwendung dieser Gleichung fällt leichter, wenn sie nicht in Temperatur-, sondern in Energieform formuliert wird:

$$\frac{\partial H}{\partial t} = k \frac{\partial^2 T}{\partial x^2} + L\rho \frac{\partial V}{\partial t} \ . \tag{3.37}$$

Dabei ist H der Wärmeinhalt in $J\,m^{-3}$. Die Umwandlung zwischen Wärme und Temperatur ist in Abb. 3.9 illustriert.

Thermisch gepuffertes Schmelzen. Weil das Aufschmelzen von Gesteinen bei der prograden Metamorphose ein stark endothermer Prozeß ist, kommt es dabei zu einer Pufferung des Temperaturanstiegs. Die Aggregatzustandsänderung läuft solange bei konstanter Temperatur ab, bis das Material im Ausgangszustand verbraucht ist. So hat schmelzendes Eis und das bereits entstandene Schmelzwasser in einem Glas solange eine Temperatur von $0\,°C$, bis das gesamte Eis geschmolzen ist; Wasser kocht (bei konstantem Druck) immer bei der gleichen Temperatur, egal wieviel Wärme zugeführt wird. Im gepufferten Intervall beträgt die Menge der freiwerdenden Reaktionswärme zwangsläufig exakt so viel wie die Wärmemenge, die dem Gestein von außen entzogen wird. Bei Erwärmung verhält es sich umgekehrt: Die gesamte Wärme, die dem Gestein von außen zugeführt wird, führt nicht zum Temperaturanstieg, sondern wird gänzlich zur Veränderung des Aggregatzustandes aufgebraucht. Die Energiemenge, die dem Gestein zur Erwärmung zugeführt wird, entspricht im Pufferintervall exakt der Energiemenge, die zum Ablaufen z. B. eines Schmelzvorgangs benötigt wird. Die Temperatur bleibt während der Reaktion bzw. der Phasenumwandlung konstant.

Die meisten Gesteine bestehen jedoch aus komplizierten chemischen Systemen, deren Schmelzvorgang über ein großes Temperaturintervall zwischen der Temperatur der Erstschmelze (Solidus) und der Temperatur der Letztschmelze (Liquidus) erstreckt ist. Wird bei der Metamorphose Reaktionswärme über ein ganzes Temperaturintervall hinweg frei bzw. konsumiert, z. B. bei divarianten metamorphen Reaktionen oder beim Schmelzen von Gesteinen zwischen Solidus und Liquidus, ist es sinnvoll, sie (Gl. 3.35) wie folgt umzuformulieren:

$$L\rho\frac{\partial V}{\partial t} = L\rho\frac{\partial V}{\partial T}\frac{\partial T}{\partial t} \ . \tag{3.38}$$

Auf diese Weise kann die Reaktionswärme zum Zeitdifferential auf der linken Seite von Gl. 3.36 hinzuaddiert werden. Diese lautet dann

$$\left(c_p - L\rho\frac{\partial v}{\partial T}\right)\frac{\partial T}{\partial t} = \frac{k}{\rho}\frac{\partial^2 T}{\partial x^2} \tag{3.39}$$

oder

$$\frac{\partial T}{\partial t} = \kappa_{\mathrm{mod}}\frac{\partial^2 T}{\partial x^2} \ . \tag{3.40}$$

Dabei ist $\kappa_{\mathrm{mod}} = k/(\rho c_{\mathrm{mod}})$ die modifizierte Diffusivität und $c_{\mathrm{mod}} = c_p - L\rho(\mathrm{d}V/\mathrm{d}T)$. Chemische Pufferprozesse bzw. puffernde Phasenumwandlungen sind daher mit einer modifizierten Diffusivität beschreibbar. Die numerische Durchführung und welche Probleme bei ihr auftreten können, wurde erstmals von Price und Slack (1954) beschrieben. Die Beträge der auftretenden Reaktionswärme verschiedener Reaktionen und Prozesse unterscheiden sich deutlich. Ein häufig verwendeter Wert für die Wärme, die nötig ist, um ein kg Gestein zu schmelzen, beträgt $L = 320\,000$ J kg^{-1}. Die wichtigsten Reaktionen zwischen metamorphen Paragenesen sind Dehydrierungsreaktionen (Connolly und Thompson 1989; Peacock 1989). Sie produzieren in der Grünschieferfazies etwa $3\cdot10^6$ J pro kg Wasser und bei höheren metamorphen Graden bis zu $4\cdot10^6$ J pro kg Wasser. Da Gesteine insgesamt nur etwa 4 % H$_2$O enthalten und dieses über ein großes Temperaturintervall hinweg frei wird, fällt diese Reaktionswärme bei der Regionalmetamorphose kaum ins Gewicht. Connolly und Thompson (1989) schätzen, daß metamorphe Energieproduktion bei der Regionalmetamorphose etwa $5\text{--}10\cdot10^{-14}$ W cm^{-3} ausmacht. Reaktionen zwischen zwei nichthydrierten

Phasen produzieren (konsumieren) etwa nur ein Zehntel dieser Wärme. Im Prinzip wäre es möglich, die Reaktionswärme sämtlicher metamorpher Reaktionen quantitativ zu implementieren und ein thermisches Modell zur Beschreibung von P-T-Pfaden unter Einbeziehung dieser Reaktionen zu entwerfen. Allerdings haben Abschätzungen von Thompson und England (1984), Connolly und Thompson (1989), Peacock (1989), Barr und Dahlen (1989) und anderen gezeigt, daß der Einfluß der Reaktionswärme klein ist und im allgemeinen vernachlässigt werden kann.

Wie schmelzen Gesteine? Die Modellierung von Problemen, bei denen Schmelzwärme eine Rolle spielt, erfordert, daß die Beziehung zwischen Schmelzmenge und Temperatur bekannt ist. Nur eutektische Zusammensetzungen schmelzen zu 100 % bei einer einzigen Temperatur. Für die meisten Gesteinschemismen sind allerdings nur die Solidus- und Liquiduspunkte bekannt. Für die volumetrische Entwicklung von Schmelze als Funktion der Temperatur fehlen jedoch die nötigen petrogenetischen Netze und Experimente. Wir sind daher auf schematische Modelle angewiesen. Ein einfaches, das viele Aspekte dieser Beziehung beschreiben kann, ist durch folgende Gleichung gegeben:

$$V(T) = \frac{e^{aT} - e^{aT_s}}{e^{aT_l} - e^{aT_s}} \ . \tag{3.41}$$

Darin ist T_s der Solidus, T_l der Liquidus und a eine Konstante, die den exponentiellen Verlauf der Schmelzkurve zwischen T_s und T_l bestimmt (Abb. 3.10). Der Ausdruck $V(T)$ ist der volumetrische Anteil der Schmelze im Gestein als Funktion der Temperatur. Hat a einen großen positiven Wert, schmilzt der Hauptteil des Gesteins nahe des Solidus. Nimmt a große negative Werte an, schmilzt das Gestein vor allem in Nähe der Liquidustemperatur. Weil viele Gesteine am Solidus freies Wasser enthalten und Wasser den

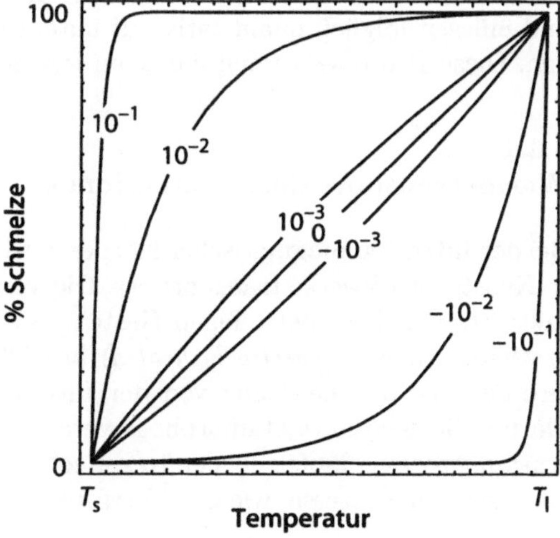

Abb. 3.10. Ein schematisches, die Beziehung zwischen Schmelzvolumen und Temperatur beschreibendes, Modell (Gl. 3.41). Die Kurven sind mit den entsprechenden Werten der Konstante a gekennzeichnet. Für a-Werte nahe Null reduziert sich Gl. 3.41 zu $V(T) = T/(T_l - T_s)$. Die stark gezeichnete Kurve für das Aufschmelzen hydrierter Sedimente dürfte realistisch sein

Schmelzprozeß beschleunigt, sind Kurven mit positiven a wahrscheinlicher. Für a-Werte nahe Null beschreibt Gl. 3.41 einen linearen Schmelzverlauf. Akzeptiert man Gl. 3.41 als Schmelzmodell, ergibt sich für dV/dT aus Gl. 3.39 folgender Ausdruck:

$$\frac{dV}{dT} = \left(\frac{a}{e^{aT_l} - e^{aT_s}} \right) e^{aT} \quad . \tag{3.42}$$

Als solches kann diese Beziehung direkt übernommen werden, um den Einfluß der Schmelzwärme auf thermische Entwicklungen zu erforschen (s. z. B. Stüwe 1995).

3.3
Grundlagen der Wärmeadvektion

Wärme kann *aktiv* durch den Transport warmer Materie umverteilt werden. Es wird zwischen *Advektion* (engl.: *advection*) und *Konvektion* (engl.: *convection*) unterschieden. Unter Advektion von Wärme werden im allgemeinen Transportprozesse verstanden, die nur in einer Richtung ablaufen (z. B. Intrusion von Magma aus der Tiefe in ein höheres Krustenstockwerk). Unter Konvektion von Wärme werden Transportprozesse verstanden, die in geschlossenen Zellen ablaufen (z. B. im Mantel, oder in einem hydrothermalen System). In diesem Buch wird nur eindimensionaler Transport, also Advektion, behandelt. Wichtige Beispiele dafür sind:

– Advektion von Magma, z. B. Intrusion;
– Advektion von Festmaterial, z. B. Erosion oder Überschiebung;
– Advektion von Fluiden, z. B. Infiltration von Fluiden.

Diese drei Wärmetransportmechanismen unterscheiden sich fundamental und müssen folglich quantitativ auf unterschiedliche Weise beschrieben werden. Diese Prozesse werden daher im folgenden einzeln besprochen.

3.3.1
Wärmetransport durch Intrusionen

Bei der Intrusion magmatischer Körper wird die Wärme des Magmas in höhere Krustenstockwerke transportiert. Die von der dadurch verursachten Kontaktmetamorphose betroffenen Gesteine werden gerne als „durch Advektion erwärmt" (engl.: *advectively heated*) bezeichnet. Genaugenommen ist es allerdings die Wärmeleitung von der Intrusion in die umgebenden Gesteine, die für die Kontaktmetamorphose verantwortlich ist (s. Abschn. 6.3.4). Intrusionsprozesse laufen in der Regel sehr viel schneller ab, als alle anderen geologischen Prozesse, wie z. B. Verformung oder thermische Äquilibrierung.

Daher brauchen wir magmatische Intrusion in vielen Fällen nicht durch Bewegungsgleichungen zu beschreiben, sondern können annehmen, daß sie zeitunabhängig ist (s. Abschn. 3.6). Aktiver Wärmetransport durch Intrusionen (Jaeger 1964), oder „Underplating" (Wells 1980; Huppert und Sparks 1988) kann daher einfach mit Hilfe der Diffusionsgleichung und entsprechender Annahmen über die Anfangsbedingungen beschrieben werden.

3.3.2
Wärmetransport durch Erosion

Bei der erosiven Exhumation von Gesteinen wird der gesamte Gesteinskörper (und mit ihm seine Temperatur) durch eine Fläche (relativ) konstanter Temperatur transportiert – die Erdoberfläche. Auch das ist Materie- und Wärmeadvektion. Diesbezüglich gibt es Probleme bei der Definition des Bezugsniveaus (Abschn. 4.1). Ist die Oberfläche das Bezugsniveau, kann aktiver Wärmetransport in eindimensionaler Richtung in der einfachsten Form durch

$$\frac{\partial T}{\partial t} = u \frac{\partial T}{\partial z} \tag{3.43}$$

beschrieben werden. Darin ist T wieder die Temperatur, t die Zeit und z eine Raumkoordinate. Wir verwenden z als Raumkoordinate, um ein Beispiel in vertikaler Richtung zu diskutieren. Die dreidimensionale Variante lautet

$$\frac{\partial T}{\partial t} = u_x \frac{\partial T}{\partial x} + u_y \frac{\partial T}{\partial y} + u_z \frac{\partial T}{\partial z} \ . \tag{3.44}$$

Im folgenden belassen wir es jedoch bei der Beschreibung eindimensionaler Transportvorgänge. In Gl. 3.43 ist u die Transportgeschwindigkeit entgegen der z-Achse (in Abb. 3.11 sind positive u von unten nach oben gerichtet, s. a. Abb. A.8); $\partial T/\partial z$ ist der geothermische Gradient. Abbildung 3.11 illustriert diese Beschreibung. Die Größe von Erosionsraten ist vergleichbar mit der Größe der Äquilibrierungsrate der Kruste durch Wärmeleitung. Diffusion von

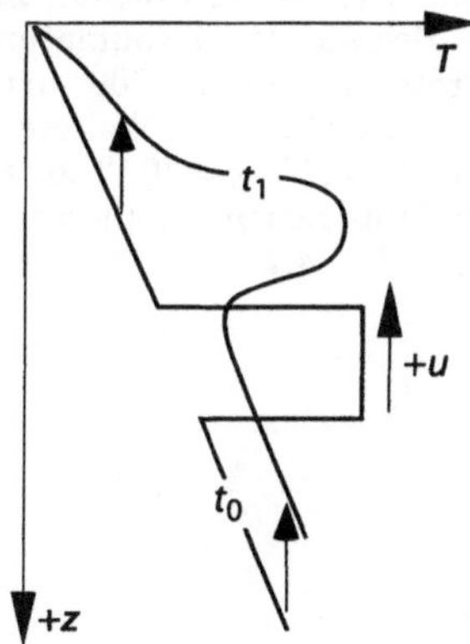

Abb. 3.11. Schematische Darstellung eindimensionaler Advektion von Wärme durch Erosion. Der Koordinatenursprung liegt an der Erdoberfläche. Das Beispiel zeigt Temperaturprofile durch die Kruste an den beiden Zeitpunkten t_0 und t_1. Die Form der Temperaturprofile stellt die thermische Evolution einer abkühlenden Intrusion zu Beginn und während der Exhumation dar. Es ist zu beachten, daß das Vorzeichen der Transportgeschwindigkeit u von der Wahl des Koordinatensystems abhängt. Ist z nach unten positiv definiert, beschreiben positive u Exhumation und negative u Versenkung

Wärme darf daher bei der Beschreibung von Advektion durch Erosion nicht vernachlässigt werden. Gleichung 3.43 muß daher um den Diffusionsteil aus Gl. 3.5 ergänzt werden. Die zu lösende Gleichung lautet

$$\frac{\partial T}{\partial t} = \kappa \frac{\partial^2 T}{\partial z^2} + u \frac{\partial T}{\partial z} \ . \tag{3.45}$$

Mit ihr lassen sich Temperaturprofile der Kruste während der Exhumation beschreiben. Mit Hilfe einiger vereinfachter Annahmen läßt sich zu diesem Zweck sogar eine analytische Lösung der Gleichung finden. Die notwendigen Vereinfachungen lauten:

- Die Exhumationsrate ist konstant.
- Das Temperaturprofil in der Kruste verläuft linear; d. h. $T(z) = g \cdot z$ zum Zeitpunkt $t = 0$, wobei g der geothermische Gradient ist.
- Die Temperatur der Erdoberfläche ist konstant; d. h. $T = 0$ an der Stelle $z = 0$ für alle $t > 0$.

Mit diesen Bedingungen lautet die Lösung von Gl. 3.45

$$T = gz + gut - \frac{g}{2}$$
$$\times \left((z + ut)\mathrm{e}^{uz/\kappa}\mathrm{erfc}\left(\frac{z + ut}{\sqrt{4\kappa t}}\right) + (ut - z)\mathrm{erfc}\left(\frac{z - ut}{\sqrt{4\kappa t}}\right) \right) \tag{3.46}$$

(Carslaw und Jaeger 1959). Diese Gleichung kann verwendet werden, um die Evolution von Geothermen im Verlauf der Exhumation (positive u) oder Sedimentation (negative u) zu beschreiben (Abb. 3.12). Sie gibt Temperaturprofile zu verschiedenen Zeitpunkten wieder (Eulerscher Beobachtungsstandpunkt, s. Abschn. 4.0.1). Im Rahmen vieler Fragestellungen interessiert man sich jedoch für die Temperaturgeschichte eines einzelnen Steines (Lagrangescher Beobachtungsstandpunkt). Um die Beschreibung von Abkühlungsgeschichten in diesem Sinne zu ermöglichen, muß in Gl. 3.46 die Tiefe z durch

Abb. 3.12. Temperaturprofile durch die Kruste zu vier verschiedenen Zeitpunkten (my) nach Beginn der Exhumation. Die Exhumationsrate u beträgt 300 m my^{-1}. Gerechnet wurde mit Gl. 3.46. Weitere Annahmen sind: $g = 30\,°\mathrm{C\,km}^{-1}$; $\kappa = 10^{-6}$ m^2 s^{-1}. Eine schematische Illustration zu dieser Abbildung findet sich in Abb. 4.2

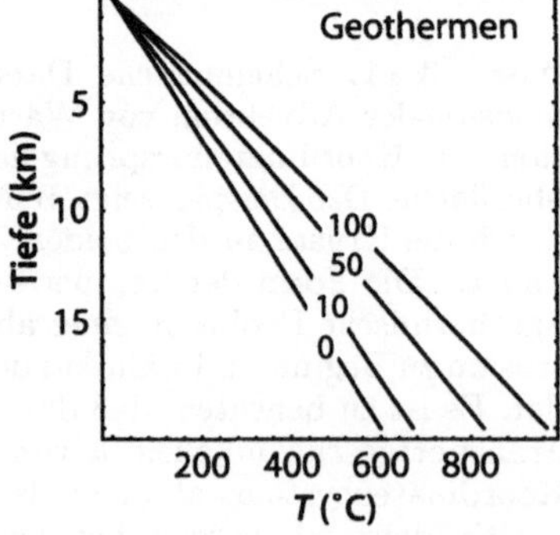

Abb. 3.13. Abkühlkurven von Gesteinen, die bei Exhumation durch Erosion entstehen. Die drei Kurven gelten für verschiedene Erosionsraten ($m\,my^{-1}$) und wurden mit Gl. 3.46 berechnet. Die Annahmen entsprechen jenen von Abb. 3.12. Ein wichtiger Punkt dieser Abkühlkurven ist, daß sie zeigen, daß bei konstanter Exhumationsrate die Abkühlraten von Gesteinen bei niederen Temperaturen zunehmen

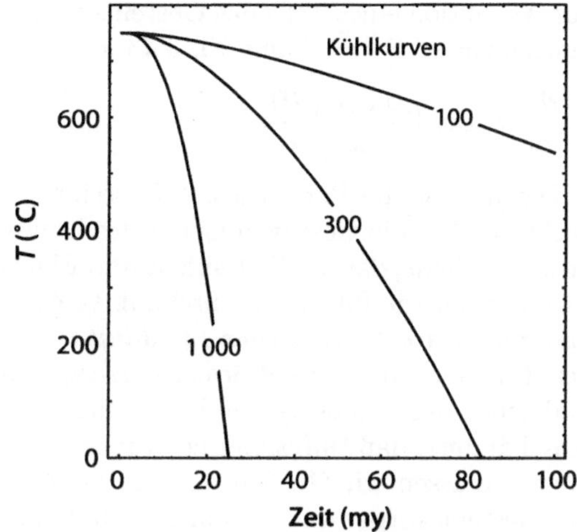

$$z = z_\mathrm{i} - ut \tag{3.47}$$

ersetzt werden. Dadurch werden keine Temperaturen in konstanten Tiefen berechnet, sondern solche in jenen Tiefen, in denen sich der zu betrachtende Stein jeweils gerade befindet (s. Abschn. 4.0.1, Abb. 4.2). Dabei ist z_i die Anfangstiefe. Abkühlkurven, die mit Gl. 3.46 und Gl. 3.47 berechnet wurden, sind in Abb. 3.13 dargestellt.

Gleichung 3.46 ist eines der wenigen Beispiele analytischer Lösungen, die für aktiven Wärmetransport existieren. Die meisten geologischen Probleme erfordern eine numerische Lösung von Gl. 3.43, von denen jedoch eine Vielzahl mit Fehlern behaftet sind, weil bei ihnen das Phänomen der sogenannten „numerischen Diffusion" auftritt (Abschn. A.2.4). Eine Möglichkeit, solche Fehler auszuschließen, besteht in der Wahl eines Koordinatensystems, das dem Gestein mit der Geschwindigkeit u folgt. Es wird zwischen *Lagrange* und *Eulerscher* Beschreibung unterschieden (Abschn. 4.0.1). Bei einer Beschreibung nach Lagrange wird Material durch das Koordinatensystem hindurchtransportiert. Bei einer Eulerschen Beschreibung wird ein Koordinatensystem gewählt, das mit einem bestimmten Materialpunkt mitwandert. Beide Beschreibungsmethoden sind jedoch mit Ungenauigkeiten und Problemen behaftet. In Abschn. A.2.4 werden einige Lösungsmethoden diskutiert.

3.3.3
Wärmetransport durch Fluide

Wenn Fluide in Gesteinen zirkulieren und diese dabei erwärmen, ist auch das eine Art advektiven Wärmetransports. Es bewegt sich dabei nicht der ganze Gesteinskörper, sondern nur der Teil, der das Porenvolumen ausfüllt. Bei der Formulierung des Materialtransports müssen wir darauf achten, daß nur Advektion eines Teils des Gesteins beschrieben wird. In allgemeiner, eindimensionaler Form nimmt Gl. 3.43 folgende Form an (McKenzie 1984):

$$\frac{\partial T}{\partial t} = \phi v_\mathrm{f} \left(\frac{\rho_\mathrm{f} c_{pf}}{\rho c_p} \right) \frac{\partial T}{\partial z} \ . \tag{3.48}$$

Darin ist ϕ die Porosität des Gesteins (s. auch Abschn. 6.2.3), ρ_f ist die Dichte und v_f die Geschwindigkeit des Fluids. Das Produkt ϕv_f ist das Volumen des Fluids, das pro Zeiteinheit und Fläche durch ein Gestein fließt. Dieses Produkt hat die für einen Durchfluß typische Einheit $\mathrm{m\,s^{-1}}$ (Abschn. 4.3.2) und wird als *volumetrischer Fluidfluß* (engl.: *volumetric fluid flux*) bezeichnet. Das Verhältnis aus Wärmekapazität und Dichte des Gesteins (ρ und c_p) und jener des Fluids (ρ_f und c_{pf}) muß berücksichtigt werden. Ergibt eine Abschätzung, daß Diffusion und Advektion in vergleichbaren Zeiträumen ablaufen, müssen wir Gl. 3.48 um ein Diffusionsglied ergänzen. Bewegen sich der Gesteinskörper *und* die darin enthaltenen Fluide und spielt die Diffusion ebenfalls eine Rolle, kann diesem Umstand leicht durch Zusammenfassung der Gleichungen 3.48 und 3.45 Rechnung getragen werden. Die Bedeutung des Wärmetransports durch Fluide für den Bereich der gesamten Kruste wird von Bickle und McKenzie (1987), Connolly und Thompson (1989) sowie Peacock (1989) diskutiert. Diese Autoren schätzen den Fluidfluß, der durch metamorphe Reaktionen hervorgerufen werden kann, kleiner als 1 kg Fluid pro Quadratmeter und Jahr ein. Das ist zu wenig, um Wärme effektiv zu transportieren. Peacock (1989) vertritt die Auffassung, daß die thermische Geschichte von Gesteinen nur dann durch Fluide beeinflußt werden kann, wenn diese aus einem Umkreis von mindestens 10 km kanalisiert werden.

3.3.4
Die Pecletzahl

Viele geologische Prozesse weisen vergleichbare Diffusions- und Advektionsraten auf. Das trifft vor allem auf Fluid-Infiltrationsprozesse zu, kann aber genauso in der Geomorphologie, beim Zusammenspiel von Erosion und diffusiver Erwärmung der Kruste und in vielen anderen Beispielen beobachtet werden. Bei solchen Prozessen ist die Pecletzahl eine nützliche Größe. Die Pecletzahl Pe ist eine dimensionslose Größe, die dazu verwendet wird, den relativen Einfluß von einerseits Diffusions- und andererseits aktiven Transportprozessen (z. B. an Störungen) abzuschätzen (Abschn. 3.7.4). Sie ist durch die Beziehung

$$Pe = \frac{ul}{\kappa} \tag{3.49}$$

definiert. Allen Parametern dieser Gleichung sind wir bereits begegnet: u ist die Transportgeschwindigkeit, κ die Diffusivität und l eine charakteristische Länge des Advektionsprozesses. Eine Pecletzahl von etwa 1 zeigt an, daß Diffusion und aktiver Wärmetransport in etwa von gleicher Bedeutung sind. Ist der Wert größer als 1, überwiegt Advektion; ist er kleiner, überwiegt Diffusion. In Analogie zur Wärmelehre, für die die Pecletzahl erstmals definiert wurde, kann sie speziell für den Fluidfluß wie folgt definiert werden:

$$Pe_\mathrm{f} = \frac{v_\mathrm{f}\, l\, \rho_\mathrm{f}\, c_{pf}}{k} \quad . \tag{3.50}$$

Darin ist v_f der volumetrische Fluß, ρ_f die Dichte, c_{pf} die Wärmekapazität des Fluids, l die Transportstrecke und k die Leitfähigkeit (nicht κ). Wir werden sehen, daß Pe nicht nur in der Wärmelehre und beim Fluidfluß, sondern auch in der Geomorphologie eine wichtige Größe darstellt. Bickle und McKenzie (1987) haben mit Hilfe dieser Zahl grundlegende Aussagen über die relative Bedeutung von Diffusion und Advektion bei der Infiltration von Gesteinen durch Fluide getroffen.

3.4
Wärme in der kontinentalen Lithosphäre

In den vergangenen Abschnitten haben wir die drei grundlegenden Mechanismen diskutiert, mit denen Wärme in der Erde produziert oder umverteilt werden kann. Im folgenden Abschnitt wollen wir dieses Wissen anwenden und uns konkret mit Wärme und Temperaturen in der kontinentalen Lithosphäre befassen. Vor allem betrachten wir dazu in diesem Kapitel ganz einfache Temperaturkurven in stabilen Schilden. Die dynamische Entwicklung von Temperaturkurven in Orogenen behandeln wir noch ausführlich in späteren Kapiteln (z. B. Abschn. 6.3.1).

Thermische Definition der Lithosphäre. Die Lithosphäre kann sowohl thermisch als auch mechanisch definiert werden (s. auch Abschn. 2.4.1). Gemäß der thermischen Definition ist die Lithosphäre jener äußerste Teil der Erde, in dem Wärme in erster Linie durch Wärmeleitung übertragen wird. Im Gegensatz dazu wird Wärme unterhalb der Lithosphäre hauptsächlich durch Konvektion übertragen. Die Lithosphäre ist also nichts anderes als eine Grenzschicht (engl.: *thermal boundary layer*). Diese Grenzschicht verliert ständig Wärme über die Erdoberfläche an die Atmosphäre. Der mittlere Wärmefluß der Kontinente beträgt $0{,}0565\ \mathrm{W\,m^{-2}}$. Bei einer Kontinentgesamtfläche A_c von $2\cdot10^{8}\ \mathrm{km^2}$ bedeutet das einen Gesamtwärmeverlust von $1{,}13\cdot10^{13}\ \mathrm{J\,s^{-1}}$. Dieser Wärmeverlust wird teilweise durch interne Wärmeproduktion und durch den Wärmefluß durch die Lithosphärenbasis ausgeglichen, so daß diese Grenzschicht im wesentlichen ein konstantes Temperaturprofil aufweist. Thermisch stabilisierte Lithosphäre besitzt eine Mächtigkeit zwischen 100 und 200 km (Pollack und Chapman 1977).

Definition von Geothermen. Geothermen (engl.: *geotherm*) sind die Lithosphärentemperaturen als Funktion der Tiefe. Wir unterscheiden:

— stabile Geothermen und
— transiente Geothermen.

Stabile oder *stationäre* Geothermen (engl.: *stable geotherm, steady-state geotherm*) (Abschn. 3.4.1) entstehen durch langfristige thermische Äquilibrierung. Meistens wird darunter die Äquilibrierung einer unbewegten Lithosphäre verstanden und wir werden im folgenden den Ausdruck „stabile Geotherme" auch in diesem Sinne verwenden. Es gibt jedoch auch stabile bzw. stationäre (engl.: *steady state*) Geothermen, die nur in Bezug auf Eulersche Bezugssysteme stabil sind. In Abschn. 3.7.3 besprechen wir ein Beispiel einer stabilen Geotherme, deren thermisches Gleichgewicht in einer bewegten Lithosphäre erreicht wird. In den meisten geologischen Situationen nehmen die Temperaturen einer stabilen Geotherme mit der Tiefe stetig zu. Stabile Geothermen sind nur in jenen Bereichen der Erde zu finden, in denen während der letzten 100 my keine bedeutenden geologischen Ereignisse stattgefunden haben (zur Herkunft dieser Zahl s. Abschn. 3.1.4). Aktive Orogene weisen folglich selten stabile Geothermen auf. Trotzdem helfen uns Berechnungen stabiler Geothermen, um für die dort gegebenen Randbedingungen maximal oder minimal erreichbare Temperaturen abzuschätzen. Die Temperatur, die eine stabile Geotherme während eines orogenen Prozesses erreichen könnte (z. B. bevor Erosion die Kruste verdünnt etc.), wird als potentielle Temperatur (engl.: *potential temperature*) bezeichnet.

Transiente Geothermen gelten stets nur für *einen* Zeitpunkt. Vor und nach diesem Zeitpunkt finden sich relativ zum Bezugsrahmen andere Temperaturen. In Abhängigkeit von der Natur des thermischen Prozesses muß die Temperatur transienter Geothermen nicht zwangsläufig mit der Tiefe zunehmen. Die Änderung der Geotherme muß auch nicht in allen Tiefen gleich sein. Gesteine können in manchen Tiefen abkühlen, während sie sich in anderen erwärmen (Abschn. 7.4.2). Solche Raum-Zeit-Beziehungen von in Entwicklung stehenden transienten Geothermen sind im Gelände kartierbar und können wichtige Hinweise auf die Natur eines metamorphen Ereignisses darstellen (s. Abschn. 7.4.2).

3.4.1
Stabile Geothermen

In diesem Abschnitt berechnen wir die quantitative Form der Geotherme aus Abb. 2.11. Betrachten wir den stabilen Fall, läßt sich die Wärmeleitungsgleichung dafür ausreichend vereinfachen, so daß analytische Lösungen auch ohne große Mathematikkenntnisse gefunden werden können. Wir werden daher im folgenden analytische Lösungen zur Beschreibung *stabiler* kontinentaler Geothermen für verschiedene geologische Rand- und Anfangsbedingungen ableiten. Mit *transienten* Geothermen kontinentaler Lithosphäre beschäftigen wir uns in späteren Kapiteln (Abschn. 6.3).

Die Gleichung, die dazu gelöst werden muß, ist die bereits bekannte Wärmeleitungsgleichung mit einem Wärmeproduktionsterm (Abschn. 3.1.1):

$$\frac{\partial T}{\partial t} = \left(\frac{k}{\rho c_p}\right)\frac{\partial^2 T}{\partial z^2} + \frac{S}{\rho c_p} \quad . \tag{3.51}$$

Bei *stabilen* Geothermen findet *keine* Temperaturänderung mit der Zeit statt (s. Abschn. 3.1.2). Das heißt

$$\frac{\partial T}{\partial t} = 0 \quad .$$

Die Gleichung vereinfacht sich zu

$$\left(\frac{k}{\rho c_p}\right)\frac{\mathrm{d}^2 T}{\mathrm{d}z^2} + \frac{S}{\rho c_p} = 0 \quad . \tag{3.52}$$

Man beachte dabei, daß Gl. 3.52 keine partielle Differentialgleichung mehr darstellt. Durch weiteres Herauskürzen ergibt sich

$$k\frac{\mathrm{d}^2 T}{\mathrm{d}z^2} = -S \quad . \tag{3.53}$$

Die Integration dieser Gleichung bildet die Grundlage zur Berechnung stabiler Geothermen. In Kap. 2 und Abschn. 3.2.1 wurde bereits gezeigt, daß die Wärmeproduktion radioaktiver Elemente für das Temperaturprofil der Lithosphäre von Bedeutung ist (z. B. Abb. 2.11). In den folgenden Abschnitten gilt: $S = S_{\mathrm{rad}}$. Die Vernachlässigung mechanischer und chemischer Wärmequellen ist für den stabilen Fall klarerweise gerechtfertigt.

Beitrag der Radioaktivität. Die radioaktive Wärmeproduktion in Gesteinen hat die Größenordnung von einigen Mikrowatt pro Kubikmeter (s. Tabelle 3.3). Ein typischer Meßwert an der Erdoberfläche wäre: $S_0 = 5\mu\mathrm{W\,m}^{-3} = 5 \cdot 10^{-6}\ \mathrm{W\,m}^{-3}$. Wäre dieser Wert für die gesamte Kruste gültig, wäre der radioaktive Beitrag zum Wärmefluß in einer 30 km mächtigen Kruste ($z_\mathrm{c} = 30$ km), $q = S_0 \cdot z_\mathrm{c} = 0{,}03\ \mathrm{W\,m}^{-2}$. Aus Gl. 3.1 wissen wir, daß der thermische Gradient die Einheit von Wärmefluß pro Leitfähigkeit besitzt. Bei einer Leitfähigkeit von $k = 3\ \mathrm{W\,m}^{-1}\,\mathrm{K}^{-1}$ ergibt sich daher für obige Annahmen: $\mathrm{d}T/\mathrm{d}z = q/k = 0{,}05\,^\circ\mathrm{C\,m}^{-1} = 50\,^\circ\mathrm{C\,km}^{-1}$. Diese 50 °C pro Kilometer sind *nur* der Beitrag zum geothermischen Gradienten, der durch Radioaktivität verursacht wird. Hinzu käme noch der Mantelwärmefluß. Dieser Wert übersteigt offensichtlich die meisten tatsächlich gemessenen thermischen Gradienten auf der Erde. Daraus läßt sich schließen, daß die Radioaktivität der Gesteine an der Erdoberfläche höher ist als im übrigen Bereich der Kruste.

Bis in welche Tiefe eine hohe Wärmeproduktion stattfindet, kann mit Hilfe des Zusammenhangs zwischen Wärmeproduktion und Wärmefluß, beides an der Erdoberfläche gemessen, ermittelt werden. Roy et al. (1968) haben

Abb. 3.14. Meßdaten des Oberflächenwärmeflusses q_s und der Wärmeproduktionsrate an der Oberfläche S_0 aus den östlichen USA. Die beste Gera- de, die sich durch diese Daten legen läßt, wird durch die Glei- chung $q_\mathrm{s} = 0,035 + 7\,413 S_0$ beschrieben. Demnach beträgt die Mächtigkeit der radioaktiven Schicht 7 413 m und der Beitrag des Mantelwärmeflusses zum Gesamtwärmefluß 0,035 W m^{-2} (nach Roy et al. 1968)

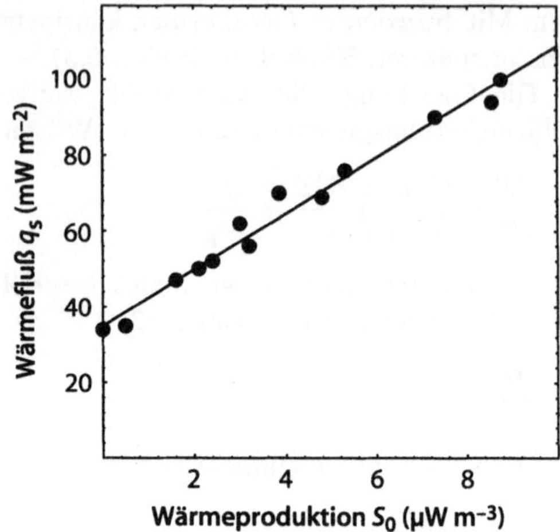

diesen Zusammenhang in den östlichen Teilen der USA erforscht. Dort findet sich eine lineare Beziehung zwischen Wärmefluß und Wärmeproduktion (Abb. 3.14). Die Gerade, die durch die gefundenen Daten gelegt werden kann, hat folgende Form

$$q_\mathrm{s} = q_\mathrm{m} + z_\mathrm{rad} S_0 \ . \tag{3.54}$$

Darin ist q_s der Wärmefluß an der Erdoberfläche, q_m der Mantelwärmefluß und z_rad die Mächtigkeit der Schicht, in der radioaktive Wärme produziert wird. q_m ist durch den Schnittpunkt der Daten mit der Wärmeflußachse gegeben und der Wert von z_rad ergibt sich aus der Geradensteigung in Abb. 3.14. Die Daten von Roy et al. (1968) zeigen, daß diese Schicht in den östlichen USA etwa sieben Kilometer mächtig ist. Ähnliche Überlegungen in anderen Gebieten ergeben eine Mächtigkeit von 10–15 km. Natürlich wird die Erdkruste nicht *nur* in den oberen 10–15 km mit konstanter Rate Wärme im Ausmaß von S_0 produzieren und darunter gar nichts, sondern die wärmeproduzierenden Elemente werden in irgendeiner Form verteilt sein. Allerdings nützt die Beziehung, um das Gesamtausmaß des durch produzierte Wärme verursachten Wärmeflusses zu berechnen. Es ist: $z_\mathrm{rad} S_0$. Dieses Produkt ist die Fläche unter den verschiedenen Modellkurven auf Abb. 3.15.

Im weiteren Verlauf werden wir Gleichungen zur Berechnung von Geothermen ableiten. Zu diesem Zweck werden wir verschiedene Modelle der Verteilung radioaktiver Elemente anwenden, die, wie wir sehen werden, vor allem einen Einfluß auf die Temperaturen in der Mantellithosphäre haben.

Geothermen ohne Radioaktivität. Gleichung 3.53 läßt sich am leichtesten integrieren, wenn wir radioaktive Wärmeproduktion völlig vernachlässigen. Sie vereinfacht sich dann zu

$$k\frac{\mathrm{d}^2 T}{\mathrm{d}z^2} = 0 \quad \text{oder} \quad \text{sogar}: \quad \frac{\mathrm{d}^2 T}{\mathrm{d}z^2} = 0 \ . \tag{3.55}$$

Abb. 3.15. Drei einfache Modelle, die die Verteilung wärmeproduzierender Elemente in der Kruste beschreiben. *a* Konstante Konzentration in der gesamten Erdkruste; keine Wärmeproduktion im Mantel. *b* Konstante Konzentration in der oberen Kruste der Mächtigkeit z_{rad}; darunter keine Wärmeproduktion. *c* Exponentieller Abfall der Wärmeproduktion mit der Tiefe. Die Gesamtwärmeproduktion ergibt sich aus dem Integral unter den Kurven. Sie hat bei allen drei Modellen den gleichen Betrag und ist, zur Illustration, für Modell *c* grau hinterlegt (s. Haack 1983). Man beachte, daß die Wärmeproduktion an der Erdoberfläche S_0, für die Modelle *a* und *b* verschieden ist, obwohl die integrierte Wärmeproduktion die gleiche ist

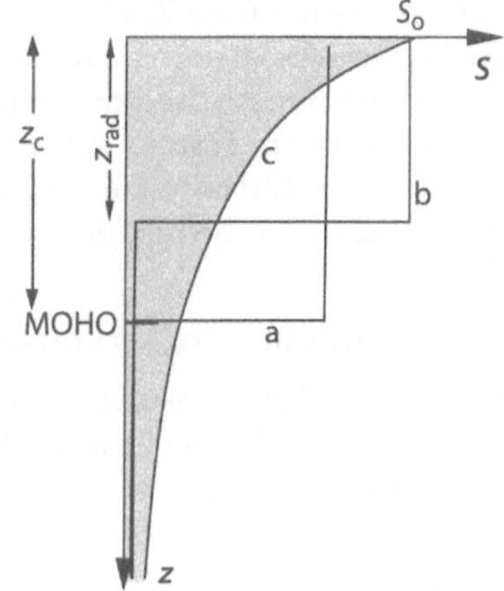

Diese Differentialgleichung zweiter Ordnung müssen wir durch zweifache Integration lösen. Die erste Integration ergibt

$$\frac{dT}{dz} = C_1 \tag{3.56}$$

und die zweite

$$T = C_1 z + C_2 \ . \tag{3.57}$$

Die zwei Integrationskonstanten C_1 und C_2 müssen von den geologischen Randbedingungen her bekannt sein, bzw. angenommen werden (s. Abschn. A.1.1). So können wir z. B. annehmen, daß an der Erdoberfläche ($z = 0$) die Temperatur $T = 0$ ist. An der Basis der Lithosphäre ($z = z_l$) nehmen wir an, daß die Temperatur per Definition jene der Asthenosphäre erreicht: $T = T_l$. Daraus ergeben sich die Konstanten. Damit die Gleichung die Annahmen der Randbedingungen erfüllt, muß C_1 den Wert T_l/z_l haben und C_2 den Wert 0. Die Temperatur als Funktion der Tiefe ergibt sich dann als

$$T = z \frac{T_l}{z_l} \ . \tag{3.58}$$

Gleichung 3.58 beschreibt eine lineare Temperaturverteilung zwischen Oberfläche und Basis der Lithosphäre. Dieses Ergebnis ist nicht weiter überraschend, da ja keine Wärmeproduktion angenommen wurde und es auch keinen anderen Grund gibt, warum das Temperaturprofil gekrümmt sein sollte. Bei einer Leitfähigkeit von $k = 2$–3 W m^{-1} °C^{-1}, einem $T_l = 1\,200$ °C und einem $z_l = 100$ km ergibt sich ein Oberflächenwärmefluß von 0,024–0,036 W m^{-2}. Dieser Wert liegt weit unter den durchschnittlich gemessenen Wärmeflüssen der Kontinente, die zwischen 0,04 und 0,08 W m^{-2} liegen. Dies ist einer der Beweise für die Existenz wärmeproduzierender Elemente in der Kruste. Es ist daher sinnvoller, nicht Gl. 3.55, sondern Gl. 3.53 zu integrieren

und eine vernünftige Zahl oder Funktion für S zu verwenden. Im folgenden
werden verschiedene Annahmen zur Verteilung wärmeproduzierender Element in der Kruste besprochen (Abb. 3.15). Mit diesen Annahmen berechnen
wir Geothermen, für die wir die untere Randbedingung nicht (wie oben) an
der Basis der Lithosphäre, sondern an der Basis der Kruste annehmen. Wir
nehmen als Randbedingung an, daß der Wärmefluß an der Moho konstant
ist.

Randbedingung: $q_m = $ konstant.

Konstante Wärmeproduktion. Ist die Wärmeproduktion von der Tiefe unabhängig, also S eine Konstante, dann ergibt die Integration von Gl. 3.53
folgenden Ausdruck:

$$k\frac{dT}{dz} = -Sz + C_1 \ . \tag{3.59}$$

Die linke Seite dieser Gleichung hat die gleiche Einheit wie Wärmefluß.
Die Integrationskonstante C_1 muß sich aus einer Randbedingung ergeben.
Eine oft angenommene Randbedingung ist die, daß der Wärmefluß an der
Krustenbasis z_c den bekannten und konstanten Wert q_m hat. Sind keine Details über die Änderungen des Mantelwärmeflusses bekannt, ist dies auch die
einfachste Annahme und entspricht daher der Modellidee (Abschn. 1.1). Es
ergibt sich:

$$C_1 = Sz_c + q_m \ .$$

Dies muß gelten, damit an der Stelle $z = z_c$ (z_c ist die Tiefe der Moho
oder die Krustenmächtigkeit) gilt: $k\left(\frac{dT}{dz}\right) = q_m$. Nach Einsetzen von C_1 in
Gl. 3.59 und zweiter Integration ergibt sich:

$$kT = -\frac{Sz^2}{2} + Sz_c z + q_m z + C_2 \ . \tag{3.60}$$

Die sinnvollste Annahme für die zweite Randbedingung ist, daß die Temperatur an der Stelle $z = 0$ den Wert $T = 0$ hat. Damit folgt für C_2 ein Wert
von 0. Nach Vereinfachung ergibt sich folgender Ausdruck:

$$T = \frac{Sz}{k}\left(z_c - \frac{z}{2}\right) + \frac{q_m z}{k} \ . \tag{3.61}$$

Gleichung 3.61 beschreibt die Temperatur als Funktion der Tiefe in der
Kruste. Es ist eine *analytische Lösung* der Differentialgleichung Gl. 3.53. Eine Dimensionsanalyse bestätigt die Korrektheit der Gleichung. Eine mit ihr
berechnete Geotherme ist in Abb. 3.16a abgebildet. Es ist sofort erkennbar,
daß die Temperaturen für vernünftige Annahmen des Mantelwärmeflusses,
der Krustenmächtigkeit und der Wärmeproduktion viel zu hoch sind. Die Ursache dafür liegt in der Annahme einer konstanten Wärmeproduktion S, die
gleich groß ist wie jene an der Oberfläche: $S = S_0$. Diese Annahme stimmt jedoch nicht mit dem Ergebnis aus Abschn. „Beitrag der Radioaktivität" (s. o.)

Abb. 3.16. Berechnete kontinentale Geotherme. Es wurde angenommen, daß der Mantelwärmefluß an der Moho den Wert $q_\mathrm{m} = 0{,}025$ W m^{-2} hat. Kurve a wurde für eine in der gesamten Kruste geltende konstante Konzentration der radioaktiven Elemente mit Gl. 3.61 berechnet. Kurve b wurde für eine exponentiell mit der Tiefe abnehmende Wärmeproduktion ($h_\mathrm{r} = 10$ km) mit Gl. 3.67 berechnet. Für a und b gelten folgende Annahmen: $z_\mathrm{c} = 35$ km; $S = 3 \cdot 10^{-6}$ W m^{-3}; $k = 2$ J s^{-1} m^{-1} K^{-1}

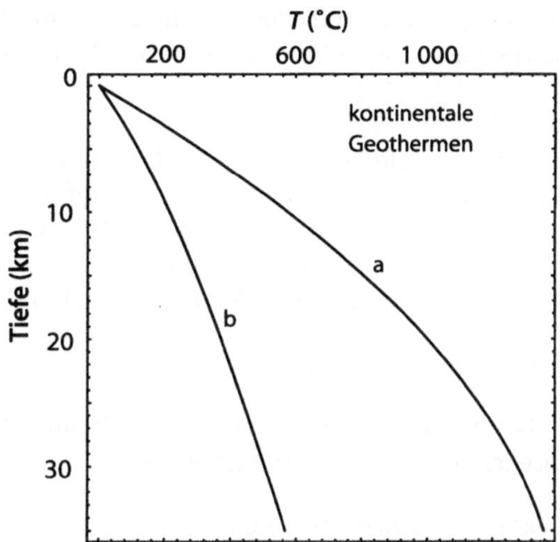

überein. Die tatsächliche Verteilung der wärmeproduzierenden Elemente ist nicht hinreichend bekannt. Nehmen wir daher zunächst an, daß, wie im Zusammenhang mit Abb. 3.14 und 3.15 diskutiert, Wärme nur bis in eine Tiefe z_rad im Ausmaß von $S = S_0$ produziert wird, in diesem Abschnitt z_rad aber konstant ist. Mit dieser Annahme läßt sich Gl. 3.53 nur bis zur Tiefe $z = z_\mathrm{rad}$ integrieren, und man erhält ein Gl. 3.61 sehr ähnliches Ergebnis:

$$T = \frac{Sz}{k}\left(z_\mathrm{rad} - \frac{z}{2}\right) + \frac{q_\mathrm{m}z}{k} \quad \text{im Bereich:} \quad z < z_\mathrm{rad} \ . \tag{3.62}$$

Unterhalb besagter Tiefe ist der Wärmefluß bei Abwesenheit von Radioaktivität konstant (s. Gl. 3.58). Es liegt ein linearer Gradient vor. Die Temperatur ergibt sich aus $q_\mathrm{m}(z - z_\mathrm{rad})/k$. Dieser Wert muß zur Temperatur an der Basis der wärmeproduzierenden Schicht addiert werden, die sich ihrerseits aus Gl. 3.62 für T an der Stelle $z = z_\mathrm{rad}$ ergibt. Es folgt:

$$T = \frac{Sz_\mathrm{rad}^2}{2k} + \frac{q_\mathrm{m}z}{k} \quad \text{im Bereich:} \quad z > z_\mathrm{rad} \ . \tag{3.63}$$

Die Gleichungen 3.62 und 3.63 sind jene, die von England und Thompson (1984) für das klassische Modell der Regionalmetamorphose verwendet wurden (s. Abschn. 6.3.1). Wenn man vernünftige Parameterwerte in diese Gleichungen einsetzt, dann ergeben sich Temperaturen für die Krustenbasis zwischen 500 und 600 °C, sowie eine Tiefe der 1 200 °C-Isotherme von 100 bis 150 km. Beides stimmt mit einer großen Anzahl von Beobachtungen bei stabilen kontinentalen Schilden überein.

Exponentielle Wärmeproduktion. Ein anderes Modell der Radioaktivität innerhalb der Kruste geht davon aus, daß der Gehalt radioaktiver Elemente mit der Tiefe exponentiell abnimmt. Diese Annahme bietet den Vorteil, daß ein Sprung in der Verteilung wärmeproduzierender Elemente fehlt. So kann das Temperaturprofil der gesamten Kruste durch eine einzige Gleichung beschrieben werden (Modell c in Abb. 3.15). Wir nehmen an, daß gilt:

$$S_{(z)} = S_0 \mathrm{e}^{\left(-\frac{z}{h_\mathrm{r}}\right)} \ . \tag{3.64}$$

Die Variable h_r wird in solchen Beziehungen als der „charakteristische Maßstab" (engl.: *characteristic drop off* oder *skin depth*) der Wärmeproduktion bezeichnet (s. Aufgabe 3.6). Entsprechend Gl. 3.64 beträgt die Wärmeproduktion in der Tiefe h_r nur noch den „e-ten Teil" der Oberflächenwärmeproduktion S_0. Die neue Ausgangsgleichung lautet

$$k\frac{\mathrm{d}^2 T}{\mathrm{d}z^2} = -S_0 \mathrm{e}^{\left(-\frac{z}{h_\mathrm{r}}\right)} \ . \tag{3.65}$$

Die Integration dieser Formel fällt nur etwas schwerer als die bisherigen Integrationen. Die erste ergibt:

$$k\frac{\mathrm{d}T}{\mathrm{d}z} = h_\mathrm{r} S_0 \mathrm{e}^{\left(-\frac{z}{h_\mathrm{r}}\right)} + C_1 \ . \tag{3.66}$$

Zum Integrieren wurde hier die Produktregel angewendet (s. Anhang B, Tabelle B.1, B.2). Mit den gleichen Randbedingungen wie oben gewählt, ergibt sich die Konstante C_1 als

$$C_1 = -h_\mathrm{r} S_0 \mathrm{e}^{\left(-\frac{z_\mathrm{c}}{h_\mathrm{r}}\right)} + q_\mathrm{m} \ .$$

Nach Einsetzen und zweiter Integration ergibt sich:

$$kT = -h_\mathrm{r}^2 S_0 \mathrm{e}^{\left(-\frac{z}{h_\mathrm{r}}\right)} - z h_\mathrm{r} S_0 \mathrm{e}^{\left(-\frac{z_\mathrm{c}}{h_\mathrm{r}}\right)} + q_\mathrm{m} z + C_2 \ . \tag{3.67}$$

Die Konstante C_2 muß dem Ausdruck $h_\mathrm{r}^2 S_0$ entsprechen, damit an der Stelle $z = 0$ die Bedingung $T = 0$ wieder erfüllt ist. Eine mit geeigneten Parameterwerten berechnete Geotherme weist auch einen vernünftigen Verlauf auf (Abb. 3.16b).

Für die bisher berechneten Geothermen wurde der Mantelwärmefluß als Randbedingung verwendet. Ihre Ausdehnung erstreckte sind daher nur über den Bereich der Kruste. Die Mächtigkeit der Mantellithosphäre wurde durch die Wahl dieser Randbedingung und die sich ergebende Mohotemperatur implizit mitbestimmt (Abb. 3.17). Der Wärmefluß ist das Produkt aus Temperaturgradient und Leitfähigkeit. Bei einer Leitfähigkeit von $k = 3$ ergibt ein Mantelwärmefluß von 0,03 W m^{-2} einen Temperaturgradienten von 10 °C km^{-1}. Da im Mantel keine radioaktiven Elemente vorkommen, ändert sich dieser Gradient im Bereich der Mantellithosphäre nicht. Wenn wir die Lithosphärenbasis durch die 1 200 °C-Isotherme definieren, dann impliziert eine Mohotemperatur von 500 °C bei einem thermischen Gradienten von 10 °C km^{-1} daher eine Mantellithosphärenmächtigkeit von 70 km.

Diese implizite Bestimmung der Mantellithosphärenmächtigkeit kann irreführend sein, wenn über Themen wie Seehöhe, Extensionskräfte und ähnliches nachgedacht werden soll. Die Wahl des Mantelwärmeflusses als Randbedingung ist folglich nicht der beste Weg zur Problemlösung. Andere Möglichkeiten werden im nächsten Abschnitt diskutiert.

Abb. 3.17. Die Illustration legt dar, daß durch die Randbedingung „konstanter Wärmefluß an der Moho" für die Mantellithosphäre verschiedene Mächtigkeiten automatisch impliziert werden. Die drei Geothermen weisen an der Moho den gleichen Gradienten und daher den gleichen Mantelwärmefluß auf. Die dadurch implizierten Mantellithosphärenmächtigkeiten (*Doppelpfeile*) unterscheiden sich, obwohl der Wärmefluß an der Moho überall der gleiche ist

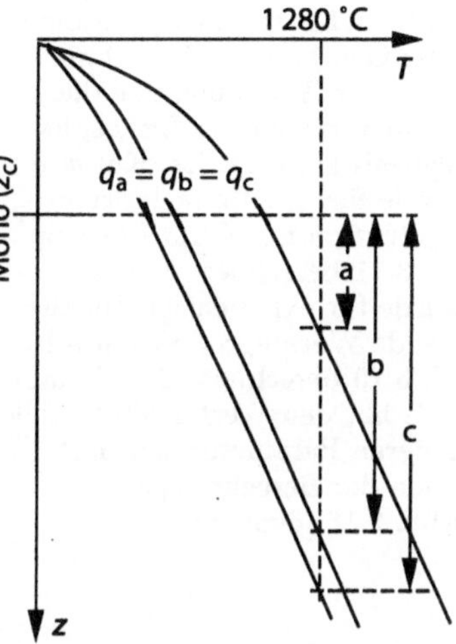

Randbedingung: $T = \text{konstant}$. Wird die Lithosphäre thermisch definiert, ist die Temperatur an ihrer Basis bekannt. Es bietet sich daher die Annahme $T = T_\mathrm{l}$ an der Stelle $z = z_\mathrm{l}$ als Randbedingung an. Diese Wahl erlaubt die Ermittlung stabiler Geothermen für die gesamte Lithosphäre. Leider tritt in diesem Fall das Problem auf, daß sich Dichte und Wärmeproduktion an der Moho sprunghaft ändern und die Integration komplizieren.

Konstante Wärmeproduktion. In einem Modell mit konstanter Wärmeproduktion in der Kruste und ohne Wärmeproduktion im Mantel stellt diese zwischen den Modellrändern (Oberfläche und Lithosphärenbasis) eine diskontinuierliche Funktion der Tiefe dar. Die Integration von Gl. 3.53 unter den besagten Randbedingungen wird dadurch komplizierter. Beide Integrationskonstanten können erst nach der zweiten Integration bestimmt werden. Zwei Integrationen von Gl. 3.53 ergeben

$$T = \frac{-Sz^2}{2} + C_1 z + C_2 \ . \tag{3.68}$$

Ohne auf Details einzugehen, sei hier nur angeführt, daß

$$C_1 = Sz_\mathrm{c} + k\frac{T_\mathrm{l}}{z_\mathrm{l}} - \frac{Sz_\mathrm{c}^2}{2z_\mathrm{l}} \tag{3.69}$$

sein muß, damit die Randbedingung $q = q_\mathrm{m}$ an der Stelle $z = z_\mathrm{c}$ nach der ersten Integration erfüllt ist. Mit der Bedingung $T = 0$ an der Stelle $z = 0$ ist die zweite Konstante wieder $C_2 = 0$. Durch Einsetzen von Gl. 3.69 in Gl. 3.59 ergibt sich, daß $q_\mathrm{m} = kT_\mathrm{l}/z_\mathrm{l} - Sz_\mathrm{c}^2/(2z_\mathrm{l})$ ist. Diese Beziehung beschreibt den Mantelwärmefluß als linearen Temperaturgradienten *abzüglich* des Beitrags der radiogenen Wärme. Je höher die Radioaktivität der Kruste

Abb. 3.18. Beispiele kontinentaler Geothermen. Berechnet unter der Annahme, daß die Temperatur an der Lithosphärenbasis konstant ist. Kurve *a* wurde für konstante Wärmeproduktion mit Gl. 3.70 sowie Gl. 3.71 berechnet. Kurve *b* wurde für exponentiell abnehmende Wärmeproduktion mit Gl. 3.75 berechnet. Die Variable T_l hat den Wert $1\,280\,°\mathrm{C}$; alle anderen Parameter sind mit jenen der Berechnungen für Abb. 3.16 identisch

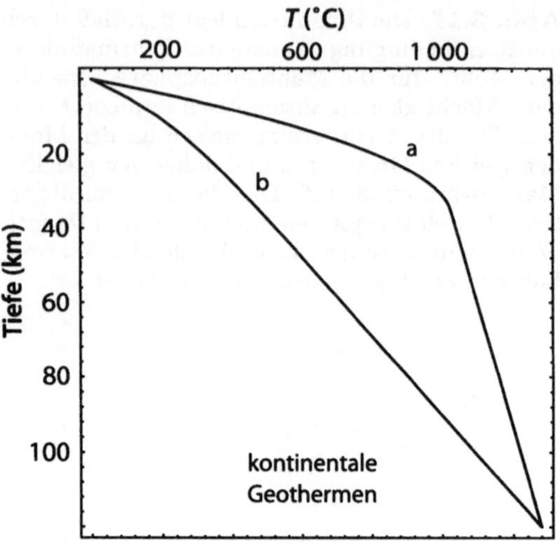

ist, desto eher entspricht die Krusteneigenwärme jener, die von unten hineinfließt. Der Wärmefluß an der Moho nimmt dadurch kleinere Werte an. Die zweite Integrationskonstante ist wieder $C_2 = 0$, so daß gilt:

$$T = T_l \frac{z}{z_l} + \frac{Sz_l z}{2k} \left(\frac{2z_c}{z_l} - \frac{z_c^2}{z_l^2} - \frac{z}{z_l} \right) \quad \text{im Bereich} \quad z < z_c \ , \tag{3.70}$$

$$T = T_l \frac{z}{z_l} + \frac{Sz_c^2}{2k} \left(1 - \frac{z}{z_l} \right) \quad \text{im Bereich} \quad z > z_c \ . \tag{3.71}$$

Durch die sprunghafte Verteilung der Wärmequellen in der Lithosphäre sind diese Beziehungen kompliziert und schwer zu lesen. Sie sind hier nur zum Vergleich mit dem England-Thompson-Modell (1984) angeführt (Kurve *a* in Abb. 3.18).

Exponentielle Wärmeproduktion. Für eine kontinuierliche, exponentiell mit der Tiefe über die ganze Lithosphäre abnehmende Wärmeproduktion ergibt sich aus Gl. 3.65 eine elegante und einfache Beschreibung kontinentaler Geothermen. Nach zwei Integrationen ergibt sich:

$$kT = -h_r^2 S_0 e^{\left(-\frac{z}{h_r}\right)} + C_1 z + C_2 \ . \tag{3.72}$$

Beide Integrationskonstanten können hier erst nach dem Integrieren evaluiert werden. Als erste Randbedingung wird nun $T = T_l$ an der Stelle $z = z_l$ gewählt, und es ergibt sich aus der Umformulierung von Gl. 3.72:

$$C_1 = \frac{kT_l}{z_l} + \frac{h_r^2 S_0 e^{\left(-\frac{z_l}{h_r}\right)}}{z_l} - \frac{C_2}{z_l} \ . \tag{3.73}$$

Nach Einsetzen von Gl. 3.73 in Gl. 3.72 ergibt sich dann C_2 aus der zweiten Randbedingung, für die wir wieder $T = 0$ an der Stelle $z = 0$ annehmen:

$$C_2 = h_{\mathrm{r}}^2 S_0 \quad . \tag{3.74}$$

Nach Einsetzen beider Konstanten in Gl. 3.72 ergibt sich:

$$T = \frac{zT_1}{z_1} + \frac{h_{\mathrm{r}}^2 S_0}{k} \left(\left(1 - e^{\left(-\frac{z}{h_{\mathrm{r}}}\right)}\right) - \left(1 - e^{\left(-\frac{z_1}{h_{\mathrm{r}}}\right)}\right) \frac{z}{z_1} \right) \quad . \tag{3.75}$$

Kurve b in Abb. 3.18 ist das Beispiel einer Geotherme, die mit dieser Beziehung berechnet wurde.

Allgemeine Formulierungen. Im Gegensatz zu solchen Randbedingungen, die den Wärmefluß an der Moho vorschreiben (s. o. Abschn. „Randbedingung: $q_{\mathrm{m}} = \text{konstant}$"), hat jene des letzten Abschnitts es erlaubt, die Mächtigkeit der Mantellithosphäre anzunehmen (und nicht zu implizieren). Diese Randbedingung erlaubt es, den Einfluß verschiedener Mächtigkeiten der Kruste und der Mantellithosphäre zu erforschen. Dazu benötigen wir eine allgemeine Formulierung für verschiedene Krusten- *und* der Mantellithosphärenmächtigkeiten. Zu diesem Zweck werden die Verdickungsparameter der Kruste f_{c} und der Lithosphäre f_{l} eingeführt. Diese Parameter beschreiben die Dehnung der Kruste, bzw. der Lithosphäre in vertikaler Richtung und werden noch ausführlich in Abschn. 4.0.2 erklärt (s. a. Abschn. 5.1). So bedeutet $f_{\mathrm{c}} = 2$, daß die Kruste durch Verformung auf das zweifache verdickt wurde (Sandiford und Powell 1990; Zhou und Sandiford 1992). Die Gleichungen 3.70 und 3.71 können mit Hilfe dieser Parameter verallgemeinert werden:

$$T = T_1 \frac{z}{f_{\mathrm{l}} z_1} + \frac{S f_{\mathrm{l}} z_1 z}{2k} \left(\frac{2 f_{\mathrm{c}} z_{\mathrm{c}}}{f_{\mathrm{l}} z_1} - \frac{(f_{\mathrm{c}} z_{\mathrm{c}})^2}{(f_{\mathrm{l}} z_1)^2} - \frac{z}{f_{\mathrm{l}} z_1} \right) \quad \text{im Bereich } z < z_{\mathrm{c}} \tag{3.76}$$

und

$$T = T_1 \frac{z}{f_{\mathrm{l}} z_1} + \frac{S f_{\mathrm{c}}^2 z_{\mathrm{c}}^2}{2k} \left(1 - \frac{z}{f_{\mathrm{l}} z_1} \right) \quad \text{im Bereich } z > z_{\mathrm{c}} \quad . \tag{3.77}$$

In dieser Form sind die Beziehungen für jede Krusten- und Lithosphärenmächtigkeit verwendbar.

Eine elegante Beziehung dieser allgemeinen Art für exponentiell abnehmende Wärmeproduktion ergibt sich in entsprechender Weise. Nachdem die wärmeproduzierende Schicht der Kruste bei Verdickung oder Verdünnung mit verdickt oder verdünnt wird, muß allerdings Gl. 3.64 nun auch als

$$S_{(z)} = S_0 e^{\left(-\frac{z}{h_{\mathrm{r}} f_{\mathrm{c}}}\right)} \tag{3.78}$$

geschrieben werden. Nach Integrieren und Substituieren von z_1 durch $z_1 f_1$ für die erste Randbedingung, ergibt sich eine allgemeine Formulierung für die Berechnungder Lithosphärentemperatur. Diese Formel gilt für jedes Mächtigkeitsverhältnis aus Kruste und Mantellithosphäre bei exponentiell abnehmender Wärmeproduktion:

$$T = \frac{zT_1}{f_1 z_1} + \frac{f_c^2 h_r^2 S_0}{k}\left(\left(1 - e^{\left(-\frac{z}{f_c h_r}\right)}\right) - \left(1 - e^{\left(-\frac{z_1 f_1}{f_c h_r}\right)}\right)\frac{z}{f_1 z_1}\right) \ . \tag{3.79}$$

Diese Gleichung ist die allgemeinste und eleganteste Form einer Geothermengleichung, mit der Temperaturen in der ganzen Lithosphäre berechnet werden können. Im nächsten Abschnitt wollen wir diese Gleichung zur Berechnung einiger wichtiger Parameter anwenden.

Beispiel zur Anwendung von Gl. 3.79. Für viele thermische und mechanische Fragestellungen ist die Mohotemperatur ein repräsentativer Wert für die gesamte Lithosphäre (Abschn. 6.3.2). Wollen wir diese Temperatur als Funktion verschiedener Krusten- und Lithosphärenmächtigkeiten berechnen, müssen wir in Gl. 3.79 lediglich $z = z_c$ einsetzen und unterschiedliche Werte für f_c und f_1 annehmen. Abbildung 3.19 zeigt ein f_c-f_1-Diagramm der Mohotemperatur vieler mit Gl. 3.79 berechneter f_c und f_1. Sie zeigt, daß sich die Mohotemperatur bei homogener Lithosphärenverdickung nur geringfügig ändert. Dieser Umstand beruht darauf, daß sich der Erwärmungseffekt der verdickten wärmeproduzierenden Krustenschicht mit dem Abkühleffekt der verdickten Mantellithosphäre nahezu aufhebt. Bei der Diskussion von Abb. 2.11a wurde bereits erwähnt, daß sich der Wärmeinhalt der Kruste etwa gleichmäßig auf radiogene Wärmeproduktion und Mantelwärme verteilt. Die Kurvenformen in Abb. 3.19 sind ein gutes Beispiel dafür. Deren starke Krümmung zeigt an, daß die Mohotemperatur in der sehr verdünnten Kruste ($f_c < 1$) im wesentlichen von der Mantellithosphärenmächtigkeit abhängt. In einer stark verdickten Kruste ($f_c \gg 1$) verhält es sich umgekehrt. Die Mohotemperatur wird im wesentlichen durch die Radioaktivität der Kruste bestimmt. Schon kleine Veränderungen der Krustenmächtigkeit können im Temperaturprofil

Abb. 3.19. Mohotemperaturen kontinentaler Lithosphäre für verschieden mächtige Krustenstapel (ausgedrückt durch die Vertikaldehnung f_c) und verschiedene Gesamtmächtigkeiten der Lithosphäre (ausgedrückt durch die Vertikaldehnung f_1); berechnet mit Gl. 3.67. Die Annahmen entsprechen jenen für die Konstruktion von Abb. 3.18. Die *kräftige Linie* in der unteren rechten Ecke markiert die Grenze des erlaubten Bereichs (s. Abb. 3.56 und 3.57)

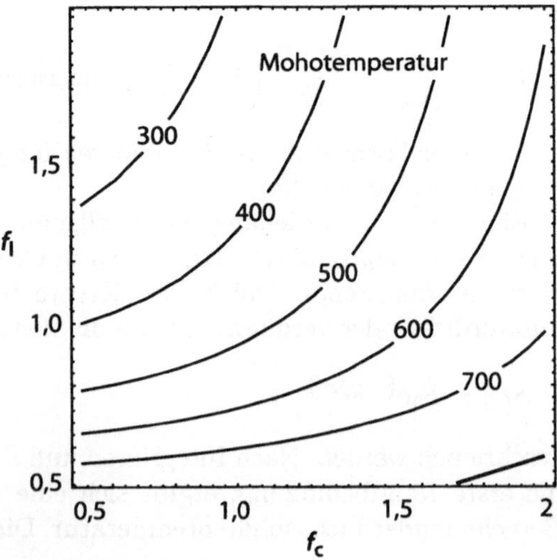

große Unterschiede bewirken. Die Mächtigkeit der Gesamtlithosphäre ist bei stark verdickter Kruste relativ unwichtig.

Wärmefluß. Der Oberflächenwärmefluß q_s ist einer der wenigen thermischen Parameter, die direkt meßbar sind. Er erfreut sich daher einiger Beliebtheit (z. B. Zhou und Sandiford 1992). Der Wärmefluß durch stabile kontinentale Kruste kann für die drei oben besprochenen Modelle (fehlende Wärmeproduktion, konstante Wärmeproduktion und exponentiell abnehmende Wärmeproduktion) relativ leicht bestimmt werden. Er ergibt sich durch Differenzieren der Gleichungen 3.58, 3.63 und 3.67 (bei bekanntem Mantelwärmefluß), bzw. Gl. 3.70 oder 3.75 (bei bekannter Temperatur der Lithosphärenbasis). Ist der Oberflächenwärmefluß gesucht, muß die differenzierte Form dieser Gleichungen an der Stelle $z = 0$ berechnet werden. Für eine Randbedingung an der Basis der Lithosphäre ergibt sich:

$$q_\mathrm{s} = k\frac{T_\mathrm{l}}{f_\mathrm{l} z_\mathrm{l}} \quad \text{mit } S = 0 \ , \tag{3.80}$$

$$q_\mathrm{s} = k\frac{T_\mathrm{l}}{f_\mathrm{l} z_\mathrm{l}} + S_0 f_\mathrm{c} z_\mathrm{c}\left(1 - \frac{f_\mathrm{c} z_\mathrm{c}}{2 f_\mathrm{l} z_\mathrm{l}}\right) \quad \text{mit } S = \text{konstant} \ , \tag{3.81}$$

$$q_\mathrm{s} = k\frac{T_\mathrm{l}}{f_\mathrm{l} z_\mathrm{l}} + S_0 f_\mathrm{c} h_\mathrm{r}\left(1 - \frac{f_\mathrm{c} h_\mathrm{r}}{f_\mathrm{l} z_\mathrm{l}}\left(1 - \mathrm{e}^{\left(-\frac{f_\mathrm{l} z_\mathrm{l}}{f_\mathrm{c} h_\mathrm{r}}\right)}\right)\right)$$

$$\text{mit } S = \text{exponentiell.} \tag{3.82}$$

Abbildung 3.20 zeigt ein f_c-f_l-Diagramm, in dem Kurven für verschiedene Werte von q_s eingezeichnet sind. Wir können erkennen, daß der Wärmefluß stärker als die Mohotemperatur von der Krustenmächtigkeit und damit von der Mächtigkeit des wärmeproduzierenden Teiles der Kruste abhängt.

Abb. 3.20. Der Wärmefluß an der Erdoberfläche q_s für verschieden mächtige Krustenstapel (ausgedrückt durch die Vertikaldehnung f_c) und verschiedene Gesamtmächtigkeiten der Lithosphäre (ausgedrückt durch deren Vertikaldehnung f_l); berechnet mit Gl. 3.82. Die Annahmen entsprechen jenen für die Konstruktion von Abb. 3.18, Kurve *b*

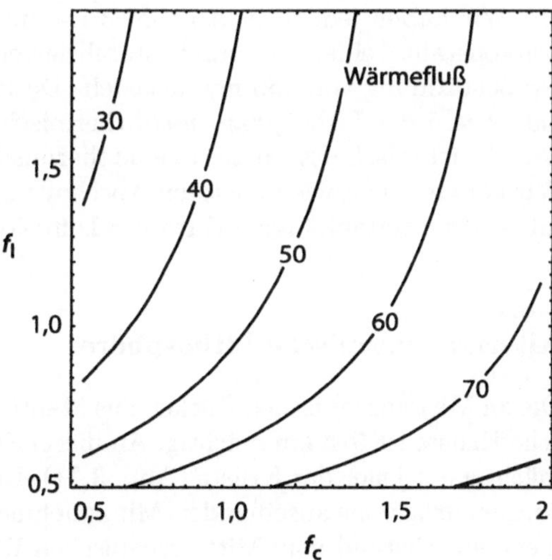

3.5
Wärme in ozeanischer Lithosphäre

Ozeanische Lithosphäre enthält praktisch keine wärmeproduzierenden Elemente. Man könnte daher meinen, daß stabile ozeanische Geothermen leicht zu beschreiben seien. In Analogie zu kontinentalen Geothermen könnten wir für „stabile" ozeanische Geothermen wie folgt formulieren:

$$k\frac{\mathrm{d}^2 T}{\mathrm{d}z^2} = 0 \ . \tag{3.83}$$

Nach einer Integration ergibt sich:

$$k\frac{\mathrm{d}T}{\mathrm{d}z} = C_1 \ .$$

Setzen wir die bekannte Randbedingung $q = q_\mathrm{m}$ an der Stelle $z = z_\mathrm{c}$ ein (Abschn. 3.4.1), ergibt sich:

$$kT = q_\mathrm{m} z + C_2 \ .$$

Wenn $T = 0$ an der Stelle $z = 0$ gilt, ist $C_2 = 0$ und wir können schreiben:

$$T = z\frac{q_\mathrm{m}}{k} \ , \tag{3.84}$$

falls die gleichen Randbedingungen wie für in Abschn. 3.4.1 verwendet werden. Gl. 3.84 ist jedoch ein ausgesprochen *schlechtes* Modell zur Beschreibung ozeanischer Geothermen. Eine einfache Abschätzung führt zu der Erkenntnis, daß diese Randbedingungen die geologische Situation *nicht* richtig beschreiben: Ozeanische Lithosphäre wird an den Mittelozeanischen Rücken produziert, und ihre Mächtigkeit erlangt ozeanische Lithosphäre erst durch ihr Alter. Die älteste uns bekannte ozeanische Lithosphäre ist etwa 100 my alt. Wir haben jedoch in Abschn. 3.1.4 ausgeführt, daß sich die thermische Zeitkonstante einer thermisch stabilisierten Lithosphäre zumindest in der Größenordnung von 150 my ansiedelt. Deshalb können wir davon ausgehen, daß ozeanische Lithosphäre *nicht* thermisch äquilibriert ist. Der Ansatz von Gl. 3.83 ist falsch. Es existiert keine thermisch stabile ozeanische Lithosphäre! Wir können nicht wie im letzten Abschnitt annehmen, daß $\mathrm{d}T/\mathrm{d}t = 0$ ist und müssen die zeitabhängige Form der Diffusionsgleichung (Gl. 3.51) lösen.

3.5.1
Alternde ozeanische Lithosphäre

Die an Mittelozeanischen Rücken aus Mantelteilschmelzen geschaffene ozeanische Kruste ist 5–8 km mächtig. An dieser Stelle entspricht die Lithosphärenmächtigkeit jener der Kruste (Abb. 3.21). Die hohe potentielle Energie dieser Rücken drückt sie auseinander. Mit zunehmenden Alter und daher mit zunehmendem Abstand vom Mittelozeanischen Rücken „friert" die Asthenosphäre

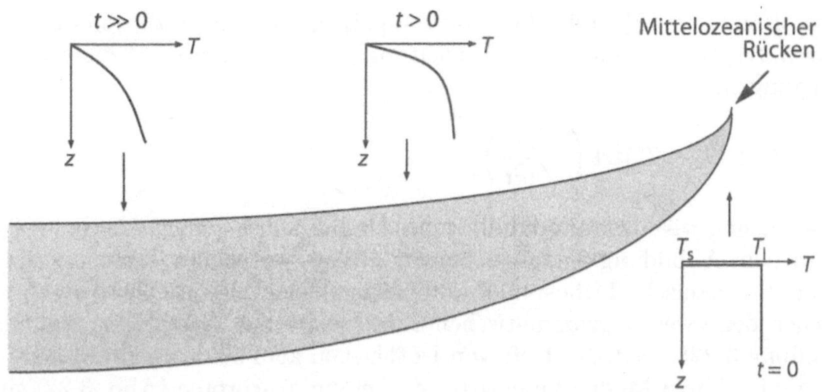

Abb. 3.21. Mächtigkeit und Temperaturprofile an verschiedenen Stellen der ozeanischen Lithosphäre. Die ozeanische *Kruste* ist nicht gesondert dargestellt. Sie würde auf dem gezeichneten Maßstab nur einen sehr dünnen Streifen konstanter Mächtigkeit im obersten Teil des schattierten Bereichs ausmachen

sukzessive an die ozeanische Kruste an. Es bildet sich eine *Mantellithosphäre*. Dieser Prozeß läßt sich mit Hilfe sehr einfacher Rand- und Anfangsbedingungen beschreiben, bei deren Verwendung man vom sogenannten „*Cooling*"-Modell spricht (s. Abschn. 3.6.1). Das „Half-space cooling"-Modell ist eines der erfolgreichsten und wichtigsten Modelle der Plattentektonik und wird hier kurz dargestellt (s. a. Sclater et al. 1980).

Das Half-space cooling-Modell. Wie die Modellierung jedes anderen Problems der Wärmeleitungslehre auch, beruht das „Half space cooling"-Modell auf der Integration von Gl. 3.5, unter Berücksichtigung gewisser Rand- und Anfangsbedingungen. Am Mittelozeanischen Rücken entspricht die Oberflächentemperatur der Wassertemperatur des Meeres. Der Einfachheit halber nehmen wir an, daß die Temperatur an der Oberfläche T_s gleich 0 sei. Unterhalb des Mittelozeanischen Rückens ist die Manteltemperatur überall gleich (Konvektionsprozesse gleichen etwaige Temperaturunterschiede aus). Wir können daher als *Anfangsbedingung* schreiben:

– $T = T_s$ an der Stelle $z = 0$ und $T = T_l$ an der Stelle $z > 0$ zum Zeitpunkt $t = 0$.

Diese Anfangsbedingung ist in Abb. 3.21 in dem kleinen T-z-Diagramm rechts unten dargestellt. Die *Randbedingungen* bieten sich an der Erdoberfläche und – da es im Prinzip keinen unteren Rand gibt – in einer sehr große Tiefe an. Der Einfachheit halber nehmen wir an, daß der untere Modellrand im Unendlichen liegt und die Temperatur dort den Wert $T = T_l$ hat. Wir können das wie folgt ausdrücken:

– $T = T_s$ an der Stelle $z = 0$ für alle $t > 0$ und
– $T = T_l$ an der Stelle $z = \infty$ für alle $t > 0$.

Der Parameter T_1 steht für die Temperatur an der Lithosphärenbasis
(Abb. 3.21). Die Lösung der Wärmeleitungsgleichung lautet für diese Randbedingungen:

$$T = T_\mathrm{s} + (T_1 - T_\mathrm{s})\mathrm{erf}\left(\frac{z}{\sqrt{4\kappa t}}\right) \quad . \tag{3.85}$$

Die Lösung wird später detailliert in Abschn. 3.6.1 (s. auch Abschn. 3.1.3)
besprochen. Abbildung 3.22a zeigt mit Gl. 3.85 berechnete Temperaturprofile durch ozeanische Lithosphäre unterschiedlichen Alters. Die Kurven entsprechen den zwei diagrammatischen Skizzen in Abb. 3.21 Mitte und links.
Abbildung 3.22b zeigt die Tiefe von Isothermen als Funktion des Alters.

Die mit diesem Modell beschriebenen Temperaturprofile (Abb. 3.22) sind
im Gelände nicht direkt nachprüfbar, weil Beobachtungen auf den oberflächennahen Bereich beschränkt sind. Eine Prüfung des Modelles kann jedoch auf indirektem Wege erfolgen. Der Oberflächenwärmefluß ist durch das
Produkt aus Leitfähigkeit und Temperaturgradient an der Stelle $z = 0$ gegeben. Dieser Wert läßt sich durch Gl. 3.85 leicht berechnen und mit Meßwerten
vergleichen. Die Gleichung wird dazu nach z differenziert und an der Stelle $z = 0$ erhoben:

$$q_\mathrm{s} = k(T_1 - T_\mathrm{s})\frac{\mathrm{d}\left(\mathrm{erf}\left(\frac{z}{\sqrt{4\kappa t}}\right)\right)}{\mathrm{d}z}\bigg|_{,z=0} \quad . \tag{3.86}$$

Da die Fehlerfunktion selbst nur ein Integral ist, ist diese Gleichung leicht
zu differenzieren (Abschn. 3.1.3). Es ergibt sich:

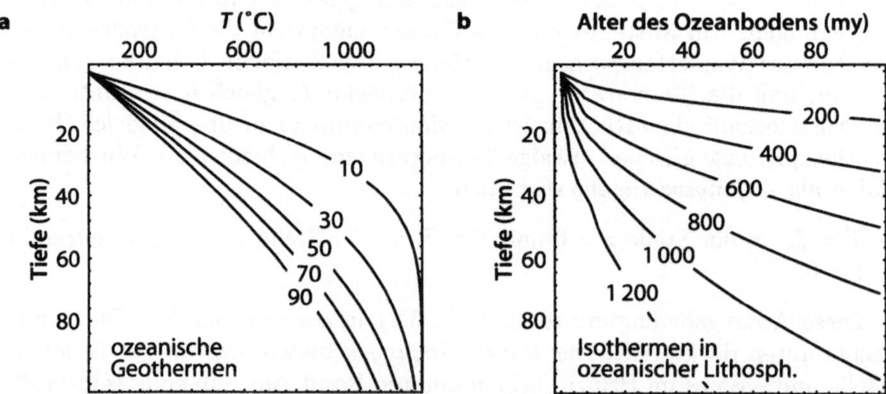

Abb. 3.22. a Temperaturprofile (T-z-Profile) durch ozeanische Lithosphäre verschiedenen Alters (my). **b** Tiefe (km) von Isothermen (°C) in ozeanischer Lithosphäre als Funktion des Alters zwischen 0 und 100 my. Die Kurven beider Teil-
figuren sind mit $T_1 = 1\,280\,°\mathrm{C}$ und Gl. 3.85 berechnet. Das Alter läßt sich durch
die Beziehung $x = u/t$ leicht in die Entfernung vom Mittelozeanischen Rücken
umrechnen. Vergleiche die Kurven auch mit Abb. 3.36

$$q_\mathrm{s} = k(T_\mathrm{l} - T_\mathrm{s})\sqrt{\frac{1}{\pi\kappa t}} \; . \tag{3.87}$$

Diese Gleichung läßt sich zur Beschreibung verschiedener ozeanischer Platten mit unterschiedlichen Riftgeschwindigkeiten noch verallgemeinern. Zu diesem Zweck drücken wir die Riftgeschwindigkeit u durch $u = x/t$ aus. Darin ist x die laterale Entfernung zum Mittelozeanischen Rücken und t das Alter. Ersetzen wir in Gl. 3.87 t durch x/u, ergibt sich:

$$q_\mathrm{s} = k(T_\mathrm{l} - T_\mathrm{s})\sqrt{\frac{u}{\pi\kappa x}} \; . \tag{3.88}$$

Abbildung 3.23 stellt den mit Gl. 3.88 errechneten Oberflächenwärmefluß dar. Die Wärmeflußdaten von Sclater et al. (1980) zeigen, daß diese Kurven gut mit Wärmeflußmeßdaten aus der Tiefsee übereinstimmen. In Abschn. 4.2.1 werden wir zeigen, daß das Half-space cooling-Modell nicht nur eine gute Beschreibung der Temperaturen und Wärmeflußdaten ozeanischer Lithosphäre liefert, sondern auch zur Beschreibung der Wassertiefe und sogar zur Abschätzung der Ridge push-Kraft geeignet ist (Abschn. 5.3.2). Die Zusammenhänge zwischen diesen verschiedenen Daten sind aus der Literatur als „Alter-Wassertiefe-Wärmefluß"-Beziehung (engl.: *age-depth-heat flow relationship*) ozeanischer Lithosphäre bekannt. Die „Age-depth-heat flow"-Beziehung stimmt für ozeanische Lithosphäre mit einem Alter von bis zu 80 my sehr gut mit Beobachtungen überein. Die „Age-depth-heat flow"-Beziehung ozeanischer Lithosphäre gilt allgemein als einer der größten Erfolge der Theorie der Plattentektonik.

Das CHABLIS-Modell. Das Half-space cooling-Modell ist zwar das am häufigsten angewendete Modell zur Beschreibung ozeanischer Geothermen, aber seine Annahmen enthalten zwei wichtige potentielle Fehlerquellen:

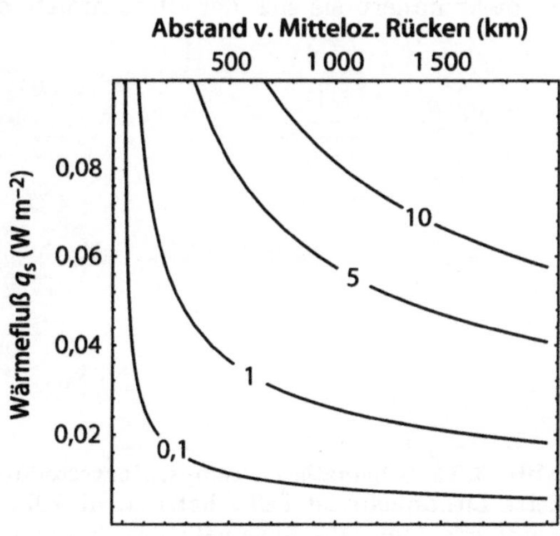

Abb. 3.23. Wärmefluß an der Oberfläche ozeanischer Lithosphäre als Funktion des Alters und folglich als Funktion der Entfernung zum Mittelozeanischen Rücken (berechnet mit Gl. 3.88). Die Kurven beziehen sich auf die Riftgeschwindigkeit (cm y^{-1})

- Im Half-space cooling-Modell ändert sich ständig der Wärmefluß an der Lithosphärenbasis. Es ist nicht geklärt, ob und weshalb das der Wirklichkeit entsprechen sollte.
- Das Modell beschreibt die Wassertiefe *und* den Wärmefluß ozeanischer Lithosphäre mit einem Alter von über 80 my nicht mehr sehr gut.

Alternativ kann man annehmen, daß der Mantelwärmefluß an der Lithosphärenbasis durch kleinräumige Konvektion konstant gehalten wird (Doin und Fleitout 1996). Diese Annahme führt letzlich zu einer Beschreibung, die die langzeitliche Evolution ozeanischer Platten besser wiedergibt, als das Half-space cooling-Modell. Dieser Ansatz ist unter dem Namen „CHABLIS-Modell" bekannt. Der Name stammt vom Acronym „Constant Heat flow Applied to Bottom of Lithospheric Isotherm".

3.5.2
Subduktionszonen

Die Beschreibung der Kinematik, Thermik und Dynamik von Subduktionszonen ist fundamental zweidimensionaler Natur und stellt das erste Problem dieses Buches dar, für dessen Beschreibung eine einzige Raumkoordinate nicht ausreicht (Abb. 3.24). Viele Fragestellungen zu Subduktionszonen betreffen den Akkretionskeil, der sich in Oberflächennähe zwischen subduzierender Platte und Oberplatte bildet. Dynamische Modelle für Akkretionskeile werden in Abschn. 6.3.3 behandelt. Im folgenden besprechen wir einige allgemeine Aspekte zur thermischen Tiefenstruktur von Subduktionszonen. Auf deren Kinematik und Dynamik kommen wir in Abschn. 5.3.2 zurück.

Isothermen in Subduktionszonen. Abbildung 3.24 gibt die Form von Isothermen in Subduktionszonen schematisch wieder. Die Isothermen der ozeanischen Platte werden am Tiefseegraben gemeinsam mit der Platte gebogen und in die Tiefe gerichtet. Je weiter (und länger) sie versenkt werden, desto mehr nähern sie sich der Plattenmitte an, da sich die Plattenoberfläche

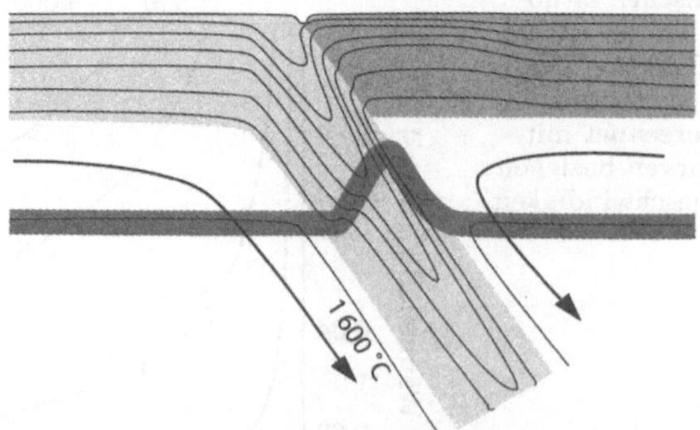

Abb. 3.24. Schematische Temperaturverteilung in Subduktionszonen. Die subduzierte Lithosphäre ist hell schattiert, die Oberplatte dunkel. Die kräftige dunkel schattierte Linie, die außerhalb des Subduktionsbereichs der 1 600 °C-Isotherme folgt, ist die Clapeyron-Kurve. Sie markiert den Olivin-Spinell-Übergang

an die Manteltemperatur angleicht. Ein thermischer Gleichgewichtszustand (engl.: *steady state*) wird erst dann erreicht, wenn die Krümmung der Isothermen so groß ist, daß sich thermische Äquilibrierungsrate und Subduktionsgeschwindigkeit entsprechen (s. Abb. 3.2; s. a. Molnar und England 1995). *Diffusion* (die die große Krümmung der Isothermen an ihrer Spitze auszugleichen sucht) und *Advektion* (durch den Abwärtstransport der Platte) von Wärme halten sich in diesem Zustand die Waage (s. Abschn. 3.2, 4.3.2). Wie lange Subduktionszonen brauchen, um einen thermischen Gleichgewichtszustand zu erreichen, hängt von der Subduktionsrate und der Plattenmächtigkeit ab und ist mit Hilfe der Pecletzahl (Abschn. 3.3.4) abschätzbar.

Bei etwa $1600\,^\circ$C, bzw. in etwa 400 km Tiefe, kommt es zur Phasenumwandlung von Olivin in Spinell. Die Tiefenlinie, die den Bereich diese Reaktion wiedergibt, wird als die „Clapeyron-Kurve" bezeichnet. Die dortige Reaktion läuft *exotherm* ab (etwa $1{,}7\cdot10^5$ J kg^{-1} reagierenden Olivins werden dabei frei). Die Isothermen beschreiben deshalb in dieser Zone einen Knick. Die positive Neigung der Clapeyron-Kurve in einem P-T-Diagramm bedingt, daß sie innerhalb der subduzierenden Platte etwas höher liegt als außerhalb. In 650 km Tiefe (bei etwa $1700\,^\circ$C) kommt es aufgrund der Spinell-Oxid-Umwandlung zu einem weiteren Knick (in Abb. 3.24 nicht dargestellt). Die Olivin-Spinell- und Spinell-Oxid-Übergänge unterscheiden sich qualitativ, da die Spinell-Oxid-Umwandlung *endotherm* abläuft.

Abbildung 3.24 stellt schematisch dar, daß die Isothermen der Oberplatte im Subduktionsbereich näher an der Oberfläche liegen, als weitab davon. Der Grund hierfür liegt in der Entwässerung der subduzierenden Platte und in den dadurch verursachten aufsteigenden Teilschmelzen und heißen Fluide. So kommt es typischerweise zur Ausbildung einer *hochtemperierten* Metamorphose der Gesteine in der Oberplatte und letztlich zur Ausbildung magmatischer Bögen. Dieser Sachverhalt steht in krassem Gegensatz zu den ausgesprochen *niedrigen* Temperaturen, die innerhalb der subduzierenden Platte bis in große Tiefen vorstoßen. Dieses Nebeneinander von Niederdruck-Hochtemperatur- und Niedertemperatur-Hochdruck-Metamorphose wurde von Miyashiro (1973) als charakteristisches Merkmal metamorpher Terrains identifiziert, die sich in Subduktionsbereichen gebildet haben. Die Gegenüberstellung dieser beiden Metamorphoseextreme wird als „paired metamorphic belt" bezeichnet.

Inselbögen und Subduktionszonen. Eine interessante Beobachtung in den Oberplatten von Subduktionszonen ist, daß Inselbögen (engl.: *island arcs*) und Vulkanketten (engl.: *volcanic arcs*) immer entlang einer präzise definierten Linie auftreten, die dort angelegt ist, wo der seismisch aktive Bereich der Subduktionszone in etwa 100–150 km Tiefe liegt (Isacks und Barazangi 1977). Bei mit 45° einfallenden Subduktionszonen entspricht das einem Horizontalabstand von 100–150 km vom Tiefseegraben. Bei steileren Subduktionswinkeln ist dieser Abstand geringfügig kleiner, bei flacheren größer. Diese Beobachtung trifft auf die Entfernung zwischen den Aleutenvulkanen und

dem Aleutengraben, zwischen den Indonesischen Vulkanen und dem Java-
graben und auf entsprechende Entfernungen bei vielen anderen Vulkanketten
dieser Erde zu. Diese Beobachtung ist nicht einfach erklärbar. Die Magmen,
die solche Vulkanketten versorgen, entstehen durch Teilschmelze hydrierter
Sedimente auf der subduzierenden Platte in der Benioff-Zone. Diese Zone
erstreckt sich über mehrere hundert Kilometer entlang der Oberfläche subduzierender Platten – auf jeden Fall über eine viel weitere laterale Strecke, als
es der Breite von Inselbögen entspräche. Obwohl es möglich ist, daß gerade
bei jenen Drücken, die einer Tiefe von 150 km entsprechen, besonders viel
Teilschmelze produziert wird, gibt es dafür wenige petrologische Hinweise.

Eine andere Erklärung wurde von Spiegelman und McKenzie (1987) vorgeschlagen (Abb. 3.25). Ihr Modell beschreibt die Bewegung von Teilschmelzen
durch den Asthenosphärenkeil über Subduktionszonen als die Summe zweier
Vektorenfelder.

1. Die Bewegung der Asthenosphäre im Mantelkeil. Diese Bewegung folgt
   dem Keil und ist in Abb. 3.25 durch unterbrochene Linien dargestellt.
2. Die Bewegung der Teilschmelze. Diese wird gleichmäßig entlang der subduzierenden Platte gebildet. Der Bewegungsvektor ist direkt nach oben gerichtet. Die Summe der beiden Bewegungsfelder ergibt gekrümmte Pfade,
   die zum Eckpunkt des Mantelkeils konvergieren (Abb. 3.25). Dieses sehr
   elegante Modell ist ein phantastisches Beispiel für Modellbeschreibungen
   von Fluidfluß durch sich deformierende Medien.

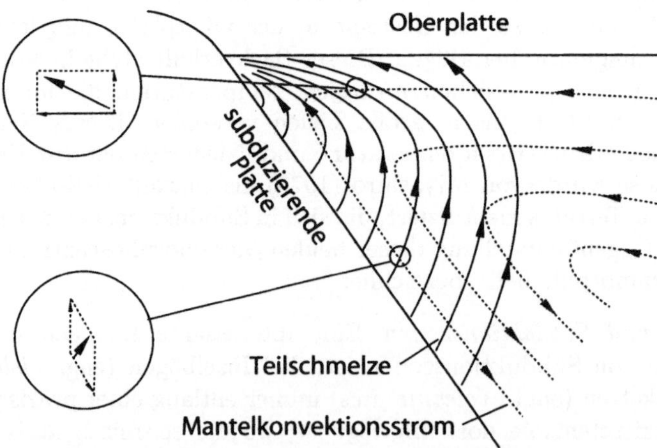

Abb. 3.25. Schmelzbewegungen in Benioff-Zonen nach Spiegelman und McKenzie
(1987). Die unterbrochenen Linien geben die Konvektionsströme der Asthenosphäre
und die durchgezogenen Linien die Pfade der Teilschmelzen wieder. Die vergrößerten
Ausschnitte zeigen die sich durch Addition der Vektoren der Konvektion und der
Aufwärtsbewegung ergebenden Bewegungsvektoren der Teilschmelze

3.6
Wärmehaushalt von Intrusionen

Die Intrusion magmatischer Gesteine ist ein wichtiger Prozeß der Geodynamik, der für verschiedenste thermische, chemische und mechanische Veränderungen in der Kruste verantwortlich sein kann. Die Intrusionen selbst, sowie
ihr Einfluß auf die umgebenden Gesteine, sind auch vertraute Geländeerscheinungen und ihre geodynamische Interpretation ist daher durch gute Daten
unterstützt. Der Intrusionsprozeß ist ein ausgesprochen effizienter Wärmetransportmechanismus und gibt daher Aufschluß über die Temperatur des
Herkunftsgebietes der Intrusion. Die quantitative Beschreibung ihrer thermischen Geschichte ist insbesondere aus zwei Gründen recht einfach:

– Intrusionsraten sind, auf geologische Maßstäbe bezogen, sehr hoch, zumindest im Vergleich mit der Zeitdauer von Kontaktmetamorphosen oder der
  Dauer eines orogenen Zyklus. Man darf bei ihrer thermischen Modellierung
  folglich oft von der Annahme ausgehen, daß die Inplatznahme im Vergleich
  zur darauffolgenden thermischen Äquilibrierung (engl.: *thermal relaxation*)
  „unendlich schnell" (engl.: *instantaneous cooling and heating*) stattfand.
  Die thermische Äquilibrierung kann daher mit Hilfe der Wärmeleitungsgleichung (Gl. 3.5) beschrieben werden, wobei die Intrusionsgeometrie als
  Anfangsbedingung verwendet wird.
– Intrusionen sind im Vergleich zu ihrer Umgebung meist klein (z. B. im
  Vergleich zu ihrem Abstand zur Oberfläche oder zur Moho). Die Randbedingungen, die zur Lösung der Wärmeleitungsgleichung notwendig sind,
  können daher für viele Probleme als im Unendlichen liegend angenommen
  werden.

Mit Hilfe dieser Annahmen läßt sich die Wärmeleitungsgleichung lösen
und die erhaltenen Lösungen können dann zur analytischen Beschreibung
der thermischen Entwicklung verwendet werden. Die Beschreibung der thermischen Geschichte von Intrusionen hat dann Ähnlichkeit mit dem im vorangegangenen Abschnitt verwendeten Modell zur Beschreibung ozeanischer
Lithosphäre. Wir formulieren zunächst jedoch zwei weitere vereinfachende
Annahmen, die uns zur anfänglichen Beschreibung der thermischen Geschichte von Intrusionen dienen sollen:

– Die Schmelz- und Reaktionswärme (engl.: *latent heat of fusion / of reaction*) anderer Prozesse kann vernachlässigt werden. Wir analysieren daher
  zunächst keinen der in Abschn. 3.2 besprochenen Prozesse.
– Die Wärmeleitfähigkeit kann als räumlich konstant angenommen werden.
  Wir berücksichtigen daher die in Abschn. 3.1.1 besprochene Problematik
  zunächst nicht.

Mit Hilfe dieser Annahmen kann Gl. 3.5 weitgehend integriert werden. Wir
beginnen mit einigen einfachen Beispielen.

3.6.1
Einfache Temperaturstufen

Das einfachste Beispiel, welches zur Interpretation von thermischen Prozessen im unmittelbaren Kontakt von Intrusionen ausgesprochen viel Information liefern kann, ist durch die thermische Äquilibrierung einer Temperaturstufe im eindimensionalen Raum gegeben. Dieses Beispiel ist in Abb. 3.26 illustriert. Die Temperaturen beiderseits der Stufe seien die Intrusions- und Nebengesteinstemperaturen T_i und T_b. Wählen wir ein räumliches Koordinatensystem, in dem sich die Stelle $z = 0$ exakt am Kontakt der Intrusion, also an der Temperaturstufe befindet, so lassen sich die Anfangs- und Randbedingungen dieses Problems wie folgt beschreiben:

- Anfangsbedingung: $T = T_i$ für alle $z > 0$ und $T = T_b$ für alle $z < 0$ zum Zeitpunkt $t = 0$.
- Randbedingungen: $T = T_b$ an der Stelle $z = \infty$ und $T = T_i$ an der Stelle $z = -\infty$ für alle $t > 0$.

Dem Leser ist vielleicht aufgefallen, daß *zwei* Randbedingungen vorliegen und zwar weit im Inneren der Intrusion und weit entfernt von ihrem Kontakt (bei $z = +\infty$ und $z = -\infty$). Dies ist notwendig, da die zu lösende Gleichung (Gl. 3.5) eine Differentialgleichung *zweiter* Ordnung ist (s. Abschn. A.1.1). Integration von Gl. 3.5 unter diesen Rand- und Anfangsbedingungen ergibt:

$$T = T_b + \frac{(T_i - T_b)}{2}\left(1 + \mathrm{erf}\left(\frac{z}{\sqrt{4\kappa t}}\right)\right) \quad . \tag{3.89}$$

Auf die Lösungsmethoden, die nötig sind, um Gl. 3.89 zu erhalten, soll hier nicht näher eingegangen werden (s. Abschn. 3.1.3). Die Wahl des Koordinatensystems für die oben angeführten Anfangsbedingungen (und in Abb. 3.26) ist nicht zwingend, sie gestattet es jedoch, die Lösung der Differentialgleichung in ihrer einfachsten Form anzugeben. In einem Koordinatensystem, in

Abb. 3.26. Thermische Äquilibrierung einer Temperaturstufe. Die Kurven wurden mit Gl. 3.89 und für $\kappa = 10^{-6}\ \mathrm{m^2\,s^{-1}}$, $T_i = 700\,°\mathrm{C}$ und $T_b = 200\,°\mathrm{C}$ berechnet. Die verschiedenen Kurven sind Temperaturprofile zu verschiedenen Zeiten (y) im Anschluß an das Intrusionsereignis

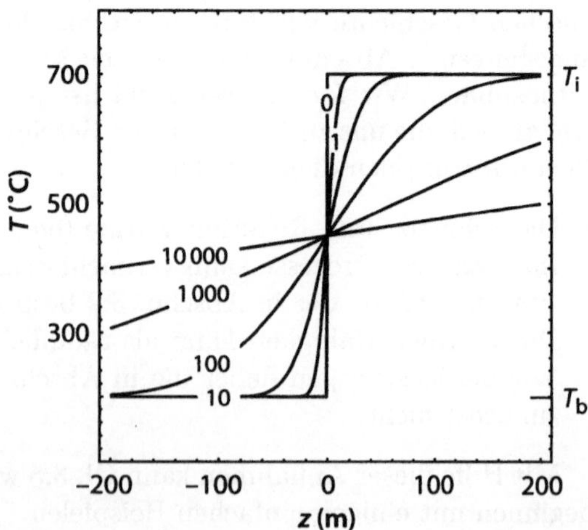

dem der Punkt $z = 0$ den Abstand l zur Temperaturstufe hat, lautet die obige Anfangsbedingung z. B. $T = T_i$ für alle $z > l$ und $T = T_b$ für alle $z < l$ zur Zeit $t = 0$. Die Randbedingungen bleiben gleich. Die Lösung nimmt dann folgende Form an:

$$T = T_b + \frac{(T_i - T_b)}{2}\left(1 + \mathrm{erf}\left(\frac{z - l}{\sqrt{4\kappa t}}\right)\right) \quad . \tag{3.90}$$

In Abbildung 3.26 verläuft die thermische Entwicklung beiderseits des Temperaturmittelpunktes zwischen T_i und T_b symmetrisch. Das ist zu erwarten, da die Anfangsbedingungen völlig symmetrisch sind.

Abkühlen eines Halbraumes. Im vorangegangenen Beispiel bleibt die Temperatur am Punkt $z = 0$ zeitlich unverändert. Sie hat den Wert $T_b + (T_i - T_b)/2$. Daher ist Gl. 3.89 der Beschreibung der Abkühlgeschichte eines Halbraumes (engl.: *semi-infinite half space*) sehr ähnlich. Wir sind diesem Modell schon in Abschn. 3.5.1 begegnet. Dieses in der Geologie sehr wichtige Problem beschreibt die Äquilibrierungsgeschichte thermischer Prozesse, die sich durch folgende Anfangs- und Randbedingungen beschreiben lassen:

– Anfangsbedingung: $T = T_b$ für alle $z > 0$ und $T = T_i$ an der Stelle $z = 0$ zum Zeitpunkt $t = 0$.
– Randbedingungen: $T = T_i$ an der Stelle $z = 0$ und $T = T_b$ an der Stelle $z = \infty$ für alle $t > 0$.

Diese Randbedingungen sind den vorherigen sehr ähnlich. Die entsprechende Lösung ist Gl. 3.89 folglich ebenfalls sehr ähnlich:

$$T = T_b + (T_i - T_b)\left(1 - \mathrm{erf}\left(\frac{z}{\sqrt{4\kappa t}}\right)\right) \quad . \tag{3.91}$$

Dieser Gleichung sind wir in leicht veränderter Form bereits in Abschn. 3.5.1 begegnet. Das Ergebnis von Gl. 3.90 und Gl. 3.91 kann noch vereinfacht werden, indem die Temperatur dimensionslos als $(T - T_b)/(T_i - T_b)$ angegeben wird (Abschn. 1.2). Stellen wir die Temperatur dimensionslos dar und verwenden wir die komplementäre Fehlerfunktion, vereinfacht sich Gl. 3.91 zu

$$\theta = \mathrm{erfc}\left(\frac{z}{\sqrt{4\kappa t}}\right) \quad . \tag{3.92}$$

Darin ist $\theta = (T - T_b)/(T_i - T_b)$ (s. Abschn. 1.2). Diese Vereinfachung wird hier angeführt, um zu verdeutlichen, daß die Abkühlkurven die Form einer einfachen Fehlerfunktion haben. Im Rest dieses Abschnitts wird der Anschaulichkeit halber von einer dimensionslosen Temperatur abgesehen. Zunächst werden einige geologisch wichtige Beispiele kleineren Maßstabs beschrieben.

3.6.2
Eindimensionale Intrusionen

Eine der einfachsten, aber auch wichtigsten Anwendungen der Gleichungen des vorherigen Abschnitts, dient der Beschreibung der Abkühlgeschichte von Intrusionen (Jaeger 1964). Weil diese vorgestellten Lösungen eindimensional sind, dienen sie insbesondere zur Beschreibung der thermischen Entwicklung magmatischer Gänge, die senkrecht zu ihrer Mächtigkeit über eine große Ausdehnung verfügen. Das dabei zu betrachtende Profil steht senkrecht zu den Gangwänden. Wir müssen jedoch nun bedenken, daß ein Gang endlicher Ausdehnung auch einen zweiten Kontakt hat. Für ein Koordinatensystem mit Ursprung in der Mitte eines Ganges der Mächtigkeit l, lauten die Anfangsbedingungen daher: $T = T_\mathrm{i}$ für $-(l/2) < z < (l/2)$ und $T = T_\mathrm{b}$ für $(l/2) < z < -(l/2)$ (Abb. 3.27). Die Randbedingungen bleiben die gleichen, wie beim Stufenproblem. Mit diesen Rand- und Anfangsbedingungen lautet die Lösung von Gl. 3.5 wie folgt:

$$T = T_\mathrm{b} + \frac{(T_\mathrm{i} - T_\mathrm{b})}{2} \left(\mathrm{erf}\left(\frac{0,5l - z}{\sqrt{4\kappa t}} \right) + \mathrm{erf}\left(\frac{0,5l + z}{\sqrt{4\kappa t}} \right) \right) \quad . \tag{3.93}$$

Man kann leicht erkennen, daß sich diese Lösung aus denen für die thermische Entwicklung zweier gegenüberliegender Temperaturstufen an den Stellen $z = -l/2$ und $z = l/2$ zusammensetzt. Abbildung 3.28 zeigt die thermische Entwicklung, die durch Gl. 3.93 beschrieben wird. Da die Diffusionsgleichung eine lineare Differentialgleichung ist, können nicht nur gegenüberliegende Temperaturstufen, sondern alle eindimensionalen Geometrien durch Aufsummieren der Lösungen für verschiedene Anfangsbedingungen beschrieben werden.

Im Gegensatz zu Abb. 3.26 verläßt die Temperatur am Intrusionskontakt in Abb. 3.28 nach einer gewissen Zeit den Halbwegspunkt zwischen T_i und T_b. Der Kontakt des Ganges beginnt abzukühlen. Das liegt daran, daß die Temperatur am Punkt $z = +l/2$ nach einer gewissen Zeit beginnt, dem Effekt des Abkühlens der Temperaturstufe an der Stelle $z = -l/2$ zu folgen. Entsprechendes gilt für den Punkt $z = -l/2$, der ab einer gewissen Zeit der Abkühlgeschichteder Temperaturstufe bei $z = +l/2$ unterliegt.

Abb. 3.27. Schematische Abbildung der Anfangsbedingungen und Variablen von Gl. 3.93

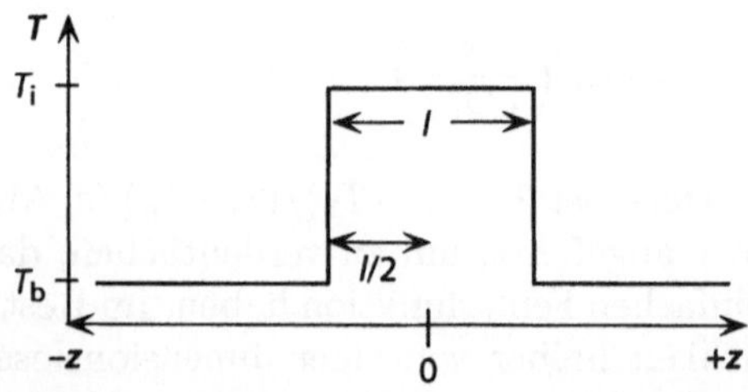

Abb. 3.28. Thermische Äquilibrierung einer eindimensional beschreibbaren Intrusion, z. B. ein magmatischer Gang von großer Erstreckung. Die Abbildung wurde mit Gl. 3.93 berechnet und setzt sich aus zwei gegenüberliegenden Temperaturstufen zusammen (vgl. Abb. 3.26). Die Konstanten stimmen mit jenen in Abb. 3.26 überein. Abkühlkurven verschiedener Punkte sind in Abb. 3.29a dargestellt

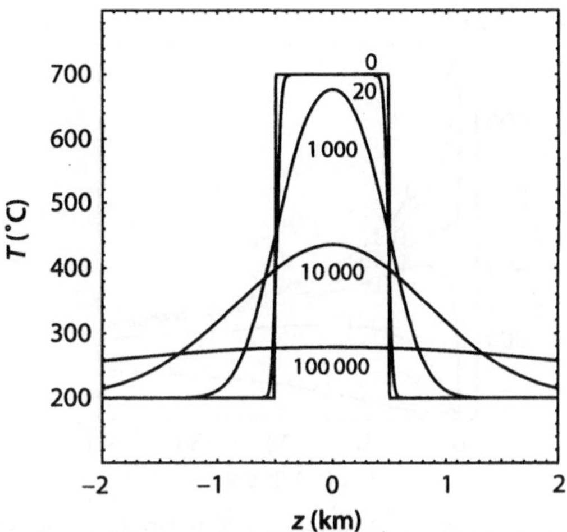

Abkühlgeschichte einfacher Intrusionen. Wir wollen nun einige charakteristische Merkmale der Kontaktmetamorphose erklären, die direkt aus Gl. 3.93 interpretiert werden können. Zum Beispiel zeigt sie, daß die maximal erreichbare kontaktmetamorphe Temperatur weit unter der Intrusionstemperatur liegt. Nur unmittelbar am Kontakt der Intrusion erreicht die Temperatur die mittlere Temperatur zwischen Muttergestein (engl.: *host rock*) und Intrusion. Daraus können wir schließen, daß im Gelände beobachtete, breite und hochtemperierte kontaktmetamorphe Zonen durch andere Prozesse verursacht worden sein müssen (s. Abschn. 3.6.4). Die direkt im Anschluß an eine einfache Intrusion stattfindende Wärmeleitung kann dafür nicht verantwortlich sein.

Abkühlkurven. Für die Interpretation von Erwärmungs- und Abkühlkurven im kontaktmetamorphen Regime ist es dienlich, Gl. 3.93 in einem Temperatur-Zeit-Diagramm darzustellen (Abb. 3.29a). Diese Abbildung veranschaulicht, daß die Abkühlgeschichten an verschiedenen Stellen innerhalb und im Kontakthof der Intrusion sehr verschiedene Formen annehmen können. Manche Punkte kühlen ab, während sich andere noch erwärmen. Abkühlraten ändern sich mit unterschiedlichen Geschwindigkeiten. Abkühlkurven haben in der Nähe des Kontaktes sehr komplizierte Formen mit mehreren Veränderungen in der Abkühlrate (z. B. die 490-m-Kurve in Abb. 3.29a). Da viele metamorphe Prozesse, die Mineralwachstum und Diffusion involvieren, von Abkühlraten abhängen (z. B. Dodson 1973), ist die Interpretation solcher Kurven sehr wichtig (s. Abschn. 7.2).

Abkühlraten. Die Abkühlrate s für verschiedene Punkte um einen magmatischen Gang, der mit den obigen Annahmen beschrieben wird, ergibt sich direkt aus dem Differential von Gl. 3.93 über die Zeit. Da die Fehlerfunktion selbst ein Integral darstellt, ist die Differentiation leicht (auch wenn die Details hier nicht wiedergegeben werden):

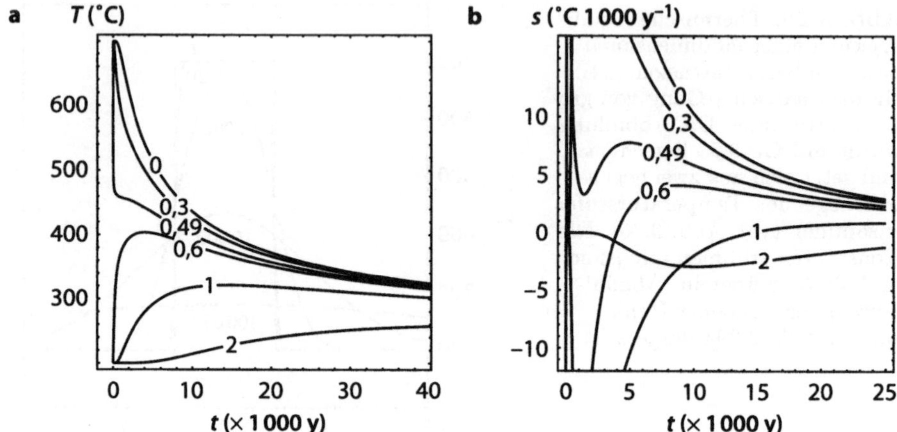

Abb. 3.29. a Temperatur-Zeit-Pfade (Abkühlkurven) für verschiedene Orte innerhalb und im Kontakthof einer 1 km mächtigen Intrusion ($l = 1$ km) (gleiche Konstanten wie Abb. 3.28). Die Abbildung wurde ebenfalls mit Gl. 3.93 berechnet. Der dargestellte Zeitraum umfaßt 0–40 000 y. Die Kurven entsprechen Abständen von der Intrusionsmitte aus und sind in km beschriftet. Da $l = 1$ km ist, liegen die ersten drei innerhalb der Intrusion und die anderen außerhalb. **b** Abkühlraten sind für die gleichen Daten wie **a** gegen die Zeit aufgetragen und mit Gl. 3.94 berechnet

$$s = \frac{dT}{dt} = \frac{(T_i - T_0)}{4t\sqrt{\pi\kappa t}} \left(\frac{z - 0,5l}{e^{((0,5l-z)^2/4\kappa t)}} - \frac{z + 0,5l}{e^{((0,5l+z)^2/4\kappa t)}} \right) \tag{3.94}$$

(s. Abschn. 3.1.3, 3.5.1). Die Kurven der Abkühlrate als Funktion der Zeit sind in Abb. 3.29b dargestellt. Sie können direkt mit jenen aus Abb. 3.29a verglichen werden. Für viele petrologische Fragestellungen ist die Abkühlrate bei einer bestimmten *Temperatur* von wesentlich größerer Bedeutung als jene zu einem bestimmten *Zeitpunkt*. Zur Illustration, eignet sich ein *parametrisches* Diagramm, in dem die Temperatur gegen die Abkühlrate aufgetragen wird. Parametrische Diagramme sind Darstellungen, in denen zwei verschiedene Funktionen derselben Variablen gegeneinander aufgetragen werden. Ein solches Diagramm von T gegen s (Abb. 3.30) ist daher eine Zusammenfassung von Abb. 3.29a und 3.29b. Die Zeitabhängigkeit der Temperatur oder Kühlrate kann in dieser Abbildung jedoch nicht direkt gezeigt werden. So erscheint Abb. 3.30 auf den ersten Blick etwas verwirrend. Sie ist aber für die Interpretation petrologischer und geochronologischer Daten sehr wichtig!

Den Zeitpunkt des kontaktmetamorphen Temperaturmaximums $t_{T_{max}}$ kann man für das Modell von Gl. 3.93 leicht analytisch finden. Am metamorphen Temperaturmaximum beträgt die Temperaturänderungsrate $s|_{t=T_{max}} = 0$ (lies: s an der Stelle $t = T_{max}$). Daher kann man Gl. 3.94 an dieser Stelle gleich null setzen und nach der Zeit auflösen. Es folgt:

$$t_{T_{max}} = -\frac{zl}{2\kappa \ln\left(\frac{z-0,5l}{z+0,5l}\right)} \ . \tag{3.95}$$

Daraus ergibt sich leicht die Maximaltemperatur, die ein Gestein als Funktion seines Abstands vom Kontakt der Intrusion, erfahren kann (Abb. 3.30). Zu diesem Zweck muß lediglich der Zeitpunkt aus Gl. 3.95 in Gl. 3.93 eingesetzt und diese für die Temperatur gelöst werden (Abb. 3.31). Mit Hilfe dieses Diagrammes können wichtige grundlegende Vorhersagen gemacht werden:

1. Die Maximumtemperatur der Gesteine fällt mit zunehmendem Abstand von der Wärmequelle rapide ab.
2. Der Zeitpunkt der Metamorphose steigt mit Abstand von der Wärmequelle und abfallendem Metamorphosegrad an. Das heißt, niedergradige Gesteine erfahren ihre Metamorphose später als hochgradige (Den Tex 1963).

Diese Aussagen können bei der Interpretation von Erwärmungsmechanismen eines metamorphen Terrains hilfreich sein (Abschn. 6.3.4 und Abschn. 7.4.1). Für manche Erwärmungsmechanismen verhält sich diese Be-

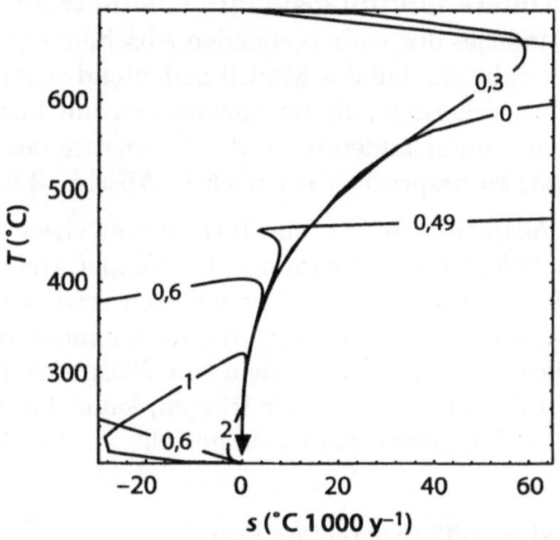

Abb. 3.30. Parametrisches Diagramm der Abkühlrate gegen die Temperatur. In dieser Abbildung sind die Größen aus Abb. 3.29a und 3.29b gegeneinander aufgetragen. Die Darstellung ist sehr hilfreich wenn es um die Äquilibrierung von Mineralparagenesen geht (Abschn. 7.2)

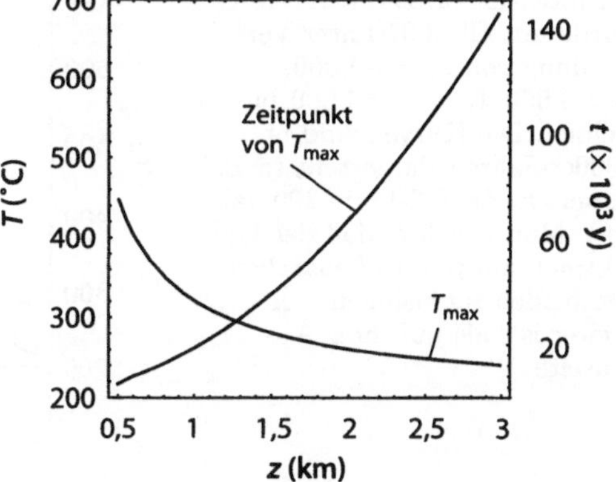

Abb. 3.31. Maximal erreichbare Temperatur und Zeitpunkt des Temperaturmaximums der einfachen, eindimensionalen Intrusionen aus Abb. 3.27 und Abb. 3.28; berechnet mit Gl. 3.95, die in Gl. 3.93 eingesetzt wurde. Der Wert l beträgt wieder 1 km, $T_i = 700\,°C$, $T_b = 200\,°C$ und $\kappa = 10^{-6}\ m^2\,s^{-1}$

ziehung nämlich umgekehrt. Im Kapitel über P-T-t-Pfade werden weitere geologisch wichtige Implikationen dieser Abkühlkurven besprochen.

Der Vollständigkeit halber soll eine letzte analytisch beschreibbare Größe kurz diskutiert werden: der Zeitpunkt der größten Abkühlrate, $t_{s_{max}}$. Die maximale Abkühlrate der Abkühlkurven in Abb. 3.29 liegt am Wendepunkt der Abkühlkurven. An diesem Punkt ist die Krümmung der Abkühlkurve gleich null. Um diesen Wendepunkt zu finden, muß Gl. 3.94 ein weiteres Mal differenziert und gleich null gesetzt werden. Das ergibt:

$$\mathrm{e}^{\left(\frac{lz}{2\kappa t}\right)} = \left(\frac{6(0,5l - z)\kappa t - (0,5l - z)^3}{6(0,5l + z)\kappa t - (0,5l + z)^3} \right) \ . \tag{3.96}$$

Diese Gleichung kann für die Zeit iterativ gelöst werden. Zur Bestimmung der maximalen Abkühlrate muß diese Zeit in Gl. 3.94 eingesetzt werden. Die maximale Abkühlrate und ihr Zeitpunkt sind wichtige Größen zur Charakterisierung von Abkühlkurven.

Andere eindimensionale Geometrien. Eines der größten Probleme des Modelles des vorhergehenden Abschnitts (Gl. 3.93 und abgeleitete Beziehungen) ist es, daß das Modell bedeutend schmalere kontaktmetamorphe Aureolen vorhersagt, als im allgemeinen um Intrusionen beobachtet werden. Das kann unter anderem an der Geometrie der Wärmequelle liegen. Andere Ursachen besprechen wir noch in Abschn. 3.6.4.

Dikeschwärme. Ist ein Terrain von vielen Intrusionen durchsetzt, kann die mittlere kontaktmetamorphe Temperatur viel höher liegen, als jene, die im Kontakthof bei nur einer einzigen Intrusion erreicht werden kann. Das kann schematisch leicht durch die Kombination einer Reihe von Temperaturstufen beschrieben werden. Wenn zum Beispiel N Intrusionen mit der Mächtigkeit l_n in die Tiefe $z = z_n$ eindringen, kann das durch die addierte Evolution von $2N$ Temperaturstufen dargestellt werden. Die Lösung ergibt:

Abb. 3.32. Kontaktmetamorphose zwischen zwei benachbarten Intrusionen. Die Abbildung wurde mit Gl. 3.97 unter Verwendung von $z_1 = -1\,000$, $z_2 = 1\,000$, $l_1 = l_2 = 1\,000$ berechnet. Die Kurven sind in $1\,000$er-Jahren dargestellt (z. B. entspricht die 0,2-Linie 200 Jahren). Man beachte, daß der kontaktmetamorphe Hof *zwischen* den beiden Intrusionen viel breiter ist, als auf ihrer Außenseite

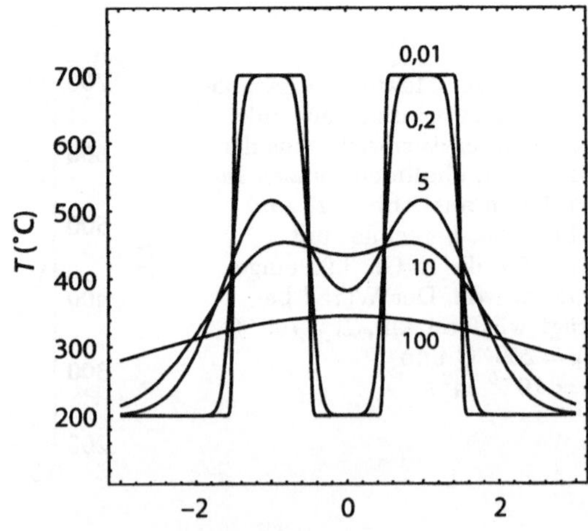

Abb. 3.33. Schematische Darstellung eines weiteren „Stufenproblems": Abkühlgeschichte einer eindimensionalen Intrusion auf einer linearen Geotherme. Temperaturprofile sind für zwei Zeitpunkte dargestellt; zum Zeitpunkt der Intrusion t_0 und zu einem späteren Zeitpunkt t_1. Da die Diffusionsgleichung eine lineare Differentialgleichung ist, können für dieses Modell die Temperaturen aus Gl. 3.93 einfach zu denen einer Geotherme (in diesem Fall durch eine Gerade gegeben) hinzuaddiert werden

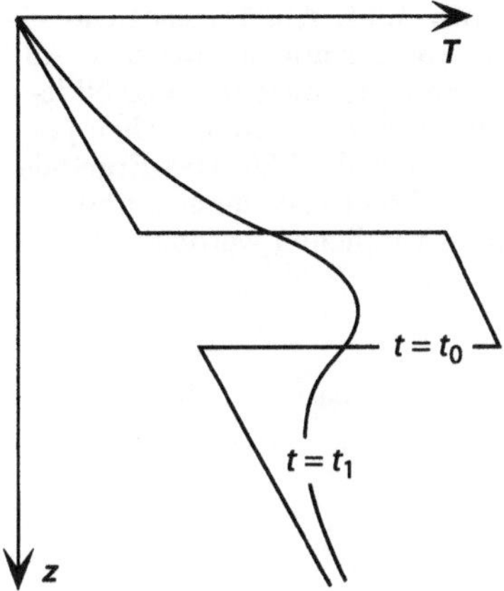

$$\theta = \frac{1}{2} \sum_{n=1}^{N} \left(\operatorname{erf} \left(\frac{z - (z_n - 0,5l_n)}{\sqrt{4\kappa t}} \right) + \operatorname{erf} \left(\frac{(z_n + 0,5l_n) - z}{\sqrt{4\kappa t}} \right) + ... \right) \tag{3.97}$$

Ein Beispiel mit zwei Intrusionen ist in Abb. 3.32 dargestellt. Man kann sehen, daß im Bereich zwischen den zwei Intrusionen der kontaktmetamorphe Bereich viel breiter ist und höhere Temperaturen erreicht werden, als außerhalb. Diese Beobachtung hat Barton und Hanson (1989) dazu veranlaßt, die gemeinsame Intrusion mehrerer magmatischer Körper als Wärmequelle von Niederdruck-Hochtemperatur-Terrains vorzuschlagen (s. Abschn. 6.3.4). Abbildung 3.33 zeigt schematisch ein anderes Beispiel, in dem ein eindimensionales thermisches Äquilibrierungsproblem durch Addition einfacher eindimensionaler Geometrien gelöst wurde.

Kugelförmige Intrusionen. Kugelförmige Intrusionen sind ebenso wie das Gangmodell, das wir bis jetzt behandelt haben, eindimensional beschreibbar. Sie sind eindimensional in dem Sinne, daß die Temperaturgeschichte in Polarkoordinaten in allen Raumrichtungen gleich ist (r ist der Abstand vom Ursprung). Die thermische Evolution einer kugelförmigen Intrusion mit dem Radius R wird durch eine Lösung von Gl. 3.12 unter den Randbedingungen $T = T_b$ an den Stellen $r = \infty$ und $r = -\infty$, sowie der Anfangsbedingung $T = T_i$ im Bereich $-R < z < R$ und $T = T_b$ im Bereich $-R > z > R$ zum Zeitpunkt $t = 0$, beschrieben. Die Lösung entspricht dem kartesischen Problem von Gl. 3.93 als Lösung von Gl. 3.5 und lautet:

$$T = T_b + \frac{(T_i - T_b)}{2} \left(\operatorname{erf} \left(\frac{R - r}{\sqrt{4\kappa t}} \right) + \operatorname{erf} \left(\frac{R + r}{\sqrt{4\kappa t}} \right) \right)$$

$$- \frac{(T_i - T_b)}{r} \left(e^{-\left(\frac{(R-r)^2}{\sqrt{4\kappa t}} \right)} - e^{-\left(\frac{(R+r)^2}{\sqrt{4\kappa t}} \right)} \right) . \tag{3.98}$$

Abb. 3.34. Abkühlgeschichte einer kugelförmigen Intrusion. Alle
Parameter, sowie die abgebilde-
ten Zeitschritte entsprechen jenen für Abb. 3.28. Das Ergebnis
kann direkt mit dieser Abbildung verglichen werden

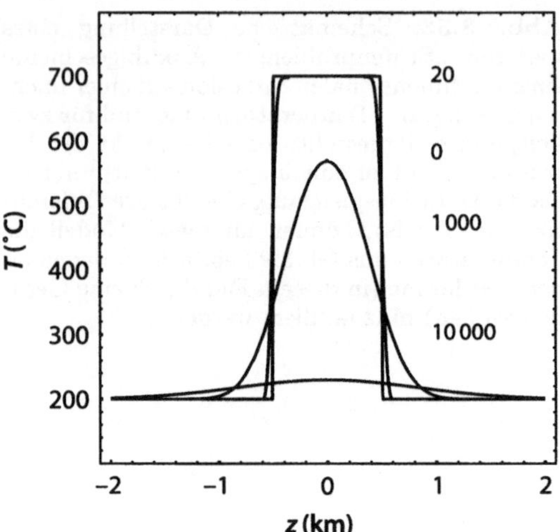

Der Radius der Kugel R entspricht dem Ausdruck $l/2$ des kartesischen Problems. Die Größe r ist der Abstand von der Kugelmitte und entspricht z. Temperaturprofile von Kugeln zu verschiedenen Zeitpunkten sind in Abb. 3.34
dargestellt und direkt mit den Kurven in Abb. 3.28 zu vergleichen. Man
kann erkennen, daß Kugeln schneller abkühlen als Gänge.

3.6.3
Zweidimensionale Intrusionen

Die Behandlung zweidimensionaler Probleme ist zuweilen recht einfach. Die
Effekte der jeweils in verschiedene Raumrichtungen stattfindenden Wärmeleitung potenzieren sich nämlich für viele Randbedingungen. Allgemein gilt,
daß zweidimensionale Lösungen der Wärmeleitungsgleichung einfach durch
das Produkt der eindimensionalen Lösungen in den beiden Raumrichtungen z
und y gegeben sind, wenn sich 1. die Anfangsbedingungen auch als Produkt
$f(z)f(y)$ ausdrücken lassen und 2. die Randbedingungen durch eine konstante Temperatur oder einen konstanten Wärmefluß gegeben sind. Lösungen der
Wärmeleitungsgleichung lassen sich dann wie folgt ausdrücken:

$T = $ Lösung in z-Richtung $\times$ Lösung in y-Richtung

Zum Beispiel kann das Abkühlprofil einer Ecke durch einfache Multiplika-
tion zweier Stufenfunktionen wie in Gl. 3.91 beschrieben werden:

$$T = T_{\mathrm{b}} + (T_{\mathrm{i}} - T_{\mathrm{b}})\mathrm{erf}\left(\frac{z}{\sqrt{4\kappa t}}\right)\mathrm{erf}\left(\frac{y}{\sqrt{4\kappa t}}\right) \tag{3.99}$$

(Abb. 3.35). Die Temperaturgeschichte in einem *Rechteck* findet eine Reihe
von Anwendungen in der Wärmeleitung, der Geomorphologie (Abschn. 4.3)
und Petrologie (Abschn. 7.2). Die Lösung dazu ergibt sich direkt aus Gl. 3.93:

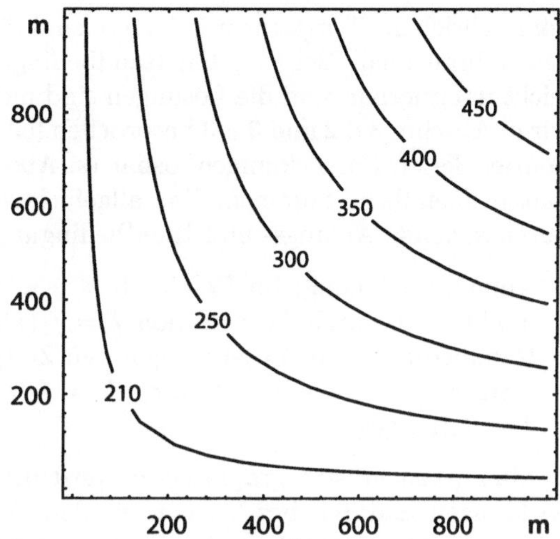

Abb. 3.35. Temperaturen einer abkühlenden Ecke, 10 000 y nach einer Intrusion mit $T_i = 700\,^{\circ}\mathrm{C}$ in Gesteinen mit $T_b = 200\,^{\circ}\mathrm{C}$

$$T = T_b + \frac{(T_i - T_b)}{2}\left(\mathrm{erf}\left(\frac{0,5l - z}{\sqrt{4\kappa t}}\right) + \mathrm{erf}\left(\frac{0,5l + z}{\sqrt{4\kappa t}}\right)\right)$$

$$\times \left(\mathrm{erf}\left(\frac{0,5l - y}{\sqrt{4\kappa t}}\right) + \mathrm{erf}\left(\frac{0,5l + y}{\sqrt{4\kappa t}}\right)\right) \ . \tag{3.100}$$

Diese Lösung kann verwendet werden, um die Temperaturen in einem abkühlenden rechteckigen Block zu ermitteln. In Kap. 4.3 werden wir sehen, daß die Wollsackverwitterung von Graniten mit der gleichen Lösung beschrieben werden kann.

3.6.4
Andere Beispiele hilfreicher Randbedingungen

Bis jetzt haben wir nur Beispiele diskutiert, in denen die Randbedingungen im Unendlichen fixiert sind. Diese Annahme ist sinnvoll, wenn die zu beschreibende Intrusion, im Vergleich zur Umgebung, klein ist. Zum Beispiel, wenn eine hunderte Meter große Granitintrusion in der mittleren Kruste, viele Kilometer von der Oberfläche entfernt, ungestört abkühlt. Für viele Intrusionen gelten diese Vereinfachungen nicht. Beispiele häufiger Probleme anderer Natur werden im folgenden besprochen.

Fixierte Randbedingungen. Zur Beschreibung der thermischen Geschichte oberflächennaher Intrusionen, bei denen die konstante Oberflächentemperatur berücksichtigt werden muß oder magmatischer Gänge, die durch ständigen Magmadurchfluß von innen eine konstante Temperatur aufweisen, können nicht – wie bisher – mit Randbedingungen im Unendlichen beschrieben werden. Die Randbedingungen sind fixiert. Wenn nur eine der Randbedingungen fixiert ist, kann das Problem wieder auf ein „Semi-infinite half space"-Problem reduzierbar sein (Abschn. 3.6.1). Wenn jedoch beide Modellränder vorgeschriebene Temperaturen haben, sind die bis jetzt besprochenen Lösungen unbrauchbar. Bei fixierten Randbedingungen ist Gl. 3.5 nicht mehr so leicht integrierbar, und die Lösungen sind nicht mehr so einfach wie jene, die wir in Abschn. 3.6.2 und 3.6.3 besprochen haben. Gleichung 3.5 ist aber durch Fourier-Serien-Entwicklungen lösbar (s. Abschn. A.4). Solche Lösungen enthalten unendliche Summen. Das allgemeinste Beispiel solcher Probleme ist durch folgende Anfangs- und Randbedingungen gegeben:

- Anfangsbedingung: Im Bereich $0 < z < l$ ist die Temperatur zum Zeitpunkt $t = 0$ durch die Funktion $T = f_1(z)$ gegeben.
- Randbedingungen: Zu allen späteren Zeitpunkten ($t > 0$) ist die Temperatur an der Stelle $z = 0$ durch $T = f_2(t)$ und an der Stelle $z = l$ durch $T = f_3(t)$, gegeben.

Man versuche sich graphisch zu verdeutlichen, welche thermischen Entwicklungen dadurch beschrieben werden. Mit diesen Bedingungen können sehr viele Abkühlprobleme beschrieben werden. Zwischen den Rändern beschreibt die Funktion $f(z)$ jede Form abkühlender Körper. An den Rändern kann eine große Anzahl thermischer Prozesse mit den Funktionen f_2 und f_3 beschrieben werden. Die Tatsache, daß f_2 und f_3 Funktionen und nicht fixe Werte sind, ist auch eine Art „fixierte" Randbedingung (s. Abschn. A.2.1). In anderen Worten, „fixierte Randbedingungen" müssen keinen fixen Wert haben, diese müssen nur zu jedem Zeitpunkt vorgeschrieben sein. Die Lösung von Gl. 3.5 benötigt den Einsatz von Fourier-Serien und enthält daher unendliche Summen und Winkelfunktionen. Für zahlreiche Spezialfälle der drei Raum- und Zeitfunktionen ($f_1(z)$, $f_2(t)$ und $f_3(t)$) sind die entsprechenden Lösungen jedoch recht einfacher Art und können in der Literatur nachgeschlagen werden (z. B. Carslaw und Jaeger 1959). Zum Beispiel dann, wenn die drei Funktionen konstante Werte oder lineare Funktionen darstellen. Dieser Spezialfall ist unter anderem für geomorphologische Fragestellungen relevant und wird in Abschn. 4.3.2 (Gl. 4.53) besprochen.

Die allgemeinste Lösung (sowie eine Reihe von Spezialfällen) wird im Detail von Carslaw und Jaeger (1959, Abschn. 3.5) besprochen. Der interessierte Leser sei darauf verwiesen. Es sei hier nur erwähnt, daß auch für komplexe Probleme wie diese, Lösungen der Diffusionsgleichung existieren. Mit ein wenig Literaturforschung kann man daher für eine große Anzahl geologisch relevanter Diffusionsprobleme einfache analytische Lösungen finden, deren Anwendung dann trivial ist.

Das Stefan-Problem. Eine Reihe von Beobachtungen über kontaktmetamorphe Höfe um Intrusionen zeigen, daß diese breiter und höhertemperiert sind, als die Modelle vorhersagen, die im vorherigen Abschnitt besprochen wurden. Die zwei wichtigsten Gründe, die dafür verantwortlich sein können, sind:

- Alle bisher besprochenen Modelle sind „Instantaneous cooling"-Probleme. Das heißt, wir haben angenommen, daß die Abkühlgeschichte mit dem

Zeitpunkt der Intrusion beginnt. Das muß natürlich nicht so sein. In von Magma durchflossenen Gängen ist dies sogar recht unwahrscheinlich. In diesem Fall ist es oft sinnvoll anzunehmen, daß die Temperatur innerhalb des Ganges für die Zeit des Durchflusses konstant bleibt und daß das Abkühlen erst dann beginnt, wenn der Durchfluß endet. Die Temperaturgeschichte des ersten Teils der Abkühlgeschichte kann mit Gl. 3.91 beschrieben werden (Abb. 3.36). Um die Abkühlgeschichte nach Beendigung des Durchflusses zu beschreiben, muß das Temperaturprofil am Ende des Magmenflusses als Anfangsbedingung verwendet werden. Diese Anfangsbedingung ist eine komplizierte Kurve und die Wärmeleitungsgleichung muß daher für die weitere Abkühlgeschichte numerisch gelöst werden.

— Der zweite Grund dafür, daß Kontakthöfe um Intrusionen oft breiter sind als es das Modell beschreibt, ist durch den Einfluß der Schmelz- bzw. Kristallisationswärme gegeben. Die Schmelzwärme von Gesteinen beträgt etwa 320 kJ pro kg Gestein oder $8{,}64 \cdot 10^8$ J m^{-3}. Beim Kristallisieren einer Intrusion wird diese Wärme frei und puffert den Abkühlprozeß zu einem gewissen Grad ab. Die Beschreibung dieses Prozesses wurde zuerst am Beispiel frierenden Seewassers durchgeführt (Stefan 1891) und wird im folgenden besprochen.

In Abschn. 3.2.3 wurde bereits erwähnt, daß Schmelz- und Kristallisationswärme einen wichtigen Teil des Wärmehaushalts hochgradig metamorpher Terrains ausmachen kann. Die Schmelzwärme L von Gesteinen beträgt etwa 320 000 J kg^{-1}. Etwa 1 000 Joule werden benötigt, um ein Kilogramm Gestein um ein Grad zu erwärmen ($c_p = 1\,000$ J kg^{-1} K^{-1}). Das heißt, der Betrag der Schmelzwärme würde theoretisch ausreichen, ein Gestein um 320 °C zu erwärmen. Eine Intrusion der Temperatur $T_i = 700$ °C, die in ein Gestein der Temperatur $T_b = 200$ °C eindringt, hat gegenüberihrer Umgebung einen Tem-

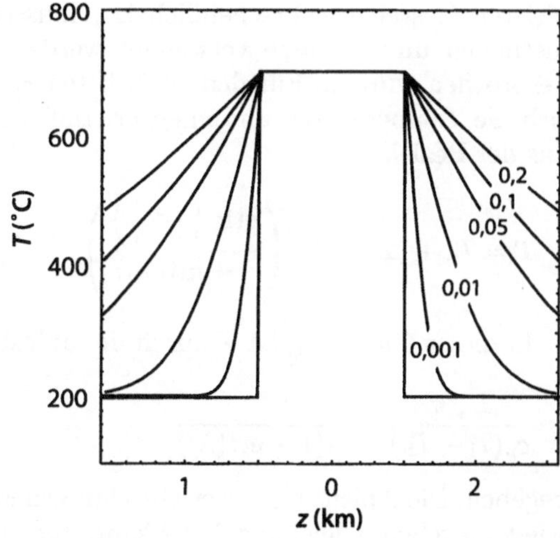

Abb. 3.36. Temperaturprofile um einen magmadurchflossenen magmatischen Gang konstanter Temperatur. Die Kurven wurden mit Gl. 3.90 berechnet und das Koordinatensystem entsprechend der Abbildung verschoben (Zeitabstände in my). Vergleiche auch die Kurven in Abb. 3.22 und Abb. 3.26

peraturüberschuß von $\Delta T = 500\,^\circ\mathrm{C}$. Das entspricht einem Wärmeüberschuß von $\Delta T c_p = 500\,000$ J kg^{-1}. Der eigentliche Wärmeinhalt der Intrusion – inklusive der Kristallisationswärme, die das geschmolzene Gestein noch potentiell in sich hält – ist allerdings $\Delta T c_p + L = 820\,000$ J kg^{-1}. Im diesem Fall ist der Energieüberschuß der Intrusion also etwa 1,64 mal so groß wie jener, der durch die Temperaturdifferenz allein gegeben ist. Das heißt, daß wir in allen vorangegangenen Beispielen die Abkühlgeschichte substantiell unterschätzt haben. Für den Gesamtwärmehaushalt wäre es in diesen Fällen genauer, wenn wir 1 000 m mächtige Intrusionen mit 1 000 × 1,64 mächtigen Temperaturstufen beschreiben würden (s. u. Abschn. „Gesamtwärmeinhalt metamorpher Terrains").

Diese grobe Annäherung beschreibt allerdings nur den Gesamtwärmehaushalt richtig, nicht aber die Temperaturgeschichte. Um die Temperaturgeschichte einer abkühlenden kristallisierenden Intrusion nachzuvollziehen, hilft es, sich den Vorgang beim Zufrieren eines Sees vor Augen zu führen. Bei abnehmender Temperatur neigt die Seeoberfläche als erste zur Kristallisation. Die dabei freiwerdende Kristallisationswärme verlangsamt diesen Prozeß und puffert die Kristallisationsrate ab. Bei weiterer Abkühlung wird der Kristallisationsprozeß immer langsamer, da die zunehmend mächtige, bereits kristallisierte Schicht das darunterliegende Wasser nach außen isoliert. Darum gibt es auf den Polarmeeren selten Eismächtigkeiten, die wenige Meter übersteigen (außer in Kollisionsbereichen von Eisschollen).

Für den einfachen eindimensionalen Fall einer abkühlenden Intrusion, deren Magma bei einer bestimmten Temperatur kristallisiert, gibt es eine analytische Lösung, die die Abkühlgeschichte unter Einbezug der Schmelzwärme beschreibt. Die Lösung wurde erstmals von Stefan (1891) zur Beschreibung der Eisbildung auf den Polarmeeren gefunden und gibt dem Problem seinen Namen. Für alle komplizierteren Randbedingungen (z. B. Kristallisation über ein Temperaturintervall zwischen Solidus und Liquidus – wie es für die meisten Gesteine wahrscheinlich ist) müssen zumeist numerische Lösungsmethoden und Ansätze verwendet werden, die zum Teil in Abschn. 3.2.3 besprochen wurden. Für den einfachsten Fall eutektischer Schmelze ergeben sich die Temperaturen um einen kristallisierenden Gang nach Stefan (1891) aus der Beziehung

$$T = T_\mathrm{b} + (T_\mathrm{i} - T_\mathrm{b})\left(\frac{\mathrm{erfc}\left(\frac{z}{\sqrt{4\kappa t}}\right)}{1 + \mathrm{erf}(\lambda))}\right)\ . \tag{3.101}$$

In dieser Gleichung ist λ durch die unlösbare Funktion

$$\frac{L\sqrt{\pi}}{c_p(T_\mathrm{i} - T_\mathrm{b})} = \frac{\mathrm{e}^{-\lambda^2}}{\lambda(1 + \mathrm{erf}(\lambda))} \tag{3.102}$$

gegeben. Die Ableitung dieser Gleichungen ist kompliziert und wird hier nicht wiedergegeben. Gleichung 3.102 kann iterativ gelöst oder tabellarisch erfragt

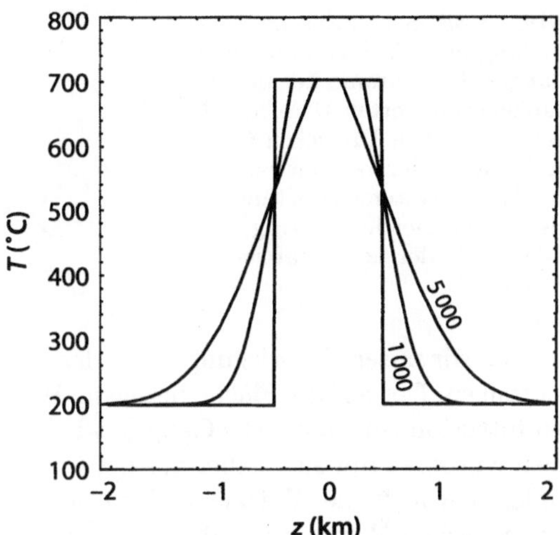

Abb. 3.37. Temperaturen im Kontakthof eines kristallisierenden magmatischen Ganges nach 1 000 und 5 000 Jahren (berechnet mit Gl. 3.100 und einer entsprechenden Verschiebung des Koordinatensystems). Es ist zu beachten, daß die Kontaktmetamorphose breiter und höher temperiert ist, als beim einfachen Wärmeleitungsmodell von Abb. 3.28. Sämtliche Parameter entsprechen jenen für die Berechnung von Abb. 3.28

und dann in Gl. 3.101 eingesetzt werden. Kurven, die mit Gl. 3.101 berechnet wurden, sind in Abb. 3.37 dargestellt. Die Gleichung beschreibt das Temperaturprofil um den kristallisierenden Gangrand. Die Mächtigkeit des Ganges und damit die Temperaturgeschichte der gegenüberliegenden Gangwand geht darin nicht ein. $z = 0$ ist die Position der Gangwand vor Beginn der Kristallisation. Ab dem Zeitpunkt, wo sich die Abkühlkurven der beiden gegenüberliegenden Gangwände treffen (in Abb. 3.37 nach etwa 7 000 Jahren), muß eine andere Lösung zur Beschreibung der weiteren Abkühlgeschichte verwendet werden.

Wärmeinhalt. Alle thermischen Probleme lassen sich nicht nur über die Temperatur, sondern auch über die Wärme beschreiben. Die Umwandlung von Wärme in Temperatur und umgekehrt, erfolgt über den Faktor

$$H = T\rho c_p \ , \tag{3.103}$$

Temperatur T (in K oder °C) mal Dichte ρ (in $\mathrm{kg\,m^{-3}}$) und mal Wärmekapazität c_p (in $\mathrm{J\,kg^{-1}\,K^{-1}}$) ergibt den Wärmeinhalt H (in $\mathrm{J\,m^{-3}}$). Die meisten Probleme, die wir in diesem Abschnitt besprochen haben, sind direkt über die Temperatur beschrieben worden. Für manche eignet sich jedoch eher eine Behandlung des Energiegleichgewichts in der Wärmeform. Wir müssen dabei jedoch auf die Einheiten achten. Der Faktor ρc_p hat die Einheit $\mathrm{J\,K^{-1}\,m^{-3}}$, also die Energie, die notwendig ist, um einen Kubikmeter Gestein um ein Grad zu erwärmen. Multiplizieren wir ρc_p mit der Intrusionstemperatur, erhalten wir den Wärmeinhalt der Intrusion pro Kubikmeter. Wenn wir am Gesamtwärmeinhalt einer Intrusion interessiert sind, muß dieser Wert noch mit dem Volumen der Intrusion multipliziert werden.

Das Volumen eines Ganges entspricht dem Produkt aus seiner Mächtigkeit und der Gangoberfläche. Unter der Annahme von Eindimensionalität

Abb. 3.38. Schematische Darstellung des Wärmeinhalts eines Ganges. Die Summe der beiden dunkel schattierten Bereiche B mit den weißen Dreiecken C muß, damit der Gesamtwärmeinhalt des Systems konstant bleibt, den gleichen Betrag haben, wie der hell schattierte Bereich A

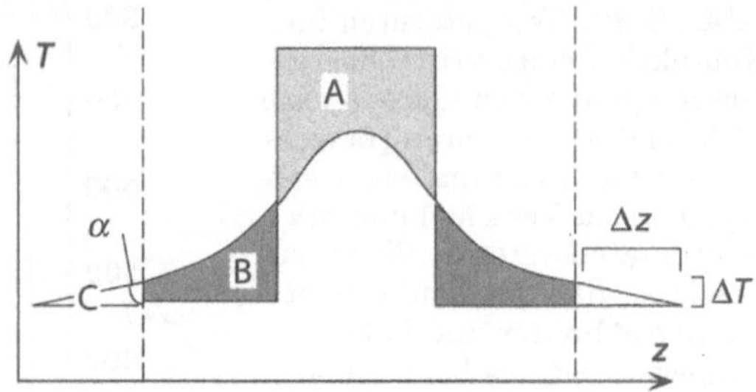

können wir unsere Überlegungen auf den Wärmeinhalt pro Quadratmeter beschränken. Der auf die Fläche bezogene Wärmeinhalt H einer eindimensionalen Intrusion (magmatische Gänge), wie sie in Gl. 3.93 und Abb. 3.28 besprochen wurde, ergibt sich daher aus der Fläche unter dem Temperaturprofil. In anderen Worten, der Wärmeinhalt in $\mathrm{J\,m^{-2}}$ eines Ganges ist $(T_\mathrm{i}-T_\mathrm{b})l\rho c_p$. Für die typischen Werte $\rho = 2\,700\ \mathrm{kg\,m^{-3}}$ und $c_p = 1\,000\ \mathrm{J\,K^{-1}\,kg^{-1}}$ ergibt sich für die Intrusion von Abb. 3.28 ein Wärmeinhalt von $H = 1{,}89 \cdot 10^{12}\ \mathrm{J\,m^{-2}}$. Das ist der Wärmeinhalt pro Quadratmeter Gangoberfläche.

Wärmeinhalt als Randbedingung. Die Randbedingungen im Unendlichen, die zu dem Modell von Gl. 3.93 geführt haben, lassen sich auch durch den Wärmeinhalt einer Intrusion beschreiben. Da keine Wärme verlorengehen kann, muß die Fläche unter den Kurven in Abb. 3.28 zwischen $+\infty$ und $-\infty$ konstant bleiben. Das ist schematisch in Abb. 3.38 dargestellt. Bei Abkühlung der Intrusion muß Fläche A stets der Summe der Flächen $2B + 2C$ entsprechen. Bei vielen analytischen Integrationen ist das Problem in dieser Weise leichter zu handhaben, als dies mit einer Randbedingung von konstanter Temperatur im Unendlichen wäre.

Für numerisch zu lösende Probleme mit Randbedingungen im Unendlichen kann man die Flächen C nur schwer beschreiben, weil numerische Raster immer eine finite Ausdehnung haben. Die Fläche C kann jedoch numerisch angenähert werden, in dem man den Wärmefluß am Modellrand (gegeben durch den Winkel α) so wählt, daß die Fläche C die richtige Größe hat. Anhand von Abb. 3.38 kann man leicht erkennen, daß die Beziehungen $A = 2B + 2C$, sowie $\tan(\alpha) = \Delta z / \Delta T$ gelten. Daraus ergibt sich der Temperaturgradient am Modellrand:

$$\alpha = \mathrm{tg}^{-1}\left((A - 2B)/\Delta T^2\right)\ . \tag{3.104}$$

Diese Beziehung ist bei der numerischen Beschreibung von Problemen mit Randbedingungen im Unendlichen, welche in Rastern mit finiter Ausdehnung berechnet werden, oft hilfreich.

Gesamtwärmeinhalt metamorpher Terrains. Bei der ersten Interpretation eines hochgradig metamorphen Gebietes, in dem auch Intrusivgesteine vorkommen, geht es oft um die Entscheidung, ob das Volumen der Intrusionen ausreicht, um die beobachtete Metamorphose als „Kontaktmetamorphose" zu erklären (z. B. Aufgabe 3.12). Dazu muß der Energieinhalt der Intrusionen mit dem Energieinhalt der metamorphen Gesteine verglichen werden. Sind die Wärmekapazitäten des Intrusivgesteins und metamorphen Nebengesteine gleich groß, kann der Energievergleich auch als Temperaturvergleich angestellt werden. Wir müssen jedoch die Schmelzwärme berücksichtigen (s. o. Abschn. „Das Stefan-Problem"). Einfache Schußrechnung ergibt

$$T_{\max} = T_{\mathrm{b}} + \left(T_{\mathrm{i}} - T_{\mathrm{b}} + \frac{L}{c_p}\right) \frac{V_{\mathrm{Magmatite}}}{V_{\mathrm{Terrain}}} \ . \tag{3.105}$$

Darin sind T_{b} und T_{i} die Temperaturen der Nebengesteine (vor der Metamorphose) und der Intrusionen. $V_{\mathrm{Magmatite}}$ ist das Volumen der Intrusiva und V_{Terrain} ist das Volumen des gesamten metamorphen Terrains. $T_{\max}$ ist die maximal erreichbare kontaktmetamorphe Temperatur.

Ist der Prozentsatz der kartierten Fläche an Intrusionen repräsentativ für deren volumetrischen Anteil am Terrain, können die Volumengrößen in Gl. 3.105 durch Flächengrößen ersetzt werden. Mit $T_{\mathrm{i}} = 700\,^{\circ}\mathrm{C}$, $T_{\mathrm{b}} = 300\,^{\circ}\mathrm{C}$, $L = 320\,000\,\mathrm{J\,kg^{-1}}$ und $c_p = 1\,000\,\mathrm{J\,kg^{-1}\,K^{-1}}$ ergibt sich aus Gl. 3.105 folgendes: Nur ca. 55 % der Terrainfläche müssen aus synmetamorphen Intrusiva bestehen, um das gesamte Terrain kontaktmetamorph auf 700 °C zu erwärmen. Sind die Intrusiva 1 200 °C heiße mafische Magmen, so genügen nach Gl. 3.105 nur knapp über 30 % der Terrainfläche solcher Intrusiva, um die Nebengesteine auf 700 °C zu erwärmen.

3.7
Auswahl wichtiger Wärmetransportprobleme

In diesem Abschnitt besprechen wir eine Auswahl geologisch relevanter Wärmetransportprobleme, die nicht unter die vorhergehenden Kapitel fallen. Abgesehen von der thermischen Entwicklung von Störungen (Abschn. 3.7.4) handelt es sich dabei um Probleme, die zeitlich oder räumlichen Temperaturschwankungen unterliegen und die sich daher mit periodischen Rand- oder Anfangsbedingungen beschreiben lassen. Solche Probleme haben den Vorteil, daß für sie *echte* analytische Lösungen der Wärmeleitungsgleichung gefunden werden können. Sie stehen damit im Gegensatz zu den meisten bisher besprochenen Lösungen, die Fehlerfunktionen oder unendliche Summen enthalten (wir haben im Abschn. 3.1.3 bereits erwähnt, daß die Fehlerfunktion ein unlösbares Integral ist und daher solche Lösungen genaugenommen keine *echten* analytischen Lösungen sind). Im folgenden werden insbesondere drei geodynamisch relevante Probleme diskutiert, die in diese Kategorie fallen. Die hier vorgestellte Auswahl soll als Anregung dienen. Für zahlreiche andere Probleme können analytische Lösungen in der Literatur nachgeschlagen werden.

3.7.1
Zeitlich periodische Schwankungen

Thermische Probleme in oberflächennahen Bereichen, die täglichen oder jährlichen Temperaturschwankungen unterliegen, lassen sich durch periodisch veränderte Temperaturen am oberen Modellrand beschreiben. Dies betrifft eine Reihe wichtiger angewandter Probleme, zum Beispiel die Mächtigkeit von Permafrostböden, die Temperaturregulierung von Tunneln, Berechnung der Isolation von Hausmauern und vieles mehr. Für ein eindimensionales Koordinatensystem mit Ursprung an der Erdoberfläche kann man folgende Anfangs- und Randbedingungen definieren, wenn die zeitliche Temperaturveränderung an der Oberfläche durch eine Cosinusfunktion beschrieben werden kann:

- Anfangsbedingung: $T = T_0$ für alle z zur Zeit $t = 0$.
- Randbedingungen: $T = T_0 + \Delta T \cos(ft)$ an der Stelle $z = 0$ für alle $t > 0$, und $T = T_0$ an der Stelle $z = \infty$ für alle $t > 0$.

Darin ist ΔT die halbe Amplitude der Schwingung, t die Zeit und f die Frequenz (Abb. 3.39 a). T_0 ist die mittlere Temperatur der Schwingung. Die zeitabhängige Wärmeleitungsgleichung (Gl. 3.5) kann unter diesen Bedingungen integriert werden. Auf die relativ komplizierte Integration wird hier nicht näher eingegangen. Das Ergebnis lautet:

$$T = T_0 + \Delta T e^{\left(-z\sqrt{\frac{f}{2\kappa}}\right)} \cos\left(ft - z\sqrt{\frac{f}{2\kappa}}\right) \quad . \tag{3.106}$$

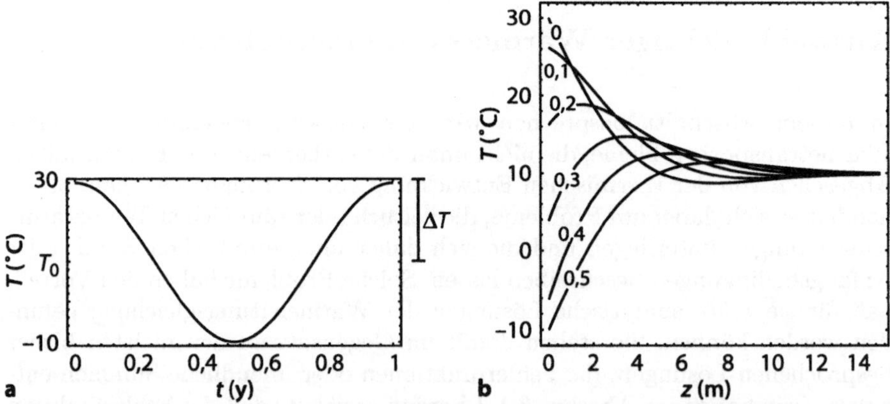

Abb. 3.39. Bodentemperaturen als Funktion jahreszeitlich schwankender Oberflächentemperatur; **a** zeigt die Randbedingung an der Oberfläche, also die Temperatur als Funktion der Zeit an der Stelle $z = 0$. Die mittlere Temperatur T_0 beträgt 10 °C. Die Temperaturschwankung wurde mit $\Delta T = 20$ °C angenommen. **b** zeigt sechs Bodentemperaturprofile im Verlauf eines halben Jahres. Die Kurven sind nach Zeit in Jahren beschriftet. Wir können sehen, daß bereits in einer Tiefe von 2 m keine Temperaturen unter null Grad erreicht werden

Diese Gleichung beschreibt die Temperaturschwankungen in der Tiefe als Funktion periodisch schwankender Temperaturen an der Oberfläche. Wir sehen, daß die Gleichung eine Winkel- und eine Exponentialfunktion, jedoch keine Fehlerfunktion enthält. Sie ist daher eine echte analytische Lösung von Gl. 3.5. Wir können erkennen, daß diese Gleichung zu jedem Zeitpunkt t eine Cosinusfunktion der Temperatur beschreibt, deren Amplitude mit der Tiefe exponentiell abnimmt. In der Tiefe $z = (f/2\kappa)^{-0,5}$ entspricht die Amplitude der Oszillation nur noch jener der Oszillation an der Erdoberfläche, dividiert durch e. Diese Tiefe wird oft als charakteristische Tiefe (engl.: *skin depth*) bezeichnet (s. Abschn. 3.4.1). Auf Gleichung 3.106 stützen sich wichtige geologische Anwendungen, bei denen oberflächennahe Temperaturprofile, die tages- oder jahreszeitlichen Temperaturschwankungen unterliegen (Abb. 3.39), zu betrachten sind. Dazu zählen zum Beispiel Wassertemperaturschwankungen, die Mächtigkeit von Permafrostböden, Schneetemperaturprofile und Lufttemperaturen in Höhlen.

3.7.2
Gefaltete Isothermen

Ein schönes Beispiel, das den Vergleich von Längen- und Zeitmaßstäben (s. Abschn. 3.1.4) illustriert, befaßt sich mit der Deformation von Isothermen. Dazu sei gesagt, daß die Bezeichnung „Faltung von Isothermen" genaugenommen nicht korrekt ist, weil Isothermen keine Materiallinien sind. Verschiedene Modellbeschreibungen von Isothermen, die durch Materialverformung gekrümmt werden, verwenden jedoch die Bezeichnung „Faltung", die wir deshalb hier beibehalten. Abbildung 3.40 illustriert, wie bei der Faltung eines Gesteins auch die Isothermen verfaltet werden. Das kann immer dann geschehen, wenn die Axialebene der Verformung *nicht* parallel zu den Isothermen verläuft. Ob die Faltung der Isothermen einen thermischen Einfluß auf die Gesteine hat, hängt von den Beziehungen zwischen Wellenlänge und Amplitude der Falte, sowie von der Faltungsgeschwindigkeit und von der

Abb. 3.40. Illustration zur Faltung von Isothermen. Die hell und dunkel schattierten Bereiche sind verfaltete Lagen, die kräftigen Linien sind Isothermen. Bei langsamer Faltung gleicht sich die Isotherme mit der Faltung aus und wird daher schwach deformiert. Bei schneller Faltung wird die Isotherme stark deformiert

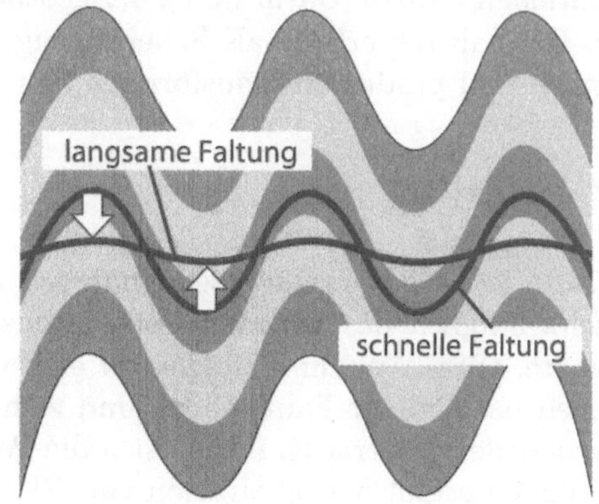

thermischen Diffusivität κ ab. Bei großen Wellenlängen, Amplituden und hohen Faltungsgeschwindigkeiten werden die Isothermen mit den Schichtflächen deformiert. Bei geringen Faltungsgeschwindigkeiten geht die thermische Angleichung schneller vor sich als die Faltung. Die Isothermen bleiben im wesentlichen flach. Geländebeobachtungen, wie die Aufwölbung des Tauernfensters und die diese begleitende Aufwölbung der jungalpinen metamorphen Isograde, zeigen, daß es wichtig ist, den Einfluß dieses Prozesses abzuschätzen. Ergeben die Abschätzungen, daß die Faltung schnell genug ist, um auch die Isothermen zu verfalten, dann müßte man nach der Deformation in Antiformen Abkühlung und in Synformen Erwärmung beobachten können. Mit den Methoden der modernen Petrologie ist es zumindest im Prinzip möglich, solche Feinheiten der thermischen Geschichte zu überprüfen (Abschn. 7.2).

Eine erste Abschätzung über die mögliche Verfaltung von Isothermen kann mit Hilfe der Pecletzahl erfolgen (Abschn. 3.3.4). Für eine geologisch realistische Verkürzungsgeschwindigkeit von 1 cm y^{-1} entsteht eine Amplitude von 5 km in einer einzelnen Antiform (der Einfachheit halber wird diese als halbkreisförmig angenommen) in etwa 0,5 my. Die Rate u, mit der sich die Isothermen verformen, beträgt also 10^4 m my^{-1}. Mit der Amplitude l und $\kappa = 10^{-6}$ m^2 s^{-1} ergibt sich aus Gl. 3.49, daß $Pe \approx 1,5$. Diese Abschätzung ist nur eindimensional. Trotzdem zeigt sie, daß (zumindest für diese physikalischen Konstanten) sowohl Diffusions- als auch Advektionsprozesse eine Rolle spielen und das Problem genauer untersucht werden muß.

Ein quantitatives, wenn auch sehr einfaches Modell, das zur Beschreibung dieses Prozesses herangezogen werden kann, wurde von Sleep (1979) entwickelt. Das Modell basiert auf folgenden Annahmen:

1. Vor Beginn der Faltung verlaufen die Isothermen parallel zueinander, parallel zur Erdoberfläche und weisen einen konstanten Abstand auf. Die anfängliche Temperatur als Funktion der Tiefe kann daher mit einer linearen Geotherme der Form

$$T_{(t=0)} = gz \tag{3.107}$$

beschrieben werden. Darin sind g der geothermische Gradient und z die Tiefe.

2. Die Faltung erfolgt als Scherfaltung an Ebenen senkrecht zu den Isothermen und produziert sinusförmige Falten der Form

$$v = v_0 \sin\left(\frac{2\pi x}{\lambda}\right) \; . \tag{3.108}$$

Darin ist v die Versatzgeschwindigkeit an jedem Punkt der Falte, v_0 die Geschwindigkeit des Versatzes am Faltenscheitel und x die horizontale Koordinate. Diese Annahme beschreibt eine volumenkonstante Scherfaltung an Ebenen parallel zur Faltenebene und zieht keine Verkürzung senkrecht zur Faltenebene in Betracht. Dabei ist λ die Wellenlänge der Faltung. Mit diesen Annahmen ergibt die Integration von Gl. 3.45 nach Sleep (1979):

$$T = g\left(z - z_0\left(1 - e^{-t/t_0}\right)\sin\left(\frac{2\pi x}{\lambda}\right)\right) \quad . \tag{3.109}$$

Darin sind die Konstanten z_0 und t_0:

$$z_0 = \frac{v_0\lambda^2}{4\pi^2\kappa} \quad \text{und} \quad t_0 = \frac{\lambda^2}{4\pi^2\kappa} \quad . \tag{3.110}$$

Faltungsphasen, die länger als t_0 dauern, verformen die Isothermen nur unwesentlich. Faltungsphasen, die kürzer als t_0 sind, werden die Isothermen mitverfalten. Die Geometrie der sinusförmigen Faltung, die für dieses Modell angenommen wurde, ist für viele im Gelände beobachtete Faltungsgeometrien zu simpel. Sleep (1979) weist jedoch darauf hin, daß *alle* Faltengeometrien mittels Fourier-Transformation in eine Reihe von Sinuskurven transformiert werden kann. Gleichung 3.109 kann daher im Prinzip auf jede Sinuskurve angewendet und die Ergebnisse addiert werden. So ergibt sich z. B. die Form einer Hauptfaltenschicht der Amplitude A_1 und Wellenlänge λ_1, die von einer parasitären Falte mit A_2 und λ_2 überprägt wird, nach Ablauf der Zeit t mit

$$z_{\text{Schicht}} = tv_0\left(A_1\sin\left(\frac{2\pi x}{\lambda_1}\right) + A_2\sin\left(\frac{2\pi x}{\lambda_2}\right)\right) \quad . \tag{3.111}$$

Diese Gleichung entspricht Gl. 3.108, nur wurden jetzt eben mehrere Wellen verschiedener Länge addiert und die Geschwindigkeit mit Zeit multipli-

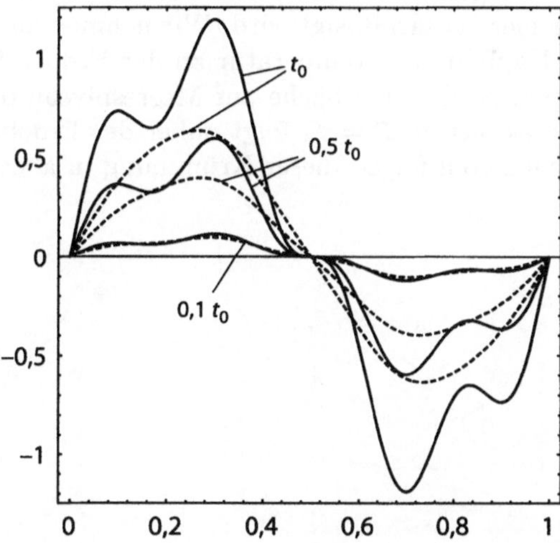

Abb. 3.41. Faltung von Gesteinsschichten und Isothermen (nach Sleep 1979). Die durchgezogenen Linien stellen die Form einer Schicht an drei verschiedenen Zeitpunkten während der Faltung dar. Die Faltung hat eine Wellenlänge von 1 und ist von einer parasitären Falte, die ein Viertel der Wellenlänge hat, überprägt. Das heißt, in Gl. 3.111 sind $A_1 = \lambda_1 = 1$ und $A_2 = \lambda_2 = 0,25$. Die unterbrochenen Linien sind die Isothermen. Man sieht, daß der thermische Einfluß der kleineren Faltung nur zum Zeitpunkt $0,1 t_0$ noch erkennbar ist. Zum Zeitpunkt t_0 ist in den Isothermen nur noch die Hauptfaltung sichtbar. Errechnet mit Gl. 3.111 und 3.112

ziert, um die Tiefe jeden Punktes der Schicht (z_{Schicht}) zu erhalten. Die Position der Isotherme ergibt sich ebenso nach entsprechender Erweiterung und Umformulierung von Gl. 3.109:

$$z_{\text{Isotherme}} = \frac{T}{g} + z_{01}\left(1 - e^{-t/t_{01}}\right) A_1 \sin\left(\frac{2\pi x}{\lambda_1}\right)$$

$$+ z_{02}\left(1 - e^{-t/t_{02}}\right) A_2 \sin\left(\frac{2\pi x}{\lambda_2}\right) \ . \tag{3.112}$$

Abbildung 3.41 zeigt ein Beispiel, in dem Amplitude und Wellenlänge der überlagerten Falte nur 1/4 der Größe der Hauptfalte haben.

3.7.3
Isothermen und Topographie der Erdoberfläche

Ein interessantes und wichtiges Beispiel periodischer Wärmeleitungsprobleme betrifft den Einfluß der Oberflächentopographie auf Isothermen. In einer Landschaft mit großen Höhenunterschieden werden Gesteine innerhalb hoher Berge thermisch isoliert. Gesteine, die auf derselben Meereshöhe, aber an der Oberfläche einer Talsohle liegen, werden dagegen von der Atmosphäre abgekühlt (vgl. die schwarzen Punkte bei x_1 und x_2 in Abb. 3.42a). Die Oberflächentemperatur ist aufgrund der Konvektion in der Atmosphäre im wesentlichen konstant. Genaugenommen existiert ein atmosphärischer Temperaturgradient, der aber hier vernachlässigt wird. Wir nehmen an, daß, wie in den vorangegangenen Kapiteln, die Temperatur an der Erdoberfläche $T_{\text{s}} = 0$ ist und vernachlässigen, ob die Oberfläche auf Meeresniveau oder auf 3 000 m Seehöhe liegt. Die Isotherme $T = T_{\text{s}}$ folgt daher der Erdoberfläche und die Isothermen im Erdinneren folgen dieser Krümmung in abgedämpfter Form.

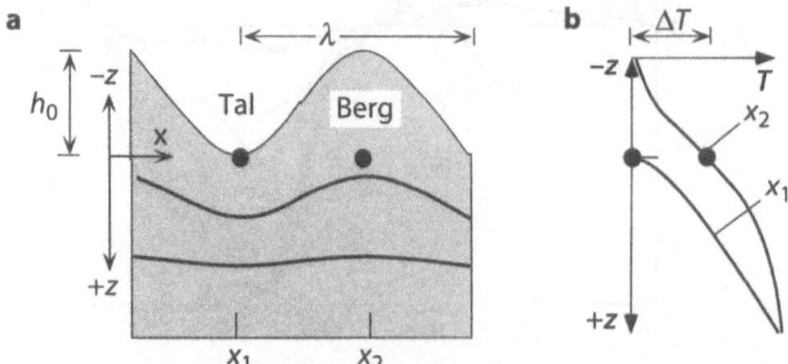

Abb. 3.42. Isothermen und die Form der Erdoberfläche. **a** zeigt ein zweidimensionales Profil durch gebirgiges Gelände. Zwei Isothermen sind schematisch durch die kräftigen Linien dargestellt. Die zwei gefüllten Punkte bei x_1 und x_2 liegen in gleicher Tiefe, weisen aber verschiedene Temperaturen auf. **b** zeigt die Temperaturen der beiden Punkte als Funktion der Tiefe an. Man beachte, daß durch die Wahl dieses Koordinatensystems die Oberfläche bei negativen z-Werten aber positiven h-Werten liegt (s. Abb. 4.1)

Isothermen in der Tiefe liegen daher nicht überall gleich tief. Die Amplitude dieser Untergrundisothermen ist für die Interpretation so mancher thermochronologischer Daten von Interesse und wir besprechen im folgenden einige einfache Modellbeschreibungen, die dazu dienen können, solche Temperaturen quantitativ zu analysieren.

Wenn die Form der Erdoberfläche durch eine Sinuskurve der Wellenlänge λ angenähert werden kann (λ ist der Abstand zwischen zwei Tälern und h_0 ist die doppelte Amplitude oder maximale Höhe der Berge über den Tälern), dann kann die obere Randbedingung dieses Problems in zwei Dimensionen wie folgt beschrieben werden:

$$- \quad T = 0 \text{ an der Stelle } z = -h = -h_0 \tfrac{1}{2} \left(1 + \cos \left(\tfrac{2\pi x}{\lambda} \right) \right)$$

Das „$1/2$" und das „$1+$", sowie das negative Vorzeichen in dieser Gleichung entspringen der Annahme, daß der Ursprung der vertikalen Achse die Talsohle ist (Abb. 3.42) und die vertikale Raumkoordinate nach unten als positiv definiert ist. h ist die Höhe der Erdoberfläche über der Talsohle. Die Bedeutung dieser Randbedingung kann graphisch veranschaulicht werden. Ein großer Vorteil, die Topographie durch eine Sinusfunktion zu beschreiben, liegt darin, daß es so sehr leicht ist, die Größenordnung des Effektes als Funktion der Wellenlänge abzuschätzen. Die Integration der zweidimensionalen Diffusions- oder Diffusions-Advektions-Gleichung (Gl. 3.5 oder 3.45) mit dieser Randbedingung ist allerdings schwierig. Das liegt daran, daß die Randbedingung nicht linear ist, sondern eine Kurve im x-z-Raum (s. Abschn. 3.6.3) darstellt. Es bietet sich daher an, die Randbedingung wie folgt anzunähern:

$$- \quad T = \Delta T \tfrac{1}{2} \left(1 + \cos \left(\tfrac{2\pi x}{\lambda} \right) \right) \text{ an der Stelle } z = 0$$

Im Gegensatz zu den tatsächlichen Gegebenheiten in gebirgigem Gelände, die durch *konstante* Temperatur bei *veränderter* Tiefe (Höhe) z gegeben sind, beschreibt diese Annäherung die Gegebenheiten durch *veränderte* Temperaturen in einer *fixierten* Tiefe $z = 0$. Hierbei entspricht ΔT dem Wert h_0. (s. Abb. 3.42). Die Annäherung trifft gut zu, wenn die Wellenlänge der Topographie im Vergleich zur Amplitude groß ist. In diesem Fall kann das seitliche Abkühlen des Berginneren durch die Hangflanken vernachlässigt und das ΔT der Randbedingung durch

$$\Delta T = h_0 g \tag{3.113}$$

beschrieben werden. Darin ist g der mittlere geothermische Gradient. Ganz allgemein kann diese angenäherte Randbedingung für eine nichtsinusförmige Topographie auch durch

$$T_{(z=0)} = T_{(z=-h)} + h \left(\frac{\mathrm{d}T}{\mathrm{d}z}_{(z=0)} \right) = T_\mathrm{s} + gh \tag{3.114}$$

beschrieben werden. Gleichung 3.113 und 3.114 implizieren, daß der Temperaturgradient innerhalb der Berge und oberhalb des Talsohlenniveaus als linear angenommen wird. Für diese Annäherung gibt es eine Lösung der zweidimensionalen Wärmeleitungsgleichung. Sie beschreibt die Temperaturfluktuation als Funktion der Tiefe z und der horizontalen Strecke x mit

$$T_{(x,z)} = T_s + \Delta T \frac{1}{2} \left(1 + \cos\left(\frac{2\pi x}{\lambda} \right) \right) e^{-2\pi z/\lambda} \; . \tag{3.115}$$

Die Elemente „1/2" sowie „1+" sollen verhindern, daß die Temperaturfluktuation, die durch die Cosinuskurve beschrieben wird, negative Werte annimmt. Man beachte die große Ähnlichkeit dieser Gleichung mit jenen, die wir in Abschn. 3.7.2 besprochen haben.

Gleichung 3.115 kann verwendet werden, um die Abnahme einer mit x veränderlichen Temperatur bei $z = 0$ mit der Tiefe zu berechnen. Abbildung 3.43 illustriert, daß in einer Tiefe $z = \lambda/2$ die räumlichen Temperaturschwankungen fast nicht mehr existieren. Abbildung 3.43 zeigt Temperaturen als Funktion der lateralen Strecke, *nicht* jedoch die Tiefe einer gegebenen Isotherme. Auch nach z aufgelöst ergibt Gl. 3.115 nur die Tiefe, in der ein Abstand T von der flachen Isotherme zu finden ist. Um die Tiefe verschiedener Isothermen zu bestimmen, müssen wir die einem linearen geothermischen Gradienten entsprechende Temperatur noch dazuaddieren. Für eine mit steigender Tiefe lineare Temperaturzunahme sind die Temperaturen in der Tiefe als Funktion lateraler Temperaturvariationen an der Oberfläche

$$T_{(x,z)} = T_s + gz + \Delta T \cos\left(\frac{2\pi x}{\lambda} \right) e^{-2\pi z/\lambda} \; . \tag{3.116}$$

Erodierende Topographie. Abbildung 3.43 hat gezeigt, daß die Temperaturfluktuationen, die durch die Form der Erdoberfläche oder durch laterale Veränderungen der Temperatur an der Oberfläche verursacht werden, in einer Tiefe von $z = \lambda/2$ bereits vernachlässigbar klein sind (s. auch Brown 1991). In anderen Worten, wenn der Abstand zwischen zwei Bergen etwa 10 km ist, dann ist die Amplitude der Temperaturfluktuation bereits in einer Tiefe

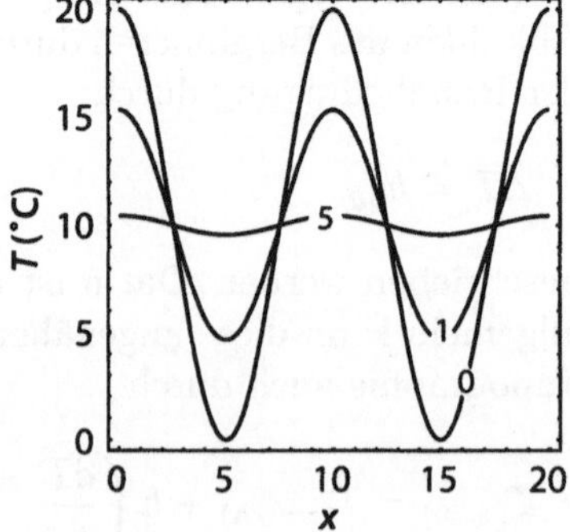

Abb. 3.43. Abfall der Amplitude einer periodischen Temperaturschwankung der Wellenlänge $\lambda = 10$ m an der Oberfläche $z = 0$ mit der Tiefe. Errechnet mit Gl. 3.115, sowie $T_s = 0\,°\mathrm{C}$ und $\Delta T = 20\,°\mathrm{C}$. Die drei Kurven sind für $z = 0$, $z = 1$ und $z = 5 = \lambda/2$ eingetragen

von 5 km vernachlässigbar und damit für die meisten geochronologischen und petrologischen Fragestellungen irrelevant.

Durch Erosion, d. h. Advektion von Material in Richtung Oberfläche, können Isothermen jedoch teilweise exhumiert werden. Dies kann, in Abhängigkeit von der Exhumierungsrate, den Effekt enorm verstärken. Das betreffende Ausmaß ist von großer Wichtigkeit für die Interpretation von Spaltspurenaltern. Das im vorherigen Abschnitt behandelte zweidimensionale Diffusionsproblem erweitert sich um das Problem eindimensionaler Advektion in vertikaler Richtung.

Die Isothermenform muß für diese Randbedingung neu überdacht werden. Ob und zu welchem Ausmaß Erosion den in Abb. 3.43 illustrierten Effekt verstärkt, hängt von Dauer und Geschwindigkeit der Erosion, sowie von der Wellenlänge der Topographie ab. Am stärksten ist die Wirkung, wenn die Erosion lange anhält und sich dabei die Form der Oberfläche nicht ändert. Das ist dann gegeben, wenn der vertikale Materialabtrag an allen Punkten der Erdoberfläche den gleichen Betrag annimmt. Dieser Umstand kommt in alten Landschaften oft vor. Wenn dieser Zustand lange genug anhält, erreicht das thermische Gleichgewicht einen stationären Zustand (engl.: *steady state*), in dem die nach oben gerichtete Advektion von Material (und Isothermen) exakt so groß ist, wie die Abkühlung durch Wärmeleitung von der Oberfläche aus. Der Abstand zwischen Isothermen und Oberfläche ändert sich in diesem Zustand nicht, obwohl ständig Material an die Oberfläche gelangt.

Für diesen Fall haben Stüwe et al. (1994) eine analytische Lösung der zweidimensionalen Diffusions-Advektions-Gleichung gefunden. Abbildung 3.44 zeigt einige Ergebnisse dieser Studie. Sie verdeutlicht, daß die Isothermen nur bei sehr hohen Erosionsraten so stark gekrümmt werden, daß ihr Einfluß

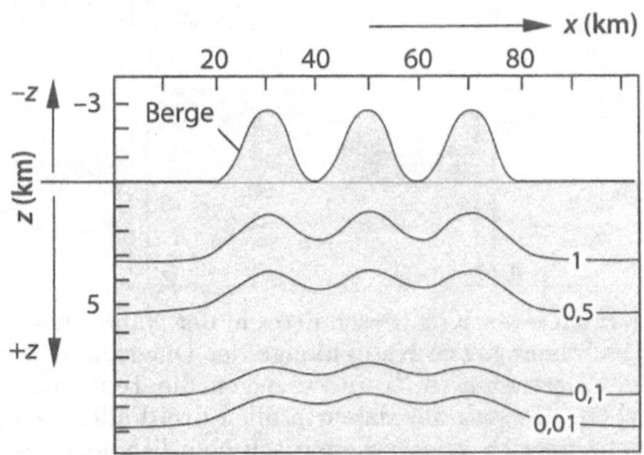

Abb. 3.44. Tiefe und Form der 100 °C-Isotherme in einem Gebirge mit drei km hohen Bergen und einer Wellenlänge von 20 km. Die 100 °C-Isotherme ist für den thermischen Gleichgewichtszustand und für vier verschiedene Erosionsraten in km my^{-1} abgebildet. Das räumliche Koordinatensystem wurde an der Oberfläche fixiert (Eulersche Beschreibung). Das heißt, in diesem Koordinatensystem bewegt Erosion nicht die Oberfläche nach *unten*, sondern Gesteine nach *oben*. Details der Annahmen s. Stüwe et al. (1994)

auf die Interpretation geochronologischer Daten beachtet werden muß. Eine
zeitabhängige Lösung des Problems wurde von Mancktelow und Grasemann
(1997) gefunden.

3.7.4
Temperaturverteilung um Störungen

Die thermische Entwicklung der Gesteine beiderseits einer Störung ist ein typisches zweidimensionales Problem der Wärmelehre, in dem alle drei Wärmetransportmechanismen eine Rolle spielen (Diffusion beiderseits der Störung,
Advektion durch Bewegung an der Störung und Produktion von Reibungswärme; s. auch Fowler und Nisbet 1982). Für die folgende Analyse diskutieren wir nur Wärmediffusion beiderseits der Störung und Wärmeadvektion
durch Bewegung an der Störung. Zur Bedeutung der mechanischen Wärmeproduktion in der Störung sei der Leser auf die Diskussionen von Molnar und
England (1990a), Graham und England (1976), Pavlis (1986) und anderen,
sowie Abschn. 3.2.2 verwiesen.

Abbildung 3.45 zeigt einen vertikalen Schnitt durch ein Gesteinspaket, das
durch eine Störung geteilt ist (in diesem Fall eine Abschiebung). Die Abschiebung ist mit 60° nach links geneigt und die ursprünglichen Isothermen (ange-
deutet durch die unterbrochene Linie) mit 20° nach rechts. Durch die Abschiebung werden die warmen Gesteine des Liegenden, den kälteren Gesteinen des
Hangenden gegenübergestellt. Im Bereich der Abschiebung werden die Isothermen gedehnt. Der laterale Temperaturgradient im Bereich der Störung

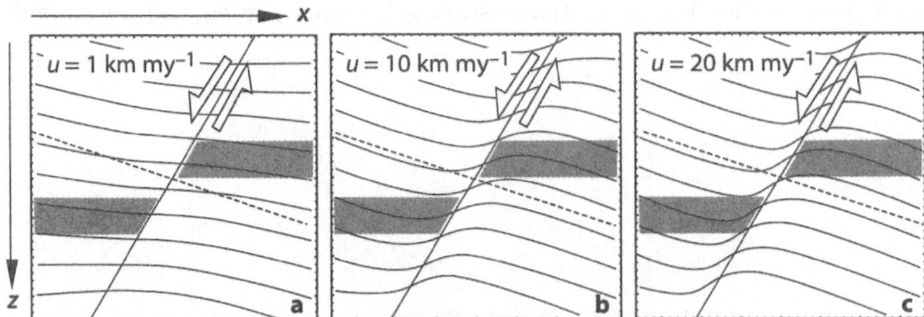

Abb. 3.45. Isothermen eines Krustenschnittes in der Nähe einer mit 60 Grad nach
links geneigten Abschiebung. Die Kantenlänge der Diagramme beträgt 50 km; die
Abschiebrate u ist eingetragen. **a**, **b** und **c** zeigen die Temperaturen nach 10 my,
1 my bzw. 0,5 my. Der Versatz hat daher in allen drei Fällen den gleichen Betrag.
Der grau hinterlegte Bereich zeigt schematisch eine lithologische Schicht an. Die
Isothermen sind in Schritten von 50 °C eingetragen. Sie waren vor der Abschiebung
mit 20 Grad nach rechts geneigt (unterbrochene Linie). Die Randbedingungen sind
an allen vier Seiten durch konstanten Wärmefluß gegeben. Folglich beschreibt die
Abbildung einen Krustenausschnitt, der allseitig von Materie umgeben ist, und das
Diagramm kann beliebig gedreht werden. Gerechnet wurde mit einer numerischen
Lösung der zweidimensionalen Gl. 3.44. Für analytische Lösungen verwandter Pro-
bleme siehe z. B. Voorhoeve und Houseman (1988)

wird also verringert (Fowler und Nisbet 1982). Bei einer *Auf*schiebung gleichen Winkels wäre die Situation umgekehrt: Das Liegende würde abgekühlt, das Hangende erwärmt und die Isothermen komprimiert. Die Erwärmung von Gesteinen durch Überschiebung ist einer von mehreren Prozessen, die für invertierte metamorphe Gradienten verantwortlich gemacht werden (s. Diskussion von England und Molnar 1993).

Abschätzung des thermischen Einflusses. Um abzuschätzen, wie breit der Einflußbereich einer Störung auf die Temperaturen im Nebengestein ist, können die einfachen Beziehungen der thermischen Zeitkonstante (Gl. 3.17) und der Pecletzahl (Gl. 3.49) herangezogen werden. In Abb. 3.45 beträgt der Versatz an der Störung 10 km. Wir nehmen daher in Gl. 3.49 für l einen Wert von 10 km. Für $\kappa = 10^{-6}$ m^2 s^{-1} ergeben sich in Abb. 3.45a,b und c Pecletzahlen von $Pe \approx 0.3$, ≈ 3 und ≈ 6. Für Abb. 3.45a bedeutet das, daß die Diffusion von Wärme den Einfluß der Störungsbewegung weitgehend überwiegt. Ein Versatz der Isothermen an der Störung ist nur schwach erkennbar. In Abb. 3.45c verhält es sich umgekehrt, denn hier überwiegt der Einfluß der Störungsbewegung weitgehend jenen der Wärmediffusion ins Nebengestein. Die Abschiebungsdauer beträgt in Abb. 3.45a,b und c 10, 1, bzw. 0,5 my. Aus Gl. 3.17 ergeben sich damit Größenordnungen des von der Störung beeinflußten Bereichs von knapp 20, 5 und 3 km. Diese Abschätzungen stimmen mit der Form der Kurven in der Abbildung gut überein.

Temperatur-Zeit-Entwicklung bei der Exhumation. An vielen Stellen der Erde wird beobachtet, daß die Bewegungen an fundamentalen Störungen dazu führen, daß die Gesteine beiderseits der Störung verschieden schnell exhumiert werden. Dies führt zu einer komplizierten zeitlichen Temperaturentwicklung der Gesteine, da sich zwei thermische Prozesse überlagern:

1. Die gegenseitige Erwärmung/Abkühlung der zwei Störungsseiten.
2. Die Abkühlung durch Annäherung an die Erdoberfläche.

Abbildung 3.46 illustriert dies anhand eines Schnittes durch die Kruste. Die Erdoberfläche wird darin durch eine Randbedingung konstanter Temperatur an der Oberseite des Schnittes simuliert. Der dargestellte Krustenblock ist durch eine senkrecht stehende Störung in zwei Teile geteilt, die mit unterschiedlichen Raten, u_1 und u_2, exhumiert werden. Im Gegensatz zu Abb. 3.45 schneiden die Isothermen die Oberfläche nicht.

Betrachten wir die thermische Entwicklung der Gesteine in der Nähe der Störung im langsamer exhumierenden Block links. Dort steht der abkühlende Einfluß der Erdoberfläche dem erwärmenden Einfluß des rechten Blockes gegenüber. Dadurch kann es geschehen, das Gesteine, die eigentlich schon auf dem Abkühlpfad sind, durch die gegenüberliegende Seite der Störung noch einmal erwärmt werden. Ein Beispiel solcher Temperatur-Zeit-Kurven wurde von Grasemann und Mancktelow (1993) an der Simplon-Linie in den Zentralalpen dokumentiert.

Abb. 3.46. Isothermen in einem vertikalen Schnitt durch die Kruste, die durch eine senkrechte Störung geteilt ist. Beide Seiten werden mit unterschiedlichen Raten u_1 und u_2 exhumiert. Die Kantenlänge beträgt 50 km. Die Randbedingung an der Oberseite des Diagrammes ist durch konstante Temperatur gegeben. Die Randbedingungen nach links, rechts und unten sind konstanter Wärmefluß. Durch die fixierte Bedingung am Oberrand bleiben, im Gegensatz zu Abb. 3.45, alle Isothermen erhalten

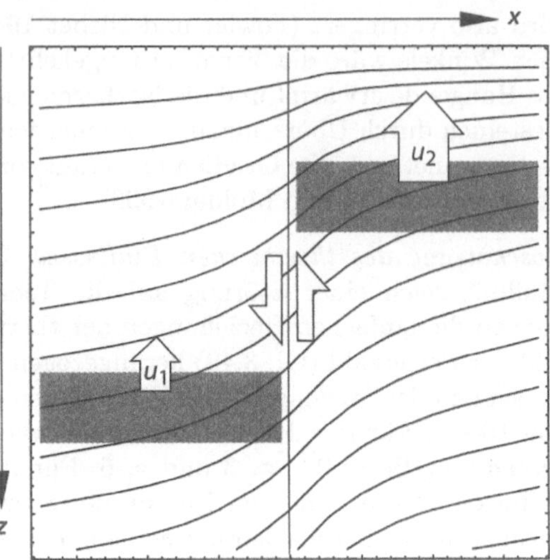

3.8
Übungsaufgaben

Aufgabe 3.1. *Zum Verständnis von Schmelzwärme (Abschn. 3.2.3)*: Ein hochgradig metamorphes Gestein enthält 30 % Schmelze. Diese Schmelzmenge ist bei einer einzigen Schmelzreaktion entstanden. Das Gestein kühlt vom metamorphen Temperaturmaximum (das weit über dieser Schmelzreaktion liegt) mit einer konstanten Abkühlrate von $100\,^{\circ}\mathrm{C}\,\mathrm{my}^{-1}$ ab. Wie lange wird die Temperaturgeschichte beim Kristallisieren der Schmelze bei konstanter Temperatur gepuffert? Geben Sie das Ergebnis in my an. Die Schmelzwärme beträgt $320\,000\ \mathrm{J\,kg}^{-1}$, das Gestein hat eine Dichte ρ von $2\,700\ \mathrm{kg\,m}^{-3}$ und eine Wärmekapazität c_p von $1\,000\ \mathrm{J\,kg}^{-1}\,\mathrm{K}^{-1}$. Diskutieren Sie, was das für Auswirkungen auf eine Geothermometrie haben könnte, die möglicherweise für dieses Gestein geplant ist.

Aufgabe 3.2. *Zum Verständnis von Wärmebrechung (Abschn. 3.1.1)*: Ein kugelförmiger Eisenerzkörper von 10 km Durchmesser und sehr hoher Wärmeleitfähigkeit liegt in der Mitte der Kruste (30 km mächtig). Die Temperatur an der Krustenbasis beträgt $500\,^{\circ}\mathrm{C}$. Zeichnen Sie einen Querschnitt durch die Mitte des Erzkörpers und seiner Umgebung und tragen Sie schematisch einige Isothermen ein. Welche Konsequenzen könnten sich für die umgebenden Gesteine ergeben?

Aufgabe 3.3. *Zum Verständnis von Wärmebrechung (Abschn. 3.1.1)*: Ein sulfidführender, flach liegender Granitgang von 2 km Mächtigkeit und einer Wärmeleitfähigkeit von $k = 4\ \mathrm{J\,s}^{-1}\,\mathrm{m}^{-1}\,\mathrm{K}^{-1}$ ist von Schiefern mit der Leitfähigkeit $k = 2\ \mathrm{J\,s}^{-1}\,\mathrm{m}^{-1}\,\mathrm{K}^{-1}$ über- und unterlagert. Der obere Kontakt des Ganges liegt 5 km unter der Erdoberfläche. Der Temperaturgradient an der Oberfläche beträgt $20\,°C\,km^{-1}$ und die Oberflächentemperatur $0\,°C$. Wie hoch ist die Temperatur in 10 km Tiefe, wenn wir die Krümmung der Geothermen vernachlässigen? Wir betrachten den stabilen Zustand. Das heißt, es findet kein Wärmeaustausch zwischen den Schichten statt. Es gilt daher Gl. 3.6.

Aufgabe 3.4. *Zum Verständnis verschiedener Energiequellen (Abschn. 3):* Wieviel Masse wird bei einem Lagerfeuer in Energie umgewandelt, wenn 5 kg Holz verbrannt werden?

Aufgabe 3.5. *Zur Umrechnung verschiedener Einheiten:* In Kernreaktoren und bei der Explosion von Atombomben werden nur wenige Gramm Materie in Energie umgewandelt. Wie lange kann eine 60-W-Glühbirne mit 1 g Materie betrieben werden, wenn diese Masse zu 100 % in Energie umgewandelt wird? (Erinnern wir uns: Energie = Masse × Lichtgeschwindigkeit^2. Lichtgeschwindigkeit $\approx 300\,000$ km s^{-1}.

Aufgabe 3.6. *Zum Verständnis der Verteilung wärmeproduzierender Elemente in der Kruste (Abschn. 3.4.1):* In einem Diagramm, in dem der Oberflächenwärmefluß q_s gegen die Oberflächenwärmeproduktion S_0 aufgetragen wird, ergibt die Steigung der Daten die Mächtigkeit einer hypothetischen Schicht z_{rad}, in der die Konzentration der wärmeproduzierenden Elemente so groß ist, wie an der Oberfläche (Abb. 3.14). Nun sind die wärmeproduzierenden Elemente aber nicht in einer Schicht konzentriert, sondern vielmehr verteilt. Eine elegante Beschreibung dieser Verteilung ist durch die Beziehung $S = S_0 e^{-z/h_r}$ gegeben (Gl. 3.64). Bis zu welcher Tiefe z_w muß Gl. 3.64 gelten, wenn die charakteristische Abnahmetiefe $h_r = 2z_{rad}$ ist und wenn die Gesamtwärmeproduktion der Kruste gleich groß sein soll, wie die der Schicht z_{rad}? Es geht dabei um einen Vergleich der Flächen unter den Kurven b und c in Abb. 3.15. Eine Skizze des Problems sollte helfen.

Aufgabe 3.7. *Zum Integrieren der Wärmeleitungsgleichung zwecks Berechnung stabiler Geothermen (Abschn. 3.4.1):* Leiten Sie eine Gleichung ab, die die Temperatur in der Kruste als Funktion der Tiefe unter folgenden Annahmen beschreibt. Die Verteilung der Wärmeproduktion in der Kruste ist durch die Beziehung $S = S_0(1 - \cos(2\pi z/z_c))/2$ gegeben. z_c ist die Mächtigkeit der Kruste. Integrieren Sie dazu Gl. 3.53. Nehmen Sie als Randbedingung eine konstante Temperatur $T_s = 0$ an der Oberfläche und einen konstanten Mantelwärmefluß q_m an der Moho an. Die Annahme für die Verteilung der Wärmeproduktion in der Kruste, die durch die cosinusförmige Beziehung dieser Übungsaufgabe beschrieben wird, ist für manche Prozesse gar nicht so unwahrscheinlich. Für welche?

Aufgabe 3.8. *Zum Verständnis von Geothermengleichungen (Abschn. 3.4.1):* a) Leiten Sie eine Gleichung ab, mit der man den Wärmefluß an der Moho für ein allgemeines Mächtigkeitsverhältnis von Kruste und Mantellithosphäre berechnen kann. Gleichung 3.79 beschreibt Temperaturen für diese Annahmen. Sie kann daher als Ausgangsgleichung verwendet werden. Tip: Der Mantelwärmefluß ist $q_m = k\mathrm{d}T/\mathrm{d}z$ an der Stelle $z = z_c$. b) Überprüfen Sie, wie sich der Mohowärmefluß ändert, wenn die Kruste oder die Lithosphäre verdickt wird. Tragen Sie die Ergebnisse in ein f_c-f_l-Diagramm für $k = 2\,\mathrm{J\,s^{-1}\,m^{-1}\,K^{-1}}$, $z_c = 35$ km, $z_l = 100$ km, $T_l = 1\,200\,^\circ\mathrm{C}$, $h_r = 10$ km und $S_o = 5 \cdot 10^{-6}\,\mathrm{W\,m^{-3}}$ ein. c) Diskutieren Sie, was das Ergebnis über Wärmequellen der Regionalmetamorphose in Kollisionsorogenen aussagt.

Aufgabe 3.9. *Zum Verständnis der thermischen Geschichte von Intrusionen (Abschn. 3.6.2)*: a) Welchen Wert hat die thermische Zeitkonstante (in Jahren) eines 50 m mächtigen Granitgangs für $\kappa = 10^{-6}\,\mathrm{m^2\,s^{-1}}$? b) Der Gang dringt mit 700 °C in 300 °C warme Gesteine ein. Was ist die maximal erreichbare kontaktmetamorphe Temperatur? c) Wieviel zusätzliche Wärme bringt die Intrusion dieses Ganges insgesamt in die mittlere Kruste ein ($\rho = 2\,700\,\mathrm{kg\,m^{-3}}$, $c_p = 1\,000\,\mathrm{J\,kg^{-1}\,K^{-1}}$)? d) Zeichnen Sie ein qualitatives Temperaturprofil über den Gang, und zwar für den Zeitpunkt 40 Jahre nach der Intrusion. Verwenden Sie zur Unterstützung das Ergebnis von a).

Aufgabe 3.10. *Zum Verständnis der thermischen Geschichte von Intrusionen (Abschn. 3.6.2)*: Die thermische Geschichte magmatischer Gänge kann mit der Evolution einer anfänglich stufenförmigen Temperaturverteilung beschrieben werden (Gl. 3.93). Für den Gang aus dem vorhergehenden Problem sind folgende Fragen gestellt: a) Was ist die maximale kontaktmetamorphe Temperatur, welche die Gesteine 10 m vom Kontakt des Ganges entfernt erreichen können? (Hierzu gibt es einen eleganten und einen nicht so eleganten, aber vielleicht einfacheren Lösungsweg). b) Zeichnen Sie die thermische Evolution in Form von Temperatur-Zeit-Pfaden, für drei Punkte: 1. für die Gangmitte, 2. für einen Punkt, 10 m vom Kontakt entfernt und 3. für einen Punkt innerhalb des Ganges, einen Meter vom Kontakt entfernt. c) Errechnen Sie ein Temperaturprofil über den Gang, wie es 40 Jahre nach seiner Intrusion aussieht. Vergleichen Sie das Profil mit dem Ergebnis von Aufgabe 3.9d.

Aufgabe 3.11. *Zum Abkühlen eines Halbraumes (Abschn. 3.5)*: Die thermische Evolution der ozeanischen Lithosphäre kann sehr gut mit dem Halfspace cooling-Modell beschrieben werden. Sie ist eine direkte Funktion des Alters der ozeanischen Lithosphäre. a) Wie tief liegt die 1 000 °C-Isotherme in 80 my alter ozeanischer Lithosphäre, wenn die Temperatur der Asthenosphäre $T_l = 1\,200\,^\circ\mathrm{C}$ beträgt und die Temperatur an der Erdoberfläche $T_s = 0\,^\circ\mathrm{C}$? Die Diffusivität κ beträgt $10^{-6}\,\mathrm{m^2\,s^{-1}}$. b) Zeichnen Sie ein Temperaturprofil durch 10 my alte ozeanische Lithosphäre mit denselben Annahmen.

Aufgabe 3.12. *Zum Verständnis von Intrusionen als Wärmequelle der Metamorphose (Abschn. 3.6.2)*: Ein metamorphes Gebiet hat eine Temperatur von 600 °C erreicht. Das Gebiet ist von mafischen Dikeschwärmen durchsetzt, die eine Intrusionstemperatur von 1 100 °C hatten und die etwa 10 %

der Aufschlußfläche ausmachen. Es enthält ebenfalls syntektonische Granite, die mit 700 °C intrudierten und die etwa 30 % der Fläche ausmachen. Der Metamorphosedruck betrug 5 kbar (das entspricht einer Tiefe von 18,5 km) und es gibt Grund zur Annahme, daß vor der Metamorphose die Gesteine in der gleichen Tiefe und auf einer stabilen Geotherme lagen, die einen thermischen Gradienten von $16,2\,°C\,km^{-1}$ aufwies. Die Dichte ρ der Gesteine beträgt $2\,700\ kg\,m^{-3}$ und die Wärmekapazität c_p $1\,000\ J\,kg^{-1}\,K^{-1}$. Ist es möglich, daß die Metamorphose durch die Intrusivgesteine verursacht wurde? Beantworten Sie diese Frage graphisch und rechnerisch mit und ohne Berücksichtigung des Einflusses von Schmelzwärme ($L = 320\,000\ J\,kg^{-1}$).

Aufgabe 3.13. *Zum Verständnis der relativen Dauer thermischer und kinematischer Prozesse (Abschn. 3.1.4)*: Zwei kontinentale Platten kollidieren. Dabei kommt es zur Verformung der Kruste. Die Kruste ist etwa 35 km mächtig. Die durch die Verformung veränderte thermische Struktur der Kruste gleicht sich durch Wärmediffusion dem neuen Zustand an. Die Verformungsrate $\dot{\epsilon}$ beträgt a) $10^{-12}\ s^{-1}$ und b) $10^{-16}\ s^{-1}$. Ist für die zwei gegebenen Verformungsraten die Dauer der thermischen Angleichung schneller als, langsamer als oder ebenso schnell wie die Verformung? Wenn schneller oder lamgsamer, dann um wieviel? Die Dauer der thermischen Angleichung an die neue Geometrie kann mit der thermischen Zeitkonstante $\tau = l^2/\kappa$ mit $\kappa = 10^{-6}\ m^2\,s^{-1}$ abgeschätzt werden. Was haben die Ergebnisse für a) und b) für Auswirkungen auf beobachtbare Strukturen und Paragenesen?

Aufgabe 3.14. *Zum Verständnis invertierter metamorpher Gradienten und der Verwendung einer numerischen Lösung der Wärmeleitungsgleichung mit der Methode der finiten Differenzen (Abschn. 3.1.1 und Abschn. A.2)*: Berechnen Sie die Temperaturgeschichte über und unter einer Überschiebung, die die ganze Kruste von der Mächtigkeit $z_c = 40$ km, erfaßt hat. Wir nehmen an, daß die Überschiebungsrate viel größer als die Rate der thermischen Angleichung war. Die Ausgangsgeotherme kann daher als „Sägezahngeotherme" wie in Abb. 3.47 angenommen werden. Die Angfangsgeotherme für die Rechnung sei im Bereich $0 < z < z_c$ durch $T = T_{Moho}(z/z_c)$ und im Bereich $z_c < z < 2z_c$ durch $T = T_{Moho}((z - z_c - \Delta z)/z_c)$ gegeben ($T_{Moho} = 500\,°C$ und $z_c = 40$ km). Der Abstand der einzelnen Punkte, für die Temperaturen zu berechnen sind, sei $\Delta z = 10$ km. Benutze Gl. A.15 und A.17 als Annäherung von Gl. 3.5. Hinweis: Für diese Lösungsart muß, damit die Lösung mathematisch stabil bleibt, die Konstante $R = (\kappa\Delta t)/(\Delta z^2)$ kleiner als 0,25 sein. Daraus ergibt sich der maximal wählbare Zeitschritt Δt. κ beträgt $10^{-6}\ m^2\,s^{-1}$.

Aufgabe 3.15. *Zum Verständnis der Bedeutung der Reibungswärme (Abschn. 3.2.2)*: a) Wieviel Reibungswärme wird in einer 5 km mächtigen Scherzone frei, in der Deformation mit einer Verformungsrate von i) $\dot{\epsilon} = 10^{-13}\ s^{-1}$ oder ii) $\dot{\epsilon} = 10^{-15}\ s^{-1}$ stattfindet? Nehmen Sie an, daß die Differentialspannung der Scherzone zwischen 30–300 MPa liegt. Geben Sie Minimum und Maximumwerte an. b) Um wieviel °C kann sich die Scherzone maximal erwärmen, wenn die Verformung bei den gegebenen Spannungen und Raten

Abb. 3.47. Illustration zu Aufgabe 3.14

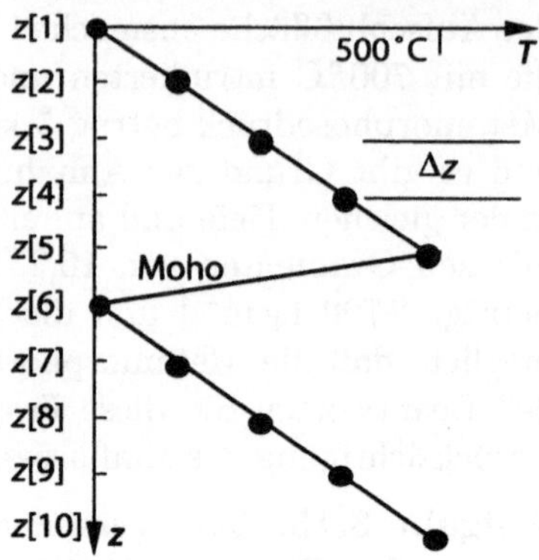

1 my anhält? ($c_p = 1\,000$ J kg^{-1} K^{-1}; $\rho = 2\,700$ kg m^{-3}). c) Wovon hängt es ab, um welchen Betrag sich die Scherzone mit den Annahmen dieses Beispiels erwärmt?

Aufgabe 3.16. *Zur Abschätzung radioaktiver Wärmeproduktion (Abschnitte 3.2.1, 3.4.1)*: Ein etwa kugelförmiger radioaktiver Erzkörper von 10 km Durchmesser produziert einige hundert Mikrowatt Wärme pro Kubikmeter. Schätzen Sie ab, um wieviel sich das Zentrum des Körpers nach 10^5 Jahren erwärmt hat (verwenden Sie für die nötigen Zahlenangaben Schätzwerte).

Aufgabe 3.17. *Zum Üben der Umrechnung von Energieeinheiten*: Was ist der Umrechnungsfaktor zwischen hfu (1 hfu $= 10^{-6}$ cal cm^{-2} s^{-1}) und den SI-Einheiten W m^{-2}.

Aufgabe 3.18. *Zum Verständnis von adiabatischen Prozessen*: Die adiabatische Komprimierbarkeit ist etwas kleiner als die isothermale. Warum?

Kapitel 4
Form, Höhe und Bewegung

In diesem Kapitel befassen wir uns mit der Position und den Bewegungen von Gesteinen. Am Anfang unserer Überlegungen sollen die verschiedenen Koordinatensysteme und Referenzflächen stehen, auf die jede Gesteinsposition und -bewegung bezogen werden kann.

4.0.1
Bezugsflächen

Geologische Bewegungen, wie jene entlang einer Störung, die Hebung eines Gebirges oder die Kollision zweier Platten, sind immer nur als *relative* Bewegungen beobachtbar (s. Abb. 2.2). Daher muß ein Koordinatensystem definiert werden, auf das diese Bewegungen bezogen werden können. Bei der Übertragung relativer Bewegungen in andere Bezugsrahmen werden häufig Fehler begangen. Bei der Betrachtung von Geothermen haben wir den Ursprung der vertikalen z-Achse bislang immer auf der Erdoberfläche angenommen. Für die Beschreibung vertikaler Krustenbewegungen ist dies nicht immer sinnvoll. Zum Beispiel ist ein Bezugspunkt auf der Erdoberfläche ungeeignet, wenn die Höhenlage der Erdoberfläche über dem Meeresspiegel angegeben werden soll. Vielmehr ist das Meeresniveau eine geeignete Bezugsfläche (Abb. 4.1). In Abschn. 4.1.1 werden wir zeigen, wie ungenaue Definitionen zu Fehlinterpretationen führen können. Zunächst besprechen wir einige Bezugsflächen, die jeweils für verschiedenartige geodynamische Probleme von Bedeutung sind.

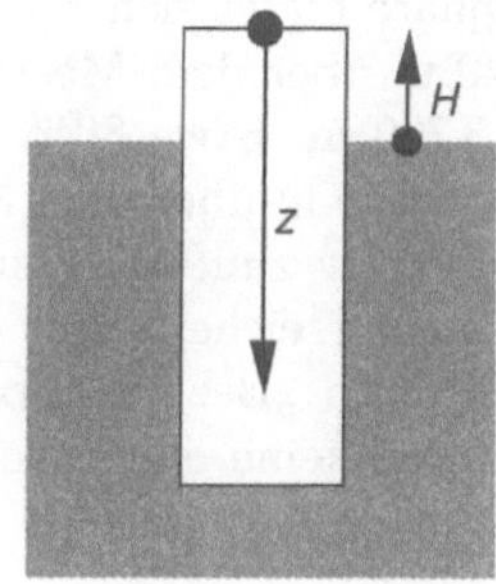

Abb. 4.1. Schematische Skizze zweier vertikaler Achsen, die zur Beschreibung vertikaler Bewegungen in der Lithosphäre verwendet werden. Die Höhenlage der Erdoberfläche H wird gerne relativ zum Meeresspiegel bzw. der Oberfläche einer Bezugslithosphäre (positiv nach oben) angegeben, die Tiefe z meistens relativ zur Erdoberfläche (positiv nach unten). Richtung *und* Bezugsfläche sind somit für diese beiden Bezugssysteme verschieden

Kugel, Sphäroid und Geoid. Bei geodynamischen Problemen, die sich *nicht* auf einer flachen Erde lösen lassen (s. Abschn. 2.2.1), stellt die Kugel die einfachste Näherung an die wahre Form der Erde dar. Ein Meter wurde früher als der 40 000 000ste Teil des Erdumfangs U definiert. Der Radius R einer kugelförmigen Erde beträgt daher: $R = U/(2\pi) \approx 6\,366$ km. Geht es um die Krümmung von Gebirgen oder um plattengeometrische Probleme jeglicher Art (s. Abschn. 2.2.2), ist diese Näherung durchaus ausreichend. Die Erde ist allerdings aufgrund ihrer Rotation um die Erdachse und die daraus entstehende Zentrifugalkraft an den Polen etwas abgeplattet und besitzt die Form eines Rotationsellipsoids. Diese Abplattung ist in der Atmosphäre viel ausgeprägter als auf der Erde selbst. Der polare Erdradius beträgt $R_\mathrm{P} = 6\,356{,}75$ km, der äquatoriale Radius $R_\mathrm{A} = 6\,378{,}139$ km. Da die Differenz zwischen diesen beiden Ellipsoidradien sehr gering ist (nur etwa 20 km bzw. $\approx 0{,}3\,\%$), bezeichnet man das Ellipsoid auch als *Sphäroid*. Der prozentuale Unterschied

$$f = \frac{R_\mathrm{A} - R_\mathrm{P}}{R_\mathrm{A}} = 0{,}0034 \tag{4.1}$$

wird als *Elliptizität* bezeichnet. Der Erdradius für eine bestimmte geographische Breite λ kann in guter Näherung mit der Beziehung

$$R \approx R_\mathrm{A}\left(1 - f\sin^2\lambda\right) \tag{4.2}$$

berechnet werden. Genaugenommen ist Gl. 4.2 allerdings keine Ellipsengleichung. Das Sphäroid, das durch Gl. 4.2 definiert ist, stimmt mit der Bezugsfläche überein, die zur Interpretation von Schwereanomalien herangezogen wird. Wenn sich die Erde nicht drehen würde und eine völlig konstante Dichte hätte, wäre das Sphäroid mit einer Äquipotentialfläche des Schwerepotentials identisch. Die Abweichungen des Geoids von der durch Gl. 4.2 beschriebenen Form werden als Geoidanomalien bezeichnet.

Die undeformierte Bezugslithosphäre. Für zahlreiche geländegeologische Probleme ist die *undeformierte Bezugslithosphäre* das am besten geeignete Bezugssystem (Le Pichon et al. 1982). Die „undeformierte Bezugslithosphäre" ist eine hypothetische Lithosphärensäule, die gegenüber dem zu beobachtenden Orogen unverändert bleibt. Dadurch werden Fehler eliminiert, die durch Bezugsflächen entstehen könnten, die ihrerseits Schwankungen unterliegen (wie z. B. Meeresniveau oder Geoidoberfläche). Als Bezugslithosphäre bietet sich z. B. die mittlere Höhe der Kontinente an. Diese liegt bei 840 m über dem Meeresspiegel; die mittlere Wassertiefe der Ozeane beträgt 3 700 m. Etwa 80 % der Landfläche befinden sich allerdings in Höhen von 100–200 m über dem Meeresspiegel. Daher unterscheiden sich Höhenangaben relativ zum Meeresniveau und relativ zu einer Bezugslithosphäre oft in ihrem Vorzeichen. Eine Verwechslung der Bezugsniveaus „Meeresspiegel", „Geoid" und „Bezugslithosphäre" verursacht bei den meisten geologischen Problemen keine allzu großen Fehler. Werden im folgenden Höhenangaben ohne Nennung eines Bezugsniveaus gemacht, beziehen sich diese immer auf die Oberfläche einer Bezugslithosphäre.

Der Lagrangesche und Eulersche Beobachter. Bei den bislang besprochenen Bezugsflächen handelt es sich um Koordinatensysteme, die *außerhalb* unseres Systems fixiert sind und in denen sich Gesteine bewegen oder Temperaturen verändern. Solche Koordinatensysteme werden als *Eulersche Bezugsrahmen* bezeichnet (engl.: *Eulerian reference frame*). Die Beschreibung von Prozessen innerhalb eines Eulerschen Bezugsrahmens wird als *Raumbeschreibung* oder *Eulersche* Beschreibung bezeichnet. Für zahlreiche Probleme sind Koordinatensysteme, die sich mit einem Gestein bewegen, besser geeignet. Derartige Bezugssysteme werden als *Lagrangesche Bezugsrahmen* bezeichnet. Eine Beschreibung unter Verwendung eines Lagrangeschen Bezugsrahmens wird auch als *Materialbeschreibung* bezeichnet. Welcher der beiden Bezugsrahmen der geeignetere ist, hängt von der jeweiligen Fragestellung ab. Abbildung 4.2 verdeutlicht den Unterschied anhand zweier Beispiele. Im ersten Beispiel (Abb. 4.2a) ist die Entwicklung einer Geotherme während der Erosion der Oberfläche dargestellt. Vom Standpunkt eines Beobachters, der auf der erodierten Oberfläche steht (Eulerscher Bezugsrahmen), wird das Gestein und die Geotherme „durch die Oberfläche hindurch" transportiert. Dasselbe Problem kann aber auch von einem Lagrangeschen Beobachtungsstandpunkt aus betrachtet werden. In diesem Fall ist das Koordinatensystem selbst an einen Materialpunkt gebunden und die Temperatur der Erdoberfläche ändert ihre Position im Koordinatensystem.

Vor- und Nachteile der beiden Bezugssysteme sind leicht erkennbar. Die *Raum*beschreibung erlaubt es, verschiedene Vertikalbewegungen innerhalb *eines* Koordinatensystems zu beschreiben und diese direkt mit unbewegten Ge-

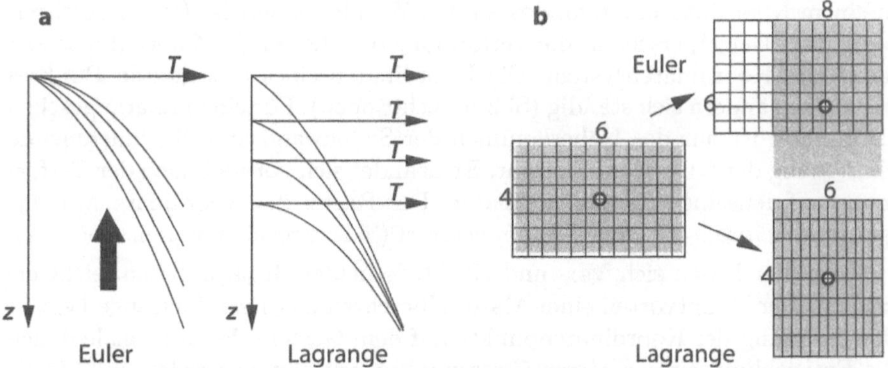

Abb. 4.2. Unterschiede zwischen den Bezugsrahmen nach Lagrange und Euler. **a** Eindimensionales Modell der Geothermen während eines Erosionsprozesses. **b** Zweidimensionale Verformung eines rechteckigen Gesteinsblocks. In beiden Fällen illustriert die Abbildung des Eulerschen Bezugsrahmens den Materialtransport *relativ* zum Koordinatensystem und die Abbildung des Lagrangeschen Bezugsrahmens den Transport des Koordinatensystems *mit* dem Material

steinen zu vergleichen. Ein Vorteil der *Material*beschreibung liegt z. B. darin, daß der Abkühlungsprozeß eines Gesteins durch Messungen in einer einzigen Tiefe analysiert werden kann. Gerade bei numerischen Rechnungen ist es ein großer Vorteil, wenn zur Beobachtung der Entwicklung eines Gesteins nur ein einziger Rasterpunkt rechnerisch verfolgt werden muß.

Die Natur der Gleichung, die z. B. zur Behandlung des in Abb. 4.2a dargestellten Problems verwendet wird, hängt ebenfalls von der Wahl des Koordinatensystems ab. Im Rahmen einer Raumbeschreibung (nach Euler) kann der Abkühlungsprozeß während eines Erosionsprozesses mit der Diffusions-Advektions-Gleichung beschrieben werden (Gl. 3.45). Die Randbedingung auf der Erdoberfläche bleibt an der Stelle $z = 0$ fixiert, und der Materialtransport zur Erdoberfläche wird durch die Transportrate u festgelegt. Die Beobachtung eines Materialpunktes erfordert die Änderung der zu beobachtenden Tiefe mit der Rate $z = z_i - ut$ (Gl. 3.47). Im Rahmen einer Materialbeschreibung (nach Lagrange) ist nur die Diffusionsgleichung (Gl. 3.5) zu lösen. Die Annäherung des Gesteins an die Erdoberfläche wird durch eine bewegliche Randbedingung der Form $T = 0$ an der Stelle $z = ut$ beschrieben. Der Bezugsrahmen bleibt am Gestein fixiert, und die Randbedingung – gegeben durch die Temperatur der Erdoberfläche – bewegt sich sozusagen auf den Beobachter zu. Wir begegnen der Beschreibung dieses Problems in beiden Bezugsrahmen noch im Zusammenhang mit Abb. 4.27.

Abbildung 4.2b zeigt den Unterschied zwischen Lagrangeschen und Eulerschen Bezugsrahmen anhand eines zweidimensionalen Verformungsmodells. Die graue Fläche stellt einen Gesteinsblock dar und das Raster ein zweidimensionales Koordinatensystem. Nun stellen wir uns vor, daß der Materialblock durch eine von links wirkende Kraft gegen zwei imaginäre Wände an der rechten und oberen Seite des Blocks gedrückt wird. Für einen Beobachter in einem Koordinatensystem, das an den Wänden fixiert ist (Raumbeschreibung nach Euler), erscheint die Verformung des Blocks als Materialtransport durch das Koordinatensystem. Die Koordinaten eines bestimmten Punktes im Gestein ändern sich ständig (Skizze rechts oben). Für einen Lagrangeschen Beobachter ist nur das Näherkommen der Seitenwand und die zunehmende Entfernung der Oberwand sichtbar. Er befindet sich vor und nach der Verformung auf denselben Raumkoordinaten. Das Raster des Koordinatensystems wurde gemeinsam mit dem Gestein verzerrt (Skizze rechts unten in Abb. 4.2).

Auch hier lassen sich Vor- und Nachteile beider Bezugsrahmen leicht erkennen. Der Hauptvorteil einer Materialbeschreibung nach Lagrange liegt in der Fixierung der Koordinatenpunkte auf dem Gestein. Es braucht lediglich die Entwicklung *eines* einzigen Gitterpunktes verfolgt zu werden, um die *P*-*T*-Pfade *eines* Gesteins beschreiben zu können. Der Nachteil einer Beschreibung nach Lagrange liegt darin, daß die Randbedingungen unter Umständen recht schwer beschreibbar sind. Der Eulersche Bezugsrahmen bietet den Vorteil, daß leichter überblickt werden kann, wo das System relativ zu seiner Umgebung liegt (s. o. Abschn. „Die undeformierte Bezugslithosphäre"). Der

Nachteil dieses Bezugssystems besteht in der Schwierigkeit, bestimmte Gesteinspfade zu verfolgen (z. B. Gl. 3.47 und Abschn. 4.3.2).

4.0.2
Die f_c-f_l-Fläche

Die Höhe der Erdoberfläche ist, ebenso wie die Temperatur (Abschn. 3.4.1) und die Rheologie (Abschn. 5.3.3), eine direkte Funktion der Mächtigkeit von 1. der Kruste und 2. der Mantellithosphäre (s. Abb. 2.11). Die Mächtigkeit beider Lithosphärenbestandteile ändert sich während der Orogenese. Diese Mächtigkeitsänderungen der beiden Bestandteile sind selten gleich groß (z. B. Abschn. 6.3.4) und haben verschiedenen und fundantalen Einfluß auf viele Parameter der Lithosphäre (s. Abb. 2.11). Für eine Beschreibung der Höhe der Erdoberfläche und vieler anderer Parameter der Lithosphäre benötigen wir daher eine einfache Methode, die die Mächtigkeitsänderungen beider Lithosphärenbestandteile getrennt betrachtet. Dies ist mit Hilfe der sogenannten f_c-f_l-Ebene möglich (Sandiford und Powell 1990). Die Variable f_c steht für die Dehnung der Kruste in vertikaler Richtung (s. Gl. 5.1). Dies entspricht dem Verhältnis aus der Mächtigkeit der verformten Kruste z_{defc} und der Mächtigkeit der unverformten Bezugskruste z_c:

$$f_c = \frac{z_{defc}}{z_c} \ . \tag{4.3}$$

In ähnlicher Weise, wie f_c für die Kruste gilt, ist f_l der dimensionslose Verdickungsparameter der gesamten Lithosphäre mit der Ausgangsmächtigkeit z_l (Sandiford und Powell 1990). f_l entspricht $1/\beta$ (Abschn. 6.2.4). Der Wert β wird als Dehnungsfaktor bezeichnet und oft zur Beschreibung kontinentaler Extension verwendet. Abbildung 4.3 zeigt die f_c-f_l-Ebene mit schematischen

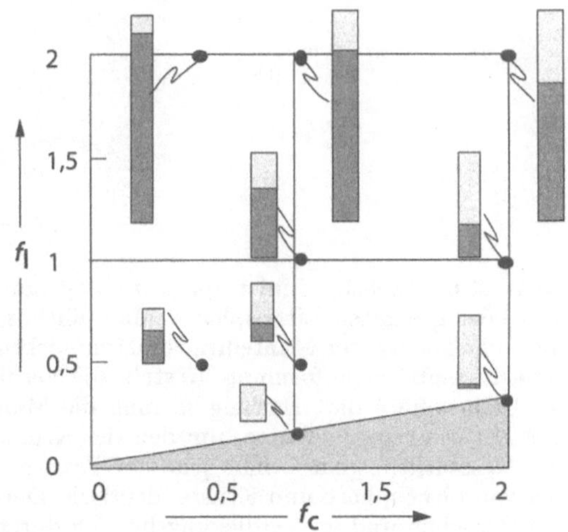

Abb. 4.3. Die f_c-f_l-Ebene. Die Säulen geben die unterschiedliche Lithosphärenmächtigkeit an verschiedenen Punkten des Diagramms wieder. Der hell schattierte Abschnitt der Säulen stellt die Kruste, der dunkel schattierte den Mantelteil der Lithosphäre dar. Der Punkt $f_c = f_l = 1$ entspricht der Bezugslithosphäre. Dort ist die Kruste etwa 30 und die Mantellithosphäre etwa 80 km mächtig

Profilen verschieden stark verformter (d. h. verdickter oder verdünnter) Lithosphärensäulen. Da die Gesamtlithosphäre nicht dünner als die Kruste sein kann, ist die f_c-f_l-Ebene im Bereich $f_l z_l < f_c z_c$ nicht definiert (schattierter Bereich in Abb. 4.3). Die Neigung der Grenzlinie dieses Bereichs ist durch das Mächtigkeitsverhältnis $\phi = z_c/z_l$ gegeben. Abbildung 4.4 zeigt eine Auswahl der in diesem Diagramm darstellbaren Lithosphärenverformungen während einer orogenen Entwicklung. In einem f_c-f_l-Diagramm können wir also die Entwicklung der Mächtigkeit von Kruste und Gesamtlithosphäre *festlegen*, um dann die Konsequenzen dieser Entwicklung bei einer Orogenese zu erforschen. Damit steht das Diagramm im Gegensatz zu Abb. 3.17, in der die Mächtigkeit der Mantellithosphäre anfangs nicht bekannt war, sondern erst aus unseren thermischen Überlegungen *geschlossen* wurde. Dieser Unterschied zwischen den zwei Abbildungen ist ein fundamental verschiedener Ansatz, wie verschiedene Modelle die Rolle der Mantellithosphäre während der Orogenese betrachten: durch explizite Beschreibung bzw. implizite Folge anderer Annahmen (s. z. B. Abb. 6.17 und 6.18). Ein Nachteil von f_c-f_l-Diagrammen besteht darin, daß beide Achsen für Mächtigkeitsparameter benötigt werden. Wir müssen uns daher auf die Darstellung einer einzigen Variablen beschränken, die wir durch eine Reihe von Isolinien in der f_c-f_l-Ebene wiedergeben können. So ist z. B. in Abb. 3.19 nur die Mohotemperatur als für die Gesamtlithosphäre repräsentative Temperatur eingezeichnet.

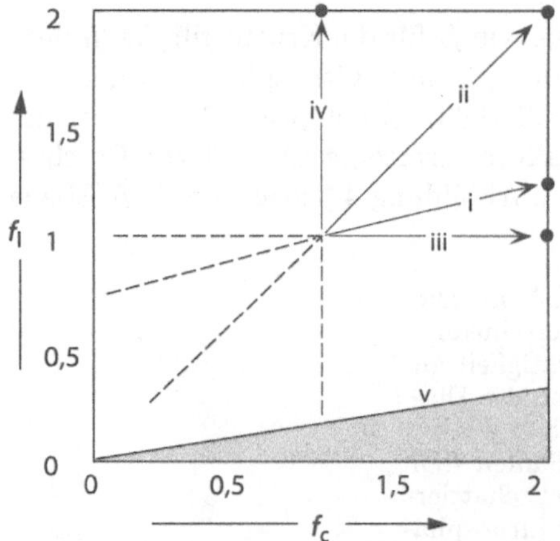

Abb. 4.4. Wichtige Linien im f_c-f_l-Diagramm. Man beachte, daß f_l die Verdickung der gesamten Lithosphäre (Mantellithosphäre *und* Kruste) beschreibt. *i* ist die Linie konstanter Mantellithosphärenmächtigkeit. *ii* ist die Linie konstanter Gesamtlithosphärenverformung. *iii* stellt die Verdickung der Kruste ohne jene der Gesamtlithosphäre dar. Entlang *iii* muß die Mantellithosphärenmächtigkeit um den gleichen Betrag abnehmen, um den die Kruste zunimmt. *iv* stellt die Verdickung der Gesamtlithosphäre ohne jene der Kruste dar. Entlang *v* sind die Mächtigkeiten von Lithosphäre und Kruste identisch. Die Linien sind im Verdünnungsbereich unterbrochen und im Verdickungsbereich durchgezogen gezeichnet

4.1
Vertikale Bewegungen in der Kruste

Arbeiten im Grenzbereich zwischen Geomorphologie und Tektonik haben in den letzten Jahren große Fortschritte bei der Erklärung gebirgsbildender Prozesse erzielt. Bei solchen Arbeiten ist es wichtig, sowohl über die Höhe und Form der Erdoberfläche als auch über Tiefe und Abstand verschiedener in der Kruste gelegener Punkte Informationen zu gewinnen. Dazu müssen verschiedene Abstände zu zwei Bezugsflächen gleichzeitig beobachtet werden:

- Der Abstand zur Oberfläche der Lithosphäre, die zur Diskussion steht (das ist die Bezugsfläche, die wir in Kap. 3 verwendet haben).
- Der Abstand zur Oberfläche einer undeformierten Bezugslithosphäre (Abschn. 4.0.1).

Im folgenden Abschnitt behandeln wir Vertikalbewegungen in der Kruste relativ zu diesen zwei Bezugsflächen (s. Abb. 4.1). Die Tiefe z wird – je nach Fragestellung – entweder positiv nach oben oder positiv nach unten definiert (s. auch Abschn. 3.7.3). Da man bei der Wahl des Koordinatensystems sehr sorgfältig vorgehen sollte, beginnen wir mit einer exakten Definition der Begriffe.

4.1.1
Definition von Uplift und Exhumation

Gesteinsbewegungen, die relativ zur Erdoberfläche stattfinden, werden als Freilegung (oder Heraushebung, engl.: *exhumation*) oder Versenkung (engl.: *burial*) bezeichnet, je nachdem, ob wir über Aufwärts- oder Abwärtsbewegungen sprechen (Tabelle 4.1). Im Gegensatz zum geomorphologischen Sprachgebrauch wird der Begriff Freilegung, oder auch „Exhumation", von Tektonikern auch dann im Zusammenhang mit nach oben gerichteten Bewegungen verwendet, wenn dabei die Gesteine nicht bis an die Oberfläche gelangen. In der Geomorphologie wird das Wort „Exhumation" nur dann verwendet, wenn etwas auf der Erdoberfläche freigelegt wird, was früher schon einmal an der Erdoberfläche lag (z. B. Exhumation von Fossilien).

Im Gegensatz zum Begriff Freilegung bzw. „Exhumation" werden Bewegungen der Oberfläche selbst relativ zu einer unbewegten Bezugslithosphäre als Hebung (engl.: *uplift*) oder Absenkung (engl.: *subsidence*) bezeichnet. Wir sollten „Hebung" und „Absenkung" nur für morphologische Erscheinungen verwenden, die auf der Erdoberfläche beobachtbar sind. Die Hebung eines Gesteinspakets relativ zu einem anderen Gesteinspaket, z. B. zu den Gesteinen auf der anderen Seite einer Störung, sollte als solche spezifiziert werden (England und Molnar 1990). Die Begriffe „Hebung" und „Exhumation" sowie „Versenkung" und „Absenkung" werden in der Literatur nicht einheitlich verwendet, was oftmals zu Unklarheiten führt. England and Molnar (1990)

Tabelle 4.1. Definition und Methoden der Interpretation von Uplift

Uplift

Definition	vertikale Bewegung der Oberfläche, relativ zu einem Bezugsniveau
Bewegungsrichtung aufwärts	Hebung, (engl.: *uplift*)
Bewegungsrichtung abwärts	Subsidenz, Absenkung (engl.: *subsidence*)
direkt interpretierbar aus	Paläobotanik, Paläoklimatologie, Geodäsie
indirekt interpretierbar aus	Sedimenten (in umliegenden Becken)

Tabelle 4.2. Definition und Methoden der Interpretation von Exhumation

Exhumation

Definition	vertikale Bewegung von Gesteinen, relativ zur Oberfläche
Bewegungsrichtung *zur* Oberfläche	Exhumation, Freilegung (engl.: *exhumation*)
Bewegungsrichtung in die Tiefe	Versenkung (engl.: *burial*)
direkt interpretierbar aus	Geobarometrie Geothermometrie (über Annahme der Geotherme)
indirekt interpretierbar aus	Geochronologie (über Annahme der Geotherme)

haben diese Begriffe für den englischen Sprachgebrauch präzise definiert. Wir
werden im folgenden der Definition dieser Autoren folgen und die englischen
Begriffe „Uplift" und „Exhumation" den im Deutschen weniger gut definierten Bezeichnungen „Hebung" und „Freilegung" vorziehen. In diesem Zusammenhang ist es wichtig zu verstehen, daß aus geobarometrischen und ther-
mochronologischen Daten *nur* Exhumation, nie jedoch Uplift interpretiert
werden kann. In Tabelle 4.1 und 4.2 sind die obengenannten Definitionen
nochmals zusammengefaßt.

Uplift und Exhumation werden in Metern gemessen. Die Geschwindigkeiten, mit denen Uplift und Exhumation vor sich gehen, sind die Uplift- bzw.
die Exhumationsrate ($\mathrm{m\,s^{-1}}$). Die Hebungs- oder Upliftrate bezeichnen wir
mit v_{up} und definieren sie nach oben als positiv und nach unten (das ist die
Absenkungsrate) als negativ. Die Exhumationsrate wird mit v_{ex} bezeichnet.
Die Gesteinsbewegungsrate v_{ro} ergibt sich aus der Summe dieser zwei Raten:

$$v_{\mathrm{ro}} = v_{\mathrm{ex}} + v_{\mathrm{up}} \quad . \tag{4.4}$$

Die Größe v_{ro} (engl.: *uplift rate of rocks*) beschreibt die vertikale Bewegung
von Gesteinen, relativ zu einer ortsfesten Bezugslithosphäre und ist einer der
am häufigsten gebrauchten (und mißbrauchten) Begriffe in der geologischen

Literatur. Findet keine Exhumation statt, ist $v_{\text{ro}} = v_{\text{up}}$. Auch wenn Gl. 4.4 relativ einfach aussieht, sollte man sich das zugrundeliegende Prinzip nochmals vor Augen führen. Im nächsten Abschnitt werden wir darlegen, wie wichtig verschiedene Bezugsflächen für die Interpretation tektonischer Erscheinungen sein können.

Verkürzungstektonik. In Abb. 4.5 wird gezeigt, wie die Verkürzung einer Platte in horizontaler Richtung zur Gebirgsbildung führen kann. Ähnliche Skizzen werden oft aber auch zur Erklärung von Exhumationsprozessen herangezogen. Die Gleichzeitigkeit von Exhumation und Verkürzung wird in Abb. 4.5 durch horizontale und vertikale Pfeile symbolisiert. Man sollte jedoch bedenken, daß die durch horizontale Pfeile symbolisierte Verkürzung *nur* zu einer Versenkung von Gesteinen führt, wogegen die durch den vertikalen Pfeil symbolisierte Aufwärtsbewegung *nur* durch Erosion (oder Abschiebung) verursacht werden kann. Die horizontalen und vertikalen Pfeile repräsentieren somit zwei grundlegend verschiedene Prozesse.

Verwirrend ist nur, daß Verkürzung, Exhumation und Gebirgsbildung (also Uplift) in vielen Gebirgen gleichzeitig stattfinden, so daß die Ursachen der verschiedenen Prozesse selten voneinander getrennt werden. Die Tatsache, daß diese Prozesse gleichzeitig stattfinden, ist in der Literatur hinreichend belegt. Zum Beispiel wurden in den Ostalpen mittels geobarometrischer, geothermometrischer und geochronologischer Methoden P-T-t-Pfade dokumentiert (Cliff et al. 1985), deren sorgfältige Korrelation mit den Deformationsphasen zeigt, daß die Exhumation während der Verkürzung des Orogens in horizontaler Richtung stattfand. Ähnliche Beobachtungen gibt es auch aus uralten Schilden, z. B. der Antarktis (Carson et al. 1997).

Rampenantiklinen. „Thrusting to the surface" ist ein häufig verwendeter Ausdruck dafür, daß für den Exhumationsprozeß eine Überschiebung entlang einer Scherzone verantwortlich ist. Abbildung 4.6 zeigt, daß die Exhumation *nicht* durch die Überschiebung verursacht wird, sondern dadurch, daß die Überschiebung die Gesteine in eine Position bringt, in der sie leicht abgetragen werden können. Wenn während der Überschiebung *kein* Materialabtrag

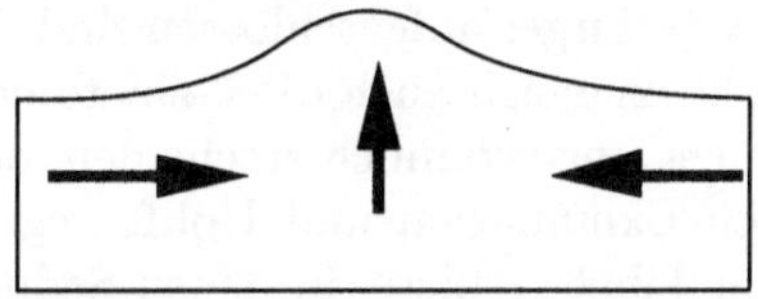

Abb. 4.5. Schematische Skizze der Kinematik in Gebirgen, wie sie oft in der Literatur dargestellt wird. Die horizontalen Pfeile deuten die Verkürzung während der Orogenese an. Sie führt zur Versenkung von Gesteinen. Der vertikale Pfeil symbolisiert die Exhumation von Gesteinen. Dies kann *nur* durch Erosion an der Erdoberfläche bzw. Extension geschehen und ist *nicht* die direkte Folge der Verkürzung. Die horizontalen und vertikalen Pfeile repräsentieren daher zwei grundlegend verschiedene Prozesse, die keinesfalls verwechselt werden dürfen. Man vergleiche dazu auch Abb. 6.31

Abb. 4.6. Schematische Darstellung der Vertikalbewegungen des Hangenden (*A*) und des Liegenden (*B*) einer Rampenantikline, relativ zur *Erdoberfläche*. Man beachte, daß nicht der Überschiebungsprozeß, sondern erst der Materialabtrag an der Oberfläche zur Exhumation führt

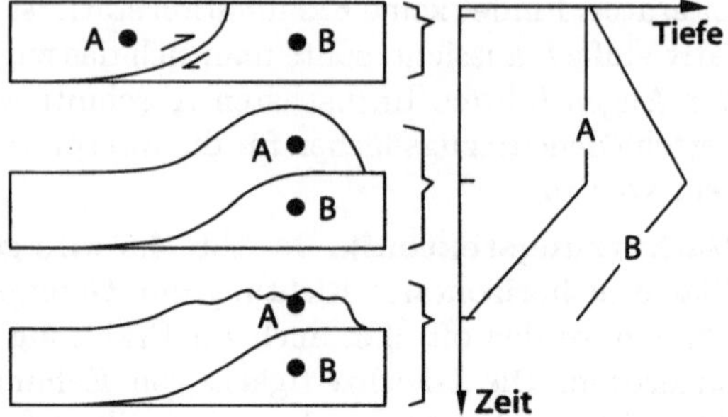

stattfindet, können die Gesteine *nicht* näher an die Oberfläche kommen! Aus Abb. 4.6 geht hervor, daß bei ausbleibender Erosion die Gesteine im Hangenden der Störung gegenüber der Oberfläche in konstanter Tiefe verbleiben und die Gesteine im Liegenden weiter versenkt werden. Wenn im Hangenden der Störung weitere Überschiebungen liegen, können sogar die Gesteine im Hangenden während der Überschiebung versenkt werden.

Dehnungstektonik. Im Zusammenhang mit Dehnungsprozessen bringen sowohl *reine* als auch *einfache* Schiebung (engl.: *pure* und *simple shear*) Gesteine näher an die Oberfläche (im Deutschen wird Schiebung oft auch nicht ganz korrekt als Scherung bezeichnet). *Reine* Schiebung kann durch Ausdünnen der Schichten Gesteine beliebig nahe an die Oberfläche bringen, jedoch nie zur vollständigen Exhumation führen (Abb. 4.7b). Bei reiner Schiebung bleibt immer die vollständige Gesteinssäule, wenn auch in ausgedünnter Form, erhalten. Es kommt nicht zu Materialabtrag, sondern nur zur Schichtverdünnung. Durch *einfache* Schiebung können Gesteine auch vollständig exhumiert werden, weil dabei Material von der Oberfläche wirklich entfernt wird (Abb. 4.7c).

Gebirgsketten. In vielen Gebirgsketten ist zu beobachten, daß die strukturell am tiefsten gelegenen Gesteine mit dem höchsten Metamorphosegrad auf den höchsten Gipfeln des Gebirges aufgeschlossen sind. Das bedeutet, daß die Gebiete der größten Uplift zugleich auch die Gebiete der größten Exhumation sind. Das mag uns nicht ungewöhnlich erscheinen, doch es gibt auch viele Beispiele dafür, daß sich Exhumation und Uplift gegenläufig verhalten. So gibt es im Hochland von Tibet Gebiete, in denen Sedimentation stattfindet, d. h. dort werden Gesteine versenkt, obwohl sie in wenigen Millionen Jahren um etwa 6 km relativ zu Indien angehoben worden sind. Umgekehrt kommt es bei vielen Beckenbildungsprozessen zur Exhumation, obwohl die Oberfläche dabei absinkt (negativer Uplift). Manche dieser Beobachtungen sind uns so geläufig, daß wir kaum auf den Unterschied zwischen Uplift und Exhumation achten. Zahlreiche Beobachtungen sind aber nur dann korrekt interpretierbar, wenn die beiden Bewegungen streng getrennt betrachtet werden.

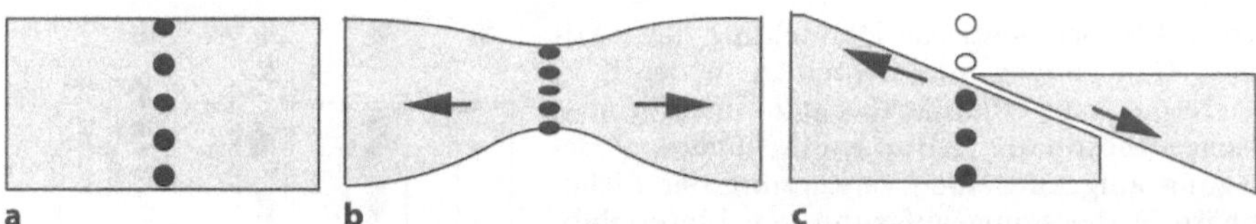

Abb. 4.7. Exhumation bei reiner Schiebung (engl.: *pure shear*) und einfacher Schiebung (engl.: *simple shear*) der Lithosphäre. **a** Ausgangssituation mit fünf markierten Tiefen. **b** Gesteine kommen bei reiner Schiebung zwar näher an die Oberfläche, können aber *nicht* vollständig exhumiert werden, auch wenn der Dehnungsbetrag sehr groß ist. **c** Exhumation von Gesteinen durch einfache Schiebung

4.1.2
Kinematische Beschreibung

Im letzten Abschnitt haben wir gezeigt, daß Verkürzung nur zu Versenkung (negative Exhumation; engl.: *burial*) führt und daß Exhumation nur durch Materialabtrag an der Oberfläche verursacht werden kann. Wenn Verkürzung und Materialabtrag gleichzeitig stattfinden, ist es unklar, ob es zu Exhumation oder Versenkung kommt und ob sich die Oberfläche dabei hebt oder absenkt. Im folgenden wird Gl. 4.4 dazu benutzt, Uplift und Exhumation bei gleichzeitiger Verkürzung und Erosion zu beschreiben. Dazu folgen wir der Beschreibung von Stüwe und Barr (1998) und definieren z als den Abstand eines Gesteins von der Oberfläche einer undeformierten Bezugslithosphäre und z' als den Abstand desselben Gesteins von der Erdoberfläche. Der Einfachheit halber betrachten wir nur den eindimensionalen Fall und nehmen an, daß die Verkürzung zu homogener Verdickung führt, d. h. daß Gl. 1.5 gilt. Unter dieser Voraussetzung kann die Vertikalbewegung von Gesteinen während einer Deformation durch

$$v_z = v_{\mathrm{ro}} - \dot{\epsilon}(z + H) \tag{4.5}$$

beschrieben werden. Darin ist z die Tiefe des Gesteins relativ zur Oberfläche der Bezugslithosphäre, v_z die Geschwindigkeit des Gesteins relativ zu dieser Bezugsfläche (nach oben positiv) und H die Höhe der Erdoberfläche über der Oberfläche der Bezugslithosphäre. Diese Gleichung ist für das Verständnis der folgenden Überlegungen von grundlegender Bedeutung. Wenn $v_{\mathrm{ro}} = 0$ und $z = -H$ ist, wenn die Gesteine also an der Oberfläche liegen, dann ist $v_z = 0$. Relativ zum Bezugsrahmen der sich verformenden Lithosphäre gilt:

$$v_{z'} = v_{\mathrm{ex}} = v_{\mathrm{er}} - \dot{\epsilon}z' \ . \tag{4.6}$$

Darin ist v_{er} die Rate, mit der an der Oberfläche Material abgetragen wird, z. B. die Erosionsrate. Die Größe v_{er} darf nicht mit v_{ex} verwechselt werden. Es sollte aber klar sein, daß $v_{z'} = v_{\mathrm{ex}}$. Der Zusammenhang zwischen Exhumationsrate und Erosionsrate ergibt sich auch aus:

$$v_{\mathrm{ex}} = v_{\mathrm{er}} - \dot{\epsilon}(z + H) \ . \tag{4.7}$$

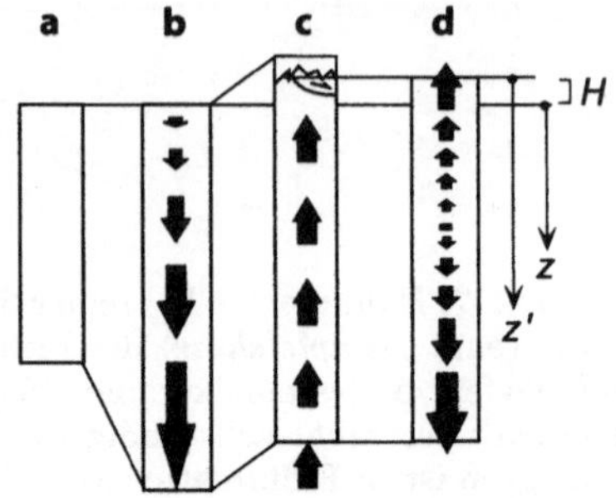

Abb. 4.8. Schematische Darstellung der vertikalen Bewegungen von Gesteinen in der Kruste relativ zur Oberfläche einer unverformten Bezugslithosphäre. *a* Bezugslithosphäre. *b* Bewegung aufgrund einer Verkürzung der Lithosphäre. *c* Bewegung aufgrund von Materialabtrag an der Oberfläche. *d* Bewegung bei gleichzeitiger Deformation und Materialabtragung (nach Zhou und Stüwe 1994)

Das erste Glied der rechten Seite von Gl. 4.5 beschreibt die vertikale Bewegung einer Lithosphärensäule als Konsequenz aus Materialabtrag an der Erdoberfläche *und* isostatischer Hebung. Es ist positiv, weil v_z nach oben als positiv definiert ist. Das zweite Glied der Gleichung beschreibt die vertikale Dehnung der Lithosphärensäule während der Verdickung. Es hat ein negatives Vorzeichen, weil es zur Versenkung des Gesteins führt. Die Summe der beiden Bewegungen ergibt, je nach gewähltem Bezugsniveau v_z bzw. $v_{z'}$ in Gl. 4.5. Aus Gl. 4.5 ist folgendes ablesbar: In den oberen Krustenstockwerken, wo z klein ist, ist auch das zweite Glied klein. Der Betrag des ersten Gleichungsglieds ist relativ dazu größer, so daß v_z in der oberen Kruste positiv ist. Die Gesteine bewegen sich nach oben (Abb. 4.8). In tieferen Krustenstockwerken ist das zweite Glied größer, weshalb v_z negativ ist. Die Gesteine bewegen sich nach unten. Es ist erkennbar, daß die Vertikalbewegungen in der Kruste bei gleichzeitiger Verkürzung und Erosion sehr heterogen sein können.

Um dies im folgenden näher zu analysieren, müssen wir etwas vorgreifen, denn wir benötigen Gl. 4.26, um die Höhe eines isostatisch kompensierten Gebirges zu berechnen. Dazu nehmen wir an, daß die Änderungsrate der Gesteinsmächtigkeit und damit auch die Änderungsrate der Verdickungsparameter f_c und f_l als Summe aus Verformung und Erosion geschrieben werden kann:

$$\frac{\mathrm{d}f_c}{\mathrm{d}t} = f_c\dot{\epsilon} - \frac{v_{er}}{z_c} \qquad \text{und} \qquad \frac{\mathrm{d}f_l}{\mathrm{d}t} = f_l\dot{\epsilon} - \frac{v_{er}}{z_l} \ .$$

Setzen wir diese Beziehungen in die nach der Zeit differenzierte Gl. 4.26 ein, ergibt sich die Upliftrate aus:

$$\frac{\mathrm{d}H}{\mathrm{d}t} = v_{up} = v_{er}b - \dot{\epsilon}(H + a) \ . \tag{4.8}$$

Darin sind die Konstanten $a = (\delta z_c - \xi z_l)$ und $b = (\delta - \xi)$ enthalten (s. Gl. 4.26). Gleichung 4.8 beschreibt die Höhenentwicklung eines Gebirges, in dem Materialabtrag an der Oberfläche (z. B. durch Erosion) und Dehnung in vertikaler Richtung (z. B. aufgrund einer Verkürzung in horizontaler Richtung) gleichzeitig stattfinden. Gleichung 4.8 ist lösbar, wenn die Erosionsrate v_{er} bekannt ist. Dazu nehmen wir an, daß die Erosionsrate proportional zur Höhe des Gebirges ist:

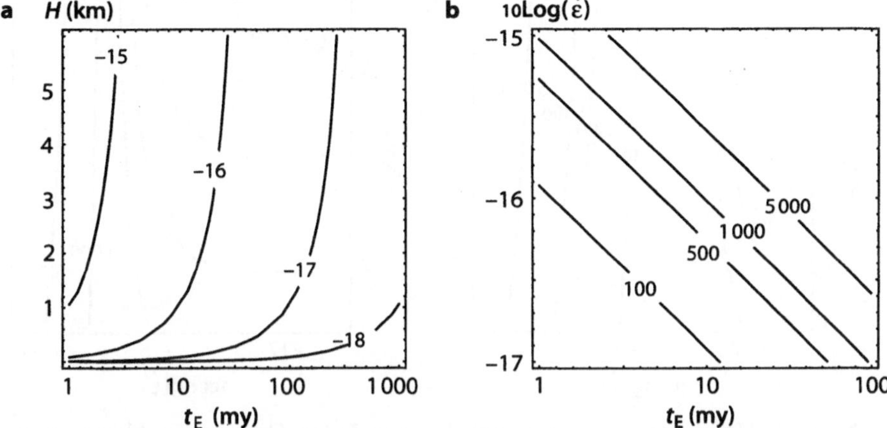

Abb. 4.9. Die Höhe eines Gebirges im stationären morphologischen Gleichgewicht (Abtragung und Uplift der Gesteine halten sich die Waage) als Funktion der Verformungsrate (dargestellt durch die Verdickungsrate $\dot{\epsilon}$) und der Erosionsrate (dargestellt durch den Erosionsparameter t_E). Beide Abbildungen wurden mit Gl. 4.10 errechnet und stellen denselben Sachverhalt auf zweierlei Weise dar. **a** Verformungsrate (Linien in $_{10}\mathrm{Log}(\dot{\epsilon})$), die notwendig ist, um verschiedene Höhen bei verschiedenen t_E aufrechtzuerhalten. **b** Höhe als Funktion von Verformungsrate und Erosionsparameter. Weitere Annahmen sind: $\rho_m = 3\,200$ kg m^{-3}, $\rho_c = 2\,700$ kg m^{-3}, $z_c = 35$ km, $z_l = 100$ km, $T_l = 1\,280\,°$C, $\alpha = 3 \cdot 10^{-5}$ K^{-1}

$$v_{\mathrm{er}} = \frac{H}{t_E} \ . \tag{4.9}$$

Dabei ist t_E eine Erosionszeitkonstante bzw. ein Erosionsparameter, der angibt, in welchem Zeitraum ein Gebirge der Höhe H wegerodiert werden kann. In Abschn. 4.3.2 wird diese Gleichung zusammen mit anderen Erosionsmodellen noch ausführlich besprochen werden. Nach Gl. 4.9 verläuft die Erosion umso schneller, je kleiner t_E ist.

Setzen wir Gl. 4.9 in Gl. 4.8 ein, können wir den Verlauf der Hebungsgeschichte eines Gebirges unter den einfachen Randbedingungen dieses Modells nachvollziehen. Beginnen wir mit dem stationären Fall, bei dem sich die Gebirgshöhe nicht verändert. Dann halten sich v_{ro} und v_{ex} an der Erdoberfläche die Waage. Es gilt: $\mathrm{d}H/\mathrm{d}t = 0$. Aus Gl. 4.8 ergibt sich (s. Zhou und Stüwe 1994):

$$\dot{\epsilon} = \frac{bH}{t_E(H+a)} \quad \text{oder} \quad H = \frac{t_E\dot{\epsilon}a}{b - \dot{\epsilon}t_E} \ . \tag{4.10}$$

Durch Abb. 4.9a,b wird Gl. 4.10 veranschaulicht. Die Abbildungen zeigen, daß die Verformungsrate umso größer sein muß, je größer die Erosionsrate (bzw. je kleiner t_E) und je höher das Gebirge ist, wenn die Gebirgshöhe konstant bleiben soll.

Betrachten wir nun den allgemeinen Fall, ohne die Annahme $\mathrm{d}H/\mathrm{d}t = 0$, d. h. das Gebirge ist nicht in einem stationären Zustand bezüglich seiner

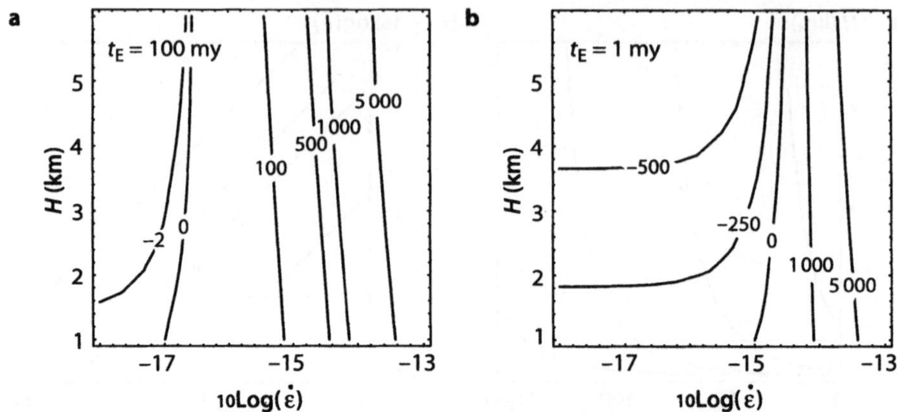

Abb. 4.10. Upliftrate eines isostatisch kompensierten Gebirges in Abhängigkeit von der Höhe und Verformungsrate (berechnet mit Gl. 4.8 und Gl. 4.9). Die verschiedenen Linien sind in m pro my beschriftet. Für Uplift sind die Zahlenwerte positiv und für Absenkung negativ. Es gelten dieselben Annahmen wie in Abb. 4.9

Höhe. Abbildung 4.10 zeigt die Upliftrate für zwei verschiedene Erosionsparameter als Funktion von Verformungsrate und Höhe. Die dargestellten Uplift- bzw. Hebungsraten sind *inkrementelle* Hebungsraten (engl.: *instantaneous uplift rates*), d. h. die Hebungsraten gelten nur für eine bestimmte Höhe und ändern sich, sobald eine andere Höhe erreicht wird. Das läßt sich daran erkennen, daß in Gl. 4.8 sowohl ($\mathrm{d}H/\mathrm{d}t$) als auch H vorkommen. Gleichung 4.8 kann also nur zur Berechnung inkrementeller Hebungsraten verwendet werden. Trotzdem zeichnen sich einige interessante Ergebnisse ab. Beispielsweise ist bei manchen Verformungsraten (um $\dot{\epsilon} = 10^{-17}$ für $t_E = 100$ my in Abb. 4.10) die Hebungsrate niedriger Gebirge positiv (es findet Uplift statt) und die Hebungsrate hoher Gebirge negativ, wogegen bei anderen Verformungsraten die Situation qualitativ genau umgekehrt ist, d . h. hohe Gebirge heben sich deutlich schneller als niedrige (z. B. um $\dot{\epsilon} = 10^{-15}$ für $t_E = 100$ my in Abb. 4.10). Das Modell ist sehr nützlich, um die Möglichkeit solcher zunächst paradox erscheinenden Bewegungen zu verdeutlichen, doch für eine direkte Anwendung ist es sicherlich zu schematisch.

Zum besseren Verständnis des Zusammenhangs zwischen Gebirgshöhe und Zeit, müssen wir Gl. 4.8 integrieren. Mit dem Erosionsmodell von Gl. 4.9 ergibt die Integration von Gl. 4.8 (vgl. Anhang A.5.1):

$$H = \frac{\dot{\epsilon} t_E a}{\dot{\epsilon} t_E - b} \left(\mathrm{e}^{-bt/t_E} - 1 \right) . \tag{4.11}$$

Vier Beispiele für die durch Gl. 4.11 beschriebene Höhenentwicklung eines Gebirges sind in Abb. 4.11a dargestellt. Es ist ersichtlich, daß die Höhe bei diesem Modell nur dann gegen einen stabilen Wert konvergiert, wenn $t_E < b/\dot{\epsilon}$ ist. Das ist z. B. unter folgenden Bedingungen der Fall: $t_E \approx 0,5$ my bei einer

Abb. 4.11. Höhenentwicklung eines Gebirges bei gleichzeitiger Verformung und Erosion. **a** Höhenkurven für vier verschiedene Erosionsparameter t_E (Gl. 4.11). **b** Gesteinspfade unter der Annahme: $t_E = 0,5b/\dot{\epsilon}$ in **a**, berechnet mit Gl. 4.12. Man beachte, daß bei dieser Erosionsrate alle Gesteine, die aus Anfangstiefen von weniger als 30 km stammen, exhumiert werden. Es gelten dieselben Annahmen wie in Abb. 4.9

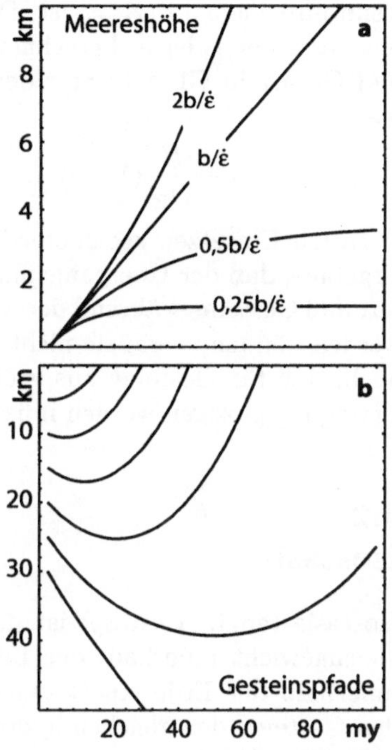

Verformungsrate von $\dot{\epsilon} = 10^{-14}$ s^{-1} und Erosionsraten von 2–10 mm y^{-1} für Gebirge von 1–5 km Höhe. Diese Zahlen können als Richtwerte gelten.

Bis jetzt haben wir nur den Verlauf der Hebungsgeschichte eines Gebirges, also die Entwicklung der Erdoberfläche betrachtet. Wenn wir diese zu den vertikalen Gesteinsbewegungen innerhalb der Kruste in Beziehung setzen wollen, muß eine Gleichung für die Tiefenentwicklung von Gesteinen, also „Gesteinspfade" , (engl.: *particle trajectories*) aufgestellt werden. Die Tiefen*änderung* eines Gesteins relativ zur Bezugslithosphäre ist durch $v_{ro} = (dz/dt)$ gegeben. Gesteinspfade (Gesteinstiefe als Funktion der Zeit) ergeben sich daher durch Integration von Gl. 4.4. Nach Einsetzen von Gl. 4.8 und Gl. 4.7 in Gl. 4.4 und Integration erhalten wir:

$$z = z_i e^{\dot{\epsilon}t} - H + \frac{a}{\dot{\epsilon}t_E - b}\left(e^{\dot{\epsilon}t} - 1\right) + \frac{\dot{\epsilon}t_E a}{b(\dot{\epsilon}t_E - b)}\left(e^{t(\dot{\epsilon}-b/t_E)} - e^{\dot{\epsilon}t}\right) \quad . \quad (4.12)$$

Darin ist z_i die Anfangstiefe des Gesteins in der Kruste. Abbildung 4.11b zeigt Gesteinspfade, die mit Gl. 4.12 berechnet wurden.

Aus Abb. 4.8 wissen wir, daß sich Gesteinspfade, die mit Gl. 4.12 errechnet werden können, in zwei Gruppen unterteilen lassen, nämlich in Pfade, die aufwärts gehen, und Pfade, die abwärts führen. Die beiden Gruppen sind durch den Punkt $v_z = 0$ bzw. $v_{ro} = 0$ voneinander getrennt. Dieser Punkt ist von großer Bedeutung, weil Gesteine nur dann exhumiert werden können, wenn ihre Tiefe $z < z_{v_z=0}$ ist. Die Tiefe $z_{v_z=0}$ bzw. $z_{v_{ro}=0}$ läßt sich mit Hilfe unseres Modells leicht berechnen. Sie ergibt sich durch Einsetzen von Gl. 4.8 und Gl. 4.7 in Gl. 4.4 unter der Annahme $v_{ro} = 0$. Nach z aufgelöst erhält man:

$$z_{(v_z=0)} = a + \frac{H}{\acute{e} t_E}\, (1 - b) \quad . \tag{4.13}$$

Durch Einsetzen geeigneter Zahlenwerte in Gl. 4.13 kommt man zu dem Ergebnis, daß der Übergangspunkt etwa in 30–40 km Tiefe liegt. Das bedeutet, daß Gesteine während der Verkürzung eines Orogens nur dann exhumiert werden können, wenn sie nicht tiefer als 30–40 km liegen. Es bedeutet aber auch, daß für Gesteine aus größeren Tiefen andere Exhumationsmodelle in Erwägung gezogen werden müssen (s. Platt 1993b).

4.2
Isostasie

Isostasie (engl.: *isostasy*) ist der geologische Fachbegriff für ein Schwimmgleichgewicht innerhalb der Lithosphäre. Dabei geht man davon aus, daß innerhalb der Erde ein Bezugsniveau existiert, auf das die darüber liegenden Gesteine den gleichen hydrostatischen Druck ausüben. Oder anders ausgedrückt: Oberhalb einer gewissen Tiefe, der *isostatischen Kompensationstiefe* z_K (engl.: *isostatic compensation depth*), ist das Gewicht verschiedener Gesteinssäulen gleich groß. Die isostatische Kompensationstiefe ist demnach die geringstmögliche Tiefe, unterhalb der es zwischen zwei zu vergleichenden Säulen keine Dichteunterschiede mehr gibt. In vielen Fällen stimmt sie mit der Tiefe der Lithosphärenbasis überein. Wir unterscheiden:

– hydrostatische Isostasie und
– Flexurisostasie.

Unter hydrostatischer Isostasie versteht man ein Spannungsgleichgewicht (engl.: *stress balance*) (s. Abschn. 5.1.1) in vertikaler Richtung; unter Flexurisostasie ein Spannungsgleichgewicht in zwei oder sogar drei Dimensionen (s. Abb. 4.13). Isostasie ist ein statisches Gleichgewicht und damit unabhängig von der Zeit.

Ausgleichsraten. Anhand von Landhebungen, die seit dem Abschmelzen des Eises der letzten Kaltzeit stattfanden, ist erkennbar, daß isostatische Ausgleichsbewegungen in der Größenordnung von 10^4 Jahren ablaufen (z. B. Sabodini et al. 1991). Das ändert nichts an der Tatsache, daß Isostasie zeitunabhängig ist. Allerdings muß bei isostatischer Hebung oder Absenkung einer Platte das darunterliegende Asthenosphärenmaterial einfließen bzw. verdrängt werden. Die Rate, mit der ein isostatisches Gleichgewicht erreicht wird, gibt uns daher Aufschluß über die Viskosität der Asthenosphäre (z. B. Lambeck 1993).

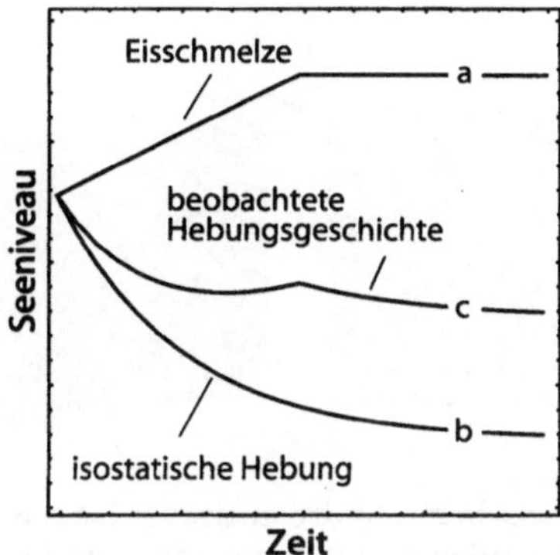

Abb. 4.12. Das Abschmelzen der Eiskappen nach der letzten Kaltzeit ging im wesentlichen linear vor sich. *a* Es hatte daher einen linearen *Anstieg* des weltweiten Meeresspiegels zur Folge. *b* Die Rate der isostatischen Ausgleichsbewegung nimmt mit der Annäherung an ein neues Gleichgewicht ab und hat daher einen exponentiellen *Abfall* des Meeresspiegels zur Folge, der bis jenseits der Eisschmelze anhält. *c* Die Summe beider Kurven ergibt die scheinbare Hebung der Küste gegenüber dem Seeniveau. Weltweite Daten von Küsten liefern ähnliche Hebungskurven wie in *c* (z. B. Lambeck 1991). Daraus kann man auf eine Mantelviskosität in der Größenordnung von etwa 10^{20} Poise schließen

Isostatische *Ausgleichsraten* sind z. B. durch Datierungen fossiler Strandterrassen meßbar (Abb. 4.12). Der Grad des Ungleichgewichts ist *gravimetrisch* meßbar. Mit gravimetrischen Methoden werden Unterschiede im Erdbeschleunigungsfeld erfaßt, aus denen sich Masseunterschiede ableiten lassen. Im isostatischen Gleichgewicht ist die Masse aller zu vergleichenden Profile gleich groß. Im Ungleichgewicht gibt es „schwere" und „leichte" Plattenteile, was dementsprechende Schwereanomalien zur Folge hat. Ein isostatisches Ungleichgewicht kann auf verschiedene Weise entstehen. Eine kontinentale Platte kann im Rahmen einer Orogenese durch die Last einer anderen Platte hinuntergedrückt werden. Platten können aber auch durch Mantelströme aktiv angehoben werden (engl.: *dynamically-supported topography*).

4.2.1
Hydrostatische Isostasie

Das Modell der hydrostatischen Isostasie beruht auf der Annahme, daß alle Vertikalprofile durch die Lithosphäre unabhängig voneinander betrachtet werden können. Die an vertikalen Flächen auftretenden Scherspannungen werden also vernachlässigt (Abb. 4.13a). Unter dieser Voraussetzung sind in der isostatischen Kompensationstiefe die vertikalen Spannungen aller Vertikalprofile gleich groß. Notieren wir das am Beispiel zweier Profile A und B in Gleichungsform, sieht die Isostasiebedingung wie folgt aus (s. Abb. 4.14):

$$\sigma_{zz\mathrm{A}}\big|_{z=z_\mathrm{K}} = \sigma_{zz\mathrm{B}}\big|_{z=z_\mathrm{K}} \quad . \tag{4.14}$$

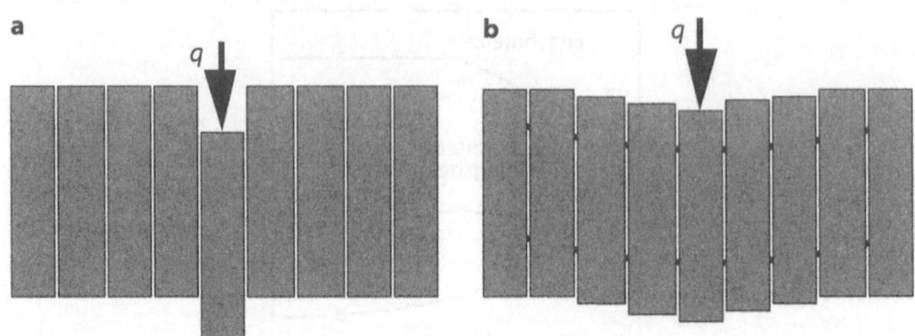

Abb. 4.13. Unterschied zwischen **a** hydrostatischer Isostasie und **b** Flexurisostasie. In **a** können die vertikalen Säulen unabhängig voneinander betrachtet werden. In **b** sind die bei Vertikalbewegungen auftretenden Scherspannungen berücksichtigt. Die Größe q ist die Last

Darin sind σ_{zz_A} und σ_{zz_B} die vertikalen Spannungen der Säulen A und B. Der Wert z_K ist die isostatische Kompensationstiefe. Der vertikale Strich bedeutet „an der Stelle". Für unsere Zwecke ist das meistens die Basis der Lithosphäre: $z_K = z_l$ (s. Abschn. 5.1.1). Die Kraft, mit der *ein Kubikmeter* Gestein nach unten drückt, ist durch das Produkt *Dichte* × *Erdbeschleunigung* (in $\mathrm{N\,m^{-3}}$) gegeben. Die Kraft, die *pro Flächeneinheit* einer ganzen Säule nach unten wirkt (die vertikale Normalspannung), ist dieses Produkt, über die Mächtigkeit der ganzen Säule integriert:

$$\sigma_{zz} = \int_0^{z_l} \rho g \mathrm{d}z \ . \tag{4.15}$$

Einsetzen von Gl. 4.15 in Gl. 4.14 ergibt:

$$\int_0^{z_l} \rho_A(z) g dz = \int_0^{z_l} \rho_B(z) g dz \ . \tag{4.16}$$

Die untere Integrationsgrenze 0 entspricht der Oberfläche des höheren der zwei miteinander verglichenen Profile. Als obere Integrationsgrenze wurde die Tiefe z_l angenommen. In größeren Tiefen gibt es – zumindest in Abb. 4.14 – keine Dichteunterschiede mehr. ρ_A und ρ_B sind die Dichten der zwei Säulen, jeweils in Abhängigkeit von der Tiefe; g ist die Erdbeschleunigung.

Wir wollen nun Gl. 4.16 benutzen, um die Höhe des hell schattierten Blocks in Abb. 4.14 gegenüber seiner Umgebung zu berechnen. Der Block hat die konstante Dichte ρ_c und schwimmt in einem dichteren Medium der Dichte ρ_m. Wir werden die Höhe ab jetzt mit H_{mat} und nicht mehr mit H bezeichnen, um zu verdeutlichen, daß wir zunächst nur den *Materialanteil* betrachten, der für den Dichte- und Höhenunterschied zwischen den Profilen A und B verantwortlich ist. Die Dichten sind von z unabhängig, und ebenso ist die Erdbeschleunigung innerhalb der Lithosphäre praktisch unabhängig von z.

Abb. 4.14. Darstellung des Schwimmgleich-
gewichts. Man beachte, daß die z-Achse nach
unten als positiv definiert ist und ihren Ursprung im höchsten Punkt der Erdoberfläche
hat

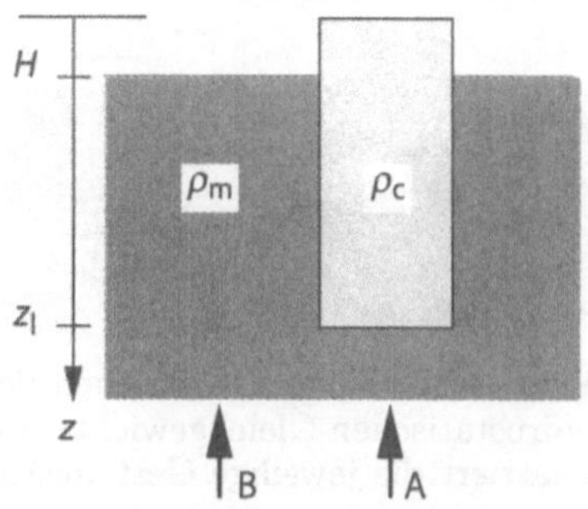

Mit diesen Annahmen kommen auf beiden Seiten der Gleichung nur Konstante vor und Gleichung 4.16 läßt sich leicht integrieren. Durch Integration
der linken Hälfte und Aufteilen der rechten Hälfte von Gl. 4.16 erhält man:

$$\rho_\mathrm{c} g z \Big|_0^{z_\mathrm{l}} = g \int_0^{H_\mathrm{mat}} \rho_\mathrm{luft} \mathrm{d}z + g \int_{H_\mathrm{mat}}^{z_\mathrm{l}} \rho_\mathrm{m} \mathrm{d}z \; . \tag{4.17}$$

Die Dichte von Luft ist gegenüber der Manteldichte ρ_m und der Kru-
stendichte ρ_c verschwindend gering. Das erste Integral der rechten Seite
von Gl. 4.17 ist daher vernachlässigbar. Nach vollständiger Integration, Herauskürzen von g und Einsetzen der Integrationsgrenzen erhalten wir:

$$\rho_\mathrm{c} z_\mathrm{l} = \rho_\mathrm{m} z_\mathrm{l} - \rho_\mathrm{m} H_\mathrm{mat} \; . \tag{4.18}$$

Ein Vergleich der beiden Säulen ergibt daher:

$$H = H_\mathrm{mat} = z_\mathrm{l} \left(\frac{\rho_\mathrm{m} - \rho_\mathrm{c}}{\rho_\mathrm{m}} \right) \; . \tag{4.19}$$

Diese Beziehung ist eine gute Näherungsformel für die Höhe eines Körpers
in isostatischem Gleichgewicht, bezogen auf das Material, in dem er schwimmt.
Daß diese Höhe allein durch den Materialunterschied bedingt ist, wird durch
$H = H_\mathrm{mat}$ betont.

Isostasie nach Airy und Pratt. Unterschiedliche Modelle der hydrostatischen Isostasie wurden im 19. Jahrhundert von den Geowissenschaftlern
Airy und *Pratt* entwickelt (Abb. 4.15). Beide hatten erkannt, daß Gebirge im Schwimmgleichgewicht stehen und daß ihre Höhe proportional zum
Dichteunterschied zwischen Kruste und Mantel ist. Genau das wird durch
Gl. 4.19 ausgedrückt. Pratt stellte fest, daß viele proterozoische Schilde, in
denen es keine Gebirge gibt, aus hochgradig metamorphen Gesteinen mit
relativ hoher Dichte bestehen. Im Gegensatz dazu bestehen junge Gebirge
meist aus hydrierten, oft schwachmetamorphen Sedimenten relativ geringer
Dichte. Daraus zog er den Schluß, daß sowohl kontinentale Schilde als auch
junge Gebirge „Wurzeln" in der gleichen Tiefe haben und Höhenunterschiede
auf der Erdoberfläche durch Dichteunterschiede in der Kruste bedingt sind.

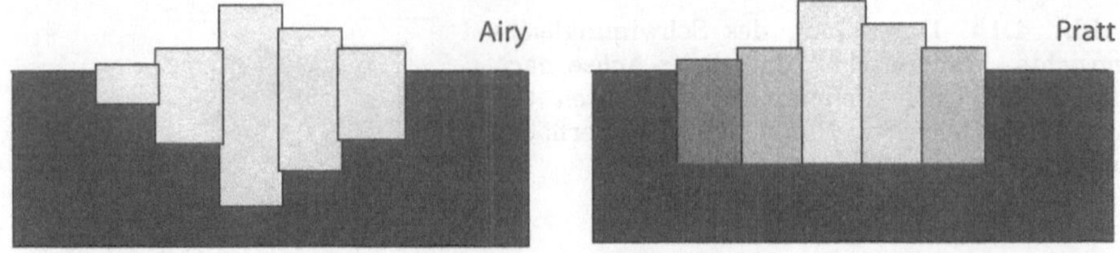

Abb. 4.15. Vergleich zwischen den von Airy und Pratt entwickelten Theorien des hydrostatischen Gleichgewichts von Gebirgen. Die Dichte ist umso höher, je dunkler schattiert die jeweilige Gesteinsäule ist

Dagegen nahm Airy an, daß es innerhalb der Kruste keine nennenswerten Dichteunterschiede gibt und sich die Tiefe der Gebirgswurzel deshalb proportional zur Höhe des Gebirges verhält. Diese beiden Theorien der hydrostatischen Isostasie werden als *Isostasie nach Airy* oder als *Isostasie nach Pratt* bezeichnet. Seismische Studien in zahlreichen Gebirgen beweisen, daß Kruste und Mantellithosphäre Wurzeln mit verschiedener Mächtigkeit haben. Andererseits gibt es bei vielen Gebirgen einen Zusammenhang zwischen Höhe und Gesteinsdichte. Die Realität liegt also irgendwo zwischen den Hypothesen von Airy und Pratt, wobei Airy mit seinem Modell der Wirklichkeit offenbar näher kommt als Pratt. Modelle der hydrostatischen Isostasie werden daher zumeist nach Airy berechnet.

Die Höhe von Gebirgen. Gravimetrische Messungen zeigen, daß viele aktive Orogene sich *nicht* im hydrostatischen Gleichgewicht befinden. Vielmehr spielt die Elastizität der Lithosphäre eine wichtige Rolle (z. B. Forsyth 1985; Lyon-Caen und Molnar 1983; Molnar und Lyon-Caen 1989) (Abschn. 4.2.2). Das Modell der hydrostatischen Isostasie sollte daher nur zur Erklärung geologischer Strukturen herangezogen werden, die weitaus größer als die Mächtigkeit der elastischen Lithosphäre sind. Diese Einschränkung sollten wir im Gedächtnis behalten, wenn wir im folgenden die Höhe von Gebirgen mit dem Modell der hydrostatischen Isostasie abschätzen.

Bei der Berechnung der Höhe eines hydrostatisch, isostatisch kompensierten Gebirges, ist es sinnvoll, die Dichteunterschiede innerhalb der Lithosphäre in zwei Teile aufzugliedern:

– Dichteunterschiede, die durch Materialunterschiede bedingt sind und
– Dichteunterschiede, die durch thermische Ausdehnung bedingt sind.

Die Tatsache, daß beide Teile einen wichtigen Beitrag zum Dichteprofil der Lithosphäre leisten können, ist uns bereits aus Abb. 2.11 bekannt. Zur Berechnung der thermischen Ausdehnung benötigen wir den *thermischen Expansionskoeffizienten* α (engl.: *coefficient of thermal expansion*). Der Koeffizient α hat eine (dimensionslose) Ausdehnung oder Verformung pro Temperaturdifferenz, also $\alpha = K^{-1}$ als Einheit (s. Abschn. 5.1). Für die meisten

Gesteine beträgt dieser Wert etwa $\alpha = 3 \cdot 10^{-5}\,\mathrm{K}^{-1}$. Auf die Manteldichte ρ_m bezogen, kann die Dichte bei jeder anderen Temperatur mit

$$\rho = \rho_\mathrm{m}(1 + \alpha(T_\mathrm{l} - T)) \tag{4.20}$$

berechnet werden. Darin ist T_l die Temperatur der Lithosphärenbasis in der Tiefe z_l. Nach Gl. 4.20 gilt: $\rho = \rho_\mathrm{m}$, wenn die Temperatur $T = T_\mathrm{l}$. Bei niedrigeren Temperaturen nimmt die Dichte proportional zum Temperaturrückgang zu. Wenn die Temperatur an der Erdoberfläche $T_\mathrm{s} = 0\,^\circ\mathrm{C}$ beträgt, wird Gl. 4.20 zu:

$$\rho = \rho_0 = \rho_\mathrm{m}(1 + \alpha T_\mathrm{l}) \quad . \tag{4.21}$$

Bei einer Manteldichte ρ_m von etwa $3\,200\ \mathrm{kg\,m^{-3}}$ bei T_l ergibt das: $\rho_0 = 3\,300\ \mathrm{kg\,m^{-3}}$. Unter der Annahme, daß die Geothermenkrümmung vernachlässigbar ist, gilt für die mittlere Dichte der Lithosphäre aufgrund der thermischen Ausdehnung $\bar{\rho}$:

$$\bar{\rho} = \rho_\mathrm{m}\left(1 + \alpha\frac{T_\mathrm{l} + T_\mathrm{s}}{2}\right) \quad . \tag{4.22}$$

Um den Anteil der thermischen Ausdehnung an der Gebirgshöhe H_therm abzuschätzen, setzen wir Gl. 4.22 in die rechte Seite von Gl. 4.16 ein. Die linke Seite bleibt wie in Gl. 4.17 und Gl. 4.18. Durch Integration (nach demselben Prinzip wie für H_mat) erhält man:

$$H_\mathrm{therm} = -z_\mathrm{l}\alpha(T_\mathrm{l} + T_\mathrm{s})/2 \quad . \tag{4.23}$$

Das negative Vorzeichen entsteht, weil $\bar{\rho}$ größer als ρ_m ist. Den Materialanteil der Kruste an der Höhe haben wir schon in Gl. 4.19 hergeleitet. Die Gebirgshöhe gegenüber der Umgebung ergibt sich aus der Summe des thermischen und des Materialanteils:

$$H = H_\mathrm{mat} + H_\mathrm{therm} = z_\mathrm{c}\left(\frac{\rho_\mathrm{m} - \rho_\mathrm{c}}{\rho_\mathrm{m}}\right) - z_\mathrm{l}\alpha(T_\mathrm{l} + T_\mathrm{s})/2 \quad . \tag{4.24}$$

Führen wir für die physikalischen Konstanten die Kürzel $\delta = (\rho_\mathrm{m} - \rho_\mathrm{c})/\rho_\mathrm{m}$ und $\xi = \alpha(T_\mathrm{l} + T_\mathrm{s})/2$ ein, vereinfacht sich die Gleichung zu:

$$H = \delta z_\mathrm{c} - \xi z_\mathrm{l} \quad . \tag{4.25}$$

Setzt man in Gl. 4.24 sinnvolle Zahlenwerte ein (z. B. $\rho_\mathrm{m} = 3\,200\ \mathrm{kg\,m^{-3}}$, $\rho_\mathrm{c} = 2\,700\ \mathrm{kg\,m^{-3}}$), erhält man: $\delta \approx 0{,}15$ sowie: $\xi = 0{,}018$. Das bedeutet, daß der Einfluß des Materialunterschieds zwischen Krusten- und Mantelgestein für die Höhe eines Gebirges etwa zehnmal größer ist, als der Beitrag der thermischen Ausdehnung der Gesteine. Wenn also die Kruste etwa ein Drittel der gesamten Lithosphäre ausmacht, ist ihr Anteil an der Höhe etwa dreimal so groß wie jener, den die thermische Kontraktion der gesamten Lithosphäre beiträgt. Für H ergibt sich ein Wert von etwa $3\,600$ m.

Dies ist die Höhe der Erdoberfläche einer Lithosphäre mit den oben genannten Werten für z_c und z_l über einem hypothetischen „Mantelmeer" (s. Abb. 4.14). Tatsächlich erheben sich die Kontinentalschilde etwa 3 600 m über die Mittelozeanischen Rücken, die auf der ganzen Welt in einer sehr konstanten Tiefe unter dem Meeresspiegel liegen. Die Mittelozeanischen Rücken sind der einzigmögliche Bezugspunkt für eine Messung der Höhe des „Mantelmeeres" (Turcotte et al. 1977; Cochran 1982).

In den meisten Fällen ist es von größerem Interesse, die Höhe eines Gebirges gegenüber seiner Umgebung und nicht gegenüber den Mittelozeanischen Rücken zu kennen. Zu diesem Zweck läßt sich Gl. 4.24 so umformen, daß die Höhe als Differenz zwischen deformierter und undeformierter Lithosphäre angegeben wird:

$$H = (\delta f_\mathrm{c} z_\mathrm{c} - \xi f_\mathrm{l} z_\mathrm{l}) - (\delta z_\mathrm{c} - \xi z_\mathrm{l}) = \delta z_\mathrm{c}(f_\mathrm{c} - 1) - \xi z_\mathrm{l}(f_\mathrm{l} - 1) \ . \tag{4.26}$$

Die Parameter f_c und f_l beschreiben die Vertikalverformung der Kruste bzw. der Lithosphäre und wurden in Abschn. 3.4.1 und 4.0.2 genauer erklärt (s. auch Abschn. 6.2.4, Gl. 6.9). Die Höhe eines isostatisch kompensierten Gebirges gegenüber einer Bezugslithosphäre (zum Konzept der Bezugslithosphäre s. Le Pichon et al. 1982) ist in Abb. 4.16 dargestellt. Genauere Daten zur thermischen Ausdehnung der Lithosphäre wirken sich auf die Gebirgshöhe kaum aus (z. B. Zhou und Sandiford 1992; Zhou und Stüwe 1994). Abbildung 4.16 zeigt deutlich, daß eine homogene Verdickung der Lithosphäre (eine Diagonallinie von links unten nach rechts oben) einen relativ geringen Einfluß auf die Gebirgshöhe ausübt, weil die beiden Komponenten von Gl. 4.25 bzw. Gl. 4.26 entgegengesetzte Vorzeichen haben. Demnach wird die Absenkung, die eine verdickte Mantellithosphäre zur Folge hätte, zum Teil durch die Hebung der verdickten Kruste kompensiert. Es ist ebenso erkennbar, daß eine Verdoppelung der Kruste ohne Verdickung der Gesamt-

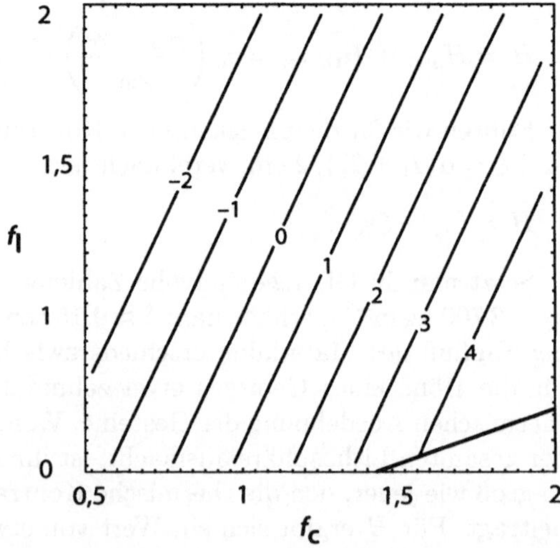

Abb. 4.16. Gebirgshöhe im isostatischen Gleichgewicht in der f_c-f_l-Ebene. Die Kurven sind in km beschriftet und wurden mit Gl. 4.26 unter den folgenden Annahmen berechnet: $\rho_\mathrm{m} = 3\,200$, $\rho_\mathrm{c} = 2\,750$, $\alpha = 3 \cdot 10^{-5}$, $z_\mathrm{c} = 35$ km, $z_\mathrm{l} = 100$ km. Mit diesen Werten erhält man für die zwei Konstanten: $\delta \approx 0,14$ und $\xi = 0,018$. Die stark gezeichnete Linie in der unteren rechten Ecke grenzt den nicht erlaubten Teil des Diagramms ab (s. Abschn. 4.0.2)

lithosphäre ein Gebirge von etwa 3–4 km Höhe zur Folge hat (vgl. Pfade in Abb. 4.4, s. auch Abschn. 2.4.1).

Die Tiefe der Ozeane. Die Wassertiefe eines Ozeans ist eine direkte Funktion des jeweiligen Abstands vom Mittelozeanischen Rücken. Die funktionale Beziehung, die zwischen diesem Abstand, dem Alter der ozeanischen Lithosphäre und der Wassertiefe der Ozeane 1977 von Parsons und Sclater hergeleitet wurde, stellt einen der größten Erfolge der Wärmeflußtheorie schlechthin dar (Abschn. 2.1, 3.5.1). Sie läßt sich mit den Prinzipien der hydrostatischen Isostasie herleiten.

Ozeanische Lithosphäre besteht im wesentlichen aus (im Vergleich zur Asthenosphäre) relativ kaltem Mantelmaterial und einer sehr dünnen, etwa 7 km mächtigen Kruste. Weil die Kruste so dünn und von konstanter Mächtigkeit ist, übt thermische Ausdehnung den überwiegenden Einfluß auf das isostatische Gleichgewicht ozeanischer Lithosphäre aus. Materialunterschiede innerhalb der ozeanischen Lithosphäre können vernachlässigt werden. Wir benutzen das in Abb. 4.17 dargestellte Profil durch einen Mittelozeanischen Rücken und Gl. 4.16. Seitliche Spannungen werden vernachlässigt. Ein Unterschied in der Lösung von Gl. 4.16 gegenüber der Diskussion von Gebirgshöhen ergibt sich vor allem dadurch, daß das Gewicht des Meerwassers berücksichtigt werden muß. Nach Gl. 4.16 müssen die vertikalen Spannungen der Säulen A und B (in Abb. 4.17) in der Kompensationstiefe $z = z_1$ gleich groß sein. Für Säule A ist diese Spannung durch folgende Beziehung gegeben:

$$\sigma_{zz}^{A}\big|_{z=z_1} = \rho_{\mathrm{w}} g w + \int_0^{z_1} \rho_{(z)} g \, \mathrm{d}z \quad . \tag{4.27}$$

Die Variable w steht darin für die Wassertiefe im Bereich des Profils A. Für Säule B gilt bei entsprechender Aufteilung der Integrale:

$$\sigma_{zz}^{B}\big|_{z=z_1} = \rho_{\mathrm{m}} g w + \rho_{\mathrm{m}} g z_1 \quad . \tag{4.28}$$

Die Gleichungen 4.27 und 4.28 dürften aus Abb. 4.17 direkt nachvollziehbar sein. Nach Gleichsetzen der beiden Spannungen, Herauskürzen der Erdbeschleunigung und einfacher Umformung nimmt die Isostasiebedingung von Gl. 4.16 folgende Form an:

$$\rho_{\mathrm{m}} z_1 + w(\rho_{\mathrm{m}} - \rho_{\mathrm{w}}) = \int_0^{z_1} \rho_{(z)} \, \mathrm{d}z \quad . \tag{4.29}$$

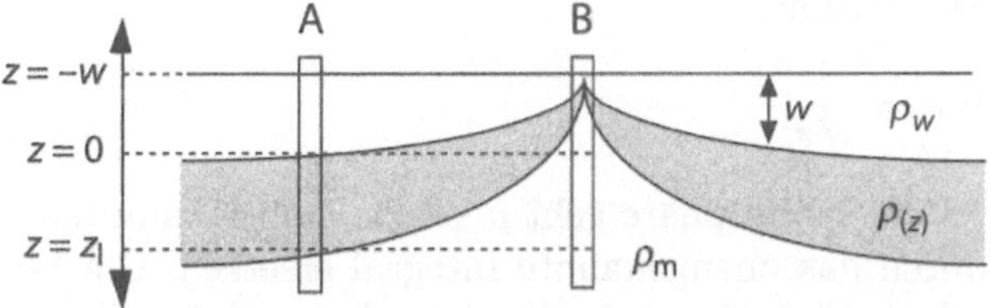

Abb. 4.17. Schematisches Profil durch einen Mittelozeanischen Rücken

Mit Vorgriff auf die nächsten Rechenschritte können wir das erste Glied der Gleichung auch auf die rechte Seite bringen, nach z differenzieren und in das Integral einbeziehen:

$$w(\rho_\mathrm{m} - \rho_\mathrm{w}) = \int_0^{z_1} (\rho_{(z)} - \rho_\mathrm{m})\mathrm{d}z \ . \tag{4.30}$$

Die Wassertiefe ist also durch die Dichteänderung in Abängigkeit von der Tiefe $\rho_{(z)}$ gegeben. Bei ozeanischer Lithosphäre ist diese Dichteänderung eine Funktion der Temperatur (s. Abschn. 3.5), d. h. wenn wir die Beziehung zwischen Temperatur und Tiefe kennen, dann ist $\rho_{(z)}$ in Gl. 4.30 bekannt. Aus Gl. 4.20 kennen wir die funktionale Beziehung zwischen Dichte und Temperatur und können daher zunächst Gl. 4.20 in Gl. 4.30 einsetzen:

$$w(\rho_\mathrm{m} - \rho_\mathrm{w}) = \int_0^{z_1} (-\rho_\mathrm{m}\alpha(T(z) - T_1))\mathrm{d}z \ . \tag{4.31}$$

Die Variable $T(z)$, die einzige Unbekannte in dieser Gleichung, haben wir in Abschn. 3.5.1 bestimmt. Sie wird durch das Half-space cooling-Modell beschrieben, dem wir nun schon öfter begegnet sind. Das durch Gl. 3.85 gegebene Temperaturprofil kann daher in Gl. 4.31 eingesetzt werden:

$$w(\rho_\mathrm{m} - \rho_\mathrm{w}) = \int_0^{z_1} -\rho_\mathrm{m}\alpha \left(T_\mathrm{s} - T_1 + (T_1 - T_\mathrm{s})\mathrm{erf}\left(\frac{z}{\sqrt{4\kappa t}}\right) \right) \mathrm{d}z \ . \tag{4.32}$$

Nach Vereinfachung und unter Verwendung von Gl. 3.16 erhalten wir:

$$w(\rho_\mathrm{m} - \rho_\mathrm{w}) = \int_0^{z_1} \rho_\mathrm{m}\alpha(T_1 - T_\mathrm{s})\mathrm{erfc}\left(\frac{z}{\sqrt{4\kappa t}}\right) \mathrm{d}z \tag{4.33}$$

oder noch einfacher:

$$w = \frac{\rho_\mathrm{m}\alpha(T_1 - T_\mathrm{s})}{(\rho_\mathrm{m} - \rho_\mathrm{w})} \int_0^{z_1} \mathrm{erfc}\left(\frac{z}{\sqrt{4\kappa t}}\right) \mathrm{d}z \ . \tag{4.34}$$

Wenn wir die Variable $n = z/\sqrt{4\kappa t}$ einführen, können wir die Konstanten aus dem Integral holen (s. Anhang B):

$$w = \sqrt{4\kappa t}\,\frac{\rho_\mathrm{m}\alpha(T_1 - T_\mathrm{s})}{(\rho_\mathrm{w} - \rho_\mathrm{m})} \int_0^{z_1} \mathrm{erfc}\,(n)\,\mathrm{d}n \ . \tag{4.35}$$

Das bestimmte Integral der Fehlerfunktion ist für eine Integrationsgrenze im Unendlichen bekannt:

$$\int_0^{\infty} \mathrm{erfc}(n)\mathrm{d}n = \frac{1}{\sqrt{\pi}} \ .$$

An der Basis der Lithosphäre geht $\rho \to \rho_\mathrm{m}$. Daher kann man das Integral aus Gl. 4.35 durch das obengenannte Integral ersetzen. Die Wassertiefe der Ozeane als Funktion des Abstands vom Mittelozeanischen Rücken ergibt sich dann als:

Abb. 4.18. Mit Gl. 4.36 berechnetes Tiefenprofil der Ozeane als Funktion des Abstands vom Mittelozeanischen Rücken. Die Kurven beziehen sich auf unterschiedliche Riftgeschwindigkeiten $(\mathrm{m\,y^{-1}})$. Berechnet mit:
$\rho_\mathrm{m} = 3\,200 \ \mathrm{kg\,m^{-3}}$,
$\rho_\mathrm{w} = 1\,000 \ \mathrm{kg\,m^{-3}}$,
$\alpha = 3 \cdot 10^{-5} \ \mathrm{K^{-1}}$, $T_\mathrm{l} = 1\,280\,^\circ\mathrm{C}$,
$T_\mathrm{s} = 0\,^\circ\mathrm{C}$

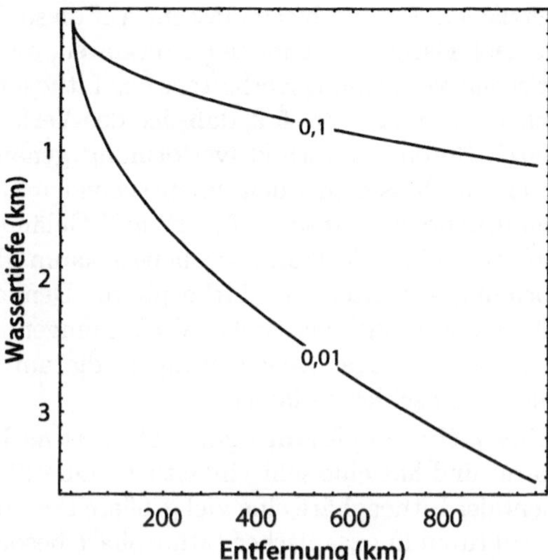

$$w = \frac{2\rho_\mathrm{m}\alpha(T_\mathrm{l} - T_\mathrm{s})}{(\rho_\mathrm{m} - \rho_\mathrm{w})} \sqrt{\frac{\kappa t}{\pi}} \ . \tag{4.36}$$

Für die Konstanten in Gl. 4.36 können wir die uns bereits bekannten Zahlenwerte einsetzen und wir erhalten:

$$w \approx 5,91 \cdot 10^{-5} \sqrt{t} \ . \tag{4.37}$$

Die Wassertiefe ist also proportional zur Wurzel des Alters. Wenn wir in dieser Beziehung das Alter t durch den Abstand dividiert durch die Riftgeschwindigkeit x/u ersetzen, gibt Gl. 4.36 die Wassertiefe als Funktion des Abstands vom Mittelozeanischen Rücken an. Dieser ist natürlich ebenfalls altersabhängig. Nur läßt sich das Wassertiefenprofil auf diese Weise anschaulicher darstellen. Abbildung 4.18 zeigt ein Profil der Wassertiefe über einer ozeanischen Platte, das mit Gl. 4.37 berechnet wurde. Die phantastische Übereinstimmung dieser Kurven mit bachymetrischen Messungen in den Meeren der Welt haben wir schon im Zusammenhang mit Wärmeflußmessungen diskutiert (Abschn. 3.5.1).

4.2.2
Flexurisostasie

Unter Flexurisostasie versteht man ein Schwimmgleichgewicht, bei dem die an Lithosphärenplatten anliegenden *vertikalen* und *horizontalen* Spannungen berücksichtigt werden (Abb. 4.13b). Flexurisostasie ist also ein Spannungsgleichgewicht in zumindest *zwei* Raumrichtungen. Dazu werden Lithosphärenplatten als *elastische* Platten betrachtet, die sich aufgrund von vertikalen Kräften biegen lassen. Auf diese Weise lassen sich viele großräumige geologische Phänomene gut erklären, auch wenn die Hypothese eines elastischen Verformungsverhaltens der Lithosphäre durchaus nicht trivial ist. So sehen wir in Abschn. 5.2, daß sich das Verformungsverhalten der Lithosphäre durch Spröd- und Duktilverformung genau beschreiben läßt. Dies stimmt auch viel besser mit den entsprechenden Geländebefunden überein. Verformungsmodelle (Abschn. 5.1.2) *und* Geländebeobachtungen in der Größenordnung eines Aufschlusses liefern kaum Hinweise auf ein elastisches Verformungsverhalten der Lithosphäre. Dennoch gibt es zahlreiche Beispiele für großräumige elastische Verformungen. Wir beginnen daher mit einer Auflistung einiger Beobachtungen, die auf ein elastisches Verhalten der Lithosphäre schließen lassen.

Elastische Verformungen. *Ozeanische* Lithosphäre ist meist wenig verformt und hat eine sehr einheitliche Oberfläche, da sie im Vergleich zu kontinentaler Lithosphäre eine viel größere Festigkeit besitzt. Daher sind elastische Strukturen in ozeanischer Lithosphäre besonders spektakulär ausgeprägt. Eines der bekanntesten Beispiele für eine solche elastische Struktur sind die Täler, die sich um „seamounts" – z. B. in der Umgebung der Hawaii-Inseln – gebildet haben. „Seamounts" sind Vulkane, die weitab von Mittelozeanischen Rücken auf ozeanischer Lithosphäre sitzen. Solche Vulkane sind durch „Hot spots" entstanden, deren Herd tief im Mantel liegt (Abb. 4.19). Deshalb hat der Vulkan, der sich auf der Oberfläche der ozeanischen Lithosphäre (zumeist unter Wasser) gebildet hat, keine kompensierende Wurzel an der Plattenbasis. Er kann als Gewicht betrachtet werden, das auf der Platte liegt und sie nach unten biegt. Die „Eindellung" ozeanischer Lithosphäre, die um viele „seamounts" der Erde beobachtet werden kann, ist das bekannteste Beispiel elastischer Verformung der Lithosphäre.

Ein anderes klassisches Beispiel ist die Biegung ozeanischer Platten an Subduktionszonen. Die Form von Tiefseegräben und die seewärtige Aufwölbung

Abb. 4.19. Flexur ozeanischer Lithosphäre als Funktion der Belastung durch einen „Seamount"

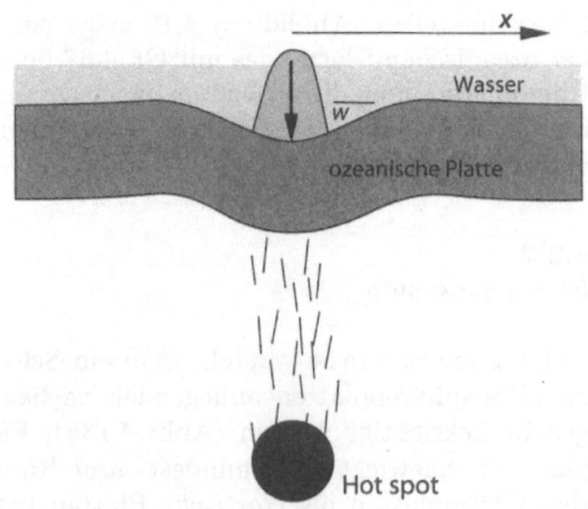

(engl.: *forebulge*) der Platte (in deren Bereich die Wassertiefe geringer ist als in größerer Entfernung von der Subduktionszone) ist ebenfalls auf eine elastische Verformung zurückzuführen.

Auch *Kontinentale* Platten verhalten sich teilweise elastisch. Das läßt sich im Vorland vieler Kollisionsorogene beobachten, wo sich Molassebecken aufgrund elastischer Einbiegung gebildet haben. Z. B. in der nördlichen Molasse des Alpenvorlands: Dort kann die relativ steife Europäische Platte das Gewicht der Alpen nur teilweise tragen und wird im Bereich des Donautales am tiefsten nach unten gewölbt. Allerdings wird bei Kollisionsorogenen das Gewicht des Gebirges (engl.: *external load*) oft durch eine Wurzel (engl.: *internal load*) kompensiert. Die Spannungsverteilung, die zur elastischen Einbiegung der Platten führt, ist daher nicht so deutlich ausgeprägt oder leicht interpretierbar, wie bei ozeanischen Platten.

Besonders markante elastische Verbiegungen von Kontinenten sind an passiven Kontinentalrändern zu beobachten. Die bekanntesten Beispiele dafür sind die Aufwölbungen an der südafrikanischen Küste und an der Ostküste Australiens (Tucker und Slingerland 1994; Kooi und Beaumont 1994). Dort wird die Entlastung der Platte infolge der Erosion des Kontinentalrandes (engl.: *escarpment*), durch elastische Aufwölbung des Vorlands kompensiert. Ebenso wie die elastischen Schwellen in der Nähe von Subduktionszonen kann das australische Barrierriff als eine elastische Aufwölbung des australischen Kontinentalrandes betrachtet werden (Stüwe 1991, s. auch Abb. 6.10).

Bislang ungeklärt ist, warum viele der geologischen Strukturen, die sich sehr gut mit der Theorie der elastischen Verformung erklären lassen, viele zehn Millionen Jahre lang erhalten bleiben. In Abschn. 5.3 wird dargelegt, daß elastische Formen in diesen Zeiträumen eigentlich längst durch duktile Verformung zerstört sein müßten.

Die Flexurgleichung. Um Flexurisostasie zu beschreiben, betrachten wir zunächst den Mechanismus, der zur Biegung einer elastischen Platte führt, anhand von Abb. 4.20. Dabei vernachlässigen wir zunächst den Auftrieb, der durch Dichteunterschiede verursacht wird. Dazu müssen wir Abschn. 5.1.2 (Gl. 5.21) vorgreifen und feststellen, daß elastische Verformung eine *konstitutive Beziehung* ist, die durch eine Beziehung zwischen Spannung und Verformung beschrieben wird. Die Proportionalitätskonstante zwischen diesen beiden Größen wird als *Elastizitäts-* oder *Young-Modul E* bezeichnet. Wie stark sich Platten elastisch biegen, hängt von E und ihrer Komprimierbarkeit ab, die durch die Poissonsche Querdehnungszahl ν gegeben ist. Durch Integration der horizontalen Normalspannungen σ_{xx}, über die Mächtigkeit der elastischen Platte h kommt man zu dem Ergebnis, daß das Drehmoment M proportional zur Krümmung der Platte ist (s. Abb. 4.20):

$$M = -D\frac{\mathrm{d}^2 w}{\mathrm{d}x^2} \ . \tag{4.38}$$

Die Variable w ist die vertikale Auslenkung (engl.: *deflection*) der Platte. Die Herleitung von Gl. 4.38 und die anschließenden Schritte werden bei

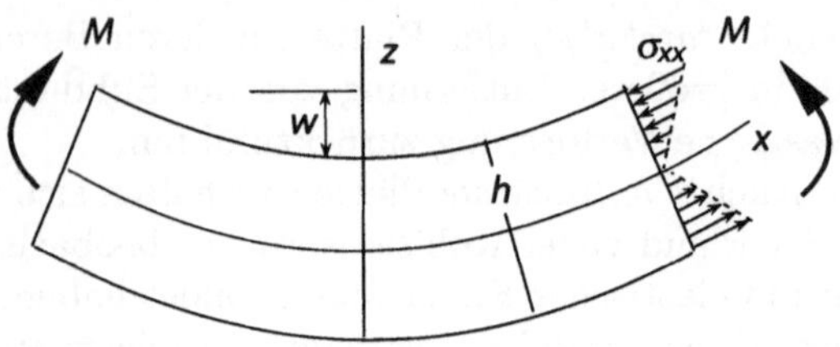

Abb. 4.20. Biegung einer idealen Platte in einem vereinfachten Modell, wie es für Lithosphärenplatten Anwendung findet

Turcotte (1979) und bei Turcotte und Schubert (1982) im Detail erklärt und wir wollen uns ihr hier nicht weiter widmen. Die Proportionalitätskonstante D ist die *Steifheit* (engl.: *flexural rigidity*) der Platte. D ergibt sich bei der Integration, die zu Gl. 4.38 führt, aus den Materialkonstanten:

$$D = \frac{Eh^3}{12(1 - \nu^2)} \; . \tag{4.39}$$

Für ein Differentialelement der elastischen Platte in Abb. 4.20 kann auch unabhängig von Gl. 4.38 ein Kräftegleichgewicht aufgestellt werden. Es resultiert aus den Beziehungen zwischen dem Drehmoment M, der vertikalen Last q, der horizontal anliegenden Kraft F und der anliegenden Scherkraft. Dieses Kräftegleichgewicht wird hier ebenfalls nicht näher erläutert (s. Turcotte und Schubert 1982; Ranalli 1987). Durch Einsetzen der obengenannten Größen in das Kräftegleichgewicht von Gl. 4.38 erhält man:

$$D \frac{\mathrm{d}^4 w}{\mathrm{d}x^4} = q_x - F \frac{\mathrm{d}^2 w}{\mathrm{d}x^2} \; . \tag{4.40}$$

Darin ist q_x die vertikale Last, die eine Funktion der Strecke x ist. Aus einer Analyse der Einheiten dieser Gleichung ist erkennbar, daß die Last q_x die Einheiten einer Kraft pro Fläche, also einer Spannung, hat. Gleichung 4.40 ist die eindimensionale Flexurgleichung (s. auch Aufgabe 4.7). Jede Beschreibung der Verformung elastischer Platten basiert auf der Integration von Gl. 4.40 (oder ihrem zweidimensionalen Äquivalent).

Anwendung auf die Lithosphäre. Wenn Gl. 4.40 auf elastische Strukturen in Lithosphärenplatten angewendet werden soll, sind zumindest drei Dinge zu bedenken:

1. Zunächst sollte man stets daran denken, daß die Flexurgleichung auf einem *völlig anderen* Mechanismus beruht als die Gleichungen, die wir in Abschn. 5.2 zur Beschreibung der Rheologie der Lithosphäre benutzen werden. Gleichung 4.40 ist ein *Modell*, das manche Geländebeobachtungen gut erklärt, für andere aber möglicherweise nicht zutreffend ist.

2. D darf nicht falsch interpretiert werden. Geländebeobachtungen ergeben: $D \approx 10^{23}$ Nm ($\pm$ mindestens eine Zehnerpotenz); Laborexperimente ergeben: $E \approx 10^{11}$ Pa, $\nu = 0{,}25$. Aus Gl. 4.39 erhält man mit diesen Zahlenwerten eine elastische Lithosphärenmächtigkeit im zweistelligen Kilometerbereich. Damit ist die elastische Mächtigkeit der Lithosphäre weitaus geringer als die Mächtigkeit der Lithosphäre, die sich aus thermischen oder

mechanischen Definitionen ergibt. Die geringe elastische Mächtigkeit ist als
die theoretische Mächtigkeit einer Schicht mit homogenen elastischen Eigenschaften zu interpretieren. Da die obere Kruste spröde und der untere Teil
der Lithosphäre duktil ist, ist anzunehmen, daß die elastische Lithosphäre
im Mittelteil der *mechanischen* Lithosphäre liegt. Ranalli (1994) zeigte, daß
die elastische Mächtigkeit h im wesentlichen von der Tiefenlage der 900 °C-
Isotherme abhängt (s. auch Abschn. 5.2.1, Abb. 5.16). Da die Steifheit D
proportional zu h^3 ist (Gl. 4.39), ist eigentlich zu erwarten, daß D zur Ku-
bikwurzel des geothermischen Gradienten indirekt proportional ist (Molnar
und Lyon-Caen 1989). Dem ist aber nicht so. Beispielsweise differiert die
Rigidität der Indischen und der Adriatischen Platte um etwa drei Zehnerpotenzen, während sich die entsprechenden geothermischen Gradienten nicht
einmal um das Zehnfache unterscheiden. Die elastische Mächtigkeit der Lithosphäre scheint daher nicht nur von der 900 °C-Isotherme abzuhängen.

3. Man muß sich die Lastenverteilung genau verdeutlichen. Die Last q_x als
Funktion der horizontalen Strecke x (s. Gl. 4.40) ist nur *eine* unter mehreren
relevanten Kräften. Sie resultiert aus der Summe der *internen* und *externen*, der nach oben und nach unten wirkenden Kräfte. Um diese Summe
bilden zu können, empfiehlt es sich, die fragliche Platte gedanklich nach dem
im rechten Teil von Abb. 4.21 dargestellten Schema zu unterteilen. Es ist
leicht nachvollziehbar, daß die auf der Platte aufliegende Last von *oben* die
Normalspannung $\rho_c g H$ ausübt. Dieser Last wirkt im Bereich des verdräng-

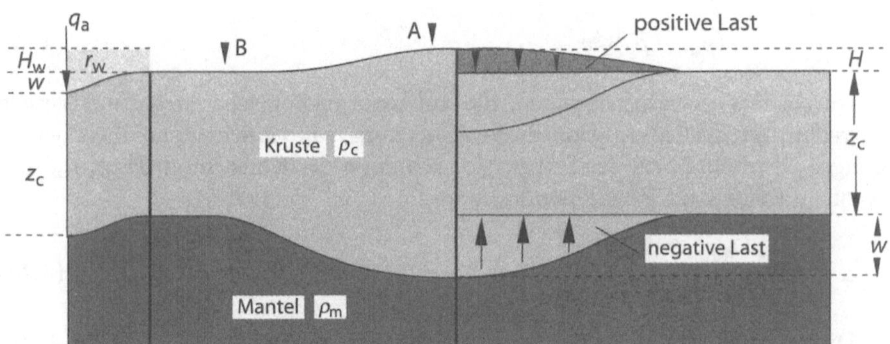

Abb. 4.21. Lastenverteilung bei der Biegung von Lithosphärenplatten. Als Beispiel wurde die Verdrängung des Mantels durch die Kruste aufgezeichnet. Ein Beispiel für die Verdrängung der Asthenosphäre durch die Lithosphäre würde ähnlich
aussehen, nur müßten andere Dichtewerte eingesetzt werden. Am linken Rand der
Abbildung ist der Fall einer wasserbedeckten ozeanischen Lithosphäre dargestellt,
der in Aufgabe 4.8 angesprochen wird. Im mittleren Teil der Abbildung sind Dichte
und Mächtigkeit einer kontinentalen Platte eingezeichnet. Der rechte Teil zeigt eine
zur Ermittlung der vertikalen Last zweckmäßige Unterteilung derselben Platte. Die
Punkte A und B sind für Übungsaufgabe 4.8 markiert

ten Mantelmaterials die Auftriebskraft $(\rho_m - \rho_c)gw$ von *unten* entgegen. Die Nettolast eines Gebirges ergibt sich daher als:

$$q(x) = \rho_c g H(x) - (\rho_m - \rho_c)gw \ . \tag{4.41}$$

Wenn Gl. 4.41 in Gl. 4.40 eingesetzt wird, läßt sich diese nach w auflösen. Bei mehrschichtigen Platten oder ozeanischer Lithosphäre – wobei die Dichte des Wassers berücksichtigt werden muß – kann ebenfalls nach dem einfachen Prinzip von Abb. 4.21 vorgegangen werden (s. auch Aufgabe 4.8).

Anwendungsbeispiele. Für zahlreiche plattentektonische Fragestellungen existiert keine analytische Lösung von Gl. 4.40, weshalb wir auf numerische Methoden zurückgreifen müssen, um die Gleichung benutzen zu können (s. Aufgabe 4.9). Im folgenden werden jedoch einige Beispiele behandelt, für die es eine analytische Lösung gibt.

Einfache Beispiele. Einige eindimensionale plattentektonische Probleme lassen sich unter der Bedingung lösen, daß keine horizontalen Kräfte auftreten und sich die Last daher auf eine einzige, senkrecht zur Modelldimension wirkende Kraft beschränkt. Diese Bedingung trifft z. B. für die Last einer Inselkette auf einer ozeanischen Platte oder die Last eines Kontinents auf die Kante einer subduzierten Platte zu. Möglicherweise läßt sich auf diese Weise sogar die Last eines langgestreckten Gebirges auf einer kontinentalen Platte berechnen. Wenn keine horizontalen Kräfte einwirken ist der Ausdruck $F d^2 w/dx^2$ in Gl. 4.40 gleich null. Für diese Fälle ist der Ausdruck $\rho_c g H(x)$ in Gl. 4.41 ebenfalls gleich null (weil die Last nur an der Stelle $x = 0$ wirkt) und Gl. 4.40 vereinfacht sich zu

$$D \frac{d^4 w}{dx^4} = -(\rho_m - \rho_c)gw \ . \tag{4.42}$$

Durch diese Vereinfachungen, die auf viele geologisch relevante Beispiele zutreffen, ist die Integration dieser Gleichung für verschiedene Randbedingungen möglich. Nach der Integration kommen die Konstanten D, g, ρ_m und ρ_c oft in folgendem Zusammenhang vor:

$$\alpha = \left(\frac{4D}{g(\rho_m - \rho_w)} \right)^{1/4} \ . \tag{4.43}$$

Dieser Ausdruck wird als Flexurparameter α bezeichnet (s. Aufgabe 4.10). Zwei geologisch wichtige Beispiele, die sich mit den Vereinfachungen von Gl. 4.42 und Gl. 4.43 gut beschreiben lassen, seien hier angeführt. Beides sind Beispiele, in denen eine nahezu linienförmige Last eine Platte einbiegt, deren Oberflächenform zu beschreiben ist.

Das erste Beispiel ist die Last der linienförmigen Inselkette der Hawaii- und Emperor-Inseln auf der homogenen und durchgehenden pazifischen Platte. Für entsprechend formulierte Randbedingungen lautet die Lösung von Gl. 4.42 (s. Abb. 4.22a):

$$w = w_0 \mathrm{e}^{-x/\alpha}\left(\cos(x/\alpha) + \sin(x/\alpha)\right) \quad . \tag{4.44}$$

Darin ist w_0 die maximale Einbiegung der Platte direkt unter der Last; w ist auf diesen Wert normalisiert. Gleichung 4.44 ist eine gute Näherung für die Beschreibung des Wassertiefenprofils um die Hawaii- und Emperor-Inseln. Diese Gleichung ist historisch bedeutsam, denn Gl. 4.44 ist das erste Modell, das für eine Abschätzung der elastischen Lithosphärenmächtigkeit auf der Grundlage von Wassertiefenmessungen um Hawaii verwendet wurde.

Das zweite Beispiel, das sich gut mit den Annäherungen von Gl. 4.42 und Gl. 4.43 beschreiben läßt, ist die linienförmige Last von Plattenrändern auf subduzierende Plattenränder. In diesem Fall müssen die Randbedingungen für eine gebrochene- oder Halbplatte formuliert werden, auf der die Last aufliegt. Für die entsprechenden Randbedingungen ist eine Lösung von Gl. 4.42:

$$w = w_0 \mathrm{e}^{-x/\alpha}\left(\cos(x/\alpha)\right) \quad . \tag{4.45}$$

Mit Gl. 4.45 berechnete Kurven sind in Abb. 4.22b dargestellt. Ein Vergleich dieser Kurven mit bachymetrischen Meßdaten führt jedoch zu dem Ergebnis, daß die meisten Subduktionszonen in der Nähe der Last steiler abfallen als die Kurven am linken Rand von Abb. 4.22b. Das liegt daran, daß subduzierte Platten nicht nur durch die Oberplatte belastet werden. Konvektionsströme im Mantelkeil und andere Kräfte üben ein zusätzliches Drehmoment auf subduzierte Platten aus.

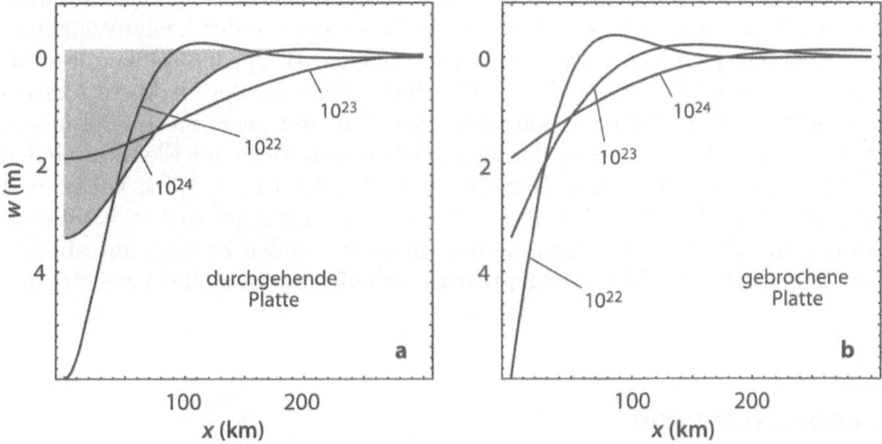

Abb. 4.22. Form elastisch gebogener Platten. **a** Durchgehende Platte, bei der nur eine Hälfte der Einbiegung abgebildet ist. **b** Gebrochene Platte. Die drei Kurven sind mit der elastischen Steifheit D in Nm beschriftet. Für ein Beispiel ist das Beckenvolumen in **a** schattiert dargestellt. Für andere D ist das Beckenvolumen gleich groß! *Elastische Aufwölbungen* (engl.: *elastic bulges*) sind auf den Platten sichtbar, bevor diese am rechten Bildrand wieder auf ihre Normalposition zurückgehen. Diese Aufwölbungen entstehen, weil die Platte im Mittel eine möglichst geringe Krümmung aufweisen muß. Das ergibt sich aus Gl. 4.40

Abb. 4.23. Flexuren an passiven Kontinentalrändern. „Escarpments", die der rückschreitenden Erosion unterliegen, entlasten die unterliegende Platte, welche dann elastisch aufsteigt. Die Abbildung zeigt die Form der Erdoberfläche zu vier verschiedenen Zeitpunkten während der rückschreitenden Erosion der Escarpments in Südafrika oder Australien (nach Stüwe 1991)

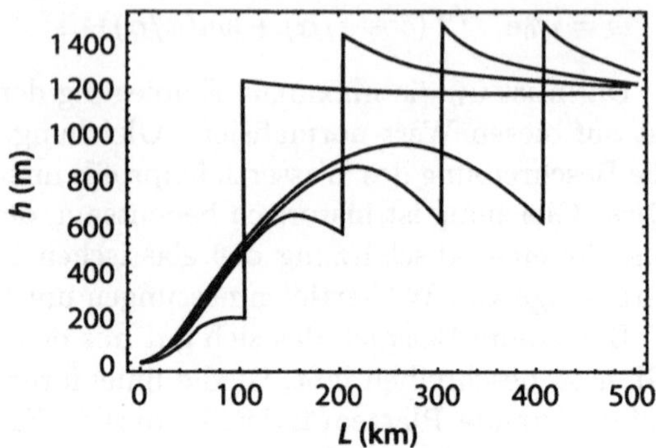

Zeitabhängige Probleme. An passiven Kontinentalrändern läßt sich eine Reihe interessanter geomorphologischer Beziehungen zwischen der Lage der Wasserscheiden, der Form und Richtung der Entwässerungsnetze sowie der Hangneigung beobachten. Viele dieser Beziehungen deuten darauf hin, daß sich das Relief des Plattenrandes durch eine elastische Aufwölbung, die durch die Druckentlastung infolge der Erosion der Riftränder hervorgerufen wurde, gebildet und verändert hat. Da isostatische Ausgleichsbewegungen im Vergleich zu Druckentlastungsprozessen (Erosion, Riftbildung) relativ schnell vor sich gehen, lassen sie sich mit einem Flexurmodell beschreiben. Somit kann man die paläogeographische Entwicklung von Kontinentalrändern mit einem Flexurmodell (z. B. Gl. 4.40) nachvollziehen, in dem Lasten und Randbedingungen zeitlich verändert werden. Die Veränderung der Lastenverteilung muß dabei aufgrund geologischer Daten erfolgen. Beispielsweise konnten offene Fragen zur Entstehung des Großen Barrierriffs vor der Ostküste Australiens sowie zur Ausbildung von Geländestufen und eines ins Landesinnere entwässernden Flußnetzes an der Südostküste Südafrikas mit Flexurmodellen erfolgreich geklärt werden (z. B. Stüwe 1991; Gilchrist et al. 1994; Tucker und Slingerland 1994; Abb. 4.23). Diese Modelle haben gezeigt, daß an Kontinentalrändern mit Geländestufen, die der rückschreitenden Erosion unterliegen, grundlegend andere Abtragungsprozesse ablaufen als in Kollisionsgebirgen.

4.3
Geomorphologie

Die Interpretation der Genese bestimmter Formen der Erdoberfläche mit Hilfe tektonischer und geodynamischer Modelle ist in den letzten Jahren zu einem immer wichtiger werdenden Thema geworden. In diesem Zusammenhang lassen sich zwei grundlegende Gruppen reliefbildender Prozesse unterscheiden:

1. Tektonische Prozesse (Abschn. 4.3.1) sowie
2. Erosions- und Sedimentationsprozesse (Abschn. 4.3.2).

Von einem Eulerschen Beobachtungsstandpunkt aus gesehen, sind beide Prozesse mit Materialtransport verbunden, der in ein System hinein oder aus diesem heraus erfolgt. *Tektonische Prozesse* bewegen Material durch Auf- oder Abschiebung, durch Hebung oder Senkung. *Erosions-* und *Sedimenta- tionsprozesse* bewegen Material durch Abtragung und Ablagerung. In vielen Fällen gehorcht flächenhafter Materialtransport denselben Prinzipien wie der Transport von Wärme, d. h. zahlreiche morphogenetische Prozesse können durch

– Diffusion,
– Advektion oder
– Produktion

beschrieben werden. Bei den entsprechenden Berechnungen wird statt der Dimension Energie die der Masse verwendet. Jeder dieser drei Transportme- chanismen wird in diesem Abschnitt durch Beispiele belegt.

4.3.1
Tektonisch bedingte Landschaftsbildung

Tektonische Prozesse laufen räumlich oft diskontinuierlich ab, d. h. bei Auf- oder Abschiebungen bewegen sich große Gesteinsschollen, wogegen andere Schollen in einem gewählten Bezugsrahmen räumlich fixiert bleiben. Damit führt tektonisch bedingte Reliefbildung zu scharfkantigen Landformen, wie sie uns aus morphologisch jungen Landschaften bekannt sind. Die spezielle Geometrie und Kinematik tektonischer Prozesse kann vielfältige Ursachen haben. Zumeist liegen diese Ursachen in der mechanischen Anisotropie des Untergrundes und in der Art des Verformungsmechanismus. *Tektonische* Re- liefentwicklung läßt sich demnach mit Hilfe mechanischer oder kinematischer Modelle quantitativ beschreiben. Die meisten geomorphologischen Modelle konzentrieren sich jedoch auf die Beschreibung von Erosions- und Sedimen- tationsprozessen. Der tektonische Anteil an der Reliefentwicklung ist durch die Modellrandbedingungen vorgegeben. Beispielsweise kann die Hebung oder Absenkung einzelner Gesteinsschollen durch eine Upliftfunktion vorgegeben werden, die ein- oder zweidimensional sein kann – je nachdem, ob es sich um ein ein- oder zweidimensionales Landschaftsmodell handelt. Damit ist die Gesteinshebungsrate v_{ro} an jedem Punkt des Modells aufgrund mechanischer (z. B. isostatischer) Überlegungen von vornherein definiert, so daß lediglich die Erosions- und Sedimentationsprozesse modelliert werden müssen.

Je nach Beobachtungsstandpunkt bieten sich verschiedene Möglichkeiten zur Formulierung der Upliftfunktion an. Im Rahmen einer *Raumbeschreibung*, d. h. in einem Bezugssystem nach Euler, kann die Upliftfunktion entweder als Advektion von Material durch den unteren Modellrand oder als Produktion von Material entlang des unteren Modellrandes ausgedrückt werden. Erste- res ist in Abb. 4.2 dargestellt; letzteres wurde in Abschn. 3.2.2 (Abb. 3.7) bereits anhand eines analogen Beispiels aus der Wärmelehre besprochen. Im Rahmen einer *Materialbeschreibung* nach Lagrange kann man die Upliftfunktion nur dann formulieren, wenn für sie ein konstanter Wert vorgegeben ist. In diesem Fall kann die Hebung eines Gebietes durch Absenkung der Modellränder (bzw. Absenkung durch Hebung der Modellränder) beschrieben werden (s. z. B. Abb. 4.26).

4.3.2
Reliefentwicklung durch Erosion und Sedimentation

Es gibt zahlreiche unterschiedliche Typen von Abtragungsprozessen, die sich oftmals nicht in einem einzigen Modell vereinigen lassen. Die Abtragung kann z. B. durch Hangrutschungen, Bodenkriechen und andere Massenbewegungen erfolgen, oder auch mittels Tiefen- und Seitenerosion durch Flüsse (s. z. B. Carson und Kirkby 1972). Manche dieser Prozesse werden erst durch das Überschreiten eines kritischen Schwellenwertes ausgelöst (engl.: *threshold mechanisms*, s. Abschn. 6.3.4), andere hingegen laufen kontinuierlich ab. Soll jedoch nur die über längere Zeitspannen ablaufende großräumige Reliefentwicklung betrachtet werden, ist es möglich, die verschiedenen, z. T *diskontinuierlichen* Prozesse in einem einheitlichen, *kontinuierlichen* Modell zusammenzufassen. Welches Modell zur Beschreibung der Summe der Erosionsprozesse gewählt wird, hängt von Fragestellung und Größenordnung der zu beschreibenden Landformen ab. Je nach Verwendungszweck lassen sich unterscheiden:

— Erosionsmodelle für tektonische Fragestellungen und
— Erosionsmodelle zur Beschreibung der Reliefbildung.

Erosionsmodelle, die zur Klärung großtektonischer Fragestellungen dienen, müssen Details der Landschaftsformung nicht berücksichtigen. Vielmehr reichen stark vereinfachte Annahmen bezüglich des Ablaufs der Erosionsprozesse aus. Derartige Modelle werden im folgenden Abschnitt kurz behandelt. Modelle, die zur Beschreibung der kleinräumigen Reliefentwicklung eingesetzt werden, sind in „Long-range"- und „Short-range"-Transportmodelle unterteilbar. Unter Short-range-Transport werden Prozesse verstanden, bei denen nur eine Materialumverteilung stattfindet, die Masse also konstant bleibt. Solche Prozesse können mit den Gesetzen der Diffusionsmathematik beschrieben werden (s. u. Abschn. „Reliefbildung durch Diffusion"). Unter Long-range-Transport versteht man den Materialtransport in Flüssen. Dieser gehorcht eigenen Gesetzen, die wir weiter unten im Abschn. „Reliefbildung durch Flüsse" kurz ansprechen werden.

Tektonische Erosionsmodelle. Die Exhumation metamorpher Gesteine an der Erdoberfläche kann mittels *Erosion* oder *Extension* erfolgen. Welcher dieser beiden Prozesse die größere Rolle spielt, wird in der Literatur intensiv diskutiert. Die Studien von England (1981), Summerfield und Hutton (1994)

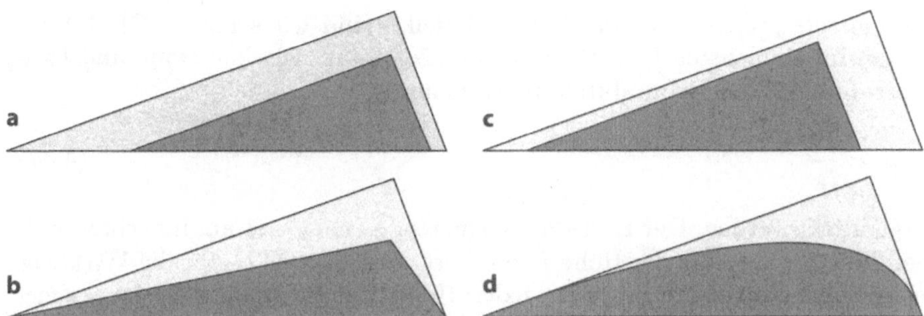

Abb. 4.24. Vier einfache Erosionsmodelle am Beispiel eines asymmetrischen Gebirges. Die hell schattierte Fläche ist die Gebirgsform vor Erosionsbeginn. Die dunkel schattierte Fläche stellt das Gebirgsprofil zu einem späteren Zeitpunkt dar. **a** konstante Erosionsrate, **b** Erosion proportional zur Höhe, **c** Erosion proportional zur Hangneigung, **d** Erosion proportional zur Hangkrümmung. In allen vier Modellen ist die Erosionsrate der vertikale Hangabtrag in $\mathrm{m\,s^{-1}}$. Man beachte, daß der höchste Punkt des Gebirges nur in den Modellen **a** und **b** senkrecht nach unten wandert, wogegen er sich in den Modellen **c** und **d** seitlich verschiebt

sowie Harrison (1994) zeigen, daß zumindest in manchen Orogenen die Erosion der ausschlaggebende Prozeß ist. Deshalb muß die Erosion in die meisten geodynamischen Modelle einbezogen werden (z. B. Abschn. 6.3.1). Hierfür eignen sich vier sehr einfache Erosionsmodelle (Abb. 4.24): Die Erosionsrate ist

a konstant,
b eine Funktion der Höhe,
c eine Funktion der Hangneigung oder
d eine Funktion der Hangkrümmung.

Welches der vier Erosionsmodelle zur Anwendung kommt, hängt von der Art des Problems ab. Soll nur ein einzelner Punkt auf der Erdoberfläche betrachtet werden, stehen nur die ersten beiden Modelle zur Wahl. Das gilt z. B. für alle eindimensionalen Vertikalprofile, wie wir sie in Abschn. 3.4.1 und 4.1 besprochen haben.

Konstante Erosionsrate. Modell a kann durch die Gleichung

$$v_{\mathrm{er}} = \frac{\mathrm{d}H}{\mathrm{d}t} = \text{konstant} \tag{4.46}$$

wiedergegeben werden. Dabei ist zu beachten, daß die Erosionsrate nur dann mit der Höhenänderung in Gl. 4.46 gleichgesetzt werden kann, wenn die Gesteinshebungsrate $v_{\mathrm{ro}} = 0$ ist. Dieses Modell einer konstanten Erosionsrate stellt eine gewaltige, wenn auch nur in manchen Fällen zutreffende Vereinfachung dar. Es reicht aber z. B. aus, um die Form der Druck-Temperatur-Kurven metamorpher Gesteine zu erklären (Abschn. 6.3.1). Für viele Zwecke der metamorphen Petrologie ist dieses Modell daher das beste.

Erosionsrate proportional zur Höhe. Modell b sind wir schon in Gl. 4.9 begegnet. Im einfachsten Fall ist die Proportionalität zwischen Höhe und Erosionsrate linear und kann durch die Beziehung

$$v_{\mathrm{er}} = \frac{H}{t_{\mathrm{E}}} \tag{4.47}$$

ausgedrückt werden. Der Erosionsparameter t_{E} (in s) gibt an, innerhalb welcher Zeit eine Gebirge der Höhe H erodiert wird. Modell b gibt die Wirklichkeit in vieler Hinsicht relativ gut wieder: Hohe Gebirge werden fast immer viel schneller abgetragen als niedrige. Dennoch gibt es Fälle, in denen dieses Modell *nicht* gerechtfertigt ist. So liegt z. B. das Tibetische Hochland in Höhen von mehr als 5000 m, ohne daß dort Erosion stattfände. Trotzdem kommt Modell b der Realität sehr nahe, besonders wenn man nur einen Punkt auf der Erdoberfläche in Betracht zieht. Deswegen findet man in der Literatur viele Beispiele für die Verwendung dieses Modells.

Erosionsrate proportional zur Geländeneigung. In Modell c sind Hangneigung und Erosionsrate zueinander proportional und damit gilt:

$$v_{\mathrm{er}} = \frac{\mathrm{d}H}{\mathrm{d}t} = u\,\frac{\mathrm{d}H}{\mathrm{d}x} \quad . \tag{4.48}$$

Die Variable x ist eine horizontale Raumkoordinate, und damit ist $\mathrm{d}H/\mathrm{d}x$ die Hangneigung. Die Proportionalitätskonstante u ist die horizontale Versetzungsrate des Hangprofils. Wie bei Gl. 4.46 ist zu beachten, daß die Erosionsrate nur dann mit der Höhenänderung gleichgesetzt werden kann, wenn die Gesteinshebungsrate $v_{\mathrm{ro}} = 0$ ist. Wenn es aber nur um die Modellierung des Reliefs geht, kann der Bezugsrahmen so gewählt werden, daß diese Bedingung erfüllt wird. Gleichung 4.48 erinnert stark an Gl. 3.43. Bei beiden Fällen handelt es sich um eine eindimensionale Advektionsgleichung, die mit den in Abschn. 3.3 vorgestellten Methoden lösbar ist (s. auch Abb. 3.11 oder Abb. A.8). Das Modell beschreibt die Entwicklung vieler Landformen, z. B. die Bewegung von Sanddünen, recht genau und wurde u. a. zur Modellierung der Reliefentwicklung passiver Kontinentalränder erfolgreich eingesetzt.

Weltweit sind entlang mehrerer passiver Kontinentalränder deutlich asymmetrische Gebirgsketten ausgebildet. Dazu zählen insbesondere die *Great Dividing Range* entlang der Ostküste Australiens sowie die Bergketten, die Südafrika fast allseitig umschließen. In beiden Fällen fällt die dem Kontinent zugewandte Gebirgsseite sehr flach zum Inneren des Kontinents hin ab, wogegen die der Küste zugewandte Seite mit einer Steilstufe (engl.: *great escarpment*) abfällt (Ollier 1985). Diese Asymmetrie ließ King (1953) darauf schließen, daß die Erosion im wesentlichen nur die Steilstufe angreift. Auf diese Weise bleibt die Form des Gebirges im großen und ganzen erhalten, und die Steilstufe wird durch den Erosionsprozeß nur zurückversetzt (s. Abb. 4.23). In Südafrika wird dieses Zurückschreiten der Steilstufe unter Beibehaltung der Gebirgsform dadurch erleichtert, daß die Stufe aus widerstandsfähigen

Karroo-Basalten besteht. Dieses Erosionsmodell und die dadurch implizierte morphologische Entwicklung passiver Kontinentalränder hat in den letzten Jahren vermehrtes Interesse auf sich gezogen. Das einfache Modell von King (1953) ist inzwischen weitgehend überholt (z. B. Stüwe 1991; Kooi und Beaumont 1994), beschreibt aber dennoch viele grundlegende Sachverhalte recht genau.

Reliefbildung durch Diffusion. Im Gelände können wir oft beobachten, daß spitze Berge schnell, flache Plateaus hingegen nur sehr langsam erodiert werden, und zwar auch dann, wenn die absoluten Höhen beider Formen ähnlich groß sind. Das scheint darauf hinzudeuten, daß die Geländekrümmung für die Erosionsrate wichtiger ist als die Neigung oder die absolute Höhe. Erosionsprozesse werden daher häufig durch eine Proportionalitätsbeziehung zwischen Erosionsrate und Geländekrümmung ausgedrückt (z. B. Culling 1960; Ahnert 1970; Andrews und Bucknam 1987). Modell d ist in Abb. 4.24d graphisch dargestellt. Sein Anwendungsbereich ist so weitgespannt, daß wir ihm einen ganzen Abschnitt widmen.

Einer Proportionalität zwischen zeitlicher *Rate* und räumlicher *Krümmung* sind wir bereits in Gl. 3.5 begegnet. Diese Gleichung haben wir aus einer Flußgleichung (Gl. 3.1) und einem Energiegleichgewicht (Gl. 3.3) hergeleitet. Oft gilt ähnliches für Erosionsmodelle. Bei vielen Massenbewegungen (Bodenkriechen, Hangrutschungen etc.) ist der Massenfluß q proportional zur Hangneigung:

$$q = -D\frac{\mathrm{d}H}{\mathrm{d}x} \ . \tag{4.49}$$

Diese Beziehung wurde analog Fouriers erstem Gesetz (Gl. 3.1) gebildet. In der Geomorphologie wird (anders als in der Wärmelehre) der Massenfluß oft auf die Breite und nicht auf den Querschnitt des Fließprofils bezogen und besitzt daher die Einheit Kubikmeter pro Meter und Sekunde, also $\mathrm{m}^2\,\mathrm{s}^{-1}$. Dabei ist $\mathrm{d}H/\mathrm{d}x$ die Höhenänderung mit der Strecke x, also der topographische Gradient bzw. die Hangneigung. Die Größe D ist die Diffusivität (engl.: *erosional diffusivity*), entspricht κ aus der Wärmelehre und hat wie dieses die Einheit $\mathrm{m}^2\,\mathrm{s}^{-1}$. Die Diffusivität kann als Produkt aus horizontaler Materialtransportgeschwindigkeit v und Mächtigkeit einer erodierbaren oberflächennahen Schicht h_s angesehen werden (Beaumont et al. 1992; Carson und Kirkby 1972):

$$D = vh_\mathrm{s} \ . \tag{4.50}$$

Aus dieser Gleichung kann man den Ursprung der Variabilität von D ablesen: h_s ist, im Gegensatz zu v, vom Gesteinstyp abhängig. Wie in der Wärmelehre auch, können wir das Flußgesetz aus Gl. 4.49 mit einer Massenerhaltungsgleichung kombinieren, die wie folgt lautet:

$$\frac{\partial H}{\partial t} = -\frac{\partial q}{\partial x} \ . \tag{4.51}$$

Diese Gleichung ist dem Energieerhaltungssatz aus Gl. 3.2 analog und wird hier nicht näher erläutert. Durch Einsetzen von Gl. 4.49 in Gl. 4.51 erhält man die Massendiffusionsgleichung:

$$\frac{\partial H}{\partial t} = D \frac{\partial^2 H}{\partial x^2} \; . \tag{4.52}$$

Gleichung 4.52 entspricht Gl. 3.5. Wird in Gl. 4.52 statt der Höhe eine Konzentration eingesetzt, ist die Formel übrigens auch direkt zur Modellierung der Elementdiffusion in Mineralen verwendbar (s. Gl. 7.6). In der Mineralogie und Geochemie ist diese Gleichung als Ficksches Gesetz bekannt.

Massendiffusion mit festen Randbedingungen. Gleichung 4.52 beschreibt zwei Reliefformen besonders gut: zum einen die Form von Granitblöcken, die durch Wollsackverwitterung entstanden sind, zum anderen die Form von Geländerücken zwischen zwei Flüssen. Beide Formen lassen sich mit derselben analytischen Lösung von Gl. 4.52 auf elegante Weise berechnen.

Wollsackverwitterung kommt dadurch zustande, daß Granitblöcke, die durch plötzliche Kluftbildung voneinander getrennt wurden, durch Verwitterungsprozesse langsam abgerundet werden (Abb. 4.25). Dieser Abrundungsprozeß beginnt an den am stärksten gekrümmten Oberflächen. Die Abrundungs*rate* ist eine Funktion der *Krümmung* des Granitblocks. Zur rechnerischen Beschreibung der Formentwicklung mit einer Lösung von Gl. 4.52 müssen Rand- und Anfangsbedingungen gewählt werden. Dazu ist es hilfreich, wenn man ein Koordinatensystem wählt, das seinen Ursprung in der Blockmitte hat. Wenn der Durchmesser des Blocks $2l$ ist, liegen die Klüfte auf der rechten und linken Seite des Blocks bei $x = l$ und $x = -l$ (Abb. 4.25b). Die Anfangs- und Randbedingungen lassen sich dann wie folgt festlegen:

– Anfangsbedingung: $H = H_\text{top}$ im Bereich $-l < x < l$ zum Zeitpunkt $t = 0$.

Abb. 4.25. Schemazeichnung der Wollsackverwitterung. **a** Ausgangssituation. **b** Zerklüftung der Gesteinsoberfläche. Diese findet im Vergleich zum nächsten Schritt **c** sehr schnell statt. **c** Verwitterung der Granitblöcke zu typisch abgerundeten wollsackartigen Formen. Im zweiten Block von rechts ist das Koordinatensystem für die im Text besprochene analytische Lösung von Gl. 4.52 eingezeichnet

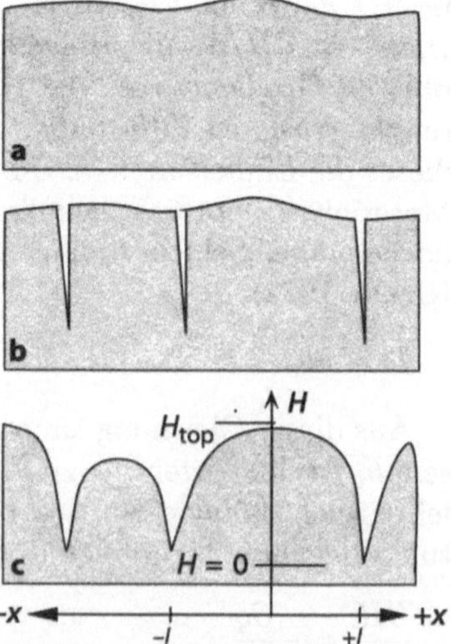

- 1. Randbedingung: $H = 0$ am Punkt $x = l$ zu allen Zeiten, d. h. $t \geq 0$.
- 2. Randbedingung: $H = 0$ am Punkt $x = -l$ zu allen Zeiten, d. h. $t \geq 0$.

Die obengenannten Rand- und Anfangsbedingungen ähneln denen des Stufenproblems in Abschn. 3.6.2. Diese Randbedingungen unterscheiden sich dadurch, daß sie nicht im Unendlichen, sondern an der Basis der Stufe fixiert sind. Dabei ist H_{top} die Höhe der Stufe. Unter diesen Bedingungen lautet die Lösung von Gl. 4.52:

$$H = \frac{4H_{\text{top}}}{\pi} \sum_{n=0}^{\infty} \frac{-1^n}{2n+1} \exp\left(-D(2n+1)^2 \pi^2 t / 4l^2\right)$$

$$\times \cos\left(\frac{(2n+1)\pi x}{2l}\right) . \tag{4.53}$$

Gleichung 4.53 enthält eine unendliche Summe und Winkelfunktionen, da zur Lösung von Gl. 4.52 eine Fourier-Reihe verwendet wurde (s. S. 342). Dies ist eine typische Lösung für Diffusionsgleichungen, die endliche x-Werte als Randbedingung aufweisen (s. Abschn. 3.6.4, Abschn. A.4). Abbildung 4.26 zeigt Geländeprofile, die mit Gl. 4.53 erstellt wurden. Die gezeigten Kurven können nicht nur als Form eines verwitterten rechteckigen Granitblocks interpretiert werden, sondern auch als Geländerücken, der von zwei parallel verlaufenden Flüssen begrenzt wird. Diese Interpretation ist jedoch nur dann zulässig, wenn das gesamte, durch Diffusion in die Flüsse transportierte Material sofort abgeführt wird und die Flüsse sich nicht tiefer in das Gelände einschneiden. Abbildung 4.26 zeigt den Geländerücken im Querschnitt. Die Flüsse verlaufen an den unteren Ecken des Diagramms senkrecht zur Papierebene.

Massendiffusion mit veränderlichen Randbedingungen. Bisher haben wir Beispiele besprochen, bei denen sich Klüfte oder Täler so schnell gebildet haben, daß die dadurch entstandene Landform als Anfangsbedingung dienen konnte. Ist die Eintiefungsrate von Klüften oder Tälern etwa so groß wie die Diffusionsrate, gehört der Eintiefungsprozeß zur Formbildung und die im letzten

Abb. 4.26. Form eines ursprünglich rechteckigen Geländerückens nach 1 000, 10 000 und 30 000 Jahren, berechnet mit Gl. 4.53: $l = 1$ km, $H_{\text{top}} = 1$ km und Diffusivität $D = 10^{-6}$ m^2 s^{-1}

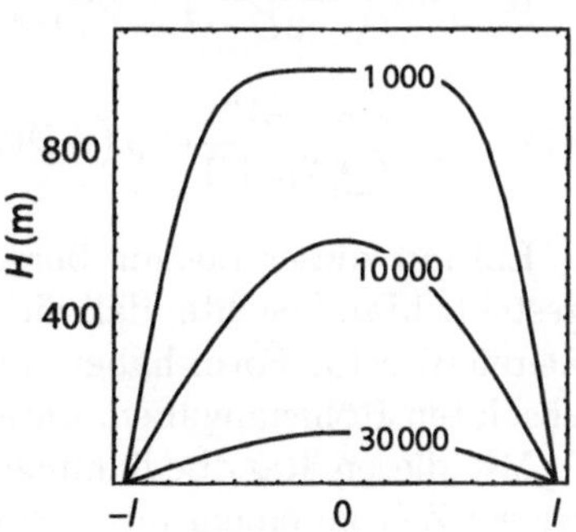

Abschnitt genannten Randbedingungen gelten nicht mehr. Wie die Form eines Geländerückens nunmehr beschrieben werden muß, hängt vom Beobachtungsstandpunkt ab.

Ein *Eulerscher Beobachter*, der sich an einem räumlich fixierten Standort befindet, muß weiterhin Gl. 4.52 lösen. Allerdings hat er es jetzt mit einem Diffusionsprozeß mit veränderlichen Randbedingungen zu tun. Die Anfangs- und Randbedingungen lauten nun (vgl. Randbedingungen in Abschn. 3.6.4):

– Anfangsbedingung: $H = 0$ im Bereich $-l \geq x \leq l$ zum Zeitpunkt $t = 0$.
– Randbedingungen: $H = v_{\text{fl}}t$ für $x = l$ und $x = -l$ zur Zeit $t \geq 0$.

Dabei ist v_{fl} die vertikale Eintiefungsrate der Flüsse. Die Höhe H nimmt an den Modellrändern linear mit der Zeit zu. Um die Gegebenheiten klarer darzustellen, wurde in Abb. 4.26 der Ursprung der vertikalen Achse gegenüber Abb. 4.25 verändert. In Abb. 4.25 befand sich der Ursprung des Koordinatensystems an der Basis des Granitblocks, in Abb. 4.26 liegt er auf der Geländeoberfläche zu Beginn der Erosion. Eine mit diesen Randbedingungen aus Gl. 4.52 gewonnene Kurve ist in Abb. 4.27a eingezeichnet.

Für einen *Beobachter nach Lagrange*, d. h. von einem Standort im Flußbett aus, ist ebendieses ortsfest. Für ihn entstände der Eindruck, daß sich das Gelände zwischen den Flüssen höbe. Für die Hebungsrate v_{ro} gilt: $v_{\text{ro}} = -v_{\text{fl}}$. Diese Hebung betrifft das ganze Modell und nicht nur die Ränder. Somit verliert Gl. 4.52 hier ihre Gültigkeit. Die zu lösende Gleichung lautet jetzt:

$$\frac{\partial H}{\partial t} = D\frac{\partial^2 H}{\partial x^2} + v_{\text{ro}} \quad . \tag{4.54}$$

Die Anfangs- und Randbedingungen für eine Lösung dieser Gleichung lauten:

– Anfangsbedingung: $H = 0$ im Bereich $-l \geq x \leq l$ zum Zeitpunkt $t = 0$.
– Randbedingungen: $H = 0$ für $x = l$ und $x = -l$ zu allen Zeiten $t \geq 0$.

Gleichung 4.54 entspricht der Wärmeleitungsgleichung mit Wärmeproduktion. Für die obengenannten Randbedingungen lautet ihre Lösung (Crank 1975):

$$H = v_{\text{ro}}\left(\frac{l^2 - x^2}{2D}\right) - \frac{16l^2 v_{\text{ro}}}{D\pi^3}$$

$$\times \sum_{n=0}^{\infty} \frac{-1^n}{2n + 1}\exp\left(-D(2n + 1)^2\pi^2 t/4l^2\right)\cos\left(\frac{(2n + 1)\pi x}{2l}\right) \quad . \tag{4.55}$$

Ein mit dieser Lösung berechnetes Modellbeispiel ist in Abb. 4.27b dargestellt. Man beachte, daß die Reliefkurven in Abb. 4.27a und b zu gleichen Zeiten dieselbe Form haben und sich nur in ihrem Bezugsrahmen, also ihren absoluten Höhenangaben, unterscheiden.

Mit diesen Randbedingungen führt die Reliefentwicklung nach einer gewissen Zeit zu einem interessanten Phänomen: Die Form des Geländeprofils

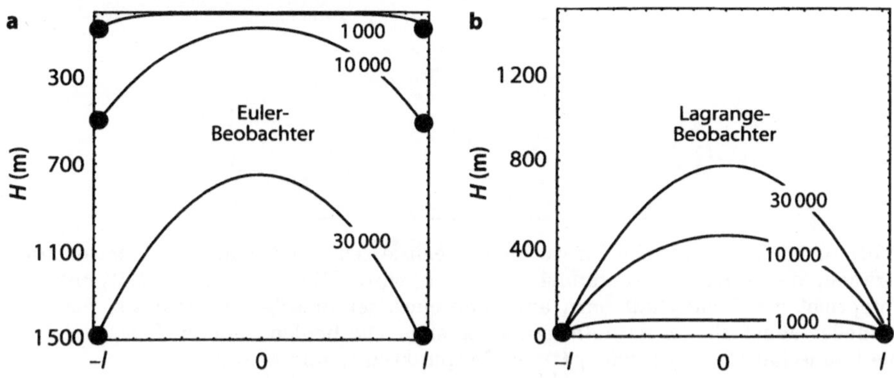

Abb. 4.27. Form eines Geländerückens, der sich durch Diffusionsprozesse verändert, während sich gleichzeitig zwei Flüsse einschneiden. Die Form des Rückens ist nach 1 000, 10 000 und 30 000 Jahren dargestellt und wurde mit Gl. 4.55, $l = 1$ km und $D = 10^{-6}$ m^2 s^{-1} berechnet. **a** zeigt die Reliefentwicklung aus der Sicht eines Eulerschen Beobachters, der räumlich fixiert bleibt. **b** zeigt die Entwicklung aus der Sicht eines im Flußbett stehenden Lagrangeschen Beobachters

erreicht ein stationäres Stadium (engl.: *erosional steady state*, Ahnert 1984), d. h. sie verändert sich nicht mehr. Dieses Stadium wird erreicht, wenn die Krümmung des Profils so groß ist, daß der diffusionsbedingte Abtrag in vertikaler Richtung den gleichen Wert wie die Hebungsrate v_{ro} annimmt. Solche stationäre Stadien sind uns aus Landschaften vertraut, in denen alle Geländerücken ähnlich geformt sind.

Diffusionsalter. Für die Konstruktion der Kurven in den Abb. 4.26 und 4.27 haben wir angenommen, daß $D = 10^{-6}$ m^2 s^{-1}. Dieser Wert wurde in Analogie zur Wärmeleitung vorausgesetzt, für die die Größenordnung der Diffusivität κ recht gut bekannt ist. Leider weiß man über die Massendiffusivität bei Erosionsprozessen weitaus weniger gut Bescheid. Sie hängt von Klima, Material und vielen anderen Parametern ab. Daher ist es oft unklar, ob ein durch Massendiffusion geformtes Profil über lange Zeit mit geringer Diffusivität oder über kurze Zeit mit hoher Diffusivität entstanden ist. In den Gleichungen 4.53 und 4.55 kommen Zeit und Diffusivität als lineares Produkt vor. In der Literatur wird daher das *Diffusionsalter* als Produkt aus Zeit und Diffusivität definiert:

$$t_a = Dt \quad . \tag{4.56}$$

Das Diffusionsalter t_a hat die Einheit m^2; es entspricht l^2 in Gl. 3.17 und kann mit dieser Gleichung oder mit Gl. 4.56 direkt in eine Zeitangabe umgerechnet werden. Das Diffusionsalter kann als das Produkt aus Diffusivität und jener Zeit angesehen werden, die seit dem Beginn eines Diffusionsprozesses verstrichen ist.

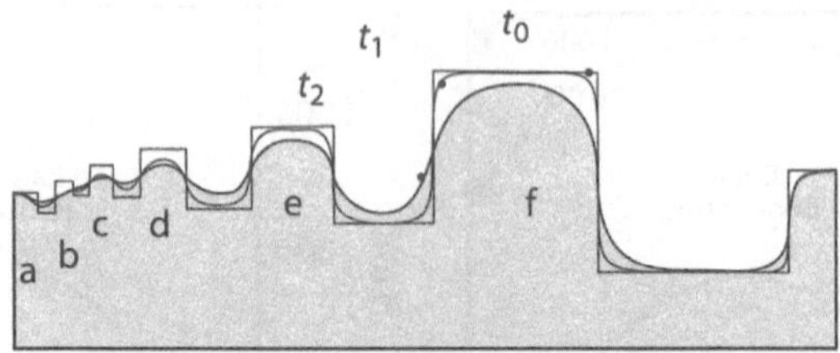

Abb. 4.28. Schematische Skizze einer idealisierten Landschaft aus Horsten und Gräben, die durch Massendiffusion geformt wird. Die Kurve zum Zeitpunkt t_0 entspricht der Landschaftsform am Ende eines tektonischen Ereignisses, das viel schneller ablief als die darauffolgende Erosion. Die beiden anderen Kurven geben die Landschaftsform zu den späteren Zeitpunkten t_1 und t_2 wieder

Im folgenden besprechen wir ein Beispiel dafür, wie das Diffusionsalter einer ganzen Landschaft bestimmt werden kann. Über das Diffusionsalter ist eine Datierung des letzten tektonischen Ereignisses möglich, das bei der Landschaftsbildung eine wichtige Rolle gespielt hat. Es wird gezeigt, daß man das Diffusionsalter auch dann abschätzen kann, wenn die einfachen Rand- und Anfangsbedingungen der letzten Abschnitte nicht gegeben sind.

Betrachten wir die Profilkurven in Abb. 4.28 an einem beliebigen Zeitpunkt nach Ende des tektonischen Ereignisses, welches das rechtwinkelige Horst und Graben Ausgangsprofil geschaffen hat. Wir können erkennen, daß kleine Formen durch die Diffusion völlig zerstört wurden. Mittelgroße Landformen wurden durch die Diffusion abgerundet, so daß ihre ursprüngliche Form kaum mehr erkennbar ist. Nur bei großen Landformen ist die ursprüngliche Form im wesentlichen noch erhalten. Das Diffusionsalter ist direkt proportional zum Quadrat der Größe jener Landform, deren ursprüngliches Profil durch die Diffusion noch nicht verändert worden ist. Zum Zeitpunkt t_1 ist dies etwa die Größe der Landform e. Zum Zeitpunkt t_2 ist die Erosion weiter fortgeschritten und nur das rechts von Landform f gelegene Tal ist noch so groß, daß man seine ursprüngliche Form erkennen kann. Alle anderen Landformen verdanken ihre Form der Massendiffusion.

Diese sehr grobe Abschätzung kann statistisch verbessert werden (Chase 1992; Braun und Sambridge 1997). Dazu messen wir den Höhenunterschied ΔH (engl.: *relief*) zwischen zwei Punkten mit dem Horizontalabstand l, d. h. wir messen die Höhe $H_{(x)}$ an der Stelle x und die Höhe $H_{(x+l)}$ an der Stelle $x + l$ und bilden daraus die Differenz. Der mittlere Höhenunterschied der Landschaft im Maßstab l ergibt sich aus dem Mittel aller ΔH, gemessen an allen Punkten der Landschaft:

$$\Delta H(l) = \sqrt{[(H(x + l) - H(x))^2]} \ . \tag{4.57}$$

Die eckigen Klammern in Gl. 4.57 sollen andeuten, daß die Höhendifferenz über die ganze Landschaft gemittelt worden ist. Wenn diese Höhendifferenz ΔH als Funktion von l aufgetragen wird, erhält man Kurven wie in Abb. 4.29. In einem Diagramm mit logarithmischen Achsen ergibt die

Abb. 4.29. Der mittlere Höhenunterschied $\Delta H(l)$ einer Landschaft, aufgetragen gegen l, den Abstand zwischen zwei Punkten, zwischen denen der Höhenunterschied gemessen wurde (nach Braun und Sambridge 1997). Die drei aufgetragenen Kurven entsprechen den drei zeitlich verschiedenen Landschaftsprofilen von Abb. 4.28

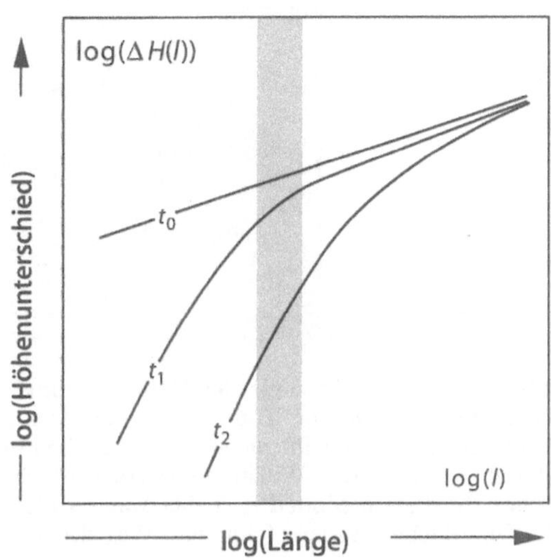

Steigung dieser Kurven die *fraktale Dimension* der Landschaft (engl.: *fractal dimension*, s. Abschn. 4.3.3). Ist die Kurve linear, hat die Landschaft nur eine fraktale Dimension, d. h. die Landschaft sieht, unabhängig vom Beobachtungsmaßstab l, immer ähnlich aus (engl.: *self similarity*). Eine Krümmung der Kurve bedeutet, daß die Landschaft *multifraktal* ist. Das Diffusionsalter der Landschaft ergibt sich aus dem Quadrat jenes Maßstabs l, an dem sich die fraktale Dimension der Landschaft ändert. Dementsprechend gibt in Abb. 4.29 der Maßstab l, an dem die Kurve t_1 von der Kurve t_0 abweicht, das Diffusionsalter der Landschaft an.

Die Form von Vulkanen. Die meisten Stratovulkane ähneln sich in ihrer Form sehr stark. Darüber hinaus gibt es eine große Zahl von Vulkanen, die in etwa gleich hoch sind. So sind z. B. der Ätna in Sizilien, der Fuji in Japan sowie viele Vulkane in Indonesien und Alaska ungefähr 3 500 m hoch. Die Ähnlichkeit in Form und Höhe deutet darauf hin, daß diese Stratovulkane durch ähnliche Prozesse geschaffen worden sind. Zur Erklärung der charakteristischen Form von Stratovulkanen sind zwei einfache Modelle geeignet. Das eine beruht auf den Prinzipien der Massenproduktion und -diffusion; das andere ist ein hydrodynamisches Modell.

Das erste Modell stützt sich auf die Annahme, daß das eruptierte Magma immer an derselben punktförmigen Quelle auf der Erdoberfläche austritt. Von dort verteilt sich das vulkanische Material durch Massendiffusion (Abb. 4.30a). Für dieses Modell gelten die Gleichungen, die wir in Abschn. 3.1 und 3.2 für die Diffusion und Produktion von Wärme hergeleitet haben. Auf einer nicht gekrümmten Erdoberfläche verteilt sich das austretende Magma nach allen Seiten gleichmäßig, und daher läßt sich die Formentwicklung durch ein eindimensionales Modell mit zylindrischen Koordinaten beschreiben. Dazu wird der Ursprung des Koordinatensystems in die Vulkanmitte gelegt. Für

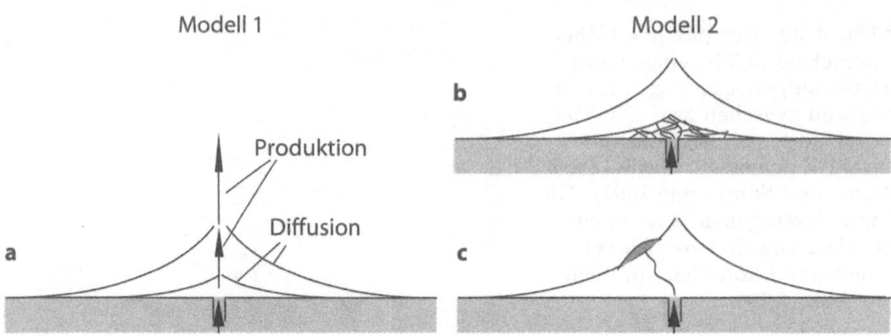

Abb. 4.30. Zwei Modelle der Vulkanbildung. **a** Beim ersten Modell entsteht die Vulkanform durch eine Kombination aus Massenproduktion und -diffusion, ausgehend von einer punktförmigen Magmaquelle in der Vulkanmitte. **b, c** Beim zweiten Modell entsteht der Vulkan über einer Fläche mit konstantem hydrostatischem Druck. In diesem Modell tritt das Magma nicht unbedingt an der Vulkanspitze an die Oberfläche, sondern folgt dem Weg des geringsten Widerstandes

die Modellierung benutzen wir die Diffusionsgleichung (Gl. 3.11) mit zylindrischen Koordinaten, wobei wir die Temperatur durch die Höhe H und die Diffusivität κ durch die Massendiffusivität D ersetzen müssen. Zur rechten Seite der Gleichung muß die Magmaproduktionsrate addiert werden, die wir durch eine Hebungsrate v_{ro} am Koordinatenursprung beschreiben können. Die Anfangs- und Randbedingungen lauten:

- 1. Anfangsbedingung: $H = 0$ für alle r zum Zeitpunkt $t = 0$.
- 2. Anfangsbedingung: Die Magmaproduktionsrate ist v_{ro} an der Stelle $r = 0$ und gleich null für alle $r > 0$.
- Randbedingung: $\mathrm{d}H/\mathrm{d}r = 0$ an der Stelle $r = 0$ und $H = 0$ an der Stelle $r \to \infty$ für alle $t > 0$.

Diese Bedingungen gleichen jenen, die wir auf S. 62 zur Berechnung der Reibungswärme um Scherzonen verwendet haben. Der einzige Unterschied besteht darin, daß Abb. 3.7 mit kartesischen, die Vulkanform jedoch mit zylindrischen Koordinaten berechnet wurde. Es ergeben sich demnach ähnliche Kurven wie in Abb. 3.7, die der Form eines Vulkans durchaus ähnlich sind.

Beim zweiten Modell liegt über einer punktförmigen Magmaquelle eine Fläche mit konstantem hydrostatischem Druck (Abb. 4.30b,c). Diesem Modell liegt die Annahme zugrunde, daß das Magma dort bis zur Erdoberfläche aufsteigt, wo es den geringsten Widerstand vorfindet. Mit anderen Worten: Das Magma kann sich nicht nur entlang eines zentralen Schlotes bewegen, sondern überall durch das poröse Material des Vulkankegels dringen. Dieses zweite Modell wird von Turcotte und Schubert (1982) im Detail besprochen.

Beide Modelle führen zu kegelförmigen Vulkanformen. Vergleiche zwischen der errechneten und der gemessenen Vulkanform ermöglichen es, Vorhersagen über die Wahrscheinlichkeit verschiedener Eruptionspunkte auf der Vulkanoberfläche zu machen.

Reliefbildung durch Flüsse. Die fluviale Erosion ist beinahe überall der wichtigste Prozeß der Reliefbildung, und der Abtransport des erodierten Materials in Flüssen ist bei weitem der wirkungsvollste Mechanismus zur großräumigen Materialumverteilung. Im Gegensatz zur Diffusion, die einem Massengleichgewicht unterliegt, kann der fluviale Materialtransport viel weitreichender sein (engl.: *long-range transport*). Die enormen Eintiefungsraten vieler Flüsse und die ausgedehnten Sedimentflächen mancher Flußdeltas deuten auf die große Effizienz der fluvialen Erosion, insbesondere auch für den regionalen Abtrag von Gebirgen, hin. Jeder Flußlauf hat seine charakteristische Form, sowohl was sein Längsprofil (Gefälleentwicklung von der Quelle bis zur Mündung) als auch seine Grundrißform (z. B. Topologie des Flußnetzes) angeht (s. Summerfield 1991). Das räumliche Muster, das Wasserscheide, die Linie der höchsten Berggipfel und die Laufrichtung der Flüsse bilden, kann von Gebirge zu Gebirge verschieden sein (Abb. 4.31). All diese Charakteristika liefern wertvolle Informationen über die tektonische Entwicklung von Orogenen. Einige davon werden im folgenden besprochen.

Flußnetze. Entwässerungssysteme bilden auf der Erdoberfläche charakteristische Grundrißmuster aus, die unabhängig vom Beobachtungsmaßstab stets eine ähnliche Geometrie aufweisen. Aufgrund dieser Selbstähnlichkeit (engl.: *self similarity*) kann man sie daher gut durch Fraktale beschreiben (s. Abschn. 4.3.3). Die Form von Flußnetzen läßt sich charakterisieren durch:

– topologische Eigenschaften,
– geometrische Eigenschaften.

Um die topologischen Eigenschaften eines Flußnetzes zu erfassen, wird jedem Flußabschnitt eine Ordnungszahl zugeteilt. Dazu gibt es verschiedene Regeln. Nach Horton (1945), Strahler (1964) und Schumm (1956) erhält ein Quellfluß die Ordnungszahl 1. Beim Zusammenfluß zweier Flüsse verschiedener Ordnung bekommt der Fluß die Ordnungszahl des Zuflusses höherer

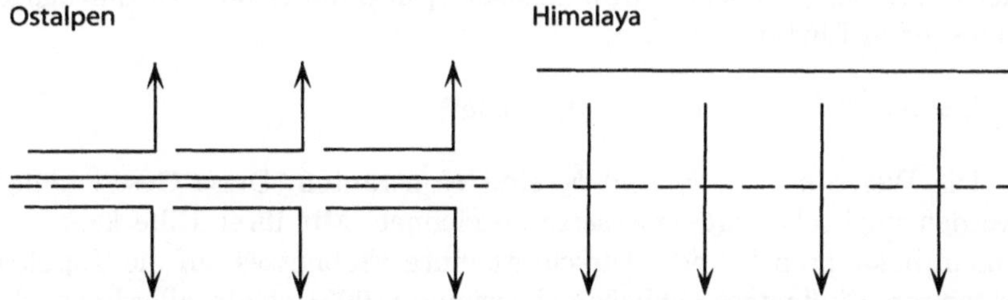

Abb. 4.31. Schematische Skizze zweier unterschiedlicher räumlicher Muster aus Wasserscheide (*durchgezogene Linien*), Achse der höchsten Berggipfel (*unterbrochene Linien*) und Laufrichtung der Flüsse (*Pfeile*). In den Ostalpen fällt der Alpenhauptkamm mit der Wasserscheide zusammen. Die schematischen Flußläufe fließen parallel zu diesen Achsen. Im Norden entsprechen sie Inn, Salzach und Enns. Im Himalaya liegt die Wasserscheide mehrere 100 km nördlich der Linie, die die höchsten Berggipfel verbindet, und die Flußläufe verlaufen senkrecht zu beiden Achsen

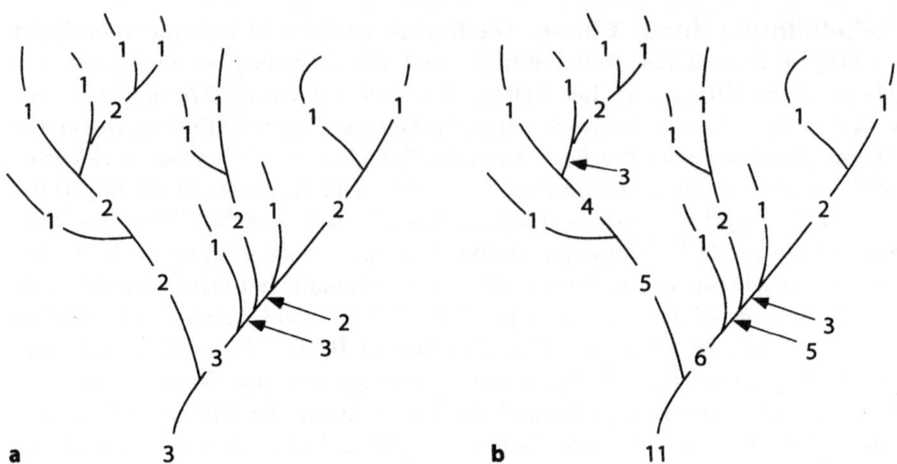

Abb. 4.32. Ordnungszahl von Flüssen: **a** nach der Regel von Horton (1945) und Strahler (1964); **b** nach der Regel von Shreve (1967)

Ordnung. Haben beide Zuflüsse die gleiche Ordnungszahl, erhöht sich die Ordnung des Flusses um eins (Abb. 4.32a). Nach dem System von Shreve (1967) ist die Ordnung eines Flusses gleich der Anzahl seiner Quellflüsse (Abb. 4.32b). Nach der Regel von Horton (1945) scheinen die meisten natürlichen Entwässerungssysteme durch einfache exponentielle Gesetze beschreibbar zu sein. Beispielsweise besagt das Gesetz der Flußzahlen, daß die Anzahl der Flüsse mit der Ordnungszahl i durch die Beziehung

$$N_i = a_1 \mathrm{e}^{b_1 i} \tag{4.58}$$

gegeben ist. Darin ist N_i die Anzahl der Flüsse mit der Ordnungszahl i; a_1 und b_1 sind Konstanten. Ähnliche Gesetzmäßigkeiten gelten für die Länge der Flüsse verschiedener Ordnungszahl l_i und die Größe des Einzugsgebietes eines jeden Flusses A_i:

$$l_i = a_2 \mathrm{e}^{b_2 i} \qquad \text{und} \qquad A_i = a_3 \mathrm{e}^{b_3 i} \ . \tag{4.59}$$

Die Werte a_2, a_3, b_3 und b_3 sind Konstanten. Diese Gesetzmäßigkeiten werden auch als *Flußnetzgesetze* bezeichnet. Mit ihrer Hilfe kann man aus einem bekannten kleinen Ausschnitt eines Flußnetzes auf die Topologie des gesamten Flußnetzes schließen. Kirchner (1993) zeigte allerdings, daß fast alle Flußnetze diesen Gesetzen folgen und daher keine Unterschiede zwischen natürlichen, zufälligen und künstlichen Entwässerungsnetzen feststellbar sind. Das *Gabelungsverhältnis* (engl.: *bifurcation ratio*) ist das Verhältnis aus der Zahl der Flüsse einer bestimmten Ordnung und der Zahl der Flüsse der nächsthöheren Ordnung. Für viele natürliche Flußnetze liegt das Gabelungsverhältnis von Flüssen aller Ordnungszahlen zwischen drei und fünf.

Gradierte Flußbetten. Wenn man die Höhenlage eines Punktes im Flußbett gegen die Entfernung von der Quelle aufträgt (geometrisch ist das ein Aufriß bzw. Längsprofil des Flußlaufs), erhält man für viele Flüsse eine immer flacher abfallende Kurve, die einer Exponentialfunktion ähnelt: Das in Quellnähe hohe Gefälle nimmt mit zunehmendem Flußverlauf ab. Die natürliche Entwicklung führt manchmal zur Ausbildung eines *gradierten* Flußbetts (Mackin 1948). In einem gradierten Flußbett stehen Gefälle und Abflußmenge im Gleichgewicht, so daß weder Erosion noch Sedimentation stattfindet. Demnach ist die Fließgeschwindigkeit an jedem Punkt des Flußlaufs gerade so groß, daß die gesamte Sedimentmenge aus dem flußaufwärts gelegenen Einzugsgebiet abtransportiert werden kann. Dadurch behält ein gradiertes Flußbett seine Form und steht im morphologischen Gleichgewicht.

Modelle der fluvialen Erosion. Für die Beschreibung der Reliefbildung durch fluviale Erosion sind in den letzten Jahren mehrere elegante Modelle entworfen worden (Ahnert 1976; Beaumont et al. 1992; Willgoose et al. 1991; Chase 1992; Tucker und Slingerland 1994, 1996). Den meisten einfachen Modellen liegt die Annahme zugrunde, daß die Sedimentkapazität q_f^eq eines Flusses proportional zum Gefälle und zur Wassermenge q_r ist (Beaumont et al. 1992; Begin et al. 1981; Armstrong 1980):

$$q_\mathrm{f}^\mathrm{eq} = -K_\mathrm{f} q_\mathrm{r} \frac{\mathrm{d}H}{\mathrm{d}l} \ . \tag{4.60}$$

Darin ist $\mathrm{d}H/\mathrm{d}l$ das Gefälle. Die Werte q_r und q_f^eq haben die Einheit Volumen pro Zeit und pro Einheitsbreite des Flusses ($\mathrm{m}^2\,\mathrm{s}^{-1}$). Die Proportionalitätskonstante K_f ist dimensionslos. Die Wassermenge q_r an einem bestimmten Punkt des Flußlaufs ergibt sich aus der Gesamtwassermenge im Einzugsgebiet oberhalb dieses Punktes. Ob ein Fluß Gesteine aus seinem Bett erodiert oder seine Sedimentfracht ablagert, hängt davon ab, ob der Sedimentfluß q_f die Sedimentkapazität im Gleichgewichtszustand q_f^eq unter- oder überschreitet. Dabei ergibt sich q_f aus folgenden zwei Annahmen:

– Die Änderung des Sedimentgehalts $\mathrm{d}q_\mathrm{f}/\mathrm{d}t$ ist proportional zum Ungleichgewicht, also zur Differenz zwischen Sedimentfluß und Sedimentkapazität $q_\mathrm{f}^\mathrm{eq} - q_\mathrm{f}$). Wenn also q_f^eq aus Gl. 4.60 größer als q_f ist, wird der Fluß sein Bett erodieren. Ist q_f größer als q_f^eq, muß er seine Fracht wieder ablagern; es findet Sedimentation im Flußbett statt.
– Die Änderung des Sedimentgehalts $\mathrm{d}q_\mathrm{f}/\mathrm{d}t$ verhält sich umgekehrt proportional zu einer *Reaktions*zeitkonstanten t_f. Wenn die Reaktionszeit t_f groß ist, ändert sich der Sedimentgehalt des Flusses langsam, und umgekehrt.

Unter diesen Bedingungen ergibt sich für einen Lagrangeschen Beobachter (der mit dem Fluß schwimmt):

$$\frac{\mathrm{d}q_\mathrm{f}}{\mathrm{d}t} = \frac{1}{t_\mathrm{f}} \left(q_\mathrm{f}^\mathrm{eq} - q_\mathrm{f} \right) \ . \tag{4.61}$$

Aus der Perspektive eines ortsfesten Eulerschen Beobachters nimmt die obenstehende Gleichung folgende Form an:

$$\frac{\mathrm{d}q_\mathrm{f}}{\mathrm{d}t} = \frac{\partial q_\mathrm{f}}{\partial t} + v_\mathrm{f}\frac{\partial q_\mathrm{f}}{\partial l} \; . \tag{4.62}$$

Darin ist v_f die Fließgeschwindigkeit. Steht der Sedimenttransport in einem stationären Gleichgewicht, findet also keine zeitliche Änderung des Materialflusses statt, ist $\partial q_\mathrm{f}/\partial t = 0$ und Gl. 4.62 wird zu $\mathrm{d}q_\mathrm{f}/\mathrm{d}t = v_\mathrm{f}\mathrm{d}q_\mathrm{f}/\mathrm{d}l$. Unter dieser Voraussetzung kann die Gleichung auch als räumliche Beziehung formuliert werden:

$$\frac{\partial H}{\partial t} = -\frac{\mathrm{d}q_\mathrm{f}}{\mathrm{d}l} = -\frac{1}{l_\mathrm{f}}\left(q_\mathrm{f}^{\mathrm{eq}} - q_\mathrm{f}\right) \; . \tag{4.63}$$

Darin ist $l_\mathrm{f} = v_\mathrm{f}t_\mathrm{f}$. Solange v_f konstant bleibt, ist l_f eine Materialkonstante und kann als „Reaktionsmaßstab" betrachtet werden (Abb. 4.33). Der Wert l_f ist die Strecke, die das Wasser im Flußbett zurücklegen muß, um Arbeit am Flußbett zu verrichten. Der Wert q_f muß durch numerische Integration entlang des Flußlaufs ermittelt werden. Gleichung 4.63 stimmt gut mit Geländebeobachtungen überein und ist daher von verschiedenen Autoren verwendet worden, um die zeitliche Entwicklung von Flußläufen zu modellieren.

Die Abbildungen 4.33b, c und d zeigen schematische Zeichnungen der zeitlichen Entwicklung von Flußläufen, die mit Gl. 4.63 berechnet wurden. Die Flüsse fließen entlang der Oberfläche des grau schattierten Bereichs. Die drei Beispiele unterscheiden sich im Reaktionsmaßstab l_f. In b ist l_f viel kleiner als die horizontale Länge des Flusses, in c etwa gleich groß und in d viel größer. Hinsichtlich seiner Entwicklungstendenz läßt sich der Flußlauf in zwei Abschnitte unterteilen: den Unterlauf, in dem das Gefälle abnimmt, und den Oberlauf, in dem das Gefälle zunimmt. Im Unterlauf entwickelt sich ein gradiertes Flußbett, dessen Bereich langsam flußaufwärts wächst. Die Länge des gradierten Flußlaufabschnitts und die Geschwindigkeit, mit der dieser an Länge zunimmt, hängt vom Reaktionsmaßstab ab. Für eine quantitative Beschreibung der in Abb. 4.33 schematisch dargestellten Entwicklung muß Gl. 4.63 (und damit auch Gl. 4.61 und 4.62) numerisch gelöst werden.

Aus Abb. 4.33 geht auch hervor, daß die Wasserscheide durch fluviale Erosion nicht angegriffen werden kann. Das muß so sein, weil an der Wasserscheide q_r und damit auch $q_\mathrm{f}^{\mathrm{eq}}$ und q_f gegen 0 gehen. Wasserscheiden bleiben bei ausschließlich fluvialer Erosion als Grate erhalten, deren Steilheit zum Reaktionsmaßstab proportional ist. Eine seitliche Verschiebung und Tieferlegung der Wasserscheide wird allerdings durch Diffusionsprozesse erfolgen, deren Ausmaß proportional zur Geländekrümmung ist. Schmale, steile Grate werden also schneller erodiert als breite, flachgewölbte Rücken. Beaumont et al. (1992) haben Gl. 4.61, 4.62 und 4.63 mit einem Modell für die Diffusionsprozesse zwischen den einzelnen Flüssen gekoppelt, so daß ein integriertes zweidimensionales Landschaftsmodell entstanden ist. Dieses Modell wurde

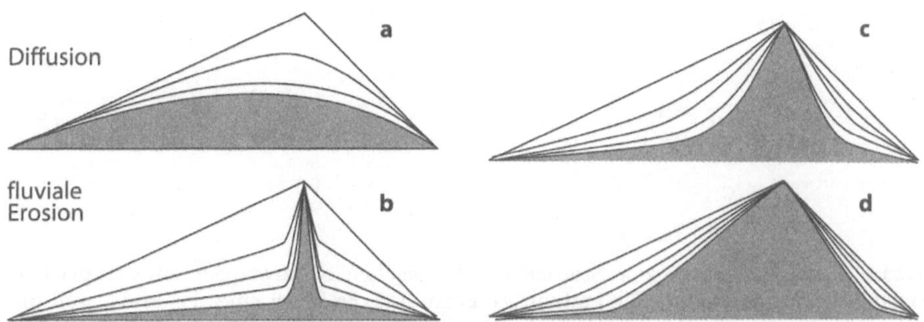

Abb. 4.33. Erosion einer Modellandschaft. **a** Reliefbildung durch Diffusion. Ist das Ausgangsprofil asymmetrisch, erfolgt eine seitliche Verschiebung der Wasserscheide. **b**, **c** und **d** Reliefbildung durch fluviale Erosion (Gl. 4.63). Die Flüsse fließen beiderseits der Wasserscheide entlang der Oberfläche des grau schattierten Bereichs. Die Wasserscheide wird dadurch nicht angegriffen. Die drei Beispiele unterscheiden sich in der Größe des Reaktionsmaßstabes l_f. In **b** ist l_f viel kleiner als die Länge des Flußlaufs, in **c** ist l_f etwa gleich groß und in **d** ist l_f viel größer

von Braun und Sambridge (1997) auf unregelmäßige Raster übertragen und stellt heute eines der elegantesten integrierten Landschaftsmodelle dar.

4.3.3
Fraktale Beschreibung

In den letzten 20 Jahren hat sich die Chaosforschung, die sich u. a. mit Fraktalen und nichtlinearen Rückkopplungsprozessen beschäftigt, zu einem eigenständigen Zweig der Mathematik entwickelt, für den es auch in den Geowissenschaften viele Anwendungen gibt (z. B. Turcotte 1997; s. auch Abschn. 6.3.4). Insbesondere in der Geomorphologie werden Küstenlinien und andere Landformen häufig mit Fraktalen verglichen. Wir haben in diesem Kapitel schon mehrfach auf die fraktale Dimension von Landschaften hingewiesen. In diesem Abschnitt wird erläutert, was ein Fraktal ist und wozu es verwendet werden kann.

Ein Fraktal ist ein geometrisches Objekt mit zwei wesentlichen Eigenschaften (Abb. 4.34):

- Die Form des Objektes ist unabhängig vom Maßstab, mit dem es betrachtet wird. Das Objekt ist selbstähnlich (engl.: *self similar*).
- Das Objekt hat eine fraktale Dimension, d. h. es ist möglich, seine Form mit Gl. 4.64 zu beschreiben.

Bekannte Beispiele für fraktale Formen sind die Topographie der Erdoberfläche (Chase 1992) und die Form von Küstenlinien (Mandelbrot 1975).

Die *fraktale Dimension* eines geometrischen Objektes D ist wie folgt definiert:

$$D = \frac{\log(m)}{\log(n)} \ . \tag{4.64}$$

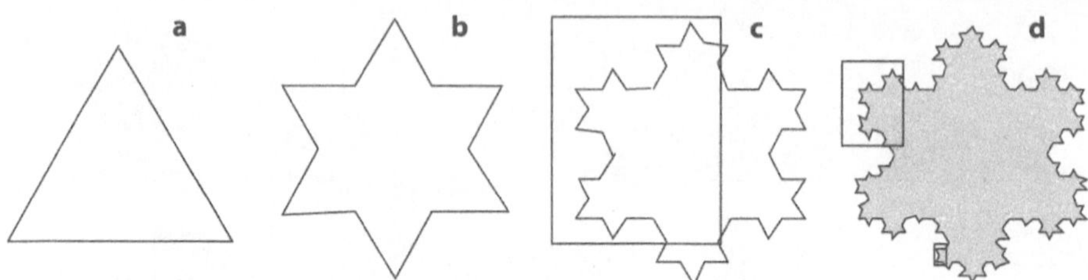

Abb. 4.34. Die ersten vier Stadien der Kochschen Schneeflocke, eines typischen Beispiels für ein Fraktal. Die endgültige Form hat die Form eines Fraktals, weil die in **c** und **d** gekennzeichneten Ausschnitte dieselbe Form haben

Darin ist m die Zahl der Stücke und n die Vergrößerung, die zusammen notwendig sind, um eine geometrische Form von einem Maßstab in einen anderen zu übertragen. Dies kann leicht am Beispiel eines Quadrats erläutert werden, das in viele kleinere Quadrate unterteilt wird. Wenn eine Quadratkante in n Stücke unterteilt wird, beträgt die Gesamtzahl der kleinen Quadrate $m = n^2$. Vergrößert man die Kantenlänge eines jeden Einzelquadrats um das n-fache, erhält man wieder das Ausgangsquadrat. Daher gilt:

$$D = \frac{\log(n^2)}{\log(n)} = \frac{2\log(n)}{\log(n)} = 2 \ . \tag{4.65}$$

Für ein Quadrat, das ganz offensichtlich eine zweidimensionale Form hat, ist dies ziemlich trivial. Bei der Kochschen Schneeflocke (Abb. (4.34)) ist es schon nicht mehr so klar. Jeder Kante des Dreiecks a mit der Länge a entsprechen in b vier Kantenstücke, von denen jedes $a/3$ mißt. In c gibt es 16 Stücke der Länge $a/9$ und so weiter:

$$D = \frac{\log(4)}{\log(3)} = \frac{\log(16)}{\log(9)} \approx 1,262 \ . \tag{4.66}$$

Für natürliche Landschaften kann die fraktale Dimension so berechnet werden, wie wir es im Zusammenhang mit der Steigung der Linien in Abb. 4.29 besprochen haben. Natürliche Landschaften haben eine fraktale Dimension von 2,1–2,7 (Mandelbrot 1982).

4.4
Übungsaufgaben

Aufgabe 4.1. *Zum Verständnis der Parameter, die für die Höhe von Gebirgen maßgeblich sind (Abschn. 4.2.1):* Betrachten Sie ein isostatisch kompensiertes Gebirge. Wieviel Prozent der Höhe sind durch thermische Ausdehnung bedingt, wieviel Prozent durch Materialunterschiede? Verändert sich die prozentuale Verteilung für verschieden hohe Gebirge? Verwenden Sie Gl. 4.24 und folgende Zahlenwerte: $\rho_{\mathrm{m}} = 3\,200\ \mathrm{kg\,m^{-3}}$, $\rho_{\mathrm{c}} = 2\,700\ \mathrm{kg\,m^{-3}}$, $\alpha = 3{\cdot}10^{-5}\ \mathrm{K^{-1}}$, $T_{\mathrm{l}} = 1\,200\,^{\circ}\mathrm{C}$.

Aufgabe 4.2. *Zum Verständnis der Parameter, die für die Höhe von Gebirgen maßgeblich sind (Abschn. 4.2.1):* Berechnen Sie die Höhenänderungen, die sich für ein isostatisch kompensiertes Gebirge durch folgende Prozesse ergeben. a) An der Basis einer kontinentalen Kruste der Mächtigkeit $z_{\mathrm{c}} = 30$ km ($\rho_{\mathrm{c}} = 2\,700\ \mathrm{kg\,m^{-3}}$) akkumuliert sich eine 10 km mächtige Basaltschicht der Dichte $\rho_{\mathrm{u}} = 2\,900\ \mathrm{kg\,m^{-3}}$ (engl.: *underplating*). Die Dichte des darunter liegenden Mantelmaterials ist $\rho_{\mathrm{m}} = 3\,200\ \mathrm{kg\,m^{-3}}$. b) An der Basis einer um die Hälfte verdünnten kontinentalen Kruste ($f_{\mathrm{c}} = 0,5$) akkumuliert sich eine 5 km mächtige Basaltschicht der Dichte $\rho_{\mathrm{u}} = 2\,950\ \mathrm{kg\,m^{-3}}$. c) Wie groß ist der Höhenunterschied der Erdoberfläche zwischen a) und b)?

Aufgabe 4.3. *Zum Verständnis von f_{c}-f_{l}-Diagrammen (Abschn. 4.0.1):* Zeichnen Sie ein f_{c}-f_{ml}-Diagramm, in dem f_{ml} der Verdickungsparameter der Mantellithosphäre ist. Zeichnen Sie in dieses Diagramm Pfeile ein, die a) homogene Verdickung, b) Verdickung der Mantellithosphäre und c) Verdickung der Kruste bei konstanter Mächtigkeit der Gesamtlithosphäre symbolisieren. Vergleichen Sie das Diagramm mit Abb. 4.3 und Abb. 4.4.

Aufgabe 4.4. *Zum Verständnis der quadratischen Beziehung zwischen dem Alter ozeanischer Lithosphäre und der Wassertiefe (Abschn. 4.2.1):* a) Beträgt die Riftgeschwindigkeit des Mittelatlantischen Rückens 1,5 $\mathrm{cm\,y^{-1}}$, 2,5 $\mathrm{cm\,y^{-1}}$ oder 3,5 $\mathrm{cm\,y^{-1}}$? Berechnen Sie die Antwort aus den untenstehenden geographischen und bachymetrischen Daten des Nordatlantiks unter der Annahme, daß diese mit dem Modell von Gl. 4.36 beschrieben werden können (Abb. 4.18). Folgende Daten: 300 m/50 km; 500 m/175 km; 800 m/250 km; 1 300 m/500 km; 1 500 m/700 km; 1 800 m/825 km; 2 300 m/1 300 km; 2 600 m/1 575 km ; 2 800 m/1 775 km; 2 900 m/1 950 km; 3 200 m/2 500 km; 3 200 m/3 125 km; 3 300 m/3 375 km; 3 200m/3 625 km. $\rho_{\mathrm{m}} = 3\,200\ \mathrm{kg\,m^{-3}}$; $\rho_{\mathrm{w}} = 1\,000\ \mathrm{kg\,m^{-3}}$; $\alpha = 3\cdot 10^{-5}\,^{\circ}\mathrm{C^{-1}}$; $T_{\mathrm{l}} = 1\,200\,^{\circ}\mathrm{C}$; $\kappa = 10^{-6}\ \mathrm{m^2\,s^{-1}}$. b) Ab einem gewissen Alter stimmen Daten und Modell auch für die richtige Antwort auf a) kaum mehr überein. Ab welchem Alter und warum ist das der Fall?

Aufgabe 4.5. *Zum Verständnis einfacher kinematischer Modelle zur Beschreibung vertikaler Bewegungen (Abschn. 4.1.2):* Berechnen Sie die Uplift- und die Exhumationskurve eines einfachen Gebirges mit dem Modell aus Abschn. 4.1.2. Das Gebirge hat bereits eine stationäre Gleichgewichtshöhe von 2 000 m erreicht ($v_{\mathrm{er}} = v_{\mathrm{ro}}$). a) Wie groß ist der Erosionsparameter t_{E}? Verwenden Sie Gl. 4.11. In Gl. 4.8 und 4.10 sind als Konstanten einzusetzen: $a = 2\,500$ m und $b = 0,13$ und $\dot{\epsilon} = 10^{-15}\ \mathrm{s^{-1}}$. b) Wie tief lagen die Gesteine, die nach 40 my an die Oberfläche kamen, am Beginn der Hebung? Verwenden Sie Gl. 4.12. c) Wieviel Zeit ist zwischen dem Beginn der Uplift und dem Beginn der Exhumation dieser Gesteine vergangen? Verwenden Sie Gl. 4.12.

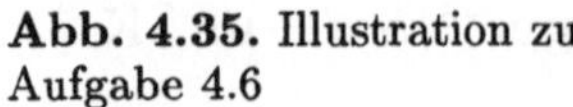

Abb. 4.35. Illustration zu
Aufgabe 4.6

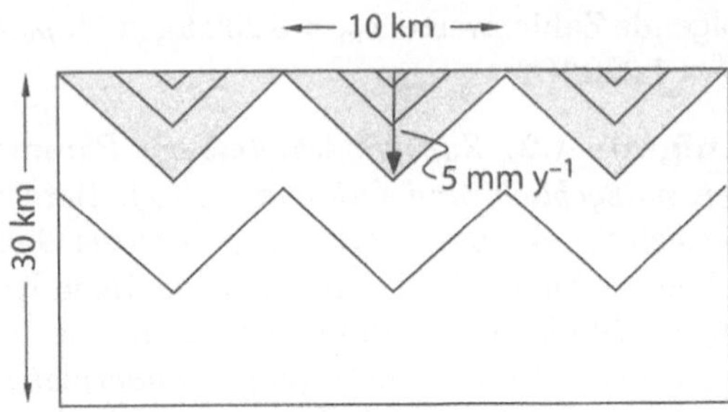

Aufgabe 4.6. *Zum Verständnis des Zusammenhangs zwischen Relief und Uplift (Abschn. 4.1, 4.2.1)*: In ein isostatisch kompensiertes Plateau schneiden sich zueinander parallele Flüsse mit einer Geschwindigkeit von $v = 5$ mm y^{-1} ein (Abb. 4.35). Die Talflanken sind 45° steil. Alle Flüsse haben voneinander den Abstand $l = 10$. Zeichnen Sie die Hebungs- bzw. Senkungskurve der Talsohlen und der dazwischenliegenden Grate für folgende Werte: $\rho_\mathrm{m} = 3\,200$ kg m^{-3} und $\rho_\mathrm{c} = 2\,700$ kg m^{-3}. (Eine interessante Lösung dieses Problems findet man in Montgomery 1994.)

Aufgabe 4.7. *Zum Verständnis der Flexurisostasie (Abschn. 4.2.2)*: Führen Sie eine Dimensionsanalyse von Gl. 4.39 und Gl. 4.40 durch. Welche Einheiten haben D, F und q? In den Einheiten von F und q kommen Meter vor. Handelt es sich dabei um Meter in horizontaler oder vertikaler Richtung?

Aufgabe 4.8. *Zum Verständnis des Isostasieprinzips (Abschn. 4.2.2)*: a) Wiederholen Sie die Ableitung von Gl. 4.41 nach dem Prinzip von Gl. 4.14, d. h. leiten Sie Gl. 4.41 ab, indem Sie in Abb. 4.21 die Gewichte der vertikalen Säulen an den Stellen A und B vergleichen. b) Leiten Sie eine Gleichung für die Last auf ozeanischen Platten her, die Gl. 4.41 entspricht. Dieser Fall ist in Abb. 4.21 links dargestellt. Die Variable q_a ist eine linienförmige Last.

Aufgabe 4.9. *Zur Integration der Flexurgleichung (Gl. 4.40, Abschn. 4.2.2)*: Wenn man einen langen Stock an einem Ende horizontal festhält, wird er durch sein Eigengewicht nach unten gebogen (ebenso wie ein Blatt Papier, das von der Tischkante hängt, eine halbfertige Brücke, die über einen Fluß hinausragt, oder eine Platte, die sich elastisch durchbiegt). Die Last q auf diesem Stock entspricht dem Eigengewicht des Stocks von der Länge l und ist unabhängig vom Abstand gegenüber dem Punkt, an dem der Stock festgehalten wird ($x = 0$). Der Wert q ist also eine Konstante. Die dadurch bedingten Randbedingungen sind so einfach, daß Gl. 4.40 leicht integrierbar ist. Sie sind durch folgende Bedingungen gegeben: $F = 0$, $w = 0$ an der Stelle $x = 0$, $\mathrm{d}w/\mathrm{d}x = 0$ an der Stelle $x = 0$, $\mathrm{d}^2w/\mathrm{d}x^2 = 0$ an der Stelle $x = l$ und $\mathrm{d}^3w/\mathrm{d}x^3 = 0$ an der Stelle $x = l$. a) Versuchen Sie, diese Randbedingungen zu verstehen. b) Integrieren Sie Gl. 4.40 unter diesen Bedingungen.

Abb. 4.36. Illustration zu Aufgabe 4.12

Aufgabe 4.10. *Zum Flexurparameter α (Abschn. 4.2.2)*: Welche Einheit hat der Flexurparameter α in Gl. 4.43? Wie groß ist α für kontinentale Lithosphäre?

Aufgabe 4.11. *Das klassische Problem der Elastizität der Pazifikplatte unter Hawaii (Abschn. 4.2.2)*: In der Umgebung der Hawaii- und Emperor-Inseln ist das Wasser tiefer als in mehreren hundert km Entfernung. Etwa 250 km von der Inselkette entfernt befindet sich eine Erhebung des Meeresbodens. Jenseits dieser Erhebung entspricht die Wassertiefe dem Durchschnitt des Pazifischen Ozeans (vgl. Abb. 4.19). Das Wassertiefenprofil entspricht genau der Form einer elastischen Platte, die durch das Gewicht der Inselketten belastet ist. Wie mächtig ist die *elastische* Lithosphäre der Pazifiks? Benutzen Sie Gl. 4.44, 4.43, 4.39 und $E = 70$ GPa, $\rho_m = 3\,200$ kg m^{-3}; $\rho_w = 1\,000$ kg m^{-3}; $g = 10$ m s^{-1} und $\nu = 0{,}25$. Die maximale Auslenkung der Platte w_0 brauchen Sie dafür nicht zu kennen. Warum nicht? Bei den Antworten (in Anhang D) finden Sie eine sehr elegante Methode zur Lösung dieser Frage.

Aufgabe 4.12. *Zum Verständnis von Fraktalen und fraktaler Dimension (Abschn. 4.3.3)*: Welche fraktale Dimension hat das Dreieck in Abb. 4.36?

Kapitel 5
Kraft und Rheologie

Die Abschätzung der in der Lithosphäre auftretenden Kräfte ist eine der wichtigsten Aufgaben eines jeden Geologen, der ein dynamisches Modell für seine Beobachtungen entwerfen will. Nur so läßt sich überschlägig berechnen, ob ein hypothetisches Modell im Bereich des Möglichen liegt. Hierfür sei ein Beispiel genannt: Ein Geologe findet in einem präkambrischen Schild Falten und Überschiebungen, die er als Ergebnis der Einengungstektonik während einer unbekannten Orogenese interpretiert. Aus einer Verformungsanalyse schließt er, daß während dieser Deformationsphase eine 70%ige Verkürzung stattfand und die Krustenmächtigkeit um das Dreifache zunahm. Daraufhin zeichnet er eine Serie kinematischer Profile der Krustenverdickung, und stellt fest, daß die Kurven des letzten Profils so aussehen wie die im Gelände beobachteten geologischen Strukturen. Aus der interpretierten Krustenmächtigkeit zieht er den Schluß, daß damals ein Gebirge mit einer kaum glaubhaften Höhe von 15 km aufgebaut wurde. Jetzt fehlt ihm nur der Beweis, daß plattentektonische Kräfte überhaupt in der Lage sind, Gebirge dieser Höhe aufzufalten! In diesem Fall können wir zwar intuitiv argumentieren, daß es nirgendwo auf der Erde ein 15 km hohes Gebirge gibt und die Geländedaten anders interpretiert werden müssen. In vielen anderen, nicht so offensichtlichen Fällen bedarf es aber einer Abschätzung der tektonischen Kräftekonstellation, um zu prüfen, ob das (mit den Geländebeobachtungen übereinstimmende) Modell geologisch überhaupt möglich ist. In diesem Kapitel werden solche Abschätzungen durchgeführt. Dazu ist eine kurze Wiederholung der physikalischen Grundlagen der Themen Spannung und Verformung notwendig.

5.1
Spannung und Verformung

Der Spannungszustand eines Gesteins wird durch einen symmetrischen Tensor mit neun Komponenten beschrieben. In Gesteinen ist mit den meisten geobarometrischen Methoden als einzige Größe jedoch nur der *Druck* meßbar. Nur mit in situ-Spannungsmessungen sowie mit einigen paläopiezometrischen Methoden läßt sich mehr als ein Skalarwert des Spannungsfeldes messen. In Zusammenhang mit Gl. 5.7 werden wir zeigen, daß der Druck als die mittlere Haupt- oder Hauptnormalspannung angesehen werden kann. Wir wollen uns merken, daß sich unsere geodynamischen Interpretationen oft auf Druckmessungen stützen, die nur einen ungefähren Mittelwert aus den neun Skalarkomponenten des Spannungstensors darstellen. Daher wird im nächsten Abschnitt dieses Kapitels auch der Tensor im Detail erklärt.

Verformung (engl.: *strain*), oft unpräzise auch als *Deformation* bezeichnet, wird ebenfalls durch einen Tensor beschrieben. Auf den Verformungstensor gehen wir nicht ein, da wir nur sehr einfache Probleme behandeln, für die nur die Skalarwerte des Tensors relevant sind (s. Abschn. 1.2.1, A.3). Dazu definieren wir folgende allgemein gebräuchliche Bezeichnungen: Die *Dehnung* oder *Streckung* eines Körpers s (engl.: *stretch*) ist das Verhältnis aus seiner Länge nach der Verformung l und seiner Ausgangslänge vor der Verformung l_0; die *Längung* oder *Elongation* e (engl.: *elongation*) ist das Verhältnis aus der Differenz zwischen End- und Ausgangslänge und der Ausgangslänge. Somit gilt:

$$s = \frac{l}{l_0} = 1 + e = 1 + \left(\frac{l - l_0}{l_0}\right) \ . \tag{5.1}$$

Es wird noch einmal betont, daß die Parameter s und e Werte der *longitudinal* Verformung und daher skalare Werte sind. Die logarithmische Streckung ϵ (engl.: *logarithmic stretch*) ist als $\epsilon = \ln s$ definiert und hat den Vorteil, daß sie bei zunehmender Verformung linear wächst.

5.1.1
Der Spannungstensor

Spannungen in zwei und drei Dimensionen werden in vielen Lehrbüchern ausführlich erklärt (z. B. Jaeger und Cook 1979; Means 1976; Suppe 1985; Twiss und Moores 1992; Engelder 1993). Trotzdem herrscht in der Literatur eine gewisse terminologische Verwirrung (Engelder 1994). Daher werden in diesem Abschnitt einige Begriffe definiert. Zur weiteren Vertiefung sei der Leser auf die oben erwähnten Lehrbücher verwiesen.

Im Gegensatz zur *Kraft*, die ein einfacher Vektor ist, ist *Spannung* eine *Kraft pro Fläche*. Zur genaueren Beschreibung eines Spannungszustandes ist die räumliche Orientierung der Fläche wichtig, auf die diese Kraft wirkt. Für die Definition einer Spannung reicht daher ein Vektor nicht aus (s. Abschn. A.3) (Twiss und Moores 1992). Bei Spannungen unterscheiden wir:

- *Reibung* (engl.: *traction*): Sie ist als Kraft pro Fläche einer bestimmten Orientierung definiert. Fläche und Kraft müssen nicht senkrecht aufeinander stehen. Die Reibung gliedert sich daher in eine Normal- und eine Parallelkomponente.
- *Oberflächenspannung* (engl.: *surface stress*): Sie ist durch ein Paar gleich großer und entgegengesetzt gerichteter Reibungen definiert.

– *Spannungszustand eines Punktes* (engl.: *stress at a point*): Dieser kann nur durch die Oberflächenspannungen aller Flächen und aller Orientierungen an diesem Punkt beschrieben werden. Dazu benötigen wir den Spannungstensor, dem wir uns im folgenden kurz widmen.

Im dreidimensionalen Raum ist der Spannungszustand eines Gesteins*punktes* (bzw. eines Einheitswürfels) durch neun Zahlenwerte gegeben, die alle die Einheit einer Spannung besitzen. Diese neun Zahlenwerte haben die Eigenschaften eines *Tensors* und können daher in der allgemein üblichen Tensornotation wie folgt geschrieben werden:

$$\sigma_{ij} = \begin{pmatrix} \sigma_{11} & \sigma_{12} & \sigma_{13} \\ \sigma_{21} & \sigma_{22} & \sigma_{23} \\ \sigma_{31} & \sigma_{32} & \sigma_{33} \end{pmatrix} = \begin{pmatrix} \sigma_{xx} & \sigma_{xy} & \sigma_{xz} \\ \sigma_{yx} & \sigma_{yy} & \sigma_{yz} \\ \sigma_{zx} & \sigma_{zy} & \sigma_{zz} \end{pmatrix} \tag{5.2}$$

(s. Abschn. A.3). Der erste der zwei tiefgestellten Raumindizes x, y und z bzw. 1, 2 und 3 gibt die Richtung an, in der die Spannung wirkt; der zweite Index steht für die Normale zu der Fläche, auf die sie wirkt. Wir erkennen, daß die drei Komponenten in der Diagonalen der Matrize *Normalspannungen* (engl.: *normal stresses*) sind, die senkrecht auf den Flächen, auf die sie wirken, stehen. Wir kürzen Normalspannungen im folgenden mit σ_{n} ab. Die anderen sechs Komponenten in Gl. 5.2 sind *Scherspannungen* (engl.: *shear stresses*), die zu der Fläche, auf die sie wirken, parallel gerichtet sind. Die horizontalen Zeilen des Tensors enthalten Kräfte, die in dieselbe Richtung, aber auf verschiedene Flächen wirken; die senkrechten Spalten beinhalten verschieden gerichtete Kräfte auf dieselbe Fläche.

In der Literatur werden Scherspannungen oft mit τ und Normalspannungen mit σ abgekürzt. Gleichung 5.2 wird daher auch gerne wie folgt geschrieben:

$$\sigma_{ij} = \begin{pmatrix} \sigma_{xx} & \tau_{xy} & \tau_{xz} \\ \tau_{yx} & \sigma_{yy} & \tau_{yz} \\ \tau_{zx} & \tau_{zy} & \sigma_{zz} \end{pmatrix} . \tag{5.3}$$

Die Notation von Gl. 5.2 ist jedoch mathematisch exakter, weil alle Tensorkomponenten dieselbe Einheit haben und daher mit demselben Symbol abgekürzt werden. Wir bleiben daher bei dieser Schreibweise und bezeichnen Scherspannungen mit $\sigma_{i \neq j}$ bzw. σ_{s} und Normalspannungen mit $\sigma_{i=j}$ bzw. σ_{n}. Es sei daher betont, daß jenes τ, das wir im folgenden zur Bezeichnung deviatorischer Spannungen benutzen werden, *nicht* mit der in Gl. 5.3 (und manchmal in der Literatur) verwendeten Scherspannung verwechselt werden darf.

Der Spannungstensor ist symmetrisch, d. h. jede der drei Scherspannungen oberhalb der Matrizendiagonalen hat unterhalb der Diagonalen ein genauso großes Äquivalent: $\sigma_{yx} = \sigma_{xy}$, $\sigma_{zx} = \sigma_{xz}$, $\sigma_{yz} = \sigma_{zy}$. Wenn dem nicht so wäre, würde sich der Körper, für den dieser Spannungszustand gilt, drehen. Der Spannungstensor besteht also nur aus sechs voneinander unabhängigen

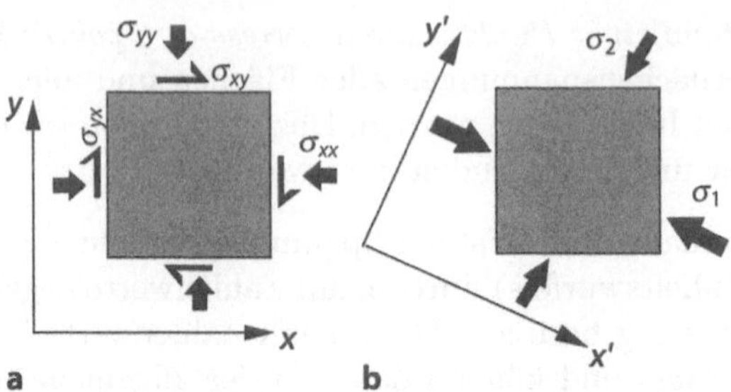

Abb. 5.1. a Allgemeiner Spannungszustand eines Einheitsquadrats auf dem zweidimensionalen Papier dieser Buchseite. Bei zwei Dimensionen hat der Spannungstensor nur vier unabhängige Komponenten, die durch die vier beschrifteten Pfeile symbolisiert sind. In **b** wurde das Koordinatensystem x', y', z' so gelegt, daß die wirkenden Kräfte zu Hauptspannungen werden. Der Spannungszustand des Quadrats ist in **a** und **b** identisch

Variablen: drei Normalspannungen (in der Tensordiagonalen) und drei Scherspannungen.

Der durch Gl. 5.2 beschriebene Spannungszustand läßt sich in einem anders orientierten Koordinatensystem einfacher ausdrücken. Für jeden Spannungszustand gibt es ein Koordinatensystem mit den Koordinaten x', y' und z', in dem alle nichtdiagonalen Spannungskomponenten der Tensormatritze (Gl. 5.2) null werden. Die diagonalen Spannungen in diesem neuen Koordinatensystem werden als *Hauptspannungen* oder *Hauptnormalspannungen* (engl.: *principle stresses*) bezeichnet. Hauptspannungen werden mit *einer* tiefgestellten Zahl als σ_1, σ_2 und σ_3 bezeichnet. In den Geowissenschaften ist es üblich, die größte Hauptspannung mit σ_1 und die kleinste mit σ_3 zu bezeichnen. Damit kann jeder Spannungszustand durch nur drei Hauptspannungen charakterisiert werden (Abb. 5.1):

$$\sigma'_{ij} = \begin{pmatrix} \sigma'_{xx} & 0 & 0 \\ 0 & \sigma'_{yy} & 0 \\ 0 & 0 & \sigma'_{zz} \end{pmatrix} = \begin{pmatrix} \sigma_1 & 0 & 0 \\ 0 & \sigma_2 & 0 \\ 0 & 0 & \sigma_3 \end{pmatrix} \ . \tag{5.4}$$

Die Reihenfolge von σ_1, σ_2 und σ_3 in Gl. 5.4 impliziert, daß das neue Koordinatensystem in diesem Fall so gewählt wurde, daß die x'-Achse parallel zur größten Hauptspannung liegt. In den Spannungsdiagrammen dieses Buches wurden die Koordinatenachsen stets parallel zu den Hauptspannungen ausgerichtet, so daß gilt: $\sigma_{ij} = \sigma'_{ij}$. Die Hauptspannungen sind also parallel zu den Koordinatenachsen x', y' und z' gerichtet, aber ihre Größe ist von der Lage des Koordinatensystems unabhängig: sie sind *invariant*. Die Summe der drei Hauptspannungen wird als 1. Invariante des Spannungstensors bezeichnet:

$$I_1 = \sigma_1 + \sigma_2 + \sigma_3 \ . \tag{5.5}$$

Zwei weitere Invarianten des Spannungstensors sind wie folgt definiert:

$$I_2 = - \left(\sigma_2 \sigma_3 + \sigma_3 \sigma_1 + \sigma_1 \sigma_2 \right) \quad ,$$

$$I_3 = \sigma_1 \sigma_2 \sigma_3 \quad . \tag{5.6}$$

Die 2. und 3. Invariante des Spannungstensors sind für das Verständnis einiger grundlegender geodynamischer Prozesse von Bedeutung (z. B. Abschn. 6.3.2).

Abgeleitete Größen des Spannungstensors.

Mittlere Spannung. Die mittlere Spannung σ_{m} (engl.: *mean stress*) ist durch den Mittelwert der Hauptspannungen gegeben. Die mittlere Spannung ist in allen Koordinatensystemen gleich groß:

$$\sigma_{\mathrm{m}} = P = \frac{\sigma'_{xx} + \sigma'_{yy} + \sigma'_{zz}}{3} = \frac{\sigma_1 + \sigma_2 + \sigma_3}{3} \quad . \tag{5.7}$$

Die mittlere Spannung wird auch als *Druck P* bezeichnet. Um präzise zu sein: Die mittlere Spannung ist die *mechanische Definition* von Druck. Wenn wir einen Chemiker oder Thermodynamiker fragen, wird er uns sagen, daß Arbeit das Produkt aus Druck und Volumenänderung ist und Druck damit Energie pro Volumen ist. In einem stark anisotropen Spannungsfeld ist die Volumenänderung jedoch in allen Raumrichtungen unterschiedlich.

Zur Bestimmung des chemischen Druckes muß man deshalb die Arbeit pro Volumenänderung über die ganze Oberfläche eines dreidimensionalen Körpers mitteln. Die *mechanische* und *chemische* Definition von Druck stimmt *nur* für ein isotropes Spannungsfeld überein. Als Geowissenschaftler messen wir in der Kruste Tiefe und Druck mit Geobarometern (Abschn. 7.2.1). Das Meßprinzip vieler Geobarometer basiert auf chemischen Gleichgewichten, die druckabhängig sind. Deshalb ist es nicht klar, ob wir mit ihnen den mechanischen oder den chemischen Druck messen. Der Zusammenhang zwischen dem gemessenen Druck und der Tiefe wird vielfach diskutiert (z. B. Harker 1939; Wintsch und Andrews 1988). Im folgenden nehmen wir an, daß die Unterschiede zwischen Druckmessungen nach mechanischer und chemischer Definition so klein sind, daß wir uns nicht darum kümmern müssen.

Differentialspannung. Die Differentialspannung (engl.: *differential stress*) ist die Differenz zwischen der größten und der kleinsten Hauptspannung:

$$\sigma_{\mathrm{d}} = \sigma_1 - \sigma_3 \quad . \tag{5.8}$$

Im duktilen Bereich führt jede Differentialspannung zu permanenter Verformung. Im spröden Bereich muß das Anlegen einer Differentialspannung nicht unbedingt zur Verformung führen. Im geologischen Sprachgebrauch wird unter Differentialspannung aber auch im spröden Regime eigentlich immer nur jene Spannung verstanden, die der Festigkeit des Gesteins entspricht.

Deviatorische Spannung. Die deviatorische Spannung (engl.: *deviatoric stress*) ist kein Skalar, sondern ein eigener Tensor $\delta\sigma_{ij}$. Dieser Tensor ist durch die Abweichung des Spannungstensors in einem allgemeinen Koordinatensystem (Gl. 5.3) von der mittleren Spannung definiert. Die Komponenten des deviatorischen Spannungstensors werden mit τ abgekürzt:

$$\delta\sigma_{ij} = \begin{pmatrix} \tau_{xx} & \tau_{xy} & \tau_{xz} \\ \tau_{yx} & \tau_{yy} & \tau_{yz} \\ \tau_{zx} & \tau_{zy} & \tau_{zz} \end{pmatrix}$$

$$= \begin{pmatrix} \sigma_{xx} - \sigma_{\mathrm{m}} & \sigma_{xy} & \sigma_{xz} \\ \sigma_{yx} & \sigma_{yy} - \sigma_{\mathrm{m}} & \sigma_{yz} \\ \sigma_{zx} & \sigma_{zy} & \sigma_{zz} - \sigma_{\mathrm{m}} \end{pmatrix} . \tag{5.9}$$

Für ein parallel zu den Hauptspannungsrichtungen liegendes Koordinatensystem gilt in Analogie zu Gl. 5.4:

$$\delta\sigma'_{ij} = \begin{pmatrix} \tau'_{xx} & 0 & 0 \\ 0 & \tau'_{yy} & 0 \\ 0 & 0 & \tau'_{zz} \end{pmatrix}$$

$$= \begin{pmatrix} \sigma_1 - \sigma_{\mathrm{m}} & 0 & 0 \\ 0 & \sigma_2 - \sigma_{\mathrm{m}} & 0 \\ 0 & 0 & \sigma_3 - \sigma_{\mathrm{m}} \end{pmatrix} . \tag{5.10}$$

Hier sei nochmals darauf hingewiesen, daß wir in diesem Buch nur Spannungszustände behandeln, in denen $\delta\sigma_{ij} = \delta\sigma'_{ij}$ ist.

Wenn wir in diesem Buch statt des vollständigen Spannungstensors σ_{ij} nur σ schreiben, so ist σ die Spannung in einem eindimensionalen Modell, d. h. Spannung wirkt nur in einer Richtung und ist in allen anderen Richtungen null. Somit gilt: $\sigma = \sigma_{\mathrm{d}} = \sigma_1$.

Die Komponenten des deviatorischen Spannungstensors sind für die Verformung ausschlaggebend. Zum Beispiel führt eine deviatorische Zugspannung zur Dehnung, auch wenn alle Hauptspannungen kompressiv sind (s. Abb. 5.3). Deshalb sollte man diese Komponenten berechnen, wenn man scheinbar unterschiedliche Spannungszustände miteinander vergleichen will. Aufgabe 5.8 ist dafür ein gutes Beispiel. In Abbildungen des Spannungszustandes eines Kontinentes werden häufig die Hauptkomponenten des deviatorischen Spannungstensors als Vektoren eingezeichnet (s. Abb. 6.25), um zu illustrieren, welche Verformung abläuft.

Man kann auch erkennen, daß die größtmögliche deviatorische Hauptspannungskomponente $\tau_1 = \sigma_{\mathrm{d}}/2$ und die kleinste $\tau_3 = -\sigma_{\mathrm{d}}/2$ ist. Beispielsweise gilt für die Kompression eines Kontinentes, an dem die größte Spannung horizontal anliegt (unter der Annahme von Zweidimensionalität)

$$\sigma_{\mathrm{m}} = \frac{\sigma_{xx} + \sigma_{zz}}{2} . \tag{5.11}$$

Daraus folgt:

$$\tau_{xx} = \sigma_{xx} - \sigma_{\mathrm{m}} = \frac{\sigma_{xx} - \sigma_{zz}}{2} = \frac{\sigma_{\mathrm{d}}}{2} \quad . \tag{5.12}$$

Festigkeit. Im Zusammenhang mit strukturgeologischen und geodynamischen Prozessen ist oft jene Spannung von Interesse, bei der es zur Verformung kommt. Da elastische Verformung bei penetrativer Verformung kaum von Belang ist, geht es dabei meist um die Spannung, ab der es zu permanenter Verformung kommt. Diese ist dann erreicht, wenn die Kurve in Abb. 5.2a von ihrem geradlinigen Verlauf abweicht. Im spröden Bereich hängt dieser kritische Spannungswert von den Hauptnormalspannungen ab. Im duktilen Bereich ist diese Spannung immer dann größer als null, wenn Verformung stattfindet (Abb. 5.2). Sie wird auch als *Festigkeit, Bruchfestigkeit* oder *Scherfestigkeit* (engl.: *strength, shear strength*) bezeichnet. In diesem Buch werden die Begriffe „Festigkeit" und „Differentialspannung" synonym verwendet, weil in der Lithosphäre duktile Verformungsmechanismen dominieren. Damit gilt:

$$\text{Festigkeit} = \sigma_{\mathrm{d}} \quad . \tag{5.13}$$

In der Literatur werden beide Begriffe oft mit deviatorischer Spannung verwechselt (s. Engelder 1994). Um derartige Verwechslungen und insbesondere den Mißbrauch des Begriffs „deviatorische Spannung" zu vermeiden, sollte man das Beispiel in Abb. 5.3 studieren.

Spannungsgleichgewicht. Die Gleichungen für ein Spannungsgleichgewicht sind nichts anderes als eine verallgemeinerte Form des Zweiten Newtonschen Gesetzes:

$$\text{Kraft} = \text{Masse} \times \text{Beschleunigung} \quad . \tag{5.14}$$

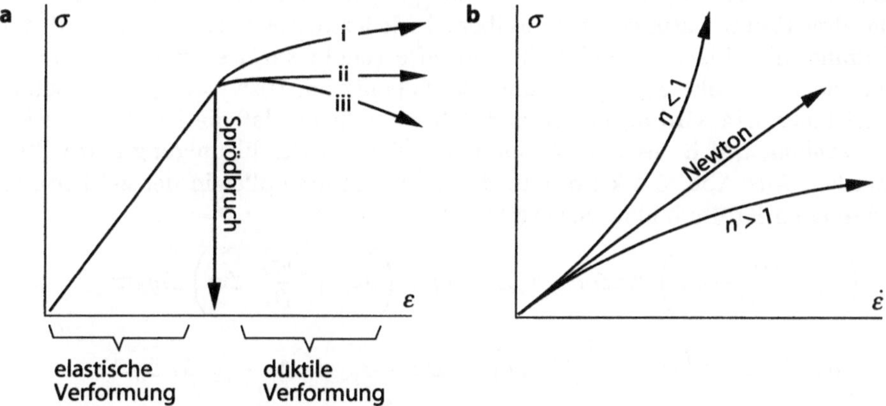

Abb. 5.2. a Beziehung zwischen Spannung σ und Verformung ϵ für elastische, plastische und spröde Verformung. Kurve *ii* entspricht dem Idealfall plastischer (duktiler) Verformung; *i* mit Verformungshärten; *iii* mit Verformungserweichung. **b** Beziehung zwischen Spannung und Verformungsrate $\dot{\epsilon}$ für drei verschiedene Materialien. Für eine Newtonschen Flüssigkeit ist diese Beziehung linear. Der Wert n ist der Potenzexponent, der in Abschn. 5.1.2 noch näher besprochen wird

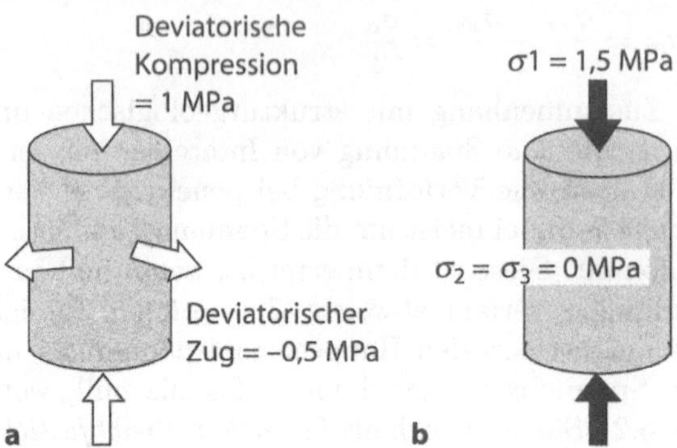

Abb. 5.3. Skizze eines typischen uniaxialen Verformungsexperiments. Der Spannungszustand des Zylinders in **a** ist mit jenem in **b** identisch. In beiden Fällen beträgt der Druck innerhalb des Zylinders 0,5 MPa und sowohl σ_d als auch σ_1 sind 1,5 MPa groß. In **a** wird der Spannungszustand durch die Komponenten des deviatorischen Spannungstensors dargestellt, in **b** durch eine uniaxiale Hauptspannung (nach Engelder 1993)

In Abschn. 5.3.3 zeigen wir, daß die Beschleunigung von Platten vernachlässigbar gering ist und daher gleich null gesetzt werden kann. Damit vereinfacht sich Gl. 5.14 für den Großteil der geologischen Aufgabenstellungen zu:

$$\text{Kraft} = 0 \ . \tag{5.15}$$

Gleichung 5.14 und Gl. 5.15 sind Vektorgleichungen. Das heißt, sie bestehen jeweils aus insgesamt drei Gleichungen, die das Kräftegleichgewicht in die drei Raumrichtungen beschreiben. In jeder dieser Gleichungen wird die Summe aller Flächen- und Volumenkräfte (engl.: *surface force, body force*) mit dem Produkt aus Masse und Beschleunigung (bzw. = 0) gleichgesetzt. Gleichung 5.14 wird außerdem dadurch vereinfacht, daß die Kräfte *pro Einheitsvolumen*, d. h. als Kraft/Volumen = Dichte × Beschleunigung betrachtet werden. Aus Abb. 5.4 kann man direkt die Summe aller in der z-Richtung wirkenden Kräfte bilden. Sie ergibt:

$$\left(\sigma_{zz} + \frac{\partial \sigma_{zz}}{\partial z} \Delta z \right) \Delta x \Delta y - \sigma_{zz} \Delta x \Delta y + \left(\sigma_{xz} + \frac{\partial \sigma_{xz}}{\partial x} \Delta x \right) \Delta y \Delta z$$

$$-\sigma_{xz} \Delta y \Delta z + \left(\sigma_{yz} + \frac{\partial \sigma_{yz}}{\partial y} \Delta y \right) \Delta x \Delta z - \sigma_{yz} \Delta x \Delta z - \rho g \Delta x \Delta y \Delta z$$

$$= \rho \frac{\partial u_z}{\partial t} \Delta x \Delta y \Delta z \ . \tag{5.16}$$

Auch wenn diese Gleichung auf den ersten Blick recht kompliziert aussieht, dürfte sie dennoch anhand von Abb. 5.4 leicht nachvollziehbar sein, beschreibt sie doch nichts anderes als die Summe der verschiedenen Kräfte

Abb. 5.4. Die verschiedenen Flächenkräfte, die auf einen Einheitswürfel in z-Richtung einwirken. Darüber hinaus ist eine Volumenkraft von der Größe ρg wirksam. Im Ruhezustand wird jeder der drei eingezeichneten Kräfte durch eine entgegengesetzte, gleich große Kraft kompensiert. Die entsprechenden Kräfte in y- und x-Richtung sind der Übersichtlichkeit halber nicht dargestellt

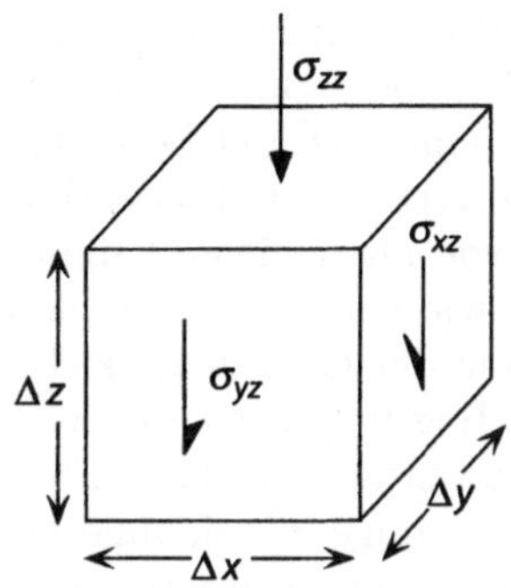

in z-Richtung. Wenn sich der Körper nicht bewegt und nur der Erdbeschleunigung unterliegt, vereinfacht sich Gl. 5.16 zu:

$$\frac{\partial \sigma_{zz}}{\partial z} + \frac{\partial \sigma_{xz}}{\partial x} + \frac{\partial \sigma_{yz}}{\partial y} - \rho g = 0 \ . \tag{5.17}$$

Gleichung 5.17 beschreibt das Spannungsgleichgewicht in vertikaler Richtung. Die ersten drei Glieder entsprechen den Flächenkräften in z-Richtung, das vierte der Volumenkraft nach unten.

In den analogen Gleichungen für das Kräftegleichgewicht in x- und y-Richtung kommt dieses Glied nicht vor, weil die Erdbeschleunigung nur nach unten wirkt und andere geologische Beschleunigungen vernachlässigbar sind. Die Beziehungen in die x- und y-Richtung lauten

$$\frac{\partial \sigma_{xx}}{\partial x} + \frac{\partial \sigma_{yx}}{\partial y} + \frac{\partial \sigma_{zx}}{\partial z} = 0 \tag{5.18}$$

und

$$\frac{\partial \sigma_{yy}}{\partial y} + \frac{\partial \sigma_{xy}}{\partial x} + \frac{\partial \sigma_{zy}}{\partial z} = 0 \ . \tag{5.19}$$

Die Integration von Gl. 5.17, 5.18 und 5.19 liefert die Grundlage für alle mechanischen Gleichgewichte, die in diesem Buch besprochen werden (z. B. Abschn. 4.2.1; 6.3.2, s. Aufgabe 5.9).

Der Unterschied zwischen „lithostatisch" und „nichtlithostatisch". Der Druck, der in metamorphen Gesteinen mit Geobarometern gemessen werden kann, wird in der Regel als der „Überlagerungsdruck" interpretiert, d. h. der gemessene Druck wird direkt in die Tiefenlage der Gesteine zum Zeitpunkt der Metamorphose umgerechnet (s. Abschn. 7.1.1). Dieser Interpretation liegt die Annahme zugrunde, daß Gesteine Differentialspannungen praktisch nicht standhalten können. Dieser Spannungszustand eines Gesteins wird als *lithostatisch* bezeichnet, und der *lithostatische Druck* ist genauso groß wie jede der Hauptspannungen dieses Spannungszustandes. Der Spannungszustand ist also isotrop. Ein anschauliches Beispiel hierfür ist der Spannungszustand einer Flüssigkeit: In einem Glas Bier ist die Spannung, die an jedem

Punkt der Glaswand anliegt, genauso groß wie das Gewicht der darüber liegenden Biersäule (s. Aufgabe 5.10). Wenn wir allerdings einen allgemeinen Spannungszustand betrachten, wird nur ein Teil dieses Druckes durch die Tiefe verursacht. Das ergibt sich direkt aus Gl. 5.7. *Welcher* Teil dies ist – und vor allem wie groß dieser ist –, hängt von den Richtungen von σ_1, σ_2 und σ_3 sowie von der Differenz $\sigma_1 - \sigma_3$ ab und ist seit langem ein umstrittenes Thema der Geodynamik. Dieser Streitpunkt kann im weitesten Sinne unter dem Begriff „tektonischer Überdruck" (engl.: *tectonic overpressure*) subsumiert werden (Rutland 1965; Ernst 1971; s. Abschn. 5.3.3).

Für einige Spezialfälle der Orientierung eines allgemeinen Spannungsfeldes ist es möglich, den Druck in eine *lithostatische* und eine *nichtlithostatische* Komponente zu unterteilen. Diese Aufteilung dient der Verdeutlichung der verschiedenen Spannungsanteile am Druck und erlaubt es, die Größenordnung von Differentialspannungen unter verschiedenen Randbedingungen abzuschätzen. Für ein zweidimensionales Spannungsfeld, in dem die größte Hauptspannung σ_1 horizontal und die kleinste Hauptspannung σ_3 vertikal orientiert ist, ergibt sich:

$$P = \frac{\sigma_1 + \sigma_3}{2} = \sigma_3 + \frac{\sigma_1 - \sigma_3}{2} = \sigma_\text{lith} + \frac{\sigma_\text{d}}{2} = \rho g z + \tau_1 \ . \tag{5.20}$$

Darin ist σ_lith die Druckkomponente, die durch die überlagernde Gesteinssäule verursacht wird. Die nichtlithostatische Druckkomponente ist durch die größte Hauptkomponente der deviatorischen Spannung gegeben. Gleichung 5.20 gilt nur dann, wenn $\sigma_2 = (\sigma_1 + \sigma_3)/2$. Für andere Werte von σ_2 oder anders orientierte Spannungszustände ist diese einfache Aufteilung *nicht* möglich und der nichtlithostatische Anteil am Druck muß anhand des gesamten Spannungstensors ermittelt werden. In Abschn. 5.3.3 wird diskutiert, wie groß der tektonische Druckanteil in etwa sein kann.

5.1.2
Deformationsgesetze

Die große Zahl von Deformationsmechanismen, die Strukturgeologen im Mikromaßstab unterscheiden, läßt sich, wenn größere Räume und längere Zeitspannen betrachtet werden, in zwei Hauptgruppen zusammenfassen. Diese sind:

1. elastische Verformung und
2. viskose (duktile) Verformung.

Diese beiden Deformationsmechanismen unterscheiden sich fundamental:

- Bei elastischer Verformung ist die Verformung eines Körpers proportional zur angelegten Spannung.
- Bei viskoser Verformung ist die Verformungsrate des Körpers proportional zur angelegten Spannung.

Neben elastischer und viskoser Verformung (letztere bezeichnen wir in diesem Buch auch oft als *duktil*) werden oftmals auch Sprödverformung und plastische Verformung als Deformationsmechanismen angeführt. Bei beiden handelt es sich allerdings strikt genommen um keine Deformationsmechanismen, sondern um Spannungszustände. Sprödbruch ist jener Spannungszustand, bei dem es zum Bruch kommt; plastische Verformung ist jene Spannung, bei der es zum Fließen des Materials kommt (s. z. B. Weijermars 1997; Twiss und Moore 1992, bzw. fundamentale Werke der Felsmechanik, z. B. Jaeger und Cook 1972). Im folgenden werden nur jene Begriffe behandelt, die zum Verständnis der Rheologie der Lithosphäre und des bereits in Kap. 4.2.2 angesprochenen Flexurgleichgewichts erforderlich sind.

Je nach Verformungsmechanismus gelten unterschiedliche mathematische Beziehungen zwischen Spannung, Verformung und Verformungsrate. Eine solche Beziehung wird als *konstitutive Beziehung* oder *Fließbedingung* (engl.: *constitutive relation*) bezeichnet. Wenn die Fließbedingung eines Gesteins bekannt ist, dann können die mechanischen Gleichgewichtsbeziehungen dazu verwendet werden, die Verformung von Gesteinen zu beschreiben.

Elastische Verformung. Die Fließbedingung für elastische Verformung ist durch die Proportionalität zwischen Spannung und Verformung gegeben (Abb. 5.2). Bei idealer linearer Elastizität in einer Dimension (z. B. bei uniaxialer Belastung) gilt das Hookesche Gesetz:

$$\sigma = E\epsilon \; . \tag{5.21}$$

Die Verformung ϵ ist dimensionslos. Bei eindimensionaler Verformung ist ϵ eine longitudinale Verformung bzw. Dehnung (engl.: *normal strain*), die als Längenänderung gegenüber der Ausgangslänge definiert ist (s in Gl. 5.1). Die Proportionalitätskonstante E wird als *Young-Modul* bezeichnet und hat die Einheit einer Spannung ($\mathrm{N\,m^{-2}}$). Das Young-Modul entspricht der Geradensteigung im elastischen Teil von Abb. 5.2. Das Young-Modul von Gesteinen liegt in der Größenordnung von 10^{10}–10^{11} Pa.

Ist mehr als eine der drei Hauptspannungen größer als null, so muß noch berücksichtigt werden, daß Gesteine komprimierbar sind. Die Komprimierbarkeit ist durch die *Querdehnungszahl* bzw. Poissonsche Konstante ν gegeben. Für die größte Hauptspannung gilt:

$$\sigma_1 = \epsilon_1 E + \nu\sigma_2 + \nu\sigma_3 \tag{5.22}$$

oder wenn die Verformung als Funktion der Spannung formuliert wird:

$$\epsilon_1 = \frac{1}{E}\sigma_1 - \frac{\nu}{E}\sigma_2 - \frac{\nu}{E}\sigma_3 \; . \tag{5.23}$$

Für die Spannung und Verformung in den beiden anderen Raumrichtungen lassen sich analoge Gleichungen aufstellen. Die Querdehnungszahl ist der negative Quotient aus zwei Dehnungswerten, nämlich der infinitesimalen Dehnung (engl.: *infinitesimal strain*), senkrecht zur angelegten Spannung und der Dehnung in Richtung der Spannung (Abb. 5.5).

Abb. 5.5. Dehnung eines Würfels infolge einer Kompression in vertikaler Richtung. Die Querdehnungszahl (Poissonsche Konstante) ist als $\nu = -e_3/e_1$ definiert

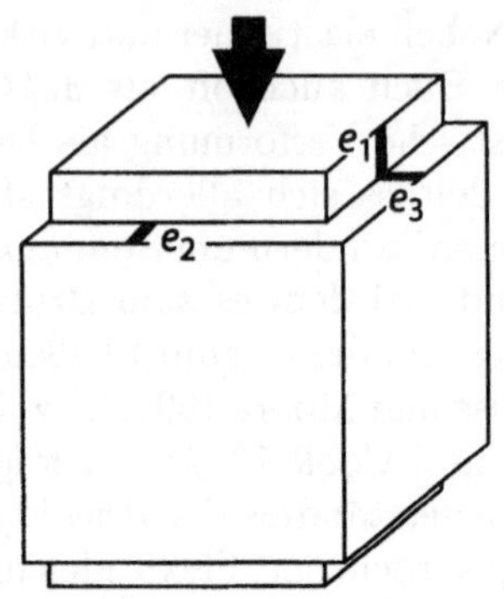

Bei der Verformung verkürzt sich der Körper in Spannungsrichtung. Deswegen ist in Abb. 5.5 die inkrementelle Dehnung e_1 negativ. Bei homogener Verformung verteilt sich diese Verkürzung gleichmäßig auf die zwei Raumrichtungen senkrecht zur angelegten Spannung. Daher beträgt ν für inkompressible Materialien +0,5. So hat Gummi eine Querdehnungszahl von fast 0,5 und ist somit praktisch nicht komprimierbar. Dagegen liegt die Querdehnungszahl von Gesteinen in der Größenordnung von 0,1–0,3. Gesteine sind also im elastischen Bereich relativ leicht komprimierbar. Allerdings verhalten sich Gesteine nur bei sehr kleinen Verformungsbeträgen elastisch.

Die *Kompressibilität* ist mit der Querdehnungszahl nicht gleichzusetzen. Die Kompressibilität β ist als

$$\beta = \frac{3 - 6\nu}{E} \tag{5.24}$$

definiert. Für inkompressible Materialien ($\nu = +0.5$) gilt daher: $\beta = 0$. Der Kehrwert der Kompressibilität wird als *Kompressions-* oder *Bulk-Modul K* (engl.: *bulk modulus*) bezeichnet: $K = 1/\beta$. Die Herleitung von Gl. 5.24 sowie weitere Details der elastischen Verformung kann der interessierte Leser der obengenannten Literatur entnehmen.

Sprödbruch. Wenn die an einem Gestein anliegenden Spannungen nicht mehr elastisch kompensiert werden können, kommt es zu permanenter Verformung (engl.: *failure*). Wenn das durch Sprödbruch geschieht, wird häufig von „spröder Verformung" gesprochen. Streng genommen ist Sprödbruch jedoch nur der Spannungs*zustand*, bei dem es zum Bruch kommt. Die Kriterien, die wir dazu im folgenden formulieren werden, stellen keine Beziehung zwischen Spannung und Verformung her und sind daher keine Fließbedingung! Bei Sprödverformung bilden sich in einem Gestein neue Risse oder das Gestein verformt sich durch die Reibung entlang bereits bestehender Risse. In beiden Fällen spielt die Reibung entlang der Bruchfläche eine wichtige Rolle. Sprödbruch wird meist mit dem *Mohr-Coulomb-Kriterium* beschrieben, Sprödverformung entlang existierender Risse mit dem *Byerleeschen* und dem *Andersonschen* Gesetz.

Mohr-Coulomb-Kriterium. Coulomb erkannte 1773, daß die Gesteinsfestigkeit und die in Gesteinen auftretenden Scherspannungen im wesentlichen eine lineare Funktion der angelegten Normalspannung σ_n sind, aber auch einen materialabhängigen Wert, die Kohäsion σ_0, übersteigen müssen. Die Kohäsion ist bei tektonischen Spannungen jedoch nahezu vernachlässigbar. Nach dem Coulombschen Kriterium gilt für die Gesteinsfestigkeit bzw. die Differentialspannung in Gesteinen folgende Gleichung:

$$\frac{\sigma_d}{2} = \sigma_0 + \mu\sigma_n \ . \tag{5.25}$$

Die Proportionalitätskonstante zwischen Normalspannung und Festigkeit μ wird als *interner Reibungskoeffizient* bezeichnet. Der Reibungskoeffizient ist dimensionslos. Nach dem Coulombschen Kriterium (Gl. 5.25) ist Sprödverformung eine annähernd lineare Funktion des *Gesamtdruckes*. Sie ist von der *Temperatur* sowie der *Verformungsgeschwindigkeit* $\dot{\epsilon}$ unabhängig und nahezu unabhängig von der Art des Materials, weil die Kohäsion innerhalb der Erdkruste im Vergleich zur Normalspannung vernachlässigbar gering ist und der Reibungskoeffizient für die meisten Gesteine sehr ähnlich ist.

Das Coulombsche Bruchkriterium läßt sich im Mohrdiagramm elegant darstellen (Abb. 5.6). Dieses Diagramm wurde erstmals von Mohr im Jahre 1900 im Rahmen einer theoretischen Analyse des Coulombschen Kriteriums vorgestellt. In ihm werden Scherspannungen gegen Normalspannungen aufgetragen. Aus Abb. 5.6 kann man ablesen, daß eine in einem Körper auftretende Scherspannung σ_s eine Funktion des Winkels zwischen der betrachteten

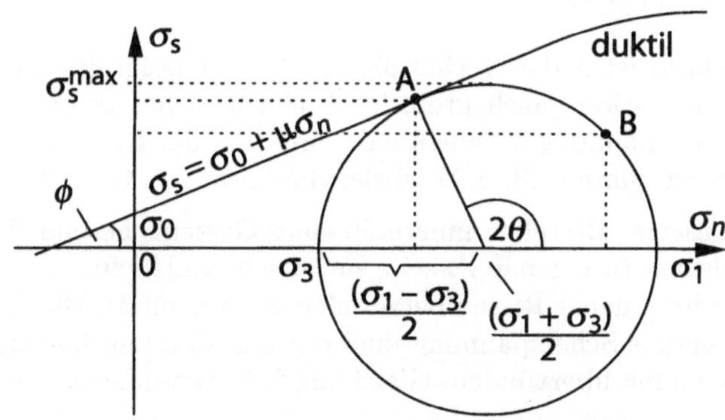

Abb. 5.6. Der Zusammenhang zwischen Normal- und Scherspannung im Mohrschen Kreis. Die Normalspannungsachse ist rechts vom Ursprung positiv (Kompressionsspannung) und links negativ (Dehnungs- oder Zugspannung). Gleichung 5.25 beschreibt die Tangente an Mohrkreisen, die um den Punkt $(\sigma_1+\sigma_3)/2$ mit dem Radius $(\sigma_1 - \sigma_3)/2$ gezeichnet werden. Im duktilen Bereich nimmt die Scherspannung nicht mehr linear mit der Normalspannung zu. In vielen Gesteinen ist die Kurve auch im Sprödverformungsbereich nicht vollkommen linear, sondern gegenüber der Normalspannungsachse leicht konkav gekrümmt. Für Bruchflächen im Gestein gilt: $\sigma_s = \sin2\theta(\sigma_1 - \sigma_3)/2$ und $\sigma_n = (\sigma_1 + \sigma_3)/2 - \cos(2\theta)(\sigma_1 - \sigma_3)/2$

Fläche und den Hauptnormalspannungen ist. Die entsprechende Gleichung lautet

$$\sin(2\theta) = \frac{2\sigma_s}{(\sigma_1 - \sigma_3)} \ . \tag{5.26}$$

Aus Gl. 5.26 ist ersichtlich, daß σ_s auf Flächen, die die Hauptspannungsrichtungen in einem Winkel von 45° schneiden, am größten ist. Dort gilt

$$\sigma_s^{\max} = \frac{\sigma_1 - \sigma_3}{2} \ . \tag{5.27}$$

Die maximal mögliche Scherspannung in einem Gestein ist also halb so groß wie die Differentialspannung. Bei Sprödbruch wird ein Gestein entlang solcher um 45° gegenüber den Hauptspannungsrichtungen versetzten Flächen brechen. Daraus resultiert auch der Faktor 2 in Gl. 5.25.

Die Steigung der Tangente des Mohrkreises in Abb. 5.6 wird durch den Reibungskoeffizienten bestimmt. Der *interne Reibungswinkel* ϕ ist durch die Beziehung

$$\tan\phi = \mu \tag{5.28}$$

gegeben. Für die meisten Gesteine beträgt er ungefähr $25\text{--}30^o$, und damit schwankt μ zwischen 0,4 und 0,6. Der Winkel θ ist jener zwischen der betrachteten Fläche und der Normalspannungsachse.

Spielt Fluiddruck eine Rolle, wird das Mohr-Coulomb-Kriterium oft auch als

$$\frac{\sigma_d}{2} = \sigma_0 + \mu\sigma_n(1 - \lambda) \tag{5.29}$$

geschrieben. Darin ist λ das Verhältnis aus Porenflüssigkeitsdruck und Gesteinsdruck. Sind beide gleich groß, ist λ gleich 1 und die für den Bruch notwendige Scherspannung ist allein eine Funktion der Kohäsion. Sind keine Fluide vorhanden, nimmt Gl. 5.29 wieder die Form von Gl. 5.25 an.

Byerleesche Gesetze. Bestehen innerhalb eines Gesteins bereits Risse, ist die Kohäsion irrelevant (um genau zu sein: sie ist sehr viel kleiner als die Kohäsion, die zur Bildung neuer Risse überwunden werden muß). Die für eine Verformung notwendige Scherspannung muß nur den Reibungskoeffizienten und die Normalspannung überwinden. Gleichung 5.25 vereinfacht sich zu

$$\tau_{\max} = \frac{\sigma_d}{2} = \mu\sigma_n \ . \tag{5.30}$$

Diese Form der Gleichung wird als *Amontonsches Gesetz* bezeichnet. Byerlee (1968, 1970) stellte empirisch fest, daß bei einem Druck von weniger als 200 MPa (bis in knapp 8 km Tiefe) der Reibungskoeffizient der Kruste ca. 0,85 ist:

$$\frac{\sigma_d}{2} = \frac{\sigma_1 - \sigma_3}{2} = 0,85\sigma_n \ . \tag{5.31}$$

Abb. 5.7. Sprödbruch als Funktion von Tiefe und lithostatischem Druck (Normalspannung), berechnet mit Gl. 5.31, 5.32, 5.34, 5.35 und 5.36. Bei einer quanti- tativen Analyse dieser Abbildung sollte man beachten, daß $(\sigma_3 - \sigma_1) = 2\sigma_\mathrm{d} = 2\tau$

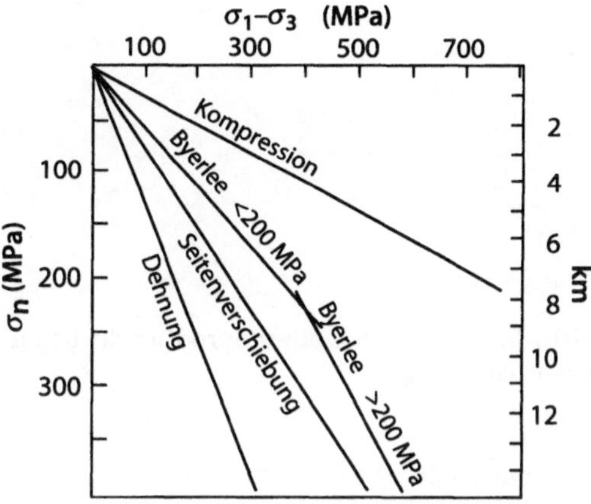

In größeren Tiefen, aber oberhalb des Spröd-duktil-Übergangs, gilt:

$$\frac{\sigma_\mathrm{d}}{2} = \frac{\sigma_1 - \sigma_3}{2} = 60\,\mathrm{MPa} + 0,6\sigma_\mathrm{n}\ . \tag{5.32}$$

Diese empirischen Beziehungen werden als Byerleesche Gesetze bezeichnet (Abb. 5.7). Sie besagen, daß Gesteine in 5 km Tiefe bei etwa 110 MPa, in 10 km Tiefe bei 230 MPa und in 15 km Tiefe bei 300 MPa brechen. Unter Berücksichtigung des Fluiddrucks kann man auch schreiben:

$$\frac{\sigma_\mathrm{d}}{2} = 0,85\sigma_\mathrm{n}(1 - \lambda) \quad \text{und} \quad \frac{\sigma_\mathrm{d}}{2} = 60\,\mathrm{MPa} + 0,6\sigma_\mathrm{n}(1 - \lambda)\ . \tag{5.33}$$

Andersons Theorie. Aus den Byerleeschen Gesetzen läßt sich zwar der Zusammenhang zwischen der zum Sprödbruch notwendigen Scherspannung und der Tiefe erkennen, sie geben aber keinen Aufschluß über die räumliche Orientierung von Störungen relativ zum Spannungsfeld. Die entsprechenden Beziehungen wurden von Anderson (1951) . formuliert. Anderson teilte Störungen in Aufschiebungen, Abschiebungen und Blatt- bzw. Seitenverschiebungen ein (Abb. 5.8) (engl.: *normal, reverse, strike-slip faults*). Für die maximalen und minimalen Hauptnormalspannungen gilt jeweils:

$$\text{Kompression}: \quad \sigma_1 - \sigma_3 = \frac{2(\sigma_0 + \mu\sigma_\mathrm{n}(1 - \lambda))}{\sqrt{\mu^2 + 1} - \mu}\ , \tag{5.34}$$

$$\text{Dehnung}: \quad \sigma_1 - \sigma_3 = \frac{-2(\sigma_0 - \mu\sigma_\mathrm{n}(1 - \lambda))}{\sqrt{\mu^2 + 1} + \mu}\ , \tag{5.35}$$

$$\text{Seitenverschiebung}: \quad \sigma_1 - \sigma_3 = \frac{2(\sigma_0 + \mu\sigma_\mathrm{n}(1 - \lambda))}{\sqrt{\mu^2 + 1}}\ . \tag{5.36}$$

Abbildung 5.7 zeigt diese drei linearen Beziehungen für $\mu = 0,85$ und $\sigma_0 = 0$ im Vergleich zu den Byerleeschen Gesetzen. Die Gleichungen 5.34,

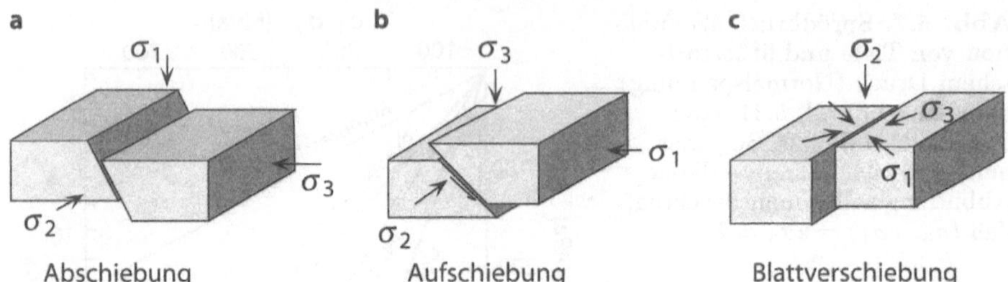

Abb. 5.8. Geometrie eines Sprödbruchs bei: **a** Dehnung, **b** Kompression und **c** Seitenverschiebung

5.35 und 5.36 ergeben sich aus einer einfachen geometrischen Analyse des Mohrkreises. Ihre Herleitung wird in vielen Lehrbüchern der Strukturgeologie detailliert wiedergegeben (z. B. Weijermars 1997).

Interpretation von Bruchrichtungen. Die räumliche Orientierung von Störungen ist nicht nur für die Abschätzung von kritischen Spannungen von Bedeutung, sondern bildet auch eines der wichtigsten Hilfsmittel zur Abschätzung der Geometrie und Größenordnung des Spannungsfeldes von Lithosphärenplatten (s. Abschn. 6.3; Zoback 1992). Für Störungen, die wir direkt im Aufschluß vermessen können, gibt es eine Reihe statistischer Methoden, mit denen Rückschlüsse auf das fossile Spannungsfeld (engl.: *paleo stress*) gezogen werden können (Angelier 1984; Angelier 1994). Zur Ermittlung des *derzeitigen* qualitativen und quantitativen Spannungs- und Verformungsfeldes von Platten bieten sich verschiedene Methoden an. Dazu zählen insbesondere:

– Interpretation seismischer Daten,
– Auswertung von Ausbrüchen in Bohrlöchern (z. B. Bell und Gough, (1979); Mastin 1988; Wilde und Stock 1997),
– direkte in-situ-Messung von Spannungen (Zoback und Haimson 1983),
– Auswertung von GPS-Daten (Global Positioning System; z. B. Argus und Heflin 1995),
– interferometrische Methoden (z. B. Molnar und Gibson 1996).

Die Anwendung interferometrischer Methoden ist erst möglich, seitdem diese genau genug sind, daß mit ihnen Plattenverschiebungen direkt gemessen werden können. Streng genommen werden auf diese Weise jedoch keine Spannungen, sondern Bewegungen gemessen.

Die besten Daten liefert jedoch die Auswertung seismischer Ereignisse, insbesondere weil diese die Möglichkeit bietet, auch Prozesse zu erfassen, die weit unterhalb der Erdoberfläche ablaufen. Damit ist auch eine Aufschlüsselung von Spannungen in Abhängigkeit von der Tiefe möglich. Seismische Daten werden mit Hilfe von Herdflächenlösungen (engl.: *fault plane solution*) interpretiert (s. z. B. Michael 1987; McKenzie 1969a). Dieses wichtige Verfahren

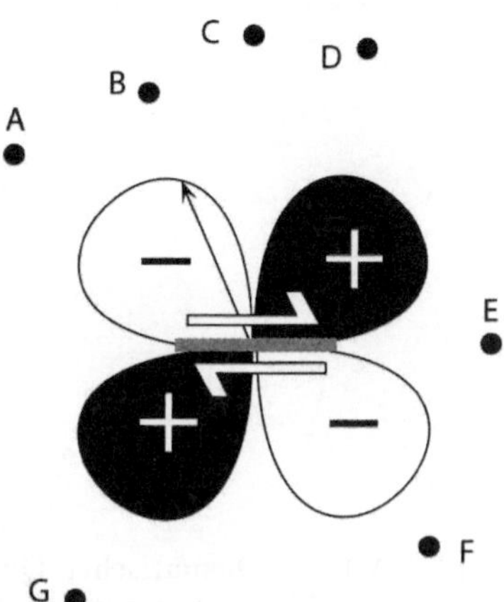

Abb. 5.9. Polarität und Intensität seismischer Wellen in zwei Dimensionen. Die beiden Flächen, entlang derer es keine P-Wellen gibt, werden als Nodallinien bzw. Nodalflächen bezeichnet

soll hier soweit erklärt werden, daß in der einschlägigen Literatur beschriebene Herdflächenlösungen für den Leser verständlich sind.

Für eine Herdflächenlösung (s. Abb. 5.11) wird die qualitative Bewegungsrichtung (die Polarität) seismischer P-Wellen (primäre Longitudinalwellen) in einem Schmidtschen Netz dargestellt. Dazu muß ein seismisches Ereignis von vielen Meßstationen auf der ganzen Welt gleichzeitig registriert werden. Die entsprechende Darstellungsweise wird in Abb. 5.9 anhand eines zweidimensionalen Beispiels illustriert. Der grau schattierte Balken und die Halbpfeile in der Bildmitte symbolisieren eine dextrale (rechtslaterale) Störung, wobei das Zentrum des seismischen Ereignisses in der Mitte des Diagramms liegt. Die Punkte *A* bis *G* sind seismische Meßstationen in der Umgebung. Bei der *ersten* Bewegung entlang der Störung, die sich durch ein an den Meßstationen registriertes seismisches Ereignis bemerkbar macht, kann es sich entweder um eine Dehnung oder eine Kompression handeln. Aufgrund ihrer Position relativ zum Erdbebenherd registrieren die Meßstationen *A*, *B* und *F* eine *Dehnung*, die Stationen *G* und *D* hingegen eine *Kompression*. An den Stationen *C* und *E* werden überhaupt keine P-Wellen ankommen. Diese Ergebnisse werden durch das Kleeblatt um die Diagrammitte wiedergegeben. Dehnungsbereiche sind weiß dargestellt und durch ein „−" gekennzeichnet, Kompressionsbereiche sind schwarz gefärbt und mit einem „+" versehen. Der Abstand des Kleeblattumfangs von der Bildmitte hängt von der Intensität der P-Wellen ab. Der Pfeil, der vom Ursprung zur Meßstation *B* weist, zeigt die Richtung und Intensität der in *B* eintreffenden P-Welle an.

Für eine sich im dreidimensionalen Raum befindende Störung können wir uns nicht auf eine zweidimensionale Darstellung wie in Abb. 5.9 beschränken, sondern müssen Daten von Meßstationen auf dem ganzen Erdball in unsere Projektion einbringen. Abbildung 5.10a zeigt einen schematischen Querschnitt durch die Erde. Am Punkt *P* findet ein seismisches Ereignis statt; von dort pflanzen sich P-Wellen in alle Richtungen fort. Die am Punkt *S* gemessene P-Welle verläßt den Punkt *P* im wesentlichen nach „unten links".

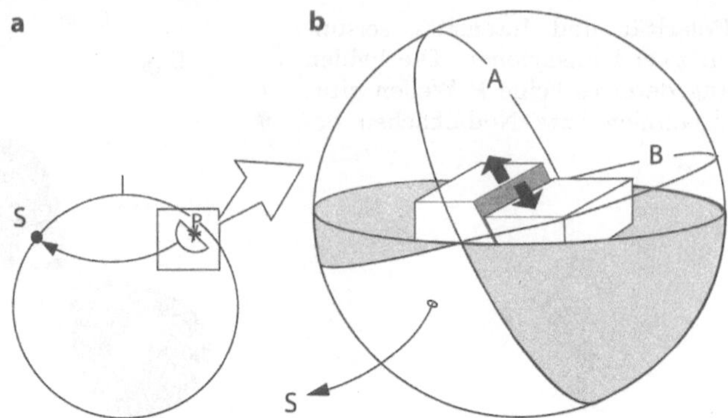

Abb. 5.10. a Schematischer Querschnitt durch die Erde mit dem Punkt P eines an einer Abschiebung stattfindenden seismischen Ereignisses, das am Punkt S registriert wird. **b** Vergrößerter Ausschnitt aus **a**, in dem die Polarität aller nach unten austretenden P-Wellen auf der Projektionshalbkugel des Schmidtschen Netzes eingetragen ist. Fläche A ist die Bruchfläche der Abschiebung, auf der auch das Zentrum des seismischen Ereignisses liegt. Fläche B steht auf Fläche A *und* damit zur Abschiebungsrichtung senkrecht. A und B sind Nodalflächen

Um genau zu wissen, in welcher Richtung diese P-Welle den Punkt P verläßt, müssen wir die Krümmung der Wellenkurve durch den Erdball kennen. Diese kann in seismologischen Tabellen nachgeschlagen werden. Die Austrittsrichtung ist somit bekannt. Wir können also für alle Meßstationen, die das seismische Ereignis beobachtet haben, die relative Position gegenüber dem Zentrum des Ereignisses und die jeweilige Polarität in ein Schmidtsches Netz eintragen. Alle Meßstationen, die sich in der Nähe des Erdbebenzentrums, d. h. in einer Tangentialebene um die Erde befinden, liegen auf der Umgrenzugslinie des Netzes. Für diese Punkte reicht die in Abb. 5.9 wiedergegebene zweidimensionale Darstellung aus. Abbildung 5.10b ist ein vergrößerter Ausschnitt aus Abb. 5.10a. Die Polarität der P-Wellen auf der Projektionshalbkugel wird durch die helle und dunkle Schattierung angezeigt.

Abbildung 5.11a ist die Herdflächenlösung des in Abb. 5.10b dreidimensional dargestellten seismischen Ereignisses. Es ist zu beachten, daß dieses Ergebnis seismischer Messungen auf zweierlei Weise interpretiert werden kann. Abbildung 5.11a kann als steil nach Osten einfallende Abschiebung interpretiert werden. Dann ist die Grenze zwischen der *rechten* schwarzen Fläche und der mittleren weißen Fläche die Abschiebungsfläche (Fläche A in Abb. 5.10b) und die Grenze zwischen der *linken* schwarzer Fläche und der weißen Fläche ist die Senkrechte auf der Abschiebungsrichtung (engl.: *auxillary plane*), (Fläche B in Abb. 5.10b). Die Abbildung kann aber auch als flach nach Westen einfallende Abschiebung interpretiert werden. Abbildung 5.11b ist die Herdflächenlösung einer ebenso wie *a* orientierten Aufschiebung und Abb. 5.11c die Lösung einer reinen Blattverschiebung. Abbildung 5.11d ist die Lösung für eine Störung, die sowohl aus einer Aufschiebungs- als auch aus einer Blattverschiebungskomponente besteht. Herdflächenlösungen wie

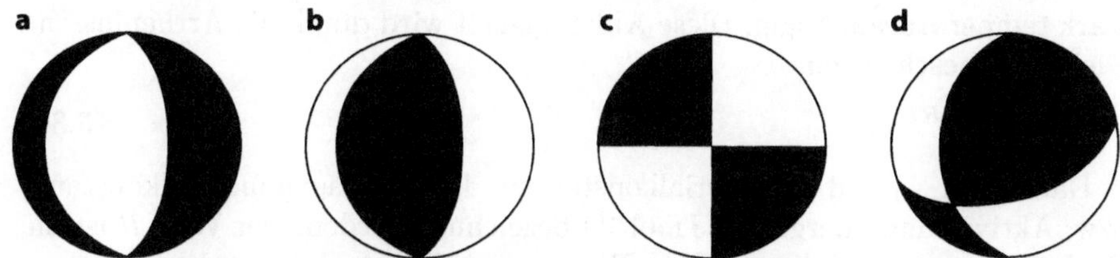

Abb. 5.11. a Herdflächenlösung für eine Abschiebung, die steiler als 45° nach rechts (Osten) bzw. flacher als 45° nach links (Westen) einfällt. **b** Herdflächenlösung für eine wie in **a** orientierte Aufschiebung. **c** Herdflächenlösung für eine in Nord-Süd-Richtung verlaufende dextrale bzw. eine west-östlich streichende sinistrale (links-laterale) Blattverschiebung. **d** Herdflächenlösung für eine mit etwa 45° nach links (Westen) einfallende schräge Aufschiebung mit dextraler Blattverschiebungskomponente bzw. eine nach Südosten einfallende Aufschiebung mit sinistraler Komponente. Man beachte, daß die Polarität der Diagrammitte immer anzeigt, ob insgesamt Dehnung oder Kompression vorliegt

in Abb. 5.11 sind ein beliebtes Hilfsmittel zur geodynamischen Interpretation aktiver Orogene (Molnar und Lyon-Caen 1989) und von Plattengrenzen (s. z. B. Frohlich et al. 1997).

Viskose Verformung. Im Maßstab eines Dünnschliffs ist die Verformung von Kristallen auf eine große Zahl unterschiedlicher Deformationsmechanismen zurückführbar. Diese Verformungsmechanismen können in „Deformationskarten" (engl.: *deformation mechanism maps*) eingezeichnet werden (Frost und Ashby 1982). In solchen „Karten" werden z. B. Spannung, Temperatur, Korngröße und Viskosität gegeneinander aufgetragen. In größeren Räumen, wenn z. B. das Verformungsverhalten ganzer Krustenteile beschrieben werden soll, kann eine gute Annäherung getroffen werden, wenn angenommen wird, daß sich Gesteine wie viskose Flüssigkeiten verhalten, die den Viskositätsgesetzen gehorchen. Für die viskose Verformung idealer Flüssigkeiten gilt ein Fließgesetz, in dem deviatorische Spannung und Verformungsrate zueinander proportional sind:

$$\tau = \eta\dot{\epsilon} \ . \tag{5.37}$$

Durch die Differentialspannung ausgedrückt lautet Gl. 5.37: $\sigma_\mathrm{d}/2 = \eta\dot{\epsilon}$. Die Proportionalitätskonstante η wird als *dynamische Viskosität* bezeichnet (engl.: *dynamic viscosity*). Sie hat die Einheit Pascal Sekunden (Pa s) bzw. $\mathrm{kg\,m^{-1}\,s^{-1}}$. Die Viskosität von Luft beträgt ungefähr 10^{-5} Pa s, von Wasser 10^{-3} Pa s, von Eis 10^{10} Pa s, von Salz 10^{17} Pa s und von Granit 10^{20} Pa s. Ist η konstant, stellt Gl. 5.37 eine lineare Beziehung dar. Solche idealen Flüssigkeiten werden nach Newton, der als erster diese Beziehung erkannte, als *Newtonsche Flüssigkeiten* bezeichnet. In Worten läßt sich Gl. 5.37 wie folgt ausgedrücken: Je schneller eine Flüssigkeit deformiert werden soll, desto größer ist die Kraft, die pro Fläche aufgebracht werden muß. Die Viskosität selbst ist stark temperaturabhängig. Diese Abhängigkeit wird durch die Arrheniussche Gleichung beschrieben:

$$\eta = A_0 e^{Q/RT} \ .$$

(5.38)

Darin sind A_0 und Q Materialkonstanten, die als Präexponentialkonstante bzw. Aktivierungsenergie (in $J\,mol^{-1}$) bezeichnet werden. Der Wert R ist die Gaskonstante und T die absolute Temperatur. Die Arrheniussche Gleichung besagt, daß die Viskosität am absoluten Nullpunkt gegen unendlich geht (es gibt keine viskose Verformung) und bei zunehmender Temperatur exponentiell abfällt und sich einem Wert A_0 asymptotisch annähert. Die Arrheniussche Gleichung wird in Abschn. 7.2.2 in Zusammenhang mit Gl. 7.5 noch genauer behandelt. Die Temperatur in der Arrheniusschen Gleichung muß immer in Kelvin angegeben werden. Die *kinematische Viskosität* ist der Quotient aus dynamischer Viskosität und Dichte und hat deshalb dieselbe Einheit wie die Diffusivität, nämlich $m^2\,s^{-1}$.

Gesteine verhalten sich nur selten wie ideale Newtonsche Flüssigkeiten. Wird in einem Gestein die angelegte Spannung verdoppelt, verformt sich das Gestein etwa achtmal so schnell. Es gilt folgende Potentialfunktion:

$$\tau^n = A_{\mathrm{eff}}\,\dot{\epsilon} \ .$$

(5.39)

Der Exponent n wird als *Kriechgesetzexponent* (engl.: *power law exponent*) bezeichnet. Er ist eine Materialkonstante, die für viele Gesteine einen Wert von zwischen 2 und 4 hat. Der Wert A_{eff} ist eine Materialkonstante, die zwar zu η in Gl. 5.37 analog ist, aber nicht mehr die Einheit der Viskosität hat, sondern $Pa^n\,s$. In Analogie zu Newtonschen Flüssigkeiten kann aus Gl. 5.39 eine „effektive Viskosität" hergeleitet werden, die aus dem Quotienten von deviatorischer Spannung und Verformungsrate besteht:

$$\eta_{\mathrm{eff}} = \frac{\tau}{\dot{\epsilon}} = A_{\mathrm{eff}}^{-1/n}\,\dot{\epsilon}^{(1/n)-1} \ .$$

(5.40)

Will man Gl. 5.39 auf Gesteine anwenden, verknüpft man sie am besten direkt mit der Arrheniusschen Gleichung (Gl. 5.38), denn bei den meisten Fragestellungen bezüglich der Rheologie der Lithosphäre variiert die Temperatur entweder zeitlich oder räumlich. Aufgrund des Unterschieds zwischen dynamischer Viskosität (Gl. 5.38) und effektiver Viskosität (Gl. 5.40) ist diese Verknüpfung nicht trivial. Das rheologische Verhalten von Stoffen, die sich nicht wie Newtonsche Flüssigkeiten verhalten, wird daher oft durch eine empirische Gleichung beschrieben, die unter dem Namen *Dornsches Gesetz* bekannt ist:

$$\dot{\epsilon} = \sigma_{\mathrm{d}}^n A e^{-\frac{Q}{RT}} \qquad \text{oder} \qquad \tau = \frac{\sigma_{\mathrm{d}}}{2} = \frac{1}{2}\left(\frac{\dot{\epsilon}}{A}\right)^{(1/n)} e^{\left(+\frac{Q}{nRT}\right)} \ .$$

(5.41)

Für alle Kriechgesetzexponenten größer 1 wird das Dornsche Gesetz auch als Potenzgesetz (engl.: *power law*) bezeichnet. Die Konstante A hat, im Gegensatz zu A_{eff}, die Einheit $Pa^{-n}\,s^{-1}$.

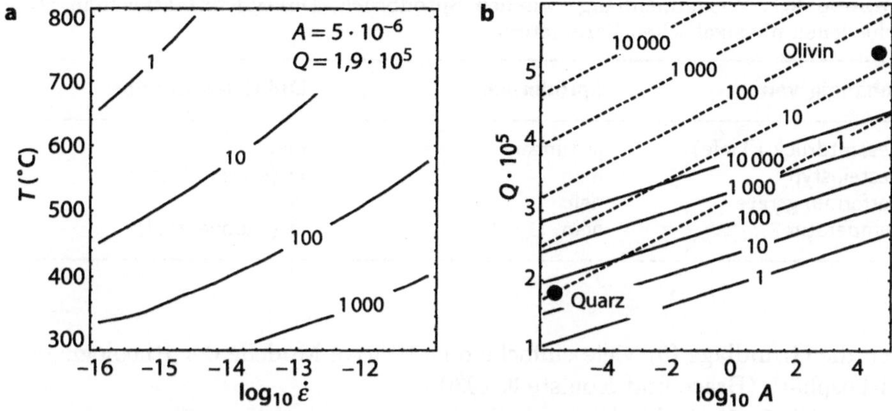

Abb. 5.12. Differentialspannungen (in MPa) bei viskoser Verformung nach Gl. 5.41 als Funktion verschiedener Parameter. Für den Kriechgesetzexponenten gilt: $n = 3$. **a** Differentialspannungen als Funktion von Temperatur und Verformungsrate für die Materialkonstanten von Quarz. **b** Differentialspannungen als Funktion von Aktivierungsenergie Q (in $J\,mol^{-1}$) und Präexponentialkonstante A (in $MPa^{-3}\,s^{-1}$). *Durchgezogene Linien* gelten für 500 °C, *gestrichelte Linien* für 1 000 °C; die Verformungsrate ist $\dot{\epsilon} = 10^{-13}\,s^{-1}$. Die in Abschn. 5.2.1 verwendeten Daten für Quarz und Olivin sind in das Diagramm eingetragen

Für mechanische Modelle, in die die Temperatur nicht explizit eingeht, bietet sich eine Zusammenfassung der temperaturabhängigen Teile von Gl. 5.41 an, worauf in Abschn. 6.3.2 noch näher eingegangen wird. In Abb. 5.12a sehen wir die Differentialspannung als Funktion der Temperatur und Verformungsrate und in Abb. 5.12b als Funktion der Aktivierungsenergie und Präexponentialkonstante.

Da das Dornsche Gesetz ein *empirisches* Fließgesetz ist, ist seine Form auch empirisch modifizierbar. Dies ist z. B. erforderlich, wenn man das Verformungsverhalten von Olivin betrachtet. Abbildung 5.12b zeigt, daß Olivin bei Temperaturen von ungefähr 500 °C, wie sie für den oberen Mantel durchaus realistisch sind, eine unrealistisch hohe Differentialspannung von 10^7 MPa aufweisen würde. Goetze (1978) schlug vor, das Fließverhalten von Olivin bei Spannungen von über 200 MPa besser durch die Beziehung

$$\sigma_1 - \sigma_3 = \sigma_D \left(1 - \sqrt{\frac{RT}{Q_D} \ln \left(\frac{\dot{\epsilon}_D}{\dot{\epsilon}} \right)} \right) \tag{5.42}$$

zu beschreiben. Darin ist Q_D die Aktivierungsenergie, σ_D die kritische Spannung, die überschritten werden muß, und $\dot{\epsilon}_D$ die kritische Verformungsrate (s. auch Tabelle 5.2). Aus einem Vergleich mit Gl. 5.41 geht hervor, daß dieses Gesetz bei weitem nicht so temperaturabhängig ist wie das Potenzgesetz. Kombinationen aus Gl. 5.41, Gl. 5.42 und den Byerleeschen Gesetzen bil-

Tabelle 5.1. Zusammenhang zwischen Sprödbruch, Duktildeformation und verschiedenen physikalischen Parametern

abhängig von	Sprödbruch	Duktildeformation
Gesamtdruck (Tiefe)	ja (linear)	nein
Gesteinstyp	nein	ja (etwa kubisch)
Verformungsrate	nein	ja
Temperatur	nein	ja (exponentiell)

den die Grundlage für viele einfache quantitative Modelle der Rheologie der Lithosphäre (Brace und Kohlstedt 1980).

Aus Gl. 5.41 ist ablesbar, daß die Spannung bei viskosen Prozessen zwar von der *Temperatur*, der *Verformungsrate* und von *Materialeigenschaften* abhängt, aber unabhängig vom Gesamtdruck ist. Damit gehorcht die plastische Verformung völlig anderen Gesetzen als die Sprödverformung (s. o. Abschn. „Sprödbruch"; Tabelle 5.1).

5.2
Rheologie der Lithosphäre

Rheologie ist die Lehre vom Fließverhalten der Materie. In einem allgemeineren Sinn wird unter Rheologie aber oft das Verformungsverhalten von Materie verstanden, unabhängig davon, ob es sich nun um Fließen, Sprödbruch oder andere Verformungsmechanismen handelt. Die Rheologie befaßt sich insbesondere mit den Zusammenhängen zwischen Kräften und Bewegungen bzw. zwischen Spannung und Verformung. Konstitutive Gleichungen bilden daher die Grundlage für die Beantwortung rheologischer Fragestellungen jeglicher Art (s. Seite 191).

Im vorhergehenden Abschnitt haben wir gesehen, daß Duktil- und Sprödverformung jeweils von verschiedenen physikalischen Parametern abhängig sind (z. B. Tabelle 5.1). Dieser Umstand ist die Ursache für rheologische Inhomogenitäten der Lithosphäre, wie auch für das unterschiedliche Verhalten von kontinentaler und ozeanischer Lithosphäre, was wir im folgenden einzeln besprechen wollen.

5.2.1
Rheologie der kontinentalen Lithosphäre

Aus Tabelle 5.1 ist ersichtlich, daß nahe der Erdoberfläche, also bei *niedrigen* Temperaturen und *geringem* Gesamtdruck, Sprödverformung vorherrscht. In größeren Tiefen, wo Gesamtdruck und Temperatur ansteigen, wird duktile Verformung der dominierende Deformationsmechanismus sein. Aufgrund

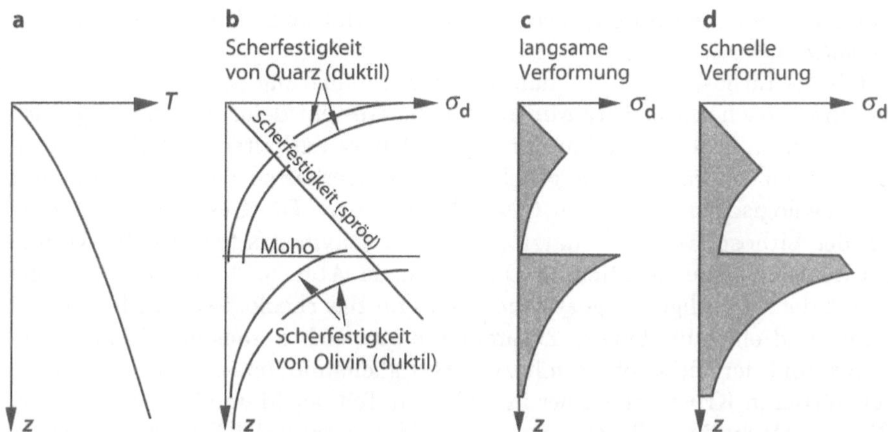

Abb. 5.13. Schematische Darstellung einer „Brace-Goetze-Lithosphäre". a Temperatur T als Funktion der Tiefe z. Die Kurve hat die Form einer typischen kontinentalen Geotherme. b, c und d Gesteinsfestigkeit als Funktion der Tiefe z. b Festigkeit bei Sprödbruch (*gerade Linie*) und duktiler Verformung (*gekrümmte Kurven*) für zwei verschiedene Verformungsraten und die Materialkonstanten von Quarz und Olivin. In einer bestimmten Tiefe gilt für die höhere Verformungsrate jeweils die Kurve mit der höheren Festigkeit. c und d Festigkeitsprofile, die aus b für niedrige und hohe Verformungsraten konstruiert wurden. Die schattierte Fläche ist die senkrecht integrierte Festigkeit. Die Einheit dieser integrierten Festigkeit ist $\mathrm{N\,m^{-1}}$ und entspricht der am Orogen anliegenden Kraft (in *orogennormaler* Richtung) pro Meter (in *orogenparalleler* Richtung). Man beachte, daß bei hohen Verformungsraten (Profil d) der oberste Mantel unterhalb der Moho spröde bricht

dieser einfachen Überlegung begann Brace Ende der siebziger Jahre, Diagramme ähnlich wie Abb. 5.13 zu konstruieren. Das durch Abb. 5.13 dargestellte Modell stimmt mit Beobachtungen in der Natur recht gut überein und ist daher in den letzten 20 Jahren häufig zur mechanischen Beschreibung der Lithosphäre verwendet worden.

Die Spannungsprofile von Abb. 5.13 bestehen jeweils aus zwei verschiedenartigen Kurvenabschnitten. Die geraden Linien gelten für Sprödbruch. Sie zeigen mit zunehmender Tiefe steigende Werte an, weil die Normalspannung mit der Tiefe bzw. der Normalspannung zunimmt, wie z. B. aus Gl. 5.25 hervorgeht (Abb. 5.13b, s. Abschn. 5.1.2). Die gekrümmten Kurven beschreiben die Duktilverformung nach dem Dornschen Potenzgesetz. Sie fallen nach unten exponentiell ab, weil die Temperatur mit der Tiefe im wesentlichen linear zunimmt, die Differentialspannung mit steigender Temperatur jedoch exponentiell abnimmt (s. Abschn. 5.1.2). Abbildung 5.13b zeigt, daß jeder Tiefe eine Spannung für beide Verformungsmechanismen zugeordnet werden kann. Welcher der zwei Verformungsmechanismen nun abläuft ist jener, für den die geringere Spannung aufzubringen ist. Daraus ergibt sich ein Spannungsprofil, wie es in Abb. 5.13c und 5.13d dargestellt ist. Der Punkt, an dem Sprödspannung und Duktildeformationsspannung gleich groß sind, ist der

Übergang zwischen Sprödbruch und Duktilverformung (engl.: *brittle-ductile transition*).

Für die Lithosphäre kann man in erster Annäherung davon ausgehen, daß das rheologisch schwächste Mineral für die Gesteinsdeformation maßgeblich ist. Da die meisten Gesteine der Kruste Quarz enthalten und Quarz rheologisch sehr schwach ist, läßt sich das Duktilverhalten der Kruste gut mit den rheologischen Daten von Quarz beschreiben. Die Gesteine im Mantelteil der Lithosphäre sind quarzfrei. Dort ist Olivin das für duktiles Verhalten ausschlaggebende Mineral. Daher sind in Abb. 5.13 zwei Kurvenpaare gemäß dem Kriechgesetz gezeichnet, eines für das rheologische Verhalten von Quarz und eines für Olivin. Zusammen ergibt sich daraus ein Gesamtspannungsprofil der Lithosphäre mit zwei Festigkeitsmaxima, von denen eines in der mittleren Kruste und eines im obersten Teil der Mantellithosphäre liegt. Dieses einfache Modell der rheologischen Schichtung der Lithosphäre ist als „Brace-Goetze-Lithosphäre" (nach einem Namensvorschlag von Molnar 1992) allgemein bekannt. Bevor wir beginnen, die Brace-Goetze-Lithosphäre quantitativ zu beschreiben (s. u. Abschn. „Quantitative Beschreibung der Brace-Goetze-Lithosphäre"), wollen wir einige *qualitative* Überlegungen zur Form der Spannungsprofile in Abb. 5.13 anstellen.

Spröddeformation im Mantel. Ein Vergleich der TeilAbbildungen 5.13c und d ergibt einen interessanten qualitativen Unterschied zwischen den beiden Festigkeitsprofilen. Bei *niedrigen* Verformungsraten verhält sich die gesamte Lithosphäre unterhalb des Spröd-duktil-Übergangs duktil. Bei hohen Verformungsraten ist im obersten Mantel die duktile Festigkeit so groß, daß

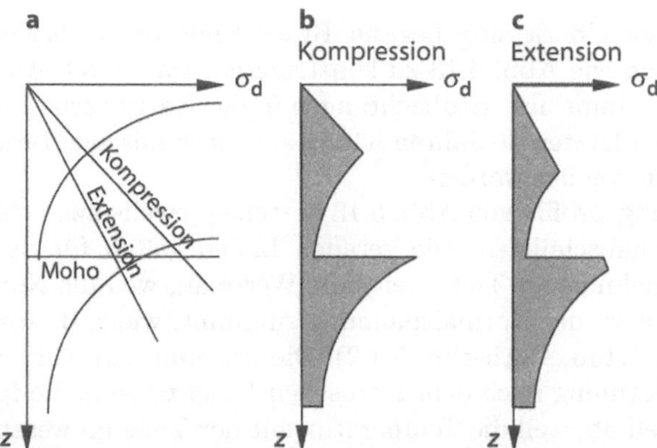

Abb. 5.14. Schematisches Diagramm der tiefenabhängigen Veränderung der Gesteinsfestigkeit in einer Brace-Goetze-Lithosphäre bei Änderung des Verformungsregimes. **a** Der Wechsel von Kompression zur Dehnung führt dazu, daß die Festigkeit bei Sprödbruch geringer wird (vgl. Gl. 5.34 und Gl. 5.35; Abb. 5.7). Das kann sich dadurch bemerkbar machen, daß sich der oberste Mantel spröde statt duktil verhält. Das ist aus den Festigkeitsprofilen **b** und **c** ersichtlich: In **b** findet auch unmittelbar unterhalb der Moho Duktilverformung statt, in **c** ist der oberste Mantel durch Sprödbruch charakterisiert

Spröddeformation vorherrscht. Natürlich hängt dieses Phänomen auch von den Materialkonstanten ab, aber im allgemeinen genügt die Feststellung, daß die zum Sprödbruch und zur Duktilverformung notwendigen Spannungen im obersten Mantel ungefähr gleich groß sind. Sollte sich der oberste Mantel wirklich spröd verformen, hat das eine Reihe wichtiger Konsequenzen. Zum Beispiel würde es die Akkumulation von Magma an der Moho erleichtern (Huppert und Sparks 1988).

Der Übergang von Duktilverformung zu Sprödbruch im obersten Mantel kann nicht nur durch eine Erhöhung der Verformungsrate (Anstieg der Duktilspannung), sondern auch durch den Übergang von Kompression zu Expansion (Abnahme der Sprödspannung) (Abschn. 5.1.2) erreicht werden (Abb. 5.14, Sawyer 1985). Gleichung 5.35 zufolge ist die Festigkeit von Gesteinen bei Dehnung geringer als bei Kompression. Sprödbruch im obersten Mantel kann also durch eine Veränderung des Deformationsregimes bedingt sein.

Veränderungen der rheologischen Schichtung. Veränderungen der Verformungsrate können nicht nur zu einer Veränderung des Verformungsverhaltens in einer bestimmten Tiefe führen, sondern auch die rheologische Schichtung der Lithosphäre qualitativ verändern, wie Abb. 5.15 am Beispiel einer rheologisch dreilagigen Kruste zeigt. Solche Krustenprofile sind durchaus vorstellbar, wenn in verschiedenen Tiefen verschiedene Gesteinstypen vorkommen. Abbildung 5.15 läßt erkennen, daß eine Veränderung der Verformungsrate dazu führt, daß nicht mehr drei, sondern nur noch zwei Spannungsmaxima in der Kruste auftreten. Mit anderen Worten: Während bei langsamer Verformung noch zwei Schwachstellen (Punkte geringer Scherspannung in

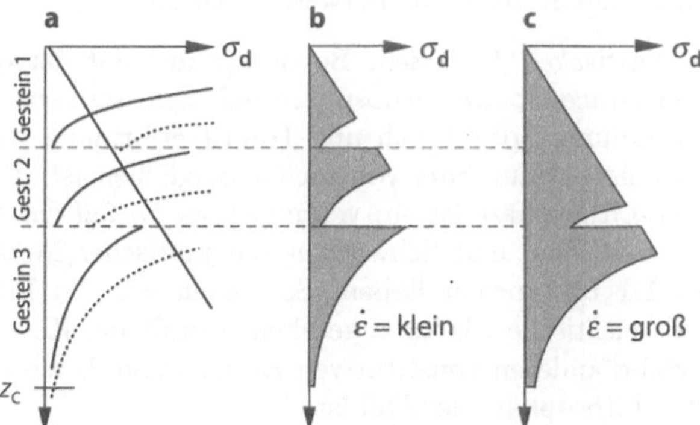

Abb. 5.15. Schematisches Diagramm, das zeigt, wie sich in einer lithologisch stratifizierten Kruste eine Veränderung der Verformungsrate auf die rheologische Schichtung auswirken kann. Im dargestellten Beispiel besteht die Kruste aus drei Gesteinsschichten mit unterschiedlichem Duktilverhalten, die hier als Ober-, Mittel- und Unterkruste bezeichnet werden. Bei langsamer Verformung ist die Kruste rheologisch dreilagig, bei hohen Verformungsraten verschwindet das Festigkeitsmaximum in der mittleren Kruste. In **a** stehen die *durchgezogenen Kurven* für niedrige, die *unterbrochenen* für hohe Verformungsraten

Abb. 5.15b) in der Kruste erhalten bleiben, hat bei hohen Verformungsraten nur noch eine Schwachstelle Bestand (Abb. 5.15c). An derartigen Schwachstellen können sich tektonische Decken bilden. Deshalb ist es möglich, daß die Deckenmächtigkeit in einer lithologisch stratifizierten Kruste eine Funktion der Verformungsrate ist (Kuznir und Park 1986).

Bei duktiler Verformung können sich nicht nur Veränderungen der Verformungsrate, sondern auch Veränderungen der Geotherme auf die Festigkeit auswirken. Im folgenden werden wir noch zahlreiche Beispiele dafür vorstellen, daß die Form der Geotherme für den Verformungsmechanismus ausschlaggebend ist. Darüber hinaus gibt es allerdings noch andere Mechanismen, die grundlegende Veränderungen des Spannungsprofils herbeiführen können. Dazu zählt z. B. eine Gesteinsverhärtung oder -erweichung durch Metamorphose oder Verformung.

Bei der Metamorphose, aber auch bei der Verformung von Gesteinen, verändert sich deren Mineralogie und Korngröße. Demzufolge ist es durchaus vorstellbar, daß ein Gestein am Ende eines Metamorphosezyklus eine höhere Festigkeit aufweist als zu Beginn. Beispielsweise hat Granatglimmerschiefer bei derselben Temperatur eine höhere Festigkeit als sein Ausgangsgestein Tonschiefer. Das ist ein interessanter Aspekt, den man bei der Betrachtung der postorogenen Dehnung von Gebirgen im Auge behalten sollte. Im allgemeinen wird angenommen, daß für die postorogene Dehnung von Gebirgen ein geringerer Kraftaufwand nötig ist als für die konvergente Verformung. Diese Hypothese beruht darauf, daß spröde Dehnungsprozesse bei geringeren Festigkeiten ablaufen als spröde Kompressionsprozesse. Dem steht jedoch entgegen, daß sich im duktilen Krustenbereich die Gesteinsrheologie inzwischen verändert hat und daher zur Dehnung *höhere* Spannungen aufgewendet werden müssen, als zur Konvergenz notwendig waren.

Rheologie nach elastischen Kriterien. Bevor wir uns mit der quantitativen Beschreibung der Brace-Goetze-Lithosphäre befassen, sei hier nochmals betont, daß die Annahme, Sprödbruch und Duktilverformung würden in der Lithosphäre dominieren, nur *eine* von vielen möglichen ist. Die Rheologie der Brace-Goetze-Lithosphäre ist ein vereinfachtes *Modell* der Wirklichkeit, das natürlich alle Stärken und Schwächen schematischer Modelle hat, die wir in Abschn. 1.1 besprochen haben. So haben wir die Lithosphäre in Abschn. 4.2.2 als elastische Platte angesehen, womit die Rheologie der Lithosphäre auf völlig anderen konstitutiven Beziehungen basiert, als dies für die Brace-Goetze-Lithosphäre der Fall ist.

Ranalli (1994) schlägt zur Beschreibung der Rheologie der Lithosphäre die Kopplung elastischer, viskoser und spröder Modelle vor. In einer elastisch nach unten gebogenen Platte befindet sich in der Mitte eine spannungsneutrale Schicht. Im oberen Teil unterliegt die Platte der Kompression, im unteren Teil steht sie unter Zugspannung (Abb. 4.20). Diese elastisch auftretenden Spannungen sind in Abb. 5.16 durch die gerade Linie dargestellt, die in der mittleren Kruste von positiven zu negativen Spannungen

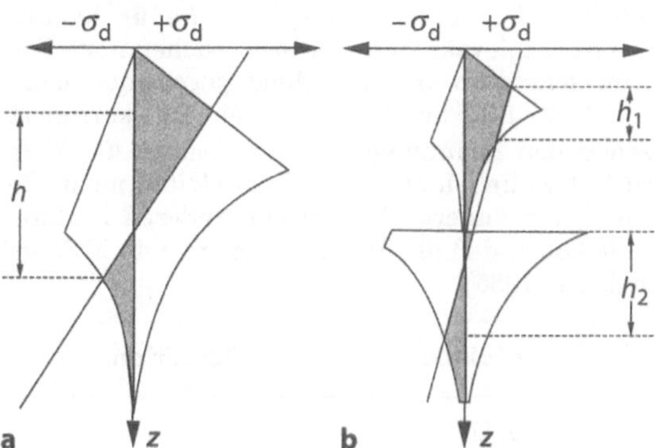

Abb. 5.16. Rheologie der Lithosphäre unter Berücksichtigung der konstitutiven Gesetze für elastische, spröde und plastische Verformung. Druckfestigkeiten sind nach rechts aufgetragen, Zugfestigkeiten nach links. **a** Festigkeitsprofil der Kruste, für das nur die Rheologie eines einzigen Minerals (z. B. Quarz) herangezogen wurde. **b** Spannungsprofil der Lithosphäre unter Berücksichtigung der Rheologie von Quarz und Olivin. In beide Spannungs- bzw. Festigkeitsprofile einer Brace-Goetze-Lithosphäre (Kompression entspricht positivem σ, Dehnung negativem σ) sind jeweils die elastischen Spannungen (*diagonale Linie*, s. Abb. 4.20) eingetragen. Der in einer bestimmten Tiefe dominante Verformungsmechanismus ist jeweils durch die kleinste Festigkeit gegeben. Der elastische Profilabschnitt von **a** beschränkt sich daher auf den Bereich h. In **b** ist die elastische Lithosphäre auf zwei voneinander getrennte Bereiche h_1 und h_2 beschränkt (nach Ranalli 1994)

übergeht. Aus der Verknüpfung mit den Spannungskurven für Sprödbruch und Duktilverformung, die wir schon in Abb. 5.13 besprochen haben, ergibt sich das folgende interessante Spannungsprofil: Im obersten und untersten Lithosphärenbereich, wo die elastischen Spannungen groß und die Spröd- bzw. Duktilspannungen klein sind, verformt sich die Lithosphäre spröd bzw. duktil. In der Mitte ist die elastische Spannung allerdings kleiner als die Spröd- *oder* Duktilspannung, und daher können elastische Spannungen die internen oder externen Lasten der Lithosphäre tragen. Aufgrund dieser Überlegungen kann man auch die Mächtigkeit der elastischen Lithosphäre ermitteln (Abb. 5.16).

Quantitative Beschreibung der Brace-Goetze-Lithosphäre. Um die Brace-Goetze-Lithosphäre quantitativ beschreiben zu können, benötigen wir Informationen über: 1. die tiefenabhängige Temperaturverteilung zur Beschreibung des Duktilverhaltens, 2. die Materialkonstanten charakteristischer Minerale (ebenfalls zur Beschreibung des Duktilverhaltens), 3. die Dichte und Mächtigkeit der Lithosphäre zur Bestimmung der Vertikalspannung und damit des Sprödverhaltens der Lithosphäre als Funktion der Tiefe. In Tabelle 5.2 sind typische Zahlenwerte für diese Parameter zu finden (Brace und Kohlstedt 1980). Im Hinblick auf die thermische Struktur der Lithosphäre wird im folgenden angenommen, daß die radioaktive Wärmeproduktion mit einer charakteristischen Abnahmetiefe $h_r = 10$ km exponentiell abfällt. Ferner gilt: Leitfähigkeit $k = 2\,\mathrm{J\,s^{-1}\,m^{-1}\,K^{-1}}$, Temperatur an der Basis der Lithosphäre

Tabelle 5.2. Rheologische Daten der Lithosphäre, die für den duktilen Bereich der Brace-Goetze-Lithosphäre relevant sind (im wesentlichen nach Sonder und England 1986). Die Aktivierungsenergie wurde allerdings gegenüber dem Wert von Sonder und England ($Q_D = 5,4 \cdot 10^5$) auf $Q_D = 5,454 \cdot 10^5$ korrigiert, um einen glatten Übergang zwischen den Spannungskurven bei etwa 200 MPa zu ermöglichen. Zhou und Sandiford (1992) haben aus demselben Grund nicht Q_D, sondern $\dot\epsilon_D$ von $5,7 \cdot 10^{11}$ auf $3,05 \cdot 10^{11}$ abgeändert. Bleiben alle anderen Parameter gleich, haben beide Änderungen zur Folge, daß die Spannungen etwa 40 MPa größer sind als jene von Sonder und England (1986)

Parameter	Wert/Einheit	Definition
Potenzgesetz	*(Gl. 5.41)*	
A_q	$5 \cdot 10^{-6}$ MPa^{-3} s^{-1}	Präexponentialkonstante für Quarz
Q_q	$1,9 \cdot 10^5$ J mol^{-1}	Aktivierungsenergie von Quarz
n_q	3	Kriechgesetzexponent für Quarz
A_o	$7 \cdot 10^4$ MPa^{-3} s^{-1}	Präexponentialkonstante für Olivin
Q_o	$5,2 \cdot 10^5$ J mol^{-1}	Aktivierungsenergie von Olivin
n_o	3	Kriechgesetzexponent für Olivin
Dornsches Gesetz	*(Gl. 5.42)*	
Q_D	$5,4 \cdot 10^5$ J mol^{-1}	Aktivierungsenergie von Olivin
$\dot\epsilon_D$	$5,7 \cdot 10^{11}$ s^{-1}	Verformungsrate
σ_D	8500 MPa	Grenzspannung

Tabelle 5.3. Rheologische Daten der Lithosphäre, die für den spröden Teil der Brace-Goetze-Lithosphäre relevant sind

Parameter	Wert/Einheit	Definition
$\mu_{(<500\mathrm{MPa})}$	0,8	Reibungskoeffizient in der Kruste
$\mu_{(>500\mathrm{MPa})}$	0,6	Reibungskoeffizient im Mantel
$\sigma_{(<500\mathrm{MPa})}$	0	Kohäsion der Kruste
$\sigma_{(>500\mathrm{MPa})}$	60 MPa	Kohäsion des Mantels
λ	0,4	Verhältnis Fluiddruck/Gesteinsdruck
z_c	35 km	Mächtigkeit der Kruste
z_l	125 km	Mächtigkeit der Lithosphäre
ρ_c	2750 kg m^{-3}	Dichte der Kruste
ρ_m	3300 kg m^{-3}	Dichte der Mantellithosphäre

$T_l = 1280\,°C$. Annahmen zu Mächtigkeit und Dichte sind in Tabelle 5.3 zusammengefaßt.

Darüber hinaus nehmen wir an, daß für die Duktilverformung von Olivin bei Spannungen unter 200 MPa Gl. 5.41 und bei Spannungen über 200 MPa Gl. 5.42 gilt. Für Sprödbruch soll das Byerleesche Gesetz gelten, d. h. Sprödbruch findet unter 500 MPa ohne Kohäsion und mit einem Reibungskoeffizi-

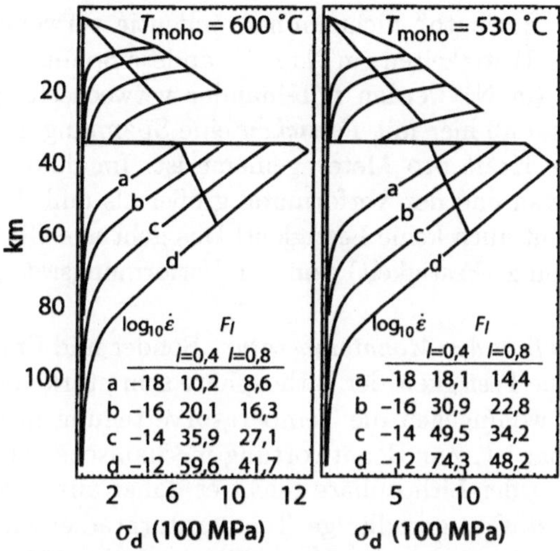

Abb. 5.17. Spannungsprofile für eine kontinentale Brace-Goetze-Lithosphäre (berechnet mit den Daten aus Tabelle 5.2 und 5.3). *a*, *b*, *c* und *d* sind Profile für vier geologisch relevante Verformungsraten. Die beiden Diagramme stellen die Situation für zwei verschiedene Mohotemperaturen dar, die aus einer Oberflächenwärmeproduktion $S_0 = 5 \cdot 10^{-6}\,\mathrm{W\,m^{-3}}$ bzw. $S_0 = 7 \cdot 10^{-6}\,\mathrm{W\,m^{-3}}$ resultieren. Jedes Diagramm enthält zwei Sprödbruchprofile für $\lambda = 0,4$ und $\lambda = 0,8$. Das Sprödbruchprofil mit den höheren Festigkeiten gilt für den niedrigeren Wert von λ. Es wurde angenommen, daß $\lambda_c = \lambda_l$ gilt. Die integrierte Spannung F_l ist in $10^{12}\,\mathrm{N\,m^{-1}}$ angegeben

enten von 0,8 statt und über 500 MPa mit einer Kohäsion von 60 MPa und einem Reibungskoeffizienten von 0,6. Einige unter diesen Voraussetzungen berechnete Spannungsprofile sind in Abb. 5.17 dargestellt.

Festigkeit der Lithosphäre. Bislang haben wir die Festigkeit einzelner Gesteine in Abhängigkeit von der Tiefe betrachtet. Um die Verformung ganzer kontinentaler Platten nachvollziehen zu können, reicht es allerdings nicht aus, die Festigkeit eines einzelnen Gesteins zu kennen, sondern wir müssen die Kraft abschätzen, die für eine Verformung der gesamten Lithosphäre aufgebracht werden muß. Diese Kraft ergibt sich aus der Integration der Festigkeit über die Mächtigkeit der Lithosphäre. Diese integrierte Festigkeit wird mit F_l bezeichnet und entspricht der schattierten Fläche in den Abbildungen 5.13, 5.14 und 5.15). Wenn wir die Thin sheet-Näherung zugrunde legen, läßt sich die integrierte Festigkeit der Lithosphäre folgendermaßen berechnen:

$$F_l = \int_0^{z_l} (\sigma_1 - \sigma_3)\,\mathrm{d}z \quad . \tag{5.43}$$

Sie hat Pa m bzw. $\mathrm{N\,m^{-1}}$ als Einheit. Es ist die in orogennormaler Richtung wirkende Kraft, die pro orogenparallelem Meter aufgebracht werden muß, um die Lithosphäre mit der gegebenen Verformungsrate zu verformen (Abb. 5.13, 5.14, 5.15). Anders ausgedrückt: Die integrierte Festigkeit hat als Einheit „Kraft pro Meter Orogenlänge". In der Literatur werden die Begriffe

„Festigkeit" bzw. „Strength" nicht immer eindeutig verwendet. Festigkeiten (in Pa), integrierte Festigkeiten (in $N\,m^{-1}$), andere Spannungen und manchmal sogar Kräfte (in N) werden miteinander verwechselt. Wir sollten uns unbedingt merken, daß hier mit *Festigkeit* eine Spannung und mit *integrierter Festigkeit* eine Kraft pro Meter gemeint ist. Im duktilen Bereich sind Festigkeiten *nur* während der Verformung größer als null. Deswegen hat ein statischer Kontinent auch keine Festigkeit! Das geht aus Gl. 5.41, gemäß der die duktile Spannung (Festigkeit) von der Verformungsrate $\dot{\epsilon}$ abhängt, klar hervor.

Festigkeit als Funktion der Mohotemperatur. Sonder und England (1986) haben gezeigt, daß die Festigkeit der Lithosphäre sehr stark von der Mohotemperatur abhängt, wohingegen die Temperaturverteilung *innerhalb* der Kruste vernachlässigbar ist. Zur Beantwortung mechanischer Fragestellungen in der Größenordnung der Lithosphäre reicht es daher aus, Geothermen durch zwei verschieden starke, geradlinige Temperaturgradienten von der Oberfläche bis zur Moho und von der Moho bis zur Lithosphärenbasis (dort ist $T = T_l = 1\,280\,°C$) zu charakterisieren. Im folgenden benutzen wir jedoch gekrümmte, aus einer exponentiell abfallenden Wärmeproduktion resultierende Geothermen, um weiterhin die in Abschn. 3.4.1 hergeleiteten Beziehungen verwenden zu können. Wir bestimmen die Mohotemperatur also indirekt aus einer entsprechenden Veränderung der Oberflächenwärmeproduktion, der Leitfähigkeit und dem Wärmefluß. Zur Erinnerung zeigt Abb. 5.18 die Mohotemperatur und den Wärmefluß an der Erdoberfläche als Funktion der Leitfähigkeit und der Wärmeproduktion.

Um die integrierte Festigkeit der Lithosphäre quantifizieren zu können, müssen wir Gl. 5.43 integrieren. Eine analytische Lösung dieser Gleichung ist jedoch schwierig, weil das Spannungsprofil zwischen $z = 0$ und $z = z_l$ aus mehreren Funktionen zusammengesetzt ist (Zhou und Sandiford 1992). Die

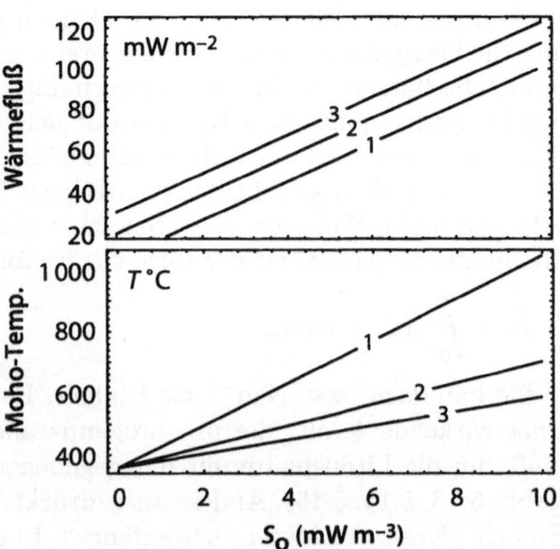

Abb. 5.18. Oberflächenwärmefluß und Mohotemperatur als Funktion der Wärmeproduktion an der Erdoberfläche S_0. Es wurde angenommen, daß diese Wärmeproduktionsrate mit der Tiefe exponentiell abnimmt. Die charakteristische Tiefe für diesen exponentiellen Abfall beträgt 10 km (s. Gl. 3.64). Die Linien gelten jeweils für die Leitfähigkeit 1, 2 und 3 $J\,s^{-1}\,m^{-1}\,K^{-1}$ (berechnet mit Gl. 3.79, Gl. 3.82 und den Daten aus Tabelle 5.3)

Abb. 5.19. Senkrecht integrierte Festigkeit F_l kontinentaler Lithosphäre als Funktion der Verformungsrate. Die Kurven beruhen auf drei Geothermen, die durch unterschiedliche Wärmeproduktionsraten an der Erdoberfläche (S_0 in $\mathrm{W\,m^{-3}}$) charakterisiert sind. Die sich daraus ergebenden Mohotemperaturen können Abb. 5.18 entnommen werden. Ähnliche Diagramme wurden erstmals von Sonder und England (1986) ausführlich besprochen. Die hier berechneten Festigkeiten sind relativ gering, weil das angenommene Temperaturprofil recht hoch ist

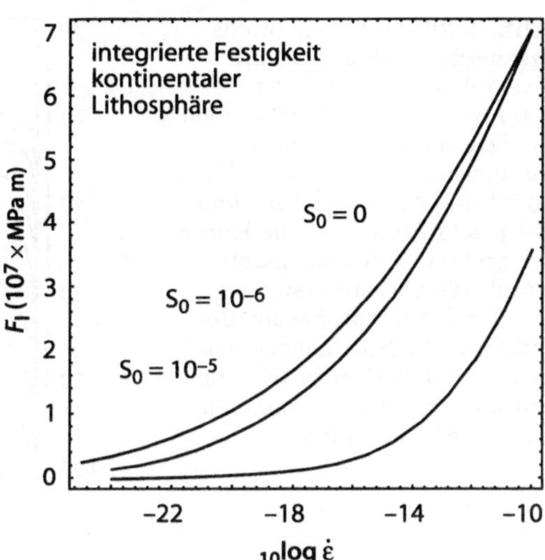

im folgenden angegebenen Werte für die integrierte Festigkeit wurden durch numerische Integration von Gl. 5.43 ermittelt. Abbildung 5.19 läßt erkennen, daß die integrierte Festigkeit mit zunehmender Verformungsrate sehr rasch ansteigt (in Übereinstimmung mit Gl. 5.41). Bei geologisch realistischen Verformungsraten beträgt die integrierte Festigkeit 10^{12} bis $10^{14}\ \mathrm{N\,m^{-1}}$ (s. Abb. 5.17). Diese Größenordnung stimmt mit Schätzungen plattentektonischer Antriebskräfte gut überein (Abschn. 5.3).

5.2.2
Rheologie der ozeanischen Lithosphäre

Die grundsätzlichen Annahmen, die wir zur Berechnung der Spannungs- und Festigkeitsprofile sowie der integrierten Festigkeit der kontinentalen Lithosphäre getroffen haben, gelten auch für ozeanische Lithosphäre. Unterschiede, auf die wir im folgenden näher eingehen werden, ergeben sich aus folgenden zwei Umständen: 1. Im Gegensatz zur kontinentalen Lithosphäre gibt es in der ozeanischen Lithosphäre kaum radioaktive Wärmeproduktion. Daher ist der geothermische Gradient der ozeanischen Lithosphäre in oberflächennahen Bereichen viel niedriger. 2. Die Rheologie der ozeanischen Lithosphäre wird *nur* durch Olivin bestimmt und nicht durch Quarz. Daraus resultiert ein Spannungsprofil mit nur einem Maximum (Abb. 5.20). Das Temperaturprofil und damit auch das Spannungsprofil ozeanischer Lithosphäre hängt allerdings von ihrem Alter ab (Abschn. 3.5.1). Das tiefenabhängige Temperaturprofil als Funktion des Alters der Platte erhält man aus Gl. 3.85. Mit den Gleichungen 5.34, 5.41 und 5.42 sowie den Daten aus Tabelle 5.2 und 5.3 läßt sich dann – genauso wie für kontinentale Lithosphäre – das Spannungsprofil berechnen. Abbildung 5.20 zeigt einige Beispiele für Spannungsprofile ozeanischer Lithosphäre.

Abb. 5.20. Festigkeitsprofile
ozeanischer Lithosphäre mit
einem Alter von 10, 30 und
100 my. Für jedes Alter wurden
die Spannungen bei drei Verformungsraten von $\dot{\epsilon} = 10^{-16}$,
10^{-14} und 10^{-12} s^{-1} berechnet.
Bei jedem Alter zeigt die Kurve
der größten Verformungsrate
jeweils die höchste Festigkeit.
Die Temperaturprofile zur Berechnung der Spannungen wurden mit Gl. 3.85 ermittelt; die
rheologischen Daten stammen
aus Tabelle 5.2 und 5.3

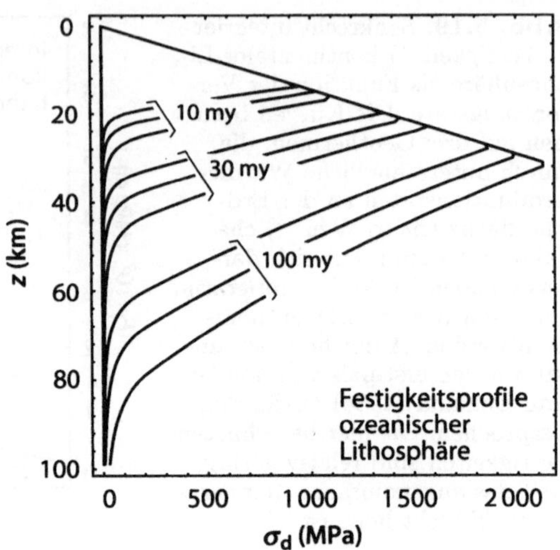

Festigkeit ozeanischer Platten. Ebenso wie die integrierte Festigkeit kontinentaler Platten läßt sich mit Hilfe von Gl. 5.43 auch die integrierte Festigkeit ozeanischer Platten abschätzen. Weil der tiefenabhängige Temperaturverlauf in ozeanischer Lithosphäre viel besser bekannt ist als kontinentale
Geothermen, sind solche Schätzungen mit wesentlich kleineren Fehlern behaftet, als dies bei Kontinenten der Fall ist. In Abbildung 5.21a sind mit Gl. 5.43
numerisch berechnete integrierte Festigkeiten ozeanischer Lithosphäre als
Funktion der Verformungsrate und des Alters dargestellt. Abbildung 5.21a ist
direkt mit Abb. 5.19 vergleichbar. In Abb. 5.21b sind dieselben Informationen
in einem Diagramm der integrierten Festigkeit und des Alters dargestellt. Ein
Vergleich mit Abb. 5.19 läßt erkennen, daß nur sehr junge ozeanische Platten eine geringere integrierte Festigkeit haben als kontinentale Lithosphäre.
Dieses Ergebnis aus Abb. 5.21 und 5.19 stimmt mit Beobachtungen in der
Natur gut überein. Wir wissen, daß die meisten innerhalb von Platten auftretenden Erdbeben in kontinentalen und nicht in ozeanischen Platten stattfinden. Innerhalb ozeanischer Platten findet praktisch keine Verformung statt.
Ozeanische Platten wirken aufgrund ihrer großen integrierten Festigkeit nur
als passive Spannungsübermittler von den Mittelozeanischen Rücken zu den
Kontinenten (s. Abschn. 6).

Festigkeitsbeziehungen zwischen kontinentaler und ozeanischer Lithosphäre.
Im vorhergehenden Abschnitt haben wir festgestellt, daß ozeanische Lithosphäre trotz ihrer geringeren Mächtigkeit meist wesentlich fester ist als
kontinentale Lithosphäre. Wir sind zu diesem wichtigen Ergebnis gekommen,
indem wir die integrierte Festigkeit ozeanischer und kontinentaler Lithosphäre
bei gleicher Verformungsrate miteinander verglichen haben. Im dynamischen
Gleichgewicht ist es jedoch oft sinnvoller, die Verformungsrate kontinentaler
und ozeanischer Lithosphäre bei gleichen Kräften zu vergleichen.

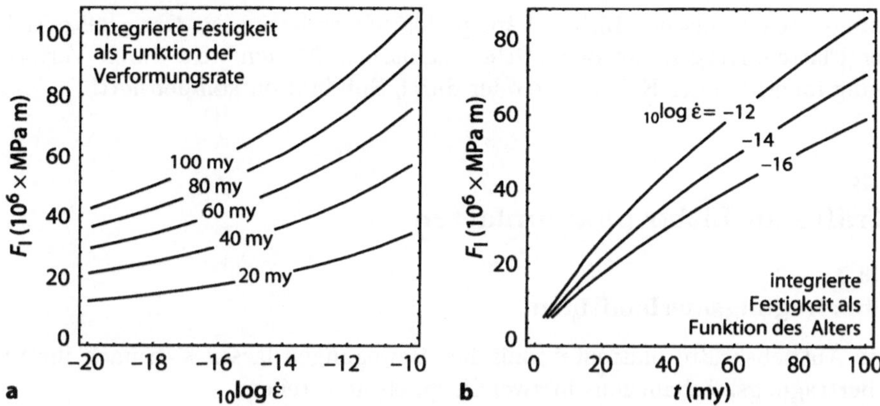

Abb. 5.21. a Integrierte Festigkeit ozeanischer Lithosphäre unterschiedlichen Alters (in my) als Funktion der Verformungsrate, berechnet mit Gl. 5.43 aus den Kurven von Abb. 5.20. b Integrierte Festigkeit der ozeanischen Lithosphäre als Funktion des Alters bei unterschiedlichen Verformungsraten. a und b enthalten dieselbe Information

Abb. 5.22. Verformungsrate ozeanischer Lithosphäre aufgrund der Kraft, die Mittelozeanische Rücken auf ihre Umgebung ausüben. Die Verformungsrate ist als Funktion des Alters dargestellt. Es ist erkennbar, daß die sich ergebenden Verformungsraten *weit* unterhalb des geologisch beobachtbaren Bereichs liegen. Das heißt, ozeanische Lithosphäre verformt sich unter dem Einfluß der Kräfte, die von den Mittelozeanischen Rücken ausgehen, praktisch nicht

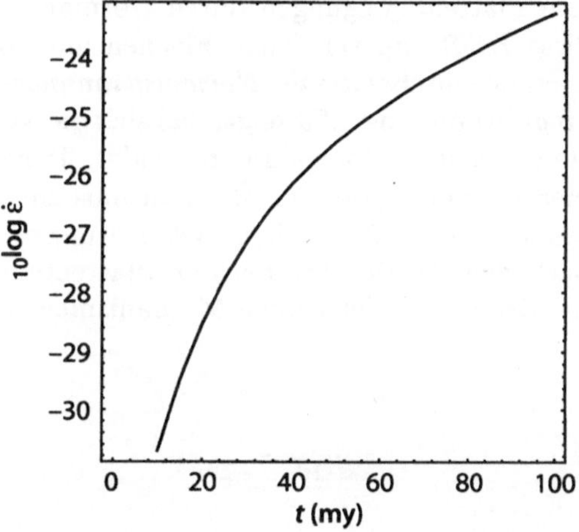

Eine der wichtigsten plattentektonischen Antriebskräfte ist die hohe potentielle Energie Mittelozeanischer Rücken (Abschn. 5.3.2). Die Kraft, mit der diese auf alte ozeanische Lithosphäre und die umliegenden Kontinente einwirken, nimmt mit dem Alter der Platte zu. Nun stellt sich die Frage, ob durch diese Kraft die kontinentale oder die ozeanische Lithosphäre verformt wird. Um das zu beantworten, ist in Abb. 5.22 die Verformungsrate ozeanischer Lithosphäre gegen das Plattenalter aufgetragen. Dabei ist jene Verformungsrate dargestellt, die notwendig ist, um im Kräftegleichgewicht mit der potentiellen Energie der Mittelozeanischen Rücken zu stehen (s. Abschn. 6.3.2). Aus Abb. 5.22 ersehen wir, daß die Größenordnung der Verformungsrate ozeanischen Lithosphäre geologisch irrelevant ist. Der größte Teil der Plattendivergenz an den Mittelozeanischen Rücken wird durch Verformung innerhalb der Kontinente oder durch Subduktion kompensiert!

5.3
Kräfte an Lithosphärenplatten

5.3.1
Übertragungsmechanismen

Die Antriebskräfte plattentektonischer Bewegungen lassen sich nach ihrem Übertragungsmechanismus in zwei Gruppen unterteilen:

- Ansetzen einer Scherspannung,
- Ansetzen einer Normalspannung.

Um horizontale Plattenbewegungen durch Scherspannungen auszulösen, müssen diese Kräfte an der Lithosphärenbasis ansetzen. Wir sprechen von Kraftübertragung durch *basale Reibung* (engl.: *basal traction*). Um horizontale Plattenbewegungen durch Normalspannungen zu verursachen, müssen diese Kräfte an vertikalen Flächen ansetzen. Wir sprechen von Kraftübertragung durch *laterale Normalspannungen* (engl.: *end loading* or *side forcing*). Abbildung 5.23 zeigt, daß sich die Verformungsgeometrie je nach Übertragungsmechanismus unterscheidet. Trotzdem ist in der Realität nicht immer erkennbar, welcher Mechanismus eine Plattenbewegung verursacht. Besonders bei großräumiger Betrachtungsweise, also bei der Grundsatzfrage nach den Antriebskräften der Plattentektonik, gehen die Meinungen über die Bedeutung der beiden Mechanismen weit auseinander (s. Wilson 1993).

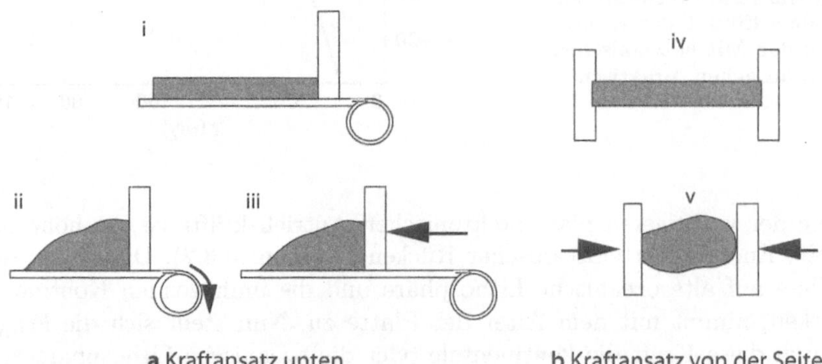

Abb. 5.23. Darstellung der beiden Übertragungsmechanismen plattentektonischer Kräfte. In **a** erfolgt die Kraftübertragung durch basale Reibung. Sie ist in *ii* von einem Eulerschen Beobachtungsstandpunkt (Förderbandmodell) und in *iii* von einem Lagrangeschen Beobachtungsstandpunkt (Bulldozermodell) aus dargestellt. In **b** findet die Kraftübertragung durch laterale Normalspannungen statt

Kraftübertragung durch Scher- oder Normalspannung. Eine Wissenschaftsschule vertritt die Auffassung, daß die Bewegung von Kontinenten durch die Reibung der im Mantel liegenden Konvektionszellen an der Lithosphärenbasis verursacht wird (Ziegler 1992, 1993). *Für* dieses Modell spricht eine Rekonstruktion von Plattenbewegungen, derzufolge die Kinematik der Plattenbewegungen nicht besonders gut mit der Geometrie der kraftausübenden Mittelozeanischen Rücken und Subduktionszonen übereinstimmt. Ziegler glaubt daher, daß die Kinematik der Plattenbewegungen hauptsächlich die Geometrie der Konvektionszellen im Mantel widerspiegelt. *Gegen* dieses Modell spricht vor allem Abb. 5.13, die darauf schließen läßt, daß die Differentialspannungen in der untersten Lithosphäre wahrscheinlich sehr klein sind. Deshalb ist es schwer vorstellbar, daß dieser weichste Teil der Lithosphäre die nötigen Kräfte effizient auf die Lithosphäre übertragen kann (s. mechanische Definition der Lithosphäre in Abschn. 2.4.1). Die Reibungskräfte an der Basis von Platten dürften kaum größer als 10^{-2} MPa m^{-2} sein (Richardson 1992).

Eine andere Schule vertritt daher die Theorie, daß plattentektonische Bewegungen nur durch laterale Normalspannungen, die vor allem entlang von Plattengrenzen ansetzen, ausgelöst werden können (z. B. Forsyth und Uyenda 1975). Zu diesen Kräften zählen insbesondere die innerhalb kontinentaler und entlang der Grenzen ozeanischer Platten auftretenden Differenzen potentieller Energie, auf die wir in den folgenden Abschnitten genauer eingehen.

Trotz dieser offenen Fragen bezüglich der Antriebskräfte der Plattentektonik darf nicht vergessen werden, daß letzten Endes *alle* plattentektonischen Kräfte ihren Ursprung in der thermischen Energie der Erde haben. Wenn ein einzelnes Orogen betrachtet wird, läßt sich der Übertragungsmechanismus der antreibenden Kräfte meist leichter feststellen. Zum Beispiel weist die Geometrie von Akkretionskeilen deutlich darauf hin, daß die Kraftübertragung durch die Reibung der Keilbasis an der darunterliegenden subduzierten Platte erfolgt (Abschn. 6.3.3). Ein gutes Beispiel für das Ansetzen lateraler Normalspannungen ist die Verformung intrakontinentaler Gebirge, wie z. B. des Tien-Shan in Zentralasien.

Randbedingungen der Verformung. Im letzten Abschnitt haben wir zwei wichtige Beispiele für Randbedingungen vorgestellt, die zur Verformung von Lithosphärenplatten führen können: tangentiales und normales Ansetzen von Antriebskräften. Die Randbedingungen der dynamischen Verformung von Platten müssen aber nicht unbedingt durch Spannungen, sie können auch durch Geschwindigkeiten gegeben sein. Wir unterscheiden:

– Randbedingungen, die durch eine Bewegung gegeben sind,
– Randbedingungen, die durch eine Spannung gegeben sind.

Beide Randbedingungsarten können eine normale und eine tangentiale Komponente besitzen. Für zweidimensionale mechanische Modelle benötigen wir daher insgesamt vier Randbedingungen: eine tangentiale und eine

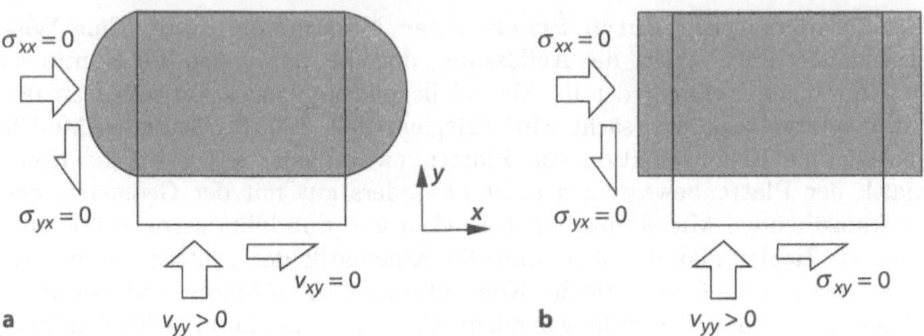

Abb. 5.24. Zwei Beispiele für die duktile Verformung eines zweidimensionalen quadratischen Körpers unter verschiedenen Randbedingungen. In **a** und **b** ist die Tangential- und Normalkomponente am linken und rechten Quadratrand durch Spannungsfreiheit gegeben ($\sigma_{xx} = \sigma_{yx} = 0$). Die Normalkomponente am unteren Rand des Quadrats ist durch die Geschwindigkeit gegeben, mit der sich der untere Rand des Rechtecks nach oben bewegt ($v_{yy} > 0$). **a** und **b** unterscheiden sich hinsichtlich der Tangentialkomponente am unteren Rand. In **a** ist diese Randbedingung durch eine Geschwindigkeit gegeben ($v_{xy} > 0$), in **b** durch eine Spannung ($\sigma_{xy} = 0 = $ „free slip")

normale Geschwindigkeit bzw. Spannung in x-Richtung sowie eine tangentiale und eine normale Geschwindigkeit bzw. Spannung in y-Richtung. Abbildung 5.24 verdeutlicht, daß sich diese unterschiedlichen Randbedingungen schon bei zweidimensionaler ebener Verformung sehr verschieden auf die Verformungsgeometrie auswirken. Wenn eine tangentiale Spannungskomponente fehlt, wird dies als *„free slip"* Randbedingung bezeichnet.

Warum wir für die zweidimensionale Beschreibung kontinuierlicher Medien *vier* Randbedingungen benötigen, läßt sich auch aus den Gleichgewichtsbeziehungen der Kontinuummechanik ableiten (Gl. 5.17, 6.15 und 6.16). Bei der Integration dieser Gleichungen mit zwei Variablen treten *vier* Integrationskonstanten auf, die durch vier Randbedingungen bestimmt werden müssen.

Wenn das zu verformende Medium nicht kontinuierlich ist (z. B. bei einem Spödbruch), können sich alle mechanischen Eigenschaften an der Diskontinuität sprunghaft ändern. Solche Probleme lassen sich nicht mehr mit einem einzigen Satz von Randbedingungen (wie in Abb. 5.24) lösen, sondern man muß sich bestimmter Tricks bedienen: Das Medium kann z. B. in zwei kontinuierliche Bereiche beiderseits der Diskontinuität aufgeteilt werden, die getrennt beschrieben werden.

Potentielle Energie. Die wichtigsten plattentektonischen Kräfte haben ihren Ursprung in der unterschiedlichen potentiellen Energie verschiedener Bereiche der Erdkugel (Turcotte 1983). In diesem Abschnitt wird erklärt, was man im plattentektonischen Kontext unter potentieller Energie versteht. In den Abschnitten 5.3.2, 5.3.3 und 6.3.2 werden wir darauf noch zurückkommen.

In Abschn. 4.2.1 haben wir gezeigt, daß das Produkt aus Dichte, Beschleunigung und Höhe die vertikale Normalspannung bzw. die vertikale Kraft pro Flächeneinheit ist. Darin ist H die Mächtigkeit des Körpers über der Fläche, auf die diese Kraft wirkt. Wenn die Dichte konstant ist, erhält man $\rho g H$ durch Integration von ρg (von 0 bis H, s. Gl. 4.15). Der Ausdruck ρg hat die Einheit Pa oder $\mathrm{kg\,s^{-2}\,m^{-1}}$ bzw. $\mathrm{J\,m^{-3}}$. Diese Umformung in Energie *pro Volumeneinheit* macht deutlich, daß die vertikale Normalspannung auch als die potentielle Energie eines Kubikmeters Gestein in der Höhe H interpretiert werden kann. Um die gesamte potentielle Energie eines Körpers, z. B. eines Gebirges, zu berechnen, muß die potentielle Energie aller übereinander und nebeneinander liegenden Kubikmeter Gestein aufsummiert werden. Mit anderen Worten: Man muß die vertikale Normalspannung sowohl über die Mächtigkeit H als auch die Grundrißfläche des Körpers integrieren. Meist interessiert uns aber nicht die potentielle Energie eines ganzen Gebirges, sondern nur die potentielle Energie eines Vertikalprofils durch die Lithosphäre. So können verschiedene Bereiche, wie z. B. zwei parallele Profile oder „Lithosphärensäulen", miteinander verglichen werden. Das ist die potentielle Energie der Lithosphäre *pro* Einheitsfläche und wird im folgenden mit E_p bezeichnet. Um die potentielle Energie der Lithosphäre pro Einheitsfläche in der Tiefe z zu bestimmen, braucht man nur die vertikale Spannung von der Erdoberfläche ($z = 0$) bis zu dieser Tiefe z zu integrieren:

$$E_\mathrm{p} = \int_0^z \sigma_{zz}\mathrm{d}z = \int_0^z \int_0^z \rho_{(z)}g\mathrm{d}z\mathrm{d}z \ . \tag{5.44}$$

Ist die Dichte von der Tiefe unabhängig, läßt sich Gl. 5.44 umformen zu:

$$E_\mathrm{p} = \int_0^z \sigma_{zz}\mathrm{d}z = \int_0^z \rho g z\mathrm{d}z = \frac{\rho g z^2}{2} \ . \tag{5.45}$$

Dieses Integral entspricht graphisch der in Abb. 5.25b grau schattierten Fläche. Wir wollen uns merken, daß E_p die Einheit einer Energie *pro* Fläche hat und daher, strikt genommen, keine Energie als solche darstellt.

Horizontale Kräfte, die aus potentieller Energie entstehen. Verformt sich die Lithosphäre nicht (d. h $\dot\epsilon = 0$), sind die horizontalen und vertikalen Normalspannungen in allen Tiefen gleich groß (vgl. Abb. 5.25). Es gilt

$$\sigma_{zz} = \sigma_{xx} = \sigma_{yy} \ . \tag{5.46}$$

Das ergibt sich unter anderem direkt aus Gl. 5.37 und war die Grundlage aller Abbildungen der vorhergehenden Abschnitte. Die Summe aller Horizontalspannungen, integriert über die Mächtigkeit der Platte, ergibt eine Kraft pro Flächeneinheit. Das ist die Kraft, die die Lithosphäre pro Meter Gebirgslänge auf ihre Umgebung ausübt. Die potentielle Energie pro Quadratmeter Fläche kann daher auch als horizontale Kraft pro Meter Orogenlänge angesehen werden, die eine statische Gesteinssäule auf ihre Umgebung ausübt. In zwei Lithosphärenprofilen, die pro Flächeneinheit die gleiche potentielle Energie aufweisen, stehen sich gegenseitig kompensierende gleich große Kräfte pro Meter gegenüber.

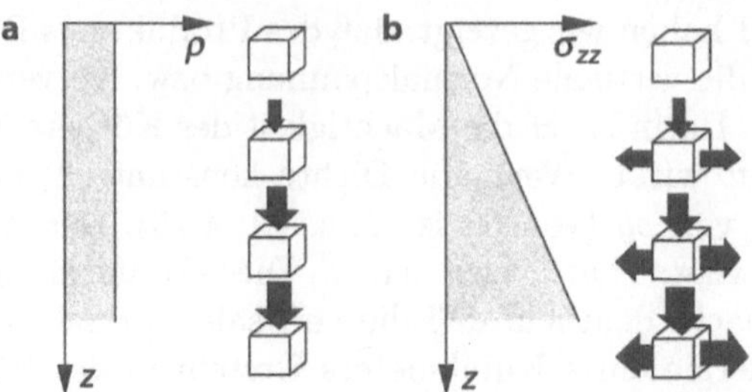

Abb. 5.25. Dichte ρ und vertikale Normalspannung σ_{zz} als Funktion der Tiefe z. Der Wert σ_{zz} ergibt sich aus der Dichte, integriert über die Tiefe. Dem entspricht die grau schattierte Fläche in **b**. Die Würfelreihe neben **a** illustriert, daß die vertiakale Spannung nach unten zunimmt. Die Würfelreihe neben **b** illustriert, daß die horizontale Kraft, die von der Säule insgesamt ausgeht, gleich der Summe aller vertikalen Spannungen ist

In zwei Profilen mit unterschiedlicher tiefenabhängiger Dichteverteilung bestehen bezüglich der potentiellen Energie jedoch Unterschiede. Dieser Unterschied kann als die Kraft F_b angesehen werden, die ein Profil *pro Meter Orogenlänge* auf das andere ausübt. Diese Differenz kann für zwei benachbarte Krustenprofile (s. Abb. 5.26) wie folgt geschrieben werden:

$$\Delta E_\mathrm{p} = F_\mathrm{b} = \int_0^{z_\mathrm{K}} \int_0^{z_\mathrm{K}} \rho^\mathrm{A}(z)g\mathrm{d}z\mathrm{d}z - \int_0^{z_\mathrm{K}} \int_0^{z_\mathrm{K}} \rho^\mathrm{B}(z)g\mathrm{d}z\mathrm{d}z \ . \tag{5.47}$$

Darin ist z_K die isostatische Kompensationstiefe, unterhalb derer es keine Dichteunterschiede zwischen den beiden Profilen gibt (s. Gl. 4.14) und $\rho^\mathrm{A}(z)$ ist die Dichte des Profils A als Funktion der Tiefe z. Die Größe F_b wird auch als gravitative Spannung oder (etwas schwerfällig) als „horizontale Auftriebskraft" bezeichnet (engl.: *gravitational stress* oder *horizontal buoyancy force*).

Ist die Dichte eine stetige Funktion der Tiefe, kann Gl. 5.47 direkt integriert werden. In der Lithosphäre ändert sich jedoch die Dichte sprunghaft an der Moho, so daß auch für sehr vereinfachte Annahmen über die Dichteverteilung in der Lithosphäre das Integral von Gl. 5.47 aufgeteilt werden muß. Mit den Bezeichnungen aus Abb. 5.26 erhält man

$$\int_0^{z_1} \int_0^{z_1} \rho^\mathrm{A}(z)g\mathrm{d}z\mathrm{d}z = \int_0^{z_\mathrm{c}} \sigma_{zz}\mathrm{d}z + \int_{z_\mathrm{c}}^{z_1} \sigma_{zz}\mathrm{d}z \ ,$$

$$= \int_0^{z_\mathrm{c}} \rho_1 gz\mathrm{d}z + \int_{z_\mathrm{c}}^{z_1} \rho_1 gz_\mathrm{c} + \rho_3 g(z - z_\mathrm{c})\mathrm{d}z \ ,$$

$$= \frac{\rho_1 gz^2}{2}\Big|_0^{z_\mathrm{c}} + \rho_1 gz_\mathrm{c}z\Big|_{z_\mathrm{c}}^{z_1}$$

$$+ \frac{\rho_3 gz^2}{2}\Big|_{z_\mathrm{c}}^{z_1} - \rho_3 gz_\mathrm{c}z\Big|_{z_\mathrm{c}}^{z_1} \ . \tag{5.48}$$

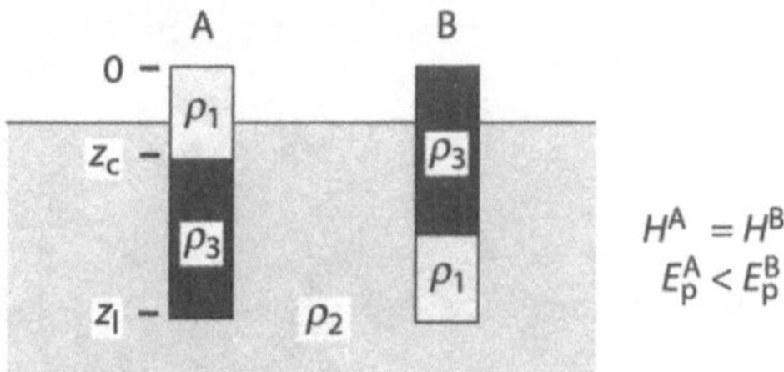

Abb. 5.26. Schematische Skizze zweier Körper im isostatischen Gleichgewicht ($\rho_1 < \rho_2 < \rho_3$). Die Oberfläche beider Körper liegt auf gleicher Höhe, weil beide aus gleich mächtigen Abschnitten mit gleicher Dichte bestehen. Allerdings verfügt die rechte Säule über eine höhere potentielle Energie E_p als die linke, weil in ihr der Abschnitt mit der höheren Dichte höher liegt. Deshalb übt die rechte Säule eine horizontale Kraft auf die linke aus. Die Abbildung illustriert gut, warum Gebirge nicht immer eine Kraft auf ihre Umgebung ausüben müssen, auch wenn die Höhenlage der Erdoberfläche im Gebirge wesentlich höher ist als die in ihrer Umgebung

Diese Gleichung läßt sich graphisch leicht nachvollziehen. Dazu muß man Dichte und Vertikalspannung als Funktion der Tiefe aufzeichnen, wie es in den Abb. 5.25, 5.27, 5.31 und 5.33 geschehen ist.

Aus Gl. 5.47 geht hervor, daß die horizontale Kraft, die zwischen zwei benachbarten Lithosphärensäulen wirkt, nicht unbedingt mit der Höhenlage der Säulenoberflächen zusammenhängen muß. Die Höhe der Erdoberfläche ist eine lineare Funktion der Mächtigkeit (Gl. 4.16 und 4.17), die potentielle Energie eine quadratische (Gl. 5.44 und 5.47)! Abbildung 5.26 illustriert das anhand zweier im isostatischen Gleichgewicht stehender Körper, die zwar gleich hoch sind, sich jedoch in ihrer potentiellen Energie unterscheiden. In Abb. 5.26 übt die rechte Säule auf die linke eine Kraft aus. Die potentielle Energie hängt also nicht nur von der Mächtigkeit und Dichte der Lithosphäre, sondern auch von der tiefenabhängigen Dichte*verteilung* ab. Es ist daher sogar möglich, daß orographisch tieferliegende Bereiche auf eine höhergelegene Umgebung eine Kraft ausüben. England und Molnar (1991) haben daraus den Schluß gezogen, daß Unterschiede in der potentiellen Energie der Lithosphäre *nicht* aus Höhenmeßdaten berechnet werden können.

Geoidanomalien liefern wertvolle Informationen über die Dichteverteilung innerhalb der Lithosphäre. Coblentz et al. (1994) haben mit einem Verfahren, das Geoidanomalien ebenso wie die Topographie der Erdoberfläche berücksichtigt, die potentielle Energie der Lithosphäre abgeschätzt.

Kräfte zwischen Gebirge und Vorland. Wir wollen die Kraft berechnen, die ein Gebirge auf das umliegende Gebirgsvorland ausübt (Abb. 5.27). Dazu wählen wir als Ursprung der Vertikalachse nicht mehr die Erdoberfläche, sondern, wie es in Abb. 5.27b dargestellt ist, die Moho. Dadurch vereinfacht sich die Integration von Gl. 5.47, weil eine der Integrationsgrenzen stets 0 ist (s. auch Molnar und Lyon-Caen 1989). Diese Änderung beeinflußt das Endresultat nicht, da wir keine *absoluten* potentiellen Energiewerte berechnen, sondern nur an *Energiedifferenzen* zwischen zwei Bereichen interessiert sind,

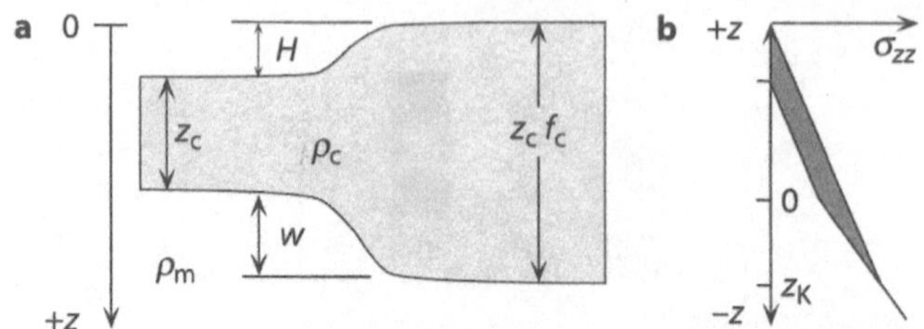

Abb. 5.27. Schematische Gegenüberstellung eines Gebirges gegenüber seinem Vorland. **a** Die Mächtigkeit der Gebirgswurzel ist w, die Gebirgshöhe H. Im isostatischen Gleichgewicht gilt: $H\rho_c = w(\rho_m - \rho_c) = w\Delta\rho$. Die linke Tiefenachse wird in gleicher Weise in Gl. 5.44, 5.45 und 5.47 verwendet; das Koordinatensystem in **b** stimmt mit jenem von Gl. 5.49 und 5.50 überein. In **b** sind die vertikalen Spannungen im Gebirge und im Gebirgsvorland eingezeichnet. Die dunkel schattierte Fläche zwischen den beiden Spannungskurven gibt die Kraft an, die das Gebirge auf sein Vorland ausübt

für die natürlich dasselbe Koordinatensystem gelten muß. Aus Gl. 5.44 erhält man die potentielle Energie des Vorlands pro Quadratmeter durch Integration von der Erdoberfläche bis zur Tiefe z_K:

$$E_p^{\text{Vorland}} = \rho_c g z_c^2/2 + \rho_m g w^2/2 \ . \tag{5.49}$$

Die potentielle Energie des Gebirges ergibt sich aus:

$$E_p^{\text{Gebirge}} = \rho_c g (H + z_c)^2/2 + \rho_c g w^2/2 \ . \tag{5.50}$$

Diese Beziehungen wurden nach demselben Prinzip wie Gl. 5.48 hergeleitet. Die Energiedifferenz, die pro Flächeneinheit zwischen den beiden Bereichen besteht, ergibt sich aus Gl. 5.47:

$$\Delta E_p = F_b = E_p^{\text{Gebirge}} - E_p^{\text{Vorland}}$$

$$= \rho_c g H^2/2 + \rho_c g H z_c + \Delta\rho g w^2/2 \ . \tag{5.51}$$

Dabei ist $\Delta\rho = (\rho_m - \rho_c)$. Mit der Isostasiebedingung $\Delta\rho w = H\rho_c$ vereinfacht sich Gl. 5.51 zu:

$$\Delta E_p = F_b = \rho_c g H (H/2 + z_c + w/2) \ . \tag{5.52}$$

Die Kraft F_b entspricht der dunkel schattierten Fläche in Abb. 5.27b. Sie entspricht der Differenz zwischen den Integralen von σ_{zz} für zwei Gesteinssäulen im Gebirge und im Vorland (Tapponier und Molnar 1976). Für ein 3 km hohes Gebirge mit einer 30 km mächtigen Wurzel ergibt sich aus Gl. 5.52 eine Kraft F_b in der Größenordnung $3\text{–}4 \cdot 10^{12} \ \text{N}\,\text{m}^{-1}$. Wir werden sehen, daß diese Größenordnung vergleichbar mit den Kräften an ozeanischen Platten ist.

Aus der relativ einfachen Gl. 5.51 lassen sich wichtige Schlußfolgerungen ziehen. Da das dritte Glied der Gleichung viel größer ist als das erste, ist der potentielle Energieunterschied zwischen zwei gleich hohen Gebirgen umso größer, je mächtiger die kompensierende Wurzel ist. Beispielsweise trägt eine 100 km mächtige Gebirgswurzel aus leichtem Mantelmaterial viel mehr zur potentiellen Energie bei als eine 60 km mächtige Wurzel aus Krustenmaterial. Außerdem geht aus Gl. 5.51 hervor, daß die potentielle Energie mit der Gebirgshöhe *und* der Mächtigkeit der Gebirgswurzel quadratisch ansteigt. Die Arbeit, die zu verrichten ist, um ein Gebirge um einen Meter anzuheben, wird deshalb mit zunehmender Gebirgshöhe immer größer (Molnar und Tapponier 1978; s. Abschn. 6.3.2). Diese Tatsache bedingt die Beobachtung, daß Gebirge auf der Erde nicht beliebig hoch sind.

5.3.2
Kräfte an ozeanischen Platten

Die Kräfte, mit denen ozeanische auf kontinentale Platten wirken, gelten im allgemeinen als ausschlaggebend für plattentektonische Bewegungen (McKenzie 1969b). Zu den wichtigsten Kräften, die an ozeanischer Lithosphäre anliegen, zählen die potentielle Energie der Mittelozeanischen Rücken (engl.: *ridge push*) und die Zugspannungen, die in Zusammenhang mit der Subduktion ozeanischer Lithosphäre auftreten (engl.: *slab pull* und *trench suction*). Im folgenden befassen wir uns mit der Art dieser Kräfte und ihrer Größenordnung, wobei wir für die verschiedenen Kräfte die englischen Bezeichnungen verwenden.

Ridge push. Eine der wichtigsten plattentektonischen Antriebskräfte (genaugenommen eigentlich ein Drehmoment) hat ihren Ursprung in der potentiellen Energie der Mittelozeanischen Rücken. Warum diese Antriebskraft durch potentielle Energie und *nicht* durch die Reibung aufsteigenden Mantelmaterials entsteht, läßt sich geochemisch begründen (z. B. McKenzie und Bickle 1988). Wenn Mantelmaterial aufsteigt (s. Abb. 5.28a), entsteht durch adiabatische Dekompression dieses Materials genug Teilschmelze, daß eine

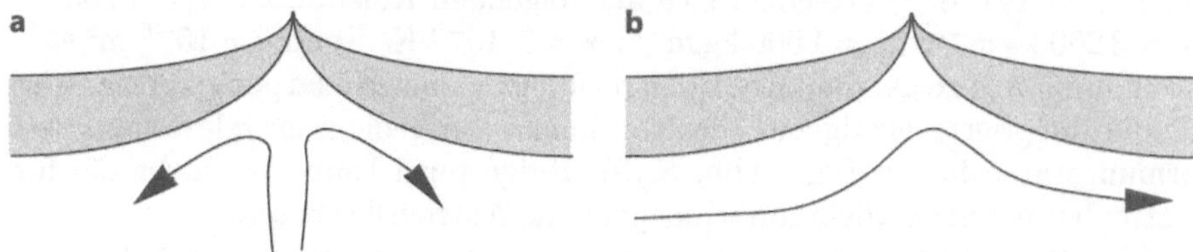

Abb. 5.28. Schematische Darstellung zweier möglicher Prozesse der Mantelbewegung unter Mittelozeanischen Rücken. Steigt Mantelmaterial aus großen Tiefen auf, werden durch adiabatische Kompression große Magmamengen produziert. Die dargestellte Situation trifft wahrscheinlich auf Regionen zu, in denen Deckenbasalte auftreten, z. B. die Karroo-Basalte in Südafrika oder die Dekkan-Trappe in Indien. Teilfigur **b** stellt wahrscheinlich die typischere der Mantelbewegungen unter den meisten Mittelozeanischen Rücken dar

etwa 15 km mächtige ozeanische Kruste neu gebildet wird. Normale ozeanische Kruste ist aber nur etwa 5–7 km mächtig. Für ihre Neubildung genügen adiabatische Teilschmelzen aus den obersten Mantelbereichen. Es wird daher vermutet, daß die Fließbewegungen im oberen Mantel nur in den obersten Bereichen durch die Form der Mittelozeanischen Rücken gestört werden (Abb. 5.28b). Deren Verlauf läßt sich jedoch nicht mit großräumigen Konvektionszellen korrelieren. Mit anderen Worten: Es besteht *kein* Zusammenhang zwischen der Position der Mittelozeanischen Rücken und den Bereichen diapirischen Aufsteigens von Mantelmaterial. Nur an wenigen Stellen der Mittelozeanischen Rücken, wie z. B. in Island, ist die ozeanische Kruste wesentlich mächtiger als 7 km. Nur dort und in Gebieten mit ausgedehnten Deckenbasalten (engl.: *flood basalts*) fällt wahrscheinlich ein Bereich aufsteigenden Mantelmaterials (engl.: *mantle plume*) mit einem Mittelozeanischen Rücken zusammen (White und McKenzie 1989).

Die auf einen Meter Mittelozeanischen Rücken bezogene Ridge push-Kraft bzw. die auf einen Quadratmeter bezogene potentielle Energie erhält man aus Gl. 5.47, wenn man ähnliche Überlegungen wie zur Berechnung der Wassertiefe über ozeanischen Platten anstellt (s. Abb. 4.17). Die Dichte muß als Funktion der Temperatur ausgedrückt werden (Gl. 4.20) und die Temperatur als Funktion der Tiefe (Gl. 3.85; s. Turcotte und Schubert 1982; Parsons und Richter 1980). Daraus folgt, daß die potentielle Energie eine Funktion des Temperaturprofils und damit des Alters der ozeanischen Lithosphäre ist. Ohne auf die Herleitung im Detail einzugehen, sei hier nur das Endergebnis angeführt:

$$F_b = g\rho_m \alpha T_l \kappa t \left(1 + \left(\frac{\rho_m}{\rho_m - \rho_w} \right) \frac{2\alpha T_l}{\pi} \right) \approx 1,19 \cdot 10^{-3} t \ . \tag{5.53}$$

Alle Parameter wurden bereits in Abschn. 4.2.1 erklärt. Die Ridge push-Kraft ist also, ebenso wie die Wassertiefe der Meere (Gl. 4.37), eine direkte Funktion des Alters. Allerdings ist hier die Abhängigkeit linear Natur (Abb. 5.29), während die Altersabhängigkeit der Wassertiefe quadratischer Art ist (Abb. 4.18). Der Wert der Proportionalitätskonstanten in Gl. 5.53 ($1,19 \cdot 10^{-3}$) errechnet sich aus folgenden Konstanten: $T_l = 1\,200°C$; $\rho_m = 3\,200$ kg m^{-3}; $\rho_w = 1\,000$ kg m^{-3}; $\alpha = 3 \cdot 10^{-5}$ K^{-1} und $\kappa = 10^{-6}$ m^2 s^{-1}. Abbildung 5.29 zeigt, daß der Ridge push etwa eine Zehnerpotenz kleiner ist als die integrierte Festigkeit, die Kontinente bei geologisch relevanten Verformungsraten haben (vgl. Abb. 5.19). Ridge push kann also nicht die für Plattenbewegungen allein ausschlaggebende Antriebskraft sein.

Slab pull und Trench suction. Alte ozeanische Platten sind dichter als die darunter liegende Asthenosphäre und haben daher negativen Auftrieb, d. h. sie wollen absinken. Selbst wenn sie die kritische Dichte überschreiten, kann dies nicht geschehen, da sie sehr steif sind. Vielmehr gleiten sie zunächst an der Manteloberfläche entlang, bis das Dichteungleichgewicht durch äußere Einflüsse aufgehoben wird, so daß sich eine Subduktionszone bilden kann. Wenn der Rand der Platte mit dem Absinken begonnen hat, zieht er die

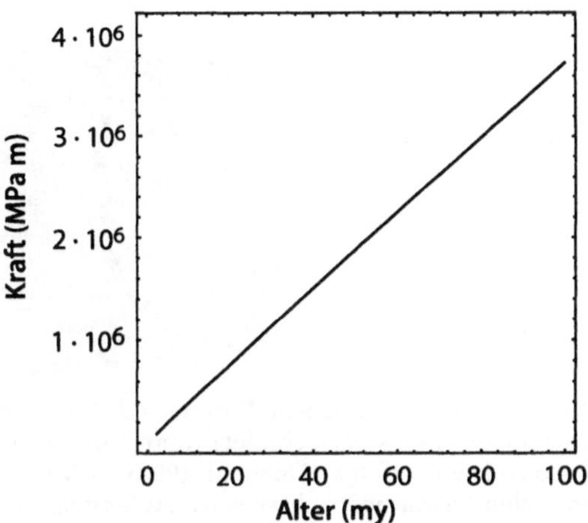

Abb. 5.29. Die Kraft, die Mittelozeanische Rücken aufgrund ihrer hohen potentiellen Energie pro Meter Rückenlänge auf ihre Umgebung ausüben, als Funktion des Alters der ozeanischen Lithosphäre (berechnet mit Gl. 5.53)

ganze Platte nach sich. Dieser Vorgang wird als „Slab pull" bezeichnet. Im Rahmen dieses Prozesses kommt es infolge kleinräumiger Konvektionsströme im Mantelkeil über der subduzierten Platte dazu, daß auch die Oberplatte mit in die Subduktionszone gezogen wird (s. Abb. 3.25). Dies wird als „Trench suction" bezeichnet. Weil es für diese beiden Prozesse keine guten deutschen Bezeichnungen gibt, benutzen wir die englischen Fachtermini.

Slab pull wird durch die Gravitationskraft verursacht, die die Platte nach unten zieht. Diese Kraft wird dadurch verstärkt, daß sich die Dichte der Platte unterhalb des Olivin-Spinell-Übergangs in etwa 400 km Tiefe sprunghaft erhöht. Die Stärke des Slab pull beträgt schätzungsweise 10^{13} N m^{-1} (s. Turcotte und Schubert 1982). Slab pull-Kräfte sind also etwa eine Zehnerpotenz *größer* als Ridge push-Kräfte. Vermutlich wirkt diesen Kräften jedoch die Reibung der absinkenden Platte am umgebenden Mantel mit etwa gleicher Stärke entgegen. Die Nettokraft, die Subduktionszonen auf ihr Vorland ausüben, ist also möglicherweise nicht sehr groß. Nach Schätzungen von Bott (1993) und Bott et al. (1989) liegen sowohl Slab pull als auch Trench suction in der Größenordnung von etwa $4 \cdot 10^{12}$ N m^{-1}. Im allgemeinen weiß man jedoch über die Stärke der in der Nähe von Subduktionszonen auftretenden Kräfte nicht besonders gut Bescheid. Die meisten Autoren sind sich jedoch einig, daß die Kräfte im Bereich von Subduktionszonen weitaus größer sind, als die Kräfte der Mittelozeanischen Rücken.

„Zurückrollende" Subduktionszonen. Slab pull und Trench suction sind im wesentlichen nach *unten* wirkende Kräfte, während der Ridge push in *horizontaler* Richtung wirkt. Slab pull und Trench suction sind nicht durch Unterschiede der potentiellen Energie bedingt, sondern werden durch jene gravitativen Instabilitäten verursacht, die auch für die Konvektion verantwortlich sind. Aufgrund der nach unten gerichteten Zugspannung in subduzierten Platten kann sich der Knickpunkt der Platte (im Bereich des Tiefseegrabens) möglicherweise lateral verschieben. Wenn die Riftrate am Mittelozeanischen

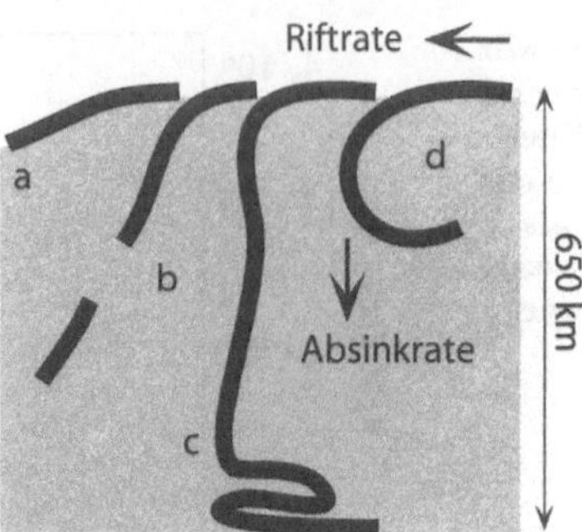

Abb. 5.30. Vier mögliche Formen subduzierter Platten. *a* Flache Subduktion, wie
sie möglicherweise stattfindet, wenn Subduktion in derselben Richtung wie Mantelkonvektion erfolgt (Doglioni 1993). *b* Mittelsteile Subduktion, wie sie weltweit
an vielen Orten beobachtet wird. Außerdem ist eine abbrechende Platte dargestellt
(von Blanckenburg und Davies 1995). *c* Vertikal hängende Platte mit Faltung an
der 650-km-Diskontinuität (Frottier et al. 1995). *d* Hypothetische (in der Natur
nicht beobachtbare) Form einer Platte, falls nach dem Abknicken der Platte am
Tiefseegraben keine weitere Verformung stattfände

Rücken die Absinkrate der ozeanischen Platte übersteigt, bewegt sich der
Tiefseegraben auf die Oberplatte zu (Abb. 5.30). Wenn jedoch die Absinkrate größer ist, wandert der Tiefseegraben in Richtung des Mittelozeanischen
Rückens (z. B. Dewey 1988). Dies wird als das „Zurückrollen" (engl.: *roll back*)
von Subduktionszonen bezeichnet. Das beste Beispiel für eine zurückrollende
Subduktionszone ist der Scotia-Bogen westlich von Südgeorgien. Die Entstehung von Dehnungsbecken *vor* Subduktionszonen, insbesondere die Bildung
von Forearc- und Backarc-Becken, wird mit zurückrollenden Subduktionszonen in Zusammenhang gebracht (Royden 1993a). Ob eine Subduktionszone
zurückrollen kann, hängt nicht nur von den relativen Rift- und Absinkraten
ab, sondern auch davon, ob die Asthenosphäre unterhalb der subduzierten
Platte verdrängt werden kann.

Verformung subduzierter Platten. Die Verformung subduzierter Platten im
oberen Mantel ist bislang kaum erforscht. Aus Wassertiefenmessungen (ba-
chymetrische Messungen) wissen wir, daß ozeanische Platten an Tiefseegräben „geknickt" werden (Abb. 2.16). Tomographische und seismische Daten
deuten allerdings darauf hin, daß subduzierte Platten unterhalb des Knickes
im wesentlichen planar sind, d. h. subduzierte Knicke werden in größeren Tiefen wieder geradegebogen. Von Blanckenburg und Davies (1995) fanden heraus, daß subduzierte Platten in der Tiefe auch abbrechen können (Abb. 5.30).

Das langfristige Schicksal subduzierter Platten hängt vom Geschehen an
der Grenze zwischen oberem und unterem Mantel in 650 km Tiefe ab. Creager und Jordan (1984) zeigten, daß dieses Geschehen für das „Recycling"
von Lithosphärenmaterial generell von großer Bedeutung ist. Im allgemeinen
wird angenommen, daß subduzierte Platten diese Grenze *nicht* durchdringen
(z. B. Christensen und Yuen 1984) (Abb. 5.30c). Dieser Sachverhalt wurde in-

zwischen durch manteltomographische Studien bestätigt (z. B. van den Hilst
et al. 1991). An dieser Diskontinuität scheinen sich richtige „Plattenfriedhöfe"
anzusammeln. In den letzten Jahren wurden mehrere analoge und numerische
Experimente (Frottier et al. 1995; Houseman pers. comm. 1998) vorgenommen, die sich mit der Geometrie der Verformung ozeanischer Platten an der
650-km-Diskontinuität beschäftigen.

5.3.3
Kräfte an kontinentalen Platten

Innerhalb der Kontinente entstehen Antriebskräfte für plattentektonische Bewegungen vor allem durch laterale Unterschiede in der Dichtestruktur, d. h.
durch Unterschiede in der potentiellen Energie. Die Größenordnung dieser
Kräfte haben wir bereits mit Hilfe von Gl. 5.51 für eine einfache Platte konstanter Dichte und veränderlicher Mächtigkeit abgeschätzt. Für kontinentale
Platten, die aus einer sehr dichten Mantellithosphäre, aber einer Kruste mit
relativ geringer Dichte bestehen (s. Abb. 2.11), wird diese Abschätzung etwas
komplizierter.

In Abb. 5.31 ist die Energiedifferenz zwischen zwei Profilen, die senkrecht durch eine zweischichtige Lithosphäre verlaufen, graphisch dargestellt.
Ebenso wie in Abb. 5.27 wird dieser Energieunterschied durch die schattierte

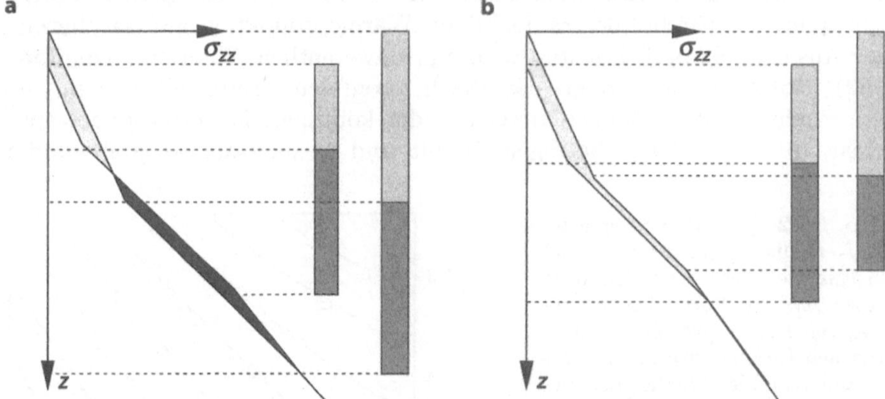

Abb. 5.31. Darstellung der Energiedifferenz zweier benachbarter durch die Lithosphäre verlaufender Profile, die eine zweischichtige Lithosphäre repräsentieren.
Die vertikale Normalspannung ist als Funktion der Tiefe aufgetragen. Die schattierten Flächen entsprechen der potentiellen Energiedifferenz pro Quadratmeter,
die zwischen der jeweils rechten und linken Säule besteht. In a ist diese Differenz im oberen Bereich positiv (*helle Schattierung*) und negativ im unteren (*dunkle
Schattierung*). Das heißt, im oberen Bereich wirkt eine Kraft von rechts nach links
und im unteren von links nach rechts. Da die beiden Flächen ungefähr gleich groß
sind, heben sich die Kräfte auf und es besteht keine horizontale Kraft zwischen den
Profilen. In b wirkt in der ganzen Lithosphäre eine Kraft von rechts nach links

Fläche zwischen den zwei Vertikalspannungskurven dargestellt. Diese Fläche
entspricht F_b in Gl. 5.47 und damit der Kraft, die eine Säule pro Meter
Orogenlänge auf die andere ausübt. In Abb. 5.31b ist die vertikale Normalspannung der rechten Säule in allen Tiefen größer als jene der linken. Im
gesamten Profil besteht eine Kraft von rechts nach links. In Abb. 5.31a ist
die vertikale Normalspannung der rechten Säule im unteren Teil *kleiner* als
im linken Profil. Das führt dazu, daß im oberen Teil eine Kraft von rechts
nach links (hell schattierte Fläche im σ_{zz}-z-Diagramm), im unteren Teil dagegen eine Kraft von links nach rechts besteht (dunkel schattierte Fläche;
vgl. Aufgabe 5.6).

Das Ergebnis aus Abb. 5.31 läßt sich quantifizieren, wenn Gl. 5.47 für ein
zweischichtiges Dichteprofil umgeformt wird. Wenn für die Berechnung der
Dichte als Funktion der thermischen Ausdehnung ein lineares Temperaturprofil angenommen wird, ergibt sich (Turcotte 1983; Sandiford und Powell
1990):

$$\frac{F_b}{\rho_m g z_c^2} = \frac{\delta(1-\delta)}{2}(f_c^2 - 1) - \frac{\alpha T_l}{6(zc/zl)^2}\left(f_l^2 - 1 - 3\delta(f_c f_l - 1)\right)$$

$$+ \frac{\alpha^2 T_l^2}{8(zc/zl)^2}(1 - f_l^2) \ . \tag{5.54}$$

Die in dieser Gleichung auftretenden Parameter haben wir bereits in
Gl. 4.26 zur Berechnung der Höhe eines Gebirges verwendet. Die berechneten Kräfte sind in Abb. 5.32 dargestellt. Die Form dieser Kurven ändert
sich, wenn der Einfluß der radioaktiven Wärmeproduktion auf die thermische Ausdehnung berücksichtigt wird, nur unwesentlich (Zhou und Sandiford
1992). Abbildung 5.32 zeigt, daß die horizontalen Kräfte, die von besonders mächtigen oder dünnen Bereichen der kontinentalen Lithosphäre ausgehen, 10^{12}–10^{13} N m^{-1} betragen. Damit sind sie ungefähr so groß wie die

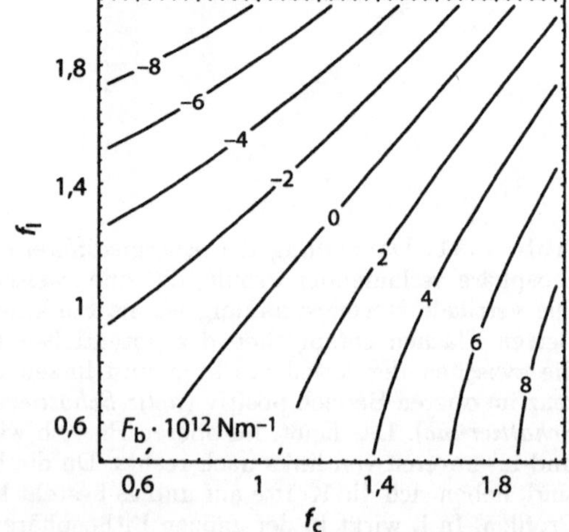

Abb. 5.32. Mit Gl. 5.54 errechne-
tes f_c-f_l-Diagramm der potentiellen Energiedifferenz pro Quadratmeter bzw. der horizontalen gravitativen Kräfte pro Meter, die
zwischen Lithosphäre mit normaler und variabler Mächtigkeit be-
stehen (F_b in 10^{12} N m^{-1}). $\rho_m =$
$3\,200$ kg m^{-3}; $\rho_c = 2\,750$ kg m^{-3};
$\alpha = 3 \cdot 10^{-5}$; $z_c = 35\,000$ m;
$z_l = 125\,000$ m; $T_l = 1\,200\,°$C. Die
Krümmung der Kurven ergibt sich
aus der quadratischen Abhängigkeit der potentiellen Energie von
der Mächtigkeit. Damit unterscheidet sich die horizontale *Kraft* von
Gebirgen fundamental von ihrer
Höhe (s. Abb. 4.16)

von ozeanischen Platten ausgehenden Kräfte. Das ist keine Überraschung, da Prozesse an den Plattenrändern oft zu einer Verdickung der kontinentalen Lithosphäre führen. Darüber hinaus geht aus Abb. 5.32 hervor, weshalb wir auf der Erde keine Krustenmächtigkeiten vorfinden, die weit über das Doppelte der durchschnittlichen Mächtigkeit ($f_c \gg 2$) hinausgehen. Solche Krustenmächtigkeiten könnten nur mit sehr großen plattentektonischen Antriebskräften ($F_b > 10^{14}$ N m^{-1}) erreicht werden, die es aber in der Realität nicht gibt.

Überschuß an potentieller Energie durch externe Kräfte. In den Kontinenten kann ein Überschuß an potentieller Energie nicht nur durch interne Verformung entstehen, sondern auch durch Kräfte, die durch das Aufsteigen von Material in den Konvektionszellen des Erdmantels entstehen. McKenzie et al. (1974), McKenzie (1977b) sowie Houseman und England (1986b) haben gezeigt, daß diese Kräfte groß genug sind, um Lithosphärenplatten um mehrere 100 m anzuheben. Am Meeresboden führen solche aufsteigenden Konvektionsströme zu Höhenunterschieden von bis zu 1 km (Crough 1983; Watts 1976). Die Geometrie dieses Phänomens ist in Abb. 5.33 schematisch dargestellt. Die Kraft, die die gehobene Platte A auf die Platte B ausübt, kann man – ebenso wie die Energiedifferenz zwischen Gebirge und Vorland in Abb. 5.27 – durch Integration von Gl. 5.47 berechnen. Sie entspricht der schattierten Fläche zwischen den zwei Vertikalspannungskurven in Abb. 5.33. Durch graphische oder analytische Integration nach demselben Verfahren wie bei Gl. 5.49 bis Gl. 5.52 erhält man:

$$F_b = \Delta E_p = \frac{\rho_m g H^2}{2} + \rho_c g H z_c \ . \tag{5.55}$$

Für die bereits in Abb. 5.32 verwendeten Parameterwerte ergibt $H = 1$ km eine horizontale Kraft von $F_b \approx 9 \cdot 10^{11}$ N m^{-1}. Dieses Ergebnis zeigt, daß Konvektionsströme im Mantel (engl.: *mantle plumes*) einen beachtlichen Einfluß auf das Spannungsregime und damit auf die Verformung von Kontinenten haben können (s. auch Abschn. 6.2.4).

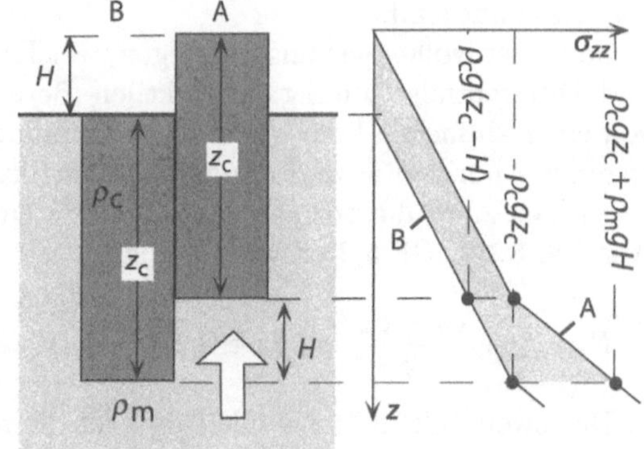

Abb. 5.33. Illustration zur Berechnung der potentiellen Energie, die sich durch das Anheben einer Platte der Mächtigkeit z_c und Dichte ρ_c ergibt. Platte A wird durch aufsteigende Konvektionsströme (*weißer Pfeil*) um die Höhe H angehoben. Man beachte, daß die beiden Platten aufgrund dieses Prozesses *nicht* im isostatischen Gleichgewicht stehen und sich daher die beiden σ_{zz}-Kurven in der Tiefe $z_c + H$ nicht schneiden

Tektonischer Überdruck. Der Begriff „tektonischer Überdruck" wird ganz allgemein für die nichtlithostatische Komponente des Druckes in Gesteinen verwendet (s. Abschn. 5.1.1; Gl. 5.20). Ernst (1971) und Rutland (1965) waren der Meinung, daß diese Komponente einen großen Teil des Druckes ausmachen kann, den wir mit Geobarometern in Gesteinen messen können. In den meisten Fällen wird jedoch angenommen, daß diese Druckkomponente so klein ist, daß sie bei der Interpretation geobarometrischer und geothermometrischer Daten nicht berücksichtigt werden muß. Ob diese Annahme immer gerechtfertigt ist, bedarf einer genauen Überprüfung. Beginnen wir mit der Zusammenfassung einiger Geländebeobachtungen.

Geländebeobachtungen. Konkrete Beweise für die nichtlithostatische Spannungskomponente des Gesteinsdrucks gibt es vor allem in der Größenordnung eines Handstücks. Zahlreiche Prozesse, wie die Ausbildung von Druckschatten hinter einzelnen Mineralkörnern, die Bildung von Drucklösungsgefügen, Boudinage und Faltung, können nur ablaufen, wenn lokale Abweichungen vom isotropen Spannungszustand existieren. Zur mechanischen Analyse solcher Spannungsschwankungen werden häufig numerische Methoden verwendet. Der interessierte Leser sei auf die klassischen Studien von Strömgard (1973) und Stephansson (1974) oder auf die moderneren Arbeiten von Barr und Houseman (1996) und Bons et al. (1997) verwiesen.

Abschätzung der Größenordnung und Interpretation. Anhand des durchschnittlichen Höhenunterschieds zwischen den Hochgebirgen der Erde und ihrem Vorland kann man abschätzen, daß die mittlere Differentialspannung der Lithosphäre ungefähr 50 MPa betragen muß (s. Seite 268). Das heißt, der mittlere nichtlithostatische Beitrag zum Druck von Gesteinen, die sich während der Verformung gebildet haben, ist etwa 0,25 kbar. Wahrscheinlich besitzen manche Teile der Lithosphäre eine geringere Festigkeit, andere dafür aber eine höhere. Im rheologischen Modell der Brace-Goetze-Lithosphäre wird implizit angenommen, daß in der Nähe des Spröd-duktil-Übergangs Differentialspannungen von vielen 100 MPa auftreten (s. Abb. 5.17 und Abb. 5.20). Das Brace-Goetze-Modell steht daher im Widerspruch zur Hypothese, daß Differentialspannungen bei barometrischen Überlegungen vernachlässigbar sind.

Zunächst wollen wir uns überlegen, welche Parameter sich auf die Normal- und Differentialspannung im duktilen Bereich auswirken. Dazu gehen wir von einer einfachen konvergenten Verformung aus, bei der die größte Hauptspannung horizontal und die kleinste vertikal liegt und folgendes gilt: $\sigma_2 = (\sigma_1 + \sigma_3)/2$. In diesem Fall läßt sich der Druck wie folgt beschreiben (vgl. Abschn. 5.1.1, Gl. 5.20 sowie Gl. 5.41):

$$P = \sigma_3 + \frac{\sigma_1 - \sigma_3}{2} = \rho g z + 0,5 \left(\frac{\dot{\epsilon}}{A} \right)^{(1/n)} \mathrm{e}^{\frac{Q}{nRT}} . \tag{5.56}$$

Das zweite Glied dieser Gleichung ist die nichtlithostatische Druckkomponente. Sie ist von den Materialkonstanten Q, A und n sowie von der Temperatur T und der Verformungsrate $\dot\epsilon$ abhängig. Da die Materialkonstanten experimentell sehr schwer bestimmbar sind, haben in den letzten Jahren einige Autoren versucht, die nichtlithostatische Druckkomponente direkt oder indirekt durch Geländebeobachtungen zu bestimmen: z. B. anhand des Wärmehaushalts der Main Central Thrust im Himalaya (Molnar und England 1990a; England und Molnar 1991), anhand von Eklogiten (Mancktelow 1993, 1995) oder anhand des Wärmehaushalts der altalpidischen Metamorphose in den Ostalpen (Stüwe 1998a).

Temperatur und Verformungsrate stehen zur Differentialspannung in komplizierten Exponential- bzw. Potenzbeziehungen. Daher ist nicht leicht erkennbar, ob die Differentialspannung und damit der tektonische Überdruck steigt oder fällt, wenn sich in einem metamorphen Gebiet Temperatur und Verformungsrate ändern. Das läßt sich gut durch ein Beispiel illustrieren: Abbildung 5.34a zeigt eine schematische zeitliche Entwicklung von Temperatur und Verformungsrate, die für ein Orogen repräsentativ passen könnte, in dem Verformung und Metamorphose zeitlich überlappen und Temperatur wie auch Verformungsrate am Ende der Metamorphose langsam ausklingen. Wenn wir die zeitliche Entwicklung der Temperaturen und Verformungsraten aus Abb. 5.34a in das zweite Glied von Gl. 5.56 einsetzen, erhalten wie die zeitliche Entwicklung der Differentialspannung (Abb. 5.34b). Die Form dieser Kurve ist intuitiv nicht nachvollziehbar. So hat die Kurve zwei Maxima, die nicht mit den Maxima der Temperatur- oder Verformungsratenkurven übereinstimmen.

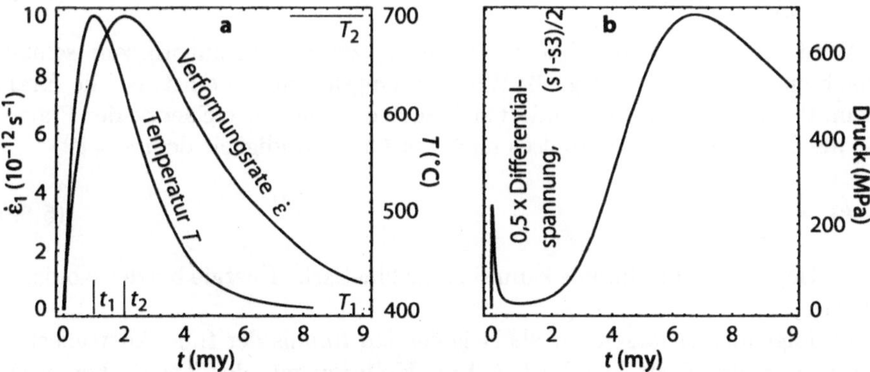

Abb. 5.34. Aus dem Diagramm ist ablesbar, daß im duktilen Bereich die zeitabhängige Entwicklung der Differentialspannung weder mit der zeitlichen Entwicklung der Temperatur noch mit der Entwicklung der Verformungsrate direkt korrelierbar sein muß. **a** Schematische zeitliche Entwicklung von Temperatur und Verformungsrate in einem metamorphen Gebiet, berechnet mit den rein schematisch aufgestellten Beziehungen: $T = T_1 + (T_2 - T_1)(t/t_1)e^{(1-t/t_1)}$ und $\dot\epsilon = \dot\epsilon_1(t/t_2)e^{(1-t/t_2)}$. **b** Anteil der Differentialspannung am Druck, der sich aus den Kurven in **a** ergibt, berechnet mit Gl. 5.56 und $A = 2 \cdot 10^{-4}\,\mathrm{MPa}^{-3}\,\mathrm{s}^{-1}$; $Q = 2,5 \cdot 10^5\,\mathrm{J\,mol}^{-1}$; $n = 3$

Die absoluten Werte der Differentialspannung in Abb. 5.34b hängen von den Materialkonstanten ab. Die Abbildung kann daher auf zweierlei Weise interpretiert werden. Wenn die Konstanten A und Q klein sind, ist die Abbildung irrelevant und der Druck in Gl. 5.56 entspricht der vertikalen Normalspannung, in diesem Fall σ_3. Wenn A und Q jedoch groß sind, trägt die Differentialspannung in hohem Maß zum Druck bei. Der nicht eindeutig interpretierbare Kurvenverlauf in Abb. 5.34b sollte als Warnung dienen, merkwürdig erscheinenden Beobachtungen über die Druckentwicklung in Gesteinen zu große Bedeutung zuzumessen (s. auch Stüwe und Sandiford 1994).

Die Bedeutung des Impulses. Der Impuls (engl.: *momentum*) kann als der „Schwung" einer Platte angesehen werden (Abschn. 2.2.4) und ist als das Produkt aus der Geschwindigkeit v und der Masse m einer Platte definiert:

$$I = mv \ . \tag{5.57}$$

Die Geschwindigkeit von Platten ist sehr klein, ihre Masse hingegen sehr groß. Es ist daher nicht ohne weiteres erkennbar, ob der Impuls in plattentektonischen Kräftegleichgewichten eine wichtige Rolle spielt. Bei der Kollision zweier Platten bleibt der Impuls des Gesamtsystems erhalten. Der Impuls einer von zwei kollidierenden Platten kann sich allerdings ändern und auf die andere Platte übertragen werde. Die Impulsübertragung von einer Platte auf eine andere erfolgt durch eine Kraft. Diese Kraft F ist gleich der Impulsänderung ΔI pro Zeiteinheit Δt, die bei der Abbremsung einer Platte durch die Kollision entsteht:

$$F = \frac{\Delta I}{\Delta t} \ . \tag{5.58}$$

Wird etwa eine Platte bei der Kollision zweier Kontinente sehr schnell abgebremst, ist die Kraft groß. Wird sie langsam abgebremst, ist die Kraft klein. Bei der Abbremsung ändert sich auch die kinetische Energie der Platte, die als das Integral des Impulses nach der Geschwindigkeit definiert ist:

$$E_k = \frac{mv^2}{2} \ . \tag{5.59}$$

Im Gegensatz zum Impuls kann sich die kinetische Energie bei der Kollision ändern.

Im folgenden schätzen wir als Beispiel den Impuls der Indo-Australischen Platte und die Kraft ab, die bei ihrer Kollision mit der Asiatischen Platte aus der Impulsänderung entsteht. Die Fläche A der Indo-Australischen Platte beträgt ca. $5 \cdot 10^6$ km^2. Bei einer mittleren Plattenmächtigkeit z_l von 100 km und einer mittleren Dichte ρ von $3\,000$ kg m^{-3} erhält man für die Masse: $m = Az_l\rho = 1,5 \cdot 10^{21}$ kg. Wenn wir eine relative Geschwindigkeit von $v = 0,1\,\mathrm{m\,y}^{-1} \approx 3,2 \cdot 10^{-9}$ m s^{-1} annehmen, ergibt das: $I = mv = 4,7 \cdot 10^{12}$ kg m^{-1} s^{-1}. Die kinetische Energie ist: $E_k = 7,6 \cdot 10^3$ J. Alle in diese Abschätzung eingehenden Zahlenwerte sind eher zu groß als zu klein gewählt. Der berechnete Impuls kann daher als oberer Grenzwert betrachtet werden.

Im Falle der Kollision von Indien mit Asien wissen wir, daß die relative Geschwindigkeit der beiden Platten seit dem Tertiär nahezu unverändert geblieben ist. Der Wert von Δt in Gl. 5.58 ist also sehr groß, d. h. die Kraft, die durch die Impulsänderung entsteht, ist sehr klein. Der Impuls beeinflußt das Kräftegleichgewicht der Kollision von Indien mit Asien nicht. Allerdings läßt sich leicht nachweisen, daß auch bei schneller Abbremsung, z. B. innerhalb einer Million Jahre, die Kraft sehr klein ist: $F = 4,7 \cdot 10^{12}/3,15 \cdot 10^{13} \approx 0,15$ N. Verteilt auf fast 5 000 km Kollisionslänge (Längserstreckung des Himalaya) sind das nur etwa $3 \cdot 10^{-8}$ N m^{-1}. Nur eine Abbremsung der Platte innerhalb von Sekundenbruchteilen würde zu einer geologisch relevanten Kraftübertragung führen. Dann wäre allerdings die Zeitdauer der Verformung viel zu kurz, um geologisch relevant zu sein. Daraus können wir den Schluß ziehen, daß der Impuls praktisch keinen Einfluß auf plattentektonische Prozesse hat.

5.4
Übungsaufgaben

Aufgabe 5.1. *Zum Verständnis des Unterschieds zwischen Gewicht und Masse:* Wieviel wiegt 1 kg Gestein auf der Erdoberfläche?

Aufgabe 5.2. *Zum Verständnis der Umrechnung von Energieformen:* Ein Kontinent rammt mit einer Kraft von 10^{13} N 100 km tief in einen anderen Kontinent hinein. Welche Menge mechanischer Energie wird dabei frei? Diskutieren Sie, in welche Form die freiwerdende Energie umgewandelt werden könnte.

Aufgabe 5.3. *Zum Verständnis der elastischen Verformung (Abschn. 5.1.2):* Granit hat ein Young-Modul von etwa 50 GPa. Um wieviel Prozent verformt sich der Granit aufgrund einer uniaxialen Spannung von 50 MPa? Verwenden Sie Gl. 5.21 und Gl. 5.22.

Aufgabe 5.4. *Zum Verständnis der elastischen Verformung (Abschn. 5.1.2):* Wie groß ist der Mächtigkeitsunterschied zwischen unelastischer und elastischer Lithosphäre, der nur aufgrund des Eigengewichts entsteht? $E = 60$ GPa, $z_\mathrm{l} = 100$ km, $\rho = 3\,000$ kg m^{-3}.

Aufgabe 5.5. *Zum Verständnis von Herdflächenlösungen (Abschn. 5.1.2):* Zeichnen Sie qualitative Herdflächenlösungen für folgende Bruchflächen: a) eine von Norden nach Süden streichende, senkrecht einfallende Störung, deren Ostseite nach unten versetzt wurde; b) eine horizontal liegende Störung, in der das Hangende nach Westen versetzt wurde; c) eine von Norden nach Süden streichende, senkrecht einfallende Störung, deren Ostseite mit etwa 45° nach Norden und unten versetzt wurde; d) eine etwas steiler als 45°

Abb. 5.35. Illustration zu Aufgabe 5.6. *a* Profil durch die Lithosphäre. Krustenmächtigkeit $z_c = 30$ km; Mächtigkeit der gesamten Lithosphäre $z_l = 100$ km. Profile *b* und *c* sind durch homogene Verdickung aus Profil *a* auf das Doppelte ($f_c = f_l = 2$) bzw. durch Überschiebung der gesamten Lithosphäre entstanden. $\rho_c = 2\,700\,\mathrm{kg\,m}^{-3}$, $\rho_0 = 3\,300\,\mathrm{kg\,m}^{-3}$, $\rho_m = 3\,200\,\mathrm{kg\,m}^{-3}$, $g = 10\,\mathrm{m\,s}^{-2}$. Man beachte, daß die Höhenlage der Oberflächen in *b* und *c* identisch ist, da das Gewicht beider Säulen übereinstimmt

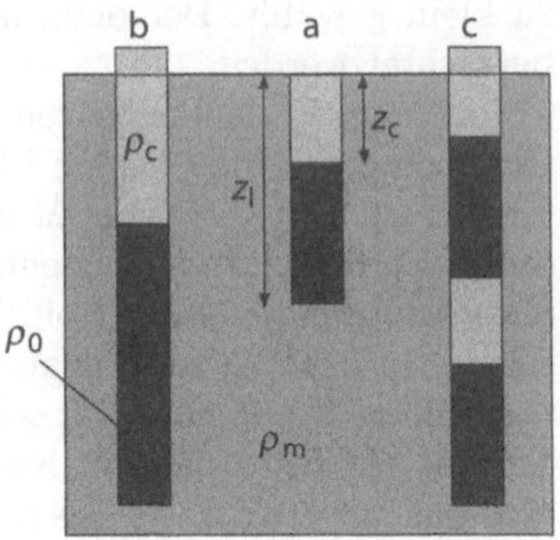

nach Osten einfallende Aufschiebung, deren Hangendes schräg nach Norden aufgeschoben wurde.

Aufgabe 5.6. *Zum Verständnis gravitativer Spannungen (Abschn. 5.3.1)*: Abbildung 5.35 zeigt eine schematische Lithosphäre: a) vor der Verdickung; b) nach homogener Verdickung zu doppelter Mächtigkeit; c) nach Überschiebung der gesamten Lithosphäre. Wie groß ist die horizontale Kraft, die von Säule *c* auf Säule *b* und Säule *a* ausgeübt wird? Diese Kraft ergibt sich aus der Differenz der potentiellen Energie (Gl. 5.47). Schätzen Sie das Ergebnis anhand einer graphischen Darstellung (wie Abb. 5.31) ab. Berechnen Sie das exakte Ergebnis mit Gl. 5.44 bzw. Gl. 5.47 (vgl. auch Gl. 5.48). Thermische Ausdehnung und andere Dichteinhomogenitäten sind vernachlässigbar.

Aufgabe 5.7. *Zum Verständnis von Impuls (Abschn. 5.3.3)*: Eine 100 km mächtige kontinentale Platte mit einer mittleren Dichte von $3\,000$ $\mathrm{kg\,m}^{-3}$ und einer Ausdehnung von $1\,000 \times 1\,000$ km rammt einen viel größeren Kontinent mit einer Geschwindigkeit von $0{,}03$ $\mathrm{m\,y}^{-1}$ und kommt dadurch zum Stillstand. Wie groß ist die kinetische Energie der Platte? Wie hoch kann ein Gebirge vor der Platte aufgetürmt werden, wenn durch die Kollision sämtliche kinetische Energie in potentielle Energie umgesetzt wird? Ansonsten liegen keine Kräfte an den Platten an.

Aufgabe 5.8. *Zur Erklärung scheinbar verschiedener Spannungszustände (Abschn. 5.1.1)*: Ein Kontinent dehnt sich, weil eine angrenzende subduzierte Platte an ihm zieht. Die angelegte Zugspannung hat den absoluten Wert A. Ein anderer Kontinent dehnt sich, weil er von dem Gewicht eines hohen Gebirge „zerdrückt" wird. Die Vertikalspannung des Gebirges hat ebenfalls die Größe A. Sind die Spannungszustände der beiden Platten verschieden? (Betrachten Sie der Einfachheit halber statt der Platten zwei Einheitswürfel: einen, an dem von der Seite gezogen wird, und einen, der von oben zerdrückt wird. Die dritte Dimension ist vernachlässigbar).

Aufgabe 5.9. *Zum Verständnis von Spannungsgleichgewicht, Druck und deviatorischer Spannung (Abschn. 5.1.1)*: Abbildung 5.36 zeigt einen Stein, der

Abb. 5.36. Illustration zu Aufgabe 5.9

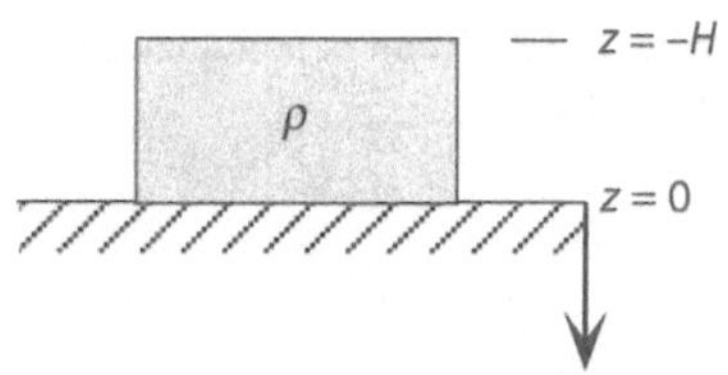

auf der Fläche $z = 0$ aufliegt. a) Wie groß sind die vertikalen und horizontalen Normalspannungen innerhalb des Steins in einer bestimmten Tiefe z? b) Wie groß ist der Druck innerhalb des Steins? c) Wie groß sind die Komponenten des deviatorischen Spannungstensors? Benutzen Sie die Gleichungen für das Spannungsgleichgewicht (Gl. 5.17 und die entsprechenden Beziehungen für die anderen Raumrichtungen; s. auch Gl. 6.15 und 6.16). Beachten Sie, daß die Wahl des Koordinatensystems dazu führt, daß die Höhe des Steins einen negativen z-Wert hat. (Ansonsten hat die Vertikalkoordinate in diesem Buch ihren Ursprung meist am höchsten Punkt der Oberfläche, vgl. Abb. 4.1.)

Aufgabe 5.10. *Zum Verständnis von Spannungsgleichgewicht, Druck und deviatorischer Spannung (Abschn. 5.1.1)*: Der Stein aus Aufgabe 5.9 ist nun geschmolzen. Die in Abb. 5.36 wiedergegebene Form behält er nur deshalb, weil die Schmelze in einem Behälter eingeschlossen ist. a) Wie groß sind die vertikalen und horizontalen Spannungen innerhalb des Steins? b) Wie groß ist der Druck innerhalb des Steins? c) Wie groß sind die Komponenten des deviatorischen Spannungstensors? Verwenden Sie die Gleichungen des Spannungsgleichgewichts (Gl. 5.17 und die entsprechenden Beziehungen für die anderen Raumrichtungen; s. auch Gl. 6.15 und 6.16).

Aufgabe 5.11. *Zum Verständnis von Spannungsgleichgewicht und deviatorischer Spannung (Abschn. 5.1.1)*: Der Stein aus Aufgabe 5.9 ist warm und weich. Er verformt sich unter seinem Eigengewicht wie eine Newtonsche Flüssigkeit (Gl. 5.37). Dabei nehmen wir an, daß er der Fläche $z = 0$ reibungsfrei aufliegt. Wie schnell fließt der Stein auseinander? Beachten Sie, daß die horizontale Verformungsrate in verschiedenen Tiefen verschieden groß sein kann.

Aufgabe 5.12. *Zum Verständnis von Spannungsgleichgewicht und deviatorischer Spannung (Abschn. 5.1.1)*: Der Stein aus Aufgabe 5.9 ist warm und weich. Er verformt sich wie eine Newtonsche Flüssigkeit (Gl. 5.37). a) Wie groß müssen die horizontalen Spannungen σ_{xx} sein, damit das Material des Steins auf seinem ganzen Mächtigkeitsprofil mit einer bestimmten Verformungsrate $\dot\varepsilon$ nach außen fließt? (Nach vorne und hinten ist er begrenzt, d. h. er kann nicht in diese Richtungen fließen; außerdem nehmen wir strikte Zweidimensionalität an, d. h. $\sigma_2 = (\sigma_1 + \sigma_3)/2$.) b) Wie groß ist der Druck innerhalb des Steins in verschiedenen Tiefen?

Abb. 5.37. Illustration zu Aufgabe 5.14

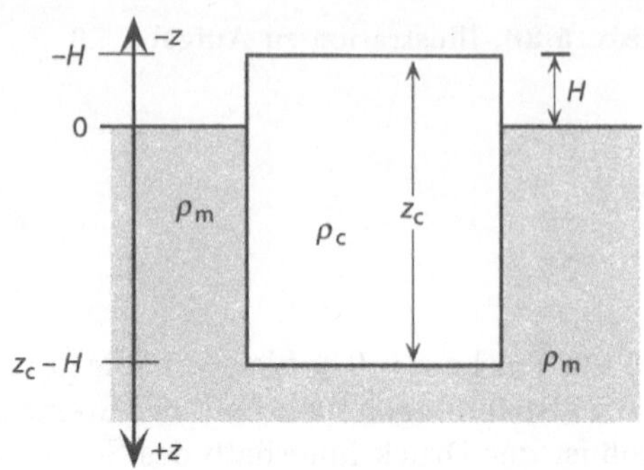

Aufgabe 5.13. *Zum Verständnis von Spannungsgleichgewicht und deviatorischer Spannung (Abschn. 5.1.1)*: Wenn der Stein aus Aufgabe 5.12 nicht frei auseinanderfließen kann, sondern einem festen Kolben gegenübersteht (z. B. einem „Indenter"), wie groß ist dann die Kraft pro Meter, die der Stein auf den Kolben ausübt? Wie schnell würde er den Kolben zur Seite schieben, wenn dieser beweglich wäre?

Aufgabe 5.14. *Zum Verständnis von Spannungsgleichgewicht und deviatorischer Spannung (Abschn. 5.1.1)*: Abbildung 5.37 zeigt einen Festkörper der Dichte ρ_c, der in einer Flüssigkeit der Dichte ρ_m schwimmt. Wie groß sind die Hauptnormalspannungen, der Druck und die Hauptkomponenten der deviatorischen Spannung im Festkörper und in der Flüssigkeit, in Abhängigkeit von der Tiefe?

Kapitel 6
Dynamische Prozesse

6.1
Dehnung von Kontinenten

Kontinente können sich dehnen und dabei an Mächtigkeit verlieren. Dabei unterscheiden wir zwischen aktiver und passiver Dehnung (engl.: *active and passive extension*). Unter *aktiver* Dehnung wird die Mächtigkeitsabnahme eines Kontinents infolge des aktiven Einwirkens äußerer Kräfte verstanden, wenn z. B. eine subduzierte Platte an einem angrenzenden Kontinent zieht (z. B. Le Pichon 1983). Als *passive* Dehnung bezeichnen wir die Dehnung einer Platte, die durch einen Überschuß an potentieller Energie zustande kommt, wenn z. B. eine kontinentale Platte durch aufsteigendes Mantelmaterial (engl.: *mantle plumes*) angehoben wird (Keen 1980). Wir wollen uns aber erinnern, daß der Spannungszustand einer Platte, die *aktiv* gedehnt wird, völlig identisch mit dem einer Platte ist, die *passiv* gedehnt wird (s. Abb. 5.3 und Aufgabe 5.8).

Hebung oder Senkung. Die Dichte kontinentaler Kruste ist geringer als jene der Asthenosphäre. Die Dichte der Mantellithosphäre ist höher als jene der Asthenosphäre (s. Abb. 2.11). Bei Bestehen eines isostatischen Gleichgewichts ist es daher nicht selbstverständlich, daß Dehnung der Gesamtlithosphäre zur Absenkung der Erdoberfläche und damit zur Beckenbildung führt. Ob dies tatsächlich der Fall ist, wird durch das Verhältnis der Mächtigkeiten von Kruste und Mantellithosphäre zu Beginn der Dehnung bestimmt (s. Abb. 4.16). McKenzie (1978) zeigte, daß – sofern sich die Lithosphäre im thermischen Gleichgewicht befindet – Dehnung nur dann zur Absenkung führt, wenn die Ausgangsmächtigkeit der Kruste mehr als 14 km beträgt (Abb. 6.1). Wenn die Kruste wesentlich dünner ist, führt Dehnung zur Hebung der Oberfläche.

Andererseits müssen Absenkung und Beckenbildung nicht unbedingt durch Dehnungsprozesse bedingt sein. Die Prozesse der kontinentalen *Dehnung* und der *Beckenbildung* sind jedoch so eng miteinander verknüpft, daß wir uns in diesem ersten Abschnitt des Kapitels vor allem mit der Entstehung von Becken befassen. Dabei sind die Begriffe „Dehnung" und „Absenkung" sorgfältig voneinander zu trennen; hingegen sind „Absenkung" und „Subsidenz" synonym.

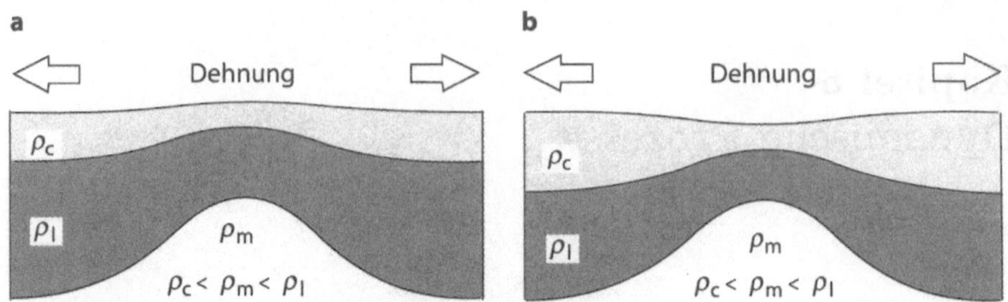

Abb. 6.1. Einfluß des Mächtigkeitsverhältnisses von Kruste (*hell schattiert*) und Mantellithosphäre (*dunkel schattiert*) auf die Art der Oberflächenbewegung bei Dehnung der Lithosphäre durch reine Scherung (genaugenommen: Schiebung). Die Variablen ρ_c, ρ_l und ρ_m sind die Dichte der Kruste, der Mantellithosphäre bzw. der Asthenosphäre. In **a** führt Dehnung zur Hebung der Oberfläche, weil der Anteil der schwereren Mantellithosphäre an der Lithosphäre relativ groß ist. In **b** senkt sich die Oberfläche, weil die weniger dichte Kruste einen größeren Anteil an der Lithosphäre hat

6.2
Entstehung von Sedimentationsbecken

Der zeitliche Verlauf der Absenkung von Sedimentationsbecken ist eine der wichtigsten Informationsquellen für die geodynamische Interpretation kontinentaler Dehnungsprozesse. Die Absenkung von Sedimentationsbecken und die Hebung von Gebirgen, die wir zur Erklärung von Kollisionsprozessen herangezogen haben (z. B. in Abschn. 4.1.1, 4.2.1), sind in vieler Hinsicht analoge Prozesse. In einem Punkt unterscheiden sie sich jedoch fundamental: Die Mächtigkeit der Sedimentfüllung von Becken ist meist viel größer als der Betrag einer auf tektonische Mechanismen zurückzuführenden Absenkung. Dieses Phänomen, das erstmals in Zusammenhang mit den COST1- und COST2-Bohrungen im Kontinentalschelf der USA erkannt wurde, läßt sich leicht erklären: Die Dichte von Sedimenten ist weitaus größer als jene von Wasser oder Luft. Nach den Prinzipien der Isostasie verursacht die Sedimentlast eines tektonisch gebildeten Beckens eine zusätzliche Absenkung, die wiederum zusätzlichen Raum für weitere Sedimente bildet.

Daher unterscheiden wir zwischen tektonischer Absenkung (engl.: *tectonic subsidence*) und Gesamtabsenkung (engl.: *total subsidence*). Unter Gesamtabsenkung wird der Betrag der Absenkung der ehemaligen Erdoberfläche verstanden. Ihre Geschwindigkeit wird durch die Absenkungs- oder *Subsidenzrate* bezeichnet. Nach dieser Definition ist Absenkung *nicht* ganz genau das Gegenteil von *Uplift* bzw. Hebung der Oberfläche (s. Abschn. 4.1), obwohl wir das dort als solches definiert haben. Der tektonische Anteil an der Gesamtabsenkung umfaßt nur jene Absenkung, die auf die im folgenden besprochenen tektonischen Mechanismen und *nicht* auf die Sedimentlast zurückzuführen ist. Um die tektonischen Prozesse, die zur Beckenbildung führen, interpretieren zu können, müssen wir den Betrag der Gesamtabsenkung kennen und davon den Einfluß der Sedimentlast abziehen (Sclater und Christie 1980; Steckler und Watts 1978, 1981). Dieses Verfahren wird als „Backstripping" bezeichnet und in Abschn. 6.2.3 besprochen.

6.2.1
Absenkungsmechanismen

Die Absenkung bzw. Subsidenz fast aller Sedimentationsbecken beruht auf drei Mechanismen, die wir großenteils bereits angesprochen haben. Es handelt sich dabei um:

– isostatische Absenkung,
– flexurelle Absenkung,
– thermische Absenkung.

Diese drei Mechanismen sind zum Teil eng miteinander verknüpft. Die sich aus diesem Umstand ergebenden Konsequenzen und geeigneten Methoden für ihre Beschreibung werden im folgenden behandelt. Einen sehr guten Überblick über Modelle der Beckenbildung haben Angevine et al. (1990) publiziert (s. auch Allen und Allen 1990).

Isostatische Absenkung wird durch Veränderungen der Dichtestruktur der Lithosphäre verursacht. Veränderungen der Lithosphärenmächtigkeit und isostatische Kompensation sind die wichtigsten Prozesse, die zu isostatischer Absenkung führen (Abschn. 4.2.1). Mächtigkeitsveränderungen wiederum werden vor allem durch Dehnungsprozesse, aber auch durch Erosion oder Intrusion hervorgerufen (Abb. 6.2).

Flexurelle Absenkung beruht auf dem Prinzip der elastischen Platte (s. Abschn. 4.2.2). Wenn auf eine elastische Platte eine Last gelegt wird, biegt sich diese durch und es entsteht ein Becken. In vielen Fällen sind solche Becken nur neben der Last ausgebildet, weil die Last selbst den größten Teil des Beckens ausfüllt (Abb. 4.19). Bei steifen Platten entsteht ein breites, flaches, bei weichen Platten ein schmales, aber umso tieferes Becken. Das Beckenvolumen ist nicht von der Steife der Platte abhängig (s. Abb. 4.22).

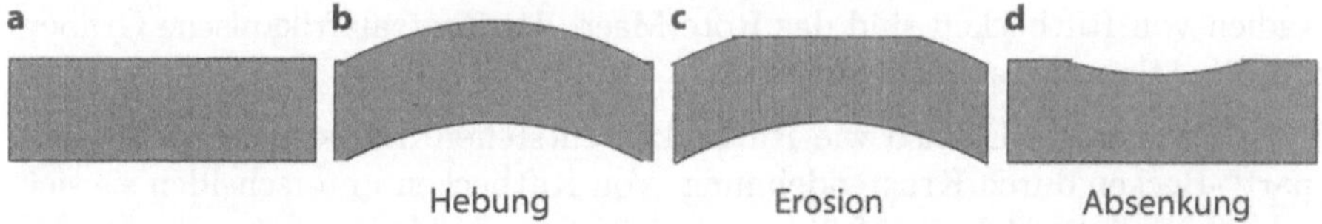

Abb. 6.2. Graphische Darstellung eines der ersten Modelle der Beckenbildung (nach Sleep 1971). Ein Kontinent wird durch externe Prozesse, z.B. durch aufsteigendes Asthenosphärenmaterial (engl.: *mantle plumes*), angehoben. Infolge der Erosion des gehobenen Gebietes wird die Kruste dünner. Am Ende des aktiven Hebungsprozesses sinkt die Lithosphäre in ihre Normalposition zurück, wodurch ein flaches Becken entsteht

Thermische Absenkung beruht darauf, daß sich die Dichtestruktur der Lithosphäre verändert, wenn sich diese abkühlt (Abschn. 4.2.1). Eigentlich zählt thermische Absenkung zu den isostatischen Mechanismen. Da die Veränderung der Dichtestruktur aber thermisch und nicht mechanisch bedingt ist, wird sie oft getrennt von diesen behandelt. Bei der Abkühlung steigt die Gesteinsdichte, und es kommt zur Absenkung der Oberfläche. Abkühlungsprozesse können nicht in thermisch stabilisierter Lithosphäre stattfinden. Jedem Abkühlungsprozeß muß ein Erwärmungsprozeß vorangegangen sein. Dabei ist die Absenkung, die durch die Verdichtung der Lithosphäre infolge der Abkühlung entsteht, genau so groß wie die Hebung aufgrund der Erwärmung. Folglich kann sich bei Abkühlung nur dann ein Becken bilden, wenn die Kruste während der Erwärmung und Hebung erodiert oder gedehnt wurde (Abb. 6.2; Abschn. 6.2.4; McKenzie 1978).

6.2.2
Beckentypen

Die drei obengenannten Absenkungsmechanismen und Kombinationen derselben führen zur Entstehung unterschiedlicher Beckentypen, die z. B. von Dickinson (1976) klassifiziert wurden (s. auch Buck 1991).

Passive Kontinentalränder und Riftbecken. Riftbecken entstehen typischerweise aufgrund dehnungsbedingter Krustenabsenkungen (Abb. 2.17a). Ihren Namen verdanken sie dem Umstand, daß in ihnen die Dehnung normalerweise zur Teilung der Lithosphäre und zur Ausbildung eines passiven Kontinentalrandes führt. Dabei kann der Dehnungsprozeß symmetrisch (Keen et al. 1989) oder asymmetrisch um die Riftachse (Wernicke 1985; Lister et al. 1986, 1991) verlaufen. Später folgt meist eine Phase der thermischen Absenkung, während der sich die dünn gewordene Mantellithosphäre durch Abkühlung wieder verdickt. Die Entwicklung von Riftbecken läßt sich somit in eine *Rift-* und eine *Sackungsphase* unterteilen, die jeweils durch ein bestimmtes Sedimentationsmilieu charakterisiert sind. In der Riftphase erfolgt die Sedimentation schnell und wird von der Ausbildung von Halbgräben begleitet. In der Sackungsphase ist die Sedimentation langsam und statisch, d. h. sie wird von keiner tektonischen Bewegung im Untergrund begleitet. Beispiele für verschiedene Stadien von Riftbecken sind das Rote Meer, der Zentralafrikanische Graben und die Atlantikküste Nordamerikas.

Transformbecken. Ebenso wie Riftbecken entstehen Transform- oder „Pullapart"-Becken durch Krustendehnung. Von Riftbecken unterscheiden sie sich dadurch, daß die Dehnung früher beendet ist, so daß kein passiver Kontinentalrand entstehen kann. Transformbecken sind auf mindestens zwei Seiten von Blattverschiebungen begrenzt; ihre Form ist oft rechteckig oder rhombisch. Aufgrund ihrer begrenzten Größe kann in Transformbecken die Wärme des aufsteigenden Mantels nicht nur in vertikaler Richtung, sondern auch lateral abgeleitet werden, und deshalb kommt es zu einer viel geringeren

Ausdünnung der Mantellithosphäre als in Riftbecken. Infolgedessen fehlt auch die Sackungsphase der Absenkung, die für Riftbecken typisch ist (Pitman und Andrews 1985). Die Absenkung von Transformbecken ist im wesentlichen eine lineare Funktion der Zeit. Transformbecken sind oft sehr kurzlebig. Das liegt vor allem daran, daß die tektonischen Strukturen, entlang derer sie sich bilden, nur kurzzeitig aktiv sind, bevor andere Strukturen desselben Orogens die Deformation aufnehmen. Beispiele für Transformbecken sind das Death Valley in Kalifornien, das Wiener Becken und mehrere intramontane Becken in den Ostalpen.

Vorlandbecken. Vorland- oder Randbecken (engl: *foreland basins*) bilden sich durch Kollision zweier Platten. Der ausschlaggebende Absenkungsmechanismus ist die elastische Einbiegung der Platte aufgrund der Belastung durch interne oder externe Lasten (Beaumont 1981; Jordan 1981; Karner und Watts 1983). Vorlandbecken lassen sich nach ihrer relativen Position zur Unterplatte in zwei Gruppen unterteilen (Abb. 2.16). *Periphere* Vorlandbecken, wie z. B. die Molassebecken der Alpen und des Himalaya, entstehen auf der Subduktionsseite eines Kollisionsorogens aufgrund der Belastung einer Platte durch eine andere. *Retroarc*-Vorlandbecken entstehen im Hinterland einer Subduktionszone auf der kontinentalen Oberplatte, so z. B. östlich der Anden. Ihre Ursachen sind schlecht erklärt, aber der zeitliche Ablauf der Subsidenz von Vorlandbecken jeder Art gibt direkten Aufschluß über die Belastungsrate der Platte und damit über die Kollisionsgeschwindigkeit zweier Platten. Periphere und Retroarc-Vorlandbecken finden auf ozeanischer Lithosphäre ihre Analoge in Forearc- und Backarc-Becken.

Forearc-Becken. Forearc-Becken bilden sich *vor* einem Inselbogen. Über den Mechanismus ihrer Absenkung gibt es keine gesicherten Erkenntnisse, sondern nur eine Reihe vorläufiger Theorien: 1. Die Subduktion einer ozeanischen Platte unter eine andere führt zu einer Verdoppelung der Plattenmächtigkeit unter und hinter dem Akkretionskeil. Bei entsprechender Dichte der ozeanischen Lithosphäre führt diese Plattenverdickung zur Absenkung. 2. Die Subduktion einer kalten Platte unter eine warme kann zur Abkühlung der Oberplatte und damit zu thermischer Subsidenz führen. 3. Wenn die Platte im Forearc-Bereich durch den entstehenden Inselbogen sowie aufgrund einer „negativen Belastung" durch den aufsteigenden Akkretionskeil belastet wird, kann das dazu führen, daß sich die Platte elastisch zurückbiegt. Becken, die sich auf ozeanischer Lithosphäre hinter der Subduktionszone bilden, werden als Backarc-Becken bezeichnet. Ihre Bildung wird zumeist mit Aufwölbung der Asthenosphäre im Bereich des Mantelkeils in Zusammenhang gebracht.

Intrakontinentale Becken. Über die Genese der relativ seltenen großen Intrakontinentalbecken ist man sich noch im unklaren. Ihre Absenkung verläuft nur langsam, wobei die tektonische Absenkung selten mehr als 2 km beträgt. Ihre runde Form und die langsame Absenkung deuten auf thermische Subsidenz als Absenkungsmechanismus hin. Das Michigan-Becken in den USA ist ein gutes Beispiel für ein intrakontinentales Becken.

6.2.3
Subsidenzanalyse

Im vorhergehenden Abschnitt haben wir gezeigt, daß der Verlauf der Absenkung eines Sedimentationsbeckens die wichtigsten Hinweise auf die tektonische Ursache der Absenkung liefert. Um aus Geländedaten der Sedimentabfolge (stratigraphisches Profil) eines Beckens auf den Verlauf der Absenkung zu schließen, sind drei Schritte notwendig:

– Dokumentation des stratigraphischen Profils,
– Berücksichtigung der Kompaktion,
– Berücksichtigung der Wassertiefe.

Wenn wir an der tektonischen Komponente der Absenkung interessiert sind, kommt noch ein vierter Schritt hinzu:

– Berücksichtigung der Sedimentlast: Backstripping.

Innerhalb des stratigraphischen Profils müssen 1. die Mächtigkeit, 2. die Lithologie, 3. das Alter und 4. die Ablagerungswassertiefe jeder Sedimentschicht dokumentiert werden. Die Porosität der Gesteine und Daten über ihre thermische Geschichte sind zusätzliche Informationen, die bei der Interpretation hilfreich sind. Auf den nächsten Seiten wird dargelegt, wie der Verlauf der Absenkung aus diesen Daten hergeleitet werden kann.

Kompaktion. Zur Berücksichtigung der Kompaktion muß die Mächtigkeit jeder Schicht zum Zeitpunkt unmittelbar nach der Sedimentation ermittelt werden. Von diesem Wert wird die jeweilige Volumenverringerung abgezogen, die durch Kompaktion durch die darüber liegenden Schichten verursacht wird. Dazu muß man die Porosität der Gesteine kennen. Empirischen Untersuchungen zufolge nimmt die Gesteinsporosität im großen und ganzen exponentiell mit der Tiefe ab. Somit gilt folgende allgemeine Beziehung:

$$\phi = \phi_0 e^{-cz} \ . \tag{6.1}$$

Darin ist ϕ die Gesteinsporosität in einer bestimmten Tiefe z, ϕ_0 die Porosität an der Oberfläche und c eine gesteinsspezifische Kompaktionskonstante

Abb. 6.3. Abnahme der Porosität ϕ_0 verschiedener Gesteine mit der Tiefe. Sandstein: $\phi_0 = 0,4$, $c = 3 \cdot 10^{-4}$ m^{-1}; Kalkstein: $\phi_0 = 0,5$, $c = 7 \cdot 10^{-4}$ m^{-1}; Schiefer: $\phi_0 = 0,5$, $c = 5 \cdot 10^{-4}$ m^{-1}. Für die Korndichte ρ_g der drei Gesteine gilt: Sandstein: $\rho_g = 2\,650$ kg m^{-3}; Schiefer: $\rho_g = 2\,720$ kg m^{-3}; Kalkstein: $\rho_g = 2\,710$ kg m^{-3} (berechnet mit Gl. 6.1 und Daten von Sclater und Christie 1980; s. auch Bond et al. 1983)

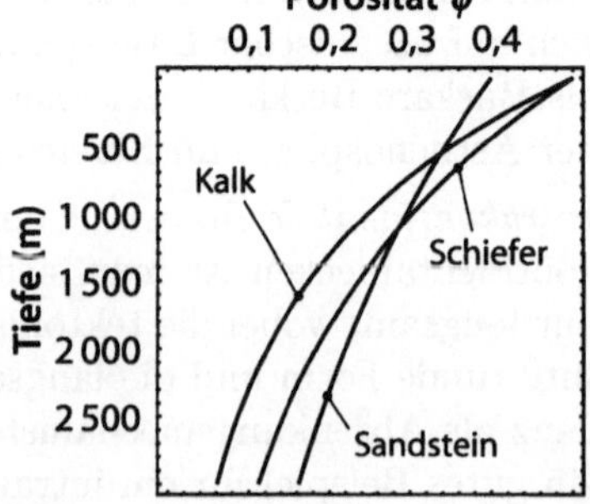

(Abb. 6.3). Im folgenden bezeichnen wir die gemessene Mächtigkeit einer beliebigen Schicht mit L, die Mächtigkeit einer bestimmten Schicht in einem mehrschichtigen Stapel mit L_i, die Mächtigkeit einer beliebigen Schicht zum Zeitpunkt der Sedimentation mit L_0, die dekompaktierte Gesamtmächtigkeit des Stapels nach Entfernung einer Schicht mit L^* und die dekompaktierte Mächtigkeit einer bestimmten Schicht mit L_i^*. Um aus der im Gelände gemessenen Schichtmächtigkeit L die ursprüngliche Mächtigkeit L_0 zu berechnen, müssen wir ein Integral lösen. Unter der Voraussetzung, daß sich das Volumen einer Schicht nur durch Abnahme der Porosität (also nicht durch Metamorphose, Zementation oder Lösung) verändert, muß folgende Beziehung gelten:

$$\int_0^{L_0} (1 - \phi)\mathrm{d}z = \int_{z_L}^{z_L + L} (1 - \phi)\mathrm{d}z \ . \tag{6.2}$$

Diese Gleichung besagt nichts anderes, als daß das Gesteinsvolumen ohne Porenraum (1-ϕ) immer konstant bleibt. Mit anderen Worten: Das Gesteinsvolumen abzüglich des Porenvolumens ist in der Tiefe $z = z_L$ genau so groß wie an der Erdoberfläche (bei $z = 0$). Gleichung 6.2 ist also ein „eindimensionales Volumengleichgewicht". Sie ist die Grundlage für alle folgenden Überlegungen. Natürlich muß man vor einer Kompaktionsanalyse die Anwendbarkeit dieser Gleichung überprüfen. Wenn das Sediment zementiert oder angelöst wird, ist möglicherweise keine Volumenkonstanz gegeben und die Kompaktionsanalyse kompliziert sich. In diesem Fall muß man versuchen zu ermitteln, wann das Sediment zementiert wurde, ob das Bindemittel aus dem Gestein selbst durch Lösung entstanden ist oder ob es von außen zugeführt wurde. Nur durch sorgfältige Erfassung der jeweiligen Petrographie und Geländegeologie kann entschieden werden, ob die relativ einfachen Gleichungen dieses Abschnitts zur Anwendung kommen dürfen.

Durch Einsetzen von Gl. 6.1 in Gl. 6.2 und Integration erhält man:

$$L_0 + \frac{\phi_0}{c}\mathrm{e}^{(-cz_0)}(\mathrm{e}^{(-cL_0)} - 1) = L + \frac{\phi_0}{c}\mathrm{e}^{(-cz_L)}(\mathrm{e}^{(-cL)} - 1) \ . \tag{6.3}$$

Gleichung 6.3 ist leider nicht nach L_0 auflösbar. Sie kann allerdings numerisch gelöst werden (Abschn. A.5.3). In den meisten Fällen ist das jedoch nicht notwendig. Vielmehr reicht folgende lineare Näherung aus:

$$L_0 = \frac{(1 - \phi)L}{1 - \phi_0} \ . \tag{6.4}$$

Aus Gl. 6.4 läßt sich mittels Geländedaten zur Porösität ϕ und Mächtigkeit L einer Schicht die ursprüngliche Schichtmächtigkeit L_0 leicht berechnen. ϕ_0 wird dazu mit Gl. 6.1 berechnet. Die ursprüngliche Mächtigkeit einer Schicht L benötigen wir für die weitere Subsidenzanalyse. Natürlich kann Gl. 6.4 auch dazu verwendet werden, die Mächtigkeit einer Schicht in jedem anderen Stadium der Dekompaktion L^* zu berechnen. Dazu muß nur statt

ϕ_0 die Porosität ϕ^* eingesetzt werden. Die Variable ϕ^* ist die Porosität in einer beliebigen Tiefe und läßt sich ebenso mit Gl. 6.1 berechnen (Abb. 6.3).

Liegen uns zusätzliche Informationen über Porosität und thermische Geschichte der Gesteine vor, können wir die Kompaktionsanalyse verfeinern. Mit Hilfe von Gl. 6.1 und Gl. 6.4 können die Subsidenzkurven des Beckenuntergrundes errechnet werden. Die entsprechende Methodik wird in Abb. 6.4 illustriert.

Die mit den obigen Überlegungen gewonnenen Subsidenzkurven beschreiben die Tiefe des unterhalb des Sedimentstapels gelegenen Beckenuntergrundes als Funktion der Zeit. Die Höhenlage der Oberfläche des Sedimentstapels muß nicht immer konstant sein. Beispielsweise kann sich die Wassertiefe in einem Sedimentationsbecken ändern. Die Wassertiefe zu jedem Zeitpunkt der Sedimentation muß zu der Subsidenzkurve hinzuaddiert werden, um die Gesamtabsenkung des Beckens als Funktion der Zeit zu ermitteln. Becken, die nicht im marinen, sondern im terrestrischen Milieu absinken, sind viel schwerer interpretierbar, da das entsprechende Bezugsniveau (Meeresspiegel) fehlt. In marinen Becken kann man die Wassertiefe zum Zeitpunkt der Ablagerung aus Sedimentmerkmalen und oft auch aus Fossilfunden ableiten. Wenn sich das Meeresspiegelniveau ändert, wird die Subsidenzanalyse noch schwieriger. Meeresspiegelschwankungen können möglicherweise aus synchronen Stufen in sonst völlig voneinander unabhängigen Subsidenzkurven abgelesen werden.

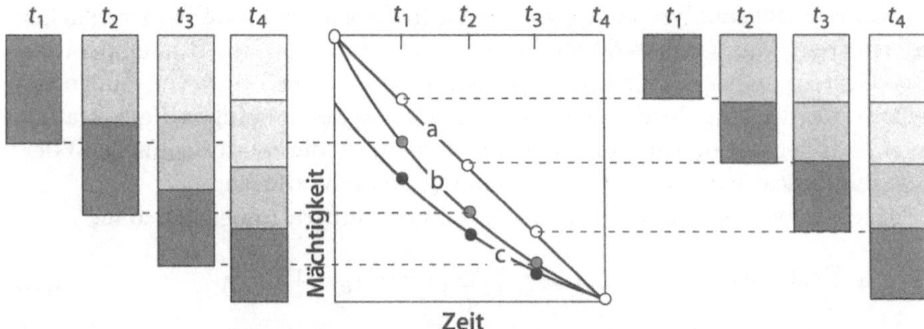

Abb. 6.4. Illustration zur Wirkung der Kompaktion auf einen Sedimentstapel. Die stratigraphischen Profile rechts (ohne Kompaktion) und links (mit Kompaktion) bestehen aus bis zu vier Sedimentschichten, die jeweils zu den Zeitpunkten t_1, t_2, t_3 und t_4 abgelagert wurden. Die zuerst abgelagerte Schicht ist am dunkelsten schattiert, die zuletzt abgelagerte am hellsten. Zum gegenwärtigen Zeitpunkt t_4 ist die Schichtfolge beider Profile identisch, was *scheinbar* darauf hinweist, daß beide Profile dieselbe Genese durchlaufen haben. Dies wird jedoch durch das Diagramm in der Bildmitte widerlegt. Kurve *a* für nicht kompaktierbare Gesteine (*Profile rechts*): Die Tiefe des Beckenuntergrundes nimmt linear mit der Zeit zu. Kurve *b* für kompaktierbare Sedimente (*Profile links*): Die Absinkrate des Beckenuntergrundes nimmt mit der Zeit ab. Kurve *c* für kompaktierbare Sedimente: Eine Beckenentwicklung, die nicht an der Oberfläche beginnt; d. h., die Kompaktion der vier dargestellten Sedimentschichten wird durch darüberliegende Sedimente oder darüberliegendes Wasser noch verstärkt

Backstripping. Bislang haben wir die Tiefe des Beckenuntergrundes als Funktion der Zeit und als Summe aus tektonischer Absenkung und zusätzlicher Absenkung durch die Sedimentlast berechnet. Um die Genese eines Beckens ermitteln zu können, muß man jedoch den Betrag der *tektonischen* Absenkung kennen. Um diese aus der Gesamtabsenkung zu berechnen, verwenden wir die Methode des *Backstripping* (Sclater und Christie 1980). Bei Verwendung thermochronologischer Daten ist „Backstacking", das Umkehrverfahren des Backstripping, möglich (Brown 1991).

Beim Backstripping werden die Sedimentschichten gedanklich nacheinander aus dem Becken entfernt. Bei jedem Backstripping-Schritt wird die Tiefe des Beckenuntergrundes *ohne* die Sedimentlast berechnet. Je nachdem, wie genau wir dabei sein wollen (oder, durch die geologische Situation bedingt, sein müssen), unterscheiden wir zwischen:

– Backstripping unter den Bedingungen der hydrostatischen Isostasie,
– Backstripping unter den Bedingungen der Flexurisostasie.

Backstripping unter den Bedigungen der hydrostatischen Isostasie ist einfach, denn wir müssen nur Gl. 4.16 anwenden. Wir wollen das zunächst am Beispiel eines marinen (d. h. wassergefüllten) Beckens demonstrieren, in dem sich eine einzige Sedimentschicht der Mächtigkeit L und der Dichte ρ_L abgelagert hat. Für dieses Becken berechnen wir die Tiefe des Beckenuntergrundes *vor* der Sedimentation. Wir bezeichnen diese Tiefe mit z_T. Präzise gesagt ist z_T der Unterschied zwischen der Tiefe des Beckenuntergrundes vor und nach der Sedimentation, aber wenn wir annehmen, daß das Becken nach der Sedimentation völlig von Sedimenten ausgefüllt ist, dann ist z_T gleich groß wie die tektonische Komponente der Absenkung (s. Aufgabe 6.4). Die Berechnung von z_T folgt demselben Prinzip wie die Beziehungen, die wir zur Berechnung der isostatischen Gleichgewichtshöhe verwendet haben (Abschn. 4.2.1; Abb. 6.5):

$$z_\mathrm{T} = L \left(\frac{\rho_\mathrm{m} - \rho_L}{\rho_\mathrm{m} - \rho_\mathrm{w}} \right) + w - \Delta SL \frac{\rho_\mathrm{m}}{\rho_\mathrm{m} - \rho_\mathrm{w}} \ . \tag{6.5}$$

Die Mächtigkeit der Kruste (bzw. der Lithosphäre) geht in Gl. 6.5 nicht ein, weil wir annehmen, daß die tektonische Absenkung vor Beginn der Sedimentation erfolgte und die Mächtigkeit der Kruste vor und nach der Sedimentation daher gleich groß ist. Der Wert ΔSL ist die Änderung des Meeresspiegels während des Sedimentationszeitraums. Falls das Becken zu irgendeinem Zeitpunkt nicht mit Wasser gefüllt war, muß für den entsprechenden Zeitraum ρ_w durch $\rho_\mathrm{Luft} = 0$ ersetzt werden. Gleichung 6.5 ist analog zu Gl. 4.19, wird aber nach einer anderen Größe aufgelöst. Die Dichte der porösen Sedimentschicht ρ_L, die in Gl. 6.5 vorkommt, läßt sich aus der Dichte der Körner ρ_g und des Porenwassers ρ_w bestimmen, wenn die Porosität bekannt ist (Abb. 6.6):

$$\rho_L = \phi \rho_\mathrm{w} + (1 - \phi)\rho_\mathrm{g} \ . \tag{6.6}$$

Abb. 6.5. Illustration zur Herleitung von Gl. 6.5 anhand zweier Vertikalprofile durch die Kruste (s. auch Aufgabe 6.4). Das rechte Profil zeigt ein schematisches Krustenprofil im isostatischen Gleichgewicht *nach* einer tektonischen Absenkung, aber *vor* der Einfüllung dieser Absenkung durch Sedimente. Das linke Profil zeigt schematisch die Gesamtabsenkung der Kruste nach der Sedimentation einer Sedimentschicht der Mächtigkeit L. Die Größen ρ_c bzw. z_c sind die Dichte bzw. Mächtigkeit der Kruste. Da ρ_c und z_c in beiden Profilen gleich groß sind, kürzen sie sich in Gl. 6.5 heraus

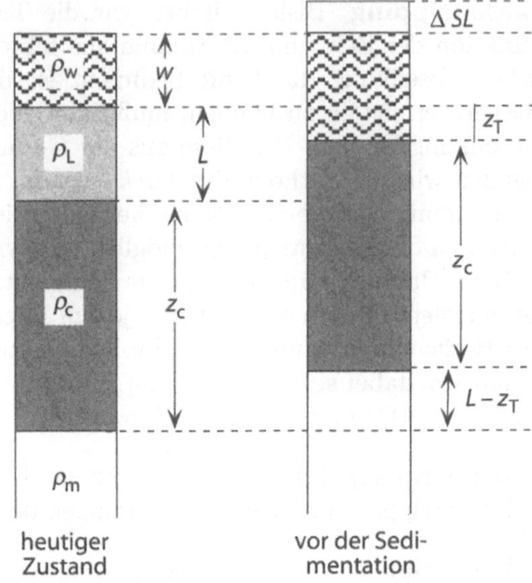

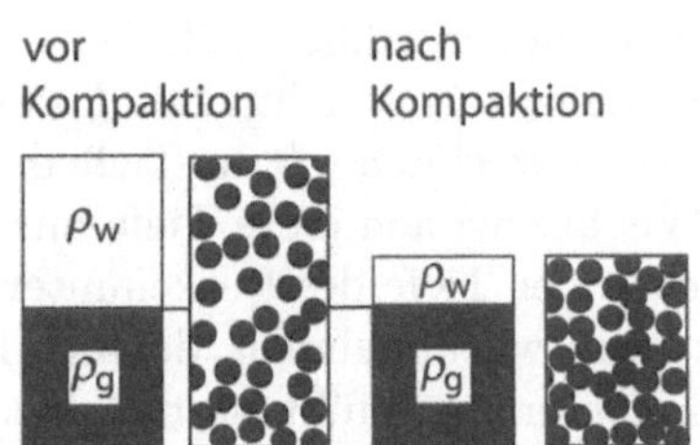

Abb. 6.6. Illustration zur Erklärung von Gl. 6.6. Bei der Kompaktion von Sedimenten werden im Idealfall nur die wassergefüllten Porenräume verkleinert (wenn es nicht zur Metamorphose oder Lösung kommt). Das Kornvolumen hingegen bleibt konstant. Das wird durch zwei Profile des Wasser- und Kornvolumens veranschaulicht, die für ein Gestein vor und nach seiner Kompaktion gelten. Die Variable ρ_w ist die Dichte des Porenwassers und ρ_g die Dichte der Körner

Für Becken, in denen sich nicht nur eine Schicht, sondern ein ganzer Sedimentstapel abgelagert hat (von Schicht 1 als unterste bis Schicht i als oberste Schicht), läßt sich die *gesamte* tektonische Absenkung ebenfalls mit Gl. 6.5 berechnen, wenn für L und ρ_L die Mittelwerte aller Schichten eingesetzt werden. Mit Gl. 6.5 kann man jedoch auch den Verlauf einer schrittweisen Absenkung bestimmen. Zu diesem Zweck wird schrittweise die jeweils oberste Schicht entfernt, und L bzw. ρ_L werden durch L^* bzw. ρ_{L^*} ersetzt. Der Wert z_T ist dann die tektonische Absenkung während der Sedimentation der obersten Schicht; L^* und ρ_{L^*} sind die dekompaktierte Mächtigkeit bzw. die Dichte des Sedimentstapels nach Entfernung von Schicht i. Die Mächtigkeit des gesamten Sedimentstapels zu Beginn der Sedimentation von Schicht i ist

$$L^* = \sum_{j=1}^{i} L_j^* \; . \tag{6.7}$$

Die Dichte des gesamten Sedimentstapels unter Schicht i ergibt sich aus der mittleren Dichte aller Sedimentschichten. Diese mittlere Dichte ist die Summe aus der Dichte der einzelnen Schichten, jeweils multipliziert mit ihrer Mächtigkeit, dividiert durch L^*:

$$\rho_{L^*} = \frac{\sum_{j=1}^{i} L_j \left(\phi_j \rho_{\mathrm{w}} + (1 - \phi_j)\rho_{\mathrm{g}}\right)}{L^*} \; . \tag{6.8}$$

Nun kann man mit den Gleichungen 6.7 und 6.8 die tektonische Absenkungskomponente des Sedimentationsbeckens schrittweise berechnen und auf diese Weise den Verlauf der Absenkung rekonstruieren. Von Hand erfolgt diese Berechnung durch iterative Anwendung von Gl. 6.1, Gl. 6.5 und Gl. 6.6, wie am Beispiel von Abb. 6.7 gezeigt wird (s. auch Aufgabe 6.5).

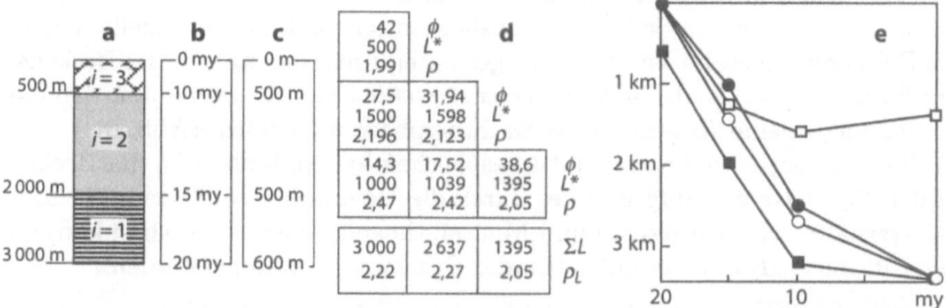

Abb. 6.7. Beispiel für eine Subsidenzanalyse unter Einbeziehung der Kompaktion. **a**, **b** und **c** zeigen die im Gelände ermittelten Daten der Schichtmächtigkeit und Lithologie eines einfachen, mit drei Sedimentschichten gefüllten Beckens. **a** Lithologie und Schichtmächtigkeit (Schiefer: *liniert*; Sandstein: *schattiert*; Kalkstein: *schräge Backsteinsignatur*); **b** Alter der Schichtgrenzen; **c** aus Fossilfunden hergeleitete Wassertiefe. Es fanden keine Meeresspiegelschwankungen statt. Die Schichten sind von unten nach oben durchnumeriert, wobei bei der folgenden Berechnung jeweils die Schichtmitte als Bezugspunkt dient. Außerdem werden die Porositäts- und Dichtedaten aus Abb. 6.3 verwendet. Die Porosität und Dichte der obersten Schicht (mit einer mittleren Tiefe von 250 m) ergibt sich aus Gl. 6.1 und Gl. 6.6. Diese Daten stehen in der 1. Spalte von Tabelle **d**. In die 2. Spalte von Tabelle **d** wird die mit Gl. 6.1 berechnete Porosität der zweiten Schicht (in einer Tiefe von 750 m = mittlere Tiefe der zweiten Schicht, abzüglich der Tiefe der ersten Schicht) eingetragen und so fort. Die Mächtigkeit der zweiten Schicht ergibt sich aus Gl. 6.4 mit den Porositäten der 1. und 2. Spalte sowie der Mächtigkeit aus der 1. Spalte. Die aufsummierten Mächtigkeits- und Dichtewerte in den beiden untersten Zeilen ergeben sich aus Gl. 6.7 bzw. Gl. 6.8, wobei in der 3. Spalte die jeweiligen Mittelwerte stehen. In **e** sind die Ergebnisse der Subsidenzanalyse graphisch dargestellt. *Schwarze Punkte* stehen für gemessene Geländedaten, *weiße Punkte* für die berechneten dekompaktierten Mächtigkeiten und *schwarze Quadrate* für die dekompaktierten Mächtigkeiten plus Wassertiefe. Die Kurve der weißen Quadrate gibt die mit Gl. 6.5 ermittelte tektonische Absenkung wieder

6.2.4
Einige Modelle der kontinentalen Dehnung

Im letzten Abschnitt haben wir gezeigt, wie die Subsidenzanalyse eines se-
dimentären Beckens vorgenommen wird, um die tektonische Absenkungsgeschichte eines Beckens nachzuvollziehen. Aus Analysen dieser Art wurden
einige wichtige Modelle entwickelt, die erklären, wie es zu verschiedenen Ab-
senkungsgeschichten kommen kann. Solche Modelle werden auf den folgenden
Seiten besprochen.

Das McKenzie-Modell und seine Nachfolgemodelle. Das McKenzie-
Modell der Entstehung von Sedimentationsbecken ist eines der ersten Modelle, mit dem eine quantitative Beschreibung vieler Beobachtungen über die
Absenkungsgeschichte sedimentärer Becken möglich wurde. Trotz seiner Einfachheit stimmt es mit vielen beobachteten Subsidenzkurven sehr gut überein und bildet noch heute die Grundlage zahlreicher verfeinerter Modelle.
Das McKenzie-Modell ist (ebenso wie andere Modelle seiner Zeit, z. B. jenes
von Le Pichon et al. 1982) eindimensional und beschreibt die dehnungsbedingte Absenkung von Sedimentationsbecken. Gemäß dieses Modells dauert
die Dehnung selbst, im Vergleich zur gesamten Entwicklungszeit des Beckens,
nur kurze Zeit an (engl.: *instantaneous stretching model*). Daher läßt sich die
Absenkung in eine *Rift*- und eine *Sackungs*phase unterteilen (Abb. 6.8).

Wie wir bereits in Abschn. 4.2.1 besprochen haben, bildet sich das Becken
in der *Riftphase* nur aufgrund des durch die Dehnung veränderten Mächtigkeitsverhältnisses von Kruste und Mantellithosphäre aus. Die Absenkung in
der Riftphase H_{Rift} kann mit folgender Beziehung bestimmt werden:

$$H_{\mathrm{Rift}} = z_{\mathrm{c}} \left(\frac{\rho_0 - \rho_{\mathrm{c}}}{\rho_0 - \rho_{\mathrm{w}}} \right) \left(1 - \frac{1}{\delta} \right) - z_{\mathrm{l}} \left(\frac{\rho_0 \alpha T_{\mathrm{l}}}{2(\rho_0 - \rho_{\mathrm{w}})} \right) \left(1 - \frac{1}{\beta} \right) \quad . \tag{6.9}$$

Gleichung 6.9 ist im wesentlichen analog zu Gl. 4.26, in der wir die Veränderung der Meereshöhe der Erdoberfläche als Funktion veränderter Mächtigkeitsverhältnisse aus Kruste und Mantellithosphäre beschrieben haben. Gleichung 6.9 wird daher hier nicht näher abgeleitet und der Leser wird auf
Abschn. 4.2.1 verwiesen. In Gl. 6.9 sind z_{c} und z_{l} die Mächtigkeit der Kruste
bzw. der Lithosphäre. Die Größen ρ_{c}, ρ_{w} und ρ_0 sind die Dichten von Kruste,
Wasser und Mantel bei 0°C. Des weiteren sind α der thermische Expansions-
koeffizient, T_{l} die Temperatur an der Lithosphärenbasis, δ der Streckungsparameter der Kruste und β der des *Mantelteils* der Lithosphäre. Damit ist
Gl. 6.9 bereits ein erweitertes McKenzie-Modell. Im McKenzie-Modell selbst
gilt: $\delta = \beta$, d. h. es wird eine homogene Dehnung der Lithosphäre vorausgesetzt. Dagegen erlaubt es Gl. 6.9, die Absenkung aufgrund unterschiedlicher
Dehnungsbeträge der Kruste und Mantellithosphäre zu berechnen (s. z. B.
Royden und Keen 1980). Der Streckungsparameter der Kruste δ ist der Kehr-
wert des bereits mehrfach verwendeten Verdickungsparameters f_{c}: $\delta = 1/f_{\mathrm{c}}$
(s. Abschn. 4.0.1). Der Parameter β entspricht jedoch nicht $1/f_{\mathrm{l}}$, sondern
$1/f_{\mathrm{ml}}$ (s. Aufgabe 4.3). Daher nimmt Gl. 6.9 auch eine etwas andere Form an

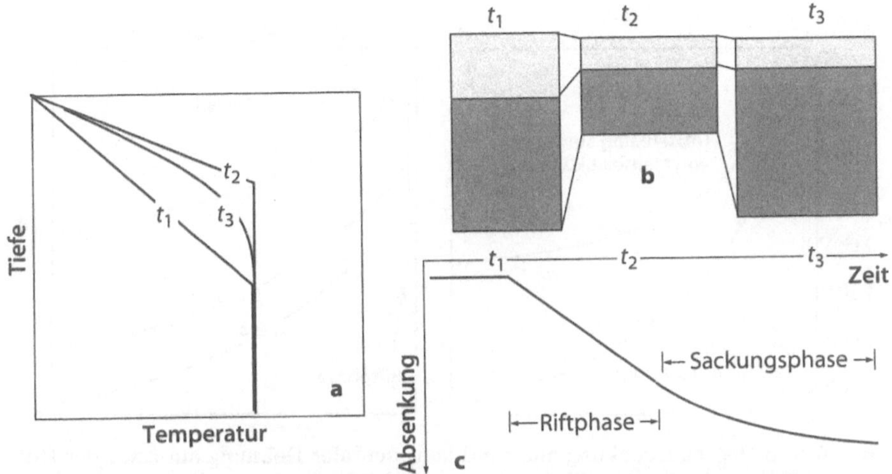

Abb. 6.8. Absenkung eines Sedimentationsbeckens nach dem Modell von McKenzie (1978) sowie Jarvis und McKenzie (1980). **a** Geothermen für drei verschiedene Zeitpunkte: vor Beginn der Dehnung (t_1), am Ende einer schnellen Dehnungsphase (t_2) und während der thermischen Äquilibrierung der Lithosphäre (t_3). **b** Mächtigkeit der Kruste (helle Schattierung) und der Mantellithosphäre (dunkle Schattierung) zu diesen drei Zeitpunkten. **c** Aus **a** und **b** resultierende Absenkungskurve

als Gl. 4.26, obwohl beide auf ähnliche Fragestellungen angewendet werden können (Abb. 4.16). Bei der Besprechung von Gl. 4.26 haben wir gesehen, daß das Verhältnis der Mächtigkeiten von Kruste und Mantellithosphäre den Ausschlag dafür gibt, ob es bei der Kollision zweier Kontinente zur Absenkung oder Hebung der Erdoberfläche kommt. Gleiches gilt für Gl. 6.9: Das Mächtigkeitsverhältnis von Kruste zu Mantellithosphäre ist dafür maßgeblich, ob Dehnung zu Absenkung oder Hebung führt (s. Aufgabe 6.6).

In der *Sackungsphase* erfolgt aufgrund der thermischen Äquilibrierung (d. h. Verdickung) der verdünnten Mantellithosphäre eine weitere Absenkung (s. Abb. 6.8). Die aus dem McKenzie-Modell resultierende Temperaturkurve der Kruste zu Beginn der Sackungsphase ist in Abb. 6.8a schematisch dargestellt (Kurve zum Zeitpunkt t_2). Der darauf folgende Abkühlungsprozeß entspricht im wesentlichen der Abkühlung ozeanischer Lithosphäre (Abb. 3.21). Wir können daher ein ähnliches Abkühlungsmodell wie in Abschn. 3.5.1 verwenden. Das McKenzie-Modell unterscheidet sich zu den Abkühlmodellen ozeanischer Lithosphäre nur dadurch, daß McKenzie die untere Randbedingung nicht im Unendlichen, sondern in der Tiefe z_1 fixierte. Damit ist die Wärmeleitungsgleichung nur mit Fourier-Reihen lösbar, wobei die Lösung statt einer Fehlerfunktion die Winkelfunktionen enthält (s. Abschn. A.4). Die entsprechende Lösung der Diffusionsgleichung lautet

$$H_{\text{Sack}} = \left(\frac{4\rho_0 \alpha T_1 z_1}{\pi^2 (\rho_0 - \rho_{\text{w}})} \right) \left(\frac{\beta}{\pi} \sin(\pi/\beta) \right) \left(1 - e^{-\pi^2 \kappa/(z_1^2)} \right) \ . \tag{6.10}$$

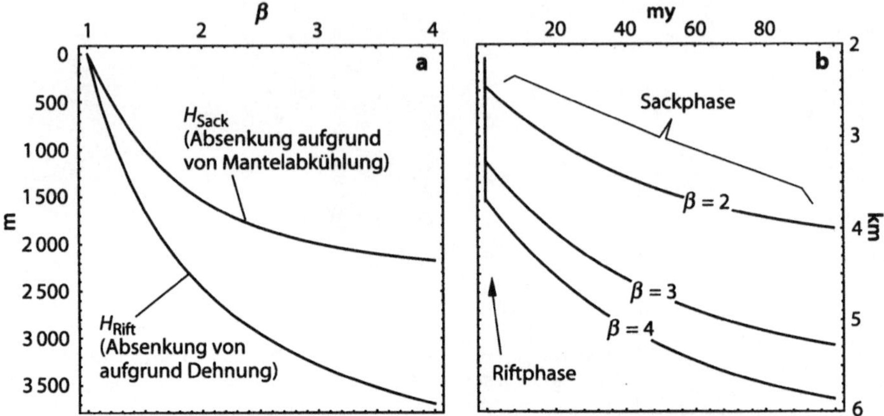

Abb. 6.9. a Beckenabsenkung aufgrund kontinentaler Dehnung am Ende der Riftphase und thermischer Äquilibrierung am Ende der Sackungsphase, als Funktion des Streckungsparameters β. Die Dehnung ist homogen, d. h. $\delta = \beta$ (s. Gl. 6.9. Die Gesamtabsenkung ergibt sich aus der Summe der beiden Kurven. Für $\beta < 1$ werden die Kurven negativ, d. h. es kommt zu Hebung statt Absenkung. **b** Absenkung während der Rift- und Sackungsphase als Funktion der Zeit für zwei verschiedene β (unendlich kurze Riftphase zu Beginn der Beckenentwicklung), berechnet mit Gl. 6.9, Gl. 6.10 und folgenden Daten: $z_\mathrm{l} = 125$ km; $z_\mathrm{c} = 35$ km; $T_\mathrm{l} = 1\,280\,^\circ\mathrm{C}$; $\rho_0 = 3\,300$ kg m^{-3}; $\rho_\mathrm{c} = 2\,750$ kg m^{-3}; $\rho_\mathrm{w} = 1\,000$ kg m^{-3}; $\alpha = 3 \cdot 10^{-5}\,^\circ\mathrm{C}^{-1}$ und $\kappa = 10^{-6}$ m^2 s^{-1}. Die Gesamtdauer der Abkühlung kann mit der thermischen Zeitkonstante $\tau = z_\mathrm{l}^2/\kappa$ größenordnungsmäßig abgeschätzt werden

Diese Beziehung beschreibt die Absenkung eines Sedimentationsbeckens während der Sackungsphase. Die Herleitung von Gl. 6.10 wird hier zwar nicht im Detail wiedergegeben, sollte aber im Prinzip aus den vorhergehenden Kapiteln nachvollziehbar sein (s. z. B. Gl. 4.53). Im Gegensatz zu Gl. 4.53 enthält Gl. 6.10 keine unendliche Summe, weil sie eine Näherung darstellt, in der alle Glieder für $n > 1$ weggelassen wurden. Ansonsten beschreibt sie (und auch Gl. 4.53) ein ähnliches Modell wie Gl. 4.36, mit der wir die Tiefe der Ozeane berechnet haben.

Finite Dehnungsdauer. Jarvis und McKenzie (1980) sowie Cochran (1983) haben das McKenzie-Modell für eine finite Dehnungsdauer während der Riftphase modifiziert. Jarvis und McKenzie (1980) haben als Faustregel vorgeschlagen, daß die Dehnungsdauer nur dann im Modell der Beckenentstehung berücksichtigt werden muß, wenn folgende Bedingungen zutreffen:

$$t < \frac{60\mathrm{my}}{\beta^2} \text{ , falls } \beta < 2 \quad \text{oder} \quad t < 60\mathrm{my}\left(1 - \frac{1}{\beta}\right)^2 \text{ , falls } \beta > 2 \quad . \quad (6.11)$$

Für alle kürzeren Dehnungszeiträume genügt es anzunehmen, daß die Dehnung unendlich schnell vor sich ging und zu Beginn der Beckenentwicklung stattfand (engl.: *instantaneous stretching model*). Bei längerer Dehnungsdauer muß diese in die Beziehungen zur Beschreibung der Absenkung eingehen.

Zweidimensionale Dehnung. Wenn sich ein Becken aufgrund einer Dehnung der Lithosphäre in zwei Richtungen ausbildet, muß bei der Modellierung der Sackungsphase auch die Wärmeleitung in zwei Richtungen berücksichtigt werden. Die ersten zweidimensionalen Modelle der kontinentalen Dehnung legten Buck et al. (1988) vor. Auch Issler et al. (1989) und Wees et al. (1992) haben brauchbare Modelle entwickelt. Diesen ersten zweidimensionalen Modellen liegt die Annahme zugrunde, daß der Dehnungsprozeß symmetrisch um die Riftachse verläuft.

Asymmetrische Dehnung. Oxburgh (1982) entwarf eines der ersten Modelle für asymmetrische Dehnungsprozesse in der Lithosphäre. In diesem Modell erfolgt die Dehnung der Kruste gegenüber der Dehnung der Mantellithosphäre seitlich verschoben. Wernicke (1985) und Lister et al. (1986) waren die ersten, die in ihren Modellen von flachen Scherzonen (engl.: *low-angle normal faults*) ausgingen, die die gesamte Lithosphäre durchqueren. Damit wurde das Modell von *reiner Schiebung* auf *einfache Schiebung* ausgeweitet (engl.: *pure shear versus simple shear*). Modelle dieser Art bauten auf Beobachtungen aus der Basin-and-Range-Provinz im Westen der USA auf. Lister und Etheridge (1989) sowie Lister et al. (1991) wendeten das Modell auf die Ostküste Australiens an, um die Hebung der Great Dividing Range und die gleichzeitige Absenkung der kontinentalen Lithosphäre westlich von Neuseeland zu erklären (Abb. 6.10).

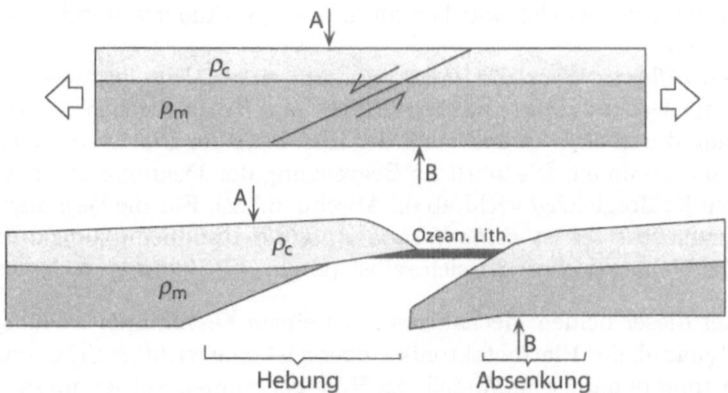

Abb. 6.10. Dehnung der Lithosphäre durch Abschiebung entlang einer flachen Scherzone durch die gesamte Lithosphäre. Die obere Abbildung zeigt die Situation zu Beginn der Dehnung, die untere die Situation nach vollständiger Trennung der Platten und Ausbildung passiver Kontinentalränder. Der Aufstieg und die Absenkung der Plattenränder werden nach Lister et al. (1986) und Wernicke (1985) durch die veränderten Mächtigkeitsverhältnisse von Kruste und Mantellithosphäre an den Stellen *A* und *B* verursacht. An Stelle *A* verliert während der Dehnung nur die dichte Mantellithosphäre an Mächtigkeit; die Lithosphäre steigt auf. An Stelle *B* hat nur die Mächtigkeit der weniger dichten Kruste abgenommen, und daher sinkt die Lithosphäre ab

Eine elegante analytische Lösung der Modelle von Wernicke und Lister haben Voorhoeve und Houseman (1988) publiziert. Einige wichtige geometrische Überlegungen zu Dehnungsmodellen, die auf der Annahme flacher Scherzonen beruhen, hat von Buck (1988) angestellt.

Dynamische Modelle. Bisher haben wir die Entstehung von Becken nur mit *thermischen* Modellen beschrieben und sind dabei von einer einfachen *Kinematik* ausgegangen. Da wir die Entwicklung von Sedimentbecken rekonstruieren wollten, haben wir kinematische Annahmen gewählt, die nur für eine partielle Dehnung der Kruste gültig sind. Diese Annahmen stehen im Gegensatz zu der Beobachtung, daß viele kontinentale Dehnungsprozesse zur Ausbildung eines intrakontinentalen Riftbeckens und später zu passiven Kontinentalrändern führen (Abschn. 2.4.4). Tatsächlich können wir auf der Erde sowohl zeitlich begrenzte als auch abgeschlossene Dehnungsprozesse beobachten: Die Dehnung der Lithosphäre im Bereich des Zentralafrikanischen Grabens führt zur Ausbildung einer neuen Plattengrenze, während die Dehnung des Michigan-Beckens in den USA, des Cooper-Beckens in Australien und des Pannonischen Beckens in Europa zeitlich begrenzt ist. Grundsätzlich kann die zeitliche Begrenzung zwei Ursachen haben:

1. *Äußere Einflüsse.* Die Geschwindigkeit, mit der eine Platte von außen „auseinandergezogen" wird, kann sich verringern. In diesem Fall hat die zeitliche Begrenzung der Dehnung nichts mit der sich dehnenden Platte selbst zu tun und hängt nur von den in der Umgebung stattfindenden Prozessen ab. In einem Modell würde man dies als „veränderte Randbedingung" bezeichnen.
2. *Innere Einflüsse.* Wenn die Randbedingung eines Dehnungsprozesses nicht durch die Dehnungsrate, sondern durch eine Kraft gegeben ist, kann die Dehnung durch eine Veränderung der Rheologie der Platte von selbst zum Stillstand kommen. Die zeitliche Begrenzung der Dehnung hängt vom jeweiligen Kräftegleichgewicht ab (s. Abschn. 6.3.2). Für die Beendigung des Dehnungsprozesses ist *keine* Veränderung der Randbedingungen notwendig. Die Dehnung begrenzt sich selbst (engl.: *self-limiting extension*).

Welcher dieser beiden Mechanismen bei einem bestimmten Dehnungsprozeß die Dynamik der Plattentektonik steuert, ist eine wichtige Frage, zu deren Beantwortung dynamische Modelle zu Hilfe genommen werden müssen. Bassi (1991), Bassi et al. (1993) und Cloetingh et al. (1995) waren die ersten, die rheologische Überlegungen in Dehnungsmodelle einbezogen. Sie zeigten, daß tektonische Prozesse, die *vor* Beginn der Dehnung stattgefunden haben, die Geometrie der Dehnung entscheidend beeinflussen. Dehnung kontinentaler Lithosphäre setzt am leichtesten dort ein, wo die Kruste besonders dick ist, weil dort die Festigkeit der Platte am geringsten ist (s. Abschn. 5.2.1, 6.3.4; Houseman und England 1986b). In einer ähnlichen Studie konnte Buck (1991) nachweisen, daß die Breite kontinentaler Riftzonen vom geothermischen Gradienten und damit von der Rheologie abhängt. Für die zeitliche

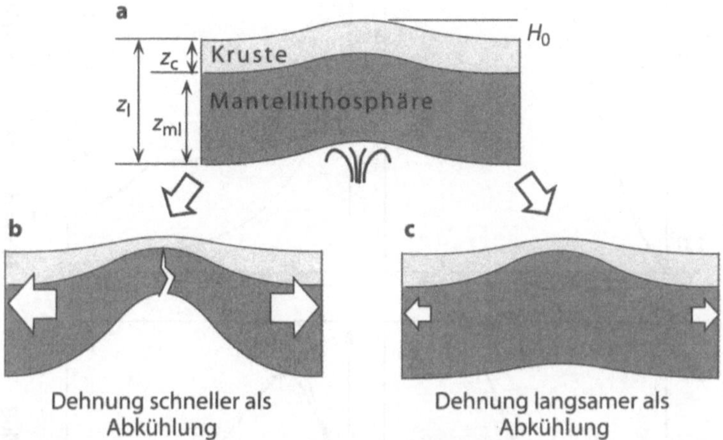

Abb. 6.11. Möglicher Ablauf eines passiven Dehnungsprozesses, bei dem aufsteigendes Mantelmaterial zu einer Anhebung der Lithosphäre führt. **a** Ausgangssituation zu Beginn der Dehnung. **b** Wenn die Dehnungskräfte relativ groß sind, wird die Lithosphäre dünner und dadurch thermisch aufgeweicht. Es kommt zur Ausbildung einer Riftzone. **c** Wenn die Dehnungskräfte relativ klein sind, erfolgt die abkühlungsbedingte Verdickung der Mantellithosphäre schneller als die dehnungsbedingte Verdünnung. Der Dehnungsprozeß kommt zum Stillstand. Man beachte, daß in **c** die Mantellithosphäre im Zentrum der Dehnung am mächtigsten ist

Begrenzung kontinentaler Dehnung haben Houseman und England (1986b) ein elegantes Modell entworfen, das im folgenden kurz vorgestellt wird.

Das Modell von Houseman und England. Bei diesem eindimensionalen thermomechanischen Modell wird die kontinentale Dehnung als Funktion von Temperatur und Rheologie betrachtet. Dabei haben Houseman und England (1986) bestimmte Annahmen bezüglich der Geotherme und des Rheologieprofils der Lithosphäre getroffen. In ihrem Modell wird die Dehnung durch aufsteigendes Mantelmaterial angetrieben, das die Lithosphäre um die Höhe H_0 angehoben hat (Abb. 6.11a). Die dadurch entstandene potentielle Energiedifferenz löst einen passiven Dehnungsprozeß aus, dessen Auswirkungen in Abb. 6.12 dargestellt sind (s. auch Abb. 5.33). Nach den Berechnungen von Houseman und England (1986) kann die Dehnung letztlich zu drei verschiedenen Ergebnissen führen:

1. Wenn H_0 kleiner als etwa 100 m ist, ist die Dehnungskraft zu klein, um sich tatsächlich bemerkbar zu machen.
2. Wenn H_0 mehrere hundert Meter groß ist, ist die Dehnung selbstlimitierend. Die Abkühlungsrate der sich dehnenden Mantellithosphäre ist groß und führt dazu, daß die thermisch bedingte Verdickung der Mantellithosphäre schneller vor sich geht als die Rate der Ausdünnung durch den DehnungsProzeß (wie in Abb. 6.8 zwischen t_2 und t_3). Das führt dazu, daß bei dünnerwerdender Kruste die Mantellithosphäre immer dicker

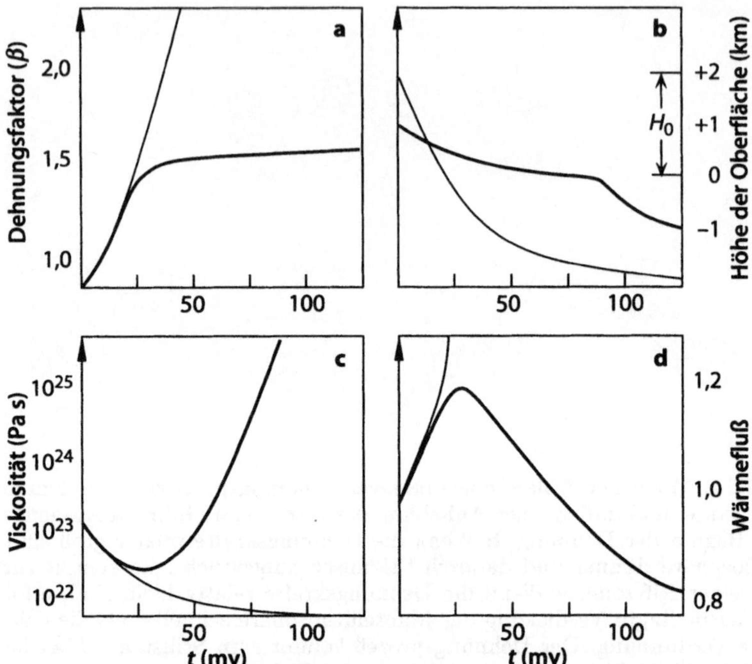

Abb. 6.12. Zwei Beispiele für kontinentale Dehnung nach dem Modell von Houseman und England (1986b). *Starke Linien* gelten für Bedingungen, die zu selbstlimi-
tierender Dehnung führen. *Schwache Linien* gelten für Bedingungen, die zur Riftbildung führen. **a** Kurve des Dehnungsfaktors; **b** Kurve der Oberflächenhöhe; **c** Kurve
der Viskosität; **d** Kurve des normalisierten Oberflächenwärmeflusses. Die Skalierung der Vertikalachsen hängt stark von den Modellannahmen ab. Die „Schulter"
der Höhenkurve in **b** entspricht dem Übergang von der Riftphase zur Sackungsphase

wird. Dementsprechend sind die Eigenschaften von Olivin für das rheolo-
gische Verhalten zunehmend maßgeblich und die Platte wird fester. Die
Dehnungsrate nimmt ab, bis die Dehnung zum Stillstand kommt (starke
Linien in Abb. 6.12; Abb. 6.11c).

3. Wenn H_0 mehrere Kilometer groß ist, führt die Dehnung zu einem drama-
tischen Temperaturanstieg in der Lithosphäre (wie in Abb. 6.8 zwischen t_1
und t_2). Die Lithosphäre wird rheologisch aufgeweicht und der hohe potentielle Energieüberschuß führt dazu, daß sich der Dehnungsprozeß beschleunigt. Die Dehnung führt zu einer Riftzone und zur Ausbildung eines neuen
passiven Kontinentalrandes (schwache Linien in Abb. 6.12; Abb. 6.11b).

Die Grundlagen des Kräftegleichgewichts der oben beschriebenen Entwick-
lungsszenarien werden in den Abschnitten 5.3.1 und 6.3.2 erläutert. Ähnliche
Modelle der Entwicklung von Kollisionsorogenen werden in Zusammenhang
mit Abb. 6.21 besprochen (Sonder und England 1986; Molnar und Lyon-Caen
1989).

6.3
Kollision von Kontinenten

Bewegen sich zwei Platten aus kontinentaler Lithosphäre aufeinander zu,
kommt es zur Kollision zweier Kontinente. Im Gegensatz zur Kollision zweier
ozeanischer Platten, bei der eine Platte nahezu unverformt unter die andere
abtaucht, verzahnen sich kontinentale Platten bei ihrer Kollision miteinander (Abb. 2.15). Das ist zum einen auf ihre größere Mächtigkeit und zum
anderen auf ihre geringere Festigkeit zurückzuführen. Bei der Verzahnung
wird die Lithosphäre durch verschiedene Verformungsmechanismen verdickt
(Überschiebung, Deckenstapelung, homogene Verformung etc.). Es kommt
zur Erwärmung oder Abkühlung, zur Gebirgsbildung und zu einer Reihe
weiterer tektonischer Ereignisse, die wir heute in aktiven Kollisionsorog-
nen beobachten können und die uns in metamorphen Gesteinen vergangener
Orogenesen teilweise erhalten sind.

Obwohl weltweit nur relativ wenige Plattengrenzen aus Kollisionsorog-
nen bestehen, zählen ebendiese Bereiche zu den am genauesten erfaßten tektonischen Strukturen der Erde. Das liegt wohl sicher daran, daß gerade die
höchsten Gebirgsketten der Erde, wie z. B. der Himalaya und die Alpen, die
schon seit langer Zeit das Interesse zahlloser Geologen auf sich gezogen haben, durch die Kollision kontinentaler Platten gebildet werden. In diesem
Abschnitt wollen wir uns mit der thermischen und dynamischen Entwicklung
solcher Orogene beschäftigen.

6.3.1
Thermische Entwicklung von Kollisionsorogenen

Bei der Kollision von Kontinenten kommt es in der Regel zur Erwärmung
der Gesteine. Beobachtungen aus vielen Kollisionsorogenen belegen, daß die
Gesteine dabei typisch gekrümmte Temperatur-Tiefe-Kurven (T-z-Kurven)
durchlaufen. Außerdem ist ihre thermische Entwicklung durch charakteristische zeitliche Beziehungen zwischen Verformung und Metamorphose gekennzeichnet. Viele Aspekte dieser typischen Entwicklung und zeitlichen Beziehungen lassen sich durch einen Vergleich der Dauer der folgenden drei
Prozesse erklären: 1. Dauer der kontinentalen Verdickung, 2. Dauer der thermischen Äquilibrierung der Kruste, 3. Dauer der Exhumation. Einen solchen
Vergleich haben England und Richardson (1978) ihrem Modell zugrunde gelegt, auf das wir uns in diesem Abschnitt mehrfach beziehen. Vorläufer dieses
„England und Richardson"-Modells wurden bereits von Oxburgh und Turcotte (1974) sowie von Bickle et al. (1975) vorgelegt, aber erst England and
Thompson (1984) haben eine quantitative Version entwickelt.

Grundlagen der thermischen Entwicklung. England und Richardson
(1978) erkannten, daß die folgenden Zusammenhänge für die thermische Entwicklung der Gesteine in Kollisionsorogenen ausschlaggebend sind:

– Die Verdickung der Kruste bei der Kontinentkollision erfolgt wesentlich
  schneller als die thermische Äquilibrierung der Kruste. Erstere geht mit
  Verformungsraten in der Größenordnung von $\dot{\epsilon} = 10^{-13} - 10^{-14}$ s^{-1} (d. h.
  in wenigen Millionen Jahren) vor sich, letztere nimmt viele zehn Millionen
  Jahre in Anspruch.
– Die Dauer der Exhumation und die Dauer der thermischen Äquilibrierung
  der Kruste sind ungefähr gleich groß, und beide betragen meist mehrere
  zehn Millionen Jahre.

Dabei dürfen wir nicht vergessen, daß die Verformungs- und Exhumations-
dauer von den geologischen Randbedingungen abhängt. Ihre absolute und relative Größenordnung ist uns aus Geländebeobachtungen in etwa bekannt. Im
Gegensatz dazu ist die Dauer der thermischen Äquilibrierung durch die Gesetze der Wärmeleitung vorgegeben. Sie nimmt mit der Krustenmächtigkeit
quadratisch zu (s. Abschn. 3.1.4).

Thermische Entwicklung während der Verdickung. Aus der Tatsache, daß
kontinentale Verformungsprozesse wesentlich schneller ablaufen als die thermische Äquilibrierung der Kruste, erwachsen innerhalb relativ kurzer Zeit
zwei Konsequenzen: 1. Die Gesteine werden im Rahmen der Verdickung ver-

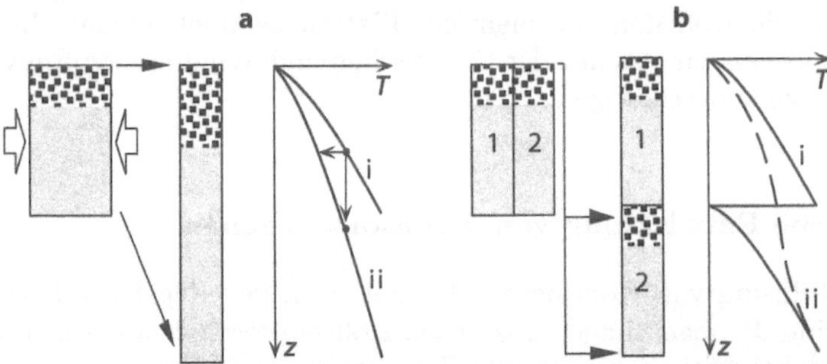

Abb. 6.13. Graphische Darstellung der Temperaturänderungen in der Kruste, die
aufgrund einer schnellen Krustenverdickung stattfinden. Aus der jeweils linken Skizze von **a** und **b** ist die Geometrie der Verdickung ersichtlich, wobei der schattierte
Balken die Kruste repräsentiert, deren radioaktiver Teil grob gepunktet ist. Die jeweils rechte Skizze zeigt die Geotherme der Kruste *i* vor und *ii* nach der Verdickung,
aber *vor* der darauffolgenden thermischen Äquilibrierung. Die Verdickung der Kruste wird in **a** durch homogene Verdickung und in **b** durch Überschiebung von Block 1
auf Block 2 erreicht. **a** und **b** stellen somit zwei Endglieder möglicher Krustenver-
dickungsprozesse dar. Die *unterbrochene* Kurve in **b** ist die Geotherme, nur wenige
Millionen Jahre nach der anfänglichen Verdickung. Offensichtlich wird der durch die
Überschiebung entstandene Zacken des Temperaturprofils sehr schnell (zumindest
im Vergleich zur Dauer der darauffolgenden Prozesse) ausgeglichen. Daher wirkt
sich die Geometrie des Verdickungsprozesses kaum auf die thermische Entwicklung
des Orogens in langer Sicht aus. Der vertikale Pfeil zwischen den zwei *T-z*-Kurven
in *a* symbolisiert den *T-z*-Vektor eines Gesteins während der Verdickung. Der *horizontale Pfeil* zeigt an, daß Verdickung in einer bestimmten Krustentiefe zunächst
zu Abkühlung führt

senkt, ohne dabei nennenswert erwärmt zu werden. Das ist in Abb. 6.13a durch den kleinen vertikalen Pfeil im T-z-Diagramm dargestellt. 2. Aus der Sicht eines Eulerschen Beobachters kühlt sich die Kruste ab. Diese Abkühlung ist in Abb. 6.13a durch den horizontalen Pfeil im T-z-Diagramm dargestellt. Später stehen sich verschiedene Erwärmungs- und Abkühlungsmechanismen gegenüber, deren kompliziertes Zusammenspiel die weitere thermische Entwicklung steuern.

Erwärmung nach der Verdickung. Nach der anfänglichen Verdickung führen zwei verschiedenartige Prozesse zu einer Erwärmung der Kruste:

1. Vor der Verdickung steht der stationäre geothermische Gradient der Kruste mit dem Mantelwärmefluß an der Moho, an der Erdoberfläche und der radioaktiven Wärmeproduktion in der Kruste im Gleichgewicht. Durch die Verdickung und die damit verbundene Abkühlung der Kruste (Verringerung des geothermischen Gradienten) entsteht ein thermisches Ungleichgewicht. Wenn sich die Randbedingungen nicht ändern, wird sich die Kruste erwärmen, damit sich wieder ein Gleichgewicht einstellt. Dieser Prozeß dauert so lange an, bis der ursprüngliche thermische Gradient wiederhergestellt ist.
2. Durch die Verdickung der Kruste wird der relative Anteil radioaktiver, wärmeproduzierender Kruste vergrößert (grob gepunkteter Teil der Profile in Abb. 6.13). Das hat zur Folge, daß die Gleichgewichtstemperatur von verdickter Kruste weit über jener normaler Mächtigkeit liegt. Somit erwärmt sich die Kruste auch aufgrund der gesteigerten Wärmeproduktion.

Abkühlung nach der Verdickung. Die Krustenverdickung führt nicht nur zur Erwärmung, sondern auch zur Gebirgsbildung. Erosions- und Dehnungsprozesse setzen ein, durch die die Kruste dünner wird und in der Tiefe liegende Gesteine exhumiert werden. In Analogie zu den Erwärmungsprozessen, die durch die Verdickung ausgelöst werden, lassen sich zwei Abkühlungsprozesse unterscheiden:

1. Durch die Abtragung (bzw. Denudation; engl.: *denudation*) der Kruste von oben wird die wärmeproduzierende Oberkruste entfernt. Dadurch verringert sich der radioaktive Anteil der Kruste und der thermische Gleichgewichtsgradient nimmt in der gesamten Kruste ab.
2. Alle Gesteine müssen sich auf die Oberflächentemperatur abkühlen, wenn sie die Erdoberfläche erreichen. Je näher ein Gestein während der Exhumation der Oberfläche kommt, desto stärker wirkt sich deren abkühlender Einfluß aus.

Die thermische Entwicklung eines bestimmten Gesteins in einem bestimmten Orogen hängt vom relativen zeitlichen Ablauf der obengenannten Erwärmungs- und Abkühlungsprozesse ab. Nach der anfänglichen Verdickung überwiegt zunächst die Erwärmung. Im Laufe der weiteren Entwicklung, insbesondere nach Beginn der Denudation an der Erdoberfläche, läßt

Abb. 6.14. Geothermen (*schwache Linien*) und *T-z*-Kurven (*starke Linien*) der Gesteine in typischen Kollisionsorogenen (berechnet mit dem Modell von England und Richardson (1978)). Dabei ist t_0 die Ausgangsgeotherme, t_1 die Geotherme unmittelbar nach der Verdickung, t_2, t_3 und t_4 die Geothermen zu späteren Zeitpunkten. Der Wärmefluß an der Moho (stark gezeichneter unterster Teil der Geothermen) bleibt immer konstant. Die auf einer Geotherme liegenden schwarzen und weißen Punkte sind jeweils zeitgleich. Man beachte, daß sich die Gesteine der oberen *T-z*-Kurve ab dem Zeitpunkt t_3 abkühlen, während sich die Gesteine der unteren *T-z*-Kurve erst ab t_4 abkühlen

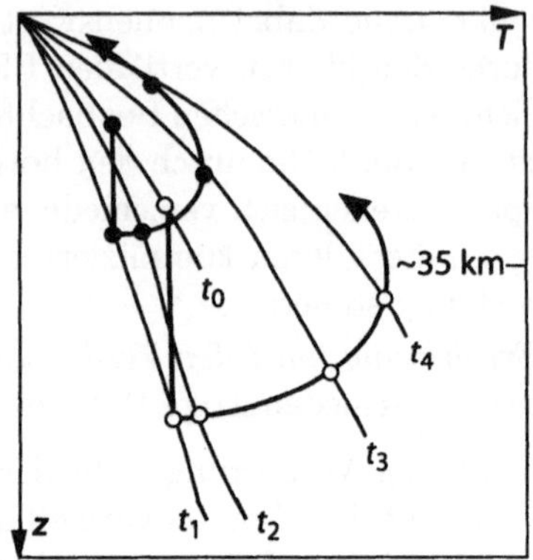

die Erwärmung langsam nach und die Wirkung der Abkühlungsprozesse wird immer stärker. Die Erwärmungsrate des Gesteins nimmt so lange ab, bis die Abkühlungsprozesse die Oberhand gewonnen haben und die Abkühlung des Gesteins beginnt (s. Abb. 6.14). Das Zusammenspiel der erwärmenden und abkühlenden Prozesse bei fortlaufender Exhumation bewirkt, daß Gesteine in einem *T-z*-Diagramm kontinuierlich gekrümmte Kurven durchlaufen. Diese Kurven oder „Pfade" werden im englischen als *„isothermal decompression paths"* oder *„clockwise T-z paths"* bezeichnet (Abb. 6.14). Man beachte jedoch, daß die *T-z*-Kurven in Abb. 6.14, entsprechend den gewählten Achsen, *gegen* den Uhrzeigersinn verlaufen (s. Abschn. 7.3.1).

Das Modell von England und Thompson. Im vorhergehenden Abschnitt haben wir die Prozesse besprochen, die für die typische thermische Entwicklung der Gesteine in Kollisionsorogenen verantwortlich sind. Das erste einfache qualitative Modell dieser thermischen Entwicklung stammt von England und Richardson (1978). Auf Grundlage dessen haben England und Thompson (1984) ein quantitatives Modell formuliert. Dieses Modell beruht auf wenigen thermischen und kinematischen Annahmen, die zur Berechnung von *T-z*-Kurven verwendet werden.

Thermische Annahmen. Die thermischen Annahmen von England und Thompson (1984) beschränken sich auf einfache Randbedingungen, die zur Berechnung einer Ausgangsgeotherme mit Gl. 3.21 notwendig sind (s. Abschn. 3.4.1:

– Die Temperatur an der Erdoberfläche T_s ist konstant.
– Der Mantelwärmefluß an der Moho q_m ist konstant.

Diese Randbedingungen gelten nicht nur für die Anfangsgeotherme, sondern auch während der weiteren thermischen Entwicklung. Des weiteren wird davon ausgegangen, daß die radioaktive Wärmeproduktion der Kruste bis in eine Tiefe z_{rad} von 15 km den konstanten Wert S_{rad} hat und darunter 0 ist (Abschn. 3.4.1). Mit diesen vereinfachten Annahmen ergibt entsprechende Integration von Gl. 3.21 die Geothermengleichung 3.62.

Die in diese Gleichung eingesetzten Zahlenwerte für q_m und S_{rad} haben
England und Thompson so gewählt, daß sich für den Oberflächenwärmefluß q_s, (einen der wenigen direkt meßbaren thermischen Parameter der Kruste), plausible Werte von 0,045–0,075 Watt m^{-2} ergeben (Tabelle 6.1). Dazu
muß man wissen, daß sich der Wärmefluß an der Erdoberfläche q_s aus dem
Mantelwärmefluß q_m und dem durch die Radioaktivität verursachten Wärmefluß q_{rad} zusammensetzt:

$$q_s = q_m + q_{rad} \ . \tag{6.12}$$

Weiterhin gilt: $q_{rad} = S_{rad}z_{rad}$, wie wir im Zusammenhang mit Abb. 3.14
erklärt haben. England und Thompson (1984) nahmen an, daß vor der Verdickung der Kruste $q_{rad} \approx q_m$ gegeben ist (Tabelle 6.1) und daß der Mantelwärmefluß während und nach der Verdickung konstant bleibt. Eine Verdickung der Kruste um das Doppelte führt dazu, daß sich der radioaktive
Wärmefluß verdoppelt (weil z_{rad} verdoppelt wird). Es gilt:

$$q_s = q_m + 2q_{rad} \ . \tag{6.13}$$

Deshalb ist der Oberflächenwärmefluß im thermischen Gleichgewicht nach
der Verdickung etwa 1,5fach höher als vor der Verdickung, wenn $q_{rad} = q_m$
(Gl. 6.12).

Es ist jedoch zu bedenken, daß sich der Mantelwärmefluß durch die Moho halbiert, wenn die Mantellithosphäre bei der Kollision ebenfalls um das
Doppelte verdickt wird. In diesem Fall gilt:

$$q_s = \frac{q_m}{2} + 2q_{rad} \ . \tag{6.14}$$

Wenn $q_{rad} = q_m$ ist und sich die gesamte Lithosphäre auf das Doppelte
verdickt, steigt der Oberflächenwärmefluß im Gleichgewicht nach Gl. 6.14 nur
auf das 1,25fache von dem Wert aus Gl. 6.12 an. Wenn $q_{rad} = q_m/2$ ist, wirkt

Tabelle 6.1. Drei verschiedene sehr vereinfachte, aber geologisch realistische Annahmen zur Verteilung der Wärmequellen in der Kruste (nach England und Thompson 1984). Der Mantelwärmefluß q_m und die radioaktive Wärmeproduktion q_{rad}
sind so gewählt, daß sich mit der Annahme $z_{rad} = 15$ km die drei vorgegebenen
geologisch realistischen Werte für Oberflächenwärmefluß ergeben. Weiterhin gilt:
$q_{rad} = S_{rad}z_{rad}$. England und Thompson verknüpfen diese drei Verteilungen jeweils
mit einer Wärmeleitfähigkeit k von 1,5, 2,25 bzw. 3,0 W m^{-1} K^{-1} und konstruieren
damit insgesamt neun Gruppen von T-z-Kurven

q_s (W m^{-2})	S_{rad} ($\cdot 10^{-6}$ W m^{-3})	q_{rad} (W m^{-2})	q_m (W m^{-2})
0,045	1,666	0,025	0,020
0,060	2,000	0,030	0,030
0,075	2,333	0,035	0,040

sich eine Verdickung oder Verdünnung der Lithosphäre überhaupt nicht auf den Oberflächenwärmefluß aus.

Kinematische Annahmen. Zur kinematischen Beschreibung der Gesteinsentwicklung während einer Kollisionsorogenese werden von England und Thompson (1984) folgende stark vereinfachte (aber geologisch realistische) Annahmen getroffen (s. Abb. 6.15):

- Weil viele Beobachtungen zur Geschwindigkeit von Plattenbewegungen zeigen, daß kontinentale Verdickung ein relativ schnell ablaufender tektonischer Prozeß ist (relativ zur Lebensdauer und thermischen Äquilibrierung eines Orogens als Ganzes), wird angenommen, daß sich die Kruste zu Beginn eines orogenen Zyklus plötzlich um das Doppelte verdickt. Deswegen fallen in Abb. 6.15 t_0 und t_1 zusammen (s. Seite 254).
- Im Anschluß an die anfängliche Verdickung finden 20 Millionen Jahre lang keine vertikalen Bewegungen in der Kruste statt (Abb. 6.15). Diese Annahme basiert auf Geländebeobachtungen, insbesondere der Tatsache, daß die Erosion eines Kollisionsorogens nicht mit dem Beginn der Verformung, sondern erst *nach* der Gebirgsbildung einsetzt.
- Nach 20 Millionen Jahren beginnt die Erosion. Die Denudation der verdickten Kruste erfolgt linear und über einen Zeitraum von einigen zehn Millionen Jahren. Diese Annahme ist eine Vereinfachung des im Gelände beobachtbaren Exhumationsverlaufs einer Reihe von Kollisionsorogenen.

Die obengenannten kinematischen Annahmen sind in Abb. 6.15 graphisch dargestellt. Die z-t-Kurven dieser Abbildung gelten für eine homogene Verdickung der Kruste. Die unterbrochene Kurve in Abb. 6.13b zeigt, daß auch andere Annahmen über die Geometrie der Verdickung zu ähnlichen T-z-Kurven führen.

Ergebnisse des Modells und ihre Anwendung. In Abb. 6.14 ist die thermische Entwicklung eines Gesteins nach dem Modell von England und Richardson (1978) dargestellt. Demnach laufen die beteiligten Prozesse in der nachstehenden Reihenfolge ab:

1. Zu Beginn der Entwicklung (Zeitpunkt t_1) wird das Gestein infolge der Krustenverdickung in große Tiefen versenkt. In metamorphen Gesteinen ist dies möglicherweise als frühes, mit intensiver Verformung einhergehendes Hochdruckereignis dokumentiert.
2. Einige zehn Millionen Jahre später erreicht das Gestein seinen Temperaturhöhepunkt in mittleren Krustentiefen (in Abb. 6.14 je nach Krustenniveau zum Zeitpunkt t_3 oder t_4). In metamorphen Gesteinen ist dies möglicherweise durch den Höhepunkt der Metamorphose dokumentiert.
3. Auf den Temperaturhöhepunkt folgt eine Entwicklung mit einer T-z-Kurve, die zunächst durch isothermale Exhumation und später durch Abkühlung und endgültige Exhumation bis zur Erdoberfläche gekennzeichnet ist (s. a. Abschn. 7.3, 7.3.1).

Abb. 6.15. Kinematische Annahmen des Modells von England und Thompson. Die TiefeZeit-(z-t)-Kurven A–E gehen jeweils von einem schwarzen Punkt aus, der ein Gestein repräsentiert, das in einer bestimmten Ausgangstiefe liegt. Die Zeitpunkte t_0 bis t_4 entsprechen jenen in Abb. 6.14

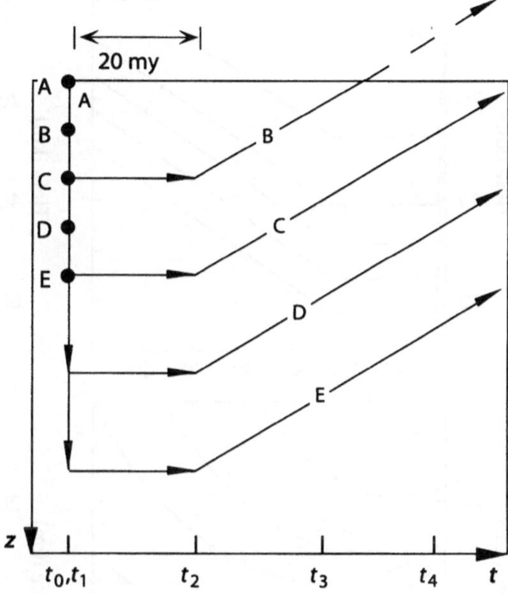

Diese Entwicklung ist für verschiedene Krustenstockwerke jeweils zeitlich verschoben (s. auch Abschn. 7.4.1). In Abb. 6.14 findet in der oberen Kruste ab dem Zeitpunkt t_3 Abkühlung statt, während die untere Kruste noch mindestens bis zum Zeitpunkt t_4 erwärmt wird. Für die gesamte Kruste besteht eine positive Korrelation zwischen Metamorphosegrad und Metamorphosezeitpunkt: Je höher der Metamorphosegrad eines Gesteins ist, desto später erfolgt seine Metamorphose (s. Abb. 6.14). Für kontaktmetamorphe Gesteine hingegen gilt genau der Umkehrfall (Abschn. 3.6.2). Die Beziehung zwischen Metamorphosegrad und -zeitpunkt ist ein wichtiges Hilfsmittel zur Identifikation der Wärmequelle einer Metamorphose (s. Abschn. 7.4.2).

Die Raum-Zeit-Beziehungen und T-z-Kurven von Abb. 6.14 erinnern an die geologischen Verhältnisse in den Ostalpen, wo altalpidische Hochdruckparagenesen durch mitteltertiäre Amphibolitfaziesparagenesen überprägt wurden. Auf Grundlage dieser Beobachtungen im Ostalpenraum haben Oxburgh und seine Schüler Anfang des siebziger Jahre die Urform des Modells entwickelt, das wir in diesem Abschnitt besprochen haben (z. B. Oxburgh und Turcotte 1974).

Ein Beispiel für berechnete T-z-Kurven. In Abb. 6.16a sind Tiefe-Zeit-Kurven und in Abb. 6.16b Temperatur-Tiefe-Kurven zu sehen, die mit dem Modell von England und Richardson berechnet wurden. Offensichtlich erreichen die modellierten T-z-Kurven Bedingungen, die für die Gesteinsmetamorphose in der mittleren Kruste typisch sind: Temperaturen zwischen 600 °C und 1 000 °C werden tatsächlich in Tiefen von 20–40 km häufig gemessen. Allerdings erreichen tiefer liegende Gesteine nach dem Modell unrealistisch hohe

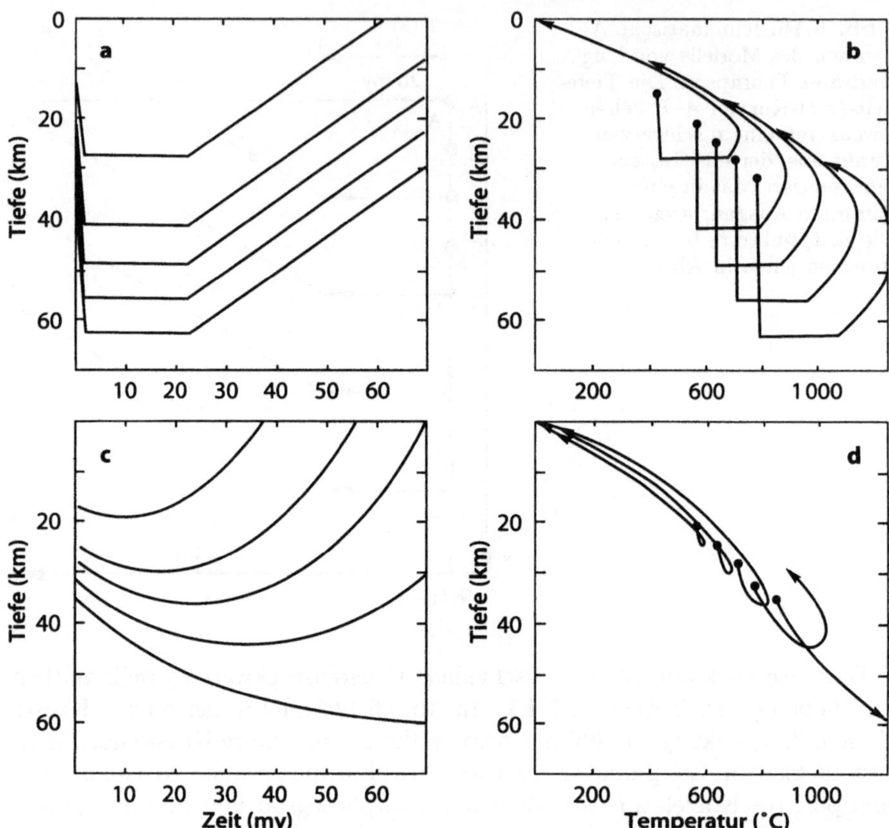

Abb. 6.16. Thermische und kinematische Gesteinsentwicklung: **a, b** nach dem Modell von England und Richardson; **c, d** bei gleichzeitig stattfindender Deformation und Exhumation, wie es nach dem Modell aus Abschn. 4.1.2 (Gl. 4.12) der Fall ist. **a, c** Kinematische Entwicklung von Gesteinen aus fünf verschiedenen Tiefen in einem Tiefe-Zeit-Diagramm. **b, d** Zusammenhang zwischen Tiefe und Temperatur während der Entwicklung

Temperaturen. Zum Vergleich sind in Abb. 6.16c und 6.16d die T-t- und T-z-Kurven wiedergegeben, die sich bei gleichzeitig stattfindender Metamorphose und Verformung ausbilden. Diese Abbildungen wurden mit den kinematischen Annahmen des Modells aus Abschn. 4.1.2 berechnet. Zwischen den T-z-Kurven in b und d bestehen einige interessante Unterschiede:

– Gesteine erreichen ihre größte Tiefe *und* höchste Temperatur in etwa gleichzeitig, wenn Verformung, Exhumation und thermische Äquilibrierung ungefähr gleich lang dauern (Abb. 6.16d). Andererseits sind Temperatur- und Tiefenmaximum deutlich voneinander getrennt, wenn die Verformung der Kruste im Vergleich zur thermischen Entwicklung rasch abläuft (Abb. 6.16b).

– Die pro- und retrograden Abschnitte von T-z-Kurven, die unter den Randbedingungen des Modells von England und Richardson berechnet wurden,
unterscheiden sich deutlich (Abb. 6.16b). Hingegen sind sich die pro- und
retrograden Abschnitte der T-z-Kurven ähnlich, wenn Verformung und
Metamorphose gleichzeitig stattfinden (Abb. 6.16d).

Diese Unterschiede können nützliche Hinweise zur tektonischen Interpretation eines metamorphen Gesteins liefern, dessen T-z- und T-t-Kurven aus
der Interpretation metamorpher Gesteine bekannt sind, aber dessen geodynamische Entwicklung ansonsten noch völlig unbekannt ist

Problematik des Modells. Das Modell von England und Richardson wurde
oftmals so unkritisch auf die Interpretation der Regionalmetamorphose angewendet, daß ein eigener Abschnitt zu den methodischen Einschränkungen
des Modells angebracht erscheint.

Die wichtigste Einschränkung des Modells ist durch die Annahme gegeben,
daß der *Mantelwärmefluß* und nicht die *Temperatur* an der Lithosphärenbasis
während der Kollision konstant bleibt. Da die Lithosphäre thermisch definiert
ist, wird durch diese Annahme die Mächtigkeit der Mantellithosphäre implizit
mitbestimmt (s. Abschn. 3.4). Diese durch die Randbedingungen implizierte
Entwicklung ist in Abb. 6.17 und 6.18 veranschaulicht (s. auch Abb. 3.17).
Aus dem Modell ergibt sich daher folgende Entwicklung:

1. Bei der anfänglichen Verdickung gewinnt *nur* die Kruste an Mächtigkeit.
   Da der Mantelwärmefluß konstant bleibt, bleibt auch die Mächtigkeit des
   Mantellithosphäre konstant.
2. Bei der darauf folgenden Erwärmung der Kruste wird die Mantellithosphäre
   ständig dünner.

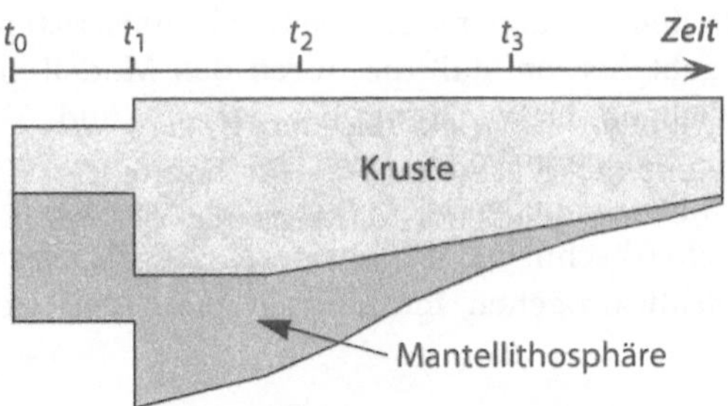

Abb. 6.17. Die Entwicklung der Lithosphäre nach England und Richardson (1978)
und nach England und Thompson (1984). Die Entwicklung der Krustenmächtigkeit
wird durch die Annahmen von England und Thompson (1984) explizit *beschrieben.*
Die Entwicklung der Mächtigkeit der Mantellithosphäre wird durch ihr Modell *impliziert.* Die Zeiten t_0 bis t_3 entsprechen jenen in Abb. 6.14 und 6.15. Die hier
dargestellte Entwicklung läßt sich auch aus Abb. 6.18 ablesen. Die mechanischen,
topographischen und thermischen Konsequenzen der implizierten Entwicklung der
Mantellithosphäre werden selten bei der Anwendung des England und Richardson
Modells berücksichtigt

Abb. 6.18. Schematische Darstellung der Entwicklung der Lithosphäre in einem f_c-f_l Diagramm. *a* Entwicklung nach England und Richardson (1978) sowie nach England und Thompson (1984) aus Abb. 6.17. *b* Zum Vergleich die Entwicklung der Lithosphäre bei homogener Verdickung der gesamten Lithosphäre und anschließender Abtrennung der Mantellithosphäre. Die Größen f_c und f_l sind die Verdickungsparameter der Kruste bzw. der Mantellithosphäre (s. Abb. 4.3 und 4.4)

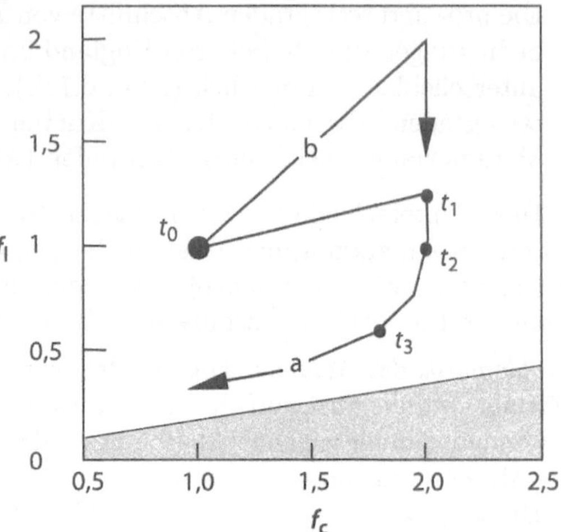

Aufgrund dieser impliziten Entwicklung der Mantellithosphäre ist das Modell von England und Richardson nur auf Gesteine anwendbar, für die diese Entwicklung zutrifft.

Die durch das Modell von England und Richardson implizierte Mächtigkeit der Mantellithosphäre führt zu unrealistisch hohen Temperaturen in der unteren Kruste (Abb. 6.16), hat aber auch wichtige Folgen für den Verlauf der Hebung der Erdoberfläche und für die dynamische Entwicklung des Orogens als Ganzes (Abb. 3.17 und Abb. 4.16). So hat z. B. England (1987) gezeigt, daß Gebirge mit so hochtemperierten Geothermen, wie sie sich aus dem Modell von England und Thompson (1984) ergeben, mechanisch instabil sind (s. Abschn. 6.3.2). Die Herkunft metamorpher T-z-Kurven, die ähnlich wie in Abb. 6.16b verlaufen, ist daher auch weiterhin umstritten.

Aus Abb. 6.18 geht hervor, daß die durch das Modell von England und Richardson beschriebene Entwicklung der Kruste und Mantellithosphäre große Ähnlichkeit mit der Kurve hat, die für homogene Verdickung der Gesamtlithosphäre und anschließende Abtrennung des Mantellithosphäre gilt (Abb. 6.18b, s. auch Abschn. 6.3.4). Letztere gibt die Entwicklung der Lithosphäre in Kollisionsorogenen mechanisch plausibel wieder (Houseman et al. 1981).

6.3.2
Mechanische Beschreibung kollidierender Kontinente

Bisher haben wir die Kollison von Kontinenten nur unter *thermischen* (Abschn. 6.3.1) und *kinematischen* (Abschn. 4.1.2) Gesichtspunkten betrachtet. Bei der *mechanischen* Beschreibung derselben sind Kräfte und Bewegungen durch eine Fließbedingung (konstitutive Beziehung) miteinander verknüpft (Abschn. 5.3.1). In *thermomechanischen* Modellen werden thermische Entwicklung und Mechanik miteinander gekoppelt (z. B. Sonder und England 1986; Sahagian und Holland 1993).

Als Grundlage für die mechanische Beschreibung orogener Prozesse dienen die Differentialgleichungen des Spannungsgleichgewichts (Abschn. 5.1.1). Wenn wir uns auf zwei Raumdimensionen (x und z) beschränken, lauten sie (s. Gl. 5.17)

$$\frac{\partial\sigma_{zz}(x,z)}{\partial z} + \frac{\partial\sigma_{xz}(x,z)}{\partial x} = \rho(x,z)g \ , \tag{6.15}$$

$$\frac{\partial\sigma_{xx}(x,z)}{\partial x} + \frac{\partial\sigma_{xz}(x,z)}{\partial z} = 0 \ . \tag{6.16}$$

Diese Gleichungen müssen unter Berücksichtigung der richtigen Rand- und Anfangsbedingungen integriert werden. Weil ein zweidimensionales Spannungsgleichgewicht aus zwei Gleichungen mit jeweils zwei partiellen Differentialen besteht, benötigen wir insgesamt vier Randbedingungen. Diese Randbedingungen können in der Realität entweder durch Bewegungen oder durch Kräfte bzw. Spannungen vorgegeben sein. Wenn die Randbedingungen durch *Bewegungen* bzw. Geschwindigkeiten gegeben sind, kann man die internen *Spannungen* berechnen, falls die Fließbedingung bekannt ist. Wenn die Randbedingungen durch vorherrschende *Spannungen* gegeben sind, kann man die internen *Bewegungen* ermitteln, falls die Fließbedingung bekannt ist.

Obwohl in verschiedenen Orogenen sowohl *Spannungen* als auch *Bewegungen* als Randbedingung plattentektonischer Prozesse vorkommen und diesen beiden Randbedingungen grundverschiedene physikalische Prinzipien zugrunde liegen, werden sie leider oft verwechselt. So interpretieren viele Autoren einen im Gelände beobachteten Versatz (engl.: *displacement*) als eine Bewegung und schließen daraus auf das Spannungsfeld eines Gesteins oder ganzen Orogens. Zum Beispiel könnte man denken, daß die Ränder der Tibetischen Hochlandes unter Zugspannung stehen, weil sich China und Tibet voneinander entfernen. Diese Interpretation setzt voraus, daß die Spannungs- und Bewegungsvektoren übereinstimmen. Das ist aber nicht der Fall! Bei den Begriffen „Spannung" und „Bewegung" handelt es sich *nicht* um austauschbare Synonyme. Tatsächlich entfernt sich Südostchina vom restlichen Asien. Trotzdem ist das Spannungsfeld im Grenzbereich von China und Tibet in Ost-West-Richtung kompressiv. Ein weiteres Beispiel ist in Abb. 6.19 graphisch dargestellt. Ein wichtiges Ziel dieses Abschnitts (und von Abschn. „Mechanik auf vertikalen Schnitten") ist es, dem Leser den Unterschied zwischen *Spannung* und *Versatz* deutlich zu machen.

Wie alle anderen Differentialgleichungen lassen sich auch die Gleichungen des Spannungsgleichgewichts mit analytischen oder numerischen Methoden lösen. Bei einem dreidimensionalen Modell müssen die Tensoren und nicht nur einfache Skalarwerte der Spannung und Verformung berücksichtigt und alle drei Gleichungen des Spannungsgleichgewichts integriert werden. Auf dreidimensionale Kräftegleichgewichte und mögliche Vereinfachungen derselben gehen England und Jackson (1989) sowie England und McKenzie (1982)

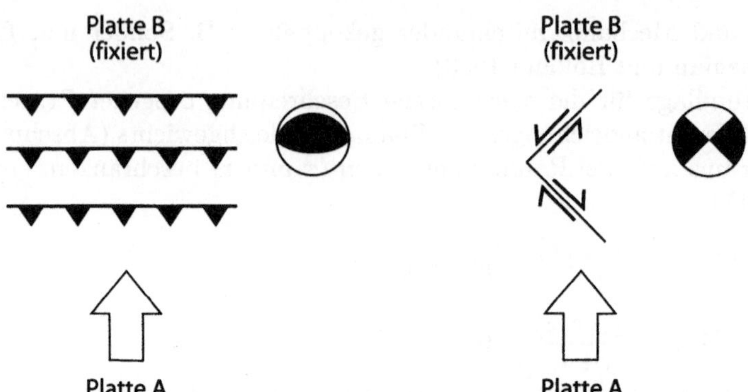

Abb. 6.19. Veranschaulichung des Umstands, daß durch dieselbe großräumige Bewegung zwei völlig verschiedene Spannungszustände mit unterschiedlicher Kinematik im Kollisionsbereich geschaffen werden können. Bei beiden Beispielen bewegt sich Platte *A* auf Platte *B* zu. Im linken Beispiel wird diese Konvergenz durch Überschiebungen kompensiert. Im rechten Beispiel kommt es zu einer Dehnung in orogenparalleler Richtung (nach Jackson und McKenzie 1988; England und Jackson 1989). Die Bedeutung der beiden Herdflächenlösungen wird in Abschn. 5.1.2 erklärt. Die Prozesse der linken Abbildung sind nur mit vertikalen Schnitten beschreibbar; die Prozesse der rechten Abbildung lassen sich gut mit dem Modell der ebenen Verformung beschreiben

ausführlich ein. England et al. (1985) haben analytische Lösungen, die sie mit Hilfe solcher Vereinfachungen gewonnen haben, zur Beschreibung von Kollisionsorogenen benutzt.

Allerdings sind mechanische Prozesse oft so kompliziert, daß in den letzten Jahren zunehmend von analytischen Lösungen abgegangen wurde. Mittlerweile werden zur Beschreibung mechanischer Prozesse hauptsächlich numerische Lösungen von Gl. 6.15 und 6.16 verwendet. Mechanische Gebirgsbildungsmodelle sind in den letzten Jahren vor allem am Beispiel der Kollision von Indien mit Asien entwickelt worden (England und Houseman 1986, 1988; Houseman und England 1986a).

Kräftegleichgewicht in Gebirgen. Die Kräfte, die Orogene im Gleichgewicht halten, lassen sich grob in drei Gruppen unterteilen:

1. *Antriebskräfte*: Darunter verstehen wir von außen wirkende plattentektonische Kräfte wie Ridge push oder Slab pull. Diese Kräfte, die im folgenden mit F_d (engl.: *driving forces*) bezeichnet werden, haben wir bereits in Abschn. 5.3.2 besprochen.
2. *Interne Kräfte*: Damit ist die Festigkeit von Gesteinen gemeint, die mittels einer Fließbedingung direkt in Verformung umgesetzt werden kann (s. Abschn. 5.2.1). Zur Ermittlung des Kräftegleichgewichts eines Gebirges benötigen wir über die gesamte Lithosphäre integrierte Festigkeiten. Integrierte Festigkeiten werden im folgenden mit F_l abgekürzt.

3. *Potentielle Energie*: Kräfte, die sich aus der potentiellen Energie ergeben, werden auch als *gravitative Spannungen* (engl.: *gravitational stresses, horizontal buoyancy forces*) bezeichnet und im folgenden mit F_b bezeichnet.

Obwohl auch die meisten plattentektonischen Antriebskräfte durch Unterschiede in der potentiellen Energie bedingt und auch die anderen Kräfte alle eng miteinander verknüpft sind, hilft uns die Aufteilung in F_d, F_l und F_b, das Kräftegleichgewicht von Orogenen zu verstehen. Zunächst wollen wir einige Aspekte der potentiellen Energie von Gebirgen näher betrachten.

In Abschn. 5.3.1 haben wir gezeigt, daß die potentielle Energie eines Gebirges sowohl mit dem Quadrat der Höhe der Erdoberfläche *als auch* mit dem Quadrat der Mächtigkeit der Gebirgswurzel zunimmt. Deswegen erfordert ein Höhenzuwachs um einen zusätzlichen Meter in einem *hohen* Gebirge wesentlich mehr Energie als in einem *niedrigen* Gebirge (Molnar und Tapponier 1978). Bei konstanter Antriebskraft sind Gebirgshöhe und Mächtigkeit der Gebirgswurzel durch einen Maximalwert beschränkt. Dieser Wert wird dann erreicht, wenn die potentielle Energie des Gebirges pro Quadratmeter Fläche genau so groß ist wie die tektonische Antriebskraft pro Meter Orogenlänge und damit ein stationäres Kräftegleichgewicht hergestellt ist.

Um besser zu ergründen, wie dieses Kräftegleichgewicht erreicht wird, betrachten wir Abb. 6.20a, in der ein sehr vereinfachtes Gebirge dargestellt ist. Im linken Teil der Abbildung ist durchschnittlich mächtige Kruste der

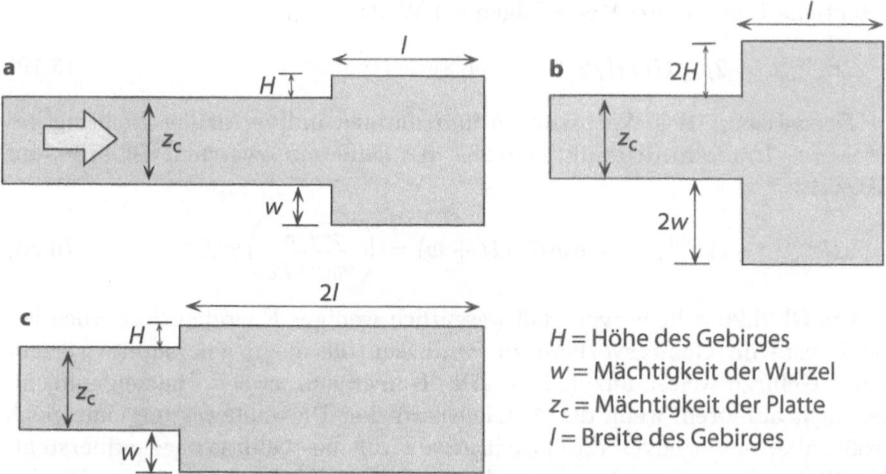

Abb. 6.20. a Schematisches Kollisionsorogen aus durchschnittlich mächtiger Kruste im linken Teil und einem Gebirge im rechten Teil. Jeder weitere Versatz des durchschnittlich mächtigen Plattenteils von links nach rechts wird in **b** durch weitere Verdickung und in **c** durch laterales Gebirgswachstum kompensiert. Die unterschiedliche Verformung in *b* und *c* führt zu einer beträchtlichen potentiellen Energiedifferenz zwischen den beiden Gebirgen, wie aus den Gleichungen 6.17 bis 6.20 erkennbar ist (s. auch Abb. 5.27; nach Molnar und Lyon-Caen 1988)

Mächtigkeit z_c und der Dichte ρ_c skizziert, im rechten Teil ein Gebirge der Höhe H, das sich im isostatischen Gleichgewicht befindet. Abbildung 6.20a ist analog zu Abb. 5.27. Die zwischen Gebirge und Vorland bestehende Differenz der potentiellen Energie pro Quadratmeter ist durch Gl. 5.51 und 5.52 gegeben. Wir erinnern uns, daß ΔE_p eine potentielle Energie *pro Quadratmeter* (mit der Einheit $\mathrm{J\,m^{-2}}$) ist, die auch als mittlere Kraft pro Meter Orogenlänge interpretiert werden kann. In Analogie dazu ist die potentielle Energie *pro Meter Orogenlänge* das Produkt aus der potentiellen Energie pro Quadratmeter und der Breite des Gebirges l. Aus Gl. 5.52 folgt unmittelbar

$$\Delta E_{p,m^{-1}} = \rho_c g H l \, (H/2 + z_c + w/2) \quad . \tag{6.17}$$

Der Ausdruck $\Delta E_{p,m^{-1}}$ ist also der potentielle Energieunterschied pro Meter, der keinesfalls mit der potentiellen Energiedifferenz pro Quadratmeter ΔE_p verwechselt werden darf, mit dem wir uns im Zusammenhang mit Gl. 5.51 beschäftigt haben. Die weitere Gebirgsbildung kann prinzipiell durch ein Wachstum des Gebirges in vertikaler (Abb. 6.20b) *oder* in horizontaler Richtung (Abb. 6.20c) vonstatten gehen. Bei einer Verdoppelung der Gebirgsmächtigkeit in vertikaler Richtung wächst die potentielle Energie pro Meter auf folgenden Wert an:

$$\Delta E_{p,m^{-1}}^{\mathrm{hoch}} = 2\rho_c g H l \, (H + z_c + w) \quad . \tag{6.18}$$

Wächst das Gebirge in horizontaler Richtung (Abb. 6.20c), erreicht die potentielle Energie pro Meter folgenden Wert:

$$\Delta E_{p,m^{-1}}^{\mathrm{breit}} = 2\rho_c g H l \, (H/2 + z_c + w/2) \quad . \tag{6.19}$$

Der zwischen dem Wachstum in horizontaler und vertikaler Richtung bestehende Unterschied ergibt sich aus der Differenz zwischen Gl. 6.18 und Gl. 6.19:

$$\Delta E_{p,m^{-1}}^{\mathrm{hoch}} - \Delta E_{p,m^{-1}}^{\mathrm{breit}} = \rho_c g H l \, (H + w) = \left(\frac{\rho_c \rho_m}{\rho_m - \rho_c} \right) g l H^2 \quad . \tag{6.20}$$

Aus Gl. 6.20 geht hervor, daß wesentlich weniger Energie erforderlich ist, die Kruste im Gebirgsvorland zu verdicken, als dazu, ein bereits vorhandenes Gebirge weiter anzuheben. Die Konvergenz zweier Platten muß daher nicht aufhören, wenn der Antriebskraft der Plattenbewegung eine gleich große, aber entgegengesetzte gravitative Kraft des Gebirges gegenübersteht. Die Plattenkonvergenz kann allerdings nicht mehr durch vertikales Wachstum des bereits vorhandenen Gebirges kompensiert werden. Damit ist im Hochgebirge die aktive Tektonik beendet. Der verdickte Bereich dehnt sich im Rahmen der weiteren Konvergenz vom Gebirge ins Vorland aus, wodurch sich ein Hochplateau bildet. Dabei verlagert sich auch die Grenze zwischen den beiden Orogenbereichen, in denen die größte Hauptspannung σ_1 vertikal bzw. horizontal gerichtet ist.

Es sei nochmals betont, daß sich aufgrund dieser Veränderungen des Verformungs- und Spannungsfeldes nichts an der konvergenten Plattenbewegung oder an der am Gesamtorogen anliegenden Antriebskraft ändert (Molnar und Lyon-Caen 1988) (s. u. Abschn. „Mechanik auf vertikalen Schnitten"). Dies soll all jenen Strukturgeologen eine Warnung sein, die lokale Geländebeobachtungen des Spannungs- bzw. Versatzfeldes als Veränderung des überregionalen Spannungs- bzw. Versatzfeldes interpretieren wollen.

Entwicklung einfacher Orogene im Kräftegleichgewicht. Das in den letzten Abschnitten besprochene Kräftegleichgewicht läßt sich wie folgt zusammenfassen:

$$F_{\text{eff}} = F_{\text{d}} - F_{\text{b}} = F_{\text{l}} \ . \tag{6.21}$$

Darin ist F_{d} die tektonische Antriebskraft *pro* Meter Orogenlänge und F_{b} die gravitative Spannung *mal* Meter Lithosphärenmächtigkeit bzw. die horizontale Kraft *pro* Meter Orogenlänge (engl.: *horizontal buoyancy force*). Die Differenz aus diesen zwei Spannungen ist die effektive Antriebskraft für die Verformung eines Kontinents F_{eff}. Gleichung 6.21 wird oft auch als *orogenes Kräftegleichgewicht* (engl.: *orogenic force balance*) bezeichnet. Aus der Gleichung geht hervor, daß F_{eff} mit der integrierten Festigkeit der Lithosphäre F_{l} gleichgesetzt werden kann (Abschn. 5.2.1, Gl. 5.43). Warum dies möglich ist, läßt sich anhand der Fließbedingungen, die wir zur Definition von F_{l} benutzt haben, leicht nachvollziehen. Spannung ist nur dann in einer Fließbedingung definiert, wenn Verformung stattfindet, d. h. auch die integrierte Festigkeit der Lithosphäre ist nur während der Verformung größer als 0. Dagegen hat stationäre Lithosphäre keine Festigkeit.

Da große Teile der Lithosphäre im duktilen Verformungsbereich liegen (in dem Spannung und Verformungsrate einander proportional sind), ist die Verformungsrate eines Gebirges genau so groß, daß die integrierte Spannung gleich der effektiven Antriebskraft ist. Wäre die Verformungsrate kleiner, würde sie sich schnell erhöhen, weil die Festigkeit kleiner als die effektive Antriebskraft ist. Wenn die Verformungsrate größer wäre, würde die Festigkeit zu groß sein, als daß Verformung überhaupt möglich wäre. Daher kann man mit Gl. 6.21 die Verformungsrate eines Orogens bestimmen, sofern die Fließbedingung bekannt ist, die den Zusammenhang zwischen Spannung und Verformungsrate angibt.

Wenn man von einem einfachen eindimensionalen Thin sheet-Modell der Lithosphäre ausgeht, bildet Gl. 6.21 die Grundlage für die Beschreibung der mechanischen Entwicklung eines Kollisionsorogens. Mehrere Autoren haben entsprechende Modelle veröffentlicht (z. B. Sonder und England 1986; Sandiford et al. 1991; Stüwe et al. 1993). Wenn die tektonische Antriebskraft konstant ist, konvergieren im Rahmen der Kontinent-Kontinent-Kollision alle wichtigen physikalischen Größen zu einem stationären Zustand, in dem das Gleichgewicht $F_{\text{b}} = F_{\text{d}}$ und $F_{\text{eff}} = F_{\text{l}} = 0$ erreicht ist (Abb. 6.21). Kollisi-

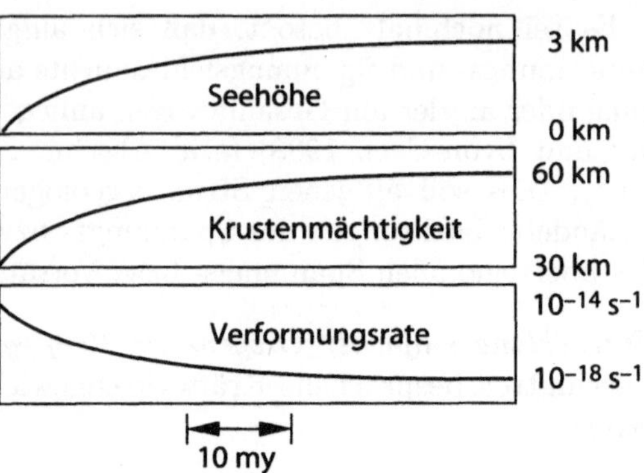

Abb. 6.21. Schematische Darstellung der Entwicklung einiger physikalischer Größen in eindimensionalen Modellen von Kollisionsorogenen, die einer konstanten kompressiven Kraft unterliegen. Wenn die maximale Höhe und Krustenmächtigkeit erreicht sind, geht die Verformungsrate gegen 0

onsprozesse sind also selbstlimitierend. Bei der Dehnung von Kontinenten ist diese Selbstlimitierung jedoch nicht so selbstverständlich (Abschn. 6.2.4).

Die limitierenden Werte (z. B. Orogenhöhe, Krustenmächtigkeit etc.), die in Kollisionsorogenen erreicht werden können, hängen sowohl von der Antriebskraft F_d als auch von der integrierten Festigkeit der Lithosphäre F_l ab. Das wird deutlich, wenn wir Gl. 6.21 zu

$$F_d = F_l + F_b \tag{6.22}$$

umformen. Dabei sollten wir uns daran erinnern, daß F_b eine direkte Funktion der Gebirgshöhe und der Krustenmächtigkeit ist. Wenn also die integrierte Festigkeit der Lithosphäre kleiner wird, kann bei gleichbleibender F_d, die potentielle Energie des Gebirges pro Quadratmeter Fläche zunehmen. Wenn sich z. B. die Lithosphärenfestigkeit durch eine plötzliche Temperaturerhöhung, durch Fluide, durch Umkristallisation oder durch andere Prozesse verringert, wird sich bei gleichbleibender plattentektonischer Antriebskraft die Gebirgshöhe verändern, bis das Gleichgewicht wiederhergestellt ist (Houseman und England 1986a). Daher können plötzliche Veränderungen des Temperaturprofils der Lithosphäre zu plötzlichen Verformungsereignissen führen (s. auch Abschn. „Mechanik auf vertikalen Schnitten", „Mechanik in der Ebene" und „Orogenparallele Dehnung").

Die mittlere Festigkeit der Lithosphäre. Unterschiede in der Höhe der kontinentalen Erdoberfläche können nur dann durch orogene Prozesse geschaffen werden, wenn die Lithosphäre eine finite Festigkeit hat, wenn also unterschiedlich große Horizontal- und Vertikalspannungen auftreten (Artyushkov 1973; McKenzie 1972; Molnar und Lyon-Caen 1988). Gäbe es diese Spannungsunterschiede nicht, würde sich die Erdoberfläche unter dem Einfluß lateraler Spannungen – ähnlich wie Wasser zwischen zwei Kolben – überall gleichmäßig heben (s. auch Abb. 6.31). Es gäbe keine Gebirge, sondern nur gleichmäßig gehobene Platten. Wie groß diese Spannungsunterschiede sein müssen, kann man direkt abschätzen, indem man Mächtigkeit und Höhe eines Hochgebirges und seines Vorlands miteinander vergleicht (s. Abb. 5.27,

6.31). Auf diese Weise erhält man ein direktes Maß für die mittlere Festigkeit bzw. Differentialspannung einer Platte.

Im folgenden wollen wir diese Abschätzung am Beispiel eines Hochgebirges vornehmen, das sich unter seinem Eigengewicht dehnt. In diesem Fall muß die über die Plattenmächtigkeit gemittelte Vertikalspannung $\overline{\sigma}_{zz}^{\,G}$ größer als die mittlere Horizontalspannung $\overline{\sigma}_{xx}^{\,G}$ sein. Bei diesen Größensymbolen bezeichnet der horizontale Strich eine mittlere Spannung und das hochgestellte G steht dafür, daß es sich um Spannungen in einem Hochgebirge handelt. Verhält sich das Gebirge wie eine Newtonsche Flüssigkeit (s. Gl. 5.37), ist $\overline{\sigma}_{zz}^{\,G}$ um genau den Betrag größer als $\overline{\sigma}_{xx}^{\,G}$, den das Produkt aus Viskosität und Verformungrate $\eta\dot{\epsilon}$ ergibt. Es gilt:

$$\overline{\sigma}_{xx}^{\,G} = \overline{\sigma}_{zz}^{\,G} - \eta\dot{\epsilon} = \overline{\sigma}_{zz}^{\,G} - \sigma_{\mathrm{d}} \quad . \tag{6.23}$$

Dieses Spannungsgleichgewicht kann man auch zu einem Kräftegleichgewicht umformen, indem man jedes Glied der Gleichung mit der Plattenmächtigkeit z^{G} multipliziert. In dieser Form ist das Gleichgewicht analog zu Gl. 6.21:

$$z^{\mathrm{G}}\overline{\sigma}_{xx}^{\,G} = z^{\mathrm{G}}\overline{\sigma}_{zz}^{\,G} - z^{\mathrm{G}}\sigma_{\mathrm{d}} \quad . \tag{6.24}$$

Eine entsprechende Gleichung kann man auch für das Gebirgsvorland aufstellen (gekennzeichnet durch ein hochgestelltes V). Verformt sich das Vorland nicht, sind dort die mittleren horizontalen und vertikalen Spannungen gleich groß:

$$\overline{\sigma}_{xx}^{\,V} = \overline{\sigma}_{zz}^{\,V} \quad \text{bzw.} \quad z^{\mathrm{V}}\overline{\sigma}_{xx}^{\,V} = z^{\mathrm{V}}\overline{\sigma}_{zz}^{\,V} \quad . \tag{6.25}$$

Dieses Kräftegleichgewicht besagt, daß die horizontale Kraft überall im Gebirge gleich groß sein muß, falls an der Basis und an der Erdoberfläche keine Scherspannungen anliegen. Mit anderen Worten: Es muß die Bedingung $z^{\mathrm{V}}\overline{\sigma}_{xx}^{\,V} = z^{\mathrm{G}}\overline{\sigma}_{xx}^{\,G}$ erfüllt sein. Damit können Gl. 6.24 und Gl. 6.25 gleichgesetzt werden:

$$z^{\mathrm{G}}\overline{\sigma}_{zz}^{\,G} - z^{\mathrm{V}}\overline{\sigma}_{zz}^{\,V} = \sigma_{\mathrm{d}}z^{\mathrm{G}} \quad . \tag{6.26}$$

Die linke Seite dieser Gleichung ist die zwischen Gebirge und Vorland bestehende potentielle Energiedifferenz pro Flächeneinheit. Wie diese Differenz ermittelt wird, wurde bereits in Gl. 5.47 gezeigt; sie läßt sich näherungsweise mit Gl. 5.52 oder – um einiges genauer – mit Gl. 5.54 berechnen. Die rechte Seite ist die integrierte Festigkeit der Lithosphäre (s. Gl. 5.43, Abb. 5.19 und Abb. 5.21), also das Produkt aus der mittleren Differentialspannung des sich dehnenden Gebirges und seiner Mächtigkeit.

Nach Molnar und Lyon-Caen (1988) ergibt die rechte Seite von Gl. 6.26 für Tibet eine mittlere Festigkeit von $\sigma_{\mathrm{d}} = 69$ MPa und für das Altiplano in den Anden $\sigma_{\mathrm{d}} = 52$ MPa. Wenn wir voraussetzen, daß manche Bereiche der Lithosphäre wesentlich weicher sind als dieser Wert (z. B. die obersten oder die untersten Teile der Kruste, so wie in Abb. 5.13), müssen andere Bereiche eine wesentlich höhere Festigkeit aufweisen.

Mechanik auf vertikalen Schnitten. Viele Orogene der Erde haben die
Form langgestreckter Gebirgszüge, in denen sich die meisten Parameter *parallel* zum Orogen über große Strecken kaum verändern. In dynamischen Modellen solcher Gebirge ist es möglich, die orogenparallele Richtung zu vernachlässigen, so daß die Mechanik der Gebirgsbildung anhand senkrecht zur
Streichrichtung des Orogens stehender Querprofile darstellbar ist. Dazu werden wir zunächst die relativ einfachen Überlegungen des letzten Abschnitts
fortführen und die Spannungsänderungen innerhalb eines Gebirgsprofils analysieren. Im Anschluß daran stellen wir ein elegantes zweidimensionales Modell vor, das in den letzten Jahren auf zahlreiche Orogene angewendet worden
ist.

1. Veränderungen des Spannungsfeldes in Kollisionsorogenen. Bei der Besprechung von Gl. 6.20 haben wir gezeigt, daß während der Entwicklung
eines Kollisionsorogens auch dann zeitliche Veränderungen des Spannungsfeldes stattfinden können, wenn das überregionale Spannungsfeld konstant
bleibt. Dieser Sachverhalt soll im folgenden nochmals am Beispiel der in einem Gebirgsprofil auftretenden lateralen Spannungsänderungen verdeutlicht
werden, wozu wir die Gedankengänge von Dalmayrac und Molnar (1981) und
Molnar und Lyon-Caen (1988) nachvollziehen wollen.

Mehrere Autoren wie z. B. Artyushkov (1973) oder Dalmayrac und Molnar (1981) haben gezeigt, daß die horizontalen Kräfte in einem vereinfachten
Gebirge überall gleich groß sind, falls die an der Lithosphärenbasis auftretenden Scherspannungen vernachlässigt werden können; unabhängig davon,
wie mächtig die Platte ist (s. auch Aufgabe 5.13). Dementsprechend bleibt
auch das Produkt aus der mittleren Horizontalspannung σ_{xx} und der Plattenmächtigkeit konstant. Wenn man davon ausgeht, daß die Spannungen an
verschiedenen Stellen des Orogens eine ähnliche Tiefenverteilung haben, ist
in einer bestimmten Tiefe dann auch σ_{xx} überall konstant. Das bedeutet, daß
Gebirge und Hochplateaus Horizontalspannungen übertragen. Die durch die
Gebirgsrückseite auf das Hinterland ausgeübte Kraft ist genauso groß wie die
im Vorland der konvergierenden Platten anliegende.

Für die Vertikalspannung trifft das nicht zu. Sie ist dort am größten, wo die
Überlagerung am höchsten ist (s. Abb. 5.27). Es kann sich also eine Spannungsverteilung wie die in Abb. 6.22 dargestellte ergeben. Im Gebirgsvorland (auf der linken Seite der Abbildung) ist die Vertikalspannung kleiner als
die Horizontalspannung und es kommt zur Vedickung, z. B. durch Überschiebungstektonik. Im Hochgebirge (streng genommen: Bereich hoher potentieller
Energie, vgl. Abschn. 5.3.3; rechte Seite der Abbildung) hat sich die Richtung
der größten Hauptnormalspannung verändert, d. h. die Vertikalspannung ist
größer als die Horizontalspannung und es kommt zur Dehnung. D. h., obwohl
die Horizontalspannung auf Abb. 6.22 überall gleich groß ist, wird ein Teil
der Kruste gedehnt, wogegen ein anderer verkürzt wird.

Der laterale Übergang von Kompression zu Dehnung wird in dieser Situation *nicht* durch eine Änderung der horizontalen Spannung, sondern durch eine

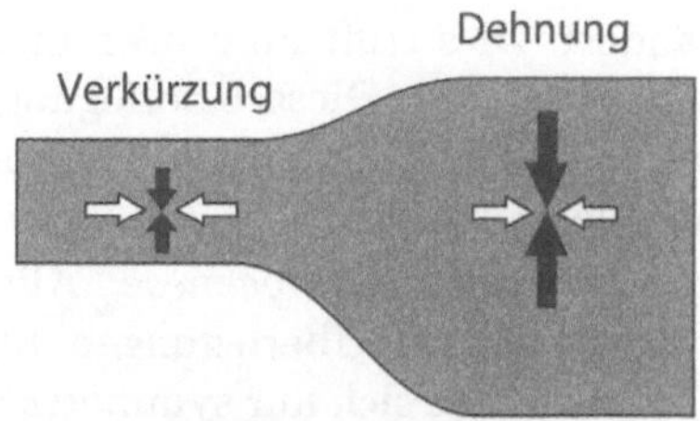

Abb. 6.22. Horizontal- und Vertikalspannungen in einem Kollisionsorogen. Sind die topographischen Gradienten der Erdoberfläche und der Lithosphärenbasis klein, verlaufen σ_{xx} und σ_{zz} parallel zu den Hauptspannungsrichtungen. Die Horizontalspannungen (*weiße Pfeile*) haben überall den gleichen Betrag. Die in einer bestimmten Tiefe anliegenden Vertikalspannungen (*schwarze Pfeile*) sind im Gebirge jedoch wesentlich größer als im Vorland. Deswegen ist die größte Hauptnormalspannung im Gebirgsvorland durch die Horizontalspannung und im Gebirge durch die Vertikalspannung gegeben

Änderung der vertikalen Spannung verursacht. Daher muß eine in den hochgelegenen Bereichen eines Gebirges stattfindende Dehnung *nicht* dazu führen, daß das Gebirge „auseinandergerissen" wird oder die umliegenden Platten auseinanderdriften. So findet in der Umgebung des Tibetischen Hochplateaus zur Zeit Überschiebungstektonik statt, obwohl sich das Plateau selbst unter seinem Eigengewicht dehnt (s. u. Abschn. „Mechanik in der Ebene" und „Orogenparallele Dehnung").

Veränderungen des Spannungsfeldes durch das Altern von Platten. Bei konstanter Antriebskraft einer Orogenese kann eine qualitative Änderung der Hauptspannungsrichtungen nicht nur durch eine Erhöhung der potentiellen Energie im Hochgebirge erreicht werden, sondern auch durch eine Verringerung der mittleren potentiellen Energie der ganzen Platte (z. B. Coblentz und Sandiford 1994; Sandiford und Coblentz 1994). Geoidanomalien an Kontinentalrändern weisen darauf hin, daß die potentielle Energie alter ozeanischer Lithosphäre sehr gering ist, während Mittelozeanische Rücken und große Teile der Kontinente eine relativ hohe potentielle Energie haben. Die mittlere potentielle Energie einer Platte ergibt sich daher aus den jeweiligen Flächenanteilen alter ozeanischer und kontinentaler Lithosphäre. Bei einer von Mittelozeanischen Rücken umgebenen Platte wächst der Anteil an ozeanischer Lithosphäre mit zunehmenden Alter, und damit nimmt die mittlere potentielle Energie der Platte ab. Dadurch wächst der Plattenanteil an kontinentaler Lithosphäre, die eine höhere potentielle Energie als die übrige Platte hat. Auf den Kontinenten kann dann in Bereichen, die lange Zeit unter Kompression durch die hohe potentielle Energie der umliegenden Mittelozeanischen Rücken gestanden sind, Kompressionstektonik in Dehnungstektonik übergehen. Dieser Übergang wird also nur durch das zunehmende Alter der Platte ausgelöst! Sandiford und Coblentz (1994) waren deshalb der Meinung, daß sich kontinentale Platten, die von Mittelozeanischen Rücken umgeben sind, mit zunehmendem Alter dehnen, ohne daß sich das Spannungsfeld an den Plattengrenzen verändert. Dies trifft im großen und ganzen auf die Afrikanische und Antarktische Platte zu. Diese Überlegungen bedeuten, daß die Alterung von Platten auch bei der Entstehung innerkontinentaler Riftzonen eine entscheidende Rolle spielen kann.

2. Ein elegantes Modell der Kollisionsorogenese. Alle in den letzten Abschnitten angestellten mechanischen Überlegungen beruhen auf der Thin sheet-Annäherung. Mit dieser lassen sich nur symmetrische Orogene beschreiben, weshalb wir vor allem plateauförmige Orogene als Beispiele herangezogen haben. Viele aktive Orogene, wie z. B. die Alpen, sind jedoch durch eine asymmetrische Form gekennzeichnet (z. B. Pfiffner et al. 1997). Will man die Ursachen für diese Asymmetrie erforschen, müssen natürlich auch die Randbedingungen eines entsprechenden mechanischen Modells asymmetrisch sein – die Thin sheet-Annäherung ist nicht möglich. Das eleganteste Modell für asymmetrische Orogene, das in jüngster Verganenheit häufig auf die Alpen angewendet wurde, haben Wissenschaftler in Kanada entwickelt. Dieses Modell wurde ursprünglich von Willet et al. (1993) zur Beschreibung doppelvergenter kontinentaler Orogene ausgearbeitet. Beaumont et al. (1996) haben dieses Modell so weit verbessert, daß es möglich ist, ozeanische und kontinentale Orogene mit einem einzigen Satz von Randbedingungen zu modellieren (Abb. 6.23). Die Randbedingungen dieses Modells, das inzwischen mehrfach mit großem Erfolg eingesetzt worden ist, werden im folgenden kurz dargelegt.

Die asymmetrische Form vieler Kollisionsorogene ist vor allem darauf zurückzuführen, daß sich Kruste und Mantellithosphäre bei der Kollision zweier Platten unterschiedlich verhalten. Die Mantellithosphären zweier kollidierender Platten schieben sich übereinander, während sich die Krusten miteinander verzahnen. Diese Kollisionsgeometrie wird in den Randbedingungen des Beaumontschen Modells durch eine einfache Diskontinuität entlang der Moho beschrieben. In Abb. 6.23b ist das der untere Rand des schattierten Rechtecks (bzw. der Kruste). Dieses Rechteck unterliegt Spannungsrandbedingungen an seiner rechten, linken und oberen Seite und einer kinematischen Randbedingung an der unteren Seite.

In Abb. 6.23b gilt am unteren Rand links von Punkt S: $v_T = v_P$ und $v_z = 0$. Rechts von Punkt S gilt: $v_T = v_z = 0$. Darin sind v_T und v_z die Tangential- bzw. Normalgeschwindigkeiten des Modellrandes und v_P die Geschwindigkeit, mit der sich die Platte von links nach rechts bewegt. An den drei anderen Seiten der Platten sind sowohl die Tangential- als auch die Normalspannungen gleich 0, so daß sich diese Ränder frei bewegen können. Die Bedingung für den unteren Rand impliziert, daß die Platte PB am Punkt S nach unten abknickt und schräg nach rechts unter die Oberplatte subduziert wird.

Beaumont et al. (1996) haben dieses Modell verallgemeinert, um auch die Subduktion der Unterplatte beschreiben zu können (Abb. 6.23a). In diesem modifizierten Modell wird am Punkt S' eine Vertikallast L angesetzt, die eine nach unten ziehende Platte simuliert. Links von Punkt S' und rechts von

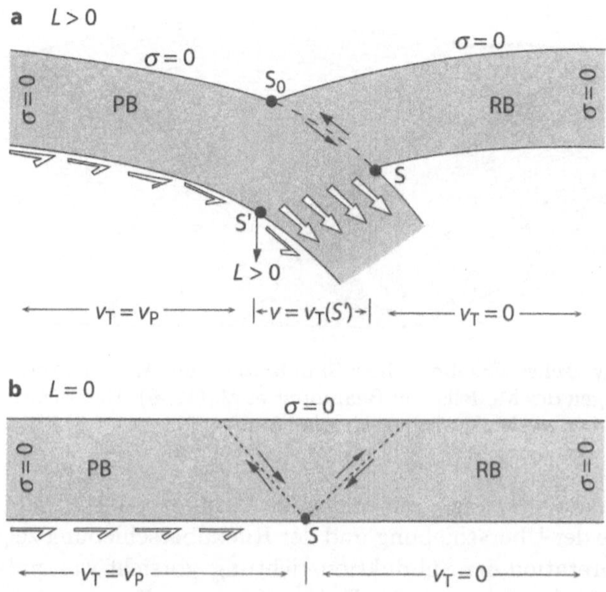

Abb. 6.23. Die Randbedingungen des zweidimensionalen Kollisionsorogenmodells von Beaumont. **a** Das Subduktions- bzw. Kollisionsmodell von Beaumont et al. (1996). Die weißen Pfeile symbolisieren die Geschwindigkeitsrandbedingung am unteren Plattenende. An allen anderen Seiten herrscht Spannungsfreiheit ($\sigma = 0$) als Randbedingung. Die dargestellte Ausgangsform ist durch die Größe der am Punkt S' angreifenden, nach unten wirkenden Kraft (Last L) vorgegeben. *PB* und *RB* bezeichnen die Unter- und Oberplatte („probeam" und „retrobeam"). Die Scherzone zwischen S und S_0 ist nicht als Grundannahme des Modells vorgegeben, sondern bildet sich erst während der Orogenese (bzw. der Modellsimulation). **b** Geht die Last gegen 0, vereinfacht sich das Modell von **a** zu den Randbedingungen des Kollisionsorogenmodells von Willet et al. (1993). Die *unterbrochenen Linien* und Scherrichtungspfeile sind auch hier *kein* Bestandteil der Grundannahmen. Vielmehr handelt sich um die Bereiche, in denen während der Orogenese die intensivste Verformung stattfindet (s. Abb. 6.24)

Punkt S gelten die gleichen Randbedingungen wie in Abb. 6.23b. Zwischen S' und S sind Richtung und Geschwindigkeit des unteren Randes ebenso groß wie am Punkt S'. Mit diesen Randbedingungen wird die ganze Platte subduziert. Wenn die Last L gegen 0 geht, stimmen die Modelle von Abb. 6.23a und b überein.

Mit diesen Randbedingungen bilden sich bei der Modellsimulation einige Strukturen, die in der Tat in mehreren Kollisionsorogenen dieser Erde beobachtet werden. Dazu zählen insbesondere konjugierte Scherzonen, wie sie in Abb. 6.23b zu sehen sind. Diese Scherzonen werden in Abb. 6.24 als „Überschiebung" und als „Rücküberschiebung" bezeichnet. Dabei ist zu beachten, daß die Verformung bei der Über- und der Rücküberschiebung (in Abb. 6.24 als „prowedge" und „retrowedge" bezeichnet) – trotz der Asym-

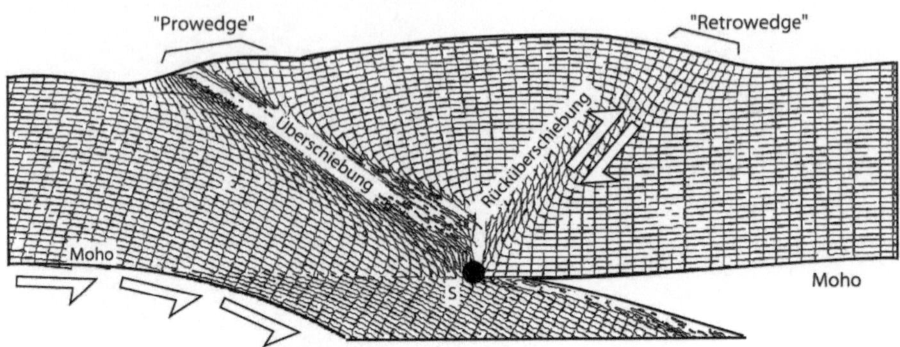

Abb. 6.24. Typisches Ergebnis einer Simulation eines Kollisionsorogens mit den Randbedingungen des Modells von Beaumont et al. (1996). Das wichtigste Resultat ist die Entstehung zweier konjugierter Scherzonen

metrie der Randbedingung – ein ähnliches Ausmaß erreicht. Die Ähnlichkeit der Geometrie der Überschiebung und der Rücküberschiebung zeigt, daß man bei der Interpretation der Subduktionsrichtung Vorsicht walten lassen muß , wenn nur Beobachtungen von der Erdoberfläche vorliegen.

Mechanik in der Ebene. Viele Geländebefunde aus Kollisionsorogenen weisen darauf hin, daß orogenparallele und orogennormale Spannungen und Bewegungen bei der Orogenese in interessanter Beziehung zueinander stehen. Dazu zählen z. B. Beobachtungen der lateralen Dehnung eines Orogens während der Verkürzung und vieles mehr. Um solche Beziehungen zu veranschaulichen, müssen wir Modelle verwenden, die die Dynamik des Orogens in beiden *horizontalen* Raumrichtungen beschreiben. Da dreidimensionale Modelle sehr kompliziert und schwer darstellbar sind, werden dazu meist zweidimensionale Modelle in der horizontalen Ebene verwendet. Das erfordert die Zusammenfassung aller tiefenabhängiger Parameter der Lithosphäre (Temperatur, Spannung etc.).

Vereinfachung der dritten Dimension. Die dreidimensionalen Verformungsprozesse werden normalerweise mit Hilfe der Plane strain- oder der Thin sheet-Näherung zu einem in einer horizontalen Ebene beschreibbaren, zweidimensionalen Modell vereinfacht (Abschn. 1.2.1). Diese beiden Näherungen unterscheiden sich grundlegend (s. auch Abb. 6.19). Ob sich orogene Verformungsprozesse besser mit *ebener Verformung* oder mit der Thin sheet-Näherung beschreiben lassen, ist seit vielen Jahren ein Streitpunkt zwischen der Schule Tapponiers auf der einen Seite (z. B. Molnar und Tapponier 1975, 1978) sowie England, Houseman und McKenzie auf der anderen Seite (z. B. England und McKenzie 1982; Houseman und England 1986a; England und Houseman 1986; Molnar und Lyon-Caen 1988).

Mit keiner der beiden Vereinfachungen ist es möglich, Geothermen oder tiefenabhängige Gesteinsveränderungen zu analysieren. Alle tiefenabhängigen Parameter, die wir in Zusammenhang mit Abb. 5.13 oder Abb. 5.16

ausführlich besprochen haben, müssen zusammengefaßt werden. Im Bereich der größten Festigkeit der Lithosphäre gilt das Potenzgesetz der viskosen Verformung (Gl. 5.41). In diesem Fall läßt sich Gl. 5.41 zu

$$\dot{\epsilon} = B^{-n}(\sigma_1 - \sigma_3)^n \tag{6.27}$$

vereinfachen. Die Konstante B ist eine Zusammenfassung aller temperaturabhängigen Größen des Potenzgesetzes. Ein Vergleich von Gl. 5.41 mit Gl. 6.27 ergibt, daß $B = A^{(-1/n)}e^{Q/nRT}$ ist (s. England und McKenzie 1982). Die Konstante B hängt hauptsächlich vom Verhältnis Q/Tm ab. Tm ist die Temperatur am oberen Ende des Lithosphärenabschnitts mit der größten Festigkeit. Liegt dieser Lithosphärenabschnitt im obersten Mantel (wie in Abb. 5.13), dann entspricht Tm der Mohotemperatur. Es sei aber nachdrücklich darauf hingewiesen, daß diese Beziehung auch dann gilt, wenn das rheologische Profil der Lithosphäre eine andere Form als in Abb. 5.13 hat. Die Konstante B ist also vom Temperaturgradienten der Lithosphäre unabhängig wie auch davon, ob sich der festeste Lithosphärenabschnitt in der Kruste oder in der Mantellithosphäre befindet.

Infolge der Vereinfachung zu Gl. 6.27 kann die Lithosphäre als ein einfaches Medium angesehen werden, für das eine Potenzbeziehung zwischen Spannung und Verformungsrate gilt, ohne daß irgendwelche Tiefenabhängigkeiten von Temperatur oder Rheologie zu berücksichtigen sind. Dies ist die Grundlage für die dynamischen Modelle der kontinentaler Verformung, die von England und McKenzie (1982) sowie Vilotte et al. (1982) entwickelt wurden, die vielfach zur Beschreibung von Kollisionsorogenen verwendet werden. In solchen Modellen wird die Art der Verformung von Kollisionsorogenen im wesentlichen durch einen Parameter charakterisiert: die Argandzahl.

Die Argandzahl. Die Argandzahl Ar ist ein Maß dafür, wie leicht sich die Lithosphäre unter dem Einfluß gravitativer Spannungen verformen läßt. Mit anderen Worten: Sie gibt an, ob ein Orogen bereits während der Kollision lateral gedehnt wird oder ob es erst nach einer viel längeren Zeitspanne aufgrund des potentiellen Energieüberschusses gegenüber seiner Umgebung „zerfließen" wird. Die Argandzahl ist definiert durch den Quotient aus dem zusätzlichem Druck $P_{(L)}$, der durch den zwischen zwei Platten bestehenden Mächtigkeitsunterschied L entsteht, und der Spannung $\sigma_{(\dot{\epsilon}_0)}$, die erforderlich ist, um eine Platte mit einer Verformungsrate von

$$\dot{\epsilon}_0 = \frac{u_0}{L} \tag{6.28}$$

zu verformen (England und McKenzie 1982). Dabei ist u_0 die Kollisionsgeschwindigkeit der beiden Platten. Somit gilt:

$$Ar = \frac{P_{(L)}}{\sigma_{(\dot{\epsilon}_0)}} \ . \tag{6.29}$$

Abgesehen von den Randbedingungen, ist die Argandzahl der entscheidende Parameter, der für die Verformungsgeometrie von Kollisionsorogenen

verantwortlich ist. Wenn man im Rahmen einer Simulation die Geometrie
kontinentaler Verformung als Funktion der dimensionslosen Argandzahl angibt, ist es möglich, dadurch sämtliche Rheologien allgemein zu erfassen, ohne
sich mit den großen Unsicherheiten auseinandersetzen zu müssen, die es hinsichtlich der quantitativen Beziehung zwischen Spannung und Verformung
gibt (s. S. 229, 228). Diese Unsicherheiten entstehen nicht zuletzt aufgrund
der exponentiellen Temperaturabhängigkeit von B. All diese Unsicherheiten
sind in der Argandzahl zusammengefaßt. In anderen Worten: Wie sich verschiedene quantitative Beziehungen zwischen Spannung und Verformung auf
die Entwicklung eines Orogens auswirken, kann man durch Verändern von
Ar in einem Modell leicht nachprüfen.

Wenn man in Gl. 6.29 $P_{(L)}$ mittels der Dichte der Kruste (ρ_c) und des Mantels (ρ_m) sowie aus dem Mächtigkeitsunterschied zwischen zwei Lithosphärenplatten beschreibt (ähnlich wie in Gl. 4.15 oder Gl. 5.55) und $\sigma_{(\dot{\varepsilon}_0)}$ mit den
Parametern eines Fließgesetzes beschreibt, dann läßt sich Ar folgendermaßen
berechnen:

$$Ar = \frac{\rho_c g L (1 - \rho_c/\rho_m)}{B(u_0/L)^{1/n}} \ . \tag{6.30}$$

Wie wir bereits in früheren Abschnitten gesehen haben, steigt der zusätz-
liche Druck linear mit der Orogenmächtigkeit an, und die Spannung $\sigma_{(\dot{\varepsilon}_0)}$
wird umso größer, je größer die effektive Viskosität der Platte ist. In der
Form von Gl. 6.30 kann die Argandzahl als Eingabeparameter für zweidimensionale Modelle verwendet werden, ohne das vertikale Temperatur- oder
Rheologieprofil der Lithosphäre oder die Materialkonstanten der Verformung
explizit berücksichtigen zu müssen.

Wenn die effektive Viskosität einer Platte sehr groß ist, ist die Argandzahl klein (im Extremfall 0). Die Fließrate eines Gebirges wird dann im wesentlichen von den Randbedingungen abhängen. Das Gebirge wird während
der Orogenese keiner lateralen Dehnung unterliegen, auch wenn die potentielle Energie sehr groß wird. Ist die Argandzahl groß (etwa 10–20), ist die
effektive Viskosität des Mediums klein und die durch Unterschiede in der
Krustenmächtigkeit bedingten Kräfte sind groß. Die Kruste wird schnell zerfließen, und es wird nicht zu nennenswerten Mächtigkeitsunterschieden zwischen Orogen und Vorland kommen. England und McKenzie (1982) zeigten,
daß in Kollisionsorogenen mit einer Argandzahl von 30 kaum Mächtigkeits-
unterschiede auftreten und die Verformung nahezu zweidimensional bleibt.
Wenn die Argandzahl gegen unendlich geht, ist der Fall ebener Verformung
(engl.: *plane strain*) gegeben.

Ein mit der Argandzahl verwandter Parameter ist die Deborahzahl. Diese
ist ein Maß für das „Flüssigkeitsverhalten" von Kontinenten. Im Gegensatz
zur Argandzahl ist die Deborahzahl als das Verhältnis zweier Zeitspannen
definiert. Dabei handelt es sich um die Zeitdauer, während der an einem
Orogen eine tektonische Antriebskraft anliegt, und die Zeitdauer des „Zer-
fließens" eines Orogens (Reiner 1969). Ist die Deborahzahl eines Orogens viel

größer als 1, wird die Verformung während der Orogenese im wesentlichen auf
die Breite der Kollisionszone beschränkt sein. Wenn die Deborahzahl eines
Orogens viel kleiner als 1 ist, kann sich kein hohes Gebirge bilden, denn die
vom Modellrand ausgehende Verformung verteilt sich schnell und weit in das
umliegende Vorland (England 1996).

Orogenparallele Dehnung. Bei der Kollision zweier Kontinente werden Gesteine in alle drei Raumrichtungen versetzt (engl.: *displacement*). Wir haben uns bereits ausführlich mit dem Versatz von Gesteinen befaßt, der in
Verkürzungsrichtung, nach oben oder unten (bei der Verdickung) erfolgt. In
diesem Abschnitt beschäftigen wir uns mit Gesteinsversatz in orogenparalleler Richtung. Dabei sollte man darauf achten, daß orogenparalleler *Versatz*
von Gesteinen keinesfalls mit orogenparalleler *Dehnung* gleichgesetzt werden
darf, wie es in der Literatur leider häufig geschieht.

In Abb. 6.25a ist die Kollision einer Platte (*grau schattierte Fläche*) mit
einem sogenannten Indenter dargestellt, der auf das vor ihm liegende Gestein
Druck ausübt und es komprimiert. Dadurch wird das Gestein in Kollisions-
richtung und nach außen versetzt. Der Versatz nimmt mit zunehmender Entfernung vom Indenter ab, weil sich dort die Verformung stärker verteilt. Das
ist in Abb. 6.25a so dargestellt, daß die vom Indenter weiter entfernten Pfeile kürzer sind als die näher gelegenen. Trotz des orogenparallelen Versatzes,
steht jedoch jeder Punkt unter *Kompression.* Diese Folgerung aus dem einfachen Modell von Abb. 6.25a steht im Gegensatz zu vielen Beobachtungen an
aktiven Kollisionsorogenen, in denen *Dehnung* offensichtlich vor allem parallel zur Längsachse des Orogens stattfindet. So wurde in den Ostalpen eine
orogenparallele Dehnung am West- und Ostrand des Tauernfensters festgestellt (Selverstone 1988; Genser und Neubauer 1989), die von Ratschbacher

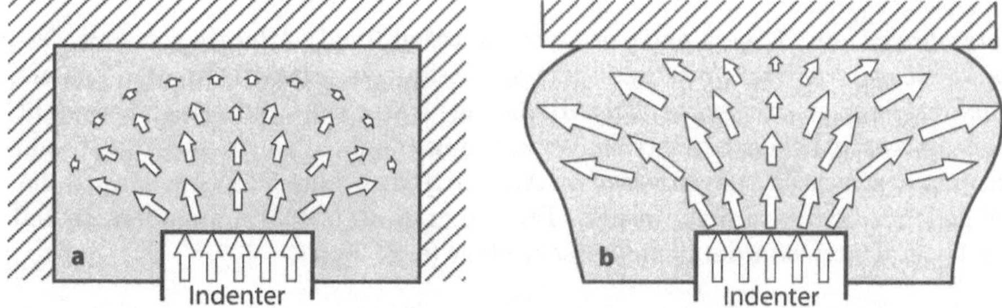

Abb. 6.25. Verschiedene Verformungsregime bei der Kollision eines Indenters mit
einer kontinentalen Platte (*grau schattierte Fläche*). Die Pfeile geben die Geschwindigkeitsvektoren der Gesteinsbewegung wieder. In **a** ist die Platte allseitig durch
die schraffierte Fläche begrenzt. Die Verkürzung der Geschwindigkeitsvektoren deutet darauf hin, daß die gesamte Platte in einem kompressiven Spannungsfeld liegt,
obwohl die Gesteine zum Teil in orogenparalleler Richtung lateral versetzt werden. In **b** sind die Ränder frei. Die Platte kann nach außen ausweichen, so daß die
Gesteine in lateraler Richtung nicht nur versetzt, sondern auch gedehnt werden.
Das Fehlen begrenzender Ränder ist eine von vier Erklärungsmöglichkeiten für die
orogenparallele Dehnung bei konvergenten Plattenbewegungen

et al. (1991) ausführlich diskutiert wurde. Dieser Sachverhalt läßt sich nicht mit dem einfachen Modell von Abb. 6.25a erklären.

Nach England und Houseman (1989) läßt sich orogenparallele Dehnung in Zusammenhang mit konvergenten Plattenbewegungen prinzipiell auf vier verschiedene Prozesse zurückführen:

1. Freie Randbedingungen,
2. Aufhören der Konvergenz,
3. Veränderung der Rheologie des Mediums,
4. Zufuhr potentieller Energie von außen.

Diese vier Prozesse werden im folgenden kurz besprochen.

Der erste Prozeß wird in Abb. 6.25b veranschaulicht, in der – im Gegensatz zu Abb. 6.25a – die grau schattierte Platte nicht durch seitliche Barrieren begrenzt ist. Der zweite, dritte und vierte Prozeß wird durch eine Analyse von Gl. 6.22 verständlich. Das *Aufhören der Konvergenz* führt in dieser Gleichung zu einer Verringerung von F_d. Bei gleichbleibendem F_l muß sich die horizontale Auftriebskraft verringern, und es kommt zur Dehnung. Dieser Prozeß ist allgemein unter dem Begriff „postorogener Kollaps" bekannt. Eine *Veränderung der Rheologie* des Mediums (z. B. durch Erwärmung, Rekristallisation, Metasomatose etc.) wirkt sich in Gl. 6.22 zunächst auf die integrierte Festigkeit F_l aus. Um das Kräftegleichgewicht aufrechtzuerhalten, muß es bei einer Verfestigung des Mediums entweder zu einer Verringerung der Verformungsrate oder zu einer Verringerung der horizontalen Auftriebskraft F_b kommen. Beides hat eine Dehnung zur Folge. Die *Zufuhr potentieller Energie von außen*, z. B. durch Ablösung der Mantellithosphäre, hat eine vergleichbare Wirkung auf Gl. 6.22 und führt ebenfalls einen Übergang von Kompression zu Dehnung herbei.

Lateralextrusion. Lateralextrusion von Material (engl.: *lateral extrusion, tectonic escape*) ist ein nicht besonders gut definierter Begriff für den Versatz von Gesteinen in orogenparalleler Richtung. Unter Lateralextrusion versteht man im wesentlichen eine ebene Verformung (engl.: *plane strain*) nach dem Schema des rechten Diagramms von Abb. 6.19. Einzelne Gesteine können dabei gedehnt oder verkürzt werden. Tapponier et al. (1982) haben den Prozeß der Lateralextrusion detailliert beschrieben (s. S. 290).

6.3.3
Akkretionskeile

An vielen Stellen der Erde entstehen bei der Kollision zweier Platten Gesteinspakete, die eine erstaunlich ähnliche keilförmige Gestalt haben. Diese Keilform ist durch den Winkel zwischen der Erdoberfläche und einer Abschiebungsfläche, die die Keilbasis bildet, gekennzeichnet. Solche „Keile" entstehen sowohl an Land als auch unter Wasser. Wenn ozeanische Lithosphäre subduziert wird, liegen diese Keile meist unter Wasser und werden als *Akkretionskeile* (engl.: *accretionary wedge*) bezeichnet. Auf dem Festland entstehen solche Keile in den Randbereichen kontinentaler Orogene und werden dort als Falten- und Überschiebungsgürtel bezeichnet (engl.: *fold-and-thrust belts*; s. McClay 1992). Akkretionskeile und „Fold-and-thrust belts" sind vor allem durch ihre stets gleichbleibende Gestalt gekennzeichnet. Akkretionskeile fallen mit einem konstanten Winkel von etwa 1° gegenüber der Oberfläche ein. Bei Fold-and-thrust belts beträgt der Neigungswinkel typischerweise etwa 3°. Im folgenden verwenden wir „Keil" oder „orogener Keil" als Sammelbegriff für Akkretionskeile *und* Fold-and-thrust belts.

Die keilförmige Gestalt aller orogenen Keile entsteht dadurch, daß eine flach einfallende Unter- bzw. Überschiebung an der Kailbasis (z. B. eine subduzierte Platte; engl.: *basal detachment*) das Keilmaterial gegen das Vorland schiebt. Die Kraftübertragung in den Keil erfolgt durch Reibung an dieser basalen Überschiebung (s. auch Abschn. 6.3.2). In Akkretionskeilen werden dabei die auf der ozeanischen Platte liegenden Sedimente an den davor liegenden Kontinent gedrückt (s. auch Abb. 2.16; 5.23). In diesem Fall bildet der Kontinent eine stabile Hinterwand, die wie ein Indenter (engl.: *back stop, indentor*) wirkt. Ein gutes Beispiel hierfür ist der Akkretionskeil, der in Südalaska zwischen der Pazifischen und Nordamerikanischen Platte entsteht. Das bekannteste Beispiel für einen Fold-and-thrust belt ist die Insel Taiwan, die durch Subduktion des eurasischen Kontinentalrandes unter den Inselbogen von Luzon entstanden ist (Suppe 1981, 1987). Am Beispiel Taiwans wurden in den letzten zwanzig Jahren einige sehr gute Modelle keilförmiger Orogene entwickelt (Davis et al. 1983; Dahlen et al. 1984; Dahlen 1984; Barr und Dahlen 1989; Dahlen und Barr 1989; Platt 1990; Platt 1993a).

Die Modellierung orogener Keile ist ein typisches zweidimensionales Problem. Die wichtigsten Parameter, die zur Beschreibung der geometrischen Form notwendig sind, sind der Neigungswinkel der Überschiebung an der Basis β und jener der Erdoberfläche α (jeweils relativ zur Horizontalen; Abb. 6.26). Die in der Literatur angeführten Modelle von Akkretionskeilen lassen sich unterteilen in:

1. Modelle, die die Geometrie und den Spannungszustand des Keils beschreiben.
2. Modelle, die die Kinematik innerhalb des Keils beschreiben.

Beide Modelltypen werden im folgenden kurz vorgestellt. Dabei werden wir zeigen, daß zur Ausbildung orogener Keile nicht unbedingt ein Indenter erforderlich ist.

1. Geometrie und Spannungszustand. Das Zustandekommen der typischen Form von Akkretionskeilen ist am besten zu verstehen, wenn man diese mit einem Schneepflug vergleicht. Dazu stellen wir uns vor, wie sich der Schnee vor der Schaufel eines vorwärtsfahrenden Schneepfluges verformt. Fährt der Schneepflug los, gibt es zwei Möglichkeiten. 1. Der Schnee ist vereist und hat eine so hohe innere Festigkeit, so daß diese *höher* ist als die

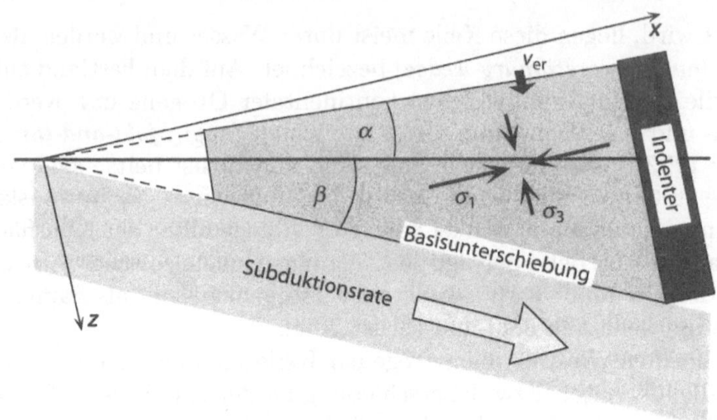

Abb. 6.26. Geometrische Parameter von Akkretionskeilen und Fold-and-thrust belts. Die Winkel α bzw. β sind der Neigungswinkel der Erdoberfläche bzw. der Überschiebungsfläche an der Basis relativ zur Horizontalen. In Modellen, die auf dem Mohr-Coulomb-Kriterium beruhen, wird das Koordinatensystem oft so gewählt, daß die Achsen (und der Indenter) parallel zu den Hauptnormalspannungen verlaufen. Die geometrische Form des Keils ist allerdings nicht von der Existenz eines Indenters abhängig

Reibung zur Straße. In diesem Fall bildet sich kein Keil, sondern der Schnee wird nur als Platte vorwärts geschoben. 2. Der Schnee hat eine *geringere* innere Festigkeit als die Reibung zur Basis. In diesem Fall verformt sich der Schnee intern und seine Oberfläche beginnt sich zu neigen. Nach dem Mohr-Coulomb-Kriterium erhöht sich die Festigkeit des Schnees mit zunehmender Mächtigkeit des Schneekeils (d. h. mit zunehmender Normalspannung; Gl. 5.25). Deshalb findet solange Verformung statt und die Neigung der Oberfläche nimmt solange zu, bis ein kritischer Winkel zwischen der Oberfläche und der basalen Überschiebung erreicht wird (Winkel $\alpha + \beta$ in Abb. 6.26; engl.: *critical taper*). Bei diesem Winkel sind die Spannungen im Schnee wie auch an der Basisfläche gleich groß und groß genug, um das Kriterium für Sprödbruch zu erfüllen (d. h. die Spannungen sind so groß, daß der Mohrkreis die Bruchkurve berührt; Davis et al. 1983). In diesem Zustand kann der Keil entlang der Überschiebungsfläche an der Basis rutschen. Bei weiterer Verformung verändert sich die Form des Keils nicht mehr. Der Keil gewinnt nur noch an Größe, während seine Form selbstähnlich bleibt (engl.: *self similar*).

Nach Dahlen (1984) läßt sich die Form vieler Akkretionskeile sehr gut mit der Annahme beschreiben, der Keil bestände – ebenso wie trockener Schnee oder Sand – aus kohäsionsfreiem Material, das sich nach dem Mohr-Coulomb-Kriterium verformt (Abschn. 5.1.2). Dann wäre die Orientierung der Hauptnormalspannungen innerhalb des gesamten Keils überall gleich (Abb. 6.26). Zusammenfassend läßt sich die Form des Keils wie folgt beschreiben:

$$\alpha + \beta = \text{Konstant} \ . \tag{6.31}$$

Die Konstante ist von zwei Parametern abhängig: der Festigkeit des Keilmaterials und der Festigkeit der Überschiebung an der Basis. Beide Parameter sind wiederum vom internen Reibungskoeffizienten μ und dem Fluiddruck abhängig (Gl. 5.29). Große Reibungskräfte an der Basis erhöhen den kritischen Winkel, große interne Festigkeiten verringern ihn. Ein hoher Fluiddruck innerhalb des Keils verringert die Materialfestigkeit und vergrößert damit den kritischen Winkel $\alpha + \beta$. Dagegen verringert ein hoher Fluiddruck an der Unterschiebung an der Basis die Festigkeit dieser Fläche und verkleinert den kritischen Winkel.

Gegenüber älteren Modellen, in denen die Tiefenabhängigkeit der Spannungen nicht berücksichtigt wurden (Chapple 1978; Stockmal 1983), stellt das Modell von Dahlen (1984) ein großen Fortschritt in Richtung Realitätsnähe dar.

Der Gegensatz zwischen begrenzter und unbegrenzter Keilgröße. Wie wir oben gezeigt haben, wird ein Akkretionskeil nach Erreichen des kritischen Winkels (Gl. 6.31) unter Beibehaltung seiner Form unendlich weiterwachsen. Je nach Beobachtungsstandpunkt kann dieses Wachstum verschieden interpretiert werden. Vom Standpunkt des Indenters (z. B. des Schneepflugfahrers) aus wächst der Keil an seiner Spitze (und gewinnt an Mächtigkeit). Das ist in Abb. 6.27a und Abb. 6.28a dargestellt und dieser Standpunkt trifft für die meisten Akkretionskeile zu. Von der subduzierten Platte aus betrachtet, ist der Indenter überhaupt nicht notwendig. Von diesem Beobachtungsstandpunkt aus wächst der Keil an seiner breiteren Seite (Abb. 6.27b und Abb. 6.28b), d. h. der am intensivsten verformte Teil des Keils bewegt sich auf das Vorland zu. In Analogie dazu kann man in Fold-and-thrust belts häufig eine Vorwärtsverschiebung der Verformung (engl.: *forward propagation*) beobachten.

Es gibt zwei Möglichkeiten, nicht nur die Form, sondern auch die Größe des Keils zu begrenzen:

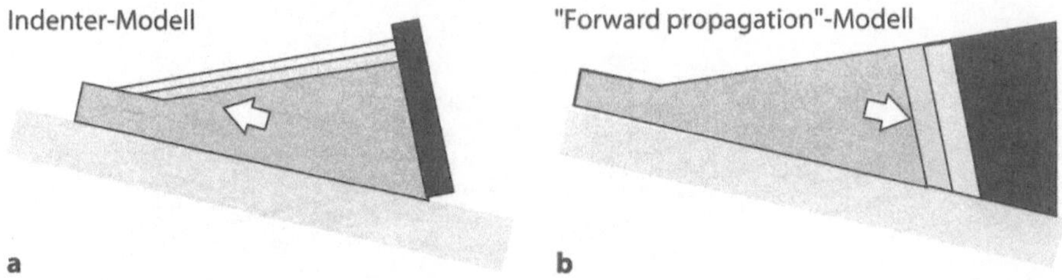

Abb. 6.27. Illustration des Wachstums von Akkretionskeilen und Fold-and-thrust belts. Die Pfeile und heller schattierten Keilabschnitte geben die Wachstumsrichtung an. Die schwarzen Flächen stellen unverformte Bereiche des Vorlands dar. **a** Vom Standpunkt des Indenters aus wächst der Keil an seiner Spitze. **b** Vom Standpunkt der Überschiebung an der Basis aus erfolgt das Keilwachstum durch eine Verschiebung der Verformung in das Vorland. Das Indentermodell trifft auf Akkretionskeile zu. Das „Forward propagation"-Modell auf Fold-and-thrust belts

– Beim Schneepflugmodell ist die Keilgröße durch die Höhe der Pflugschar
  beschränkt. Bei zunehmender Verformung wird der Keil irgendwann über
  die Pflugschar hinauswachsen, wodurch Schnee aus dem System entfernt
  wird. Koons (1990) zeigte, wie ebendieses Phänomen bei der Verformung
  Neuseelands eine Rolle spielt.
– Die Oberfläche des Keils wird möglicherweise so schnell erodiert, daß der
  erosionsbedingte Materialaustrag aus dem System genau so groß ist wie
  die an der Keilspitze stattfindende Materialzufuhr in das System.

Die zweite Möglichkeit scheint in vielen Akkretionskeilen der Erde verwirk-
licht zu sein und bildet die Grundlage für die kinematischen Modelle, die im
nächsten Abschnitt vorgestellt werden.

2. Keilinterne Bewegungen und thermische Struktur. Die Material-
bewegungen in Keilen mit unbegrenztem Wachstum sind dadurch gekennzeichnet, daß sich das Material von der Keilspitze (Koordinatenursprung in
Abb. 6.26) radial fortbewegt (s. Abb. 6.27b). Es kommt nicht zur Exhumation. Wenn jedoch die Keilbildung gleichzeitig mit Erosion an der Edober-
fläche vor sich geht, folgen Materialpunkte gekrümmten Pfaden. Wenn das
Gesamtvolumen des erodierten Materials genau so groß ist wie das Volumen
des Materials, das an der Keilspitze durch die subduzierte Platte zugeführt
wird, wächst der Keil nicht und Materialpunkte bewegen sich entlang stationärer Pfade (Abb. 6.28c). Für solche Keile mit konstanter Form und Größe
gibt es eine Reihe von Modellen, die die Internkinematik beschreiben.

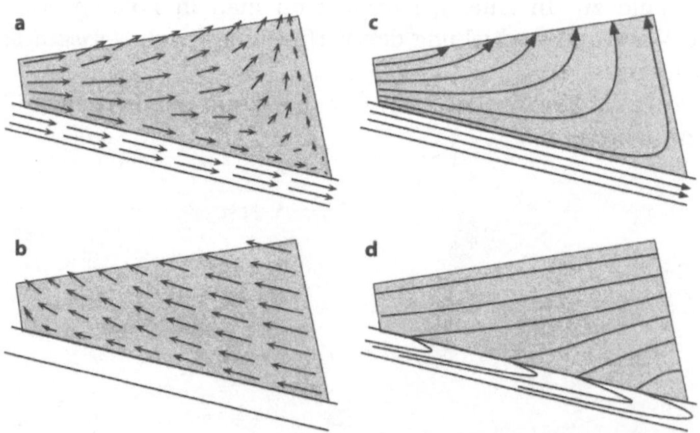

Abb. 6.28. Schematische Darstellung der Kinematik und thermischen Struktur
von Akkretionskeilen (nach Dahlen und Barr 1989 sowie Barr und Dahlen 1989).
Die Bewegungsvektoren durchstoßen die Oberfläche, weil in diesem Modell ein stationäres Gleichgewicht zwischen Materialzufuhr in den Keil (am linken Rand) und
Materialaustrag aus dem Keil (durch Erosion an der Oberfläche) besteht. **a** Bewegungsvektorfeld relativ zum Indenter (Oberplatte); **b** Bewegungsvektorfeld relativ
zur subduzierten Platte; **c** Gesteinspfade im Akkretionskeil; **d** Isothermen

Die einfachsten Modelle für die Bewegungen innerhalb solcher Keile basieren auf Methoden, die in der Fluiddynamik zur Beschreibung des Fließverhaltens in Ecken entwickelt wurden („Corner flow"-Modelle; Cowan und Silling 1978; Cloos 1984; Cloos und Shreve 1988). Barr und Dahlen (1989) sowie Dahlen und Barr (1989) ist es jedoch gelungen, analytische Modelle der keilinternen Bewegungen zu entwickeln, die auf dem Mohr-Coulomb-Kriterium beruhen. Dazu wählten sie geschickterweise ein Koordinatensystem, das parallel zu den Hauptspannungsrichtungen liegt (Abb. 6.26).

Was die thermische Struktur von Akkretionskeilen und entsprechende dreidimensionale Modelle angeht, sei der interessierte Leser auf die Literatur verwiesen (z. B. Royden 1993b; Platt 1993a; Barr und Dahlen 1989; Abb. 6.28d). Ähnliche Modelle für keilförmige Orogene haben Bird und Piper (1980), Beaumont et al. (1992) sowie Willet (1992) vorgelegt.

6.3.4
Einige bemerkenswerte dynamische Prozesse und Probleme

In diesem Abschnitt werden einige ausgewählte geodynamische Fragestellungen angesprochen. Zwischen den einzelnen Unterabschnitten besteht kein direkter Zusammenhang.

Niederdruck-Hochtemperatur-Bereiche. In vielen Regionen der Erde, insbesondere auf präkambrischen Schilden, finden wir metamorphe Gebiete, in denen überaus hohe Temperaturen in verhältnismäßig geringen Tiefen erreicht wurden. Solche Gebiete werden als Niederdruck-Hochtemperatur-Bereiche (engl.: *low-P high-T terrains* bzw. *LPHT terrains*) bezeichnet. Das charakteristische Merkmal solcher Bereiche ist es, daß das Verhältnis aus Temperatur und Druck (bzw. Tiefe), das während der Metamorphose herrscht, weit höher liegt, als von solchen Modellen vorhergesagt wird, die zur Erklärung der Regionalmetamorphose herangezogen werden (Abschn. 6.3.1). Die Wärmetransportmechanismen, die für die Existenz solcher Bereiche verantwortlich sind, sind noch weitgehend ungeklärt und ihr Wesen ist stark umstritten. Prinzipiell gibt es zwei grundlegend verschiedene Interpretationsmöglichkeiten, die im folgenden unter den Überschriften „Externe Erwärmung" und „interne Erwärmung" besprochen werden:

Externe Erwärmung. Eine Wissenschaftsschule vertritt die Meinung, daß LPHT-Metamorphose nur durch externe Wärmequellen verursacht werden kann (z. B. Bohlen 1987; Lux et al. 1986; Sandiford et al. 1991). Folglich erfolgte die Erwärmung durch aktive Wärmeadvektion aus größeren Krustentiefen, z. B. durch Magmen oder andere Fluide. Dieser Vorgang kann im weitesten Sinne als „Kontaktmetamorphose" bezeichnet werden. Mehrere, vielen LPHT-Terrains gemeinsame Beobachtungen sprechen für diese Hypothese:

− Das wichtigste Argument für die externe Erwärmung von LPHT-Gebieten ist der Geothermenverlauf in solchen Terrains. Wären *keine* externen

Wärmequellen vorhanden, wäre zu erwarten, daß die durch LPHT-Terrains
verlaufende Geotherme monoton ansteigt (wie Kurve *a* in Abb. 6.29). Unter den typischen Bedingungen der LPHT-Metamorphose (dunkel schat-
tiertes Feld in Abb. 6.29) erreicht eine solche Geotherme die 1 200 °C-
Isotherme in einer Tiefe von etwa 30 km. Nachdem die Lithosphäre aber
thermisch definiert ist, bedeutet das, daß die Lithosphäre nur 30 km
mächtig ist. Die Lithosphärenbasis liegt allerdings nur in aktiven Deh-
nungsbereichen und intrakontinentalen Riftzonen so hoch. In LPHT-Gebieten beobachten wir jedoch meist konvergente Strukturen. Riftvulka-
nismus oder andere Erscheinungen, die auf die Nähe eines Plattenrandes
hindeuten, fehlen zumeist. Deshalb erscheint eine monoton ansteigende
Geotherme als recht unwahrscheinlich.

Vielmehr ist zu erwarten, daß die 1 200 °C-Isotherme in „normalen" Tiefen zwischen 50 und 200 km zu finden ist und die Geotherme eher die Form
der Kurve *b* oder *c* in Abb. 6.29 hat. Solche Geothermen können sich eigentlich nur dann ausbilden, wenn Wärme in der Kruste *aktiv* umverteilt
wird.

– In vielen LPHT-Terrains spielen sich Verformung und Metamorphose
  gleichzeitig ab. Dieser Tatbestand läßt sich leicht erklären, wenn externe
  Wärmequellen die Metamorphose auslösen (s. u. „Verformung und Metamorphose – Ursache oder Konsequenz?"). Er steht aber im Widerspruch
  zu den Modellvorhersagen, denen zufolge Wärmeleitung die Ursache für
  großräumige Metamorphosen ist (s. Abschn. 6.3.1). Ein Vergleich zwischen
  der Dauer kontinentaler Deformationsereignisse und der thermischen Zeitkonstante der Kruste ergibt, daß die Metamorphose deutlich später als die
  Deformation stattfinden müßte, wenn es sich um Regionalmetamorphose
  handelte (s. auch Aufgabe 3.13).
– Viele LPHT-Gebiete sind durch Abkühlungskurven gekennzeichnet, die bei
  konstantem Druck ablaufen. Das bedeutet, daß die Abkühlrate wesentlich höher ist als die Versenkungs- bzw. Hebungsrate (s. Abschn. 7.3.2).
  Da die Abkühlrate direkt mit der Größe des abkühlenden Körpers zu-
  sammenhängt, läßt sich daraus die vertikale und laterale Ausdehnung des
  LPHT-Gebiets abschätzen (Abschn. 3.1.4). Wenn man von „normalen"
  Versenkungs- oder Hebungsraten ausgeht, kommt man zu dem Schluß,
  daß von der Erwärmung in LPHT-Terrains wahrscheinlich nur ein kleiner
  Krustenabschnitt betroffen ist.

Interne Erwärmung. Im Gegensatz zur Erklärung der LPHT-Metamorphose
durch externe Wärmezufuhr vertritt die andere Schule die Auffassung, daß die
in LPHT-Gebieten vorkommende Menge an magmatischen Gesteinen nur selten ausreicht, um auf eine externe Wärmezufuhr schließen zu können (s. Abschn. 3.6.4, Aufgabe 3.12). LPHT-Metamorphose müsse daher ähnliche Ursachen haben wie die Versenkungs- bzw. Regionalmetamorphose (s. Harley
1989). Zur Erklärung der außergewöhnlichen Druck- und Temperaturverhält-
nisse wurde eine Reihe von Modellen entwickelt, die auf extremen Mächtig-

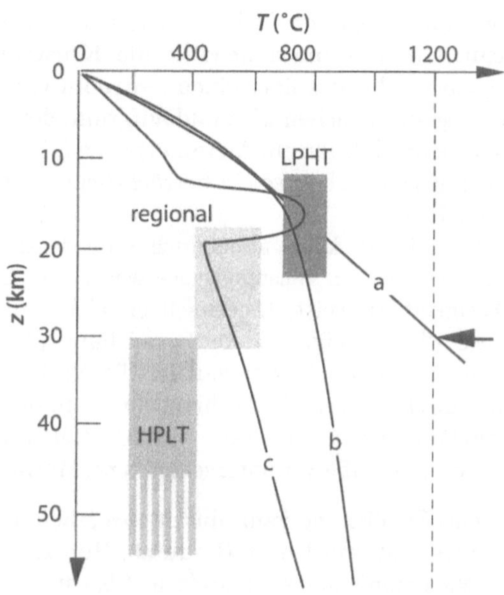

Abb. 6.29. Verschiedene Modelle zur Interpretation von LPHT-Gebieten. Das *dunkel schattierte Rechteck* entspricht den Bedingungen in vielen LPHT-Gebieten; das *hell schattierte Rechteck* jenen in „normalen" metamorphen Terrains. Das *mittelgrau schattierte Rechteck* gibt den Bereich der Hochdruck-Niedertemperatur-(HPLT)-Metamorphose wieder. *a* Kontinuierliche, monoton steigende Geotherme. Dieser Kurvenverlauf ist nur möglich, wenn die Lithosphärenbasis (*gestrichelte Linie*) in nur etwa 30 km Tiefe liegt (*Pfeil*). *b* und *c* Zwei mögliche Geothermen, die zu LPHT-Metamorphose führen könnten, aber komplizierte Erwärmungsmechanismen implizieren

keiten oder Mächtigkeitsänderungen der Kruste und Mantellithosphäre beruhen. Beispielsweise kann eine dramatische Dehnung der Kruste *und* der Mantellithosphäre unter Umständen Bedingungen erzeugen, die eine LPHT-Metamorphose zulassen. Eine in der jüngsten Vergangenheit viel diskutierte Möglichkeit der internen Erwärmung ist es, daß ungewöhnlich hohe Radioaktivität in der Kruste, oder zumindest eine ungewöhnliche Verteilung der radioaktiven Wärmequellen *innerhalb* der Kruste, ebenfalls zu LPHT-Metamorphose führen kann (Chamberlain und Sonder 1990; Sandiford und Hand 1998).

Spear und Peacock (1989) beschäftigen sich eingehend mit den Modellen der externen und internen Erwärmung von LPHT-Terrains. Diese Publikation enthält auch einfache Computerprogramme, mit denen man beide Erwärmungsmechanismen modellieren kann.

Verformung und Metamorphose – Ursache oder Konsequenz? Beobachtungen aus vielen metamorphen Gebieten deuten darauf hin, daß Metamorphose und Verformung in einem charakteristischen zeitlichen Zusammenhang stehen. Grundsätzlich können Verformungsereignisse in prä-, syn- und postmetamorphe Ereignisse eingeteilt werden. Die Antwort auf die Frage, ob die Verformung eines Gebietes die Ursache oder Konsequenz der Metamorphose ist, liefert grundlegende Informationen über die Entstehung dieses Gebietes (s. auch Abschn. 7.4.1).

Bei den meisten Modellen, die zur Erklärung der Regionalmetamorphose herangezogen werden, wird die *Erwärmung* der Kruste als Folge der *Ver-*

formung angesehen (z. B. im Modell von England und Richardson, s. Abschn. 6.3.1). Danach bewirkt die Krustenverdickung ein thermisches Ungleichgewicht, das über einen Zeitraum von mehreren zehn Millionen Jahren hinweg ausgeglichen wird und aufgrund der erhöhten Krustenmächtigkeit und Wärmeproduktion zur Metamorphose führt. Zwischen Verformung und Metamorphose besteht also ein beträchtlicher zeitlicher Abstand (s. Abschn. 7.4.1; Abb. 7.11).

Umgekehrt kann aber auch eine Metamorphose ein Verformungsereignis verursachen. Beispielsweise wenn eine Lithosphärenplatte, die eine hohe Festigkeit aufweist, thermisch erweicht wird. Dann kann es sein, daß sich diese Platte aufgrund der Erweichung plötzlich verformt (s. Gl. 6.22, Abschn. 5.3.1). In diesem Fall ist die Verformung die Konsequenz aus einem thermischen Ereignis. Wahrscheinlich finden Metamorphose und Verformung ungefähr gleichzeitig statt. Grundsätzlich kann eine thermische Erweichung der Kruste auf zwei unterschiedliche Mechanismen zurückzuführen sein:

1. Die Erweichung kann durch *zusätzlich* in die Kruste eingebrachte Wärme ausgelöst werden, z. B. durch Hot spot-Aktivität oder durch erhöhten Wärmefluß an der Moho (s. u. Abschn. „Ablösung der Mantellithosphäre").
2. Die Erweichung kann durch Umverteilung von Wärme *innerhalb* der Kruste verursacht werden. Da das rheologische Verhalten der Kruste stark von der Tiefe abhängt (Abschn. 5.2.1), kann auch Wärmeumverteilung zu erheblichen Veränderungen der mittleren Lithosphärenfestigkeit führen.

Erosion als Bestandteil des dynamischen Kräftegleichgewichts. Eine der interessantesten jüngsten Entwicklungen der geodynamischen Forschung besteht in der Integration geomorphologischer Überlegungen in tektonische Modelle. So wurden zahlreiche Arbeiten darüber veröffentlicht, daß klimatische Prozesse und damit Erosionsprozesse möglicherweise mit Vorgängen, die sich im Mantel abspielen, in Verbindung stehen (z. B. Molnar et al. 1993; Koons 1990, Harrison et al. 1992; Pinter und Brandon 1997). Doch auch an der thermischen und tektonischen Entwicklung der Kruste sind Erosionsprozesse an der Erdoberfläche beteiligt. Zum Beispiel können hohe Erosionsraten dafür verantwortlich sein, daß mit der aufsteigenden Kruste auch Wärmeadvektion bis in Oberflächennähe stattfindet. Das ist in Neuseeland der Fall, wo der Unterschied zwischen hohem Oberflächenwärmefluß an der Westküste und niedrigem Wärmefluß an der Ostküste mit hohen bzw. niedrigen Niederschlagsmengen korrelierbar ist (Koons 1990). Solche Beobachtungen lassen den Schluß zu, daß Deformationsereignisse in der Kruste durch Erosion ausgelöst werden können.

In einem geschlossenen Orogensystem mit konstanter Antriebskraft hängen Erosion und Gebirgsbildung in einem scheinbar unauflöslichen Zirkelschluß zusammen:

– Hohe, gebirgsbildende Verformungsraten werden in Orogenen erst dann auftreten, wenn durch die Erosion soviel Wärme in oberflächennahe Kru-

stenbereiche transportiert worden ist, daß die Festigkeit der erwärmten Kruste stark abnimmt (s. auch Gl. 3.46, Abb. 3.12).
– Erosion kann erst dann einsetzen, wenn ein Gebirge hoch genug ist. Daher sind hohe Erosionsraten, wie sie im Himalaya durch die Monsunregen verursacht werden, überhaupt erst nach massiver Gebirgsbildung möglich.

Mit diesem Paradoxon haben sich Molnar und England (1990b) auseinandergesetzt. Zhou und Stüwe (1994) haben allerdings nachgewiesen, daß dieser Zusammenhang nur unter außergewöhnlichen Umständen tatsächlich für orogene Prozesse relevant ist. Manche ihrer diesbezüglichen Argumente sind allerdings noch nicht ganz ausgereift. Dennoch stellt die kombinierte Interpretation tektonischer und geomorphologischer Daten mit Sicherheit einen wichtigen Ansatz zur Beantwortung großtektonischer Fragestellungen dar. Das *Journal of Geophysical Research* hat diesem Thema 1994 einen ganzen Band gewidmet, der als Einstiegsliteratur empfohlen werden kann.

Ablösung der Mantellithosphäre. Der Mantelteil der Lithosphäre ist kälter und dichter als die darunterliegende Asthenosphäre (Abb. 2.11, Gl. 4.23). Deswegen hat die Mantellithosphäre – im Gegensatz zur Kruste – *negativen Auftrieb* und es ist vorstellbar, daß der Mantelteil der kontinentalen Lithosphäre unter gewissen Umständen in die Asthenosphäre absinken kann. Bei der Ablösung der unterhalb einer verdickten Kruste gelegenen, verdickten Wurzel der Mantellithosphäre handelt es sich um einen interessanten Prozeß, der während der Kollisionsorogenese eine wichtige Rolle spielen kann. Für diesen Prozeß, der sich insbesondere auf die Höhe und potentielle Energie von Gebirgen auswirkt, sind zwei mögliche Mechanismen vorgeschlagen worden:

1. Delamination (Ablösung) der gesamten Mantellithosphäre von der Kruste.
2. Ablösung eines mechanisch instabilen Teils der Mantellithosphäre durch Konvektionsprozesse in der Asthenosphäre (Abb. 6.30).

Der 1. Mechanismus, der von Bird (1979) für das Colorado-Plateau vorgeschlagen wurde, ist nur möglich, wenn die Asthenosphäre in direkten Kontakt mit der Kruste kommt. Die Menge und der Chemismus der dabei entstehenden magmatischen Schmelze sind allerdings nicht durch direkte Geländebeobachtungen belegt. Das darauf basierende Modell ist daher nicht oft angewendet worden und wird hier nicht weiter diskutiert.

Der 2. Mechanismus wurde von Houseman et al. (1981) vorgeschlagen und seitdem durch mehrere Beobachtungen in Kollisionsorogenen bestätigt (z. B. Platt und England 1994). Das Modell beruht auf folgender Argumentation. Der oberste Teil der Mantellithosphäre ist so kalt und viskos, daß seine Absinkrate geologisch irrelevant ist (s. Aufgabe 6.7). Die Viskosität der untersten Mantellithosphäre nähert sich jedoch jener der Asthenosphäre an. Dieser zuunterst liegende Lithosphärenabschnitt, in dem Wärme durch Wärmeleitung übertragen wird (Teil der thermisch definierten Lithosphäre), der aber mechanisch instabil ist, wird als thermische Rand- oder Grenzschicht bezeichnet

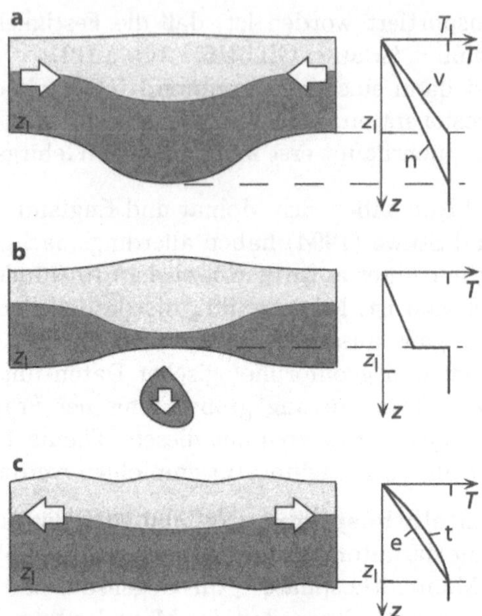

Abb. 6.30. Schematische Darstellung der Ablösung der Mantellithosphäre nach dem Modell von Houseman et al. (1981). **a** Verdickung der Lithosphäre während einer Kollisionsorogenese (Kruste: *hell schattiert*, Mantellithosphäre: *dunkel schattiert*). Die Pfeile deuten die konvergente Bewegung an. Die Bezeichnungen der schematischen Geothermen im rechten Diagramm bedeuten: $v =$ vor der Verdickung, $n =$ nach der Verdickung. Es sind T_1 die Temperatur an der Basis der Lithosphäre und z_1 die Mächtigkeit vor der Verformung. **b** Ablösung der thermischen Grenzschicht von der Mantellithosphäre. Man beachte die gehobene Erdoberfläche und das entstandene Temperaturprofil. **c** Thermische Äquilibrierung der Mantellithosphäre. In diesem Stadium wird sich die Kruste sehr schnell ausdehnen, weil durch die Ablösung der Mantellithosphäre die potentielle Energie der Lithosphäre drastisch erhöht wird. Das rechte Diagramm enthält zwei Geothermen: $t =$ während der Äquilibrierung, $e = v =$ Endstadium

(engl.: *thermal boundary layer*, Parsons und McKenzie 1978) (Abb. 2.12). Dieser Teil der Lithosphäre kann sich während der Entstehung eines Orogens von der übrigen Lithosphäre ablösen und sinken (Houseman et al. 1981; Fleitout und Froidevaux 1982).

Zeitlicher Ablauf der Delamination. Die Entwicklung und Delamination der thermischen Grenzschicht von der restlichen Lithosphäre kann in drei zeitliche Stadien eingeteilt werden:

- Das erste Stadium ist die Ausbildung einer Lithosphärenwurzel während der Kollisionsorogenese. Erst wenn sich eine mächtige Wurzel gebildet hat, sind die negativen Auftriebskräfte groß genug, daß sie eine Ablösung durch Konvektion überhaupt bewirken können.

– Das zweite Stadium ist ein langsam beginnender Ablösungsprozeß, der
etwa 1–10 Millionen Jahre dauert.
– Das dritte Stadium ist die Vollendung der Ablösung, die wesentlich schneller vor sich geht als der Großteil des Ablösungsprozesses. D. h. die eigentliche Abtrennung erfolgt sehr rasch, sobald die Absinkgeschwindigkeit der
delaminierten Wurzel ihr Maximum erreicht hat.

Am Ende des Ablösungsprozesses ist die Mantellithosphäre entweder dünner geworden oder so mächtig wie zu Beginn der Orogenese.

Die numerischen Experimente von Houseman et al. (1981) haben gezeigt,
daß die Ablösung der thermischen Grenzschicht der Mantellithosphäre sehr
viel schneller vonstatten geht als die gesamte Orogenese. Ablösungsprozes-
se können innerhalb von 1–10 Millionen Jahren beendet sein, wohingegen
orogene Zyklen meist viele zehn Millionen Jahre in Anspruch nehmen. Die
Ablösung von Lithosphärenwurzeln ist daher möglicherweise sogar ein zykli-
scher Prozeß, der innerhalb eines orogenen Zyklus mehrmals stattfindet.

Mechanische Konsequenzen. Die Entfernung einer mächtigen, schweren Lithosphärenwurzel aus dem Gleichgewicht eines Orogens hat einen sehr ra-
schen isostatischen Aufstieg der Lithosphäre zur Folge. Um welchen Betrag
sich Lithosphäre und Erdoberfläche heben, hängt von der Mächtigkeit der
thermischen Grenzschicht ab. England und Houseman (1989) schätzen, daß
sich die Oberfläche um etwa 1–3 km heben kann, wodurch die potentielle
Energie der Lithosphäre um etwa $2{-}10 \cdot 10^{12} \, \mathrm{N \, m^{-1}}$ zunimmt. Dieser Zuwachs
ist betragsmäßig mit den Antriebskräften der Plattentektonik vergleichbar
und wird den Deformationsverlauf des Orogens entscheidend beeinflussen.
Insbesondere kann der Delaminationsprozeß das Einsetzen von Dehnungstektonik in einem konvergenten Orogen herbeiführen (Abschn. 6.2.4).

Thermische Konsequenzen. Die relativ schnelle Entfernung des unteren Teils
der Mantellithosphäre hat zur Folge, daß heißes Asthenosphärenmaterial
plötzlich relativ nahe an die Moho gebracht wird (Abb. 6.30b). Dadurch
kommt es zu magmatischer Aktivität und erhöhtem Wärmefluß an der Basis
der Kruste. Die *magmatische Aktivität* ist eine direkte Folge der Verdünnung
der Mantellithosphäre. Mit der Menge und dem Chemismus der auf diese Weise entstehenden magmatischen Schmelze befassen sich McKenzie und Bickle
(1988) sowie White und McKenzie (1989) ausführlich.

Ob der erhöhe Wärmefluß dazu führen kann, daß sich in der Kruste ein
Terrain der Hochtemperaturmetamorphose ausbildet, ist nicht trivial. Aufgrund der thermischen Trägheit der Kruste dürfte es bis zu zehn Millionen
Jahre dauern, bis der erhöhte Wärmefluß an der Krustenbasis eine Metamorphose der mittleren Kruste bewirkt. In dieser Zeitspanne kann eine Dehnung
der Lithosphäre ebenfalls eine Erhöhung des geothermischen Gradienten in
der Kruste veranlassen. Es ist daher nicht eindeutig, ob ein in diesem Zusammenhang beobachtetes metamorphes Ereignis auf den erhöhten Wärmefluß
an der Moho oder auf eine Dehnung der Kruste zurückzuführen ist. Hält die

Dehnung jedoch nur kurze Zeit an, kann der erhöhte Wärmefluß eine isobare Erwärmung der mittleren Kruste hervorrufen, auf die eine isobare Abkühlung folgt (Platt und England 1994).

Exhumation metamorpher Gesteine aus sehr großen Tiefen. Vielerorts werden auf der Erdoberfläche Gesteine gefunden, die in sehr großen Tiefen bei sehr hohen Drücken metamorph umgewandelt wurden. Die Drücke, bei denen sich die Paragenesen solcher Gesteine gebildet haben, deuten an, daß solche Gesteine aus Tiefen weit über 60 km exhumiert wurden. Die Exhumation solcher Gesteine ist oft zeitgleich mit konvergenter Tektonik des Orogens, in dem diese Gesteine gefunden werden. Die Klärung des Exhumationsmechanismus solcher aus großen Tiefen stammender Gesteine ist ein wichtiges und vieldiskutiertes Thema.

Wie wir in Abschn. 4.1.2 gezeigt haben, ist mit eindimensionalen Modellen, selbst bei hohen Erosionsraten, nur schwer nachvollziehbar, daß im Rahmen konvergenter Tektonik Gesteine aus Tiefen von weit über 30 km exhumiert werden. Einige, teilweise sehr komplizierte Modelle wurden vorgeschlagen, um die großen Tiefen, aus denen die Gesteine stammen, zu erklären. Diese Modelle lassen sich nach dem zugrundegelegten Exhumationsmechanismus in drei Gruppen unterteilen (s. Platt 1993b): Erklärung der Exhumation durch

1. Kräfte und Bewegungen, die von außen an ein Gebiet mit hochmetamorphen Gesteinen angelegt werden,
2. Auftriebskräfte, die durch Dichteunterschiede zwischen hochmetamorphen Gesteinen und ihrer Umgebung bedingt sind,
3. Dehnungsprozesse, die im wesentlichen durch gravitative Kräfte infolge vorhergehender Konvergenz ausgelöst werden.

Diese drei Modelltypen werden im folgenden besprochen. Zuvor sei jedoch darauf hingewiesen, daß man aus Messungen von ausgesprochen hohen Metamorphosedrücken in Mineralparagenesen nicht unbedingt auf eine Metamorphose in großer Tiefe schließen kann (z. B. Ernst 1971; Mancktelow 1993, 1995; s. Abschn. 5.3.3).

1. Exhumation durch externe Kräfte. Zu den Exhumationsmechanismen der ersten Modellgruppe zählen *Extrusion, Blattverschiebung* und „*Corner flow*" (s. S. 278). Extrusion bedeutet, daß Material zwischen zwei festen Blöcken zusammengedrückt, dadurch gehoben und in eine Position gebracht wird, in der es leicht und schnell erodiert werden kann. Wie *hoch* durch diesen Prozeß Material herausgehoben werden kann, ergibt sich aus den Beziehungen, die wir in den Abschn. 5.1.1, 5.3.1 und 6.3.2 besprochen haben (z. B. Gl. 6.21, 5.52). Im einfachen Beispiel von Abb. 6.31 sind die weißen Blöcke Festkörper, mit denen eine Flüssigkeit, die sich zwischen zwei Kolben (schwarze Balken) befindet, mit der Kraft F_d zusammengedrückt wird. Nimmt man an, daß an der Basis und an den Kolbenflächen keine Scherspannungen anliegen, läßt sich die Extrusionshöhe H mit folgender quadratischer Beziehung berechnen:

Abb. 6.31. Schematische Illustration zum Prozeß der Exhumation durch Extrusion. Im Gleichgewicht stehende Gebirge können als Manometer betrachtet werden, mit dem sich horizontale Spannungen ermitteln lassen (s. S. 268; vgl. auch Abb. 4.5)

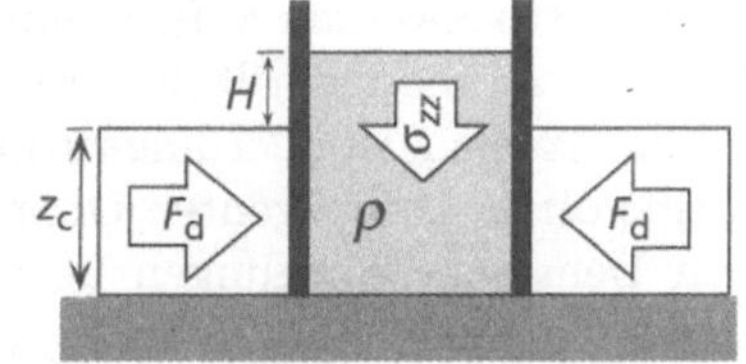

$$\frac{\rho g (H + z_\mathrm{c})^2}{2} = F_\mathrm{d} \ . \tag{6.32}$$

Diese Beziehung ergibt sich direkt aus dem Vergleich der potentiellen Energie der Säule pro Quadratmeter Fläche mit der Antriebskaft F_d pro Meter Orogenlänge, so wie wir diese z. B. in Gl. 5.47 für die Höhe eines Gebirges ausgerechnet haben. Man sollte aber bedenken, daß dieser Prozeß allein *nicht* zur Exhumation von Gesteinen führen kann (s. Abb. 4.5), sondern nur Gesteine in eine Position bringen kann, in der sie leicht erodierbar sind. Gleiches gilt für die Exhumation an Blattverschiebungen.

Anders verhält es sich mit dem Corner flow-Modell. Bei der kontinuierlichen Verformung eines Akkretionskeils ist es möglich, daß Gesteine exhumiert werden, *ohne* daß eine entsprechende Materialmenge von der Oberfläche entfernt wird (s. Abschn. 6.3.3). Dieser Prozeß kann allerdings nur dann als Erklärung für Exhumation in Betracht gezogen werden, wenn

1. die Viskosität der Gesteine sehr niedrig ist (Cloos 1982),
2. die exhumierten hochmetamorphen Gesteine nur als vereinzelte Blöcke in einer Melange vorkommen. (Zusammenhängende Hochdruckgebiete können nicht auf diese Weise exhumiert werden; s. Abb. 6.28),
3. ein ortsfester, nicht verformbarer Indenter vorhanden ist,
4. die hochmetamorphen Gesteine vor allem in der Nähe des Indenters zu finden sind.

2. Exhumation durch Auftriebskräfte. Haben unter hohem Druck entstandene metamorphe Gesteine eine geringere Dichte als ihre Umgebung, können sie möglicherweise aufgrund ihres Auftriebs aufsteigen und exhumiert werden. Dieser Prozeß ist vorstellbar, wenn Krustenmaterial geringer Dichte in den Mantel versenkt wurde (Wheeler 1991; Chemenda et al. 1996). Das häufigste aufgestiegene Hochdruckgestein ist allerdings der sehr dichte Eklogit, der meist in weniger dichte Nebengesteine eingebettet ist. Diese Beobachtung ist durch Auftriebskräfte eigentlich nicht erklärbar. England und Holland (1979) stellten fest, daß in den Tauern Eklogitkörper oft in Karbonate eingebettet sind. Die Exhumation dieser Körper erklärten sie durch die Auftriebskräfte, die aus dem Dichteunterschied zwischen Eklogit *plus* Karbonat und dem umliegenden Gestein resultieren.

3. Exhumation durch Dehnung. Dehnung ist bei weitem der effektivste Mechanismus zur Exhumation von Gesteinen aus großen Tiefen. In den oberen

Krustenstockwerken auftretende Abschiebungen können große Areale undeformiert an die Oberfläche bringen. Dehnung als Erklärung für Exhumation heranzuziehen, ist allerdings insofern problematisch, als hochmetamorphe Gesteine oft in konvergenten Orogenen vorkommen, in denen keine großräumigen Dehnungsbewegungen beobachtet werden. Dies läßt sich vielleicht dadurch erklären, daß Dehnungsprozesse in den oberen Krustenstockwerken gleichzeitig mit konvergenten Bewegungen in größeren Tiefen ablaufen (Avigard 1992; Platt 1993b; Stüwe und Barr 1998). Platt (1993b) teilt die Exhumation durch Dehnung in konvergenten Orogenen folgendermaßen ein:

– Dehnung in Zusammenhang mit Underplating in keilförmigen Orogenen.
– Dehnung in Kollisionsorogenen. Damit sind im wesentlichen die in Abschn. 6.3.2 angesprochenen Dehnungsprozesse gemeint.

Trotz der großen Zahl an Modellen gibt es viele rezente Beispiel dafür, daß aus sehr großen Tiefen stammende Gesteine an der Erdoberfläche liegen, für die keines der obengenannten Modelle zuzutreffen scheint. In diesen Fällen müssen möglicherweise mehrere Modelle miteinander kombiniert werden. Es ist nicht ausgeschlossen, daß neue entworfen werden müssen.

Episodische Prozesse. Die meisten Modelle für geowissenschaftliche Fragestellungen – auch die in diesem Buch vorgestellten – basieren auf den Prinzipien der Kontinuummechanik. Deshalb beschreiben die meisten Gleichungen dieses Buches kontinuierliche Kurven in Raum oder Zeit, was auch in vielen Abbildungen dieses Buches zu sehen ist. Diese Gleichungen sind durchaus von Nutzen, wenn man einzelne kontinuierliche Prozesse betrachtet. Sie versagen allerdings bei der Erklärung episodischer Ereignisse. In dieser Hinsicht stehen die Prinzipien der Kontinuummechanik in starkem Widerspruch zu vielen Geländebeobachtungen: Geländegeologen kartieren *diskrete* Ereignisse (s. Abb. 7.9), Vulkane brechen *zyklisch* aus, Erdbeben finden *plötzlich* statt und der Sierra-Nevada-Batholith intrudierte in mehreren diskreten Episoden. Darüber hinaus gibt es viele weitere Beispiele dafür, daß geologische Ereignisse episodisch ablaufen – auch im Laufe eines einzigen orogenen Zyklus (z. B. Waschbush und Royden 1992; Malniverno und Pockalny 1990). Die Episodizität eines Prozesses läßt sich auf dreierlei Weise erklären:

– Episodizität an Modellgrenzen,
– Schwellenwertmechanismen,
– Chaos.

Episodizität an Modellgrenzen. „Episodizität an Modellgrenzen" bedeutet, daß die in einem Orogen zyklisch wiederkehrenden diskreten Ereignisse durch zyklische Prozesse in anderen Bereichen der Lithosphäre bedingt werden. Beispielsweise werden die während der tertiären tektonischen Entwicklung Nordamerikas zyklisch auftretenden Ereignisse als Folge der episodischen Subduktion der Pazifischen Platte unter den Nordamerikanischen Kontinent gedeutet

(Elison 1991). Diese Interpretation löst zwar das Problem der zyklischen Entwicklung Nordamerikas, enthält aber keine Begründung für die Episodizität an sich. Vielmehr wird die Ursache für die Episodizität gewissermaßen in einen Bereich außerhalb des Modells „verschoben". Im Gelände oder Labor beobachtete Ereignisse auf jeweils singuläre Prozesse zurückzuführen, bildet keine verläßliche Grundlage für ein allgemeingültiges Modell (Abschn. 1.1). Unser Erkenntnisgewinn ist sehr viel größer, wenn wir aus Beobachtungen vieler Einzelereignisse auf das Wirken *eines* Prozesses schließen können.

Schwellenwertmechanismen. Schwellenwertmechanismen können dafür verantwortlich sein, daß prinzipiell kontinuierliche Prozesse in episodische Einzelereignisse aufgebrochen werden. Diese Mechanismen basieren darauf, daß ein bestimmter Schwellenwert überschritten werden muß, bevor ein Prozeß ablaufen kann (Tong 1983). Hier seien nur zwei Beispiele genannt:

— Erdbeben finden nach Überschreiten einer *kritischen Spannung* statt. Bei konvergenten Plattenbewegungen konstanter Geschwindigkeit werden so lange Spannungen aufgebaut, bis die Gesteinsfestigkeit überschritten wird. Ein Erdbeben baut diese Spannungen durch Verformung ab. Danach tritt eine Ruhephase ein, bis die kritische Spannung erneut überschritten wird.
— Teilweise aufgeschmolzene Gesteine können als Intrusion in höhere Krustenstockwerke eindringen. Dafür muß das Gestein einen *kritischen prozentualen Anteil an Schmelze* enthalten, weil sich die Teilschmelze sonst nicht vom Gesteinsverband ablösen kann (Wickham 1987).

In beiden Beispielen kommt es zu einer episodischen, aber dennoch regelmäßigen Entwicklung, obwohl die Randbedingungen und die zu erreichenden Schwellenwerte konstant bleiben. In Wirklichkeit jedoch sind Erdbeben kaum voraussagbar, und magmatische Aktivität erfolgt ebenfalls in unregelmäßigen Abständen. Das liegt daran, daß die fraglichen Schwellenwerte mit einem räumlichen Parameter gekoppelt sind. Spannungen an kleinen Bruchflächen können durchaus die Gesteinsfestigkeit übersteigen, ohne daß dabei so große Spannungen aufgebaut würden, daß es zu einem katastrophalen Erdbeben käme. Wenn in einem Gesteinsbereich von der Größe eines Dünnschliffs ein kritischer Anteil an Schmelze vorhanden ist, wird die Schmelze kaum merklich nach oben wandern; wenn sich die Schmelze jedoch über mehrere Kilometer ausdehnt, wird das zur Intrusion massiver Batholithe führen.
Man muß den Zusammenhang zwischen der Größe des Schwellenwertes und der Größe des Bereichs, in dem dieser erreicht wird, kennen, um das Eintreten eines episodischen Prozesses vorhersagen zu können. Dieser Zusammenhang ist allerdings eine Funktion unendlich vieler Gesteinsinhomogenitäten, die sich unmöglich erfassen lassen. Diese Inhomogenitäten beschreiben zu wollen, wäre ebenso aussichtslos wie der Versuch, die Dynamik eines jeden Luftmoleküls der Atmosphäre oder die Bewegung einer einzelnen Schneeflocke vorherzusagen. Der Umstand, daß unendlich kleine Veränderungen der Randbedingungen genügen, um grundsätzlich verschiedene Entwicklungen

auszulösen, wird als *Schmetterlingseffekt* (engl.: *butterfly effect*) bezeichnet. Dieser Effekt hängt eng mit dem dritten Erklärungsansatz für Episodizität zusammen – dem Chaos.

Chaos in Gebirgen. Die dritte und in vieler Hinsicht interessanteste Ursache episodischer Ereignisse besteht in der Annahme chaotischer Zusammenhänge zwischen verschiedenen geologischen Prozessen. Das chaotische Verhalten eines Prozesses kommt durch Rückkopplung mehrerer nichtlinearer Beziehungen zustande. Im folgenden wollen wir anhand eines einfachen Beispiels versuchen zu erklären, was das im einzelnen bedeutet.

Bei der Erläuterung von Abb. 6.12 ist uns aufgefallen, daß – unter manchen Bedingungen – eine unendlich kleine Variation eines der Ausgangsparameter genügt, um die Entwicklung eines in Dehnung begriffenen Orogens in eine völlig andere Richtung einschlagen zu lassen. So etwas kann nur dann geschehen, wenn zwischen den für die Orogenentwicklung maßgeblichen Parametern nichtlineare Rückkopplungen auftreten. Dies läßt sich an einem einfachen Beispiel verdeutlichen: Wenn wir eine Iteration der nichtlinearen Funktion $x = x^2$ durchführen, hängt das Endergebnis von der Wahl des ersten x-Wertes ab. Für alle positiven Anfangswerte von x, die kleiner als 1 sind, konvergiert die Iteration dieser Funktion gegen 0. Für alle Anfangswerte größer als 1 divergiert die Iteration zu $x = \infty$. Nur ein einziger Anfangswert, nämlich exakt $x = 1$, trennt die zwei völlig verschiedenen Entwicklungen dieser Funktion. (Ist dieser Anfangswert keine reelle, sondern eine komplexe Zahl, wird dieser Trennwert die Form einer Trennlinie annehmen, die den konvergierenden vom divergierenden Teil der Funktion trennt. Diese Trennlinie hat oft eine komplizierte, fraktale Form, die als *Juliaset* bezeichnet wird.)

Bei anderen Funktionen sind der konvergierende und divergierende Teil nicht durch einen einzigen Ausgangswert getrennt, sondern es gibt einen ganzen Trennbereich, außerhalb dessen sich die Funktion unterschiedlich entwickelt. Innerhalb des Trennbereichs verläuft die Kurve der Funktion *oszil-*

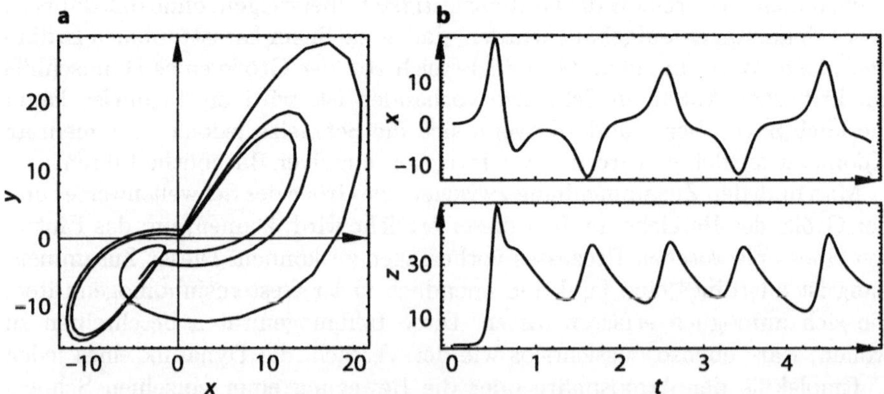

Abb. 6.32. a Lorentz-Attraktor in der x-y-Ebene, berechnet mit den Gleichungen 6.33. **b** Chaotisches Verhalten der Variablen x und z als Funktion der Zeit t

lierend oder *chaotisch*. Chaotisch bedeutet in diesem Kontext, daß der Kurvenverlauf nicht direkt aus den Ausgangsparametern vorhersagbar ist. Eines der einfachsten Beispiele für chaotisches Verhalten ist der *Lorentz-Attraktor* (Abb. 6.32a). Auch wenn der Lorentz-Attraktor für die Geowissenschaften nicht unmittelbar relevant ist, läßt er doch klar erkennen, wie die Wechselwirkungen zwischen einfachen nichtlinearen Beziehungen zu chaotischen Entwicklungen führt. Er besteht aus folgenden miteinander gekoppelten Differentialgleichungen:

$$\frac{\mathrm{d}x}{\mathrm{d}t} = -10x + 10y \ ,$$

$$\frac{\mathrm{d}y}{\mathrm{d}t} = -xz + 28x - y \ , \tag{6.33}$$

$$\frac{\mathrm{d}z}{\mathrm{d}t} = xy - \frac{8}{5}z \ .$$

Die numerische Lösung dieser drei Gleichungen ergibt unregelmäßig verlaufende Kurven für die drei Variablen x, y und z (s. Abb. 6.32b).

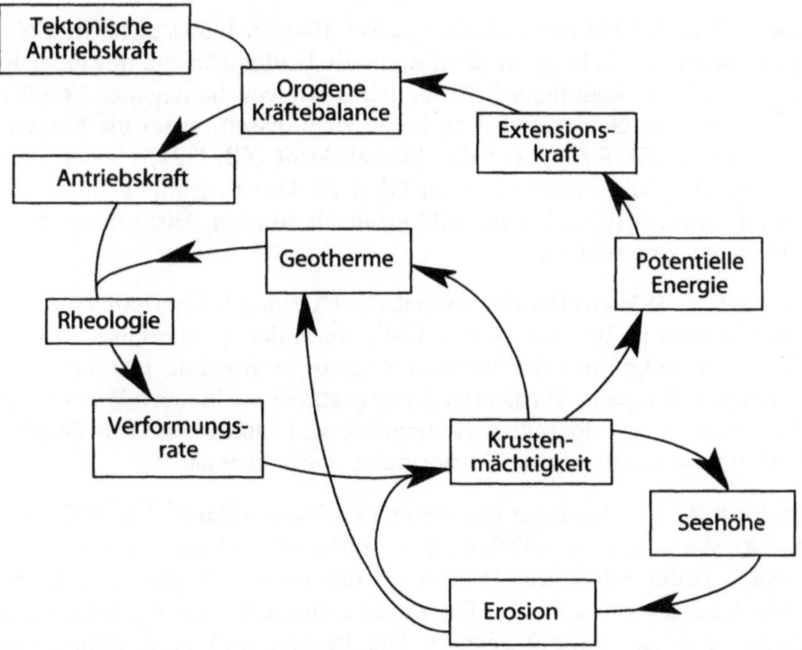

Abb. 6.33. Wechselwirkungen zwischen den einzelnen Parametern der Orogenese. Die funktionalen Beziehungen zwischen diesen Parametern sind nicht immer linear. Zum Beispiel ist die Verformungsrate eine *exponentielle* Funktion der Temperatur, eine *kubische* Funktion der Spannung (Gl. 5.41) und die potentielle Energie ist eine *quadratische* Funktion der Mächtigkeit (Gl. 5.44). Es ist daher nicht auszuschließen, daß die Wechselwirkungen zwischen solchen verschiedenen Prozessen zu chaotischer Entwicklung eines Orogens führen

Ebenso wie bei vielen anderen geodynamischen Prozessen spielen bei der Gebirgsbildung mehrere Parameter, zwischen denen nichtlineare Beziehungen bestehen, eine Rolle. Daß dies bei Konvektionsprozessen im Erdmantel zu chaotischen Bewegungen führt, ist unter Geophysikern allgemein bekannt. Daß derartiges chaotisches Verhalten aber auch für Einzelereignisse, die in den Gesteinen der Kruste ablaufen, von Belang ist, wurde erst in den letzten Jahren allmählich erkannt (z. B. Malanson et al. 1992; Hodges 1996; Stüwe et al. 1993). Einen Überblick über die wichtigsten nichtlinearen Prozesse, die bei der Orogenese zusammenspielen, vermittelt Abb. 6.33. Viele der in dieser Abbildung eingetragenen Beziehungen haben eine ähnliche mathematische Form wie das Gleichungssystem von Gl. 6.33. Ein Vergleich der in Abb. 6.32b dargestellten Kurven mit Verformungs- und Metamorphoseereignissen ist deshalb durchaus nicht abwegig.

6.4
Übungsaufgaben

Aufgabe 6.1. Infolge der Kollision zweier Platten bildet sich ein Gebirge. Wie hoch kann das Gebirge werden, wenn die beiden Platten mit einer Kraft von $5 \cdot 10^{12}$ N m^{-1} kollidieren? Dabei gehen wir von homogener Verdickung aus. Hinweis: Das Gebirge wird aufhören zu wachsen, wenn die horizontale Dehnungskraft (Gl. 5.54) und die Antriebskraft (Gl. 6.21) gleiche Beträge annehmen. Die Höhe erhält man mit Gl. 4.24. Das Ergebnis kann auch graphisch aus Abb. 4.16 und Abb. 5.32 ermittelt werden. Diskutieren Sie, wie realistisch das Ergebnis ist.

Aufgabe 6.2. Wie groß ist der tektonische Überdruck innerhalb eines quarzreichen Gesteins in 10 bzw. 15 km Tiefe, wenn der geothermische Gradient $30\,°\mathrm{C}\,\mathrm{km}^{-1}$ beträgt und die Verformungsrate groß genug ist, um in 5 my einen um das Doppelte verdickten Krustenstapel zu bilden? Verwenden Sie Gl. 5.56 und die rheologischen Konstanten von Quarz aus Tabelle 5.2 und Gl. 5.41 zur Beschreibung des Verformungsmechanismus.

Aufgabe 6.3. *Zur Isostasie von Becken mit unterschiedlicher Füllung (Abschn. 6.2)*: Aufgrund einer Dehnung der Lithosphäre haben sich drei Becken abgesenkt. Unter allen drei Becken ist die Kruste 20 km und die Mantellithosphäre 50 km mächtig. Die darunterliegende Asthenosphäre hat eine Dichte von $\rho_\mathrm{m} = 3\,200$ kg m^{-3}. Die Becken sind groß genug, um im isostatischen Gleichgewicht zu stehen. Das erste Becken ist ein 2 km tiefes Tal, also nur mit Luft gefüllt; das zweite ist ein See, also mit Wasser gefüllt ($\rho_\mathrm{w} = 1\,000$ kg m^{-3}); das dritte ist randvoll mit Sedimenten gefüllt ($\rho_\mathrm{s} = 2\,300$ kg m^{-3}). Wie groß ist der Tiefenunterschied der ehemaligen Oberfläche in den drei Becken? Mit anderen Worten: Wie tief ist der See (Wassertiefe w), und wie mächtig ist der Sedimentstapel (Mächtigkeit s)? Lösen Sie das Problem nach dem Prinzip von Abb. 6.5: Sie müssen einen Vergleich der Gewichte der drei Säulen anstellen.

Aufgabe 6.4. *Zum Verständnis des Isostasieprinzips (Abschn. 6.2.3)*: Leiten Sie Gleichung 6.5 her (s. Abb. 6.5).

Aufgabe 6.5. *Zur Entstehung von Sedimentationsbecken:* Wie verläuft die Absenkung des durch die untenstehenden Angaben charakterisierten Sedimentationsbeckens? Wonach würde man im Gelände suchen, um Ihre Ideen zur tektonischen Erklärung der Beckenentwicklung zu bestätigen? Auf welchen Absenkungsmechanismus kann man aus dem Verlauf der Absenkung schließen? Um zu einer fundierten Antwort zu gelangen, sollten Sie eine Subsidenzanalyse einschließlich Backstripping für folgende Angaben durchführen:

Das Becken ist mit einem 6 km mächtigen Sedimentstapel gefüllt. Eine Tiefbohrung ergibt, daß die Füllung aus fünf Schichten besteht, die wir von unten nach oben mit $i = 1$ bis $i = 5$ durchnumerieren. Zusammen mit den Fossilfunden in jeder Schicht ergibt sich folgendes stratigraphisches Profil: 1. Schicht: 3 km mächtige Sandsteinschicht; Sedimentation vor 60–55 my in einer Wassertiefe, die während des Ablagerungszeitraumes von 500 m auf 800 m zunahm. 2. Schicht: 500 m Schiefer; Sedimentation vor 55–40 my in einer Wassertiefe von 800 m. 3. Schicht: 1 km Sandstein; Sedimentation vor 40–30 my in einer Wassertiefe, die während des Ablagerungszeitraumes von 800 m auf 300 m abnahm. 4. Schicht: 500 m Schiefer; Sedimentation vor 30–15 my in einer Wassertiefe, die während des Ablagerungszeitraumes von 300 m auf 0 abnahm. 5. Schicht: 1 km Sandstein; Ablagerungszeitraum 15–0 my; Sedimentation erfolgte im Gezeitenbereich. Benutzen Sie Gl. 6.1, 6.4 und 6.5 (für Gl. 6.5 benötigt man auch Gl. 6.6). Entnehmen Sie Dichte- und Porositätswerte aus Abb. 6.3. Für die Dichte der Asthenosphäre gilt: $\rho_a = 3\,200$ kg m^{-3}.

Aufgabe 6.6. *Zum McKenzie-Modell und Verständnis der relativen Bedeutung von Kruste und Mantellithosphäre:* McKenzie (1978) zufolge führt eine homogene Dehnung der Lithosphäre ab einer bestimmten Anfangsmächtigkeit der Kruste *immer* zur Absenkung. Ab welcher Krustenmächtigkeit trifft das unter den folgenden Bedingungen zu? Benutzen Sie Gl. 6.9. $\rho_0 = 3\,300$ kg m^{-3}; $\rho_c = 2\,750$ kg m^{-3}; $\rho_w = 1\,000$ kg m^{-3}; $\alpha = 3 \cdot 10^{-5}\,°C^{-1}$; $T_l = 1\,280\,°C$ und $z_l = 130$ km.

Aufgabe 6.7. *Zur Abschätzung von Delaminationsprozessen der Mantellithosphäre (Abschn. 6.3.4):* Schätzen Sie ab, wie schnell die Mantellithosphäre bei einer Viskosität von a) $\eta = 10^{20}$ Pas und b) bei $\eta = 10^{25}$ absinken kann. Diese Viskositätswerte gelten in etwa für die Asthenosphäre und kühleres Mantelmaterial. Nehmen Sie dazu an, daß die Absinkgeschwindigkeit gleich der Verformungsrate ist und das Verformungsverhalten dem einer Newtonschen Flüssigkeit entspricht (Gl. 5.37). Alle anderen Prozesse können vernachlässigt werden. Die in der schweren Mantellithosphäre nach unten wirkende Vertikalspannung ist durch $\Delta\rho g z_{ml}$ gegeben. Die Mächtigkeit der Mantellithosphäre z_{ml} beträgt 50 km; der mittlere Dichteunterschied $\Delta\rho$ zwischen Mantellithosphäre und Asthenosphäre beträgt 50 $\mathrm{kg\,m^{-3}}$.

Kapitel 7
P-T-t-D-Kurven

Die Kenntnis der räumlichen und zeitlichen Entwicklung von Druck P, Temperatur T und Verformung D in metamorphen Gesteinen ist die Grundlage jeder geodynamischen Interpretation eines Bereichs der Erdkruste. Das gilt vor allem für jene Bereiche, in denen eine direkte Messung anderer Parameter unmöglich ist (z. B. direkte Bestimmung der Höhenlage der Erdoberfläche, Messung der Krustenmächtigkeit, des Oberflächenwärmeflusses etc.). Das betrifft vor allem Gesteine, die aus vergangenen Orogenesen stammen. Die relative Entwicklung dieser Parameter läßt sich am besten anhand von Kurven in einem P-T-Diagramm darstellen. Die Kurven dieser Diagramme werden als P-T-Kurven oder -Pfade bezeichnet bzw. als *P-T-t-D*-Kurven oder -Pfade, falls entlang der Kurven Zeitpunkte und Verformungsereignisse eingetragen werden. In Abschn. 7.2 befassen wir uns mit den Methoden zur Konstruktion solcher Kurven und im Rest des Kapitels mit ihrer Interpretation und Modellierung (s. auch Spear und Peacock 1989).

7.1
Einführung

Die meisten tektonischen Prozesse sind durch für sie typische, räumliche und zeitliche Beziehungen zwischen Druck, Temperatur und Verformung charakterisiert. Wenn versucht werden soll, tekonische Prozesse aus solchen Beziehung zu interpretieren, ist es folglich notwendig, diese drei Größen weiter zu untergliedern: Der Temperaturverlauf kann in Erwärmungs- und Abkühlungsphasen unterteilt werden, der Druckverlauf in Phasen ansteigenden und abfallenden Druckes und der Deformationsverlauf in Phasen ansteigender und abnehmender Verformung. Bei der Interpretation von Geländebeobachtungen gilt es, zwei wesentliche Gesichtspunkte separat zu betrachten:

- Wie verläuft die Temperatur-, Druck- und Deformationskurve *eines* Gesteins? (*zeitlicher* Ablauf)
- Wie ändert sich der zeitliche Ablauf innerhalb von Profilen durch das fragliche Gebiet, z. B. als Funktion des regional ab- oder zunehmenden Metamorphose- bzw. Verformungsgrades? (*räumliche* Struktur)

Je genauer sich diese Fragen im Gelände und im Labor beantworten lassen, desto besser lassen sich die tektonischen Prozesse, die sich in der Vergangenheit abgespielt haben, rekonstruieren und interpretieren. Die Rekonstruktion räumlicher und zeitlicher Abläufe aus Gelände- oder Laborbefunden ist nicht immer einfach. So kann ein regionaler Verformungsgradient entweder auf eine Veränderung der Verformungs*dauer* oder auf eine Veränderung der Verformungs*rate* hindeuten; es bleibt also unklar, ob man es mit einer zeitlichen oder einer räumliche Änderung zu tun hat. Ähnliche Probleme treten bei der Interpretation von Druck- und Temperaturverläufen auf: Auf die Frage, durch welchen Erwärmungsmechanismus eine bestimmte Temperaturänderung herbeigeführt wurde (s. Abschn. 3.1, 3.2 und 3.3), ist eine einfache eindeutige Antwort ebenso unmöglich wie auf die Frage, ob eine mit Geobarometern gemessene Druckänderung auf eine Tiefenänderung der Gesteine oder auf eine Veränderung der nichtlithostatischen Spannungskomponenten zurückzuführen ist.

Darüber hinaus verhalten sich Temperatur, Druck und Verformung nicht immer völlig unabhängig voneinander. Eine durch eine Temperaturerhöhung hervorgerufene thermische Expansion wird sich auf das Druckfeld auswirken. Druckänderungen können durch Tiefenänderungen, aber auch durch deviatorische Spannungen (also durch Verformung) verursacht werden. Tiefenänderungen können eine adiabatische Erwärmung zur Folge haben. Die Reibungswärme, die bei hohen deviatorischen Spannungen entsteht, kann das Temperaturfeld beeinflussen und so fort.

Die Rekonstruktion der geodynamischen Entwicklung eines Gebietes wird durch diese Wechselwirkungen nicht unbedingt erschwert. Im Gegenteil, gekoppelte Prozesse sind oft durch charakteristische zeitliche oder räumliche Beziehungen gekennzeichnet, die sich auch durch sorgfältige Geländebeobachtungen identifizieren lassen (Abschn. 7.4.1, 7.2.3). All solche Beziehungen lassen sich elegant mit P-T-Kurven darstellen, denen wir uns nun näher widmen wollen.

7.1.1
Was sind nun P-T- und P-T-t-D-Kurven genau?

P-T-Pfade oder -Kurven sind Linien in einem Diagramm, in dem der Druck P gegen die Temperatur T aufgetragen wird. Auf diese Weise erhält man die relative zeitliche Abfolge der beiden Parameter. P-T-Diagramme sind *parametrische* Diagramme (engl.: *parametric plots*), weil in ihnen zwei voneinander unabhängige Größen als Funktion einer dritten (in diesem Fall: der Zeit) dargestellt werden. Da in Gesteinen absolute Zeitabläufe oft sehr viel schwerer rekonstruierbar sind als relative Druck- und Temperaturkurven, haben sich P-T-Diagramme als Standardinstrumente zur tektonischen Interpretation metamorpher Gesteine durchgesetzt. Wenn über den Druck- und Temperaturverlauf hinaus noch zusätzliche Informationen über den Zeitpunkt

bestimmter Ereignisse vorliegen oder ein Zusammenhang zwischen Deformationsverlauf und Druck- sowie Temperaturverlauf hergestellt werden kann,
spricht man von P-T-t- bzw. P-T-t-D-Kurven.

Zusammenhang zwischen Druck und Tiefe. Die Interpretation von P-
T-Diagrammen gehen oft von der grundsätzlichen Annahme aus, daß der
Druck ausschließlich durch das Gewicht der überlagernden Gesteinssäule verursacht wird und daher mit deren Mächtigkeit korreliert (vgl. aber auch Abschn. 5.3.3). Diese Annahme impliziert, daß die Differentialspannungen vernachlässigbar klein sind. Unter dieser Bedingung entspricht der Druck in der
Tiefe z (P_z) der vertikalen Spannung, die sich durch Integration der Dichte
berechnen läßt (s. auch Abschn. 4.2.1):

$$P_z = \sigma_{zz} = \int_0^z \rho_{(z)} g \mathrm{d}z \quad . \tag{7.1}$$

Ist die Dichte ρ nicht tiefenabhängig, ist dieses Integral einfach zu lösen.
Es gilt: $P = \rho g z$. Das läßt sich aus einfachen physikalischen Beziehungen
leicht nachvollziehen: Spannung $=$ Kraft pro Fläche, Kraft $=$ Masse mal Beschleunigung und Masse $=$ Dichte mal Volumen. Für eine 10 km mächtige
Gesteinssäule mit einer Dichte ρ von $2\,700$ kg m^{-3} erhält man eine Masse pro
Fläche von $2\,700 \times 10\,000$ kg m^{-2}. Multipliziert mit der Erdbeschleunigung
(ca. 10 m s^{-2}), ergibt sich ein Druck von $2{,}7 \cdot 10^8$ kg m^{-1} s$^{-2} = 2{,}7 \cdot 10^8$ Pa
$= 270$ MPa $= 2{,}7$ kbar. In Worten ausgedrückt: Die Tiefe in Kilometern
mal 0,27 ergibt den Druck in kbar; oder umgekehrt: der Druck in kbar
mal 2,7 ergibt die Tiefe in Kilometern. Der Fehler, der bei dieser Berechnung durch die Aufrundung der Erdbeschleunigung und der Dichteverände-
rung mit der Tiefe resultiert, ist weit kleiner als die absolute Meßgenau-
igkeit von Geobarometern und damit vernachlässigbar. In der geologischen
Literatur wird der Druck gewöhnlich in kbar angegeben, während Geophysiker meist SI-Einheiten, also Pascal, verwenden. Für die Umrechnung gilt:
1 kbar $= 100$ MPa $= 10^8$ Pa $= 10^8$ J m^3.

7.2
Grundlagen der Petrologie

Die Petrologie beschäftigt sich mit den bei der Bildung eines Gesteins herr-
schenden physikalisch-chemischen Bedingungen. Die Strukturgeologie ist die
Lehre von den räumlichen Strukturen *in* Gesteinen. Beide Teildisziplinen
sind untrennbar miteinander verknüpft. Zur Klärung der in einem unbekannten Gebiet auftretenden tektonischen und geodynamischen Fragestellungen,
benötigt man Daten, die nur mit den Methoden *beider* Wissenschaftszweige
gewonnen werden können. In verschiedenen Abschnitten dieses Buches haben
wir uns bereits mit den Prinzipien der Strukturgeologie beschäftigt. In diesem Abschnitt soll dem Leser der Einstieg in die Grundlagen der Petrologie

ermöglicht werden. Zur weiteren Vertiefung sei auf eine große Zahl hervorragender Lehrbücher verwiesen (z. B. Spear 1993; Anderson und Crerar 1993; Yardley 1989; Powell 1978).

7.2.1
Thermobarometrie

Druck- und Temperaturkurven von Gesteinen lassen sich am besten mit Geothermometern und Geobarometern dokumentieren. Ganz allgemein spricht man von „Geothermobarometrie". Dabei kann zwischen

- petrologischer Thermobarometrie,
- mineralogisch-kristallographischer Thermobarometrie und
- struktureller Thermobarometrie

unterschieden werden. Zur *strukturellen Barometrie* zählen paläopiezometrische Methoden (z. B. Christie und Ord 1980; Dunning et al. 1982) ebenso wie Gefügeanalysen zur Temperaturbestimmung (z. B. Jessel und Lister 1990). Die *mineralogische Thermobarometrie* stützt sich auf die Temperatur- und Druckabhängigkeit von Parametern, die in einem einzigen Mineral gemessen werden können (z. B. der Gitterabstand eines Kristalls, der Gehalt eines bestimmten chemischen Elements oder die Zusammensetzung von Flüssigkeitseinschlüssen).

Die *petrologische Thermobarometrie* basiert auf der Tatsache, daß die Verteilung eines chemischen Elements auf verschiedene Minerale temperatur- und druckabhängig ist. Aus energetischen Gründen strebt diese Verteilung immer einem chemischen *Gleichgewicht* zu. Vor allem für hochmetamorphe Gesteine hat sich die petrologische Thermobarometrie weitgehend als Standardmethode durchgesetzt. Für eine sinnvolle Anwendung ist es allerdings unerläßlich, daß das chemische Gleichgewicht tatsächlich erreicht wurde und daß die Reaktionstexturen des Gesteins richtig interpretiert werden. Über die Methoden und Probleme der texturellen Interpretation liegt eine große Zahl von Arbeiten vor (z. B. Spear und Florence 1992; Robinson 1990; Stüwe 1997)

Die chemische Gleichgewichtsbedingung. Unter der Bedingung, daß sich tatsächlich ein chemisches Gleichgewicht eingestellt hat, kann auf der Grundlage eines *thermodynamischen Gleichgewichts* bestimmt werden, wie sich ein bestimmtes chemisches Element auf die verschiedenen Minerale eines Gesteins verteilt. Die Gleichgewichtsbedingung der Thermodynamik lautet

$$0 = \Delta G^0 + RT\ln K \ . \tag{7.2}$$

Darin ist R die Gaskonstante, ΔG^0 die Gibbssche freie Reaktionsenthalpie im Standardzustand und K der thermodynamische Gleichgewichtskoeffizient. Die Gleichgewichtskonstante K ergibt sich aus den Aktivitäten, also aus der „Unreinheit" der reagierenden Substanzen. Die Variable T ist die absolute

Temperatur. Für eine einfache Austauschreaktion des Elements C zwischen den zwei Phasen A und B ergibt sich K aus folgender Beziehung:

$$K = \left(\frac{1 - X_C^A}{X_C^A}\right)\left(\frac{X_C^B}{1 - X_C^B}\right) \; . \tag{7.3}$$

Darin ist X_C^A der Anteil (Molenbruch) des Elements C in Mineral A, und X_C^B ist der entsprechende Anteil in Mineral B. Diese Anteile können in Mineralen mit einer Elektronenmikrosonde bestimmt werden. Damit ist K direkt meßbar. Der Ausdruck ΔG^0 ist die Differenz zwischen den freien Enthalpien der Ausgangsstoffe und der Endprodukte (hier: der *reinen* Phasen A und B), die bei einer chemischen Reaktion im Standardzustand auftritt. Diese freien Standardenthalpien stehen mit Materialkonstanten wie der Wärmekapazität und Bildungsenthalpie sowie mit den jeweiligen Druck- und Temperaturverhältnissen in Zusammenhang (Details s. z. B. Holland und Powell 1990 oder Atkins 1994). Aus Gl. 7.2 kann daher der Druck als Funktion der Temperatur oder die Temperatur als Funktion des Druckes berechnet werden. Wenn sich aus Gl. 7.2 in einem Druck-Temperatur-Diagramm eine Kurve *geringer* Steigung ergibt, wird diese als *Barometer* bezeichnet. Weist die Kurve jedoch eine *große* Steigung auf, spricht man von einem *Thermometer*.

Die Gibbssche Phasenregel. Obwohl die Gibbssche Phasenregel im allgemeinen als ein sehr spezielles Thema der Petrologie betrachtet wird, soll hier gezeigt werden, wie sie auch dem geländeorientierten Geologen helfen kann. Dazu sind allerdings zunächst einige wenige Sätze der Erklärung notwendig.

Im vorhergehenden haben wir als Beispiel den Austausch eines Elements zwischen zwei Mineralen behandelt. Dabei haben wir gesehen, daß diese chemische Reaktion bei einer *beliebigen* Temperatur einen Druck definiert und umgekehrt. Diese Reaktion hat *einen* thermodynamischen Freiheitsgrad, weil wir ein Beispiel mit *zwei* Phasen (A und B) und nur *einer* Austauschkomponente gewählt haben. Findet der Austausch des Elements C zwischen mehr als zwei Phasen statt, verfügt die Reaktion über mehr Freiheitsgrade (s. Zen 1966). Die Gibbssche Phasenregel drückt die Beziehung zwischen der Zahl der Freiheitsgrade, der Zahl der Austauschkomponenten („Komponenten") und der Zahl der Phasen („Phasen") folgendermaßen aus:

$$\text{Phasen} = \text{Komponenten} - \text{Freiheitsgrade} + 2 \; . \tag{7.4}$$

Als „Phase" wird dabei entweder ein *reines* Mineralendglied oder ein Mineralmischkristall bezeichnet, je nachdem ob wir die Phasenregel im Rahmen der Thermobarometrie oder im Gelände anwenden (s. Gl. 7.2). Beispielsweise besteht Granat, wenn wir Gl. 7.4 im Gelände anwenden, aus nur einer Phase. Wenden wir sie jedoch an, um die Anzahl der möglichen Thermobarometer abzuschätzen, besteht er gewöhnlich zumindest aus Almandin und Pyrop. Obwohl das thermodynamische Prinzip der Phasenregel für ein Geodynamiklehrbuch sehr speziell erscheinen mag, hat es doch wichtige Konsequenzen für den Geländegeologen, die wir im nächsten Abschnitt sehen werden.

Konsequenzen der Gibbsschen Phasenregel. Aus Gl. 7.4 geht hervor, daß ein chemisches Gleichgewicht zwischen drei Mineralen und nur einer Austauschkomponente null Freiheitsgrade besitzt. So stehen z. B. die drei Phasen Eis, Wasser und Wasserdampf oder Sillimanit, Disthen und Andalusit jeweils nur bei einem einzigen Druck und einer einzigen Temperatur in einem stabilen chemischen Gleichgewicht zueinander. Nach Gl. 7.4 ist es bei einer einzigen Austauschkomponente nicht möglich, daß zwischen mehr als drei Phasen ein stabiles Gleichgewicht besteht.

In Gesteinen haben wir es oft mit sechs oder mehr Komponenten zu tun, die im chemischen Austausch zwischen verschiedenen Mineralen stehen. Gleichung 7.4 zufolge darf ein Gestein mit sechs Austauschkomponenten maximal acht Minerale enthalten. In diesem Fall ist die Mineralparagenese „invariant" und gibt sehr guten Aufschluß über die Bildungsbedingungen. In der Regel können für solche Gesteine mehrere Thermometer- und Barometergleichungen aufgestellt und simultan gelöst werden, weil viele Minerale aus jeweils mehreren Mineralendgliedern bestehen. Das Prinzip, das Druck-Temperatur-Berechnungen mit *intern konsistenten thermodynamischen Datensätzen* zugrunde liegt, besteht in der Verwendung mehrerer Thermo- oder Barometer eines einzigen Gesteins (z. B. Holland und Powell 1990; Berman 1988).

Enthält dagegen ein aus sechs Komponenten zusammengesetztes Gestein *mehr* als acht Minerale, können wir schon im Gelände schließen, daß zumindest zwei überprägende Mineralgesellschaften im Gestein vorliegen müssen. Daher ist es im Gelände sinnvoll, Gesteine mit möglichst wenigen Komponenten und möglichst vielen Phasen zu beproben.

7.2.2
Eingefrorene Gleichgewichte

Die klassische Phasenpetrologie basiert auf dem Prinzip des thermodynamischen Gleichgewichts, während die meisten in diesem Buch besprochenen geodynamischen Prozesse, wie z. B. die thermische Entwicklung von Orogenen, auf Ungleichgewichten beruhen. Trotzdem wird der Ansatz der Gleichgewichtsthermodynamik mit großem Erfolg zur Bestimmung von Metamorphosetemperaturen und -drücken verwendet. Dieser Erfolg findet seine Ursache in der Arrheniusschen Beziehung. Die Arrheniussche Gleichung besagt, daß Diffusionsprozesse eine Exponentialfunktion der Temperatur sind:

$$D = D_0 e^{\left(-\frac{Q+VP}{RT}\right)} \ . \tag{7.5}$$

Darin ist D die Massendiffusivität (in $m^2\,s^{-1}$), D_0 der präexponentielle Faktor, Q die Aktivierungsenergie, R die Gaskonstante und T die absolute Temperatur (in K). Im Zähler des Exponenten steht neben der Aktivierungs*energie* Q auch noch das Produkt aus dem Aktivierungs*volumen* V und dem Druck P. Das Aktivierungsvolumen ist jedoch bei praktisch allen geologisch relevanten Prozessen so klein, daß die Druckabhängigkeit des Diffusionsprozesses vernachlässigt und der Ausdruck VP in Gl. 7.5 weggelassen werden kann. Nach Gl. 7.5 geht die Diffusivität am absoluten Nullpunkt gegen 0; d. h. sämtliche Gleichgewichte, die auf Diffusion beruhen (einschließlich der druckabhängigen Gleichgewichte), werden bei niedrigen Temperaturen „eingefroren". Bei höheren Temperaturen nimmt die Diffusivität zu und nähert sich zusehends an D_0 an. Damit wird es immer wahrscheinlicher, daß unterschiedliche Minerale miteinander in einem chemischen oder strukturellen Gleichgewicht stehen.

Wir sind der Arrheniusschen Gleichung schon als Teil des Potenzgesetzes begegnet (Abschn. 5.1.2). Sie gilt nicht nur für die Diffusion von Elementen durch ein Kristallgitter (worauf die petrologische Thermobarometrie basiert), sondern auch für die Diffusion von Gitterfehlstellen (was für Fließprozesse und Mikrostrukturen relevant ist) oder von radioaktiven Isotopen (Grundlage der Geochronologie; s. Stüwe 1998b).

Chemische Diffusion. Wir haben uns bereits mehrfach mit Diffusionsraten der Wärme (Abschn. 3.1) und der Materie (Abschn. 4.3.2) beschäftigt. Im folgenden wollen wir uns der *chemischen* Diffusion im Hinblick auf den petrologisch bestimmbaren Teil von P-T-Kurven zuwenden. Dabei darf man nicht vergessen, daß alle mikrostrukturellen und chemischen Veränderungen in Gesteinen von zwei Faktoren abhängen:

1. der Rate der Diffusion, die Atome von Punkt A nach Punkt B bringt;
2. der Rate der Reaktion bzw. Nukleation, die Atome am Punkt B strukturell einbindet.

Die Diffusionsrate sinkt mit fallender Temperatur. Die Nukleationsrate von neuen Kristallen hängt davon ab, wie weit eine Reaktion überschritten wird. Der langsamere dieser beiden Prozesse bestimmt das Geschehen (Fischer 1973; Joesten 1977; Putnis und McConnell 1980). Bei geologisch relevanten Temperaturen sind meist Diffusionsprozesse ausschlaggebend.

Die in Gesteinen auftretenden Elementdiffusionsraten variieren sehr stark. Am größten sind Unterschiede, die durch verschiedene Diffusionswege bedingt sind. Insbesondere ist die Diffusion von Atomen entlang der Korngrenzen von Kristallen (Korngrenzendiffusion) um Größenordnungen größer als die Diffusion durch ein Kristallgitter (Volumendiffusion). Daher ist die Rate der Volumendiffusion der limitierende Faktor der Gesamtdiffusion. Die jeweilige Volumendiffusionsrate eines Minerals oder Elements hängt von zahlreichen Faktoren ab und ist – ebenso wie die Materialkonstante des Potenzkriechgesetzes (Abschn. 3.2.2) – experimentell nur schwer bestimmbar. Darüber hinaus beeinflussen sich die Diffusionsbewegungen verschiedener Elemente gegenseitig (Onsager 1931). Im einfachsten Fall läßt sich die Volumendiffusion von nur einem Element in nur einer Richtung folgendermaßen ausdrücken:

$$\frac{\partial C}{\partial t} = D \frac{\partial^2 C}{\partial x^2} \ . \tag{7.6}$$

Diese Gleichung ist äquivalent zu Gl. 3.5. In Gl. 7.6 ist C die Konzentration eines Elements in einem Mineral, t die Zeit und x die Raumkoordinate. Der Wert D ergibt sich aus Gl. 7.5; x könnte z. B. der Abstand zwischen dem Zentrum eines Granatkristalls und dessen Rand sein.

Ein einfaches und geologisch außerordentlich wichtiges Anwendungsbeispiel für Gl. 7.6 ist die Volumendiffusion von Kationen in Granat. Die Größenordnung der Diffusionsrate von Magnesiumionen in Granat ist bekannt. Sie wird durch die Materialkonstanten $Q = 239\,000$ J mol^{-1} und $D_0 = 9,81 \cdot 10^{-9}$ m^2 s^{-1} festgelegt (Cygan und Lasaga 1985). Mit Gl. 7.5 erhalten wir für Temperaturen von 400 °C bzw. 800 °C Diffusivitäten von $D_{400} \approx 2,7 \cdot 10^{-27}$ m^2 s^{-1} und $D_{800} \approx 2,3 \cdot 10^{-20}$ m^2 s^{-1}. In Analogie zu Gl. 3.17 können wir die Zeitkonstante des Diffusionsprozesses τ aus Gl. 7.6 herleiten (vgl. Abschn. 3.1.3 und 3.1.4):

$$\tau = \frac{l^2}{D} \; . \tag{7.7}$$

Darin ist l die Größe des Körpers, in dem die Diffusion stattfindet. Bei Temperaturen von 800 °C bzw. 400 °C und einer Diffusionsdauer von 10 my ergibt sich aus Gl. 7.7, daß sich nur in Granaten, die kleiner als 2,7 mm bzw. 1 μm sind, durch Volumendiffusion ein chemisches Gleichgewicht einstellen konnte. Mit anderen Worten: Granatkristalle von 2 mm Durchmesser müssen entweder 5 my lang auf 800 °C oder $4,7 \cdot 10^7$ my lang auf 400 °C erwärmt werden, damit sie ein chemisches Gleichgewicht erreichen.

Bei geologischen Prozessen herrschen nur selten konstante Temperaturen. Tektonische Ereignisse, die eine Metamorphose bewirken, werden meist von *steigenden* oder *fallenden* Temperaturen begleitet. Die oben angestellten Schätzungen sind daher relativ ungenau. Um die Raum-Zeit-Beziehungen bis zum Erreichen des Gleichgewichts besser abschätzen zu können, müssen die Diffusionsraten mit gemittelten Temperaturen berechnet werden. Zum Beispiel läßt sich die mittlere Diffusionsrate bei konstanter Abkühlrate aus folgender Beziehung berechnen (Itayama und Stüwe 1974):

$$\overline{D} \approx \frac{D_{\mathrm{A}}}{\left(\frac{Q}{RT_{\mathrm{E}}} \right) (1 - T_{\mathrm{E}}/T_{\mathrm{A}})} \; . \tag{7.8}$$

Darin ist $\overline{D}$ die mittlere Diffusionsrate und D_{A} die Diffusivität zu Beginn der Abkühlung, die sich aus Gl. 7.5 errechnen läßt. T_{A} und T_{E} sind die Anfangs- und Endtemperatur (z. B. das bei der Metamorphose erreichte Temperaturmaximum und die Temperatur der Erdoberfläche).

Die obigen Darlegungen verdeutlichen, daß für einen Kristall gegebener Größe die Möglichkeit zur chemischen Äquilibrierung nur über einer gewissen Temperatur besteht. Sinkt die Temperatur unter diese Temperatur, ist vollständige Äquilibrierung nicht mehr möglich. In anderen Worten, wenn die Länge des Bereichs, in dem die Diffusion zu einem chemischen Gleichgewicht führt (Größe l in Gl. 7.7, engl.: *diffusive length scale*), kleiner ist als der

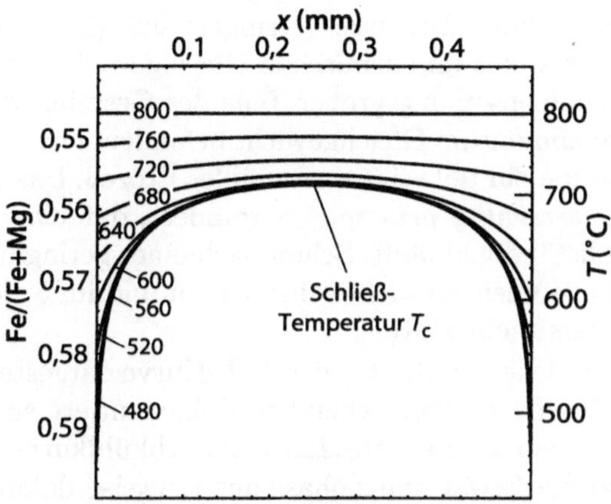

Abb. 7.1. Ausbildung eines Zonierungsprofils in einem Granatkristall während der Abkühlung und Definition der Schließtemperatur T_c. Die Abkühlrate beträgt $100\,^\circ C\,my^{-1}$. Die horizontale Achse stellt ein Profil durch einen 0,5 mm großen Granatkristall dar. Das Kornzentrum liegt bei $x = 0{,}25$ mm. Auf der linken vertikalen Achse ist die Eisenkonzentration (angegeben als Molenbruch Fe / (Fe + Mg)) aufgetragen, die im Gleichgewicht direkt mit der Temperatur korrelierbar ist (rechte Achse). Der Rand des Granatkristalls befindet sich im chemischen Gleichgewicht mit einem sehr viel größeren Biotit mit Fe / (Fe + Mg) = 0,5

Abstand zwischen Kristallzentrum und -rand, kann das Kristallzentrum nicht mehr mit der Umgebung reagieren. Infolgedessen bleibt dessen chemische Zusammensetzung unverändert. Dieses Phänomen wird als „Schließen" bezeichnet und die Temperatur, bei der dies geschieht, als die „Schließtemperatur". Das sukzessive „Schließen" der chemischen Zusammensetzung eines Kristalls bewirkt die Entwicklung eines chemischen Zonierungsprofils. Solche Zonierungsprofile lassen sich in Mineralen vieler Gesteine beobachten (Abb. 7.1). Das chemische Ungleichgewicht, das in ihnen „eingefroren" ist, ist für die Interpretation des Abkühlungsverlaufs von großem Wert (Abschn. 7.2.3).

Unterteilung von P-T-Kurven. Aufgrund von Gl. 7.5 und der im vorhergehenden Abschnitt besprochenen Temperaturabhängigkeit von Diffusionsprozessen ist in Gesteinen meist nur ein kleiner Teil der metamorphen P-T-Kurven erhalten. P-T-Kurven lassen sich in fünf Abschnitte unterteilen, die im wesentlichen unabhängig von der Form der Kurve sind (Abb. 7.2a). Den 1. Abschnitt prägt eine niedrige Temperatur und eine langsame Diffusion; es findet kein Mineralwachstum statt. Im 2. Abschnitt kommt es zur Einstellung eines chemischen Gleichgewichts. Da Temperatur und Diffusionsrate aber weiterhin steigen, wird dieses Gleichgewicht unmittelbar durch das Gleichgewicht einer höheren Temperatur abgelöst. Im 3. Abschnitt wird das Temperaturmaximum erreicht. Die Rate der Temperaturänderung ist so gering, daß sich allmählich ein chemisches und texturelles Gleichgewicht einstellt. Der 4. Kurvenabschnitt ist durch Abkühlung und Rückgang der Diffusionsrate gekennzeichnet. Dadurch verringert sich (laut Gl. 7.5) auch das Volumen des Gesteins, das im chemischen Gleichgewicht stehen kann; somit kann sich die Zusammensetzung großer Teile des Gesteins, die sich während des Temperaturmaximums im Gleichgewicht befanden, nicht mehr verändern. Demnach ist Diffusion ein teilweise irreversibler Prozeß. Das *Irreversibilitäts-prinzip* (engl.: *irreversibility principle*) verhindert, daß eine rückschreitende Metamorphose vollständig abläuft. Schon nach einer geringfügigen Tempera-turabnahme sind alle Gleichgewichte eingefroren und im 5. Kurvenabschnitt findet keine Reaktion mehr statt.

In Abb. 7.2b sind jene Abschnitte der *P-T*-Kurve dargestellt, die in einem Gestein an der Oberfläche wahrscheinlich dokumentiert sind. Das Tempe-raturmaximum und ein kleiner Abschnitt der Abkühlkurve sind am besten erhalten, während die Erwärmungsphase nur teilweise dokumentiert ist. Da bis zur Einstellung eines Gleichgewichts die Temperatur von größerer Be-deutung ist als der Druck, wird der Temperaturhöhepunkt im allgemeinen als metamorpher Höhepunkt oder „metamorpher Peak" bezeichnet. Es sei jedoch betont, daß Druck- und Temperaturmaxima einer *P-T*-Kurve nicht übereinstimmen müssen (Abb. 7.3), wie wir im folgenden noch sehen wer-den.

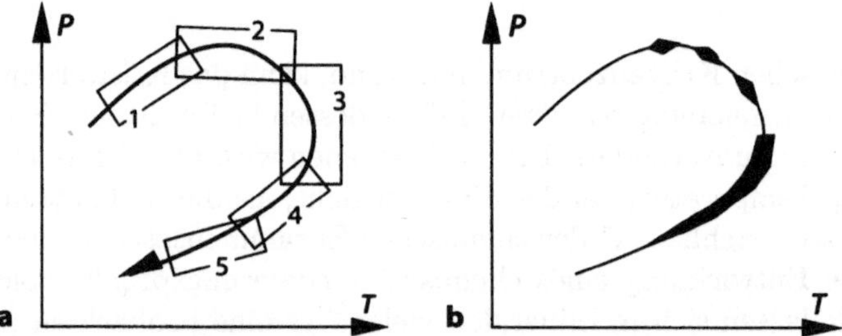

Abb. 7.2. a Schematische *P-T*-Kurve, die in fünf Abschnitte unterteilt ist, die im Gestein unterschiedlich gut dokumentiert sind. Diese Abschnitte werden im Text im einzelnen besprochen. **b** Die Abschnitte der *P-T*-Kurven, die im Gestein „gut erhalten sind", sind hervorgehoben

Abb. 7.3. *a P-T*-Kurve, bei der Druck- und Temperaturmaximum übereinstimmen; *b P-T*-Kurve, bei der Druck- und Temperaturmaxi-mum *nicht* übereinstimmen. In der Regel wird das Temperaturmaximum als „metamorpher Peak" bezeichnet. Die ebenfalls eingetragene stabile Geotherme macht deutlich, daß die mei-sten Metamorphosen bei Temperaturen ablau-fen, die weit über den Temperaturen in der Tie-fe der kontinentalen Schildbereiche liegen

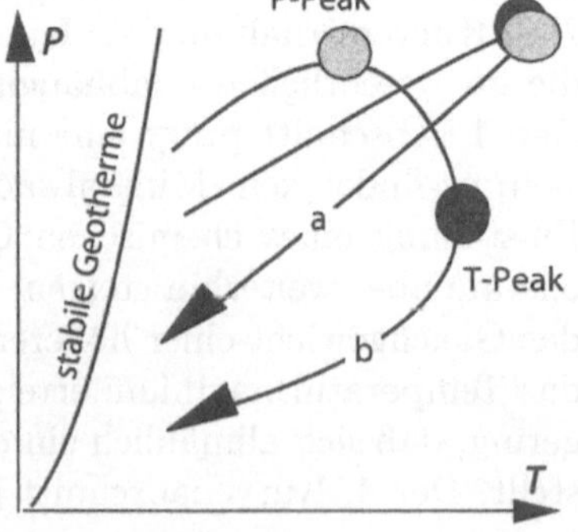

7.2.3
Erwärmungs- und Abkühlraten

Die chemische Zusammensetzung teilweise äquilibrierter Kristalle und Mineralgesellschaften (z. B. des in Abb. 7.1 dargestellten Granats) liefert Informationen über die Erwärmungs- und Abkühlraten der betreffenden Gesteine (s. auch Abschn. 7.1, 7.3.2). Die Interpretation thermobarometrischer Daten mit Blick auf die Abkühlung metamorpher Gesteine und anderer geodynamischer Prozesse ist in letzter Zeit zu einem vieldiskutierten Thema im Grenzbereich zwischen Petrologie und Geodynamik geworden. Dieser Bereich soll daher in diesem Buch nicht völlig ausgeklammert werden (Lasaga 1983). Es wurde schon gesagt, daß Abkühlrate, Diffusionskonstante, Korngröße, Temperatur und Form eines chemischen Zonierungsprofils in einem Kristall in einer direkten Beziehung zueinander stehen (Gl. 7.5, 7.7). Für einfache chemische Austauschsysteme und Kristallgeometrien gibt es eine diese Beziehung beschreibende analytische Lösung von Gl. 7.6 (Dodson 1973):

$$s = D_0 e^{\left(-\frac{Q}{RT_c}+G\right)} \left(\frac{RT_c^2}{(l/2)^2 Q}\right) \ . \tag{7.9}$$

Darin ist s die Abkühlrate, T_c die Schließtemperatur (definiert in Abb. 7.1) und l der Kornradius. Der Wert G ist ein Parameter für die Geometrie des Kristalls, in dem Diffusion stattfindet. Für kugelförmige Kristalle (was für Granatkristallen annähernd zutrifft) beträgt $G = 1,96$. Die Variablen Q, D_0 und R sind in Gl. 7.5 definiert worden. Die durch diese Gleichung beschriebene Beziehung zwischen Korngröße, Schließtemperatur und Abkühlrate ist in Abb. 7.4a graphisch dargestellt. Mit Hilfe von Gl. 7.9 kann man aus Meßdaten des Kornradius und der Schließtemperatur die Abkühlrate bestimmen (Ehlers und Powell 1994; Ehlers et al. 1994a).

Geologische Anwendung. Rate und Verlauf der Abkühlung weisen verschiedene qualitative und quantitative Merkmale auf, die für unterschiedliche geodynamische Prozesse typisch sind. Ihre Bestimmung ist daher ein wichtiges Hilfsmittel für weitergehende Interpretationen. Ein Vergleich von Abb. 3.13 mit 3.29 (in Abb. 7.4 dargestellt) zeigt, daß sich die Abkühlkurven in der Endphase der Regionalmetamorphose und gegen Ende der Kontaktmetamorphose unterschiedlich (Harrison und Clark 1979) verhalten (Abb. 7.11). Wird die Abkühlung durch Exhumation verursacht, nimmt die Abkühlrate mit sinkenden Temperaturen *zu*. Nach einer Kontaktmetamorphose jedoch nimmt die Abkühlrate bei niedrigeren Temperaturen *ab* (vgl. Abb. 7.4b).

Aus Abb. 7.4a wird ersichtlich, welche Schließtemperaturen in verschieden großen Körnern bei verschiedenen Abkühlraten zu erwarten sind. Die gemeinsame Betrachtung von Abb. 7.4a und Abb. 7.4b zeigt, daß in einem Gestein mit einem bestimmten Abkühlungsverlauf unterschiedlich große Mineralkörner bei unterschiedlichen Schließtemperaturen „eingefroren" werden. Ehlers et al. (1994b) haben mittels Granat-Biotit-Thermometrie in einem

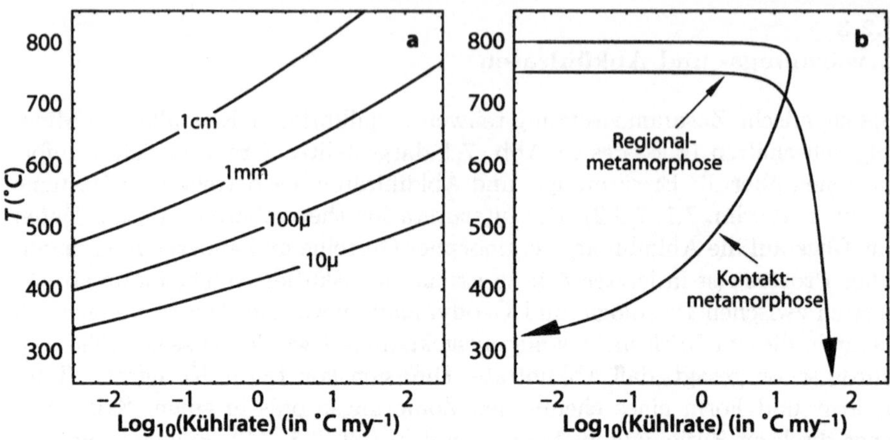

Abb. 7.4. Beziehung zwischen Abkühlrate und Temperatur. a Abkühlrate gegen Schließtemperatur T_c für Kristalle unterschiedlicher Kornradien, berechnet mit Gl. 7.9 unter der Annahme sphärischer Korngeometrie. Die Diffusionsdaten für Granat stammen aus Cygan und Lasaga (1985). b Abkühlrate gegen Temperatur für zwei unterschiedliche Abkühlungsprozesse. Die mit „Kontaktmetamorphose" bezeichnete Kurve wurde mit Gl. 3.93 und $T_i = 800\,°C$, $T_b = 300\,°C$, $l = 60$ km, $\kappa = 10^{-6}\,m^2\,s^{-1}$ sowie $z = 0$ berechnet. Die mit „Regionalmetamorphose" bezeichnete Kurve wurde mit Gl. 3.46 und Gl. 3.47 sowie $g = 30\,°C\,km^{-1}$, $z_i = 25$ km und Erosionsrate $u = -1\,km\,my^{-1}$ berechnet. Man beachte, daß bei Regionalmetamorphose die Abkühlrate mit sinkenden Temperaturen ansteigt, bei Kontaktmetamorphose hingegen zurückgeht. Es ist daher nicht ausgeschlossen, daß verschiedene Erwärmungsmechanismen metamorpher Gebiete direkt aus zonierten Kristallen interpretiert werden können

einzigen Dünnschliff je nach Korngröße Temperaturen von 400–700 °C ermittelt. Somit ist die Schließtemperatur von Mineralkörnern gleicher Größe ein wichtiges differenzierendes Merkmal von Abkühlkurven.

Der geochronologische Trugschluß. Eine beliebte Methode zur Dokumentation des Abkühlungsverlaufs besteht in der absoluten Datierung von Mineralen mit unterschiedlichen Schließtemperaturen für die Diffusion radioaktiver Isotope. Durch Auftragen der Schließtemperaturen gegen das Alter läßt sich eine Abkühlkurve konstruieren. Wie wir im vorhergehenden Abschnitt dargelegt haben, hängt die Schließtemperatur allerdings von der Korngröße *und der Abkühlrate* ab. Damit liegt offensichtlich ein Zirkelschluß vor: Die Schließtemperatur eines geochronologischen Systems wird mit Hilfe von Gl. 7.9 unter *Annahme einer Abkühlrate* abgeschätzt. Anschließend wird sie dazu verwendet, eine *Abkühlrate zu bestimmen.*

Die erfolgreiche Anwendung geochronologischer Methoden zur Bestimmung von Abkühlkurven scheint jedoch darauf hinzudeuten, daß in geochronologischen Systemen die Variabilität der Schließtemperatur als Funktion der Abkühlrate gering ist. Trotzdem ist die uneingeschränkte Akzeptanz einer Schließtemperatur durchaus problematisch, da dies eine Reihe von Annahmen impliziert, die bisher nur in wenigen Arbeiten diskutiert wurden.

7.3
Erfassung von P-T-Kurven

7.3.1
Qualitative Form von P-T-Kurven

P-T-Kurven werden aufgrund ihres Verlaufs *nach* Erreichen des Temperaturmaximums in zwei Gruppen unterteilt:

- P-T-Kurven, bei denen der Druck nach Erreichen des Temperaturmaximums schon abfällt, bevor die Abkühlung beginnt.
- P-T-Kurven, bei denen die Temperatur nach Erreichen des Temperaturmaximums entweder ohne Druckänderung abnimmt oder sich der Druck während der Abkühlung erhöht (Abb. 7.5, Tabelle 7.1).

In Diagrammen mit einer nach rechts zeigenden Temperaturachse und einer nach oben gerichteten Druckachse verlaufen die beiden obengenannten Kurventypen entweder im oder gegen den Uhrzeigersinn (Abb. 7.5a). Sie werden daher als „clockwise" oder „anticlockwise" bezeichnet.

Allerdings findet man in der Literatur oft Diagramme, in denen die Druckachse nach unten aufgetragen wird, um den Zusammenhang von Druck und Tiefe dem intuitiven Verständnis leichter zu verdeutlichen (Abb. 7.5b). Der Drehsinn der P-T-Kurven solcher Diagramme ist gegenüber den konventionellen entgegengesetzt (Abb. 7.5). Daher sollte man statt „clockwise" und

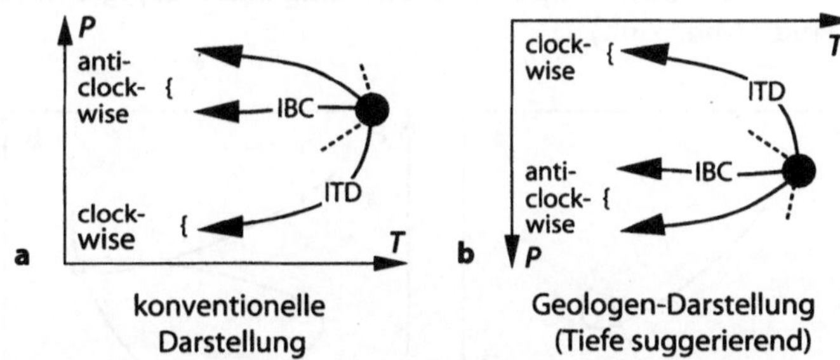

Abb. 7.5. Drehsinn von P-T-Kurven in verschiedenen Darstellungen. **a** Konventionelle Darstellung, von der die Bezeichnungen „clockwise" und „anticlockwise" herrühren. **b** Geologische Darstellung, bei der der tiefenabhängige Druck nach unten aufgetragen wird, so daß die Kurven gegenüber **a** entgegengesetzten Drehsinn haben. Die gestrichelten Abschnitte der P-T-Kurven deuten die Gesamtform an, die aber in Gesteinen nur selten dokumentiert ist

Tabelle 7.1. Klassifikation von P-T-Kurven

1. „clockwise"	ITD	Druckabfall nach dem Temperaturhöhepunkt
2. „anticlockwise"	IBC	a) keine Druckänderung während der Abkühlung
		b) Druckanstieg während der Abkühlung

„anticlockwise" *P-T*-Kurven besser die eindeutigeren Bezeichnungen ITD-(engl.: *isothermal decompression*) und IBC-Kurven (engl.: *isobaric cooling*) verwenden.

Eine detailliertere quantitative Klassifikation von *P-T*-Kurven ist schwer zu bewerkstelligen. Bislang haben wir *P-T*-Kurven nach dem Vorzeichen der Druckänderung am Temperaturmaximum eingeteilt. Die Rate der Temperaturänderung ist am Temperaturmaximum gleich null ($dT/dt=0$). Wir können daher schreiben:

$$-\left.\frac{dP}{dt}\right|_{(dT/dt=0)} = \text{negativ:} \qquad \text{„clockwise" (ITD)}$$

$$-\left.\frac{dP}{dt}\right|_{(dT/dt=0)} = 0: \qquad \text{„anticlockwise" (IBC)}$$

$$-\left.\frac{dP}{dt}\right|_{(dT/dt=0)} = \text{positiv:} \qquad \text{„anticlockwise"}$$

Diese Definition legt allerdings nicht fest, wie lange diese Bedingung bestehen bleibt. Es kann durchaus sein, daß eine *P-T*-Kurve am Temperaturmaximum durch positive Druckänderung gekennzeichnet ist, der Druck aber sofort danach abzufallen beginnt (Abb. 7.6a).

Die häufigste Ursache für Fehlinterpretationen von *P-T*-Kurven ist auf Abb. 7.6b illustriert. In dieser Abbildung sind zwei Punkte eingetragen, die die *P-T*-Bedingungen zweier sich gegenseitig überprägender Mineralparagenesen in einem Gestein darstellen. Es ist in Gesteinen normalerweise sehr schwer zu erkennen, ob diese zwei Paragenesen infolge *einer* kontinuierlichen *P-T*-Entwicklung (ii), oder aufgrund *zweier* völlig unabhängiger Ereignisse (i) entstanden sind (Abb. 7.6b).

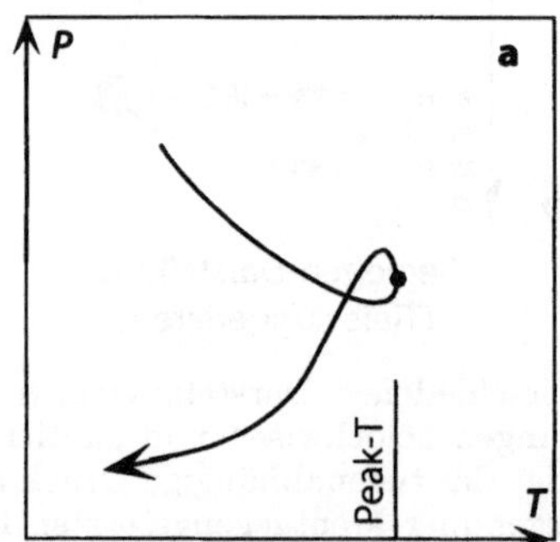

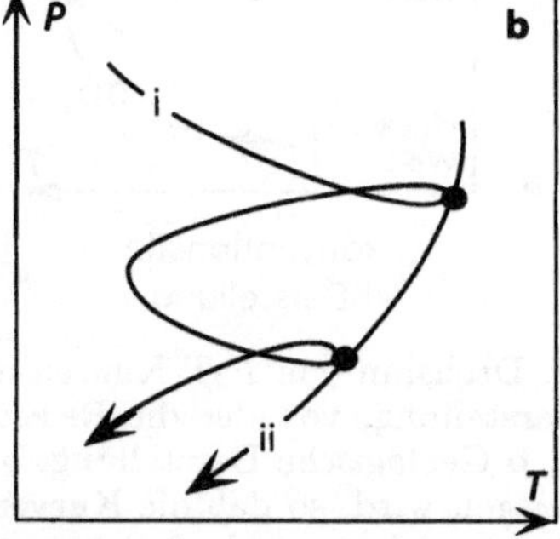

Abb. 7.6. Beispiele von *P-T*-Kurven und deren mögliche Fehlinterpretation. **a** *P-T*-Kurve, die nach der konventionellen Klassifikation als „anticlockwise" bezeichnet würde, die aber insgesamt die Form einer ITD-Kurve hat. **b** Beispiel für ein grundsätzliches Problem bei der Interpretation von *P-T*-Kurven. Die tatsächliche Kurve *i* gibt zwei voneinander getrennte thermische Ereignisse wieder, die beide im wesentlichen durch IBC-Kurven gekennzeichnet sind. Wenn Mineralwachstum und/oder chemische Äquilibrierung zum Zeitpunkt der Temperaturmaxima beider Ereignisse stattgefunden haben, kann diese Kurve leicht mit der ITD Kurve *ii* verwechselt werden

7.3.2
Krümmung und Steigung von P-T-Kurven

Die Krümmung und Steigung von P-T-Kurven enthalten wichtige Informationen über die relative und absolute Geschwindigkeit unterschiedlicher Prozesse. Die beiden linken Diagramme von Abb. 7.7 zeigen die zeitliche Entwicklung von Druck in einem Gestein (unteres Diagramm), sowie drei verschiedene mögliche Entwicklungen von Temperatur dieses Gesteins. Das rechte Diagramm enthält drei P-T-Kurven, die den Kurven in den beiden linken Diagrammen entsprechen. Die zeitliche Entwicklung ist aus diesem Diagramm nicht ersichtlich, wohl aber, daß sich die drei Kurven trotz konstanten Druckabfalls in ihrer Steigung unterscheiden: a ist eine ITD-Kurve und c eine IBC Kurve. Deshalb können wir aus einer IBC-Kurve schließen, daß die Abkühlrate größer als die Druckänderungsrate ist. Dagegen erfolgt bei einer ITD-Kurve der Druckabfall schneller als die Abkühlung. Diese Information über die relative Dauer der Druck- und der Tempeaturentwicklung ist bereits ein wichtiger Hinweis für die weitere Interpretation.

Wenn Druck oder Temperatur keine lineare Funktionen der Zeit sind, gelten die oben dargelegten Zusammenhänge möglicherweise nicht mehr. Abbildung 7.8 zeigt, daß aus unterschiedlichen zeitlichen Entwicklungen von Druck und Temperatur lineare P-T-Kurven resultieren können, falls die Druck-Zeit- und die Temperatur-Zeit-Kurve einen ähnlichen Verlauf nehmen. Wenn z. B. der Temperaturverlauf a mit dem Druckverlauf C oder der Temperaturverlauf b mit dem Druckverlauf B kombiniert werden, entstehen geradlinige P-T-Kurven.

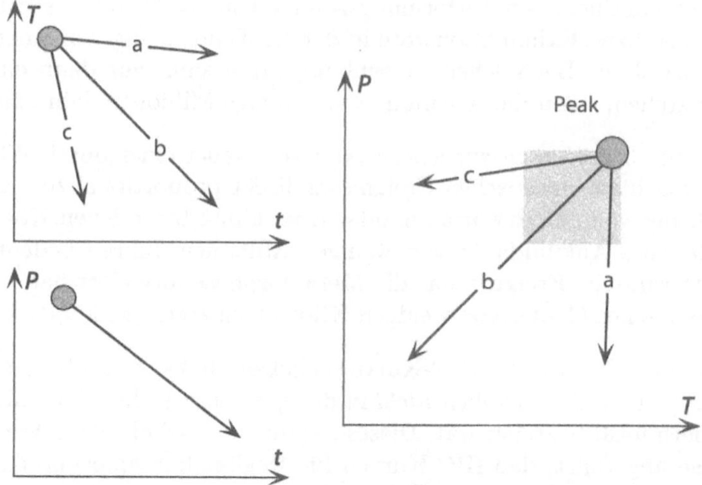

Abb. 7.7. Verlauf von P-T-Kurven, die sich bei konstantem Druckabfall aus verschiedenen Abkühlkurven ergeben. Die P-T-Kurven a, b und c im rechten Diagramm entsprechen den drei Abkühlkurven und dem Druckabfall in den linken Diagrammen. Das schattierte Rechteck zeigt den P-T-Bereich, der höchstwahrscheinlich in Gesteinen dokumentiert ist

Abb. 7.8. Verschiedene *P-T*-Kurven, die sich aus nichtlinearen Druck- und Temperaturentwicklungen ergeben können. Ansonsten ist die Abbildung analog zu Abb. 7.7

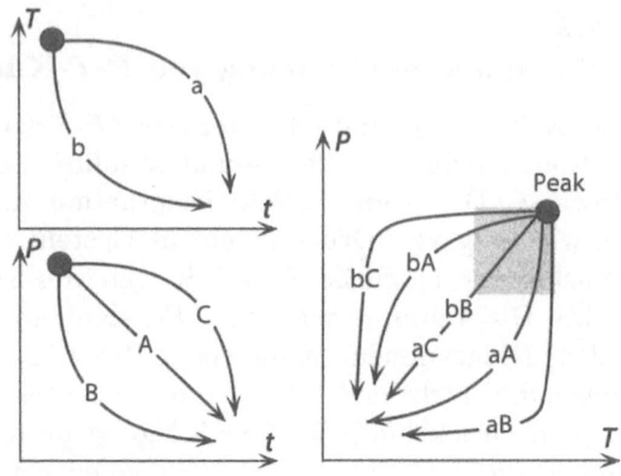

Geologische Interpretation. Die geologische Bedeutung der Überlegungen des letzten Abschnitts ist enorm. Wir wollen das anhand eines Beispiels verdeutlichen. In vielen hochgradig metamorphen Gesteinen der Präkambrischen Schilde wurden IBC-Kurven dokumentiert. Daraus kann man schließen, daß die Abkühlrate der Gesteine wesentlich größer war als ihre Exhumations- bzw. Versenkungsrate (Diese Interpretation gilt nur dann, wenn der Druckverlauf direkt mit der Tiefenänderung korreliert werden kann). Wenn wir also die Exhumations- bzw. Versenkungsrate kennen und die Abkühlung während der Exhumation oder Versenkung stattfand, können wir mit Hilfe der IBC-Kurve einen Minimalwert der Abkühlrate abschätzen und umgekehrt. Bei „normalen" kontinentalen Verformungsraten $\dot{\epsilon}$ von 10^{-13}–10^{-14} s^{-1} liegt die Versenkungs- bzw. Exhumationsrate in der Größenordnung von einigen Millimetern pro Jahr. Bei solchen Versenkungsraten kann nur dann eine IBC-Kurve entstehen, wenn die Abkühlung nur wenige Millionen Jahre andauert.

In Abschn. 3.1.4 haben wir gelernt, daß die Dauer eines durch Wärmeleitung verursachten thermischen Ereignisses direkt proportional zum Quadrat der Größe des von der Erwärmung oder Abkühlung betroffenen Körpers ist. Das heißt, eine Abkühldauer von wenigen Millionen Jahren bedeutet, daß sich das thermische Ereignis, das die Metamorphose ausgelöst hat, nur über ein relativ kleines Gebiet von wenigen Kilometern erstreckt haben kann.

Wir können also aus der IBC-Kurve schließen, daß sich das fragliche thermische Ereignis wahrscheinlich *nicht* in der gesamten Lithosphäre abgespielt hat, sondern lokal begrenzt war. Dieses Argument wird oft als Beweis für die Hypothese angeführt, daß IBC-Kurven für Regionalmetamorphose atypisch seien. Vielmehr seien kontaktmetamorphe Erwärmungsmechanismen durch Magmen und die darauffolgende thermische Äquilibrierung für die Ausbildung von IBC-Kurven verantwortlich (z. B. Lux et al. 1986; DeYoreo 1991; vgl. Abschn. 6.3.4).

7.4
Interpretation von *P-T-t-D*-Kurven kontinentaler Orogene

In den vorhergehenden Abschnitten haben wir uns mit der Einteilung und der geologisch-petrologischen Dokumentation von *P-T-t-D*-Kurven beschäftigt. Wie sich *P-T*-Kurven interpretieren lassen, wurde bisher nur in Abschn. 7.3.2 angesprochen. Im diesem Abschnitt gehen wir etwas ausführlicher auf die tektonische und geodynamische Interpretation von *P-T-t-D*-Kurven und Raum-Zeit-Beziehungen ein.

Bevor man aus *P-T-t-D*-Kurven auf das geodynamische Verhalten der Erdkruste schließt, sollte man zunächst eine Geländekartierung der räumlichen und zeitlichen Veränderung verschiedener geologischer Parameter durchführen. Zu diesen Parametern gehören der *zeitliche* Zusammenhang zwischen Metamorphose und Verformung, aber auch *räumliche* Veränderungen, etwa des Druckes, der Temperatur oder des *P-T*-Kurvenverlaufs. Solche Beziehungen lassen sich gut in „Ereignisdiagrammen" darstellen (Abb. 7.9). Bei der Kartierung solcher Veränderungen ist zu beachten, daß die dabei erfaßten geologischen Parameter nicht unbedingt die gleiche Streichrichtung haben müssen. Zum Beispiel kann die regionale Streichrichtung von lithologischen Grenzen und metamorphen Isograden völlig verschieden sein. Im folgenden

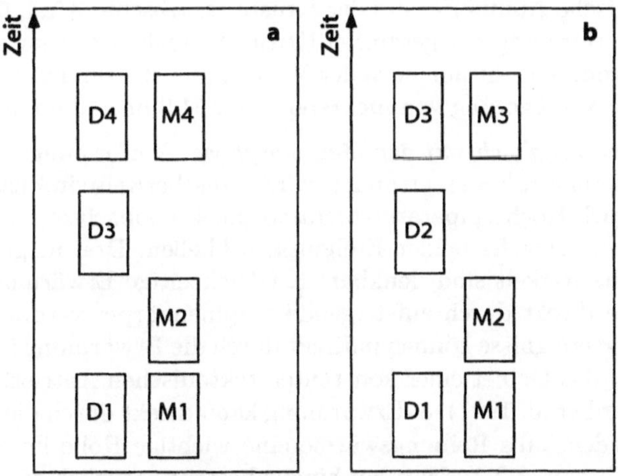

Abb. 7.9. Zwei Varianten eines Ereignisdiagramms, die beide in der Literatur zu finden sind. Solche auf Geländebeobachtungen beruhende Diagramme (die sich möglicherweise im Labor quantifizieren lassen) sind ein wichtiges Hilfsmittel zur tektonischen Interpretation eines Gebietes. In beiden Fällen ist ein Gebiet dargestellt, in dem drei Verformungsereignisse (*D*) und drei Metamorphoseereignisse (*M*) in der selben zeitlichen Reihenfolge stattfanden. In **a** wurden die Ereignisse ohne Rücksicht auf etwaige Zusammenhänge zwischen Verformung und Metamorphose in der Reihenfolge ihres zeitlichen Auftretens durchnumeriert. In **b** wurden die Verformungs- und Metamorphoseereignisse getrennt durchnumeriert. Beide Darstellungsmethoden können für verschiedene Fragestellungen sinnvoll sein

befassen wir uns mit der Interpretation der zeitlichen und räumlichen Beziehungen in *P-T-t-D*-Kurven und Geländeprofilen.

7.4.1
Zeitliche Beziehungen zwischen Metamorphose und Verformung

Die zeitliche Beziehung zwischen Verformung und Metamorphose gibt Aufschluß über die Art und den Ablauf von tektonometamorphen Ereignissen. Diese Beziehung ist im Gestein normalerweise gut dokumentiert und wird deshalb häufig für Interpretationen herangezogen. Bei der Beschreibung solcher Beziehungen stiften vor allem nomenklatorische Unklarheiten Verwirrung (Abb. 7.9). Prinzipiell gibt es drei Typen von Raum-Zeit-Beziehungen:

1. Die Verformung geht der Metamorphose voraus;
2. Verformung und Metamorphose finden zeitgleich statt;
3. Die Verformung findet nach der Metamorphose statt.

Im folgenden werden die Interpretationsmöglichkeiten dieser drei Fälle kurz besprochen.

1. Verformung vor der Metamorphose. Daß Deformationsereignisse der Metamorphose *vorausgehen*, ist typisch für die Regionalmetamorphose (Abschn. 6.3.1), denn die kontinentale Verformung erfolgt wesentlich schneller als die thermische Äquilibrierung der Kruste (s. Abschn. 3.1.4, 6.3.4). Wenn es sich um Verformung der gesamten Kruste handelt, ist sogar zu erwarten, daß Metamorphose nicht nur *nach* der Verformung stattfindet, sondern sogar erst mit einer Verzögerung von mehreren zehn Millionen Jahren beginnt.

2. Verformung zeitgleich mit der Metamorphose. Verformung, die *gleichzeitig* mit der Metamorphose stattfindet, wird typischerweise in Zusammenhang mit Niederdruck-Hochtemperatur-Metamorphose beobachtet und läßt auf eine gemeinsame Ursache beider Ereignisse schließen. Drei mögliche Gründe für die Gleichzeitigkeit sind denkbar: 1. Gleichzeitige Erwärmung und Verformung kann direkt durch aufsteigende Magmenkörper verursacht werden. 2. Verformungsereignisse können indirekt durch die Erwärmung herbeigeführt werden, wenn das Gebiet einer konstanten tektonischen Antriebskraft unterliegt (Sandiford et al. 1991). 3. Erwärmung kann direkt durch die Verformung ausgelöst werden, falls Reibungswärme eine wichtige Rolle im Wärmehaushalt spielt (Abschn. 3.2.2). Darüber hinaus besteht natürlich die Möglichkeit, daß die zeitliche Übereinstimmung Zufall ist, oder die Auflösung im Gelände nicht ausreicht, um die zeitliche Reihenfolge zu trennen.

3. Verformung nach der Metamorphose. Wenn die Verformung eines Gebietes *nach* der Metamorphose stattgefunden hat, werden diese zwei Ereignisse im allgemeinen als unabhängige Ereignisse interpretiert. Es gibt keine eleganten Modellvorstellungen, die solche Ereignisse als Konsequenz eines einzigen Prozesses erklären können.

7.4.2
Räumliche Beziehungen zwischen Metamorphosegrad und -zeitpunkt

Wenn die entlang eines Geländeprofils gelegenen Gesteine ihren metamorphen Temperaturhöhepunkt zu verschiedenen Zeitpunkten erreicht haben, kann das grundsätzlich zwei Ursachen haben:

1. Voneinander unabhängige Erwärmungsmechanismen haben verschiedene Teile des Geländeprofils zu verschiedenen Zeiten erwärmt. In diesem Fall sollte irgendwo entlang des Geländeprofils eine sprunghafte Veränderung der Temperatur oder des Metamorphosealters zu beobachten sein.
2. Es fand nur ein einziges thermisches Ereignis statt, und die Verzögerung der Metamorphose zwischen verschiedenen Punkten entlang des Geländeprofils wird durch die „Trägheit" der Wärmeleitung verursacht (z. B. s. Abschn. 3.1.4). In diesem Fall ist zu erwarten, daß die Veränderung des Metamorphosegrades oder des Alters kontinuierlicher Art ist.

Trifft der 2. Fall zu, können die entlang des Geländeprofils auftretenden Veränderungen des Metamorphosegrades zur Rekonstruktion von Art und Ablauf des metamorphen Ereignisses verwendet werden (Sonder und Chamberlain 1992). Dafür muß der *piezothermische Array* interpretiert werden.

Piezothermische Arrays. Unter einem piezothermischen Array versteht man die Kurve eines Temperatur-Zeit-Diagramms (bzw. Druck-Zeit-Diagramms), die die Zeitpunkte des metamorphen Peaks von Gesteinen verschiedenen Metamorphosegrades miteinander verbindet (England und Thompson 1984; Abb. 7.10). Aus ihrer Steigung kann man folgende Rückschlüsse ziehen:

1. Wenn der Metamorphosepeak in hochmetamorphen Gesteinen später als in niedermetamorphen Gesteinen erreicht wurde, ist die Steigung des piezothermischen Arrays positiv.

Abb. 7.10. Zwei für Regionalmetamorphose und Kontaktmetamorphose typische piezothermische Arrays. Die Kurven sind schematisch gezeichnet und müssen keineswegs geradlinig verlaufen

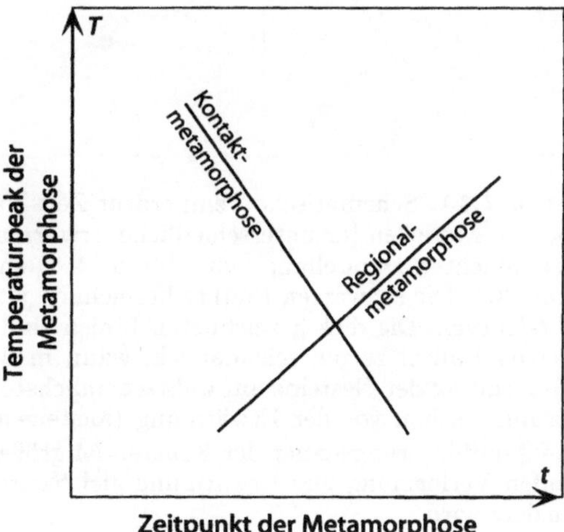

2. Wenn der Metamorphosepeak in hochmetamorphen Gesteinen früher als in niedermetamorphen Gesteinen erreicht wurde, ist die Steigung negativ.

3. Wenn der Zeitpunkt der Metamorphose im wesentlichen unabhängig vom Metamorphosegrad ist, bildet der piezothermische Array eine vertikale Linie in einem Temperatur-Zeit-Diagramm.

Wie lassen sich nun verschiedenartige Neigungen von piezothermischen Arrays interpretieren? Leider sind bei vielen metamorphen Prozessen die Unterschiede, die zwischen Gesteinen verschiedenen Metamorphosegrades hinsichtlich des Zeitpunkts des Metamorphosepeaks bestehen, zu klein, als daß sie mit geochronologischen Methoden aufgelöst werden könnten (z. B. Stüwe et al. 1993). Zur Bestimmung der Steigung eines piezothermischen Arrays sind wir daher oft auf genaue Geländebeobachtungen der relativen zeitlichen Beziehungen angewiesen.

1. Piezothermische Arrays mit positiver Steigung. Piezothermische Arrays mit positiver Steigung sind für Regionalmetamorphose typisch (Abschn. 6.3.1, Abb. 7.10). Regionalmetamorphose wird durch Wärmeleitung vom Mantel in die Kruste verursacht. Gesteine, die nahe der Oberfläche liegen, können sich nicht stark erwärmen und werden sich aufgrund der bald einsetzenden Erosion rasch abkühlen (Abb. 6.14). Mit zunehmender Tiefenlage haben Gesteine immer mehr Zeit, sich zu erwärmen, und erreichen daher zu immer späteren Zeitpunkten höhere Metamorphosegrade (Abb. 7.11a).

2. Piezothermische Arrays mit negativer Steigung. Piezothermische Arrays mit negativer Steigung sind für Kontaktmetamorphose typisch (Abb. 3.29,

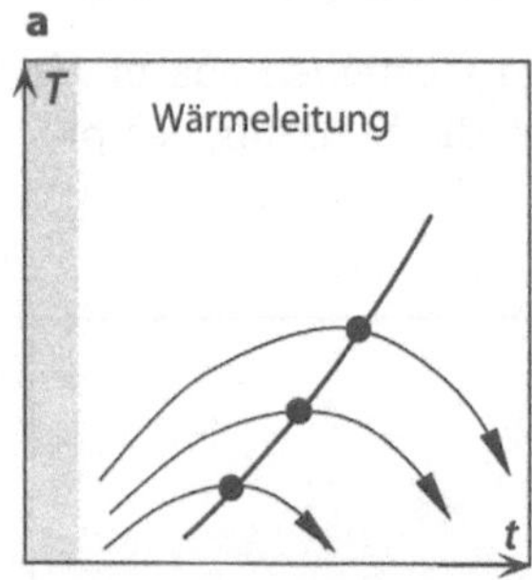

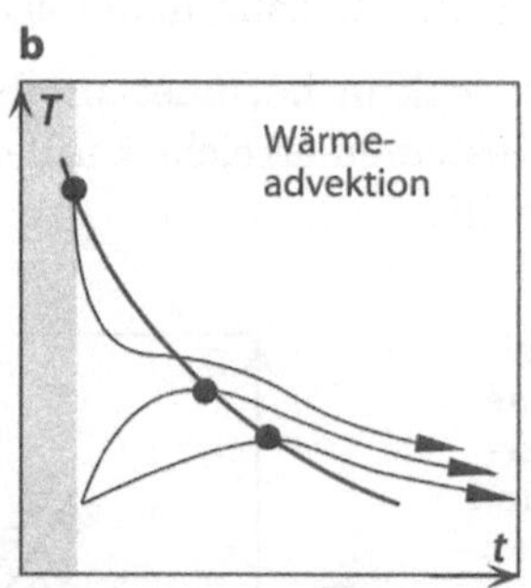

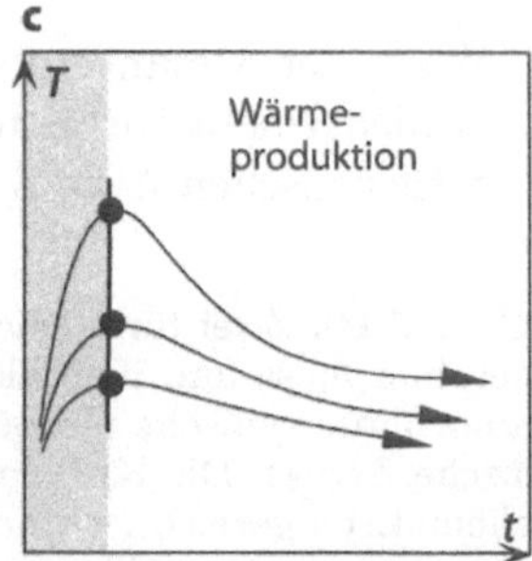

Abb. 7.11. Schematische Temperatur-Zeit-Kurven (*T-t*-Kurven) von drei vereinfachten Modellen für unterschiedliche Erwärmungsmechanismen. **a** entspricht einer vereinfachten Darstellung von Abb. 6.14; **b** entspricht Abb. 3.29 und **c** entspricht Abb. 3.7. Die schwarzen Punkte bezeichnen jeweils die Temperaturhöhepunkte der *T-t*-Kurven. Die dick gezeichneten Linien sind piezothermische Arrays. Die schattierten Balken zeigen schematisch, wann in den drei verschiedenen Modellen die Verformung der Gesteine am wahrscheinlichsten stattfindet. In **a** und **b** ist die Verformung schon vor der Erwärmung (ansteigende *T-t*-Kurven) abgeschlossen, weil die Äquilibrierungsdauer der Kruste viel größer ist als die Verformungsdauer. In **c** laufen Verformung und Erwärmung gleichzeitig ab, weil hier Reibungswärme produziert wird

7.11b). In der Kontaktzone magmatischer Körper werden Gesteine sehr schnell auf hohe Temperaturen erwärmt. Je weiter entfernt ein Gestein von dieser Wärmequelle liegt, desto später wird er sich erwärmen und desto niedriger wird die maximale metamorphe Temperatur sein. Diesen Zusammenhang haben wir in Abschn. 3.6.2 ausführlich besprochen.

3. Vertikale piezothermische Arrays. Daß die metamorphen Ereignisse in einem Gebiet mit variablem Metamorphosegrad überall gleichzeitig stattgefunden haben, ist außergewöhnlich. Als Ursache für eine weitgehend gleichzeitige Metamorphose kommt vor allem mechanische Wärmeproduktion in Frage. Wenn in einem Gebiet ein Verformungsgradient besteht, werden die Gesteine durch mechanisch erzeugte Wärme eine unterschiedlich starke Metamorphose erfahren, die überall gleichzeitig mit der Verformung eintritt (Abb. 7.11c).

7.5
Übungsaufgaben

Aufgabe 7.1. *Zur Umrechnung von Druck und Tiefe und zur Konstruktion einer P-T-Kurve (Abschn. 7.1.1:)* Zeichnen Sie die retrograde P-T-Kurve eines Gesteins, das sein metamorphes Temperaturmaximum in 20 Kilometer Tiefe bei 700 °C erreicht hat, für folgende Annahmen: Das Gestein wurde durch Erosion des darüberliegenden Gebirges exhumiert. Zum Zeitpunkt des Temperaturmaximums beträgt die Erosionsrate 1200 m my^{-1}. Dieser Wert bleibt anschließend 5 my lang konstant. Danach ist das Gebirge teilweise abgetragen und im weiteren Verlauf liegt die Erosionsrate nur noch bei 400 m my^{-1}. Das Gestein ist nach dem Temperaturmaximum noch 3 my lang 700 °C warm, bevor es abzukühlen beginnt. In den darauffolgenden 3 my kühlt es sich mit einer Rate von 100 °C my^{-1} ab und anschließend nur noch mit 20 °C my^{-1}, bis die stabile Geotherme erreicht ist. Die letzte Abkühlungsphase erfolgt unter stabilen geothermischen Bedingungen, wobei die stabile Geotherme nicht gekrümmt ist und einen konstanten Gradienten von 20 °C km^{-1} aufweist. Die Gesteinsdichte beträgt 2700 kg m^{-3}, die Erdbeschleunigung 10 m s^{-2}. Nichtlithostatische Komponenten des Druckfeldes sind vernachlässigbar. Hinweis: Zeichnen Sie zuerst Tiefe und Temperatur als Funktion der Zeit und konstruieren Sie daraus die Tiefe-Temperatur-Kurve. Die Umrechnung von Tiefe in Druck kann zum Schluß erfolgen. Der Schnittpunkt der P-T-Kurve mit der stabilen Geotherme kann sowohl graphisch als auch rechnerisch (aus den Geradengleichungen) ermittelt werden.

Aufgabe 7.2. *Zur Interpretation von P-T-Kurven (Abschn. 7.3.2):* Wie großräumig war das thermische Ereignis, das in Aufgabe 7.1 die Metamorphose ausgelöst hat? Was kann man aus der Form der P-T-Kurve über den Mechanismus des Erwärmungsprozesses sagen?

Aufgabe 7.3. *Diesem Problem steht ein Geländegeologe gegenüber, dem nur geringe finanzielle Mittel für geochronologische Datierungen zur Verfügung stehen (Abschn. 7.2.2):* Ein 2 km mächtiger mafischer Gang ist mit einer Temperatur von $T_i = 1\,200\,°C$ in Gesteine eingedrungen, die ihrerseits gerade von einem vorausgegangenen metamorphen Ereignis abkühlen. Zum Zeitpunkt der Intrusion sind sie noch $T_b = 500\,°C$ warm. Mit Hilfe 5 mm großer Glimmerkristalle, die im Kontakthof 50 m vom Gang entfernt gefunden wurden, wird das Intrusionsalter bestimmt. Strukturgeologische Beobachtungen ergeben jedoch, daß die Glimmerkristalle bereits vor der Intrusion während der Regionalmetamorphose entstanden sind. Besteht trotzdem eine Chance für eine korrekte Datierung des Intrusionszeitpunkts? a) Geben Sie darauf eine Antwort, indem Sie die thermische Zeitkonstante des Ganges (Gl. 3.17) ($\kappa = 10^{-6}\ m^2\,s^{-1}$) mit der Diffusionszeitkonstanten (Gl. 7.7) des Glimmers bei $1\,200\,°C$ und $500\,°C$ vergleichen. Die jeweilige Diffusivität läßt sich mit Gl. 7.5 berechnen. Die Diffusionskonstanten sind: $Q = 163\,000\ J\,mol^{-1}$ und $D_0 = 7,7 \cdot 10^{-9}\ m^2\,s^{-1}$ (Fortier und Giletti 1991). b) Das Ergebnis aus a) sollte gezeigt haben, daß sich der Glimmer zwar für eine Bestimmung des Intrusionsalters verwenden läßt, diese aber zu ungenau ist. Die Datierung kann man verbessern, indem man die maximale kontaktmetamorphe Temperatur (T_{max}) des Glimmers berechnet (durch Einsetzen von Gl. 3.95 in Gl. 3.93). Aus der mittleren Diffusionsgeschwindigkeit zwischen T_{max} und $T_b = 500\,°C$ (Gl. 7.8) kann man einen genaueren Wert für die Diffusionszeitkonstante ermitteln. c) Entwerfen Sie ein Programmschema, mit dem eine exakte Lösung des Problems möglich ist.

Aufgabe 7.4. *Zum Verständnis der Bedeutung des Metamorphosepeaks:* Abbildung 7.3 zeigt in *a* eine *P-T*-Kurve, bei der Druck- und Temperaturmaximum übereinstimmen, und in *b* eine *P-T*-Kurve, bei der Druck und Temperatur unterschiedliche Maxima haben. Der Fall *b* ist in der Realität der weitaus häufiger. Oft wird in der Literatur einfach vom „metamorphen Peak" gesprochen. a) Ist damit das Druck- oder das Temperaturmaximum gemeint? b) Warum hat sich diese unpräzise Bezeichnung eingebürgert? c) Zeichnen Sie eine *P-T*-Kurve, in der das Temperaturmaximum *vor* dem Druckmaximum erreicht wird. d) Ist eine solche Kurve für Gesteine wahrscheinlich? Wenn ja, unter welchen Bedingungen?

Aufgabe 7.5. *Zur Umrechnung von Druck in Volumen (Abschn. 7.1.1):* a) Welche mittlere Dichte hat die Luft, wenn man von einer 10 km mächtigen Erdatmosphäre ausgeht und der Luftdruck an der Erdoberfläche etwa 1 Atmosphäre beträgt? b) Welcher Luftdruck (in kbar) herrscht auf der Erdoberfläche?

Aufgabe 7.6. *Zur Konstruktion von P-T-Kurven:* Konstruieren Sie *P-T*-Kurven aus den in Abb. 7.12 gezeigten Druck- und Temperaturkurven. Welche Interpretationsmöglichkeiten gäbe es für die *P-T*-Kurven, wenn die *P-t*- und *T-t*-Kurven *nicht* bekannt wären?

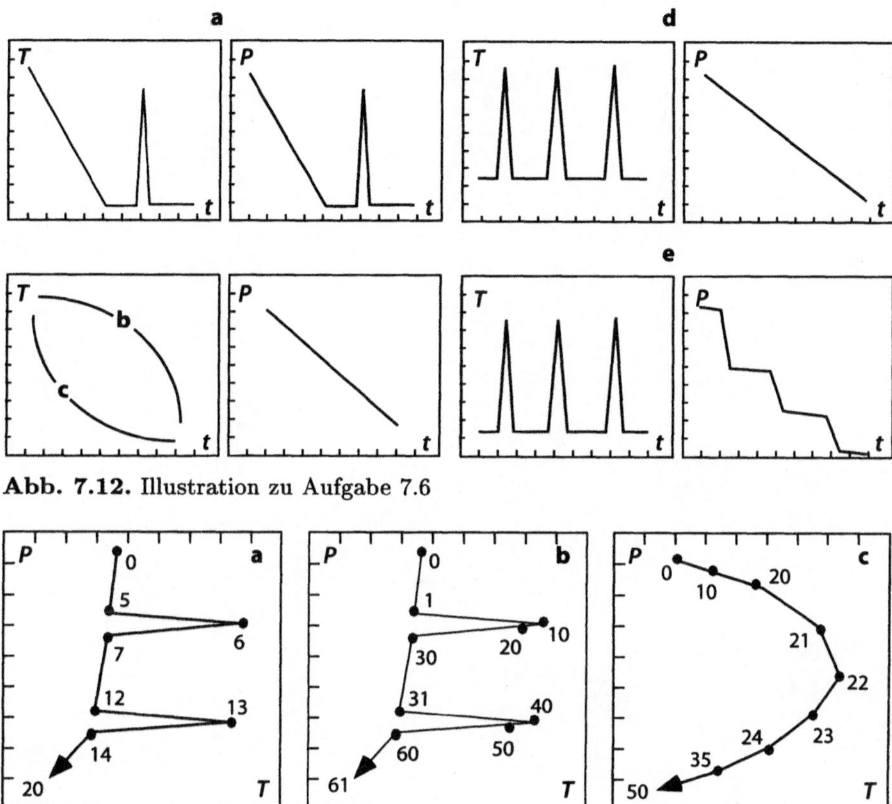

Abb. 7.12. Illustration zu Aufgabe 7.6

Abb. 7.13. Illustration zu Aufgabe 7.8

Aufgabe 7.7. *Zur Umrechnung von Druck in Volumen (Abschn. 7.1.1):* Das Molvolumen von Granat beträgt ca. 11,5 J bar^{-1}. Rechnen Sie dieses Molvolumen in Kubikzentimeter um. Überprüfen Sie die Umrechnung durch einen Vergleich des Formelgewichts mit der Dichte (Almandingranat hat die Formel $Fe_3Al_2Si_3O_{12}$ und eine Dichte von etwa 4 g cm^{-3}).

Aufgabe 7.8. *Zur Konstruktion von P-T-Kurven:* Zeichnen Sie die Druck- und Temperaturkurven, die zu den *P-T-t*-Kurven in Abb. 7.13 gehören. Welche Interpretationsmöglichkeiten gibt es? Die Zahlen an den *P-T*-Kurven geben datierte Punkte (in my) an.

Anhang A
Mathematische Hilfsmittel

Bei geodynamischen Prozessen handelt es sich meist um kontinuierliche, räumlich und zeitlich variable Prozesse. Für die mathematische Beschreibung von Veränderungen sind Differentialgleichungen das geeignete Hilfsmittel. In diesem Kapitel befassen wir uns daher mit den grundlegenden Begriffen und Regeln, die wir für den Umgang mit Differentialen und Differentialgleichungen benötigen. Andere numerische Methoden und eine Wiederholung einiger mathematischer Grundregeln sind in späteren Abschnitten dieses Anhangs zu finden.

A.1
Wie liest man Differentialgleichungen?

Das einfache Differential dy/dx („dy nach dx“) beschreibt die Änderung der Größe y in Abhängigkeit von einer anderen Größe x. Das einfache Differential (oder die erste Ableitung) einer Funktion ist gleich der *Steigung* oder dem *Gradienten* dieser Funktion. Ist die Steigung zwischen zwei Punkten x und $x + \Delta x$ konstant, benötigen wir kein Differential und können schreiben:

$$\text{Steigung} = \frac{y(x + \Delta x) - y(x)}{\Delta x} \; . \tag{A.1}$$

Der Zähler der rechten Seite dieser Gleichung wird durch die Differenz der y-Werte an den Punkten x und $x + \Delta x$ gebildet. Im Nenner steht die Differenz der x-Werte (Abb. A.1). Der Quotient ist die Steigung zwischen den Punkten x und $x + \Delta x$. Betrachten wir jedoch eine Kurve mit nicht konstanter Steigung, liefert dieses Verfahren für die Steigung an einem bestimmten Punkt x nur einen ungenauen Näherungswert. Je kleiner wir jedoch den Wert Δx wählen, desto besser wird die Steigung an Punkt x angenähert. Wird Δx gleich Null, beschreibt Gl. A.1 die exakte Steigung an Punkt x. Wir können schreiben:

$$y'(x) = \frac{dy}{dx} = \lim \Delta x \to 0 \left(\frac{y(x + \Delta x) - y(x)}{\Delta x} \right) \; . \tag{A.2}$$

Gleichung A.2 ist die mathematische Definition des Differentials. Hierfür ist die Steigung einer Straße ein anschauliches Beispiel. Die Meereshöhe einer

Abb. A.1. Diagramm zur Definition des einfachen Differentials (Gl. A.1 und A.2). Die Steigung der stark gezeichneten Geraden läßt sich mit dem Quotienten $(y(x + \Delta x) - y(x))/\Delta x$ genau berechnen. Die Steigung der gekrümmten Kurve wird in diesem Bereich dadurch jedoch nur sehr schlecht angenähert. Je kleiner das gewählte Δx ist, desto besser beschreibt dieser Quotient jedoch die Steigung der Kurve am Punkt x

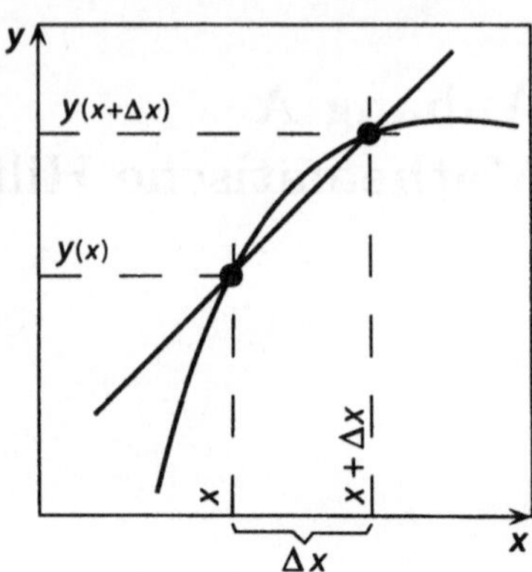

Straße H sei eine Funktion der Strecke x: $H = f(x)$. Die Steigung der Straße ist dann die erste Ableitung dieser Funktion f'_x:

$$f'_x = \frac{\mathrm{d}H}{\mathrm{d}x} \quad . \tag{A.3}$$

Die Einheit ist $\mathrm{m\,m^{-1}}$, d. h. daß das Differential in diesem Fall keine Einheiten besitzt. Weitere Beispiele für einfache Differentiale sind der geothermische Gradient, der die Temperaturänderung mit der Tiefe beschreibt (in $\mathrm{^\circ C\,m^{-1}}$), oder die Abkühlkurve, die eine Temperaturänderung mit der Zeit beschreibt (in $\mathrm{^\circ C\,s^{-1}}$).

Die zweite Ableitung (oder das Differential zweiter Ordnung) gibt an, wie sich die Steigung ändert. Wir nennen die Änderung einer Steigung auch *Krümmung*. Die zweite Ableitung einer Funktion wird mit f''_x abgekürzt. Im obengenannten Beispiel ist die (vertikale) Krümmung der Straße

$$f''_x = \frac{\mathrm{d}\left(\frac{\mathrm{d}H}{\mathrm{d}x}\right)}{\mathrm{d}x} = \frac{\mathrm{d}^2 H}{\mathrm{d}x^2} \tag{A.4}$$

und hat die Einheit $\mathrm{m/(m\,m^{-2})}$, also $\mathrm{m^{-1}}$. Das Differential aus Gl. A.4 liest sich: „d zwei H nach dx Quadrat". Dieses Schema kann fortgeführt werden. Die dritte Ableitung beschreibt die Änderung (die Steigung) der Krümmung und die vierte die Krümmung der Krümmung (Abb. A.2):

$$f'''_x = \frac{\mathrm{d}^3 H}{\mathrm{d}x^3} \qquad \text{und} \qquad f''''_x = \frac{\mathrm{d}^4 H}{\mathrm{d}x^4} \quad . \tag{A.5}$$

Die Einheiten der dritten und vierten Ableitung sind in diesem Fall $\mathrm{m^{-2}}$ bzw. $\mathrm{m^{-3}}$.

Gleichungen, die eine erste, zweite oder dritte Ableitung enthalten, werden auch als „Differentialgleichungen erster, zweiter oder dritter Ordnung" bezeichnet. Abbildung A.2 illustriert die Bedeutung von Differentialgleichungen am Beispiel einer Sinuskurve. Es gibt nur sehr wenige geologische Probleme, bei denen Differentialgleichungen höher als zweiter Ordnung eine Rolle spielen. Ein Beispiel dafür ist die Flexurgleichung (Gl. 4.40; Abschn. 4.2.2), die eine vierte Ableitung enthält.

Abb. A.2. Eine Sinuskurve als Beispiel für eine Funktion f_x und deren erste, zweite und dritte Ableitung. Am Scheitelpunkt der Kurve (Punkt A) ist die Steigung $f_x' = 0$ und die Krümmung hat ein Minimum von $f_x'' = -1$. Am Wendepunkt der Kurve (Punkt B) hat die Steigung ein Minimum und die Krümmung ist $f_x'' = 0$. Am Minimum der Kurve (Punkt C) ist die Steigung ebenfalls 0 und die Krümmung hat ihr Maximum

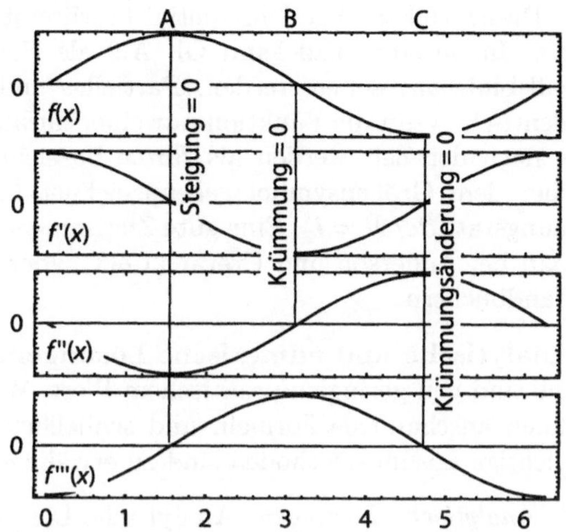

A.1.1
Begriffe zu Differentialgleichungen

Partielle und vollständige Differentiale. Eine Funktion kann mehrere Variablen enthalten. Die Meereshöhe H eines Punktes auf der Erdoberfläche ist z. B. eine Funktion zweier horizontaler, senkrecht zueinander stehender, räumlicher Variablen x und y, für die z. B. gelten kann:

$$H = 3x^2 + 4y^3 \ . \tag{A.6}$$

Ein jedes *partielles* Differential (engl.: *partial differential*) dieser Gleichung beschreibt die Steigung der Funktion in *einer* Raumrichtung. Es ist durch Differentiation nach nur einer Variablen gegeben. Die andere Variable wird dabei konstant gehalten und wie jede andere Konstante der Gleichung behandelt. Das Symbol für ein partielles Differential ist ∂ (gesprochen „del"). Es ist kein griechischer Buchstabe und darf nicht mit δ verwechselt werden. Die partielle Ableitung der Gl. A.6 nach x lautet

$$\frac{\partial H}{\partial x}_{y=konst.} = 6x \ . \tag{A.7}$$

Dieses partielle Differential beschreibt die Neigung der Funktion in x-Richtung. Das vollständige Differential (engl.: *total differential*) einer Funktion ist die Summe aller partiellen Differentiale. In unserem Beispiel wäre das

$$\mathrm{d}H = \left(\frac{\partial H}{\partial x}\right)_{y=konst.} \times \mathrm{d}x + \left(\frac{\partial H}{\partial y}\right)_{x=konst.} \times \mathrm{d}y \ . \tag{A.8}$$

Daraus ergibt sich das vollständige Differential der Funktion aus Gl. A.6 als:

$$\mathrm{d}H = 6x + 12y \ . \tag{A.9}$$

Dieses vollständige Differential beschreibt die Tangentialebene am Punkt x, y. In unserem Fall kann Gl. A.9 als Neigung der Erdoberfläche in der Fall-Linie angesehen werden. Partielles und vollständiges Differential sind identisch, wenn die Funktion nur eine Variable enthält. Partielle Differentiale nach der Zeit werden als *Raten* bezeichnet und oft durch einen Punkt über dem Größensymbol gekennzeichnet (z. B. Verformung ϵ und Verformungsrate $\partial\epsilon/\partial t = \dot\epsilon$). Eine gute Zusammenfassung dieser Definitionen findet man bei Anderson und Crerar (1993), aber auch in vielen mathematischen Handbüchern.

Analytische und numerische Lösungen. Differentialgleichungen als solche sind von geringem praktischem Wert. Wir müssen sie erst *lösen*, um aus ihnen anschauliche Formeln und schließlich Zahlenwerte zu erhalten. Zwei wichtige Lösungsmethoden sind zu erwähnen.

1. Analytische Lösungen. Analytische Lösungen von Differentialgleichungen werden durch Integration der Gleichung gefunden. Nehmen wir als Beispiel eine einfache Geothermengleichung der Form

$$\frac{\mathrm{d}T}{\mathrm{d}z} = \frac{1.5}{\sqrt{z}} \ . \tag{A.10}$$

Darin sei T die Temperatur in °C und z die Tiefe. Diese Differentialgleichung läßt sich leicht integrieren:

$$T = 3\sqrt{z} + C \ . \tag{A.11}$$

Die Integrationskonstante C muß mit Hilfe der Randbedingungen bestimmt werden. Gleichung A.11 bezeichnet man als die analytische Lösung der DifferentialGleichung A.10. Wenn wir als Randbedingung annehmen, daß die Temperatur in der Tiefe $z = 0$ Null ist, dann ist $C = 0$. Mit Gl. A.11 können wir nun sehr einfach die Temperatur in einer bestimmten Tiefe ausrechnen, indem wir Zahlenwerte für die Tiefe z einsetzen. Für $z = 100\,000$ m ergibt sich $T = 949\,°\mathrm{C}$.

2. Numerische Lösungen. Numerische Lösungen von Differentialgleichungen sind nicht mathematisch exakt, sondern nur Annäherungen. Mit Hilfe einer numerischen Lösung gelangen wir z. B. für eine Tiefe von 100 km ebenfalls zu dem Ergebnis $T = 949\,°\mathrm{C}$, ohne das Differential lösen zu müssen, also ohne den Schritt von Gl. A.10 zu Gl. A.11 tätigen zu müssen.

Es gibt eine große Zahl numerischer Lösungsmethoden für die unterschiedlichsten Gleichungen (Abschn. A.2, A.4). Für Differentialgleichungen sind im wesentlichen zwei Lösungswege von Bedeutung: die Methode der finiten Differenzen (engl.: *finite difference methods*) und die Methode der finiten Elemente (engl.: *finite element methods*).

Die Methode der finiten Elemente hat gegenüber der Methode der finiten Differenzen den Vorzug, daß sich mit ihr die Verformung von Körpern auf

Koordinatensystemen nach Lagrange eleganter beschreiben läßt. Der Hauptnachteil dieser Methode ist, daß sie rechnerisch sehr aufwendig ist.

Die Methode der finiten Differenzen hat den Vorteil, daß sie überschaubar, einfach programmierbar und leicht für verschiedenartige Probleme adaptierbar ist. Ihr großer Nachteil besteht darin, daß sie bei diskontinuierlichen Randbedingungen und verformten Rastern nicht sehr flexibel ist (Abschn. A.2).

Vor- und Nachteile. Numerische und analytische Lösungsmethoden haben ihre Vor- und Nachteile. Numerische Lösungen haben den großen Vorteil, daß wir auch ohne Kenntnisse der Integralrechnung zu den gewünschten Ergebnissen kommen können. Viele geologische Probleme sind sogar so kompliziert, daß es überhaupt keine Lösung der entsprechenden Differentialgleichung gibt und *nur* numerische Methoden ein Ergebnis liefern.

Analytische Lösungen haben den Vorteil, daß wir mit ihrer Hilfe die Natur eines Prozesses besser verstehen lernen. So können wir aus Gl. A.11 direkt ablesen, daß die Temperatur mit der Wurzel der Tiefe ansteigt. Sollte das Modell von Gl. A.11 mit unseren Beobachtungen übereinstimmen, kann man sich überlegen, wie die quadratische Beziehung in Gl. A.11 zu interpretieren ist. Solche generellen Interpretationen sind bei numerischen Lösungen schwierig, da diese nur Zahlenwerte liefern.

Rand- und Anfangsbedingungen.

Randbedingungen. Randbedingungen (engl.: *boundary conditions*) sind nötig, um die Integrationskonstanten zu bestimmen. Das trifft für analytische *und* numerische Lösungen zu. Für einfache Differentialgleichungen benötigt man eine Randbedingung, für Differentialgleichungen zweiter Ordnung zwei Randbedingungen usw. Der Begriff „Randbedingung" bedeutet genau das, was er besagt: eine Bedingung am Modellrand (s. Abschn. A.2.1). Die häufigsten Randbedingungen sind:

— ein vorgegebener Wert der Funktion am Modellrand (z. B. $H = 0$ an der Stelle $z = 0$; s. Gl. A.11; s. auch Abschn. 3.4.1),
— ein vorgegebener Gradient am Modellrand (z. B. $dT/dz = q_m$ an der Stelle $z = z_c$; s. Gl. 3.59; s. auch das England- und Thompson-Modell in Abschn. 3.4.1),
— eine funktionale Beziehung zwischen Wert und Gradient am Modellrand (z. B. $dT/dz = Cz$ an der Stelle $z = 0$; s. auch die Randbedingung konstanten Wärmeinhalts in Abschn. 3.6.4).

Randbedingungen, die durch zweite oder höhere Ableitungen gegeben sind, sind ebenfalls möglich und spielen bei Differentialgleichungen höherer Ordnung einer Rolle (s. Abschn. 4.2.2, Gl. 4.40). In allen drei obengenannten Fällen können die Randbedingungen entweder durch Fixwerte (bzw. fixe Gradienten etc.) oder durch unabhängige Funktionen vorgegeben werden (s. Abschn. 3.7.1). In Abschn. A.2 wird besprochen, wie solche Randbedingungen zu implementieren sind.

Anfangsbedingungen. Anfangsbedingungen (engl.: *initial conditions*) sind nötig, um die Ausgangswerte eines Modells zu bestimmen. Zum Beispiel müssen wir in der Diffusionsgleichung (Gl. 3.5) eine Funktion $T = f(z)$ zum Zeitpunkt $t = 0$ als Anfangsbedingung festlegen, um die zeitliche Entwicklung der Diffusion vorhersagen zu können. Für welches Ausgangsprofil dies berechnet werden soll, muß durch die Anfangsbedingung vorgegeben sein.

A.2
Methode der finiten Differenzen

Bei der Methode der finiten Differenzen wird eine Diskretisierung des Differentials aus Gl. A.2 vorgenommen. Zur Berechnung des Differentials dy/dx wird nicht der Grenzwert $\Delta x \to 0$ betrachtet, sondern es wird ein Δx mit endlichem Wert verwendet. Abbildung A.3 zeigt die stetige Funktion $T = f(x)$. Der Anschaulichkeit halber wollen wir annehmen, daß diese Funktion ein Temperaturprofil darstellt. Die Größe y aus Gl. A.2 wird daher im folgenden durch T ersetzt. An dem in Abb. A.3a durch die gestrichelte Linie bezeichneten Punkt x_i hat die Funktion die Steigung dT/dx. Bei der Methode der finiten Differenzen wird diese Steigung durch die Temperaturdifferenz an zwei Punkten mit *finitem* Abstand (Δx) näherungsweise ermittelt. Die Näherung, die in Abb. A.3b vorgenommen wurde, hat die Form

$$\frac{dT}{dx} \approx \frac{T_{i+1} - T_i}{x_{i+1} - x_i} = \frac{T_{i+1} - T_i}{\Delta x} \ . \tag{A.12}$$

Der Index i bezeichnet die Nummer eines diskreten Rasterpunktes. T_i ist die Temperatur am „i-ten" Punkt des diskreten Rasters, T_{i+1} die Temperatur am nächsten Punkt des Rasters, T_{i-1} die Temperatur am Punkt davor. Die in Gl. A.12 verwendete Methode der finiten Differentiation wird als „vorwärts

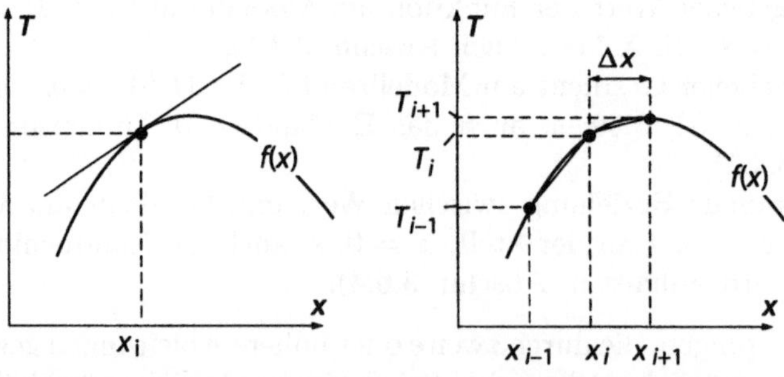

Abb. A.3. Graphische Darstellung der Methode der finiten Differenzen. In **a** wird die Steigung der Funktion $f(x)$ am Punkt x_i durch die anliegende Tangente beschrieben. Mathematisch wird die Steigung durch das Differential dT/dx ausgedrückt. In **b** wird die Steigung durch den Quotienten aus zwei finiten Temperatur- und x-Werten angenähert

Differenzieren" (engl.: *forward differencing*) bezeichnet, weil wir dabei den Temperaturgradienten am Punkt x_i mit Hilfe der Temperatur am Punkt x_i und der Temperatur am *nächsten* Rasterpunkt ausrechnen (Abb. A.4). Andere näherungsweise Berechnungen des Temperaturgradienten haben folgende Form:

$$\frac{\mathrm{d}T}{\mathrm{d}x} \approx \frac{T_i - T_{i-1}}{\Delta x} \qquad \text{oder} \qquad \frac{\mathrm{d}T}{\mathrm{d}x} \approx \frac{T_{i+1} - T_{i-1}}{2\Delta x} \ . \tag{A.13}$$

Diese beiden Näherungsmethoden werden als „rückwärts Differenzieren" (engl.: *backward differencing*) und „zentral Differenzieren" (engl.: *central differencing*) bezeichnet (Abb. A.4).

Differentiale nach der Zeit. Im vorhergehenden Abschnitt haben wir die Methode der finiten Differenzen am Beispiel eines räumlichen Differentials vorgestellt. Differentiale nach der Zeit werden ebenso behandelt. Um die Indizes zeitlicher und räumlicher Rasterpunkte unterscheiden zu können, werden bei finiten Differenzen nach der Zeit oft die Zeichen „+" und „−" verwendet, um „den nächsten" und „den letzten" diskreten Zeitschritt zu bezeichnen und von den diskreten Raumschritten i und $i + 1$ zu unterscheiden. Wir schreiben:

$$\frac{\mathrm{d}T}{\mathrm{d}t} \approx \frac{T^+ - T^-}{\Delta t} \ . \tag{A.14}$$

In manchen Büchern wird statt „+" und „−" auch „$j + 1$" und „j" zur Bezeichnung der Zeitschritte verwendet.

Näherungen von Differentialen höherer Ordnung. Differentialgleichungen 2. Ordnung können mit demselben Verfahren gelöst werden, wie wir es für die näherungsweise Lösung eines einfachen Differentials verwendet haben (Gl. A.12, A.13). Dazu bilden wir den Quotienten aus der Differenz der Steigungen an zwei verschiedenen Punkten und dem Abstand Δx:

$$\frac{\mathrm{d}^2 T}{\mathrm{d}x^2} = \frac{\mathrm{d}\left(\frac{\mathrm{d}T}{\mathrm{d}x}\right)}{\mathrm{d}x} \approx \frac{\left(\frac{T_{i+1}-T_i}{\Delta x}\right) - \left(\frac{T_i-T_{i-1}}{\Delta x}\right)}{\Delta x} = \frac{T_{i+1} - 2T_i + T_{i-1}}{\Delta x^2} \ . \tag{A.15}$$

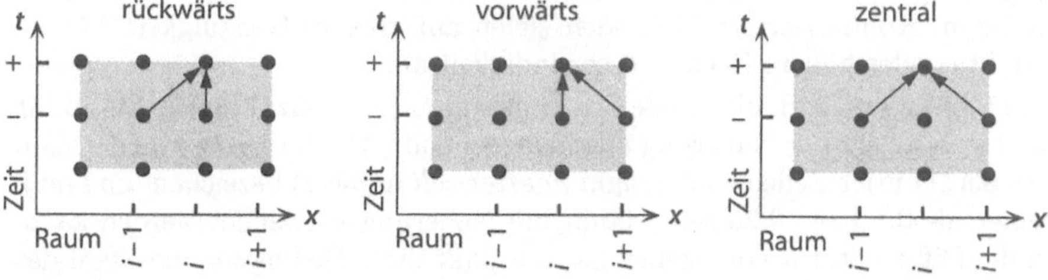

Abb. A.4. Schematische Darstellung der Bedeutung finiter Differenzen mittels verschiedener Methoden der Diskretisierung. Die Abbildung zeigt auf der x-Achse vier Punkte eines eindimensionalen diskreten räumlichen Rasters, denen jeweils eine Temperatur zugeordnet ist. Auf der y-Achse sind drei Zeitschritte dargestellt. Die Temperatur am dritten Rasterpunkt „i" zum Zeitpunkt „+" wird in den drei Skizzen durch „vorwärtige", „rückwärtige" und „zentrale Differentiation" aus den Temperaturen zum Zeitpunkt „−" näherungsweise bestimmt

In Gl. A.15 können wir erkennen, daß die Steigung am Punkt i einmal durch „vorwärts Differenzieren" und einmal durch „rückwärts Differenzieren" angenähert wurde. Das ist notwendig, da wir die Krümmung am Punkt i aus der Differenz zwischen den Steigungen „vor" und „hinter" dem Punkt x berechnen wollen. Die Krümmung wird also durch die Differenz zweier finiter Steigungen berechnet, so wie es bei einem Differential in unendlich kleinen Schritten ebenfalls geschieht.

Lösung einer Diffusionsgleichung mit finiten Differenzen. Enthalten Differentialgleichungen mehrere Variablen, wie z. B. die Diffusionsgleichung in Gl. 3.5, in der zeitliche und räumliche Differentiale vorkommen, müssen wir verschiedene Indizes miteinander kombinieren. Dabei kommt es zu recht kompliziert aussehenden Formulierungen. Zum Beispiel können wir die Temperatur, die im nächsten Zeitschritt am Raumpunkt i herrscht, mit $T_{i,j+1}$ oder mit T_i^+ bezeichnen (Abb. A.4). Haben wir das erst verstanden, ist eine Umformung der Diffusionsgleichung in finite Differenzen (Gl. 3.5) leicht nachvollziehbar. Dies ergibt sich unter Verwendung der Gleichungen A.14 und A.15:

$$\frac{\partial T}{\partial t} = \kappa \frac{\partial^2 T}{\partial x^2} \approx \frac{T_i^+ - T_i^-}{\Delta t} = \kappa \frac{T_{i+1}^- - 2T_i^- + T_{i-1}^-}{\Delta x^2} \quad . \tag{A.16}$$

Nach T aufgelöst, ergibt das:

$$T_i^+ = T_i^- + \left(\frac{\kappa \Delta t}{\Delta x^2}\right)(T_{i+1}^- - 2T_i^- + T_{i-1}^-) \quad . \tag{A.17}$$

Wir können nun bekannte Temperaturen (vom Zeitschritt „-") an bekannten räumlichen Punkten in Gl. A.17 einsetzen, um die zeitliche Entwicklung der Temperatur zu berechnen. Alle anderen Lösungen von Differentialgleichungen mittels finiter Differenzen sind nur Verfeinerungen des bisher gezeigten. Kompliziertere Methoden zielen auf größere Genauigkeit, höhere Stabilität oder höhere Rechengeschwindigkeit ab.

In Gl. A.17 ist z. B. die Größe der Konstanten $\left(\kappa \Delta t / \Delta z^2\right)$ für die Stabilität und Genauigkeit der Näherung ausschlaggebend (Abschn. A.2.2). Diese Zahl wird als „Fourier-Zellenzahl" (engl.: *Fourier cell number*) bezeichnet und muß kleiner als 0,5 bzw. 0,25 sein, damit die Näherung verwendet werden kann. Da die Diffusivität κ vorgegeben ist, schränkt diese Bedingung die Wahl des Raum- oder Zeitschritts ein. Wenn etwa aufgrund der Art eines bestimmten geodynamischen Problems nicht nur ein sehr kleiner Raumschritt, sondern auch ein sehr kleiner Zeitschritt gewählt werden muß, brauchen wir sehr viel Rechenzeit, um in geologischen Zeiträumen ablaufende Prozesse zu erfassen. Das ist einer der Gründe, weshalb für die Bearbeitung der meisten geologischen Aufgabenstellungen Hochleistungsrechner benötigt werden.

A.2.1
Raster und Randbedingungen

Wenn man eine Differentialgleichung mit Hilfe finiter Differenzen näherungsweise lösen will (z. B. Gl. A.17), können nur einzelne Werte der Funktion
an diskreten Rasterpunkten betrachtet werden (Abb. A.5). Ein regelmäßiges
Raster mit n Rasterpunkten hat $n - 1$ Zwischenräume. Wird eine Funktion
$f(x)$ über einen Abschnitt der Länge L betrachtet, beträgt der Abstand zwischen zwei Rasterpunkten $\Delta x = L/(n - 1)$ (Abb. A.5). Die Zwischenräume
müssen aber nicht regelmäßig sein. Wenn etwa bestimmte Abschnitte einer
Funktion besonders interessant sind, ist es möglicherweise sinnvoll, dort ein
besonders enges Raster festzulegen. Enge Raster erfordern jedoch mehr Re-
chenaufwand. Will man Rechenzeit sparen, kann man ein Raster entwerfen, in
dem der Abstand zwischen den Rasterpunkten variiert. Bei solchen Rastern
wird (wie in Gl. A.12) Δx durch $(x_{i+1} - x_i)$ ersetzt.

Wenn wir Gl. A.17 näher betrachten, erkennen wir, daß diese Gleichung an
den Punkten $i = 1$ und $i = n$ nicht lösbar ist, da es dort keine Rasterpunkte
„$i - 1$" bzw. „$n + 1$"gibt, für die wir die Temperaturen „T_{i-1}" bzw. „T_{i+1}" in
den linken Teil der Gleichung einsetzen könnten (Abb. A.5). Gleichung A.17
ist nur für Rasterpunkte zwischen $i = 2$ und $i = n - 1$ lösbar. Um die
Temperaturen an den Punkten $i = 1$ und $i = n$ dennoch berechnen zu können,
muß man die *Randbedingungen* kennen. Diese Randbedingungen sind mit
den Integrationsgrenzen eines bestimmten Integrals vergleichbar, die man
zur Bestimmung der Integrationskonstanten benötigt. Es ist kein Zufall, daß
es bei einer Differentialgleichung *2. Ordnung* zwei Punkte gibt, die wir nur
mit Hilfe der Randbedingungen berechnen können.

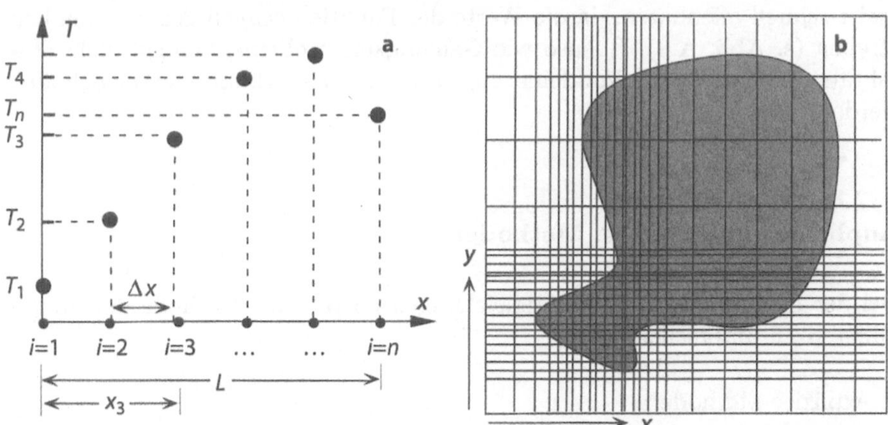

Abb. A.5. Zwei Beispiele für diskrete Raster. a Eine diskrete Form der Funktion aus Abb. A.3 auf einem regelmäßigen eindimensionalen räumlichen Raster. Die
Punkte sind von $i = 1$ bis $i = n$ durchnumeriert. b Ein unregelmäßiges zweidimensionales orthogonales Raster. In diesem Fall dient das Raster dazu, die Form der
dunkel schattierten Fläche zu beschreiben. Dafür wurde im linken unteren Bereich
ein engeres Raster gewählt

A.2.2
Stabilität und Genauigkeit

Finite Differenzlösungen haben zwei große Nachteile:

1. Sie sind nur Näherungen der exakten Lösung.
2. Sie sind oft nicht stabil.

Stablitätsbedingungen und Methoden zur Abschätzung der Genauigkeit werden in der Literatur umfassend diskutiert (z. B. Smith 1985; Fletcher 1991, Anderson et al. 1984). Beide Nachteile können allerdings auf ein Minimum reduziert werden.

Die *Genauigkeit* kann man leicht überprüfen, indem man den Zeitschritt Δt bzw. den Raumschritt Δz sukzessive verkleinert. Wenn sich das Ergebnis nicht mehr ändert, zeigt das oft, daß man sich der exakten Lösung weit genug genähert hat. Eine zweite Methode zur Überprüfung von Genauigkeit und Stabilität besteht darin, das Problem so weit zu vereinfachen, daß auch eine analytische Lösung möglich wird. Dann kann die numerische Lösung direkt mit der analytischen verglichen werden. Lösungsmethode, Zeit oder Raumschritt können daraufhin verändert werden, um die erwünschte Genauigkeit zu erhalten. Anschließend kann man die Anfangs- und Randbedingungen allmählich wieder weiter fassen.

Eine finite Differenzlösung ist *stabil*, wenn die Lösung in Richtung eines bestimmten Wertes konvergiert. Instabile Lösungen divergieren mit zunehmenden Rechenschritten immer stärker. Die meisten instabilen Lösungen „explodieren" innerhalb weniger Zeitschritte, d. h. daß sich Stabilitätsprobleme meist schnell offenbaren, da die Werte der Funktion schnell gegen unendlich streben (s. Abb. A.8). Ebenso wie Genauigkeitsprobleme können viele Stabilitätsprobleme durch Verkleinerung des Zeit- oder Raumschritts behoben werden.

A.2.3
Implizite und explizite Methoden

Bei der Lösung von Differentialgleichungen mittels der Methode der finiten Differenzen unterscheiden wir:

1. explizite Methoden,
2. implizite Methoden,
3. gemischte Methoden.

Abbildung A.6 illustriert, was damit gemeint ist. Die genannten Methoden werden im folgenden kurz dargelegt.

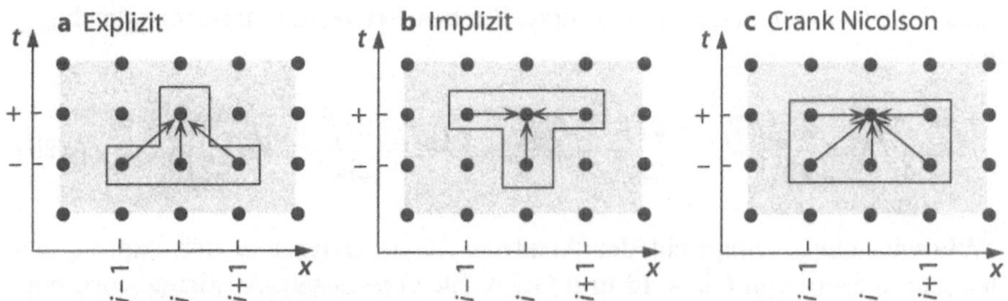

Abb. A.6. Differenzierungsschemata für explizite und implizite Methoden. Die Crank-Nicolson-Methode ist eine gemischte Methode. Sie besteht aus einem expliziten und einem impliziten Teil

Explizite Methoden. Abbildung A.6a bezieht sich auf Abb. A.4 und die Methode, die zur Lösung der Diffusionsgleichung (Gl. A.17) vorgestellt wurde. Die Temperatur am Punkt i zum nächsten Zeitschritt T_i^+ wird aus drei bekannten Temperaturen der Punkte $i-1$, i und $i+1$ zum zuletzt errechneten Zeitschritt berechnet. Sind diese Temperaturen (T_i^-, T_{i-1}^- und T_{i+1}^-) bekannt, stellt die Anwendung von Gl. A.17 kein Problem dar. Methoden, die diese Vorgehensweise nutzen, die also bekannte Informationen verwenden, um unbekannte Werte zu errechnen, nennt man explizite finite Differenzmethoden.

Implizite Methoden. Implizite finite Differenzmethoden errechnen die unbekannte Temperatur T_i^+ nur aus der Temperatur am selben Punkt zum vergangenen Zeitschritt T_i^- sowie aus anderen, eigentlich noch unbekannten Temperaturen am zu errechnenden Zeitschritt (Abb. A.6b). Voraussetzung dafür ist, daß alle Temperaturen des Rasters am neuen Zeitpunkt gleichzeitig berechnet werden. Das ist möglich, weil wir über die Informationen der Randbedingungen verfügen und daher zum neuen Zeitschritt nur die Temperaturen an $n-2$ Rasterpunkten berechnen müssen. Man kann ein Gleichungssystem aus $n-1$ Gleichungen aufstellen, die nur $n-2$ Unbekannte enthalten. Ein derartiges Gleichungssystem ist leicht lösbar. Eine implizite Näherung der Gl. 3.5, die Abb. A.6b entspricht, lautet:

$$\frac{\partial T}{\partial t} = \kappa \frac{\partial^2 T}{\partial x^2} \approx \frac{T_i^+ - T_i^-}{\Delta t} = \kappa \frac{T_{i+1}^+ - 2T_i^+ + T_{i-1}^+}{\Delta x^2} \ . \tag{A.18}$$

Nach der zu errechnenden Temperatur aufgelöst, ergibt das:

$$T_i^+ = T_i^- + \frac{R(T_{i+1}^+ + T_{i-1}^+)}{1 + 2R} \qquad \text{wobei :} \qquad R = \frac{\kappa \Delta t}{\Delta x^2} \ . \tag{A.19}$$

Gemischte Methoden. Solche Methoden verwenden sowohl explizite als auch implizite Informationen zur Berechnung der Temperatur T_i^+ (Abb. A.6c). Sie sind meist von hoher Stabilität und Genauigkeit und erfreuen sich daher großer Beliebtheit. Bei der Lösung von Differentialen 2. Ordnung hat sich die

Crank-Nicolson-Methode durchgesetzt. Sie beschreibt die Diffusionsgleichung mit

$$\frac{T_i^+ - T_i^-}{\Delta t} = \frac{\kappa}{2}\left(\frac{T_{i+1}^+ - 2T_i^+ + T_{i-1}^+}{\Delta x^2} + \frac{T_{i+1}^- - 2T_i^- + T_{i-1}^-}{\Delta x^2}\right) \quad . \tag{A.20}$$

Wie wir sehen, entspricht der Ausdruck in der Klammer der Summe aus der rechten Seite von Gl. A.16 und Gl. A.19. Von diesem Ausdruck wird einfach das Mittel gebildet. Implementierungsmethoden für Gl. A.20 werden in den meisten Numerikbüchern besprochen (s. auch Aufgabe 3.14). Die raffinierteste Implementierungsmethode ist der sogenannte Thomas-Algorithmus.

Zweidimensionale Differentiale. Als Beispiel für finite Differenznäherungen zweidimensionaler Probleme stellen wir hier eine Lösung der zweidimensionalen Wärmeleitungsgleichung vor:

$$\frac{\partial T}{\partial t} = \kappa\left(\frac{\partial^2 T}{\partial x^2} + \frac{\partial^2 T}{\partial y^2}\right) \quad . \tag{A.21}$$

Die meistgebrauchte finite Differenzlösung von Gl. A.21 ist die „Alternating Direction Implicit Method", kurz ADI-Methode. Dabei wird jeder Zeitschritt zweigeteilt. Der erste halbe Zeitschritt ist in die eine Richtung explizit, in die andere implizit; beim zweiten halben Zeitschritt ist es umgekehrt. Für jeden Zeitschritt sind also zwei Rechenschritte notwendig. Die ADI-Methode hat große Ähnlichkeit mit der Crank-Nicolson-Methode. Die diskrete Form von Gl. A.21 sieht so aus:

1. Schritt:

$$\frac{T_{i,j}^{+/2} - T_{i,j}^-}{\Delta t/2} = \frac{\kappa}{\Delta x^2}(T_{i+1,j}^{+/2} - 2T_{i,j}^{+/2} + T_{i-1,j}^{+/2})$$

$$+ \frac{\kappa}{\Delta y^2}(T_{i,j+1}^- - 2T_{i,j}^- + T_{i,j-1}^-) \quad .$$

2. Schritt:

$$\frac{T_{i,j}^+ - T_{i,j}^{+/2}}{\Delta t/2} = \frac{\kappa}{\Delta x^2}(T_{i+1,j}^{+/2} - 2T_{i,j}^{+/2} + T_{i-1,j}^{+/2})$$

$$+ \frac{\kappa}{\Delta y^2}(T_{i,j+1}^+ - 2T_{i,j}^+ + T_{i,j-1}^+) \quad . \tag{A.22}$$

In dieser Gleichung bezeichnen i und j die Rasterpunktnummern in x- bzw. y-Richtung, und „$+/2$" ist unsere Schreibweise für einen halben Zeitschritt.

A.2.4
Näherung der Transportgleichung

In Abschn. 3.3 haben wir eine einfache Gleichung vorgestellt, mit der Transportvorgänge, z. B. die Bewegung von Gesteinen zur Erdoberfläche, beschrieben werden können (Gl. 3.43). Obwohl diese Gleichung – genauso wie die Diffusionsgleichung – Differentiale nach Zeit und Raum enthält, gibt es doch grundlegende Unterschiede zur Diffusionsgleichung, wenn sie mit der Methode der finiten Differenzen näherungsweise gelöst werden soll. Das wird hier anhand eines Beispiels dargelegt.

Eine einfache Näherung von Gl. 3.43 mittels der Methode der finiten Differenzen lautet:

$$T^+ = T^- + u\frac{\Delta t}{\Delta x}\left(T^-_{i+1} - T^-_i\right) \quad . \tag{A.23}$$

Nach Abb. A.4 ist dies eine „vorwärts" differenzierte Näherung. Zur Beschreibung von Transportprozessen sind rückwärtige und zentrale Differentiation ungeeignet, da sie nicht stabil sind. Allerdings ist Gl. A.23 auch keine besonders gute Näherung, weil sie mit dem Problem der numerischen Diffusion behaftet ist.

Das Problem der numerischen Diffusion. Wenn die Bewegung von Gesteinen mit der Transportgleichung (Gl. 3.43) beschrieben und dazu eine vorwärts differenzierte Näherung gewählt wird, führt dies zu „numerischer Diffusion" (engl.: *nummerical diffusion*). Dabei kommt es mit zunehmenden Rechenschritten zu einer immer stärkeren Abrundung des Temperaturprofils, die der Glättung eines Temperaturprofils durch Diffusion ähnlich sieht. Allerdings ist diese Abrundung rein mathematisch bedingt. Worauf das zurückzuführen ist, ist in Abb. A.7 dargestellt. Das Ausgangstemperaturprofil wird durch eine durchgehende schwarze Linie wiedergegeben. Die schwarzen Punkte sind diskrete Werte dieser Funktion (Anwendung der Näherung von Gl. A.23). Eine positive Geschwindigkeit u bedingt, daß das Temperaturprofil

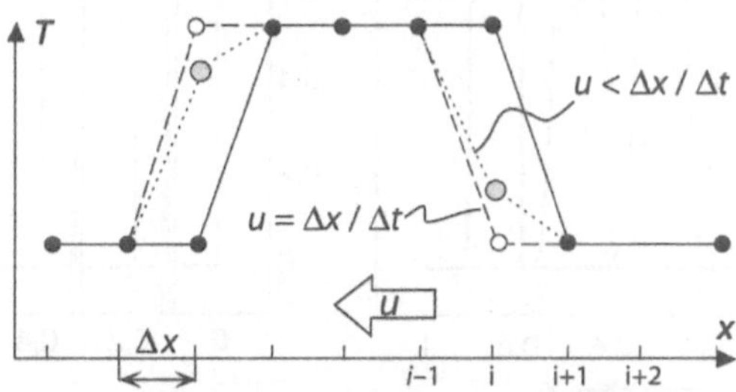

Abb. A.7. Illustration zur Ursache numerischer Diffusion bei der Beschreibung von Gesteinsbewegungen mit der eindimensionalen Transportgleichung (Gl. 3.43). Die schwarzen Punkte sind diskrete Werte der durchgehenden Linie, die das Ausgangstemperaturprofil wiedergibt. Die gestrichelte Linie entspricht dem Temperaturprofil nach $1\Delta t$, wenn $u = \Delta x/\Delta t$ ist (berechnet mit Gl. A.23). Die gepunktete Linie entspricht dem Temperaturprofil nach $1\Delta t$, wenn $u < \Delta x/\Delta t$ ist

in Richtung Ursprung (entgegen der x-Richtung) verschoben wird. Wenn die Transportgeschwindigkeit genau $u = \Delta x/\Delta t$ ist, wird das Temperaturprofil bei jedem Zeitschritt um genau einen Rasterpunkt verschoben (gestrichelte Linie und weiße Punkte). Wenn die Geschwindigkeit $u < \Delta x/\Delta t$ ist, verschiebt sich das Temperaturprofil, wird dabei aber abgerundet (gepunktete Linie und graue Punkte). Es kommt zu *numerischer Diffusion*. Eine sorgfältige Analyse von Gl. A.23 ergibt, daß dies durch eine lineare Interpolation zwischen den Werten an den Rasterpunkten zustande kommt.

Leider sind die meisten geologischen Geschwindigkeiten von Gesteinen so klein, daß die Zahl der zu implementierenden Zeit- bzw. Raumschritte viel zu groß ist, um die Bedingung $u = \Delta x/\Delta t$ einhalten zu können. Fast immer ist man gezwungen, einen Raumschritt $\Delta x > u\Delta t$ zu wählen. Bei der

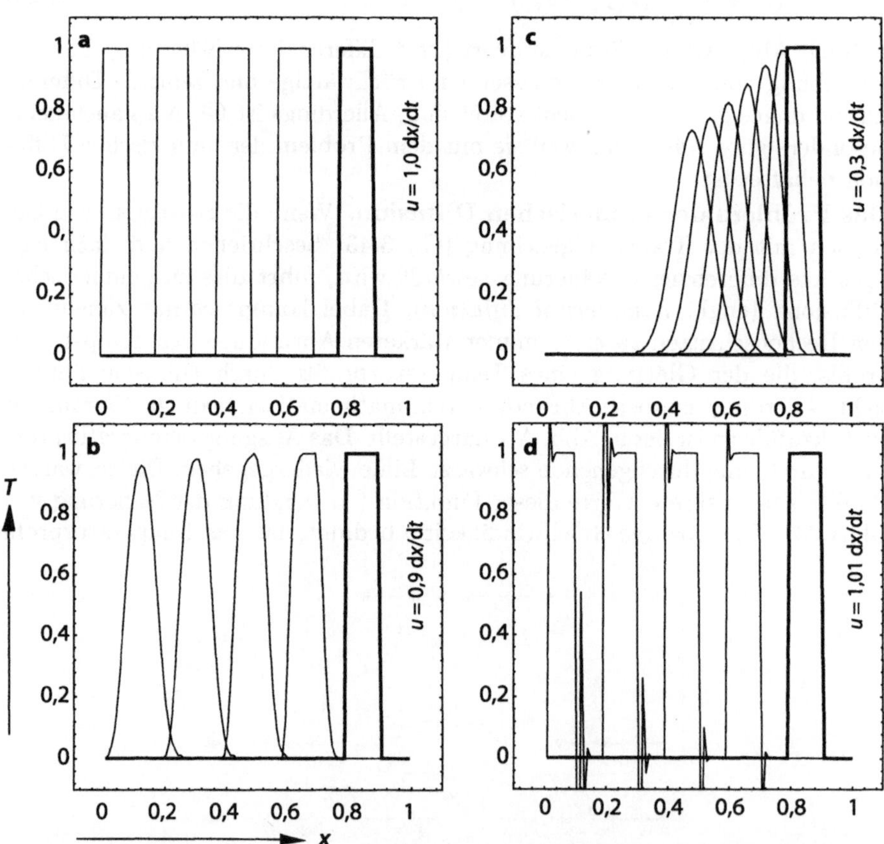

Abb. A.8. Graphische Darstellung der numerischen Diffusion und Instabilität am Beispiel der Bewegung eines stufenförmigen Temperaturprofils (stark gezeichnete Linie, z. B. Exhumation eines Granitgangs). Gleichung 3.43 beschreibt die Bewegung entgegen der x-Richtung bei positivem u. Das Raster besteht in x-Richtung aus 100 Punkten zwischen 0 und 1. Jeder 20. Zeitschritt ist abgebildet (berechnet mit Gl. A.23). **a** $u = \Delta x/\Delta t$; **b, c** $u < \Delta x/\Delta t$; **d** $u > \Delta x/\Delta t$

Beschreibung des Gesteinstransports mit Gl. 3.43 kommen wir daher kaum umhin, numerische Diffusion in Kauf zu nehmen. Abbildung A.8b,c zeigt, wieviel an Genauigkeit verlorengeht, wenn die Transportgeschwindigkeit nur 90 % bzw. 30 % von $u = \Delta x/\Delta t$ beträgt. Schon nach etwa 50 Zeitschritten besteht zwischen der Form des verschobenen und des anfänglichen Temperaturprofils nur noch wenig Ähnlichkeit. Abbildung A.8d verdeutlicht, daß Gl. A.23 instabil wird, wenn die Transportgeschwindigkeit $u > \Delta x/\Delta t$ ist. Das Profil bekommt Zacken und verzerrt sich schnell ins Unendliche.

A.2.5
Handhabung unregelmäßiger Ränder

Bei zweidimensionalen geologischen Problemen muß man oft Modellränder handhaben, die nicht geradlinig, sondern gekrümmt sind. Als Beispiel sei die Form der Moho unter einem Gebirge genannt, für das die zweidimensionale Temperaturverteilung beschrieben werden soll, wobei konstanter Wärmefluß als Randbedingung gelten soll. In Abschn. 3.7.3 haben wir ein ähnliches Beispiel besprochen. Dort war der unregelmäßige Modellrand durch die Form der Erdoberfläche gegeben. Bei solch gekrümmten Modellrändern ist es recht kompliziert, eine numerische Näherung mit der Methode der finiten Differenzen zu finden. Zur Illustration der dabei auftretenden Probleme ist in Abb. A.9 ein unregelmäßiger Körper dargestellt, in dem innerhalb der schattierten Fläche ein zweidimensionales Problem gelöst werden soll. Mit einem rechtwinkligen Raster, wie es die ADI-Methode aus Gl. A.22 erfordert und wie es in Abb. A.9a eingezeichnet ist, kann das Problem nur für jenen Teil des Rasters berechnet werden, der durch die großen schwarzen Punkte markiert ist. Die im Randbereich der schattierten Fläche gelegenen, weiß markierten Rasterpunkte müssen durch die Randbedingungen vorgegeben sein. Soll die

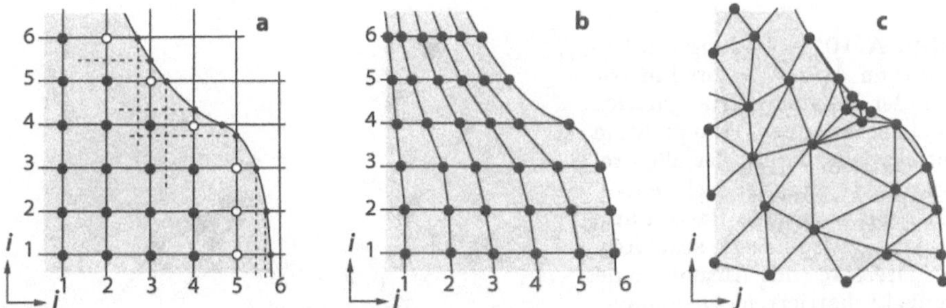

Abb. A.9. Verschiedene Beispiele für die Diskretisierung einer zweidimensionalen Fläche mit unregelmäßigem Modellrand. **a** Die Interpolation des Modellrandes auf einem orthogonalen Raster ist schwierig und nicht besonders elegant. **b** Ein nichtorthogonales Raster mit gleich vielen Rasterpunkten in x- und y-Richtung. **c** Die eleganteste Handhabung eines unregelmäßigen Modellrandes besteht aus einer Triangulation der Fläche

Randbedingung wirklich mit dem „echten" Rand übereinstimmen, müßten neue Rasterlinien eingefügt werden (gestrichelte Linien und kleine schwarze Punkte in Abb. A.9a), wodurch das Raster unregelmäßig würde. Dazu wären aufwendige Interpolationen nötig.

Zur Beschreibung von Problemen mit gekrümmten Modellrändern bieten sich zwei Alternativen an:

1. Man kann Raster mit gleich vielen Punkten in x- und y-Richtung entwerfen, bei denen die Rasterlinien nicht senkrecht aufeinander stehen, sondern den Modellrändern folgen (Abb. A.9b). Es ist möglich, mit der Methode der finiten Differenzen auf solchen Rastern zu arbeiten. Man muß dann jedoch in die Näherungsgleichungen Korrekturglieder für die Richtungsänderungen an den Rasterpunkten einfügen (s. z. B. Fletcher 1988). Berechnungen in solchen nichtorthogonalen Rastern sind sehr ungenau, wenn die Richtungsänderungen an den Rasterpunkten zu groß werden.

2. Die eleganteste Möglichkeit des Umgangs mit unregelmäßigen Rändern ist ein trianguliertes Raster (Abb. A.9c). Dreiecke sind das einfachste Polygon, mit dem eine zweidimensionale Fläche aufgeteilt werden kann. Diese Vorgehensweise ist in vieler Hinsicht einer viereckigen Flächenaufteilung weit überlegen. Zur Aufteilung unregelmäßiger Flächen in Dreiecke gibt es eine große Anzahl von Möglichkeiten. Zum Beispiel kann eine maximal erlaubte Dreiecksfläche, ein minimal erlaubter Dreieckswinkel oder eine maximale Anzahl von Dreiecken, die an einem Punkt zusammenstoßen, erwünscht sein. Für viele Zwecke eignet sich am besten eine Triangulation nach Delaunay (Abb. A.10) (z. B. Sambridge et al. 1995). Der größte Nachteil eines triangulierten Rasters ist der, daß Annäherungen mit der Methode der finiten Differenzen oft sehr komplizierte Formen annehmen. Daher werden triangulierte Flächen bei Berechnungen mit der Methode der finiten Differenzen oft vermieden. Sie sind aber bei Berechnungen mit der Methoden der finiten Elemente die übliche Flächenaufteilung.

Abb. A.10. Abbildung des Rasters von Abb. A.9c zur Illustration der Delaunay-Triangulation. In einer Delaunay-Triangulation enthält jeder Kreis, der alle drei Eckpunkte eines Dreiecks enthält, keine weiteren Rasterpunkte. Demnach sind alle schattierten Dreiecke (mit Ausnahme des dunkel schattierten) Delaunay-Dreiecke

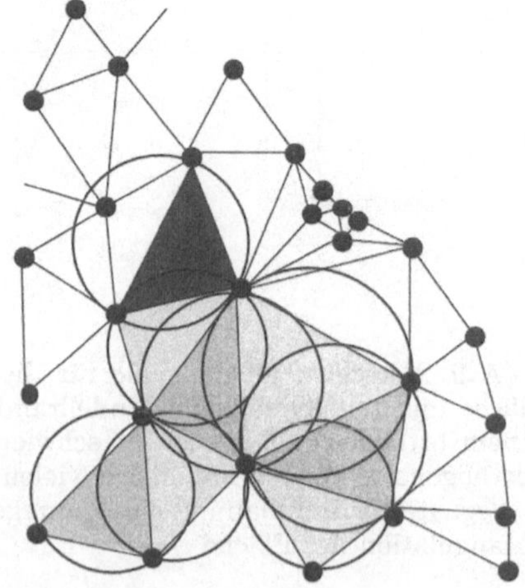

A.3
Skalare, Vektoren und Tensoren

Skalare. Ein Skalar ist ein Wert, der nur eine Größe hat. Die Mohotemperatur, die Höhe der Erdoberfläche oder die Dichte eines Gesteins sind Beispiele. Der Druck wird ebenfalls oft als Skalar betrachtet, ist aber, genau genommen, nur ein isotroper Tensor 2. Ranges (z. B. Oertel 1996). Skalare Variablen werden in kursiven Buchstaben abgekürzt.

Vektoren. Im Gegensatz zu Skalaren haben Vektoren eine Größe und eine *Richtung*. Zum Beispiel die Kraft, mit der Indien und Asien kollidieren. Sie beträgt etwa 10^{13} N m^{-1} und ist nach Norden gerichtet. Die übliche Abkürzung von Vektoren sind fettgedruckte, nichtkursive Buchstaben.

Tensoren. Tensoren beschreiben eine Größe, die räumliche Richtung dieser Größe *und* die räumliche Veränderung dieser Größe (s. Twiss und Moores 1992; Oertel 1996). Der Spannungszustand eines Punktes im Raum ist ein gutes Beispiel. Tensoren werden benutzt, um Größen zu beschreiben, denen zwei Raumrichtungen zugeordnet sind (die Komponente σ_{xx} des Spannungstensors z. B. wirkt in x Richtung auf die x-normale Fläche und σ_{xy} wirkt ebenfalls in x Richtung, aber auf die y-normale Fläche). Tensoren werden als Matrizen dargestellt und mit schräggestellten Buchstaben abgekürzt.

Skalare, Vektoren und Tensoren werden auch als Tensorgrößen 0., 1. und 2. Ranges bezeichnet. In diesem Buch haben wir, abgesehen von Abschn. 5.1.1, nur mit Skalaren gerechnet. Überall dort, wo wir es mit Kräften, Spannungen und anderen Vektoren oder Tensoren zu tun gehabt hätten, haben wir uns bemüht, das Problem so zu vereinfachen, daß wir es in einer Dimension betrachten konnten. Dadurch konnten auch Größen, die eigentlich Vektoren oder Tensoren sind, als Skalare (besser „Pseudoskalare", da ihre Richtung bekannt ist) betrachtet werden. Die Grundlagen der Vektorrechnung, aus deren Bereich wir auf den folgenden Seiten einige Begriffe vorstellen, haben wir daher kaum benötigt.

Häufig vorkommende Verwechslungen. In der Literatur entsteht viel Verwirrung dadurch, daß Skalare, Vektoren und Tensoren miteinander verwechselt werden. So wird zum Beispiel gerne die Aneinanderreihung mehrerer eindimensionaler Beschreibungen (für die nur Skalare und Vektoren benötigt werden) als „zweidimensionales Modell" bezeichnet. Das ist in der Regel falsch. Bei zwei- und dreidimensionalen Problemen der Kinematik und Mechanik, müssen die Tensoren von Spannung und Verformung berücksichtigt werden. Produkte oder Summen verschiedener Tensoren sind *nicht* allein durch die Summe eindimensionaler Beschreibungen in zwei verschiedenen Raumrichtungen gegeben (z. B. Oertel 1996; Strang 1988). Weil bei der Rechnung mit Tensoren verschiedene Kreuzglieder auftreten, ist es oft nicht mehr trivial, die Ergebnisse zwei- und dreidimensionaler Modelle intuitiv nachzuvollziehen. Das ist mit ein Grund, warum Modelle mit möglichst wenigen Dimensionen beschrieben werden sollten (s. Abschn. 1.1). Dabei ist es aber absolut

wichtig nicht zu vergessen welche Annahmen durch das vernachlässigen einer
oder mehrerer Raumdimensionen mitimpliziert werden.

Vektorrechnung. Um Richtung und Größe eines Vektors darzustellen, haben
Vektoren in kartesischen Koordinaten drei Komponenten:

$$\mathbf{u} = u_x\mathbf{i} + u_y\mathbf{j} + u_z\mathbf{k} \ . \tag{A.24}$$

u_x, u_y und u_z werden als die Vektorkomponenten bezeichnet und $\mathbf{i}$, $\mathbf{j}$ und $\mathbf{k}$
als die Einheitsvektoren in die drei Raumrichtungen. Die Einheitsvektoren
werden meist weggelassen und Vektoren daher als Liste von drei Skalaren
dargestellt. Diese werden in der Literatur mit u_x, u_y, u_z oder u, v, w bzw.
u_1, u_2, u_3, bezeichnet. Im folgenden benutzen wir die erste dieser drei No-
tationen. Die Summe zweier Vektoren $\mathbf{u}$ und $\mathbf{v}$ ergibt sich aus der Summe
dieser Vektorkomponenten:

$$\mathbf{w} = \mathbf{u} + \mathbf{v} = (u_x + v_x)\mathbf{i} + (u_y + v_y)\mathbf{j} + (u_z + v_z)\mathbf{k} \ . \tag{A.25}$$

Diese Summe wird auch oft wie folgt geschrieben:

$$\mathbf{w} = (u_x + v_x, u_y + v_y, u_z + v_z) \ . \tag{A.26}$$

Die *Größe* eines Vektors ergibt sich aus:

$$|\mathbf{u}| = \sqrt{u_x^2 + u_y^2 + u_z^2} \ . \tag{A.27}$$

Gleichungen A.24, A.25 und A.27 sind mit dem Satz von Pythagoras graphisch leicht nachvollziehbar.

Das *Skalar-* oder *Punktprodukt* (engl.: *dot product*) zweier Vektoren ist
durch das Produkt der zwei Vektorgrößen gegeben:

$$\mathbf{u} \bullet \mathbf{v} = |\mathbf{u}|\,|\mathbf{v}|\cos\phi \ . \tag{A.28}$$

Darin ist ϕ der Winkel zwischen den beiden Vektoren. Es ist ersichtlich,
daß das Punktprodukt gleich null ist, wenn der Winkel zwischen den zwei
Vektoren 90° beträgt. Sind die zwei Vektoren parallel zueinander, ist $\phi = 0$
und

$$\mathbf{u} \bullet \mathbf{v} = u_x v_x + u_y v_y + u_z v_z \ . \tag{A.29}$$

Das Skalarprodukt wird als solches bezeichnet, weil das Ergebnis ein Skalar
ist. Ein gutes Beispiel für ein Skalarprodukt ist die Arbeit, die verrichtet
werden muß, um eine Platte durch die Kraft $\mathbf{F}$ (mit Größe und Richtung)
um die Strecke $\mathbf{l}$ (mit Länge und Richtung) zu bewegen.

Das *Vektorprodukt* (engl.: *cross product, vectorproduct*) wird mit einem $\times$
oder $\wedge$ gekennzeichnet. Der Ergebniswert ist ebenfalls ein Vektor. Es ist wie
folgt definiert:

$$\mathbf{w} = \mathbf{u} \times \mathbf{v} = \mathbf{u} \wedge \mathbf{v} = (u_y v_z - u_z v_y, u_z v_x - u_x v_z, u_x v_y - u_y v_x) \ . \tag{A.30}$$

Die drei Werte auf der rechten Seite von Gl. A.30 haben die Form der Determinanten einer Matrize. Zum Lösen von Vektorprodukten bieten sich daher die Methoden der Matrizenrechnung an, auf die wir hier nicht weiter eingehen. Ein gutes Beispiel für ein Vektorprodukt ist der Geschwindigkeitsvektor. Er wird durch das Vektorprodukt aus Winkelgeschwindigkeitsvektor **w** und Positionsvektor **r** beschrieben.

Grad, Div und Curl. Der *Gradient* (engl.: *gradient*) eines Skalars ist ein *Vektor*, der die räumliche Änderung dieses Skalars beschreibt. „Grad" beschreibt genau das gleiche wie der Nabla Operator (∇) (s. Abschn. 3.1.1). So wird z. B. die räumliche Änderung der Temperatur T wie folgt geschrieben:

$$\text{Grad } T \equiv \nabla T = \left(\frac{\partial T}{\partial x}, \frac{\partial T}{\partial y}, \frac{\partial T}{\partial z} \right) \ . \tag{A.31}$$

Der Vektor „Grad T" steht auf Oberflächen konstanter Temperatur immer normal, ebenso wie die Fall-Linie eines Hangs immer normal auf den Höhenschichtlinien steht. „Grad " ist ein gutes Hilfsmittel zur Beschreibung der Topographie von Potentialoberflächen.

Die *Divergenz* (engl.: *divergence*) eines Vektors ist ein *Skalar*, der in der Geologie meist die Transferrate von Masse oder Energie beschreibt. Die Divergenz eines Vektors ist wie folgt definiert:

$$\text{Div } \mathbf{v} \equiv \nabla \bullet \mathbf{v} = \left(\frac{\partial v_x}{\partial x} + \frac{\partial v_y}{\partial y} + \frac{\partial v_z}{\partial z} \right) \ . \tag{A.32}$$

Zur Illustration der Divergenz nehmen wir an, daß **v** die Geschwindigkeit einer Masse oder eines Energieflusses ist. Der Fluß von Masse ist $q_f = \rho \mathbf{v}$ und der Fluß von Energie ist: $q = H\mathbf{v}$. Darin ist ρ die Dichte in kg m^{-3} und H der volumetrische Energieinhalt in J m^{-3}. Die Flüsse haben daher die Einheiten $\text{kg m}^{-2}\,\text{s}^{-1}$ bzw. W m^{-2}. Die Divergenz beider dieser Flüsse ist die jeweilige Summe der jeweiligen Flußänderungen in den drei Raumrichtungen (Gl. A.32). Wenn der Energie- oder Massefluß in einem Einheitskörper genauso groß ist wie der Energiefluß aus dem Körper hinaus, dann ist Div $\mathbf{v} = 0$ (s. auch Abschn. 3.1.1, 3.3).

Das *Curl* oder *Rot* eines Vektorfeldes ist ein Vektor, der die Rotation eines Vektors beschreibt. Ein Vektor mit Curl $\mathbf{u} = 0$ wird als nichtrotierend bezeichnet. Das Curl ist durch folgende Beziehung definiert:

$$\text{Curl } \mathbf{v} \equiv \text{Rot } \mathbf{v} \equiv \nabla \times \mathbf{v}$$

$$= \left(\frac{\partial v_z}{\partial y} - \frac{\partial v_y}{\partial z}, \frac{\partial v_x}{\partial z} - \frac{\partial v_z}{\partial x}, \frac{\partial v_y}{\partial x} - \frac{\partial v_x}{\partial y} \right) \ . \tag{A.33}$$

A.4
Fourier-Serien

In den Abschnitten 3.1.1, 3.6.1 und 3.4.1 sind wir zwei unterschiedlichen Lösungsarten der Diffusionsgleichung (Gl. 3.5) begegnet:

1. Lösungen, die sich durch Integrieren finden lassen. Dazu gehören in diesem Buch vor allem Probleme, für die die Diffusionsgleichung so vereinfacht werden kann, daß eine Integration möglich ist. Insbesondere gehören dazu Probleme mit stationären Temperaturverteilungen, bei denen angenommen werden kann, daß $dT/dt = 0$ ist.
2. Lösungen, die eine Fehlerfunktion enthalten. Sie lassen sich zumeist dann finden, wenn Randbedingungen im Unendlichen angenommen werden können. Bei der Beschreibung der thermischen Geschichte von Intrusionen, wo wir oft angenommen haben, daß die Größe der Intrusion viel kleiner ist, als ihr Abstand zur Erdoberfläche oder zur Moho, war das möglich.

Ein dritter Lösungsweg ist nötig, wenn wir mit Randbedingungen zu tun haben, die an räumlich fixierten Punkten liegen. Solche Probleme lassen sich mit Fourier-Serien lösen. Die Behandlung der Diffusionsgleichung mit Fourier-Serien ist ein einfaches Beispiel, anhand dessen diese Lösungsmethode leicht erklärt werden kann. Die uns gut bekannte Gleichung (Gl. 3.5), die wir dazu im folgenden lösen werden, lautet:

$$\frac{\partial T}{\partial t} = \kappa \frac{\partial^2 T}{\partial x^2} \ . \tag{A.34}$$

Als Randbedingungen nehmen wir an, daß gilt:

- $T = 0$ an der Stelle $x = 0$ zu allen Zeiten $t > 0$.
- $T = 0$ an der Stelle $x = l$ zu allen Zeiten $t > 0$.

Damit entsprechen Gleichung und Randbedingungen dem Problem, das wir auf S. 164 diskutiert haben (κ und T entsprechen dort D und H und die Länge des Blockes reichte dort von $-l$ bis l; hier reicht sie von 0 bis l). Die Lösung des Problems wurde dort in Gl. 4.53 vorgestellt, ohne auf die Lösungsmethode näher einzugehen.

Zur Lösung von Gl. A.34 unter den genannten Randbedingungen betrachten wir die Gleichung wie folgt. Die Gleichung ist erfüllt, wenn wir eine Beziehung finden, deren erstes Differential nach der Zeit sich vom zweiten Differential nach x nur durch die Proportionalitätskonstante κ unterscheidet. Eine Funktion, die diese Bedingung erfüllt, kann erraten werden. In ihrer allgemeinsten Form sieht sie so aus:

$$T = \sum_{n=0}^{\infty} a_n e^{b_n t} \sin \frac{n\pi x}{l} \ . \tag{A.35}$$

a und b sind darin Konstanten. Besprechen wir kurz, warum diese Lösung erratbar ist:

1. Daß die Lösung eine Exponentialfunktion der Zeit und eine Sinusfunktion von x enthält, ist nachvollziehbar: Eine einmal differenzierte Exponentialfunktion ergibt wieder eine Exponentialfunktion. Eine zweimal differenzierte Sinusfunktion ergibt wieder eine Sinusfunktion. Die Bedingung der Diffusionsgleichung erscheint daher erfüllt, wenn die Konstanten richtig gewählt werden.
2. Es ist erkennbar, daß die Randbedingungen erfüllt sind, weil immer dann, wenn $x = 0$ oder $x = l$ ist, der Ausdruck innerhalb der Sinusfunktion zu null wird. Daher nimmt dort die Temperatur ebenfalls den Wert 0 an.
3. Daß die Lösung unendliche Summen enthält, stellt eine Verallgemeinerung dar. Wenn ein einziges Glied der unendlichen Summe Gl. A.34 erfüllen kann, dann tut es auch eine unendliche Summe solcher Glieder.

Überprüfen wir, ob Gl. A.35 die Gl. A.34 erfüllt. Der Übersichtlichkeit halber tun wir das nur für ein einziges Glied der unendlichen Summe. Dazu differenzieren wir dieses sowohl nach der Zeit, als auch nach dem Raum. Das Zeitdifferential ergibt sich als

$$\frac{\partial T}{\partial t} = abe^{bt}\sin\left(\frac{nx\pi}{l}\right) \ . \tag{A.36}$$

Die Raumdifferentiale ergeben sich als

$$\frac{\partial T}{\partial x} = \frac{n\pi a}{l}e^{bt}\cos\left(\frac{nx\pi}{l}\right) \tag{A.37}$$

sowie

$$\frac{\partial^2 T}{\partial x^2} = \frac{n^2\pi^2 a}{l^2}e^{bt}\sin\left(\frac{nx\pi}{l}\right) \ . \tag{A.38}$$

Der Vergleich von Gl. A.36 und Gl. A.38 ergibt, daß die Bedingung von Gl. A.34 erfüllt ist, wenn die Konstante b folgenden Wert annimmt:

$$b = -\kappa\frac{n^2\pi^2}{l^2} \ . \tag{A.39}$$

Setzen wir b aus Gl. A.39 in Gl. A.35 ein, haben wir eine Gleichung, die alle Bedingungen von Gl. A.34 erfüllt. Was uns noch fehlt, sind die Konstanten a_n. Diese ergeben sich aus der Anfangsbedingung. Zum Zeitpunkt $t = 0$ ist $e^{bt} = 1$ und daher gilt von Gl. A.35:

$$T = f(x) = \sum_{n=0}^{\infty} a_n\sin\frac{n\pi x}{l} \ . \tag{A.40}$$

Gleichung A.40 ist die Definition einer Fourier-Serie. Die Konstanten a_n können aus ihr berechnet werden, weil die Anfangsbedingung $T = f(x)$ bekannt ist. Dazu sind einige Tricks notwendig, auf die wir hier nicht eingehen. Es ergibt sich eine Lösung wie jene, die wir in Gl. 4.53 vorgestellt haben. Abbildung A.11 ist die Darstellung einer Funktion durch eine Fourier-Serie.

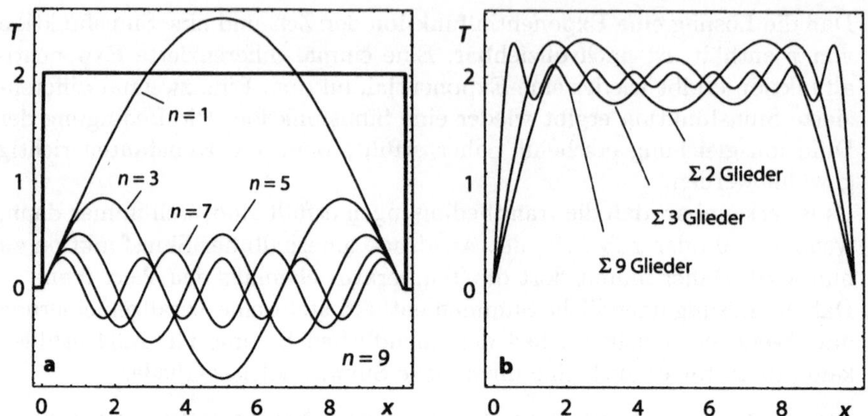

Abb. A.11. a Die Funktion $f(x) = 2$ (stark gezeichnete Linie) und die ersten fünf Glieder der unendlichen Summe der Sinuskurven aus Gl. A.40 zum Zeitpunkt $t = 0$. **b** Die Summe der ersten zwei, drei bzw. neun Glieder aus der Gleichung, die in a abgebildet sind. Es zeigt sich, daß bereits nach der Summe weniger Glieder die starke Kurve in **a** angenähert wird

A.5
Einige numerische Tricks

A.5.1
Integrieren von Differentialgleichungen

Für viele Differentialgleichungen gibt es mathematische Nachschlagwerke mit Lösungslisten. Wir brauchen uns nicht im Detail mit Integrationsmethoden für diese Gleichungen zu befassen. Es soll jedoch ein einfaches Beispiel erwähnt werden, um das Prinzip zu verdeutlichen, das vielen Integrationen, wie etwa jenen in Abschn. 4.1.2, zugrunde liegt. Gleichung 4.8 hat die Form

$$\frac{\mathrm{d}y}{\mathrm{d}x} = ay + b \ . \tag{A.41}$$

a und b sind Konstanten. Die Gleichung besagt, daß das Differential der Variablen y proportional zu y ist. So läßt sich erraten, daß die Lösung einen Ausdruck der Form e^x enthalten wird, weil in Exponentialfunktionen die Differentiale ebenfalls direkt proportional zueinander sind (s. Tabelle B.2). Wir können daher raten, daß die Lösung folgende Form haben wird:

$$y = \mathrm{e}^{(cx)} + d \tag{A.42}$$

und damit:

$$\frac{\mathrm{d}y}{\mathrm{d}x} = c\mathrm{e}^{(cx)} \ . \tag{A.43}$$

Einsetzen von Gl. A.42 und Gl. A.43 in Gl. A.41 ergibt, daß $c = a$ und $d = -b/a$ ist. Es ergibt sich daher:

$$y = \mathrm{e}^{(ax)} - \frac{b}{a} \ . \tag{A.44}$$

A.5.2
Die „Least-squares"-Methode

Ein häufiges Problem in allen Naturwissenschaften ist es, eine Kurve durch Datenpunkte zu legen und die Streuung der Daten um diese Kurve zu quantifizieren. Dazu wird in der Regel die kleinste Summe der Abweichungsquadrate verwendet (engl.: *least-squares method*). Im folgenden erklären wir die Methode am Beispiel einer Geraden. Für Kurven höherer Ordnung, die durch eine Datenwolke gelegt werden sollen, gelten die gleichen Regeln. Die Daten bestehen aus n Werten von y für ebenso viele Werte von x. Wir numerieren diese mit y_i und x_i von $i = 1$ bis n. Durch die Datenwolke wollen wir eine Gerade der Form $y = ax + b$ legen, für die a und b zunächst unbekannt sind. Setzen wir unsere Werte in diese Geradengleichung ein, erhalten wir:

$$y_i = ax_i + b - e \ , \tag{A.45}$$

worin e der Fehler ist, mit dem ein Datenpunkt von der Geraden abweicht. Damit die Summe der Abweichungsquadrate minimiert wird, muß die Summe der Quadrate dieser Fehler minimal sein. Das heißt:

$$\sum_{i=1}^{n} e^2 = \sum_{i=1}^{n} (ax_i + b - y_i)^2 \tag{A.46}$$

soll minimiert werden. Dazu wird Gl. A.46 partiell nach a und b differenziert, gleich null gesetzt und nach a beziehungsweise b aufgelöst. Mit den Differentiationsregeln aus Tabelle B.1 ergibt das für die Differenzierung nach a:

$$0 = \frac{\partial \left(\sum_{i=1}^{n} (ax_i + b - y_i)^2 \right)}{\partial a} = \sum_{i=1}^{n} 2x_i (ax_i + b - y_i)^2 \ \ . \tag{A.47}$$

Die Differenzierung nach b ergibt:

$$0 = \frac{\partial \left(\sum_{i=1}^{n} (ax_i + b - y_i)^2 \right)}{\partial b} = \sum_{i=1}^{n} 2(ax_i + b - y_i)^2 \ \ . \tag{A.48}$$

Die Gleichungen A.47 und A.48 können vereinfacht und simultan nach a und b aufgelöst werden. Es ergibt sich:

$$a = \frac{n \left(\sum_{i=1}^{n} x_i y_i \right) - \left(\sum_{i=1}^{n} x_i \right) \left(\sum_{i=1}^{n} y_i \right)}{n \left(\sum_{i=1}^{n} x_i^2 \right) - \left(\sum_{i=1}^{n} x_i \right)^2} \ , \tag{A.49}$$

$$b = \frac{\left(\sum_{i=1}^{n} y_i \right) \left(\sum_{i=1}^{n} x_i^2 \right) - \left(\sum_{i=1}^{n} x_i \right) \left(\sum_{i=1}^{n} x_i y_i \right)}{n \left(\sum_{i=1}^{n} x_i^2 \right) - \left(\sum_{i=1}^{n} x_i \right)^2} \ . \tag{A.50}$$

Das sind die Koeffizienten der „besten Geraden" von Gl. A.45. Diese beiden Gleichungen (Gl. A.49 und Gl. A.50) können leicht programmiert werden.

Die Fehler dieser Werte, angegeben als Standardabweichung, sind durch

$$(\partial a)^2 = \frac{n \sum_{i=1}^n e_i^2}{(n-2)\left(n\left(\sum_{i=1}^n x_i^2\right) - \left(\sum_{i=1}^n x_i\right)^2\right)} \tag{A.51}$$

sowie

$$(\partial b)^2 = \frac{\left(\sum_{i=1}^n x_i^2\right)\left(\sum_{i=1}^n e_i^2\right)}{(n-2)\left(n\left(\sum_{i=1}^n x_i^2\right) - \left(\sum_{i=1}^n x_i\right)^2\right)} \tag{A.52}$$

gegeben.

A.5.3
Numerische Lösung unlösbarer Gleichungen

Viele unlösbare Gleichungen sind relativ leicht numerisch berechenbar, wenn sie in zwei Teile getrennt werden. Wie das getan wird, zeigen wir hier am Beispiel der transzendentalen Gl. 6.3. Sie hat die Form

$$cx = ae^{-bx} + d \ . \tag{A.53}$$

Dabei sind alle anderen Parameter der Gl. 6.3 in die Konstanten a, b, c und d zusammengefaßt. Gleichung A.53 ist nicht nach x auflösbar. Um sie numerisch zu lösen, teilen wir die rechte und die linke Seite in zwei neue Gleichungen auf. Wir schreiben für die linke Seite:

$$z = cx \tag{A.54}$$

und für die rechte:

$$z = ae^{-bx} + d \quad \text{oder} \quad x = \frac{\ln\left(\frac{z-d}{a}\right)}{-b} \ . \tag{A.55}$$

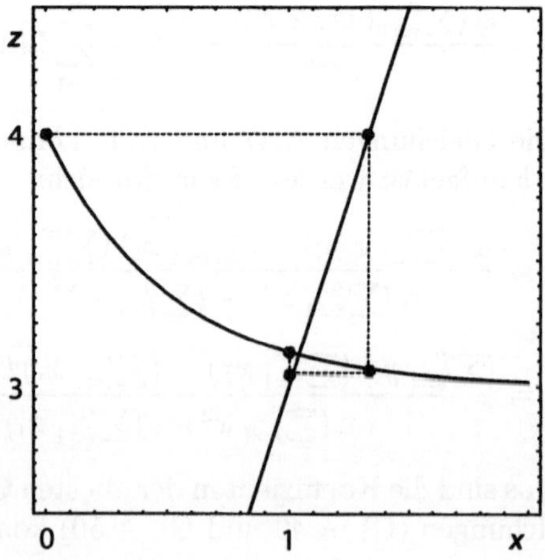

Abb. A.12. Illustration zur numerischen Lösung von Gl. A.53. Die Konstanten sind $a = 1$, $b = 2$, $c = 3$ und $d = 3$.

Diese beiden Funktionen sind in Abb. A.12 dargestellt. Für die Konstanten $a = 1$, $b = 2$, $c = 3$ und $d = 3$ ist Gl. A.54 die steil verlaufende Gerade und Gl. A.55 die nach rechts abfallende Kurve. Der Schnittpunkt der beiden Kurven ist die Lösung von Gl. A.53. Er kann durch abwechselnde Lösung von Gl. A.54 und A.55 gefunden werden. Dazu raten wir einen Wert von x, setzen diesen in Gl. A.54 ein, um z zu berechnen, setzen diesen Wert von z in Gl. A.55 ein, um ein neues x zu bestimmen usw. In Abb. A.23 führt das für ein anfänglich geratenes $x = 0$ zu der Serie: $z = 4$, $x = 1,333$, $z = 3,069$, $x = 1,023$, $z = 3,129$, $x = 1,043$, $z = 3,124$ usw. Das Ergebnis konvergiert auf eine Lösung von $x \approx 1,04$ und $z \approx 3,12$. Die Lösung kann beliebig genau bestimmt werden. Diese Methode kann aber auch zu falschen Ergebnissen führen, z. B. wenn eine der beiden Funktionen über lokale Minima oder Maxima verfügt.

A.6
Übungsaufgaben

Aufgabe A.1. Gleichung 4.42 beschreibt die Biegung ozeanischer Lithosphärenplatten. Darin ist w die vertikale Auslenkung der Platte, also die Variable, für die wir die Gleichung auflösen wollen, um die Form einer elastisch gebogenen Platte zu beschreiben. Formuliere eine dafür geeignete explizite Annäherung dieser Gleichung mit der Methode der finiten Differenzen. Benutze dazu eine Fortführung des in Gl. A.15 vorgestellten Schemas

Aufgabe A.2. Gleichung 3.45 beschreibt gleichzeitige Diffusion und eindimensionalen Materialtransport. Formuliere eine explizite finite Differenzannäherung für diese Gleichung. Benutze ein Vorwärtsdifferenzierungsschema für den Materialtransport. Folge den Schemata in Gl. A.13 und Gl. A.14

Aufgabe A.3. Zeichne Abb. A.7 noch einmal sorgfältig auf, um zu ergründen, warum Rückwärtsdifferenzierungsschemata bei der Beschreibung des Transports unstabil sind. Betrachte dazu auch das Schema der Gl. A.23, sowie ein entsprechendes Rückwärtsschema für $u = \Delta x / \Delta t$.

Anhang B
Wiederholung wichtiger mathematischer Regeln

Tabelle B.1. Allgemeine Differentiationsregeln am Beispiel der Funktion $y = f(x)$. u und v sind ebenfalls Funktionen von x. a ist eine Konstante. $f'(x)$ bzw. y' ist die erste Ableitung von y nach $\mathrm{d}x$

$f(x)$	$f'(x)$
$y = au$	$y' = a(\mathrm{d}u/\mathrm{d}x)$
$y = x^a$	$y' = ax^{a-1}$
$y = a^x$	$y' = a^x \ln(a)$
$y = x^x$	$y' = (1 + \ln(x))x^x$
$y = u + v$	$y' = (\mathrm{d}u/\mathrm{d}x) + (\mathrm{d}v/\mathrm{d}x)$
$y = uv$	$y' = u(\mathrm{d}v/\mathrm{d}x) + v(\mathrm{d}u/\mathrm{d}x)$
$y = \frac{u}{v}$	$y' = (v\,\mathrm{d}u/\mathrm{d}x - u\,\mathrm{d}v/\mathrm{d}x)/v^2$
$y = u^v$	$y' = u^v\left((v/u)(\mathrm{d}u/\mathrm{d}x) + \ln u\,(\mathrm{d}v/\mathrm{d}x)\right)$

Tabelle B.2. Spezielle Differentiale der Funktion $y = f(x)$. $f'(x)$ bzw. y' ist die erste Ableitung von y nach $\mathrm{d}x$. Die Tabelle kann auch umgekehrt gelesen werden, so daß $f(x)$ spezielle Integrale der Funktion $f'(x)$ sind

$f(x)$		$f'(x)$
$y = \frac{1}{x}$	$= x^{-1}$	$y' = -x^{-2}$
$y = \ln(x)$		$y' = \frac{1}{x\ln(10)}$
$y = \log(x)$	$= \frac{\ln(x)}{\ln(10)}$	$y' = \frac{1}{x}$
$y = \mathrm{e}^x$		$y' = \mathrm{e}^x$
$y = \mathrm{e}^{ax}$		$y' = a\mathrm{e}^x$
$y = x\ln x - x$		$y' = \ln(x)$
$y = \sin x$		$y' = \cos x$
$y = \cos x$		$y' = -\sin x$
$y = \tan x$		$y' = \sec x$

Tabelle B.3. Logarithmenregeln und besondere Werte. Im gesamten Buch wird „ln" für den natürlichen Logarithmus (zur Basis e) verwendet und „log" für den Logarithmus zur Basis 10

$$\ln(xy) = \ln(x) + \ln(y)$$
$$\ln(x/y) = \ln(x) - \ln(y)$$
$$\ln(x^y) = y\ln(x)$$
$$\ln(e) = 1$$
$$\ln(1) = 0$$
$$\ln(0) = -\infty$$
$$\log(x) = \ln(x)/\ln(10) \quad = \log(e)\ln(x)$$
$$\ln(10)\log(e) = 1$$

Tabelle B.4. Formeln für Dreiecke mit den Seiten a, b und c und den diesen Seiten gegenüberliegenden Winkeln α, β und γ

Rechtwinklige ebene Dreiecke ($\gamma = 90°$)

$$a^2 + b^2 = c^2 \qquad\qquad \text{Satz des Pythagoras}$$
$$\sin(\alpha) = a/c$$
$$\cos(\alpha) = b/c$$
$$\text{tg}(\alpha) = a/b$$
$$\text{ctg}(\alpha) = b/a$$
$$\text{Fläche} = (a \times b)/2$$

Allgemeine ebene Dreiecke

$$\frac{a}{\sin\alpha} = \frac{b}{\sin\beta} = \frac{c}{\sin\gamma}$$
$$\cos(\alpha) = (c^2 + b^2 - a^2)/(2bc)$$
$$\text{Fläche} = (bc\sin(\alpha))/2 = [s(s-a)(s-b)(s-c)]^{1/2} \qquad s = 1/2(a+b+c)$$

Sphärische Dreiecke

$$\frac{\sin a}{\sin\alpha} = \frac{\sin b}{\sin\beta} = \frac{\sin c}{\sin\gamma}$$
$$\cos(a) = \cos(b)\cos(c) + \sin(b)\sin(c)\cos(\alpha)$$

Tabelle B.5. Volumen, Oberfläche und andere Maße geometrischer Körper

Würfel mit Kantenlänge a

Oberfläche	$= 6a^2$
Volumen	$= a^3$
Flächendiagonale	$= a\sqrt{2}$
Raumdiagonale	$= a\sqrt{3}$

Tetraeder mit Kantenlänge a

Oberfläche	$= a^2\sqrt{3}$
Volumen	$= \frac{1}{12}a^3\sqrt{2}$

Kugel mit Radius r

Oberfläche	$= 4\pi r^2$
Volumen	$= \frac{4}{3}\pi r^3$

Kegel mit Radius r und Höhe H

Oberfläche (des Mantels)	$= r\pi s$	$s = (r^2 + H^2)^{0,5}$
Volumen	$= \frac{1}{3}\pi r^2 H$	

Kreiszylinder mit Radius r und Höhe H

Oberfläche (des Mantels)	$= 2r\pi H$
Volumen	$= r^2\pi H$

Tabelle B.6. Definitionen und Umformungen der Winkelfunktionen

$$\csc x = 1/\sin x$$
$$\sec x = 1/\cos x$$
$$\tan x = \sin x/\cos x$$
$$\operatorname{ctg} x = \cos x/\sin x = 1/\tan x$$
$$\sin^2 x + \cos^2 x = 1$$

Tabelle B.7. Besondere Werte der Winkelfunktionen (s. Abb. B.1)

Winkel	$\alpha = 0°$	$\alpha = 30°$	$\alpha = 45°$	$\alpha = 60°$	$\alpha = 90°$
Rad	0	$\pi/6$	$\pi/4$	$\pi/3$	$\pi/2$
$\sin\alpha$	0	0,5	$\sqrt{2}/2$	$\sqrt{3}/2$	1
$\cos\alpha$	1	$\sqrt{3}/2$	$\sqrt{2}/2$	0,5	0
$\tan\alpha$	0	$1/\sqrt{3}$	1	$\sqrt{3}$	∞
$\operatorname{ctg}\alpha$	∞	$\sqrt{3}$	1	$1/\sqrt{3}$	0

Abb. B.1. Einheitskreis mit Definitionen der Winkelfunktionen

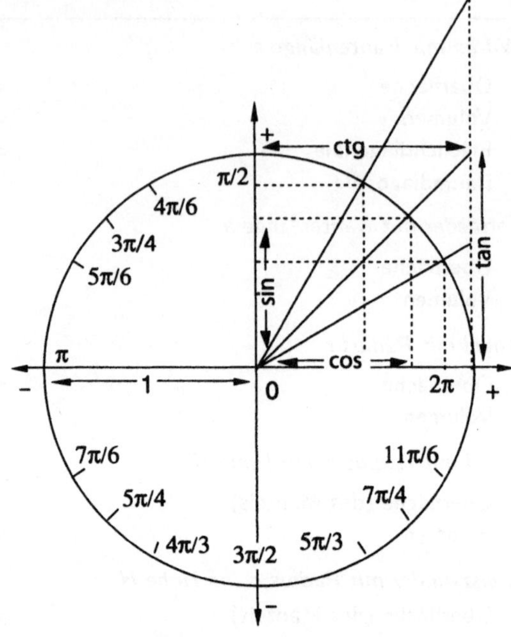

Tabelle B.8. Lösung quadratischer Gleichungen der Form $ax^2 + bx + c = 0$

$$x_{1,2} = -\frac{b}{2a} \pm \frac{1}{2a}\sqrt{b^2 - 4ac}$$

Tabelle B.9. Näherung der Fehlerfunktion unter Verwendung der Konstanten $a = 0{,}3480242$; $b = -0{,}0958798$ und $c = 0{,}7478556$ sowie $y = 1/(1 + 0{,}47047x)$

$$\mathrm{erf}(x) \approx 1 - \left(ay + by^2 + cy^3\right)\mathrm{e}^{-x^2}$$

Anhang C
Symbole, Einheiten und wichtige Größen

Tabelle C.1. Symbole und Einheiten der wichtigsten in diesem Buch verwendeten Größen. Physikalische Konstanten und Daten der Erde sind in Tabelle C.3 und C.4 zu finden, Symbole mit griechischen Buchstaben in Tabelle C.2. Über die hier angeführten Symbole hinaus kommen in diesem Buch nur wenige Abkürzungen vor, z. B. die Buchstaben A, B, C, D, P, X usw. zur Bezeichnung bestimmter Punkte. Die Grundparameter erhalten im Text oft eine nähere Spezifizierung durch tiefgestellte Indizes: z. B. steht q für Wärmefluß und q_s für den Wärmefluß an der Erdoberfläche. Zu den wichtigsten tiefgestellten Indizes zählen: l für Lithosphäre; c für Kruste; m für Mantel; i, j und n für Numerierungen; x, y und z für räumliche Richtungen und o für Ausgangswerte

Symbol	Größe	Einheit	1. Nennung
Ar	Argandzahl	–	Gl. 6.29
A	Fläche	m^2	Gl. 3.2
A_o	... der Ozeane	m^2	Abschn. 2.1
A	Präexponentialkonstante	MPa^{-n}	Gl. 3.26; 5.38
A_q	... von Quarz-Kriechen	$MPa^{-n}\,s^{-1}$	Tabelle 5.2
A_o	... von Olivin	$MPa^{-n}\,s^{-1}$	Tabelle 5.2
a	allgemeine Konstante	variabel	Gl. 3.19
b	allgemeine Konstante	variabel	Gl. 3.19
c	allgemeine Konstante	variabel	
c	Lichtgeschwindigkeit	$2{,}99792 \cdot 10^8\ m\,s^{-1}$	Aufgabe 3.5
c_p	Wärmekapazität	$\approx 1\,000\ J\,s^{-1}\,m^{-1}\,K^{-1}$	Gl. 3.3
c_{pf}	... von Fluiden	$J\,s^{-1}\,m^{-1}\,K^{-1}$	Gl. 3.48
C	Integrationskonstante	variabel	Gl. 3.56
D	Drall	$kg\,m^2\,s^{-1}$	Abschn. 2.2.4
D	Rigidität elastischer Platten	Nm	Gl. 4.38
D	Deformation	–	Abschn. 7
D	Diffusivität von Masse	$m^2\,s^{-1}$	Gl. 4.49
D_0	Präexponent Diffusivität	$m^2\,s^{-1}$	Gl. 7.5
e	Längung	–	Gl. 5.1
e	Dehnungsbetrag	–	Abb. 5.5
e	Fehler	–	Gl. A.45
E	Youngs Modul	Pa	Gl. 4.39
E	Energie	J	
E_p	potentielle Energie pro Fläche	$J\,m^{-2}$	Gl. 5.44
E_k	kinetische Energie	J	Gl. 5.59
f	Frequenz	s^{-1}	Gl. 3.106
f	Elliptizität	–	Gl. 4.1
f_c	ϵ_z der Kruste	–	Gl. 3.76
f_l	ϵ_z der Lithosphäre	–	Gl. 3.76
F	Kraft	N	Abschn. 2.2.4
F_b	potentielle Energie	$N\,m^{-1}$	Gl. 5.44
F_d	tektonische Antriebskraft	$N\,m^{-1}$	Gl. 6.21
F_{eff}	effektive Antriebskraft	$N\,m^{-1}$	Gl. 6.21
F_l	Festigkeit, integrierte Spannung	$N\,m^{-1}$	Gl. 5.43
g	geothermischer Gradient	$°C\,m^{-1}$	Gl. 3.46
g	Beschleunigung (meist: Erd-...)	$m\,s^{-2}$	Gl. 4.15

Tabelle C.1. *Fortsetzung*

Symbol	Größe	Einheit	1. Nennung
G	geometrischer Faktor für T_c	–	Gl. 7.9
G	Gibbssche Energie	J	Gl. 7.2
h	elastische Mächtigkeit	m	Gl. 4.39
h	dimensionslose Höhe	–	Gl. 1.2
h_r	exponentieller Abfall	m	Gl. 3.64
h_s	erodierbare Mächtigkeit	m	Gl. 4.50
H	Wärmeinhalt (volumetrisch)	$J\,m^{-3}$	Abb. 3.9; Gl. 3.103
H	Höhe	m	Gl. 1.2
I	Impuls	$kg\,m\,s^{-1}$	Abschn. 2.2.4
I	Tensor Invariante	variabel	Gl. 5.5
J	Massenträgheitsmoment	$kg\,m^2$	Abschn. 2.2.4
k	Wärmeleitfähigkeit	$J\,s^{-1}\,m^{-1}\,K^{-1}$	Gl. 3.1
K	Bulk-Modul	Pa	Abschn. 5.1.2
K	Gleichgewichtskoeffizient	–	Gl. 7.2
K_f	proport. Sedimentkapazität	–	Gl. 4.60
l	Größe, Mächtigkeit, Länge	m	Gl. 3.17
L	Schmelzwärme	$J\,kg^{-1}$	Gl. 3.35
L	Sedimentmächtigkeit	m	Gl. 6.2
L_0	...dekompaktiert 1 Schicht	m	Gl. 6.2
L^*	...dekompaktiert gesamt	m	Gl. 6.2
m	Masse	kg	Gl. 1.1
M	Moment	N m	Gl. 4.38
N	Zähler, Anzahl	–	Gl. 3.97
n	Power law-Exponent	–	Gl. 5.39
n	allgemeiner Zähler	–	Gl. 3.15
Pe	Pecletzahl	–	Gl. 3.49
P	Druck	Pa	Gl. 5.7
Q	Aktivierungs-*E-Diffusion*	$J\,mol^{-1}$	Gl. 7.5
Q	Aktivierungs-*E-Kriechen*	$J\,mol^{-1}$	Gl. 3.26; 5.38
Q_q	...von Quarz-Kriechen	$J\,mol^{-1}$	Tabelle 5.2
Q_o	...von Olivin-Kriechen	$J\,mol^{-1}$	Tabelle 5.2
Q_D	...von Dorn law-Kriechen	$J\,mol^{-1}$	Gl. 5.42
q	Last auf einer Platte	Pa	Gl. 4.40
q	Wärmefluß , Massefluß	$W\,m^{-2}$	Gl. 3.1
q_s	...an der Erdoberfläche	$W\,m^{-2}$	Gl. 3.54
q_m	...vom Mantel (an der Moho)	$W\,m^{-2}$	Gl. 3.54
q_{rad}	...durch Radioakt. verursacht	$W\,m^{-2}$	Gl. 6.12
q_r	Wasserfluß	$m^2\,s^{-1}$	Gl. 4.60
q_f	Sedimentfluß in Gewässern	$m^2\,s^{-1}$	Gl. 4.60
r	Radius	m	Gl. 1.1, 3.11
r	Abstand in Polarkoordinaten	m	Gl. 1.1, 3.11
R	Erdradius	m	Gl. 2.1
R_A	...am Äquator	6 378,139 km	Gl. 4.1
R_P	...am Pol	6 356,75 km	Gl. 4.1

Tabelle C.1. *Fortsetzung*

Symbol	Größe	Einheit	1. Nennung
s	Dehnung, Streckung	–	Gl. 5.1
s	Kühlrate	$^{\circ}\mathrm{C}\,\mathrm{s}^{-1}$	Gl. 3.94
S	Wärmeproduktionsrate	$\mathrm{J}\,\mathrm{s}^{-1}\,\mathrm{m}^{-3}$	Gl. 3.21
S_{chem}	…chemische	$\mathrm{J}\,\mathrm{s}^{-1}\,\mathrm{m}^{-3}$	Gl. 3.23
S_{mec}	…mechanische	$\mathrm{J}\,\mathrm{s}^{-1}\,\mathrm{m}^{-3}$	Gl. 3.23
S_{red}	…radioaktive	$\mathrm{J}\,\mathrm{s}^{-1}\,\mathrm{m}^{-3}$	Gl. 3.23
S_0	…an der Erdoberfläche	$\mathrm{J}\,\mathrm{s}^{-1}\,\mathrm{m}^{-3}$	Gl. 3.64
S	Entropie	$\mathrm{J}\,\mathrm{K}^{-1}$	Gl. 3.34
SL	Seeniveau	m	Gl. 6.5
t	Zeit	s	Gl. 3.3
t_a	Diffusionsalter	m^2	Gl. 4.56
t_E	Erosionszeitkonstante	s	Gl. 4.9
T	Temperatur	$^{\circ}\mathrm{C}$; K	Gl. 3.1
T_A	…am Anfang	$^{\circ}\mathrm{C}$; K	Gl. 3.28, 7.8
T_b	…vom Nebengestein	$^{\circ}\mathrm{C}$; K	Gl. 3.89
T_c	…Schließtemperatur	$^{\circ}\mathrm{C}$; K	Gl. 7.9
T_E	…am Ende	$^{\circ}\mathrm{C}$; K	Gl. 3.28, 7.8
T_i	…Intrusionstemperatur	$^{\circ}\mathrm{C}$; K	Gl. 3.89
T_l	…an der Lithosphärenbasis	$\approx 1\,200\text{–}1\,300\,^{\circ}\mathrm{C}$	Gl. 3.58
T_l	…Liquidus	$^{\circ}\mathrm{C}$; K	Gl. 3.41
T_s	…Solidus	$^{\circ}\mathrm{C}$; K	Gl. 3.41
T_s	…an der Oberfläche	$^{\circ}\mathrm{C}$; K	Gl. 3.85
T_0	…Ausgangstemperatur	$^{\circ}\mathrm{C}$; K	Gl. 3.106
u	Geschwindigkeit, Rate	$\mathrm{m}\,\mathrm{s}^{-1}$	Gl. 3.43
U	Umfang	m	Abschn. 4.0.1
v	Geschwindigkeit, Rate	$\mathrm{m}\,\mathrm{s}^{-1}$	Gl. 4.4
v_f	…von Fluiden	$\mathrm{m}\,\mathrm{s}^{-1}$	Gl. 3.48
v_{ex}	Exhumierungsrate	$\mathrm{m}\,\mathrm{s}^{-1}$	Gl. 4.4
v_{er}	Erosionsrate	$\mathrm{m}\,\mathrm{s}^{-1}$	Gl. 4.7
v_{ro}	Hebungsrate von Gesteinen	$\mathrm{m}\,\mathrm{s}^{-1}$	Gl. 4.4
v_{up}	Hebungsrate der Oberfläche	$\mathrm{m}\,\mathrm{s}^{-1}$	Gl. 4.4
V	Volumen	m^3	Gl. 3.2
w	Winkelgeschwindigkeit	s^{-1}	Abschn. 2.2.4
w	Wassertiefe	m	Gl. 4.27
w	Plattenauslenkung	m	Gl. 4.38
x	Raumkoordinate (horizontal)	m	Abschn. 1.2
X	Molenbruch	–	Gl. 7.3
y	Raumkoordinate (horizontal)	m	Abschn. 1.2
z	Raumkoordinate (vertikal)	m	Abschn. 1.2
z_c	Mächtigkeit der Kruste	km	Abschn. 2.4.1; Gl. 3.60
z_i	Anfangstiefe	m	Gl. 3.47
z_l	Mächtigkeit der Lithosphäre	m	Abschn. 2.4.1; Gl. 3.69
z_{rad}	radioak. Schichtmächtigkeit	$\approx 7\text{–}10$ km	Gl. 3.54

Tabelle C.2. Griechische Symbole

Parameter	Erklärung	Wert, Einheit	1. Nennung
α	Expansionskoeffizient	$\approx 3 \cdot 10^{-5}\,^{\circ}\mathrm{C}^{-1}$	Gl. 3.33
α	Winkel allgemein	Rad.	Gl. 3.104
α	Flexurparameter	m	Gl. 4.43
β	Kompressibilität (isothermale)	Pa^{-1}	Gl. 3.32; 5.24
β	Dehnungsfaktor Mantellith.	–	Gl. 6.9
δ	Dehnungsfaktor Kruste	–	Gl. 6.9
δ	Dichteratio	–	Gl. 4.24
η	Viskosität	Pa s	Gl. 5.37
ϵ	Verformung/Strain	–	Gl. 5.21
$\dot{\epsilon}$	Verformungsrate	s^{-1}	Gl. 1.5
κ	Diffusivität	$\mathrm{m}^2\,\mathrm{s}^{-1}$	Gl. 3.5
λ	geographische Länge	Grad	Gl. 2.2; Abb. 2.3
λ	Wellenlänge	m	Gl. 3.108
λ	Porenfluiddruckverhältnis	–	Gl. 5.29
λ_c	...der Kruste	–	Abb. 5.17
λ_l	...der Lithosphäre	–	Abb. 5.17
μ	Reibungskoeffizient	–	Gl. 5.25
ν	Poissonsche Konstante	–	Gl. 4.39
ϕ	geographische Breite	Grad	Abb. 2.3
ϕ	Porosität	–	Gl. 3.48
ϕ_0	...an der Erdoberfläche	–	Gl. 6.1
ϕ	Reibungswinkel	Rad.	Gl. 5.28
ρ	Dichte	$\mathrm{kg\,m}^{-3}$	Gl. 3.3
ρ_c	...der Kruste	$\mathrm{kg\,m}^{-3}$	Gl. 4.17
ρ_g	...von Sedimentkörnern	$\mathrm{kg\,m}^{-3}$	Abb. 6.3; Gl. 6.6
ρ_0	...des Mantels bei 0 °C	$\approx 3\,300\ \mathrm{kg\,m}^{-3}$	Gl. 4.21
ρ_L	...eines Sedimentstapels	$\mathrm{kg\,m}^{-3}$	Gl. 6.5
ρ_m	...des Mantels bei T_l	$\approx 3\,200\ \mathrm{kg\,m}^{-3}$	Gl. 4.17
ρ_w	...von Wasser	$\approx 1\,000\ \mathrm{kg\,m}^{-3}$	Gl. 4.27
σ	Spannung	Pa	Gl. 5.2
$\sigma_1,\ \sigma_2,\ \sigma_3$	Hauptspannung	Pa	Gl. 5.4
σ_d	Differentialspannung	Pa	Gl. 3.24
σ_n	Normalspannung	Pa	Gl. 5.25
σ_D	...kritische, Dorn law-Kriechen	Pa	Gl. 5.42
τ	thermische Zeitkonstante	s	Gl. 3.17
τ	Scherspannung	Pa	Gl. 5.3
θ	dimensionslose Temperatur	–	Gl. 1.3; 3.92
θ	Bruchflächenwinkel zu σ_1	Rad.	Abb. 5.6
ξ	Expansionsratio	–	Gl. 4.24

Tabelle C.3. Wichtige Daten der Erde

Äquatorialradius	6 378,139 km
Polradius	6 356,750 km
Erdkerndurchmesser	3 468 km
Volumen	$1{,}083 \cdot 10^{21}$ m^3
Masse	$5{,}973 \cdot 10^{24}$ kg
Oberfläche	$5{,}10 \cdot 10^{14}$ m^2
Fläche der Kontinente	$1{,}48 \cdot 10^{14}$ m^2
Fläche kontinentaler Lithosphäre	$2{,}0 \cdot 10^{14}$ m^2
Fläche ozeanischer Lithosphäre	$3{,}1 \cdot 10^{14}$ m^2
mittlere Höhe der Kontinente	825 m
mittlere Tiefe der Meere	3 770 m
Gesamtlänge Mittelozeanischer Rücken	$\approx$ 60 000 km

Tabelle C.4. Wichtige physikalische Konstanten

physikalische Größe	Symbol	Wert
Gaskonstante	R	$8{,}3144$ J mol^{-1} K^{-1}
Graviationskonstante	G	$6{,}6732 \cdot 10^{-11}$ N m^2 kg^{-2}

Tabelle C.5. SI-Einheiten

physikalische Größe	im Text verwendete Symbole	Einheit	Abkürzung
Länge	x, y, z	Meter	m
Zeit	t	Sekunde	s
Masse	m	Kilogramm	kg
Temperatur	T	Kelvin	K

Tabelle C.6. Wichtige abgeleiteten Größen

physikalische Größe	im Text verwendete Symbole	Einheit	Abkürzung	SI-Einheit
Kraft	F	Newton	$N = kg\,g$	$kg\,m\,s^{-2}$
Druck	P	Pascal	$Pa = N\,m^{-2}$	$kg\,m^{-1}\,s^{-2}$
Energie	E	Joule	$J = N\,m$	$kg\,m^2\,s^{-2}$
Leistung		Watt	$W = J\,s^{-1}$	$kg\,m^2\,s^{-3}$

Tabelle C.7. Umrechnung abgeleiteter Größen

physikalische Größe	Umrechnung
Kraft	$= Masse \times Beschleunigung = kg\,m^{-2}$ $= Druck \times Länge = Pa\,m$
Druck	$= Kraft\ pro\ Fläche = N\,m^{-2}$ $= Energie\ pro\ Volumen = J\,m^{-3}$
Energie	$= Kraft \times Weg = Nm$ $= Masse \times Geschwindigkeit^2 = kg\,m^2\,s^{-2}$
Leistung	$= Arbeit\ pro\ Zeit = J\,s^{-1} = W$
Geschwindigkeit	$= Weg\ pro\ Zeit = m^{-1}$
Beschleunigung	$= Geschwindigkeit\ pro\ Zeit = m^{-2}$

Tabelle C.8. Andere gebräuchliche Einheiten und ihre Umrechnung in SI-Einheiten. Zahlen sind höchstens bis zu vier Dezimalstellen genau angegeben

Größe	Einheit	Umrechnung
Länge	1 Angström	$= 10^{-10}$ m
	1 Mikrometer (μm)	$= 10^{-6}$ m
	1 Millimeter (mm)	$= 10^{-3}$ m
	1 Kilometer (km)	$= 10^{3}$ m
	1 Fuß (ft)	$= 0{,}3048$ m
	1 Inch (in)	$= 2{,}54$ cm
	1 Meile (mi)	$= 1{,}6093$ km
	1 Yard (yd)	$= 0{,}9144$ m
	1 nautische Meile(nmi)	$= 1{,}852$ km
	$1°$ geogr. Breite	$= 60$ nmi $= 111{,}12$ km
Fläche	1 Hektar (ha)	$= 10^{4}$ m^2
	1 Acre	$= 4\,046{,}9$ m^2
Volumen	1 Liter (l)	$= 10^{-3}$ m^3
	1 Gallone (US)	$= 3{,}7854$ l
	1 Gallone (UK)	$= 4{,}5461$ l
	1 Hektoliter (hl)	$= 100$ l
	1 Barrel (US)	$= 158{,}98$ l
Zeit	1 Tag	$= 8{,}64 \cdot 10^{4}$ s
	1 Million Jahre (my)	$= 3{,}1557 \cdot 10^{13}$ s
Temperatur	$1\,°$C	$= 1$ K $(0\,°$C$ = 273{,}16$ K$)$
Kraft	1 dyn	$= 1$ g cm$^{-2} = 10^{-5}$ N
Druck	1 bar	$= 10^{5}$ Pa
	1 Atmosphäre (atm)	$= 1{,}0133 \cdot 10^{5}$ Pa $= 760$ mm Hg
	1 mm Hg	$= 1{,}3332 \cdot 10^{2}$ Pa
	1 lb in^{-2}	$= 6{,}8947 \cdot 10^{3}$ Pa
Energie(fluß)	1 cal	$= 4{,}184$ J
	1 erg	$= 1$ dyn cm $= 10^{-7}$ J
	1 Heat flow unit (hfu)	$= 10^{-6}$ cal cm^{-2} s$^{-1} = 0{,}04184$ W m^{-2}
	1 Pferdestärke (PS)	$= 746$ W
Viskosität	1 Poise	$= 0{,}1$ Pa s

Anhang D
Antworten zu den Übungsaufgaben

Im folgenden werden die Lösungen zu den meisten Übungsaufgaben gegeben.

Aufgabe 2.1. $1 + 1/(2\pi n)$ km vom Südpol entfernt, wobei n eine ganze Zahl ist. Es gibt also nicht nur einen Punkt, sondern unendlich viele Punkte auf der Erdoberfläche, an denen dieses Experiment möglich ist.

Aufgabe 2.2. $(5/360) \cdot 24$ Stunden $= 20$ Minuten. Dabei ist die Angabe der nördlichen Breite überflüssig.

Aufgabe 2.3. Der Unterschied in der geographischen Länge beträgt $4°$ $42' = 282'$. Ähnlich wie in Aufgabe 2.2 ergibt sich ein Zeitunterschied von $282/(360 \cdot 60) \cdot 24$ Stunden $= 18{,}8$ Minuten.

Aufgabe 2.4. $x = C_1 \phi$ und $y = C_2 \mathrm{tg}\lambda$. Die Konstanten C_1 und C_2 können einen beliebigen Wert haben (z. B. 1). Sie sind eigentlich nicht notwendig, wurden hier aber eingefügt, um zu zeigen, daß die Mercatorprojektion auf jede beliebige Rechteckform dimensioniert werden kann.

Aufgabe 2.5. Die Ost-West-Entfernung we ergibt sich direkt aus der Formel für die Verringerung des Meridianabstands gegenüber dem Äquator (s. Gl. 2.2), wobei die Längendifferenz zwischen München und Wien $\Delta\phi = 5°$

Abb. D.1. Skizze zur Lösung
von Aufgabe 2.5

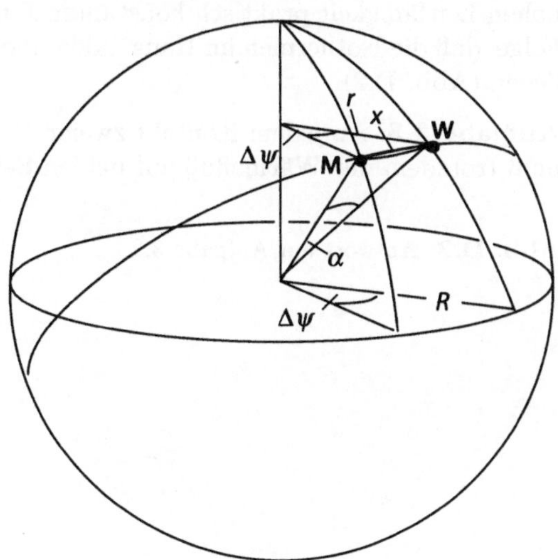

ist: $we = \cos\lambda \frac{\Delta\phi}{360} 2R\pi = 371\,961,3$ m. Der Kleinkreisradius r für den 48. Breitengrad beträgt $r = R\cos\lambda = 4\,262,362$ km. Für den Großkreiswinkel α zwischen Wien und München (Abb. D.1) gilt: $\sin(\alpha/2) = \sin(\Delta\phi/2)\cos(\lambda)$; dies läßt sich aus Abb. D.1, $x/2 = \sin(\Delta\phi/2)r$ und $\sin(\alpha/2) = x/(2R)$ leicht herleiten. Die Großkreisstrecke gr ergibt sich daher aus: $gr = \frac{\alpha}{360} 2R\pi$ $= 371\,896,1$ m. Sie ist also nur um ca. 63 m kürzer. Die direkte Entfernung durch die Erde hindurch beträgt $x = 371\,843,2$ m und ist damit um weitere 53 m kürzer. Die Höhe des „Erdberges" h, also die maximale Breite des Kreissegments zwischen Großkreis und direkter Strecke x, ergibt sich aus ähnlichen trigonometrischen Überlegungen, die graphisch leicht nachvollziehbar sind. Sie beträgt $h = R(1 - \cos(\alpha/2)) = 2\,713,8$ m.

Aufgabe 2.6. Es gibt insgesamt 10 Möglichkeiten: RRR, FFF, TTT, RRT, RRF, FFT, FFR, TTF, TTR, RTF. RRR-Triple Junctions sind immer stabil, FFF-Triple Junctions immer instabil. Die meisten anderen Triple Junctions können in stabiler oder instabiler Konfiguration auftreten. Ob eine Triple Junction stabil oder instabil ist, hängt nicht von der Art der Plattenbewegung, sondern von den jeweiligen Winkeln und Geschwindigkeiten ab.

Aufgabe 2.7. Das Drehmoment am Äquator beträgt $M = R \cdot 10^{12}$ Nm. Nördlich und südlich davon gilt: $M = r \cdot 10^{12}$ Nm. Mit $r = R\cos\lambda$ ergibt sich: $\lambda \approx 51°$ nördlicher oder südlicher Breite.

Aufgabe 3.1. Die Zeitdauer, während der die Gesteinstemperatur konstant bleibt, ergibt sich aus dem Quotienten „freiwerdende Wärme" durch „Wärmeverlustrate". Die volumetrisch freiwerdende Wärme ist $L\rho$, die Wärmeverlustrate bei der Abkühlung ist $dT/dt\rho c_p$. Die Zeitdauer ergibt sich daher aus der Pufferdauer $= L/c_p(dt/dT) = 3,2$ my. Die Tatsache, daß die Abkühlung 3,2 my lang unterbrochen wird, kann bedeuten, daß Paragenesen bei dieser Temperatur teilweise oder völlig reäquilibrieren.

Aufgabe 3.2. Intuitiv kann gesehen werden, daß der Erzkörper mit seiner hohen Leitfähigkeit praktisch konstanter Temperatur sein wird. Das hat zur Folge, daß die Isothermen im Hangenden und im Liegenden enger zusammenliegen (Abb. D.2).

Aufgabe 3.3. An jedem Kontakt zweier Medien verschiedener Leitfähigkeit muß trotzdem der Wärmefluß auf beiden Seiten des Kontaktes den gleichen

Abb. D.2. Antwort auf Aufgabe 3.2

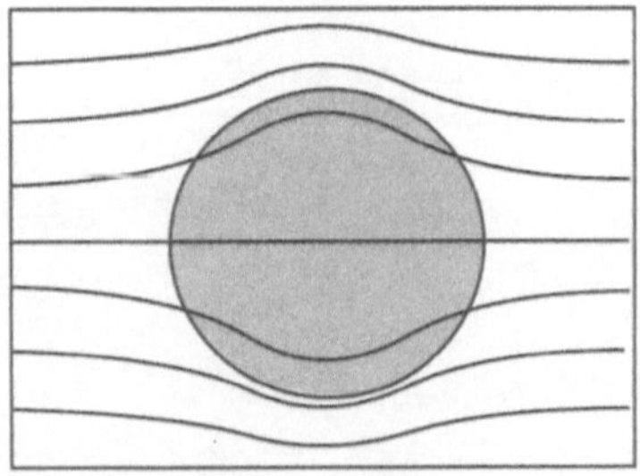

Betrag haben. Beim vorgegebenen linearen Temperaturgradienten ergibt sich daher $T_{5km} = 100\,°C$; $T_{7km} = 120\,°C$ und $T_{10km} = 180\,°C$.

Aufgabe 3.4. Gar keine! Die gesamte beim Verbrennen von Holz freiwerdende Wärme ist Reaktionswärme (chemische Wärmeproduktion)! Die „Festmasse" wird dabei in „Gasmasse" umgewandelt (im wesentlichen CO_2 und Wasser).

Aufgabe 3.5. Die freiwerdende Energie beträgt 10^{-3} kg $\times$ $300\,000^2$ km^2 s^{-2} $= 9 \cdot 10^{13}$ J, die Brenndauer beträgt $9 \cdot 10^{13}$ J $/\,60$ W $\approx 48\,000$ Jahre.

Aufgabe 3.6. Die Gesamtwärmeproduktion einer Lage mit konstanter volumetrischer Wärmeproduktion ist $S_o z_{rad}$. Die Fragestellung verlangt, daß die tiefenintegrierte Wärmeproduktion der gegebenen Verteilung diesem Produkt entsprechen muß. Es muß gelten: $S_o z_{rad} = \int_0^{z_w} S_o e^{-z/h_r}$. Integration ergibt: $h_r = 2z_{rad}$: $S_o z_{rad} = S_o h_r \left(1 - e^{(-z_w/h_r)}\right)$. Mit $hr = 2z_{rad}$ ergibt sich: $0,5 = e^{-z_w/(2z_{rad})}$ oder $z_w = 1,38 z_{rad}$.

Aufgabe 3.7. Nach Einsetzen der kosinusförmigen Verteilung der Wärmequellen in der Kruste in Gl. 3.53 ergibt eine erste Integration

$$k\frac{dT}{dz} = -S_o z + \frac{S_o z_c}{4\pi}\sin\left(2\pi z/z_c\right) + C_1$$

Die erste Konstante hat den Wert $C_1 = q_m + S_o z_c$, damit $kdT/dz = q_m$ an der Stelle $z = z_c$ gilt. Eine zweite Integration ergibt

$$T = \frac{S_o z_c z}{2k} + \frac{q_m z}{k} - \frac{S_o z^2}{4k} - \frac{S_o z_c^2}{8k\pi^2}\cos\left(\frac{2\pi z}{zc}\right) + C_2$$

Die zweite Konstante hat den Wert $C_2 = S_o z_c^2/(8k\pi^2)$, damit $T = 0$ an der Stelle $z = 0$ gilt. Die gegebene Funktion beschreibt maximale Wärmeproduktion in der Krustenmitte. Diese Situation könnte zum Beispiel entstehen, wenn Kruste mit normaler Verteilung wärmeproduzierender Elemente überschoben wird. Proterozoische Schilde, auf denen sich ein sedimentäres Becken gebildet hat, könnten von einer ähnlichen Verteilung charakterisiert sein.

Aufgabe 3.8. a) Differenzieren von Gl. 3.79 nach z ergibt

$$\frac{dT}{dz} = \frac{T_l}{f_l z_l} + f_c h_r S_o e^{-z/(f_c h_r)} + \frac{f_c^2 h_r^2 S_o}{f_l z_l}\left(e^{-\frac{z_l f_l}{f_c h_r}} - 1\right)$$

Der Mantelwärmefluß kann gefunden werden, wenn diese Gleichung mit k multipliziert und der Wert an der Stelle $z = z_c$ berechnet wird. b) ist in Abb. D.3 gelöst. c) Interessanterweise ändert sich der Mantelwärmefluß bei homogener Verdickung der Lithosphäre kaum, jedoch bei homogener Verdünnung dramatisch.

Aufgabe 3.9. a) Mit $\tau = l^2/\kappa$ ergeben sich ≈ 80 Jahre. b) $500\,°C$, direkt am Kontakt. c) 50 m $\cdot (T_i - T_b)\rho c_p = 5,4 \cdot 10^{10}$ J $/\,$m^2 Gangoberfläche. d) 40 Jahre ist etwa die Hälfte der thermischen Geschichte (s. a)). Die Abkühlung des Ganges verläuft zu Beginn am schnellsten. Der Gang wird daher etwas mehr

Abb. D.3. Antwort auf Aufgabe 3.8b. Die Werte für die Kur-
ven sind in $\mathrm{mW\,m^{-2}}$ angegeben

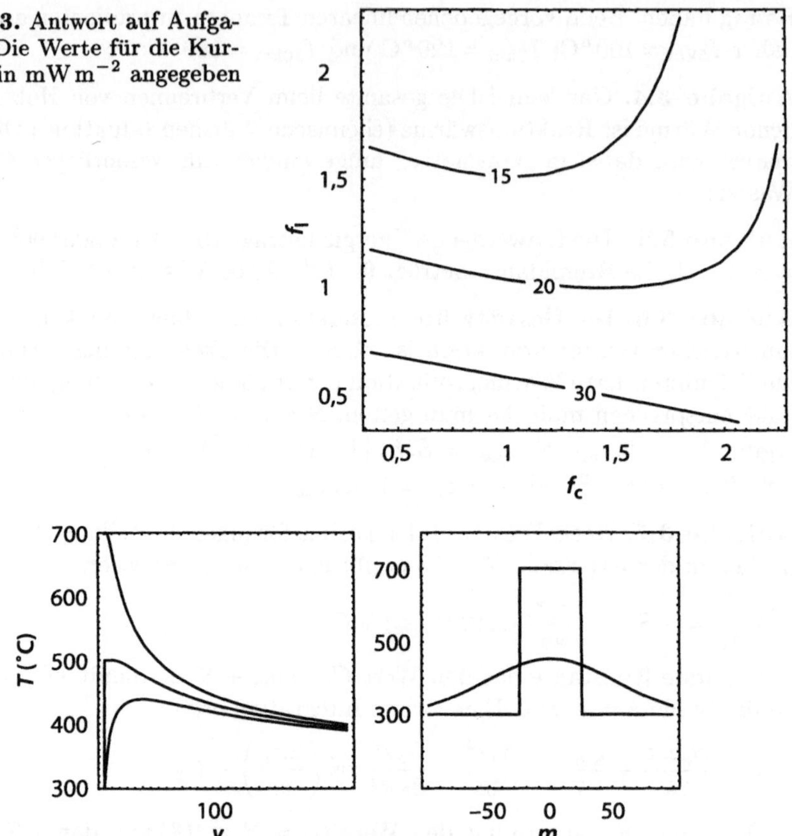

Abb. D.4. Antwort auf Aufgabe 3.10b und c

als die Hälfte seiner ursprünglichen Temperatur verloren haben. Die Fläche
unter der T-z-Kurve muß konstant bleiben, da keine Wärme verlorengehen
kann. Das ergibt etwa die Breite des Kontakthalos (s. auch Aufgabe 3.10).

Aufgabe 3.10. a) Durch Einsetzen von Gl. 3.95 in Gl. 3.93 ergeben sich
439 °C. Man beachte, daß für die Wahl des Koordinatensystems, für die
Gl. 3.93 geschrieben ist, $z = 35$ sein muß, um einen Punkt 10 m vom Kontakt
der Intrusion zu beschreiben. b) und c) sind in Abb. D.4 gelöst.

Aufgabe 3.11. a) Gleichung 3.85 ergibt, daß die Fehlerfunktion einen Wert
von 0,8333 annehmen muß, damit T 1000 °C beträgt. Wie Abb. 3.5 zeigt,
muß das Argument der Fehlerfunktion $\approx 0,98$ sein (daher: $0,98 = z/\sqrt{4\kappa t}$).
Es ergibt sich: $z = 98$ km. b) 0 km / 0 °C; 10 km / 371 °C; 20 km / 689 °C;
30 km / 921 °C; 40 km / 1067 °C; 50 km / 1144 °C; 75 km / 1196 °C; 100 km
/ 1199 °C.

Aufgabe 3.12. Die Tiefe der Gesteine, multipliziert mit dem geothermischen Gradienten, ergibt die Temperatur vor der Metamorphose, nämlich

Abb. D.5. Lösung von Aufgabe 3.12

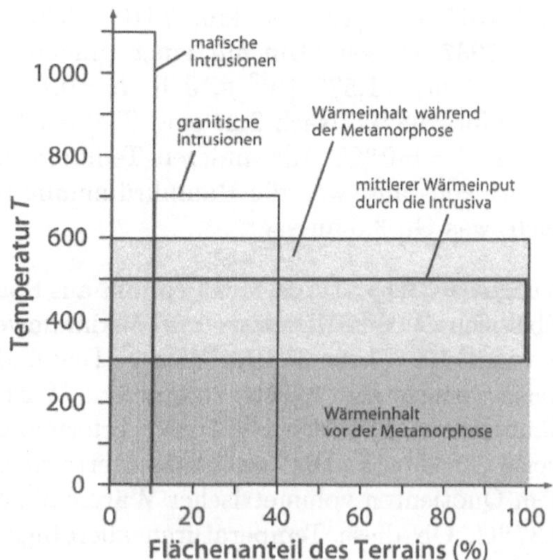

300 °C. Einfache Schußrechnung ergibt, daß 10 % des Terrains mit 1100 °C zuzüglich 30 % mit 700 °C, 40 % mit 800 °C entsprechen. 800 °C bedeuten 500 °C Temperaturüberschuß über der Hintergrundtemperatur von 300 °C. Verteilt auf 100 % der Terrainfläche ergibt das eine maximal erreichbare Temperatur von 500 °C. Ohne Berücksichtigung von Schmelzwärme reichen die Intrusiva *nicht*, um die Metamorphose zu erklären. Der Einfluß von Schmelzwärme entspricht $L/c_p = 320\,°C$ höherer Temperatur. Das sind um $320/500 = 64\,\%$ mehr Temperaturüberschuß als ohne Schmelzwärme. Die metamorphe Temperatur liegt dementsprechend um 64 % von 200 °C höher als ohne Schmelzwärme. Das ergibt eine metamorphe Temperatur von 628 °C über das ganze Terrain. Dieser Wert liegt innerhalb eines 10 %-Fehlerbereichs der beobachteten Temperatur und folglich kann Kontaktmetamorphose durchaus als Modell akzeptiert werden. Die graphische Lösung ist in Abb. D.5 dargestellt.

Aufgabe 3.13. Die thermische Zeitkonstante des Stapels ist etwa 40 my. Das ist deutlich länger als die Verformung in a), aber deutlich kürzer als in b). ($\dot\epsilon = 10^{-12}\ \text{s}^{-1}$ bedeutet, daß sich der Stapel in nur 30 000 Jahren verdoppeln würde). Die Implikation dieses Ergebnisses ist, daß die Verformung in b) im wesentlichen im thermischen Gleichgewicht abläuft, wogegen a) am Ende der Verformung außerhalb des Gleichgewichts liegt und von thermischer Äquilibrierung gefolgt sein wird. Metamorphe Paragenesen in a) wachsen über das Gefüge, das sich während der Verformung gebildet hat und sind in b) syndeformativ.

Aufgabe 3.14. Die Tiefen und Temperaturen der Anfangsbedingungen sind: $z[1] = 0$, $T[1] = 0$; $z[2] = 10$ km, $T[2] = 125\,°C$; $z[3] = 20$ km, $T[3] = 250\,°C$; $z[4] = 30$ km, $T[4] = 375\,°C$; $z[5] = 40$ km, $T[5] = 500\,°C$; $z[6] = 50$ km, $T[6] = 0\,°C$; $z[7] = 60$ km, $T[7] = 125\,°C$; $z[8] = 70$ km, $T[8] = 250\,°C$; $z[9] = 80$ km,

$T[9] = 375\,°C$; $z[10] = 90$ km, $T[10] = 500\,°C$. Der Zeitschritt muß kleiner als 0,7937 my sein. Um mit einer runden Zahl zu rechnen, verwenden wir z. B. 0,5 my $= 1{,}575 \cdot 10^{13}$ s, d. h. $R = 0{,}1575$. Nach $1\Delta t$ sind $T[5] = 402\,°C$ und $T[6] = 98\,°C$. Nach $2\Delta t$ sind $T[4] = 360\,°C$, $T[5] = 350\,°C$, $T[6] = 150\,°C$ und $T[7] = 140\,°C$. Alle anderen Temperaturen bleiben bis zu diesem Zeitschritt konstant, weil die Raumkrümmung um sie gleich null ist. Das ist es auch, was Gl. 3.5 aussagt.

Aufgabe 3.15. a) Aus dem Produkt aus Spannung und Verformungsrate ergibt sich mit den Minimum- und Maximumwerten eine Wärmeproduktionsrate von $3 \cdot 10^{-5}$, bzw. $3 \cdot 10^{-8}$ W m^{-3}. Das sind also deutlich mehr, beziehungsweise weniger als typische radioaktive Wärmeproduktionswerte. b) Die Gesamtwärmeproduktion bei 1 my Verformungsdauer beträgt 10^9 beziehungsweise 10^6 J m^{-3}. Die maximal zu erreichende Temperatur ergibt sich aus dem Quotienten volumetrischer Wärmeinhalt / (ρc_p). Das ergibt 370 °C bzw. 0,37 °C. Ob diese Temperaturen allerdings erreicht werden können, hängt davon ab, inwieweit Wärmeleitungsprozesse die produzierte Wärme schnell ableiten, oder ob die Wärme kumulativ im Gestein bleibt. Das Ganze hängt daher von der Mächtigkeit der Scherzone ab.

Aufgabe 3.16. Die thermische Zeitkonstante des 10 km großen Körpers ist zumindest eine Größenordnung größer als der in Frage gestellte Beobachtungszeitraum. Die Ableitung der produzierten Wärme von der Körpermitte durch Wärmeleitung ist daher vernachlässigbar und die Temperatur ergibt sich aus $T = S/\rho c_p$. Mit geschätzten Zahlenwerten handelt es sich dabei um mehrere hundert °C.

Aufgabe 3.17. Siehe Tabellen am Buchende.

Aufgabe 3.18. Weil es bei adiabatischer Kompression zur Erwärmung kommt und der Komprimierbarkeit die thermische Expansion entgegenwirkt.

Aufgabe 4.1. Die prozentuale Verteilung ist durch die Parameter δ und ξ gegeben. Aus den angegebenen Werten ergibt sich $\delta = 0{,}1563$ und $\xi = 0{,}018$. Thermische Ausdehnung macht also ca. 12 % des Dichteunterschieds aus. Der Materialanteil betrifft nur die Kruste, während die entgegengesetzt wirkende thermische Kontraktion in der gesamten Lithosphäre stattfindet. Wenn man von realistischen Mächtigkeitswerten ausgeht, beträgt der Anteil der thermischen Kontraktion an der Gebirgshöhe etwa 40 %. In geringmächtiger Kruste oder sehr mächtiger Lithosphäre kann thermische Kontraktion sogar überwiegen.

Aufgabe 4.2. a) $\Delta H = 10$ km $(\rho_m - \rho_u)/\rho_m = 937$ m. Dichte und Mächtigkeit der Kruste ändern sich nicht und brauchen daher auch nicht berücksichtigt zu werden. b) $\Delta H = 391$ m. c) Die Dehnung der Kruste in b) verursacht eine Absenkung von $(f_c - 1)(\rho_m - \rho_c)/\rho_m z_c = 2\,343$ m; dem steht eine Hebung von 391 m durch die Basaltschicht gegenüber. Im Vergleich zu a) entsteht dadurch ein Höhenunterschied von $937 + (2\,343 - 391) = 2\,889$ m.

Aufgabe 4.3. Im Gegensatz zu Abb. 4.3 und 4.4 ist dieses Diagramm für alle positiven Werte von f_c und f_{ml} definiert. Genauso wie in Abb. 4.4 erfolgt homogene Verdickung entlang einer Diagonalen. Eine Verdickung der Mantellithosphäre bei gleichbleibender Krustenmächtigkeit entspricht einer Linie parallel zur f_{ml}-Achse. Eine Krustenverdickung bei konstanter Mächtigkeit der Gesamtlithosphäre führt zu einer Verdünnung der Mantellithosphäre um $f_{ml} = z_c/z_{ml} + 1 - f_c$ (weil $z_c f_c + z_{ml} f_{ml} = z_c + z_{ml}$ ist).

Aufgabe 4.4. a) Die Antwort lautet: 2,5 cm y^{-1}. Daraus ergeben sich für die angegebenen Daten Wassertiefen von 469, 878, 1 049, 1 483, 1 756, 1 906, 2 392, 2 633, 2 795, 2 930, 3 318, 3 709, 3 855 bzw. 3 995 m. b) Diese Modelldaten stimmen ab einem Plattenalter von knapp 100 my kaum mehr mit der Realität überein. Das liegt an der Sedimentlast auf der Platte, an ihrer zunehmenden Festigkeit und an der Veränderung der unteren Randbedingung durch Mantelkonvektion.

Aufgabe 4.5. a) Nach langer Zeit wird sicherlich ein morphologisches Gleichgewicht erreicht. Daher gibt Gl. 4.11 für $t \to \infty$: $t_E = HB/(\dot{\epsilon}(H + A)) = 1,834$ my^{-1}. b) Wenn man in Gl. 4.12 $z = 0$ und $t = 40$ my einsetzt und nach z_i auflöst, erhält man $z_i = 10\,202$ m. c) Man differenziert Gl. 4.12 nach t, setzt das Ergebnis gleich 0 und löst nach t auf. Auf diese Weise erhält man 11,8 my.

Aufgabe 4.6. Die graphische Lösung ist in Abb. D.6 dargestellt.

Aufgabe 4.7. Die Einheit von D ist Nm. Das 4. Differential hat die Einheit m^{-4} und q hat daher die Einheit einer Spannung, also Kraft pro Fläche. Die Last ist die Spannung in vertikaler Richtung, weshalb F Nm^{-1}, d. h. Newton pro Meter Orogenlänge als Einheit hat.

Aufgabe 4.8. a) Für den tiefsten Punkt, an dem zwischen den beiden Säulen noch ein Dichteunterschied besteht, gilt: Säule A: $\sigma_{zz} = \rho_c g(H + z_c + w)$; Säule B: $\sigma_{zz} = \rho_c g z_c + \rho_m g w$. Der Auftrieb ist durch die Differenz gegeben. Somit ergibt sich Gl. 4.41. b) Wenn die Last q_a nicht berücksichtigt wird, gilt für die nach unten wirkende Kraft pro Flächeneinheit: $(\rho_c - \rho_w)wg$, und für die nach oben wirkende Kraft: $(\rho_m - \rho_c)wg$. Die Nettokraft pro Flächeneinheit ist daher $wg(\rho_w - \rho_m)$. Die Gesamtlast beträgt $q = q_a + wg(\rho_w - \rho_m)$.

Aufgabe 4.9. Durch Integration unter den gegebenen Randbedingungen erhält man folgende Integrationskonstanten: $C_1 = -qL/D$; $C_2 = -(qL^2/(2D) +C_1 L)$; $C_3 = 0$; $C_4 = 0$. Daraus folgt: $w = qx^2/D\,(x^2/24 - Lx/6 + L^2/4)$.

Aufgabe 4.10. $\alpha = 30$–100 km.

Aufgabe 4.11. Auf der elastischen Aufwölbung ist die Steigung der Platte $dw/dx = 0$. Dem 1. Differential von Gl. 4.44 nach x entspricht die Steigung der Platte. Setzt man diese Gleichung gleich 0: $0 = -2w_0/\alpha e^{-x/\alpha}\sin(x/\alpha)$, ist sie nur an der Stelle $x = \pi\alpha$ lösbar. Das ist der höchste Punkt der Aufwölbung.

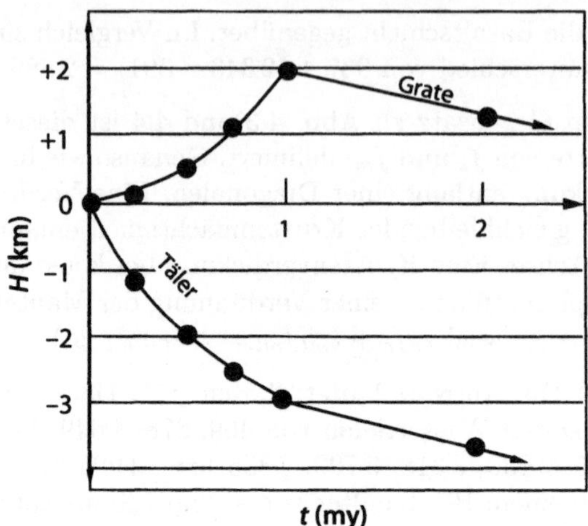

Abb. D.6. Lösung von Aufgabe 4.6. Der mittlere vertikale Abtrag x innerhalb von 1 my ergibt sich aus der Beziehung $lx = (vt)^2$, wie aufgrund von geometrischen Überlegungen aus Abb. 4.35 nachvollziehbar sein sollte. Thermische Ausdehnung und der Einfluß der Mantellithosphäre brauchen nicht berücksichtigt zu werden, weil sie konstant bleiben. Die mittlere Absenkung ergibt sich zu jedem Zeitpunkt aus $x(\rho_m - \rho_c)/\rho_m$. Demzufolge beträgt die Höhe der Grate nach 0,25 my 132 m, nach 0,5 my 527 m, nach 0,75 my 1 187 m und nach 1 my 2 110 m. Danach sinken die Grate mit 781 m my^{-1} ab. Die Täler schneiden sich jeweils um den entsprechenden Betrag ein

In 250 km Abstand von diesem Punkt ergibt Gl. 4.43: $D = 2,2 \cdot 10^{23}$ Nm, und Gl. 4.39: $h \approx 33$ km. w_0 ändert den Abstand der Aufwölbung von der Last nicht und wird daher nicht benötigt.

Aufgabe 4.12. Nach Gl. 4.64 gilt für Abb. 4.36: $D = \log 3/\log 2 = 1,585$.

Aufgabe 5.1. Gewichtskraft = Masse × Erdbeschleunigung. Eine Masse von 1 kg hat auf der Erdoberfläche ein Gewicht von 1 kg $\cdot$ 9,81 m/s^2 = 9,81 N.

Aufgabe 5.2. Die Energie ergibt sich aus dem Produkt von Kraft mal Weg. Daher wird eine Energie von $10^{13} \cdot 10^5 = 10^{18}$ J frei. Die wichtigsten Energieformen, in die diese mechanische Energie umgewandelt wird, sind Reibungswärme und die potentielle Energie des dabei entstehenden Gebirges.

Aufgabe 5.3. Aus Gl. 5.10 ergibt sich $\epsilon = \sigma/E = 5 \cdot 10^7 \text{Pa}/5 \cdot 10^{10} \text{Pa} = 0,001 = 0,1\,\%$.

Aufgabe 5.4. Für die vertikale Spannung in jeder beliebigen Tiefe gilt: $\sigma_{zz} = \rho g z$. Die Verformung eines Würfels in der Tiefe z beträgt daher $\epsilon = \rho g z/E$. Damit errechnet sich die Gesamtverformung aus $\int_0^{z_l} \rho g z/E \, dz = \rho g z^2/2E$. Mit den vorgegebenen Zahlenwerten beträgt sie 2 500 m. Das sind immerhin 2,5 % der Gesamtmächtigkeit der Lithosphäre.

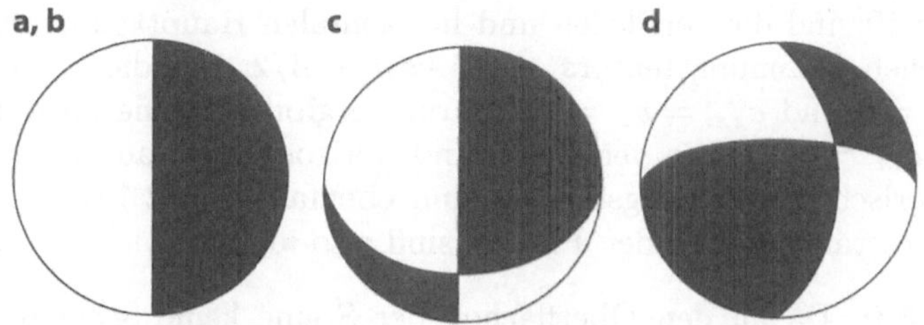

Abb. D.7. Lösung von Aufgabe 5.5

Abb. D.8. Graphische Lösung
von Aufgabe 5.6

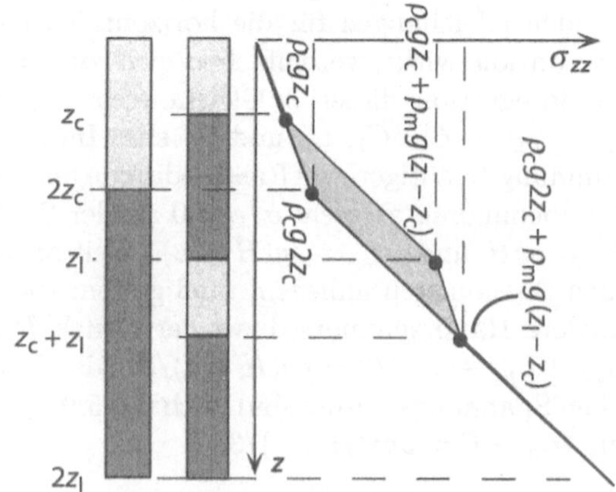

Aufgabe 5.5. Die Lösung ist in Abb. D.7 graphisch dargestellt.

Aufgabe 5.6. Die graphische Lösung ist in Abb. D.8 dargestellt. Für die Berechnung dieser Aufgabe muß das Integral von Gl. 5.44 nach dem Schema von Gl. 5.48 aufgeteilt werden. Für homogen verdickte Lithosphäre beträgt die horizontale Kraft $5,988 \cdot 10^{14}$ N m^{-1} und für Lithosphäre, die durch Überschiebung verdickt wurde, $6,114 \cdot 10^{14}$ N m^{-1}. Damit drückt die überschobene Lithosphärensäule immerhin mit einer Kraft von $12,6 \cdot 10^{12}$ N m^{-1} auf die homogen verdickte Lithosphärensäule. Das entspricht durchaus der Größenordnung tektonischer Antriebskräfte, wenngleich zwischen der Oberfläche der beiden Säulen kein Höhenunterschied besteht. Die auf Säule a ausgeübte Kraft läßt sich auf ähnliche Weise berechnen. Dabei muß allerdings auch der Säulenabschnitt, der die Dichte ρ_m hat, berücksichtigt werden.

Aufgabe 5.7. Die kinetische Energie $E_{kin} = mv^2/2$ der Platte beträgt $3 \cdot 10^{20} \cdot (0,03 \text{ m/y})^2 = 271$ J (oder kg m^2 s^{-1}). Die potentielle Energie pro m^3 ist $E_p = \rho g h$. Mit einer kinetischen Energie von 271 J können wir (bei $\rho = 2\,700$ kg m^{-3} und $g = 10$ m s^{-2}) einen Kubikmeter Gestein um lediglich 1 cm anheben. Die kinetische Energie der Platte reicht also bei weitem nicht aus, um irgendeinen meßbaren Effekt zu erzielen. Platten sind einfach zu langsam!

Aufgabe 5.8. Für die 1. Platte gilt: $\sigma_{xx} = \sigma_3 = -A$ und $\sigma_{zz} = \sigma_1 = 0$. Daraus ergibt sich eine mittlere Spannung (bzw. Druck) von $\sigma_m = -A/2$.

Nach Gl. 5.10 sind die vertikalen und horizontalen Hauptkomponenten des deviatorischen Spannungstensors $+A/2$ bzw. $-A/2$. Für die 2. Platte gilt: $\sigma_{xx} = \sigma_3 = 0$ und $\sigma_{zz} = \sigma_1 = A$. Daraus ergibt sich eine mittlere Spannung von $\sigma_m = A/2$. Die vertikalen und horizontalen Hauptkomponenten des deviatorischen Spannungstensors sind ebenfalls $+A/2$ bzw. $-A/2$. Die Spannungszustände der beiden Platten sind also identisch!

Aufgabe 5.9. Da an den Oberflächen der Steine keine Scherspannungen anliegen, sind alle Komponenten von Gl. 5.17, die Scherspannungen enthalten, gleich 0. Gleichung 5.17 vereinfacht sich zu $d\sigma_{zz}/dz = \rho g$. Die entsprechenden Gleichungen für die horizontalen Raumrichtungen, in denen keine Gravitation wirkt, vereinfachen sich zu $d\sigma_{xx}/dx = 0$ und $d\sigma_{yy}/dy = 0$. Die Integration dieser 3 Gleichungen ergibt $\sigma_{xx} = C_1$, $\sigma_{yy} = C_2$ und $\sigma_{zz} = \rho g z + C_3$. C_1, C_2 und C_3 sind Integrationskonstanten. Zu deren Bestimmung benötigen wir Randbedingungen. Aus Abb. 5.36 läßt sich folgende Randbedingung ablesen: $\sigma_{zz} = 0$ an der Stelle $z = -H$. Daraus ergibt sich $C_3 = \rho g H$ und $\sigma_{zz} = \rho g(H + z)$. Weil an den Außenseiten keine horizontalen Spannungen anliegen, muß gelten: $C_2 = C_1 = 0$; $\sigma_{xx} = \sigma_{yy} = 0$. Die mittlere Hauptspannung bzw. der Druck P an jedem beliebigen Punkt ist $(\sigma_{xx} + \sigma_{yy} + \sigma_{zz})/3 = \rho g(H + z)/3$. Die Normalkomponenten des deviatorischen Spannungstensors sind nach Gl. 5.9 $\sigma_{xx} - P = \sigma_{yy} - P = -\rho g(H+z)/3$ und $\sigma_{zz} - P = 2\rho g(H + z)/3$.

Aufgabe 5.10. Die Integration der Gleichungen des Spannungsgleichgewichts ergibt, wie in Aufgabe 5.9: $\sigma_{xx} = C_1$; $\sigma_{yy} = C_2$ und $\sigma_{zz} = \rho g z + C_3$. Weil die Flüssigkeit keine Differentialspannungen aushalten kann, gilt: $\sigma_{xx} = \sigma_{yy} = \sigma_{zz}$. Mit derselben Randbedingung für die Vertikalkomponente, wie in Aufgabe 5.9, erhält man $\sigma_{xx} = \sigma_{yy} = \sigma_{zz} = \rho g(z + H) = P$. Der Druck ist also dreimal so groß wie jener in Aufgabe 5.9. Alle Komponenten des deviatorischen Spannungstensors sind 0.

Aufgabe 5.11. Fließt der Stein ohne Widerstand auseinander, muß gelten: $\sigma_{xx} = 0$. Daher gilt nach Gl. 5.37: $\dot{\epsilon} = \rho g(z + H)/\eta$. Der Stein fließt also an der Basis ($z = 0$) schnell und an der Oberfläche ($z = -H$) überhaupt nicht nach außen.

Aufgabe 5.12. Wie in den vorherigen Aufgaben gilt: $\sigma_{zz} = \rho g(z + H)$. Nach Gl. 5.37 gilt: $\sigma_{xx} = \sigma_{zz} - \eta\dot{\epsilon} = \rho g(z + H) - \eta\dot{\epsilon}$. In der Höhe $z = (\eta\dot{\epsilon}/\rho g) - H$ liegt daher überhaupt keine horizontale Spannung an, d. h. $\sigma_{xx} = 0$. In dieser Tiefe beträgt der Druck $P = (\sigma_{xx} + \sigma_{zz})/2 = \eta\dot{\epsilon}/2$. Darüber muß eine Zugspannung angelegt werden, darunter eine Druckspannung, um den Körper mit der gegebenen Verformungsrate zu deformieren. Ist die Verformungsrate 0, ist σ_{xx} an der Oberfläche des Steins ($z = -H$) gleich 0. In diesem Fall muß überall eine horizontale Druckspannung anliegen, wie es z. B. in Aufgabe 5.10 der Fall ist. Wenn die Verformungsrate an der Basis des Steins $\rho g H/\eta$ ist, muß überall eine horizontale Zugspannung anliegen.

Aufgabe 5.13. Ist der Kolben fixiert, beträgt die Verformungsrate $\dot\epsilon = 0$ und $\sigma_{zz} = \sigma_{xx}$. Die mittlere Kraft pro Meter errechnet sich aus dem Integral der Vertikalspannungen $\rho g(z + H)$ mit den Integrationsgrenzen $-H$ und 0 aus $F_b = \rho g H^2/2$. Die mittlere Horizontalspannung $\overline{\sigma}_{xx}$ pro Quadratmeter ist daher $\overline{\sigma}_{xx} = F_b/H = \rho g H/2$. Wäre der Kolben beweglich, würde er mit einer inkrementellen Rate von $\dot\epsilon = \rho g H/(2\eta)$ zur Seite geschoben.

Aufgabe 5.14. In der Flüssigkeit gilt: $\sigma_{xx} = \sigma_{yy} = \sigma_{zz} = P = \rho_m g z$. Im Festkörper sind die Horizontalspannungen für $z < 0$ $\sigma_{xx} = \sigma_{yy} = 0$, und für $z > 0$ $\sigma_{xx} = \sigma_{yy} = \rho_m g z$. Die Vertikalspannung ist im ganzen Festkörper $\sigma_{zz} = \rho_c g(H + z)$. Der Druck im Festkörper ergibt sich aus dem Mittelwert der Hauptnormalspannungen. Für $z < 0$ gilt: $P = (\rho_c g(H + z))/3$. Für $z > 0$ gilt: $P = (2\rho_m g z + \rho_c g(H+z))/3$. Alle Hauptkomponenten des deviatorischen Spannungstensors sind in der Flüssigkeit gleich 0. Im Festkörper gilt für $z < 0$: $\sigma_{xx} - P = \sigma_{yy} - P = -(\rho_c g(H + z))/3$ und $\sigma_{zz} - P = (2\rho_c g(H + z))/3$. Für $z > 0$ gilt: $\sigma_{xx} - P = \sigma_{yy} - P = (\rho_m g z - \rho_c g(z + H))/3$ und $\sigma_{zz} - P = -(2\rho_m g z - 2\rho_c g(z + H))/3$.

Aufgabe 6.1. Eine homogene Verdickung der gesamten Lithosphäre erfolgt in dem f_c-f_l-Diagramm von Abb. 5.32 entlang einer diagonalen Linie ($f_c = f_l$). Aus der Abbildung geht hervor, daß die horizontale Kraft ungefähr bei $f_c = f_l = 2,5$ genauso groß wie die Antriebskraft sein wird und daß dabei eine Gebirgshöhe von etwa 3 km erreicht wird.

Aufgabe 6.2. Für die lithostatische Druckkomponente in 10 bzw. 15 km Tiefe gilt: $\sigma_{zz} = \rho g z = 275$ bzw. 321 MPa. Die Temperatur in dieser Tiefe beträgt $300\,°$C bzw. $450\,°$C. Die Verformungsrate beläuft sich auf $1/5$ my^{-1}. Aus dem Potenzkriechgesetz ergibt sich eine Differentialspannung von 824 MPa bzw. 40 MPa. Nach Gl. 5.56 beträgt die durch die Differentialspannung bedingte Druckkomponente in 10 bzw. 15 km Tiefe 412 MPa bzw. 20 MPa. Demzufolge ist in 10 km Tiefe die nichtlithostatische Druckkomponente etwas *größer* als die Überlagerungsspannung. In 15 km Tiefe ist der Druck in etwa genauso groß wie die Überlagerungsspannung.

Aufgabe 6.3. Im isostatischen Gleichgewicht müssen die vertikalen Säulen gleich viel wiegen. Die Dichte- und Mächtigkeitsangaben für die Kruste und Lithosphäre sind dabei überflüssig, weil sie für alle 3 Becken gleich sind. Es muß gelten: $2 \text{ km} \cdot \rho_{Luft} + (w - 2) \text{ km} \cdot \rho_l = w \text{ km} \cdot \rho_w$. Daraus ergibt sich eine Wassertiefe w von 2,9 km. Der Seeboden liegt also 900 m tiefer als der Talboden. Die analoge Berechnung für den Sedimentstapel ergibt: $s = 7,1$ km. Die Oberfläche des Sedimentationsbeckens liegt also 5,1 km tiefer als der Talboden. Somit sind sedimentgefüllte Becken etwa 2,5mal so tief wie wassergefüllte Becken.

Aufgabe 6.4. Wie in Aufgabe 6.3 vergleichen wir die Säulen: $w\rho_w + L\rho_L + z_c\rho_c = z\rho_w + z_c\rho_c + (w + L - z)\rho_l$. Darin ist w die Wassertiefe im sedimentgefüllten Becken, L die Sedimentmächtigkeit, z_c die Mächtigkeit der Kruste (bzw. der Lithosphäre; diese Größe wird ohnehin herausgekürzt) und ρ_l die Dichte des Mantels. Durch Auflösen nach z erhält man Gl. 6.5. Analog dazu läßt sich die Gleichung, die die Veränderung des Wasserspiegels beschreibt, herleiten (s. auch Abb. 6.5).

Aufgabe 6.5. Die Lösung ist in Abb. D.9 dargestellt. Die ersten 3 Säulen sind die aus Geländeerhebungen stammenden Daten: a der Schichtmächtigkeit und Lithologie (Sandstein: grau; Schiefer: liniert), b des Alters der Schichtgrenzen und c der Wassertiefe. Die Schichten sind unten beginnend mit 1 bis 5 durchnumeriert. Für die folgende Berechnung wird jeweils die Schichtmitte als Bezugspunkt herangezogen (4. Säule), und es werden die Porositätsdaten aus Abb. 6.3 verwendet. So ergibt sich aus Gl. 6.1 für die oberste, 1 000 m mächtige Schicht eine Porosität von 34,4 % in der mittleren Tiefe von 500 m (1. Spalte von Tabelle d) und so fort. Die Mächtigkeit einer jeden Schicht beruht auf Messungen, und ihre Dichte ergibt sich aus Gl. 6.6. In die 2. Spalte werden nun Porosität, Mächtigkeit und Dichte der Schichten nach Wegnahme der obersten Schicht ($i = 5$) eingetragen. Für die zweitoberste Schicht ($i = 4$) mit einer mittleren Tiefe von 1 250 m wird zuerst die Porosität bestimmt; danach wird mit Gl. 6.4 die dekompaktierte Mächtigkeit (im selben Kasten) mit den Porositäten der 1. Spalte und den dekompaktierten Porositäten berechnet. Die Porosität der 3. Schicht nach Wegnahme der beiden obersten Schichten ergibt sich aus Gl. 6.1 in der Tiefe 655 m + 500 m und so fort. Dasselbe Prinzip wird für alle weiteren Spalten wiederholt, wobei stets die Daten der 1. Spalte verwendet werden, damit sich die methodischen Fehler nicht fortpflanzen. Die aufsummierten Mächtigkeits- und Dichtewerte des Profils (in der untersten Zeile) ergeben sich aus Gl. 6.7 bzw. 6.8. e ist eine graphische Darstellung der Daten aus Tabelle d.

Aufgabe 6.6. Die Fragestellung impliziert, daß die Absenkung in Gl. 6.9 $H = 0$ ist. Somit gilt nach entsprechender Umformung: $z_c/z_l = \rho_l \alpha T_l / (2(\rho_l - \rho_w))$. Für die angegebenen Zahlenwerte ist $z_c/z_l = 13{,}7$ km. Bei einer geringeren Ausgangsmächtigkeit wird (bei homogener Dehnung) der relative Anteil der Dehnung der Mantellithosphäre *so* groß, daß es zur Hebung der Oberfläche kommt.

Aufgabe 6.7. Für a) beträgt die Verformungsrate der Mantellithosphäre $\dot{\epsilon} = \sigma_{zz}/\eta = 25 \cdot 10^6 / 10^{20} = 2,5 \cdot 10^{-13}$ s^{-1}. Demzufolge ist die Verformungsrate groß genug, daß sie innerhalb des Zeitraums orogener Prozesse relevant sein kann. Für b) ist die Verformungsrate um fünf Zehnerpotenzen kleiner. Daher ist eine Delamination oder Verformung der obersten Mantellithosphäre durch ihr Eigengewicht in geologischen Zeiträumen unwahrscheinlich.

Aufgabe 7.1. Die T-t-Kurve verläuft wie folgt: 700 °C; 0 my $\rightarrow$ 700 °C; 3 my $\rightarrow$ 400 °C; 6 my $\rightarrow$ 0 °C; 26 my. Der letzte Punkt wird jedoch nicht erreicht, da die Kurve vorher die stabile Geotherme schneidet. Die Eckpunkte der z-t-Kurve sind: 20 km; 0 my $\rightarrow$ 14 km; 5 my $\rightarrow$ 0 km; 40 my. Der Schnittpunkt der stabilen Geotherme läßt sich durch Gleichsetzen der Geradengleichungen $T = z \times 20\,°C\,/\,km$ und $T = 280\,°C - z \times 50\,°C\,/\,km$ be-

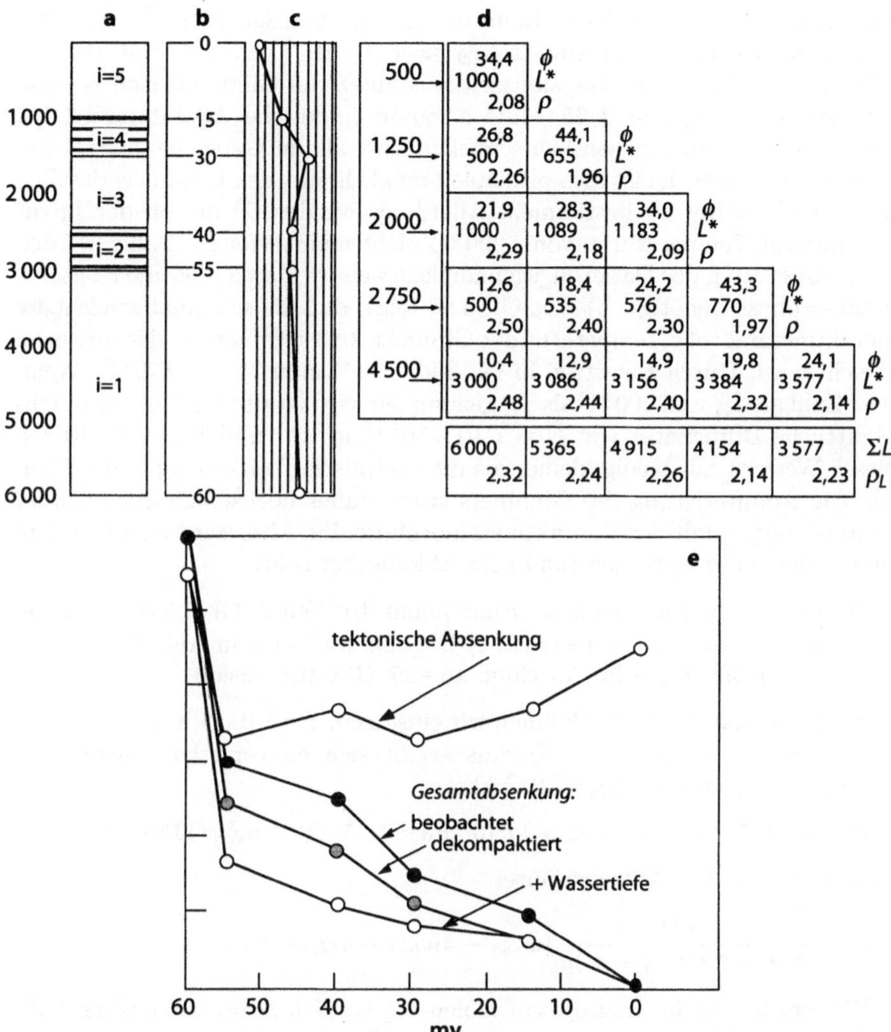

Abb. D.9. Lösung von Aufgabe 6.5

stimmen. Er liegt bei $T = 187\,°C$ und $z = 9\,333$ m. Demnach verläuft der
P-T-Pfad folgendermaßen: 5,4 kbar; 700 °C → 4,43 kbar; 700 °C → 3,78 kbar;
500 °C → 3,67 kbar; 400 °C → 2,52 kbar; 187 °C → 0 kbar; 0 °C.

Aufgabe 7.2. Die Abkühlung bis zum Erreichen der stabilen Geotherme
dauert rund 20 my. Nach Abschn. 3.1.4 entspricht das einer Flächenausdehnung des thermischen Ereignisses von etwa 10 km. Es dürfte sich also um
eine Regionalmetamorphose in einer verdünnten Kruste handeln.

Aufgabe 7.3. a) Die Zeitkonstante des Ganges beträgt $4 \cdot 10^{12}$ s, die Diffusivitäten bei T_i und T_b sind $D_{1\,200} \approx 1,3 \cdot 10^{-14}$ m^2 s^{-1} und $D_{500} \approx 7,45 \cdot 10^{-20}$ m^2 s^{-1}. Die Diffusionszeitkonstanten des Glimmers sind $\tau_{1\,200} \approx 1,9 \cdot 10^9$ s und $\tau_{500} \approx 3,35 \cdot 10^{14}$ s. Somit findet die Äquilibrierung bei $1\,200\,°$C im Glimmer wesentlich schneller statt als im Gang; bei $500\,°$C wesentlich langsamer. Es ist also prinzipiell möglich, mit den Glimmerkristallen das Intrusionsalter zu bestimmen! Allerdings werden 50 m von der Intrusion entfernt Temperaturen von $1\,200\,°$C nicht mehr erreicht. Daher werden zur Verbesserung der Datierungsgenauigkeit weitere Daten über die Kontaktmetamorphose benötigt. b) Aus Gl. 3.95 folgt, daß die maximal erreichbare kontaktmetamorphe Temperatur der Glimmer $2,83 \cdot 10^{11}$ s nach der Intrusion erreicht wird. Durch Einsetzen in Gl. 3.93 erhält man $T_{max} = 829\,°$C. Wenn diese Zahl als T_A und $500\,°$C als T_E genommen wird, ergibt Gl. 7.8 eine durchschnittliche Diffusivität von $\overline{D} \approx 1,91 \cdot 10^{-17}$ m^2 s^{-1} und $\overline{\tau} = 1,3 \cdot 10^{12}$ s. Dieser Wert ist nur wenig kleiner als die thermische Zeitkonstante des Ganges. Die Äquilibrierung des Glimmers stand daher höchstwahrscheinlich im Zusammenhang mit der Kontaktmetamorphose. Ihr Alter wird ungefähr dem Intrusionsalter entsprechen (und kein Abkühlalter sein).

Aufgabe 7.4. a) Das Temperaturmaximum. b) Weil in Gl. 7.5 das Aktivierungsvolumen viel kleiner als Q ist. c) Die oberste Kurve in Abb. 7.5a. d) Ja, so z. B. bei Konvergenz im Anschluß an eine Granitintrusion.

Aufgabe 7.5. a) In Gl. 7.1 können wir einsetzen: $z = 10\,000$ m; $P = 1$ atm $\approx 10^5$ Pa und $g = 10$ m s^{-2}. Daraus ergibt sich eine mittlere Dichte von 1 kg m^{-3}. b) 1 atm ≈ 1 bar $= 10^{-3}$ kbar.

Aufgabe 7.7. Volumen $= 11,5$ J $/\,10^5$ Pa $= 1,15 \cdot 10^{-4}$ m$^3 = 115$ cm^3.

Aufgabe A.1. Die Antwort lautet:

$$w_i = \frac{-D}{6D + \Delta x^4 (\rho_m - \rho_c) g} \left(w_{i+1} - 4w_{i+1} - 4w_{i-1} + w_{i-2} \right)$$

Dies ergibt sich in Analogie zur Ableitung von Gl. A.15, also aus der Subtraktion der Krümmungen an benachbarten Rasterpunkten.

Aufgabe A.2. Die Lösung besteht einfach aus der Summe der Näherungen, die in Gl. A.12 und Gl. A.15 formuliert sind:

$$T_i^+ = T_i^- \left(1 - \frac{2\kappa \Delta t}{\Delta z^2} - u \Delta t \right) + T_{i+1} \left(\frac{2\kappa \Delta t}{\Delta z^2} + u \Delta t \right) + T_{i-1} \left(\frac{2\kappa \Delta t}{\Delta z^2} \right)$$

Aufgabe A.3. Mit $u = \Delta x / \Delta t$ ergeben sich folgende vorwärts und rückwärts differenzierte Näherungen: $T_i^+ = T_{i+1}^-$ bzw. $T_i^+ = 2T_i^- - T_{i-1}^-$. Wenn man diese Gleichungen nach dem Schema von Abb. A.5 aufzeichnet, ist leicht erkennbar, daß die Rückwärtsdifferentiation instabil wird.

Anhang E
Hinweise zu weiterführenden Lehrbüchern

Im folgenden werden kurz einige Lehrbücher vorgestellt, die dem Autor des vorliegenden Buches den Einstieg in die Geodynamik ermöglicht haben. Die untenstehende Liste erhebt keinen Anspruch auf Vollständigkeit und stellt eine subjektive Auswahl dar. Die vollständigen Titel der aufgeführten Lehrbücher sind im Literaturverzeichnis zu finden.

Lehrbücher der Geodynamik

Turcotte und Schubert (1982) Geodynamics. Dies ist sicherlich das beste Lehrbuch der Geodynamik. Es enthält Kapitel über Wärmeleitung, Elastizität, Rheologie, Plattentektonik, Fluiddynamik und vieles mehr. Kurzum, in diesem Buch werden die methodischen Ansätze zur quantitativen Lösung praktisch jedes geowissenschaftlichen Problems vorgestellt. Die dafür erforderlichen mathematischen Beziehungen werden aus Grundgleichungen hergeleitet, wobei, abgesehen von Grundkenntnissen der Differentialrechnung, nur geringe mathematische Kenntnisse vorausgesetzt werden. Allerdings liegt der Schwerpunkt des Buches auf dem physikalischen Hintergrund geologischer Prozesse, was auf Anfänger möglicherweise abschreckend wirkt.

Fowler (1990) The solid Earth. Dieses Buch ist nicht ganz so mathematisch orientiert wie Turcotte und Schubert (1982), diesem aber sonst recht ähnlich. Es ist mehr auf die Präsentation plattentektonischer Fakten und der entsprechenden Daten als auf geodynamische Prozesse ausgerichtet und enthält viele Literaturhinweise. Somit wird ein Mittelweg zwischen der Beschreibung plattentektonischer Geländebeobachtungen und der Erklärung ihrer physikalischen Grundlagen eingeschlagen.

Ranalli (1987) Rheology of the Earth. Obwohl dieses Buch hält, was sein Titel verspricht, und die Rheologie der Erde umfassend behandelt wird, enthält es doch auch Kapitel über Wärmeleitung, Fluiddynamik und weitere für die Geodynamik der Lithosphäre relevante Themen. Auch das rheologische Verhalten des Erdkerns und Erdmantels wird ausführlich besprochen, und das Buch hat ein umfangreiches Literaturverzeichnis. Es ist durchaus mit Turcotte und Schubert (1982) vergleichbar, jedoch werden viele Sachverhalte in Worten und nicht in Gleichungen erklärt. Deshalb ist es für den mathematischen Laien sicher leichter verständlich.

Lehrbücher über Diffusion

Carslaw und Jaeger (1959) Conduction of heat in solids. Dies ist eine Sammlung analytischer Lösungen der Wärmeleitungsgleichung – als Lehrbuch praktisch unlesbar, aber eines der besten Nachschlagewerke analytischer Lösungen von Differentialgleichungen, die den Wärme- und Massetransport beschreiben. Voraussetzung für eine erfolgreiche Verwendung dieses Buches ist es, daß der Leser ein Problem so weit vereinfachen kann, daß es mit einfachen Rand- und Anfangsbedingungen beschreibbar ist.

Crank (1975) The mathematics of diffusion. Dieses klassische Werk behandelt die mathematische Herleitung der verschiedenen Diffusionsprozesse und -geometrien am Beispiel der Massendiffusion. Es ist für Leser mit größerem mathematischem Fachwissen geschrieben, doch die meisten Herleitungen sind auch für Nichtmathematiker nachvollziehbar. Im Gegensatz zu Carslaw und Jaeger (1959) hat es den Charakter eines Lehrbuches und nicht den eines Nachschlagewerkes.

Lehrbücher zur Lösung von Differentialgleichungen

Anderson, Tannehill und Pletcher (1984) Computational fluid mechanics and heat transfer. Dies ist ein reines Mathematiklehrbuch ohne direkten Bezug zu den Geowissenschaften. Es bietet allerdings eine sehr gute Einführung in die Methode der finiten Differenzen und setzt nur geringe Grundkenntnisse voraus.

Fletcher (1991) Computational techniques for fluid dynamics Volume 1. Fundamental and general techniques. Dieses Buch hat eine gewisse Ähnlichkeit mit Anderson et al. (1984), denn es behandelt die Grundprinzipien vieler Methoden zur numerischen Lösung von Differentialgleichungen, ohne allzu große mathematische Kenntnisse vorauszusetzen. Es enthält auch ein Kapitel über finite Differenzrechnung auf gekrümmten Rastern. Darüber hinaus gibt es noch einen 2. Band, der sich mit sehr viel spezielleren Problemen beschäftigt.

Smith (1985) Numerical solutions of partial differential equations. Ein phantastisches Nachschlagewerk für finite Differenzlösungen! Der Schwerpunkt liegt auf der Analyse der Stabilität und Genauigkeit numerischer Lösungen. Trotzdem ist dies auch für den Laien eines der besten Handbücher der numerischen Mathematik. Es ist einfacher geschrieben als die zwei zuletzt genannten Lehrbücher und dürfte daher für Geowissenschaftler eher geeignet sein.

Reece (1986) Microcomputer modelling by finite differences. Dieses inzwischen leider vergriffene, schmale Buch ist mit viel Humor für den absoluten Computerlaien geschrieben. Es ermöglichte dem Autor des vorliegenden Buches den Einstieg in das numerische Modellieren geologischer Probleme.

O'Rouke (1993) Computational geometry in C. Dieses sehr spezielle Buch ist sicherlich *nicht* als Einstieg geeignet. Es behandelt alle möglichen geometrischen Probleme und deren Implementation. Damit vermittelt es einen guten Überblick über die Art von Problemen, die bei der Modellierung verformbarer Materialien immer wieder auftreten. Dazu zählen Modelle auf konkaven und konvexen Flächen, Triangulationsmethoden, Interpolationen beim Erstellen von Rastern und vieles mehr.

Lehrbücher der Petrologie und Thermodynamik

Anderson und Crerar (1993) Thermodynamics in geochemistry. Eine klar und einfach geschriebene Einführung in die Gleichgewichtsthermodynamik. In diesem Buch werden nicht nur geochemische Fragestellungen angeschnitten, sondern z. B. auch Phasendiagramme für Mineralgleichgewichte vorgestellt. Es ähnelt dem Lehrbuch von Powell (1978), das sich aber ausschließlich mit der Petrologie der Metamorphose beschäftigt.

Atkins (1994) Physical chemistry. Dieses Buch ist nicht geowissenschaftlich orientiert, sondern es erklärt die thermodynamischen Gesetze, die auch für Petrologen wichtig sind. Es kann als sehr ausführliches Nachschlagewerk zu den Grundlagen der Thermodynamik sehr empfohlen werden.

Spear (1993) Metamorphic phase equilibria and pressure temperature time paths. Dieses umfassende, sehr empfehlenswerte Werk behandelt die meisten Teilbereiche der Petrologie. Thermodynamik, Kinetik, Phasendiagramme, Zusammenhänge zwischen Petrographie und Petrologie und vieles mehr werden ausführlich und klar behandelt. In diesem Buch ist vieles zusammengefaßt, was Spear und Peacock (1989) schon früher veröffentlicht haben. Dabei werden die Interessen von Modellierern wie auch von Geochemikern berücksichtigt. Das Buch ist für Geologen *das* Nachschlagewerk der Phasenpetrologie und Gleichgewichtsthermodynamik.

Spear und Peacock (1989) Metamorphic pressure temperature time paths. Dieses kleine Buch geht auf die Grundprinzipien numerischer Computerprogramme ein, die zur numerischen Beschreibung von P-T-Pfaden dienen. Es ist für den absoluten Anfänger gedacht und ähnlich einfach und leicht verständlich geschrieben wie Reece (1986). Dieses Buch sei all jenen Lesern wärmstens empfohlen, die selbst mit der numerischen Beschreibung von P-T-Kurven beginnen wollen. Zu dem Buch sind außerdem entsprechende Computerprogramme erhältlich.

Lehrbücher der Mechanik und Strukturgeologie

Jaeger und Cook (1979) Fundamentals of rock mechanics. Zweifelsohne *das* klassische Lehrbuch der Felsmechanik für Geowissenschaftler. Obwohl es teilweise eher schwer verständlich und mathematisch orientiert ist, ist es doch das vollständigste und wichtigste Werk seiner Art.

Weijermars (1997) Principles of rock mechanics. Ein modernes, gut geschriebenes, reich bebildertes Lehrbuch der Felsmechanik im Grenzbereich zur Strukturgeologie. Aufgrund seiner vielen Fehler hat es kürzlich eine schlechte Kritik in der Zeitschrift „Tectonophysics" bekommen. Dennoch war es für den Autor des vorliegenden Buches oftmals hilfreich, und es ist zu hoffen, daß bald eine verbesserte Neuauflage erscheint.

Twiss und Moores (1992) Structural geology. Dieses moderne Lehrbuch der Strukturgeologie stellt auf meisterhafte Weise die Verbindung zwischen Geländegeologie, Felsmechanik und klassischer Strukturgeologie her. Neben dem nachstehenden Buch kann es als eines der modernsten Standardwerke der Strukturgeologie empfohlen werden.

Pluijm und Marshack (1997) Earth structure – an introduction to structural geology and tectonics. Dies ist die neueste Einführung in die Strukturgeologie und hat große Ähnlichkeit mit dem Buch von Twiss und Moores (1992). Es betrachtet den Bau der Erde aber mehr aus der großtektonischen Perspektive, ist einfach geschrieben und übersichtlich gegliedert.

Lehrbücher der angewandten Geophysik

Telford et al. (1990) Applied geophysics. Ein sehr gutes Textbuch der angewandten Geophysik. Vor allem die Methoden der Explorationsgeophysik, d. h. der Seismik, Geoelektrik, Bohrlochgeophysik, Geomagnetik und Gravimetrie, werden erschöpfend behandelt. Hingegen wird geophysikalischen Methoden, die für die Beantwortung geodynamischer Fragestellungen benötigt werden, geringere Bedeutung zugemessen. Trotzdem werden die methodischen Grundlagen so ausführlich besprochen, daß dieses Buch sehr empfohlen werden kann.

Mathematische Nachschlage- und Tabellenwerke

Abramowitz und Stegun (1972) Handbook of mathematical functions. Eines der klassischen und sicher eines der umfassendsten Tabellenwerke, in dem praktisch jede Formel und numerische Tabelle zu finden ist, die es gibt. Damit schießt es allerdings über den Bedarf geodynamischer Anfänger weit hinaus, und sein großer Umfang macht es oft schwer, einfache Formeln (wie z. B. trigonometrische Beziehungen) schnell zu finden.

Press, Flannery, Teukolsky und Vetterling (1989) Numerical recipes. Dieses Buch ist ebenfalls ein Klassiker! Es enthält eine enorme Auswahl numerischer Methoden zur Lösung von Differentialgleichungen und anderen scheinbar unlösbaren Gleichungen. Zu allen Methoden sind auch auf Diskette erhältliche Programmroutinen aufgelistet. Das Buch gibt es mit Programmen in verschiedenen Computersprachen, z. B. Pascal oder „C".

Strang (1988) Linear algebra and applications. Diese Einführung in die lineare Algebra enthält viele Methoden, die man bei der Tensor- und Vektorrechnung benötigt.

Literaturverzeichnis

Abramowitz M, Stegun IA (1972) Handbook of mathematical functions with formulas, graphs mathematical tables. Dover Publications, New York, 1045 p

Ahnert F (1970) Functional relationships between denudation, relief and uplift in large mid-latitude drainage basins. Am J Sci 268:243–263

Ahnert F (1976) Brief description of a comprehensive three-dimensional process-response model of landform development. Z Geomorphol Suppl 25:29–49

Ahnert F (1984) Local relief and the height limits of mountain ranges. Am J Sci 284:1035–1055

Albers HC (1805) Beschreibung einer neuen Kegelprojektion. Zachs monatliche Korrespondenz zur Beförderung der Erd- und Himmelskunde, Nov:450–459

Allen PA, Allen JR (1990) Basin analysis. Principles and applications. Blackwell Scientific Publication, Oxford, 450 p

Anderson DA, Tannehill JC, Pletcher RH (1984) Computational fluid mechanics and heat transfer. Series in computational methods in mechanics and thermal sciences. McGraw Hill, New York, 599 p

Anderson EM (1951) The dynamics of faulting. Oliver and Boyd, Edinburgh, 206 p

Anderson GM, Crerar DA (1993) Thermodynamics in geochemistry, the equilibrium model. Oxford University Press, Oxford, 588 p

Andrews DJ, Bucknam RG (1987) Finite degradation of shoreline scarps by a non-linear diffusion model. J Geophys Res 92:12857–12867

Angelier J (1984) Tectonic analysis of fault slip data sets. J Geophys Res 89:5835–5848

Angelier J (1994) Fault slip analysis and palaeo-stress reconstruction. In: Hancock P (ed) Continental deformation. Pergamon Press, Oxford, pp 53–101

Angevine CL, Heller PL, Paola C (1990) Quantitative sedimentary basin modelling. AAPG Continuing Education Course Note Series 32, 133 p

Argus DF, Heflin MB (1995) Plate motion and crustal deformation estimated with geodetic data from the Global Positioning System. Geophys Res Lett 22:1973–1976

Armstrong AC (1980) Soils and slopes in a humid environment. Catena 7:327–338

Artyushkov EV (1973) Stresses in the lithosphere caused by crustal thickness inhomogenities. J Geophys Res 78:7675–7708

Atkins PW (1994) Physical chemistry, 5th edition. Oxford University Press, Oxford, 1031 p

Avigard D (1992) On the exhumation of coesite-bearing rocks in the Dora-Maira massif (Western Alps, Italy). Geology 18:466–469

Barr TD, Dahlen FA (1989) Brittle frictional mountain building 2nd thermal structure and heat budget. J Geophys Res 94:3923–3947

Barr TD, Houseman GA (1996) Deformation fields around a fault embedded in a non-linear ductile medium. Geophys J Int 125:473–490

Barrell J (1914) The strength of the Earth's crust. J Geol 22:441–468

Barton CM, England PC (1979) Shear heating at the Olympos (Greece) thrust and the deformation properties of carbonates at geological strain rates. Geol Soc Am Bull 90:483–492

Barton MD, Hanson RB (1989) Magmatism and the development of low pressure metamorphic belts: implications from the western United States and thermal modelling. Geol Soc Am Bull 101:1051–1065

Bassi G (1991) Factors controlling the style of continental rifting: insights from numerical modelling. Earth Planet. Sci Lett 105:430–452

Bassi G, Keen CE, Potter P (1993) Contrasting styles of rifting: models and examples from the eastern Canadian margin. Tectonics 12:639–655

Beaumont C (1981) Foreland basins. Geophys J Roy Astron Soc 65:291–329

Beaumont C, Fullsack P, Hamilton J (1992) Erosional control of active compressional orogens. In: McClay KR (ed) Thrust tectonics. Chapman and Hall, New York, pp 1–18

Beaumont C, Ellis S, Hamilton J, Fullsack P (1996) Mechanical model for subduction-collision tectonics of Alpine-type compressional orogens. Geology 24: 675–678

Begin SB, Meyer DF, Schumm SA (1981) Development of longitudinal profiles of alluvial channels in response to base level lowering. Earth Surface Processes and Landforms 6:49–68

Bell JS, Gough DI (1979) Northwest-southeast compressive stress in Alberta: evidence from oil wells. Earth Planet. Sci Lett 45:475–482

Berman RG (1988) Internally-consistent thermodynamic data for minerals in the system $Na_2O-K_2O-CaO-MgO-FeO-Fe_2O_3-Al_2O_3-SiO_2-TiO_2-H_2O-CO_2$. J Pet 29: 445–522

Bickle MJ, McKenzie D (1987) The transport of heat and matter by fluids during metamorphism. Contrib Mineral Petrol 95:384–392

Bickle MJ, Hawkesworth CJ, England PC, Athey D (1975) A preliminary thermal model for regional metamorphism in the eastern Alps. Earth Planet Sci Lett 26:13–28

Bird P (1979) Continental delamination and the Colorado Plateau. J Gephys Res 84:7561–7571

Bird P, Piper K (1980) Plane stress finite element model of tectonic flow in southern California. Phys Earth Planet Int 21:158–195

Blanckenburg F von, Davies JH (1995) Slab breakoff: a model for syncollisional magmatism and tectonics in the Alps. Tectonics 14:120–131

Bohlen SR (1987) Pressure temperature time paths and a tectonic model for the evolution of granulites. J Geol 95:617–632

Bond GC, Kominz MA, Devlin WJ (1983) Thermal subsidence and eustasy in the lower Paleozoic miogeocline of western North America. Nature 306:775–779

Bons PD, Barr TD, ten Brink CE (1997) The development of delta-clasts in nonlinear viscous materials: a numerical approach. Tectonophys 270:29–42

Bott MHP (1993) Modelling the plate-driving mechanism. J Geol Soc London 150:941–951

Bott MHP, Waghorn GD, Whittaker A (1989) Plate boundary forces at subduction zones and trench-arc compression. Tectonophys 170:1–15

Brace WF, Kohlstedt DL (1980) Limits on lithospheric stress imposed by laboratory experiments. J Geophys Res 94:3967–3990

Braun J (1992) Dynamics of compressional orogens; beyond thin sheet and plane strain approximations. EOS tranctions 73:292

Braun J, Beaumont C (1995) Three dimensional numerical experiments of strain partitioning at oblique plate boundaries: Implications for contrasting tectonic styles in the southern coast ranges, California central south island, New Zealand. J Geophys Res 100:18059–18074

Braun J, Sambridge M (1997) Modelling landscape evolution on geological time scales: a new method based on irregular spatial discretization. Basin Res. 9:27–52

Brown RW (1991) Backstacking apatite fission track "stratigraphy": a method for resolving the erosional and isostatic rebound components of tectonic uplift histories. Geology 19:74–77

Brun JP, Cobbold PR (1980) Strain heating and thermal softening in continental shear zones: a review. J Struct Geol 2:149–158

Buck WR (1991) Modes of continental lithosphere extension. J Geophys Res 96:20161–20178

Buck WR, Martinez F, Steckler MS, Cochran JR (1988) Thermal consequences of lithosphere extension: pure and simple. Tectonics 7:213–234

Byerlee JD (1968) Brittle ductile transition in rocks. J Geophys Res 73:4741–4750

Byerlee JD (1970) Friction of rocks. In: Everden JF (ed) Experimental studies of rock friction with application to earthquake prediction. USGS, Menlo Park, pp 55–77

Carey SW (1976) The expanding Earth. Elsevier, Amsterdam, 488 p

Carslaw HS, Jaeger JC (1959) Conduction of heat in solids. Oxford Science Publications, Oxford University Press, Oxford, 510 p

Carson CJ, Powell R, Wilson CJL, Dirks PHMG (1997) Partial melting during tectonic exhumation of a granulite terrain: an example from the Larsemann Hills, East Antarctica. J Met Geol 15:105–127

Carson MA, Kirkby MJ (1972) Hillslope form and processes, Cambridge University Press, Cambridge, 475 p

Chamberlain CP, Sonder LJ (1990) Heat-producing elements and the thermal and baric patterns of metamorphic belts. Science 250:763–769

Chapple WM (1978) Mechanics of thin-skinned fold-and-thrust belts. Geol Soc Am Bull 89:1189–1198

Chase CG (1992) Fluvial landsculpting and the fractal dimension of topography. Geomorphology 5:39–57

Chemenda A, Mattauer M, Bokun AN (1996) Continental subduction and a mechanism for exhumation of high-pressure metamorphic rocks: new modelling and field data from Oman. Earth Planet Sci Lett 143:173–182

Christensen UR, Yuen DA (1984) The interaction of a subducting lithospheric slab with a chemical or phase boundary. J Geophys Res 89:4389–4402

Christie JM, Ord A (1980) Flow stress from microstructures of mylonites: example and current assessment. J Geophys Res 85:6253–6262

Cliff RA, Droop GTR, Rex DC (1985) Alpine metamorphism in the south-east Tauern Window, Austria: 2nd Rates of heating, cooling and uplift. J Met Geol 3:403–415

Cloetingh S, van Wees JD, van der Beek PA, Spadini G (1995) Role of pre-rift rheology in kinematics of extensional basin formation: constraints from thermo-mechanical models of Mediterranean and intracratonic basins. Mar Petrol Geol 12:793–807

Cloos M (1982) Flow melanges: numerical modelling and geologic constraints on their origin in the Franciscan subduction complex, California. Bull Geol Soc Am 93:330–345

Cloos M (1984) Flow melanges and the structural evolution of accretionary wedges. Geol Soc Am Spec Pap 198:71–79

Cloos M, Shreve RL (1988) Subduction channel model of accretion, melange formation, sediment subduction and subduction erosion at convergent plate margins 1. Background and description. Pure and Applied Geophys 128:455–500

Coblentz D, Richardson RM, Sandiford M (1994) On the potential energy of the Earth's lithosphere. Tectonics 13:929–945

Coblentz D, Sandiford M (1994) Tectonic stress in the African plate: constraints on the ambient lithospheric stress state. Geology 22:831–834

Cochran JR (1982) The magnetic quite zone in the eastern gulf of Aden: implications for the early development of the continental margin. Geophys J Roy Astron Soc 68:171–202

Cochran JR (1983) Effects of finite extension times on the development of sedimentary basins. Earth Planet Sci Lett 66:289–302

Connolly JAD, Thompson AB (1989) Fluid and enthalpy production during regional metamorphism. Contrib Mineral Petrol 102:347–366

Coulomb CA (1773) Sur une application des régles de maximis et minimis a quelques problémes de statique relatifs a l'árchitecture. Acad Roy Sci Mem de Math et de Phys 7:343–382

Cowan DS, Silling RM (1978) A dynamic scaled model of accretion and trenches and its implications for the tectonic evolution of subduction complexes. J Geophys Res 83:5389–5396

Cox A (1972) Plate tectonics and geomagnetic reversals. Freeman and Company, San Francisco, 702 p

Crank J (1975) The mathematics of diffusion, 2nd edn. Oxford Science Publications. Clarendon Press, Oxford, 414 p

Creager KC, Jordan TH (1984) Slab penetration into the lower mantle. J Geophys Res 89:3031–3050

Crough ST (1983) Hot spot swells. Ann Rev Earth Planet Sci 11:165–193

Cull JP (1976) The measurement of thermal parameters at high pressures. Pageoph 114:301–307

Culling WEH (1960) Analytical theory of erosion. J Geol 68:336–344

Cygan RT, Lasaga AC (1985) Self-diffusion of magnesium in garnet at 750°C to 900°C. Am J Sci 285:328–350

Dahlen FA (1984) Non-cohesive critical Coulomb wedges: an exact solution. J Geophys Res 89:10125–10133

Dahlen FA, Barr TD (1989) Brittle frictional mountain building 1st Deformation and mechanical energy budget. J Geophys Res 94:3906–3922

Dahlen FA, Suppe J, Davis D (1984) Mechanics of fold-and-thrust belts and accretionary wedges: cohesive coulomb theory. J Geophys Res 89:10087–10101

Dalmayrac B, Molnar P (1981) Parallel thrust and normal faulting in Peru and constraints on the state of stress. Earth Planet Sci Lett 55:473–481

Davis D, Suppe J, Dahlen FA (1983) Mechanics of fold-and-thrust belts and accretionary wedges. J Geophys Res 88:1153–1172

DeMets C, Gordon RG, Argus DF, Stein S (1990) Current plate motions. Geophys J Int 101:425–478

Dewey JF (1988) Extensional collapse of orogens. Tectonics 7:1123–1139

DeYoreo JJ, Lux DR, Guidotti CV (1991) Thermal modelling in low-pressure/high-temperature metamorphic belts. Tectonophys 188:209–238

Dickinson WR (1976) Plate tectonic evolution of sedimentary basins. AAPG Continuing Education Course Note Series 1:1–62

Dodson MH (1973) Closure temperature in cooling geochronological and petrological systems. Contrib Mineral Petrol 40:259–274

Doin, Fleitout (1996) Thermal evolution of the oceanic lithosphere: an alternative view. Earth Planet Sci Lett 142:121–136

Doglioni C (1993) Some remarks on the origin of foredeeps. Tectonophys 228:1–20

Dunning GH, Etheridge MA, Hobbs BE (1982) On the stress dependence of subgrain size. Textures and Microstructures 5:127–152

Edmond JM, Damm K von (1983) Heiße Quellen am Grund der Ozeane. Spektrum der Wissenschaft 6:74–87

Ehlers K, Powell R (1994) An empirical modification of Dodson's equation for closure temperature in binary systems. Geochim Cosmochim Acta 58:241–248

Ehlers K, Powell R, Stüwe K (1994a) The determination of cooling histories from garnet-biotite equilibrium. Am Min 79:737–744

Ehlers K, Stüwe K, Powell R, Sandiford M, Frank W (1994b) Thermometrically inferred cooling rates from the Plattengneiss, Koralm region, eastern Alps. Earth Planet Sci Lett 125:307–321

Elison MW (1991) Intracontinental contraction in western North America: continuity and episodicity. Geol Soc Am Bull 103:1226–1238

Engelder T (1993) Stress regimes in the lithosphere. Princeton University Press, Princeton, 451 p

Engelder T (1994) Deviatoric stressitis: a virus infecting the Earth science community. EOS 75:18, 210–213

England PC (1981) Metamorphic pressure estimates and sediment volumes for the Alpine orogeny: an independent control on geobarometers? Earth Planet Sci Lett 56:387–397

England PC (1987) Diffusive continental deformation: length scales, rates and metamorphic evolution. Phil Trans R Soc Lon 321:3–22

England PC (1996) The mountains will flow. Nature 381:23–24

England PC, Holland TJB (1979) Archimedes and the Tauern eclogites: the role of buoyancy in the preservation of exotic tectonic blocks. Earth Planet Sci Lett 44:287–294

England PC, Houseman G (1986) Finite strain calculations of continental deformation 2nd Comparison with the India-Asia collision zone. J Geophys Res 91:3664–3676

England PC, Houseman GA (1988) The mechanics of the Tibetan plateau. Phil Trans Roy Soc Lon A326:301–319

England PC, Houseman G (1989) Extension during continental convergence, with application to the Tibetan plataeu. J Geophys Res 94:17561–17579

England PC, Jackson J (1989) Active deformation of the continents. Ann Rev Earth Planet Sci 17:197–226

England PC, McKenzie D (1982) A thin viscous sheet model for continental deformation. Geophys J Roy Astron Soc 70:295–321

England PC, Molnar P (1990) Surface uplift, uplift of rocks and exhumation of rocks. Geology 18:1173–1177

England PC, Molnar P (1991) Inferences of deviatoric stress in actively deforming belts from simple physical models. Phil Trans R Soc Lond 337:151–164

England PC, Molnar P (1993) The interpretation of inverted metamorphic isogrades using simple physical calculations. Tectonics 12:145–157

England PC, Richardson SW (1977) The influence of erosion upon the mineral facies of rocks from different metamorphic environments. J Geol Soc London 134:201–213

England PC, Thompson A (1984) Pressure-temperature-time paths of regional metamorphism I. Heat transfer during the evolution of regions of thickened continental crust. J Pet 25:894–928

England PC, Houseman GA, Sonder LJ (1985) Length scales for continental deformation in convergent, divergent and strike-slip environments: analytical and approximate solutions for a thin viscous sheet model. J Geophys Res 90:3551–3557

Ernst WG (1971) Do mineral paragenesis reflect unusually high-pressure conditions of Franciscan metamorphism? Am J Sci 270:81–108

Evenden G (1990) Cartographic projection procedures for the UNIX environment – a user's manual. USGS Open File Report 90–284

Fischer GW (1973) Non-equilibrium thermodynamics as a model for diffusion controlled metamorphic processes. Am J Sci 273:897–924

Fleitout L, Froidvaux C (1982) Tectonics and topography for a lithosphere containing density heterogeneities. Tectonics 1:21–57

Fletcher CAJ (1991) Computational techniques for fluid dynamics 1st Fundamental and general techniques, 2nd edn. Springer series in computational physics. Springer, Berlin Heidelberg New York, 401 p

Forsyth DW (1985) Subsurface loading and estimates of the flexural rigidity of continental lithosphere. J Geophys Res 90:12623–12632

Forsyth DW, Uyenda S (1975) On the relative importance of the driving forces of plate motion. Geophys J Roy Astron Soc 43:163–200

Fortier SM, Giletti BJ (1991) Volume self diffusion of oxygen in biotite, muscovite and phlogopite micas. Geochim Cosmochim Acta 55:1319–1330

Fourier JBJ (1816) Theorie de la chaleur. Annales de Chimie et de Physique 3:350–376

Fourier JBJ (1820) Extrait d'un memoire sur le refroidissement seculaire du globe terrestre. Annales Chimie et de Physique 13:418–437

Fowler CMR (1990) The solid Earth. An introduction to global geodynamics. Cambridge University Press, Cambridge, 472 p

Fowler CMR, Nisbet EG (1982) The thermal background to metamorphism II. Simple two-dimensional conductive models. Geoscience Canada 9:208–214

Frohlich C, Coffin MF, Massell C, Mann P, Schuur CL, Davis SD, Jones T, Karner G (1997) Constraints on Macquarie Ridge tectonics provided by Harvard focal mechanisms and teleseismic earthquake locations. J Geophys Res 102:5029–5041

Frost HJ, Ashby MF (1982) Deformation-mechanism maps. Pergamon Press, Cambridge, 260 p

Frottier LG, Buttles J, Olson P (1995) Laboratory experiments on the structure of subducted lithosphere. Earth Planet Sci Lett 133:19–34

Genser J, Neubauer F (1989) Low angle normal faults at the eastern margin of the Tauern window (Eastern Alps). Mitt Österr Geol Ges 81:233–243

Gilchrist AR, Kooi H, Beaumont C (1994) Post-Gondwana geomorphic evolution of southwestern Africa: implications for the controls on landscape development from observations and numerical experiments. J Geophys Res 99:12211–12228

Goetze C (1978) The mechanisms of creep in olivine. Phil Trans Roy Soc London 288:99–119

Goetze C, Evans B (1979) Stress and temperature in the bending lithosphere as constrained by experimental rock mechanics. Geophys J Roy Astron Soc 59:463–478

Gordon RB (1965) Diffusion creep in the Earth's mantle. J Geophys Res 70:56–61

Graham CM, England PC (1976) Thermal regimes and regional metamorphism in the vicinity of overthrust faults: an example of shear heating and inverted metamorphic zonation from southern California. Earth Planet Sci Lett 31:142–152

Grasemann B, Mancktelow NS (1993) Two-dimensional thermal modelling of normal faulting: the Simplon Fault Zone, Central Alps, Switzerland. Tectonophys 225:155–165

Greenwood HJ (1989) On models and modelling. Canad Mineral 27:1–14

Griggs D (1939) A theory of mountain building. Am J Sci 237:611–650

Haack U (1983) On the content and vertical distribution of K, Th and U in the continental crust. Earth Planet Sci Lett 62:360–366

Harker A (1939) Metamorphism. Lethuer S. Co., London, 462 p

Harley SL (1989) The origin of granulites: a metamorphic perspective. Geol Mag 126:215–247

Harrison CGA (1994) Rates of continental erosion and mountain building. Geol Rundsch 83:431–447

Harrison TM, Clark GK (1979) A model of the thermal effects of igneous intrusion and uplift as applied to Quottoon pluton, British Columbia. Canad J Earth Sci 16:410–420

Harrison TM, Copeland P, Kidd WSF, Yin A (1992) Raising Tibet. Science 255:1663–1670

Hawkins SW (1988) A brief history of time. Space Time Publications. Guild Publishing

Heezen BC (1962) The deep sea floor. In: Runcorn SK (ed) Continental drift. Academic Publishers, New York, pp 235–268

Hess H (1961) History of ocean basins. In: Engle AEJ, Petrologic Studies. A volume in honour of AE Buddington, Geol Soc Am pp 599–620

Hilst R van der, Engdahl ER, Sparkman W, Nolet G (1991) Tomographic imaging of subducted lithosphere below north-west Pacific island arcs. Nature 357:37–43

Hodges KV (1996) Self-organization and the metamorphic evolution of mountain ranges. MSG meeting Kingston University abs

Hoke L, Hilton DR, Lamb SH, Hammerschmidt K, Friedrichsen H (1994) ^{3}He evidence for a wide zone of active mantle melting beneath the Central Andes. Earth Planet Sci Lett 128:341–355

Holland TJB, Powell R (1990) An enlarged and updated internally consistent thermodynamic dataset with uncertainties and correlations: the system K_2O-Na_2O-CaO-MgO-FeO-Fe_2O_3-Al_2O_3-TiO_2-SiO_2-C-H_2-O_2. J Met Geol 8:89–124

Holmes A (1929) Radioactivity and Earth movements. Trans Geol Soc Glasgow 18:559–607

Horton RE (1945) Erosional development of streams and their drainage basins: hydrophysical approach to quantitative geomorphology. Bull Geol Soc Am 56:275–370

Houseman G, England P (1986a) Finite strain calculations of continental deformation 1st method and general results for convergent zones. J Geophys Res 91:3651–3663

Houseman G, England P (1986b) A dynamical model of lithosphere extension and sedimentary basin formation. J Geophys Res 91:719–729

Houseman G, McKenzie DP, Molnar P (1981) Convective instability of a thickened boundary layer and its relevance for the thermal evolution of continental convergent belts. J Geophys Res 86:6115–6132

Hubbert MK (1948) A line-integral method for computing the gravimetric effects of two-dimensional masses. Geophysics 13:215–225

Huppert HE, Sparks RSJ (1988) The generation of granitic magmas by intrusion of basalt into continental crust. J Pet 29:599–624

Isacks BL, Barazangi M (1977) Geometry of Benioff zones: lateral segmentation and downward bending of the subducted lithosphere. In: Talwani M, Pitman III WC (ed) Island Arcs, deap-sea trenches and back arc basins. Am Geophys U, Maurice Ewing Series Washington 1:99–114

Isacks BL, Oliver J, Sykes LR (1968) Seismology and the new global tectonics. J Geophys Res 73:5855–5899

Issler D, McQueen H, Beaumont C (1989) Thermal consequences of simple shear extension of the continental lithosphere. Earth Planet Sci Lett 91:341–358

Itayama K, Stüwe HP (1974) Mittlere Reaktionsgeschwindigkeit bei zeitlich veränderter Temperatur. Zeitschr Metallk 65:70–72

Jackson JA, McKenzie DP (1988) The relationship between plate motions and seismic moment tensors, and the rates of active deformation in the Mediterranean and the Middle East. Geophys J Roy Astron Soc 93:45–73

Jaeger JC (1964) Thermal effects of intrusions. Rev Geophys 2:443–466

Jaeger JC, Cook NGW (1979) Fundamentals of rock mechanics, 3rd edn. Science Paperbacks, Chapman and Hall, London, 585 p

Jarvis GT, McKenzie DP (1980) Sedimentary basin formation with finite extension rates. Earth Planet Sci Lett 48:42–52

Jaupart C, Provost A (1985) Heat focusing, granite genesis and inverted metamorphic gradients in continental collision zones. Earth Planet Sci Lett 73:385–397

Jeanloz R (1988) High-pressure experiments and the Earth's deep interior. Physics Today 41:44–45

Jeanloz R, Richter FM (1979) Convection, composition and the thermal state of the lower mantle. J Geophys Res 84:5497–5504

Jessel MW, Lister GS (1990) A simulation of the temperature dependence of quartz fabrics. In: Knipe RJ, Rutter EH (eds) Deformation mechanisms, rheology and tectonics. Geol Soc Spec Publ 54:353–362

Joesten R (1977) Evolution of mineral assemblage zoning in diffusion metasomatism. Geochim Cosmochim Acta 41:649–670

Jordan TE (1981) Thrust loads and foreland basin evolution. Cretaceous, western United States. American Assoc Pet Geol 65:2506–2520

Karner GD, Watts AB (1983) Gravity anomalies and flexure of the lithosphere at mountain ranges. J Geophys Res 88:10449–10477

Keen CE (1980) The dynamics of rifting: deformation of the lithosphere by active and passive driving mechanisms, Geophys. J Roy Astron Soc 62:631–647

Keen C, Peddy C, de Voogd B, Mathew D (1989) Conjugate margins of Canada and Europe: results from deep reflection profiling. Geology 17:173–176

Kelvin Lord (1864) The secular cooling of the Earth. Trans Roy Soc Edinburgh 23:157

Kincaid C, Silver P (1996) The Role of Viscous Dissipation in the Orogenic Process. Earth Planet Sci Lett 142:271–288

King LC (1953) Canons of landscape evolution. Geol Soc Am Bull 64:721–753

King LC (1983) Wandering continents and spreading sea floors on an expanding Earth. John Wiley and Sons, Chichester, 232 p

Kirchner JW (1993) Statistical inevitability of Horton's laws and the apparent randomness of stream channel networks. Geology 21:591–594

Kooi J, Beaumont C (1994) Escarpment evolution on high-elevation rifted margins insights derived from a surface processes model that combines diffusion, advection and reaction. J Geophys Res 99:12191–12209

Koons PO (1990) Two-sided orogen: Collision and erosion from the sandbox to the southern Alps, New Zealand. Geology 18:679–682

Kuznir NJ, Park RG (1986) Continental lithosphere strength: the critical role of lower crustal deformation. In: Dawson JB, Carswell DA, Hall J, Wedepohl KH (ed) The nature of the lower continental crust. Geol Soc Spec Pub 24:79–93

Lachenbruch AH (1980) Frictional heating, fluid pressure and the resistance to fault motion. J Geophys Res 85:6097–6112

Lachenbruch AH, Bunker CM (1971) Vertical gradients of heat production in the continental crust 2nd Some estimates from borehole data. J Geophys Res 76:3852–3860

Lambeck K (1991) Glacial rebound and sea level change in the British Isles. Terra Nova 3:379–389

Lambeck K (1993) Glacial rebound and sea level change, an example of a relationship between mantle and surface processes. Tectonophys 223:15–37

Lambert JH (1772) Beiträge zum Gebrauch der Mathematik und deren Anwendung, Teil III/Abschn. 6: Anmerkungen und Zusätze zur Entwerfung der Land- und Himmelscharten. Berlin

Lasaga AC (1983) Geospeedometry: an extension of geothermometry. In: Saxena SK (ed) Kinetics and equilibrium in mineral reactions, Springer, Berlin Heidelberg New York, 82–114 p

Le Pichon X (1983) Land-locked oceanic basins and continental collision: the eastern Mediterranean as a case example. In: Hsu KJ (ed) Mountain building processes. Academic, Orlando USA, pp 201–211

Le Pichon X, Francheteau J, Bonnin J (1976) Plate tectonics. Developments in geotectonics (2nd edn. New York, Amsterdam, 311 p

Le Pichon X, Angelieru J, Sibuet JC (1982) Plate boundaries and extensional tectonics. Tectonophys 81:239–256

Lister GS, Etheridge MA (1989) Towards a general model. Detachment models for uplift and volcanism in the eastern highlands and their application to the origin of passive margin mountains. In: Johnson RW, Knutson J, Taylor SR (eds) Intraplate volcanism in eastern Australia and New Zealand. Cambridge Univ. Press. Cambridge, pp 297–313

Lister GA, Etheridge MA, Symonds PA (1986) Detachment faulting and the evolution of passive continental margins. Geology 14:246–250

Lister GA, Etheridge MA, Symonds PA (1991) Detachment models for the formation of passive continental margins. Tectonics 10:1038–1064

Lux DR, DeYoreo JJ, Guidotti CV and Decker ER (1986) Role of plutonism in low pressure metamorphic belt formation. Nature 323:794–796

Lyon-Caen H, Molnar P (1983) Constraints on the structure of the Himalaya from an analysis of gravity anomalies and a fexural model of the lithosphere. J Geophys Res 88:8171–8191

Lyon-Caen H, Molnar P (1989) Constraints on the deep structure and dynamic processes beneath the Alps and adjacent regions from an analysis of gravity anomalies. Geophys J Int 99:19–32

Mackin JH (1948) Concept of the graded river. Bull Geol Soc Am 59:463–512

Malanson GP, Butler DR, Georgakakos KP (1992) Nonequilibrium geomorphic processes and deterministic chaos. Geomorphology 5:311–322

Malniverno A, Pockalny RA (1990) Abyssal hill topography as an indicator of episodicity in crustal accretion and deformation. Earth Planet Sci Lett 99:154–169

Mancktelow NS (1993) Tectonic overpressure in competent mafic layers and the development of isolated eclogites. J Met Geol 11:801–812

Mancktelow NS (1995) Nonlithostatic pressure during sediment subduction and the development and exhumation of high pressure metamorphic rocks. J Geophys Res 100:571–583

Mancktelow NS, Grasemann B (1997) Time-dependent effects of heat advection and topography on cooling histories during erosion. Tectonophys 270:167–195

Mandelbrot B (1975) Stochastic models for the Earth's relief, the shape and fractal dimension of the coastlines and the number-area rule for islands. Proc Nat Acad Sci, USA 72:3825–3828

Mandelbrot B (1982) The fractal geometry of nature. Freeman, New York, 460 p

Mastin L (1988) Effect of borehole deviation on breakout orientations. J Geophys Res 93:9187–9195

McClay KR (1992) Thrust tectonics. Chapman and Hall, London, 447 p

McKenzie DP (1967) Some remarks on heat-flow and gravity anomalies. J Geophys Res 72:6261–6273

McKenzie DP (1969a) The relationship between fault plane solutions for earthquakes and the directions of the principle stresses. Bull Seismol Soc Am 59:591–601

McKenzie DP (1969b) Speculations on the consequences and causes of plate motions. Geophys J Roy Astron Soc 18:1–32

McKenzie DP (1972) Active tectonics in the Mediterranean region. Geophys Roy Astron Soc 30:109–185

McKenzie DP (1977a) Surface deformation, gravity anomalies and convection. Geophys J Roy Astron Soc 48:211–238

McKenzie DP (1977b) The initiation of trenches: a finite amplitude instability. In: Talwani M, Pitman III WC (eds) Island arcs, deap-sea trenches and back arc basins. Am Geophys U, Maurice Ewing Series 1:57–61

McKenzie DP (1978) Some remarks on the development of sedimentary basins. Earth Planet Sci Lett 40:25–32

McKenzie DP (1984) The generation and compaction of partially molten rock. J Pet 25:713–765

McKenzie DP, Bickle MJ (1988) The volume and composition of melt generated by extension of the lithosphere. J Pet 29:625–679

McKenzie DP, Morgan WJ (1969) Evolution of triple junctions. Nature 224:125–133

McKenzie DP, Roberts JM, Weiss NO (1974) Convection in the Earth's mantle: towards a numerical simulation. J Fluid Mech 62:465–538

Means WD (1976) Stress and strain – basic concepts of continuum mechanics for geologists. Springer, Berlin Heidelberg New York, 339 p

Menard HW (1964) Marine Geology of the Pacific. McGraw Hill, New York, 271 p

Michael AJ (1987) The use of focal mechanisms to determine stress: a control study. J Geophys Res 92:357–368

Miyashiro A (1973) Metamorphism and metamorphic belts. Allen and Unwin, New York, 492 p

Mohr O (1900) Welche Umstände bedingen die Elastizitätsgrenze und den Bruch eines Materials? Z Ver dt Ing 44:1524–1530, 1572–1577

Mollweide C (1805) Über die von Prof. Schmidt in Giessen in der zweyten Abteilung seines Handbuches der Naturlehre angegebene Projektion der Halbkugelfläche: Zachs monatliche Korrespondenz 13:152–163

Molnar P (1992) Brace-Goetze strength profile, the partitioning of strike-slip and thrust faulting at zones of oblique convergence and the stress heat flow paradox of the San Andreas Fault. In: Evans B, Wong T (eds) Fault mechanics and transport properties of rocks. A festschrift in honour of WF Brace. Acad. Press, San Diego, pp 435–459

Molnar P, England PC (1990a) Temperatures, heat flux and frictional stress near major thrust faults. J Geophys Res 95:4833–4856

Molnar P, England PC (1990b) Late Cenozoic uplift of mountain ranges and global climatic change: chicken or egg? Nature 346:29–34

Molnar P, England PC (1995) Temperatures in zones of steady-state underthrusting of young oceanic lithosphere. Earth Planet Sci Lett 131:57–70

Molnar P, Gibson JM (1996) A bound on the rheology of continental lithosphere using very long baseline interferometry: the velocity of South China with respect to Eurasia. J Geophys Res 101:545–553

Molnar P, Lyon-Caen H (1988) Some simple physical aspects of the support, structure and evolution of mountain belts. Geol Soc Am Spec Pap 218:179–207

Molnar P, Lyon-Caen H (1989) Fault plane solutions of earthquakes and active tectonics of the Tibetan plateau and its margins. Geophys J Roy Astron Soc 99:123–153

Molnar P, Tapponier P (1975) Cenozoic tectonics of Asia: effects of a continental collision. Science 189:419–426

Molnar P, Tapponier P (1978) Active tectonics of Tibet. J Geophys Res 83:5361–5374

Molnar P, England P, Martinod J (1993) Mantle dynamics, uplift of the Tibetan plateau the Indian monsoon. Rev Geophys 31:357–396

Montgomery DR (1994) Valley incision and the uplift of mountain peaks. J Geophys Res 99:13913–13921

Morgan J (1968) Rises, trenches, great faults and crustal blocks. J Geophys Res 73:1959–1982

Oertel G (1996) Stress and deformation. A handbook on tensors in geology. Oxford University Press, New York, 292 p

Ollier CD (1985) Morphotectonics of continental margins with great escarpments. In: Morrison M, Hack JT (eds) Tectonic geomorphology. Allan & Unwin, Boston, 390 p

Onsager L (1931) Reciprocal relations in irreversible processes. I Phys Rev 37:405–426

O'Rouke J (1993) Computational Geometry in C. Cambridge University Press, 346 p

Oxburgh ER (1980) Heat flow and magma genesis. In: Hargraves RB (eds) Physics of magmatic processes. Princeton University Press, Princeton NJ, pp 161–199

Oxburgh ER (1982) Heterogeneous lithospheric stretching in early history of orogenic belts. In: Hsü K (ed) Mountain building processes. Academic Press, London, pp 85–94

Oxburgh ER, Turcotte DL (1974) Thermal gradients and regional metamorphism in overthrust terrains with special reference to the eastern Alps. Schweiz Mineral Petrograph Mitt 54:641–662

Parsons B, McKenzie D (1978) Mantle convection and the thermal structure of the plates. J Geophys Res 83:4485–4496

Parsons B, Richter FM (1980) A relationship between the driving force and the geoid anomaly associated with the mid-ocean ridges. Earth Planet Sci Lett 51:445–450

Parsons B, Sclater JG (1977) An analysis of the variation of ocean floor bathymetry with age. J Geophys Res 82:803–827

Pavlis TL (1986) The role of strain heating in the evolution of megathrusts. J Geophys Res 91:12407–12422

Peacock SM (1989) Numerical constraints on rates of metamorphism and fluid production fluid flux during regional metamorphism. Geol Soc Am Bull 101:476–485

Perry J (1895) On the age of the Earth. 51:224–227 & 341–342 & 582–585

Pfiffner OA, Lehner P, Heitzmann P, Mueller S, Steck A (eds) (1997) Deep structure of the Swiss Alps. Results of NRP20. Birkhäuser, Basel, 380 p

Pinter N, Brandon MT (1997) How erosion builds mountains. Scientific American, April 1997, pp 74–79

Pitman WC, Andrews JA (1985) Subsidence and thermal history of small pull-apart basins. In: Biddle K, Christie-Blick N (eds) Strike-slip deformation, basin formation and sedimentation. Spec Publ Soc Econ Palaeont Mineral 37:45–119

Platt JP (1990) Thrust mechanics in highly overpressured accretionary wedges. J Geophys Res 95:9025–9034

Platt JP (1993a) Mechanics of oblique convergence. J Geophys Res 98:16239–16256

Platt JP (1993b) Exhumation of high-pressure rocks: a review of concepts and processes. Terra Nova 5:119–133

Platt JP, England PC (1994) Convective removal of lithosphere beneath mountain belts: thermal and mechanical consequences. Am J Sci 294:307–336

Pluijm B, Marshack S (1997) Earth structure – an introduction to structural geology and tectonics. McGraw Hill, New York, 495 p

Pollack HN, Chapman DS (1977) On the regional variation of heat flow, geotherms and lithosphere thickness. Tectonophys 38:279–296

Powell R (1978) Equilibrium thermodynamics in petrology. Harper and Row, London, 284 p

Press WH, Flannery BP, Teukolsky SA, Vetterling WT (1989) Numerical receipes in Pascal. The art of scientific computing. Cambridge University Press, Cambridge, 759 p

Price PH, Slack MR (1954) The effect of latent heat on numerical solutions of the heat flow equation. Br J Appl Phys 3:379–384

Putnis A, McConnell JDC (1980) Principles of mineral behaviour. Geoscience Texts 1, Elsevier, New York, 257 p

Ranalli G (1987) Rheology of the Earth, 2nd edn. Chapman and Hall, London, 413 p

Ranalli G (1994) Nonlinear flexure and equivalent mechanical thickness of the lithosphere. Tectonophys 240:107–114

Ratschbacher L, Frisch W, Linzer HG, Merle O (1991) Lateral extrusion in the Eastern Alps, part 2: structural analysis. Tectonics 10:245–256

Reece G (1986) Microcomputer modelling by finite differences. MacMillian. Basingstoke UK, 125 p

Reiner M (1969) Deformation, strain and flow. HK Lewis, London, 360 p

Richardson RM (1992) Ridge forces, absolute plate motions and the intra-plate stress field. J Geophys Res 97:11739–11748

Ringwood (1988) Phase transformations and their bearing on the constitution and dynamics of the mantle. Geochim Cosmochim Acta 55:2083–2110

Robinson P (1990) The eye of the petrographer, the mind of the petrologist. Am Mineral 76:1781–1810

Robinson AH, Sale RD, Morrison JL, Muehrke PC (1984) Elements of Cartography, 5th edn. John Wiley and Sons, New York, 544 p

Roy RF, Decker ER, Blackwell DD, Birch F (1968) Heat flow in the United States. J Geophys Res 73:5207–5221

Royden L, Keen CE (1980) Rifting processes and thermal evolution of the continental margin of eastern Canada determined from subsidence curves. Earth Planet Sci Lett 51:343–361

Royden LH (1993a) The tectonic expression of slab pull at continental convergent boundaries. Tectonics 12:303–325

Royden LH (1993b) The steady-state thermal structure of eroding orogenic belts and accretionary prisms. J Geophys Res 98:4487–4507

Rutland RWR (1965) Tectonic overpressures. In: Pitcher WS, Flinn GW (eds) Controls of metamorphism. Oliver and Boyd, New York, pp 119–139

Sabodini R, Lambeck K, Boschi E (eds) (1991) Glacial isostasy, sea level and mantle rheology. NATO ASI Series Serie C: Mathematical and physical sciences, 334 p

Sahagian DL, Holland SM (1993) On the thermomechanical evolution of continental lithosphere. J Geophys Res 98:8261–8274

Sambridge M, Braun J, McQueen H (1995) Geophysical parameterization and interpolation of irregular data using natural neighbours. Geophys J Int 122:837–857

Sandiford M, Coblentz DD (1994) Plate-scale potential-energy distribution and the fragmentation of ageing plates. Earth Planet Sci Lett 126:143–159

Sandiford M, Hand M (1998) Controls on the locus of intraplate deformation in central Australia. Earth and Planetary Science Letters 162:97–110

Sandiford M, Powell, R (1990) Some isostatic and thermal consequences of the vertical strain geometry in convergent orogens. Earth and Planet Sci Lett 98:154–165

Sandiford M, Martin N, Zhou S, Fraser G (1991) Mechanical consequences of granite emplacement during high-T, low-P metamorphism and the origin of anticlockwise PT paths. Earth Planet Sci Lett 107:164–172

Sandiford M, Coblentz DD, Richardson RM (1995) Ridge-torques and continental collision in the Indo-Australian plate, Geology 23:653–656

Sawyer DS (1985) Brittle failure in the upper mantle during extension of continental lithosphere. J Geophys Res 90:3021–3025

Schatz JF, Simmons G (1972) Thermal conductivity of Earth materials at high temperatures. J Geophys Res 77:6966–6983

Scheidegger AE (1961) Theoretical geomorphology. Prentice Hall, Englewood Cliffs, N. J., 333 p

Scholz CH (1980) Shear heating and the state of stress on faults. J Geophys Res 85:6174–6184

Schumm SA (1956) The evolution of drainge basins and slopes in badlands at Perth Amboy, New Jersey. Bull Geol Soc Am 67:597–646

Sclater JG, Christie PA (1980) Continental stretching: an explanation of the post-mid Cretaceous subsidence of the central North Sea basin. J Geophys Res 85:3711–3739

Sclater JG, Jaupart C, Galson D (1980) The heat flow through oceanic and continental crust and the heat loss of the Earth. Rev Geophys Space Phys 18:269–311

Selverstone J (1988) Evidence for east-west crustal extension in the Eastern Alps: implications for the unroofing history of the Tauern Window. Tectonics 7:87–105

Shreve RL (1967) Infinite topologically random networks. J Geol 75:178–186

Sleep NH (1971) Thermal effects of formation of Atlantic continental margins by continental breakup. Geophys J Roy Astron Soc 24:325–350

Sleep NH (1979) A thermal constraint on the duration of folding with reference to Acadian geology, New England (USA). J Geol 87:583–589

Smith GD (1985) Numerical solutions of partial differential equations: finite difference methods, 3rd edn. Oxford Applied Mathematics and Computing Science Series. Clarendon Press, Oxford, 337 p

Snyder JP (1987) Map projections – a working manual. USGS Prof Pap 1395, 383 p

Snyder JP, Voxland RM (1989) An album of map projections: USGS Prof Pap 1453, 249 p

Sonder LJ, Chamberlain CP (1992) Tectonic controls of metamorphic field gradients. Earth Planet Sci Lett 111:517–535

Sonder LJ, England P (1986) Vertical averages of rheology of the continental lithosphere: relation to „thin sheet"-parameters. Earth Planet Sci Lett 77:81–90

Spear FS (1993) Metamorphic phase equilibria and pressure-temperature-time paths. Min Soc Am Monograph, Book Crafters, Chelsea, Michigan, 799 p

Spear FS, Florence FP (1992) Thermobarometry in granulites: pitfalls and new approaches. Precamb Res 55:209–241

Spear FS, Peacock SM (1989) Metamorphic pressure-temperature-time paths. Am Geophys Union Short Course in Geology AGU press 7, 102 p

Spiegelman M, McKenzie D (1987) Simple 2-D models for melt extraction at mid-ocean ridges and island arcs. Earth Planet Sci Lett 83:137–152

Steckler MS, Watts AB (1978) Subsidence of Atlantik-type continental margin off New York. Earth Planet Sci Lett 41:1–13

Steckler MS, Watts AB (1981) Subsidence history and tectonic evolution of Atlantic-type continental margins. In: Scrutton, RA (ed) Dynamics of passive margins. Am Geophys U, Geodynamics Series 6:184–196

Stefan J (1891) Über die Theorie der Eisbildung, insbesondere über die Eisbildung im Polarmeere. Annalen der Physik und Chemie 42:269–286

Stephansson O (1974) Stress-induced diffusion during folding. Tectonophys 22:233–251

Stockmal GS (1983) Modelling of large scale accretionary wedge deformation. J Geophys Res 88:8271–8287

Strahler AN (1964) Quantitative geomorphology of drainage basins and channel networks. In: Chow VT (ed) Handbook of applied hydrology, McGraw-Hill, New York Section 4-II

Strang G (1988) Linear algebra and its applications, 3rd edn. Harcourt Brace Jovanovich International Edition, 505 p

Strömgard KE (1973) Stress distribution during formation of boudinage and pressure shadows. Tectonophys 16:215–248

Stüwe K (1991) Flexural constraints on the denudation of asymmetric mountain belts. J Geophys Res 96:10401–10408

Stüwe K (1994) Process and age constraints for the formation of Ayers Rock / Australia – An example for two-dimensional mass diffusion with pinned boundaries. Z Geomorph 38:435–455

Stüwe K (1995) The buffering effects of latent heat of fusion on the equilibration of partially melted metamorphic rocks. Tectonophys 248:39–51

Stüwe K (1997) Effective bulk composition changes due to cooling: a model predicting complexities in retrograde reaction textures. Contrib Mineral Petrol 129:43–52

Stüwe K (1998a) Heat sources for Eoalpine metamorphism in the Eastern Alps. A discussion. Tectonophys 287:251–269

Stüwe K (1998b) Stichwort: Diffusion. Encyclopedia of Geochemistry. Chapman and Hall, London

Stüwe K, Barr T (1998) On uplift and exhumation during convergence. Tectonics 17:80–88

Stüwe K, Ehlers K (1997) Multiple metamorphic events at Broken Hill, Australia. Evidence from chloritoid-bearing parageneses in the Nine-Mile region. J Pet 38:1167–1186

Stüwe K, Sandiford M (1994) On the contribution of deviatoric stresses to metamorphic PT paths: an example appropriate to low-P, high-T metamorphism. J Met Geol 12:445–454

Stüwe K, Sandiford M (1995) Mantle-lithospheric deformation and crustal metamorphism with some speculations on the thermal and mechanical significance of the Tauern Event, Eastern Alps. Tectonophys 242:115–132

Stüwe K, Sandiford M, Powell R (1993a) On the origin of repeated metamorphic-deformation events in low-P high-T terranes. Geology 21:829–832

Stüwe K, Will TM, Zhou S (1993b) On the timing relationships between fluid production and metamorphism in metamorphic piles. Some implications for the origin of post-metamorphic gold mineralisation. Earth Planet Sci Lett 114:417–430

Stüwe K, White L, Brown R (1994) The influence of eroding topography on steady-state isotherms. Application to fission track analysis. Earth Planet Sci Lett 124:63–74

Summerfield MA (1991) Global Geomorphology. Longman House, Burnt Mill, England, 537 p

Summerfield MA, Hutton NJ (1994) Natural controls of fluvial denudation rates in major world drainage basins. J Geophys Res 99:13871–13883

Suppe J (1981) Mechanics of mountain building and metamorphism in Taiwan. Mem Geol Soc China 4:67–89

Suppe J (1985) Principles of structural geology. Prentice Hall, Englewood Cliffs, N.J., 537 p

Suppe J (1987) The active Taiwan mountain belt. In: Schaer JP, Rodgers J (eds) The anatomy of mountain ranges. Princeton University Press, Princeton N.Y., pp 277–293

Talwani M, Worzel JL, Landisman M, (1959) Rapid gravity computations for two-dimensional bodies with application to the Mendocino Submarine fracture zone. J Geophys Res 64:49–61

Tapponier P, Molnar P (1976) Slip-line field theory and large scale continental tectonics. Nature 264:319–324

Tapponier P, Peltzer G, Le Dain AY, Armijo R, Cobbolt P (1982) Propagating extrusion tectonics in Asia: new insights from simple experiments with plasticine. Geology 10:611–616

Taylor FB (1910) Bearing of the Tertiary mountain belt on the origin of the Earth's plan. Bull Geol Soc Am 21:179–226

Telford WM, Geldart LP, Sheriff RE (1990) Applied geophysics, 2nd edn. Cambridge University Press, Cambridge, 770 p

Tex E den (1963) A commentary on the correlation of metamorphism and deformation in space and time. Geol Mijnbouw 42:17176

Thompson AB, England PC (1984) Pressure-temperature-time paths of regional metamorphism Part II: some petrological constraints from mineral assemblages in metamorphic rocks. J Pet 25:929–955

DuToit A (1937) Our wandering continents. Oliver and Boyd, Edinburgh, 366 p

Tong H (1983) Threshold models in non-linear time series analysis. Lecture notes in statistics, Springer, Berlin Heidelberg New York, 323 p

Tucker GE, Slingerland R (1994) Erosional dynamics, flexural isostasy and long-lived escarpments: A numerical modeling study. J Geophys Res 99:12229–12243

Tucker GE, Slingerland R (1996) Predicting sediment flux from fold and thrust belts. Basin Res 8:329–349

Turcotte DL (1979) Flexure. Advances in Geophys 21:51–86

Turcotte DL (1983) Mechanisms of crustal deformation. J Geol Soc London 140:701–724

Turcotte DL (1997) Fractals and chaos in geology and geophysics, 2nd edn. Cambridge University Press, Cambridge, 398 p

Turcotte DL, Schubert G (1982) Geodynamics. Applications of continuum physics to geological problems. John Wiley and Sons, New York, 450 p

Turcotte DL, Haxby WF, Ockendon JR (1977) Lithospheric instabilities. In: Talwani M, Pitman III WC (eds) Island arcs, deep sea trenches and back-arc basins. Am Geophys U, Maurice Ewing Series Washington 1:63–69

Twiss RJ, Moores EM (1992) Structural geology. Freeman and Company, New York 532 p

Vilotte JP, Daignieres M, Madariaga R (1982) Numerical modeling of intraplate deformation: simple mechanical models of continental collision. J Geophys Res 87:10709–10728

Vine F, Mathews D (1963) Magnetic anomalies over oceanic ridges, Nature 199:947–949

Voorhoeve H, Houseman G (1988) The thermal evolution of lithosphere extending on a low angle detachment zone. Basin Res 1:1–9

Waschbusch PJ, Royden LH (1992) Episodicity in fordeep basins. Geology 20:915–918

Watts AB (1976) Gravity and bachymetry in the central Pacific ocean. J Geophys Res 81:1533–1553

Wees JD, Jong KC, Cloetingh S (1992) Two dimensional P-T-t-modelling and the dynamics of extension and inversion in the Beltic Zone (SE Spain). Tectonophys 302:305–324

Wegener A (1912a) Die Entstehung der Kontinente. Petermanns Geographische Mitteilungen 9127:185–308

Wegener A (1912b) Die Entstehung der Kontinente. Geol Rundsch 3:276–292

Wegener A (1915) Die Entstehung der Kontinente und Ozeane. Sammlung Vieweg 23, 94 p

Weijermars R (1997) Principles of rock mechanics. Alboran Science Publishing, Amsterdam, 359 p

Wells PRA (1980) Thermal models for the magmatic accretion and subsequent metamorphism of continental crust. Earth Planet Sci Lett 46:253–265

Wernicke B (1985) Uniform sense normal simple shear of the continental lithosphere. Canad J Earth Sci 22:108–125

Wessel P, Smith WHF (1995) New version of the generic mapping tool released, EOS, Amer. Geophys U 76, 329

Wheeler J (1991) Strucutral evolution of a subducted continental sliver: the northern Dora Maira massif, Italian Alps. J Geol Soc London 148:1103–1113

White R, McKenzie D (1989) Magmatism at rift zones: the generation of volcanic continental margins and flood basalts. J Geophys Res 94:7685–7729

Wickham SM (1987) The segregation and emplacement of granitic magmas. J Geol Soc London 144:281–297

Wilde M, Stock J (1997) Compression directions in southern California (from Santa Barbara to Los Angeles basin) obtained from borehole breakouts. J Geophys Res 102:4969–4983

Willet S (1992) Dynamic and kinematic growth and change of a Coulomb wedge. In: McClay KR (ed) Thrust tectonics. Chapman and Hall, pp 19–31

Willet S, Beaumont C, Fullsack P (1993) Mechanical model for the tectonics of doubly vergent compressional orogens. Geology 21:371–374

Willgoose G, Bras RL, Rodriguez-Iturbe I (1991) Results from a new model of river basin evolution. Earth Surface Processes and Landforms 16:237–254

Wilson JT (1972) Continents adrift. Readings from Scientific American Freeman WH and Company, San Francisco, 172 p

Wilson M (1993) Plate-moving mechanisms: constraints and controversies. J Geol Soc London 150:923–926

Wintsch RP, Andrews MS (1988) Deformation induced growth of sillimanite: "stress"minerals revisited. J Geol 96:143–161

Won IJ, Bevis M (1987) Computing the gravitational and magnetic anomalies due to a polygon: algorithms and Fortram subroutines. Geophys 52:232–238

Yardley BWD (1989) An introduction to metamorphic petrology. Longman Harlow UK, 248 p

Zen E-an (1966) Construction of pressure-temperature diagrams for multicomponent systems after the method of Schreinemakers: a geometric approach. USGS Bull 1225, 56 p

Zhou S, Sandiford M (1992) On the stability of isostatically compensated mountain belts. J Geophys Res 97:14207–14221

Zhou S, Stüwe K (1994) Modeling of dynamic uplift, denudation rates thermomechanical consequences of erosion in isostatically compensated mountain belts. J Geophys Res 99:13923–13939

Ziegler PA (1992) Plate tectonics, plate moving mechanisms and rifting. Tectonophys 215:9–34

Ziegler PA (1993) Plate-moving mechanisms: their relative importance. J Geol Soc London 150:927–940

Zoback ML (1992) First- and second-order patterns of stress in the lithosphere: the world stress map project. J Geophys Res 97:11703–11728

Zoback ML, Haimson BC (1983) Hydraulic fracturing stress measurements US Nat Comm for Rock Mechanics, Nat Acad Press, Washington D.C., 270 p

Index

Y

Young-Modul 153, 191

Z

Zeitkonstante
– diffuse 306
– thermische 53